# Office

## VBA开发经典

### 基础入门卷

刘永富　刘行◎著

清华大学出版社

北京

## 内 容 简 介

本书由一线高校教师根据自己十余年 VBA 开发经验编写而成，书中深入浅出地介绍 Office VBA 的开发方法与实践。本书内容体系完善，涉及 Office 多个组件的交互编程，重点阐释工具栏设计和功能区设计，案例丰富，让读者身临其境，体会 VBA 编程的策略和魅力。

本书可以帮助读者轻松熟悉 Office VBA 编程，系统学习 VBA 编程的每个层面。全书分为 19 章，内容包括 VBA 编程概述、宏的编写和执行、VBA 编程环境、VBA 语法基础、过程与函数设计、程序调试和错误处理、字符串处理、数学计算与日期处理、Excel VBA 对象模型和相关对象、用户窗体和控件设计、自定义工具栏、Excel 加载宏和经典编程实例等。书中所有章节涉及的程序代码都给出了详细分析。

本书可作为职场办公人员、高校理工科师生、Office 专业开发人员的自学用书，也可以作为 Office 编程培训讲师的教学参考书。

**图书在版编目 (CIP) 数据**

Office VBA 开发经典——基础入门卷 / 刘永富，刘行著. —北京：清华大学出版社，2018 (2024.3 重印)
ISBN 978-7-302-50589-1

Ⅰ.① O… Ⅱ.①刘… ②刘… Ⅲ.① BASIC 语言—程序设计 Ⅳ.① TP312.8

中国版本图书馆 CIP 数据核字（2018）第 153377 号

责任编辑：秦　健　张爱华
封面设计：李召霞
责任校对：胡伟民
责任印制：曹婉颖

出版发行：清华大学出版社
　　　　网　　址：https://www.tup.com.cn, https://www.wqxuetang.com
　　　　地　　址：北京清华大学学研大厦 A 座　　　　邮　　编：100084
　　　　社 总 机：010-83470000　　　　　　　　　　邮　　购：010-62786544
　　　　投稿与读者服务：010-62776969，c-service@tup.tsinghua.edu.cn
　　　　质 量 反 馈：010-62772015，zhiliang@tup.tsinghua.edu.cn
印 装 者：三河市龙大印装有限公司
经　　销：全国新华书店
开　　本：185mm×260mm　　　印　　张：36　　　字　　数：902 千字
版　　次：2018 年 9 月第 1 版　　　印　　次：2024 年 3 月第 7 次印刷
定　　价：99.00 元

产品编号：075903-01

Excel 无疑是当今使用最广泛的电子表格处理工具，其易用、功能强大显而易见。依赖于 Visual Basic（简称 VB）简单易学的特性，VBA（Visual Basic for Application）编程正在渗入各个行业、各个岗位编制的 Excel 电子表格中。进入 21 世纪以来，越来越多的人开始学习并使用 VBA 来处理烦琐、重复的工作。

VBA 的强大之处就是可以帮助用户节约大量的时间。原本可能需要一整天或几天时间来处理的电子表格，现在用编写好的 VBA 程序只需要几分钟甚至几秒的时间就可以完成。并且在数据发生变化时，可以再次执行编好的程序得到想要的结果。试想一下，早上到公司之后，打开 Excel 运行 VBA，然后边喝咖啡边看着 VBA 在短短的几分钟之内将你一天的数据处理工作自动完成，可以节省出更多的时间投入到更重要的工作和学习中去，是不是心情很愉快呢？

目前，国内大多数高校只开设 Office 应用基础课程，没有专业的 VBA 课程。因此社会上大多数的 VBA 使用者并不是科班出身的程序员，在学习过程中走过不少弯路。尤其在查询各类官方文档时，无法快速找到所需要的文档，无法理解文档中的各种专业术语。这本书体例完整、讲解全面、案例切合实际，给初学 VBA 的朋友提供了极大的便利。

我多年之前就认识作者刘永富博士，见证了他从一个小白逐渐成为大神的过程。实际上，VBA 编程与他所学专业几乎没有任何关系，但是出于工作需要和编程爱好，他在努力提高办公软件操作能力的同时，从零开始自学了 VB6（即 Visual Basic 6）和 VBA 编程。此外，他非常积极地在论坛、QQ 群解答网友提出的问题，分享技术经验，他目前已经是众人眼里公认的 Office、VBA 老师和专家。

根据我对他的了解，他非常热衷于棋类等智力游戏，而且能够把 VBA 这项技术很好地应用于智力游戏的编制过程中，这一点体现了比较好的逻辑思维能力和创新能力。从另一个角度看，刘博士把程序编制当成爱好和乐趣，而不是任务和负担，这也许是他编程能力突飞猛进的根本原因。

本书是"Office VBA 开发经典"的基础入门卷，也是他多年 VBA 学习和开发经验的总结。这本书解决了几乎所有学习 VBA 的朋友提出的一个问题：这个 Excel 功能如何用 VBA 实现？书中不但讲解了 Excel 的各种常用功能，并且从这一功能引入相应的 VBA 解决方案，可以帮助大家有计划、有目的地学习 VBA 编程。

相信本书在学习 VBA 的过程中可以给你提供极大的帮助，甚至在你成为熟练者之后也需要这样一本书帮助查漏补缺，夯实基础。

李懿

微软最有价值专家

Microsoft Office 可以称得上是世界上开发最成功的办公软件，目前微软 Office 的用户已超过 12 亿人，全球每 7 个人中就有一个使用 Office（信息来源：微软）。然而伴随着 Office 版本的推陈出新，Office 软件的功能日益丰富、强大。在信息化时代、大数据时代的冲击下，数据量的剧增给办公人员带来了巨大的工作挑战，以往传统的手工办公方式经常显得捉襟见肘。

VBA 几乎是和 Office 办公软件同时诞生的，微软公司开发 VBA 编程功能的初衷就是为用户提供更加灵活的处理方式，有人曾说"80% 的人只用了 Office 20% 的功能"，确实如此，Office 有很多功能通过手工方式是无法实现的，必须通过 VBA 编程。近几年来，越来越多的人开始学习和研究 Office VBA 编程，十几年前招聘岗位要求应聘者会使用办公软件，而目前很多岗位要求具有 VBA 编程经验。

虽然 VBA 不能和著名的 C、Java 语言相提并论，但由于 Office 办公软件的庞大使用群体，VBA 在数据处理方面的便利性和快捷性，使得这门语言在 IT 界具有一席之地。作者学习和研究 VBA 语言有十多年，深切体会到这门语言的强大和受欢迎程度。

**本书的背景**

目前，市面上 VBA 编程方面的书籍为数不少，但是其中大多数都把知识点容纳在一本书中，这样就难免遗漏知识点，或者对知识点的探讨不足，容易造成学习者存在知识缺陷。

实际上，Office VBA 编程是基于 VB6 的一门编程语言，既有 VB6 的语法，又涉及 Office 的对象模型，产品类型多样化，因此 VBA 绝非一门小语言，显然用一本书来诠释 VBA 是远远不够的。

为了满足广大 VBA 学习者的需求，作者经过实践，把 Office VBA 这一编程体系细分为四卷：基础入门卷（本书）、中级进阶卷、高级应用卷。

分卷书写的好处是，每一卷的讲解知识可以尽可能详尽，让学员不存在知识死角。其中，基础入门卷（本书）的编写目标在于帮助更多的 VBA 编程零基础人员熟悉 VBA 编程环境，掌握 VBA 编程初步和语法基础，能够用 VBA 解决实际工作中遇到的问题。另外，本书特别注重对 Excel VBA 常用对象模型的阐述和实例运用。

### 本书的组织结构

全书大致分为以下六大部分。

第一部分（第 1～3 章）：帮助读者认识 VBA 编程环境，理解宏是怎么来的，如何录制和修改宏。

第二部分（第 4～8 章）：主要内容是 VBA 的基础知识，帮助读者进一步掌握 VBA 编程特性，更深层次地理解什么是过程、函数，以及各种数据类型的运算、转换等。

第三部分（第 9～15 章）：主要讲解 Excel 组件中的 VBA 编程，详细讲述 Excel 各种常用对象的属性、方法以及事件。

第四部分（第 16～18 章）：主要内容是 VBA 界面编程、VBA 作品的各种表现形式，主要包括用户窗体和控件设计、自定义工具栏、Excel 加载宏等。读者通过学习这部分知识，基本可以设计出像样的作品，以供他人使用。

第五部分（第 19 章）：经典编程实例，主要讲述作者在实际工作中如何用 VBA 解决问题，与读者分享产品设计构思、代码的实现方法。

第六部分：附录，包括 VBA 编程常用资料，以便 VBA 初学者查阅、学习。

### 本书的特点

❑ 编排合理，内容丰富。

❑ 针对性的实例比较多，知识点讲解透彻。

❑ 配套资源完善。

### 本书的读者对象

❑ 职场办公人员。

❑ 高校理工科师生。

❑ Office 专业开发人员。

❑ Office VBA 编程培训讲师。

### 本书使用环境

在本书编写过程中，作者的电脑环境为 Windows 7（32 位）+ Microsoft Office 2013。

因此，读者的编程环境与上述相同或相近更佳。不过本书内容在 Office 2010 及其以上版本均兼容。

### 配套资源

本书配套资源包括：

❑ Office VBA 开发经典视频课程。

❑ 本书所有源代码文件。

❑ 本书各章习题参考答案。

❑ 开发资源（编程过程中用到的工具、软件）。

读者可访问 https://www.cnblogs.com/ryueifu-VBA/ 进行下载。

**读者服务**

为方便广大读者学习和探讨，读者可以通过以下方式与作者互动交流。

❑ Office 技术交流 QQ 群：193203228。

❑ Office VBA & VSTO QQ 群：61840693。

**其他说明**

书中所有源代码在行首均有行号，这是为了讲解方便，行号并非代码中的部分。每个代码段上方都留有源代码的路径（见下图）。

### 14.4.1 单元格的选中和激活

第14章

如果不使用代码，手工编辑单元格时，必须事先选中单元格区域。一般情况一次性选中一个矩形区域，该矩形区域最左上角的单元格，背景反白，称作"活

也就是说，选中的区域可以是多个单元格，但是活动单元格有且只有一个。区域后，按住 Ctrl 键，可以继续选择其他区域。

在 Excel VBA 中，使用 Range.Select 来代替手工自动选中区域，重新选Application.Selection 这个对象所指代的区域就发生相应的变化。

Range.Activate 方法，则是激活单元格，如果该单元格原先未处于选中状态活。激活单元格后，Application.ActiveCell 这个对象也会指向新的单元格。

源代码：实例文档 25.xlsm/单元格的选中和激活 源代码的路径

```
1.  Sub Test1()
2.      ActiveSheet.Range("A2:E9").Select
行号 3.      Debug.Print "当前所选区域是： " & Application.Selection.Address
4.      Debug.Print "活动单元格是" & Application.ActiveCell.Address
5.  End Sub
```

根据图中所示，源文件位于第 14 章，文件名称是实例文档 25.xlsm，斜杠后面表示该过程所在的模块名称：单元格的选中和激活。

另外，因为本书是黑白印刷，无法正常显示出颜色，读者可以在实际界面或相关视频中看到。

**致读者**

随着信息化技术的普及和大数据的快速发展，以往的手工操作办公软件已经不能满足现代办公的需求，因此，VBA 编程技术作为 Office 办公软件的寄生编程语言，由于拥有较大的优势越来越受到社会各界的关注和青睐。然而，掌握或者精通 Office VBA 编程并非易事，造成 VBA 入门难、提高难的原因很多，很重要的一个原因在于市面上缺乏系统、全面的书籍和资料，造成学习者知识点片面、对技术点认识深度不够，以致很多人买了纸质教材，又买了视频课程，还是不能得心应手地解决实际问题。

作者根据自身多年的学习和研究经验，尽量把编程过程中的疑难点、易混淆知识点融入本书，帮助广大读者领会 VBA 的学习方法和思路，少走弯路。本书从立意、写作到交稿历时一年之久，融入作者大量精力和心血。衷心希望广大读者能够从本书中汲取营养，早日成为 Office VBA 编程达人。

本书除了刘永富、刘行之外，参与编写的人员还有重庆市信息通信咨询设计院有限公司的林兴龙、浙江省水利河口研究院的章晓桦、中睿通信规划设计有限公司的何明、中国石油

塔里木油田分公司勘探开发研究院的全可佳，以及崔世海、李白、李四桂、刘胜、杨杨、孙盼茹、唐超、汪洋、王刘斌、夏阳耀、肖云、徐鹏、杨迅、张琦、张勇、赵长城、钟卓成、朱岩松、祝磊、邱和有等。书中难免有疏漏之处，欢迎读者通过清华大学出版社网站 www.tup.com.cn 与我们联系，帮助我们改正提高。

作者

# 第 1 章
# VBA 编程概述

VBA 是 Visual Basic for Applications 的缩写，是指使用 Visual Basic 语言来开发其他应用程序的编程技术。该语言由微软公司于 1993 年开发，主要用来扩展 Windows 应用程序功能，特别是扩展微软 Office 软件。

本章主要介绍 VBA 的应用领域和发展现状、Office 与 VBA 的安装、Office 版本、VBA 编程开发的产品类型以及如何高效学习等知识。

## 1.1 VBA 应用领域和发展现状

VBA 最大的特点和优势就是用程序代码的方式代替手工操作，能够把一些重复、繁杂的劳动程序化，节省人力成本，提高工作效率。

另外，VBA 语言的独特性在于它是一门服务于应用程序对象的语言，而不是一门纯粹的编程语言。因此，VBA 与应用程序的具体对象紧密联系，能够更直接地处理电脑中的各种文件和数据，再加上这门语言以 VB 语法为基础，入门比较容易。

VBA 语言主要用于微软 Office 常用组件中，例如用于 Excel 的 VBA（简称 Excel VBA）。PowerPoint、Word、Access、Outlook 等组件也都支持 VBA 编程。

此外，一些非 Office 软件也将 VBA 作为开发语言，例如 AutoCAD、ArcGIS 等。

其中，Excel 作为全球最有名的电子表格软件，用户极其庞大，因此，相应的 Excel VBA 也非常受欢迎，其对象模型非常完善，人们对 Excel VBA 的研究也达到了一个空前的水平。

### 1.1.1 美国的 VBA 水平

美国的 Chip Pearson 在 Excel VBA 方面有着非常深厚的技术积淀，该英文网站的网址为 http://www.cpearson.com/Excel/MainPage.aspx。

如图 1-1 所示，该网站包含非常多的免费代码和源文件。

图 1-1　Chip Pearson 主页

微软的 MSDN 其实就是面向 Office 开发的一个庞大的帮助体系，例如下面的链接介绍 Office 功能区的定制，具体网址是 https://msdn.microsoft.com/en-us/library/aa338202.aspx。

美国的 John Walkenbach 出版了有关 Excel 以及 VBA 的图书六十余本，其最新的 VBA 书籍为 *Excel 2013 Power Programming With VBA*。它的主页为 http://spreadsheetpage.com/。网页截图如图 1-2 所示。

图 1-2　John Walkenbach 的主页

## 1.1.2　日本的 VBA 水平

Office TANAKA 是日本 Excel MVP 田中亨（たなかとおる）的个人网站（见图 1-3），网址为：http://officetanaka.net/。

图 1-3　田中亨的主页

田中亨被认为是日本 VBA 第一人，经常在日本举办大型 VBA 现场授课，门票紧张程度堪比演唱会。

　　田中亨在 VBA 领域影响极大，就连微软公司在日本举办的 Excel VBA 专家考试用的参考书，也都是由田中亨编写的。

### 1.1.3　VBA 专家考试

　　微软公司除了微软办公软件认证考试（MOS）以外，还在个别国家实施 VBA 专家考试。日本每年不定期地举办 VBA 方面的认证考试（见图 1-4），考试的官方链接为 http://vbae. odyssey-com.co.jp/index.html。

图 1-4　VBA 专家考试主页

　　图 1-5 是作者在 2012 年获得的 Excel VBA 专家证书。

图 1-5　VBA 专家证书

## 1.2　Office 与 VBA 的安装

　　进行 VBA 编程开发之前，首先要在电脑中安装 Office 软件。下面将介绍 Office 常用版本的安装过程。

　　微软公司开发的 Office 办公软件拥有世界上最多的用户，主要组件包括：

❑ Microsoft Word（文字处理）。

❑ Microsoft Excel（公式计算、表格数据处理）。

❑ Microsoft PowerPoint（幻灯片演示）。

❑ Microsoft Access（数据库）。

❑ Microsoft Outlook（电子邮件）。

❑ Microsoft FrontPage（网页编辑）。

❑ Microsoft Visio（流程图绘制）。

自 1984 年微软公司着手开发 Office 以来，目前主要使用的版本见表 1-1。

表 1-1　Office 版本及系统需求

| Office 版本 | 版 本 号 | 系 统 要 求 |
|---|---|---|
| Office 2003 | 11.0 | Windows XP 及其以上 |
| Office 2007 | 12.0 | Windows XP 及其以上 |
| Office 2010 | 14.0 | Windows XP 及其以上 |
| Office 2013 | 15.0 | Windows 7 及其以上 |
| Office 2016 | 16.0 | Windows 7 SP1 及其以上 |

根据作者使用的经验，如果您的系统是 Windows XP，可以安装 Office 2003/2007/2010；如果您的系统是 Windows 7，可以安装 Office 2013 及其以下任何版本；如果您想使用 Office 2016，则建议更换系统为 Windows 10 后再安装。当然，某些情况下 Windows 7 系统中也能安装 Office 2016。

微软 Office 各版本包含的组件不尽相同，例如 FrontPage 只有在 Office 2003 中才能看到。目前使用最频繁的办公软件有 Word、Excel 和 PowerPoint。此外，数据库软件 Access 以及电子邮件 Outlook 的用户也不少。

要开始进行 VBA 编程，读者需要具备独立安装微软 Office 的能力，由于 Office 2007 以上各版本的安装步骤大致相同，因此下面主要讲述 Office 2003 和 Office 2010 的安装过程。读者可根据自身需求来选择 Office 的版本和要安装的 Office 组件。

如果安装包已经解压，则可以直接双击 setup.exe 文件启动安装过程。图 1-6 为 Office 2013 的安装文件内容。

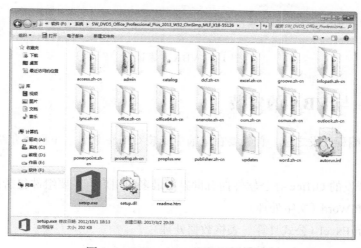

图 1-6　Office 2013 安装文件的内容

　　微软提供的 Office 安装文件，通常是扩展名为 .iso 的压缩包，这种压缩包不能直接找到 setup.exe 安装主文件。压缩包的大小通常在 1GB 左右，如果解压缩后安装，则会占用大量磁盘空间。为了节约磁盘，可以不解压就安装 Office，这就需要用到虚拟光驱软件。

　　以下先介绍虚拟光驱软件 DAEMON Tools Lite 的安装和使用。

### 1.2.1　安装 DAEMON Tools Lite

　　从本书配套资源下载该软件，或者在百度中搜索并下载该软件的安装程序，双击 DAEMON_Tools_Lite_V10.1.0.74.1435028673.exe 文件，启动 DAEMON Tools Lite 的安装向导（见图 1-7）。

　　单击"下一步"按钮，进入"许可类型"对话框（见图 1-8）。

　　在这个对话框中，一定要选择"免费许可"单选按钮，然后单击"下一步"按钮，进入如图 1-9所示的对话框。

图 1-7　DAEMON Tools Lite 安装界面 1

　　在"文件关联"中，取消勾选所有扩展名类型，并且向下拖动滚动条，取消安装各种额外软件（见图 1-10）。

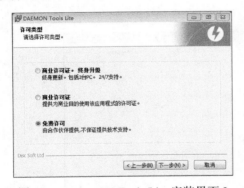

图 1-8　DAEMON Tools Lite 安装界面 2

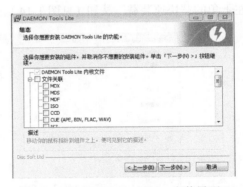

图 1-9　DAEMON Tools Lite 安装界面 3

　　接着单击"下一步"按钮，进入如图 1-11 所示安装过程。

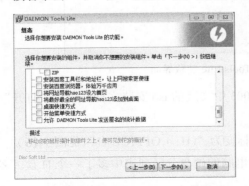

图 1-10　DAEMON Tools Lite 安装界面 4

图 1-11　DAEMON Tools Lite 安装界面 5

在弹出的对话框中单击"安装"按钮即可（见图 1-12）。

然后等待 5 分钟左右，出现如图 1-13 所示安装成功对话框。

图 1-12　DAEMON Tools Lite 安装界面 6 　　　　图 1-13　Daemon Tools Lite 安装界面 7

如果现在立刻使用 DAEMON Tools Lite，勾选"运行 DAEMON Tools Lite"复选框后，单击"完成"按钮即可。

## 1.2.2　Office 2003 的安装

安装好 DAEMON Tools Lite 后，双击其图标启动虚拟光驱软件。工具窗口启动后，单击左下角的"快速装载"按钮（见图 1-14）。

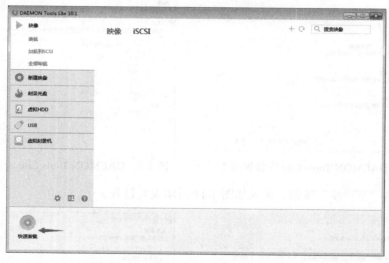

图 1-14　DAEMON Tools Lite 装载界面

在弹出的文件选择对话框中选择 Office 2003 中文版的 iso 安装文件，单击"打开"按钮（见图 1-15）。

DAEMON Tools Lite 界面左下角的光驱图标变为"（H：）OFFICE 11"（见图 1-16）。

同时打开电脑的资源管理器窗口，会看到电脑的硬盘分区列表中多了一个 H 盘。多出来的 H 盘就是虚拟盘（见图 1-17）。

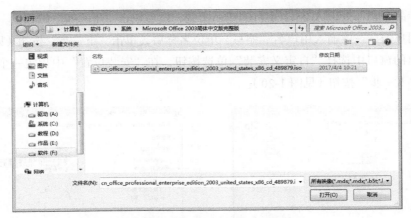

图 1-15　选择 Office 2003 安装包

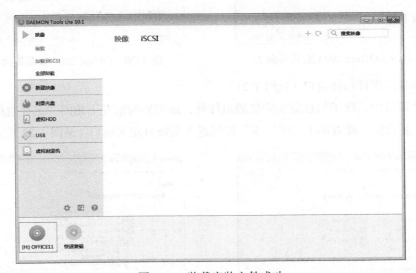

图 1-16　装载安装文件成功

此时，单击 DAEMON Tools Lite 左下角的 H 盘图标，或者双击资源管理器中的 H 盘，都会自动激活 Office 2003 安装主文件，出现如图 1-18 所示的安装界面。

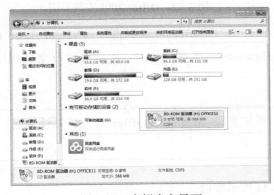

图 1-17　虚拟光盘界面

图 1-18　Office 2003 安装界面 1

在"产品密钥"处输入 25 个字符的产品密钥，然后单击"下一步"按钮。

在"用户信息"中输入用户名、缩写、单位名称后，单击"下一步"按钮（见图 1-19）。

在弹出的窗口中选择"自定义安装"单选按钮，在"安装位置"中指定一个安装路径，接着单击"下一步"按钮（见图 1-20）。

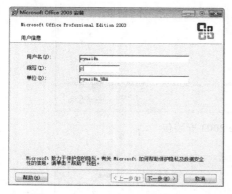

图 1-19　Office 2003 安装界面 2

图 1-20　Office 2003 安装界面 3

接下来进入组件选择窗口（见图 1-21）。

在这个窗口中，除了勾选需要安装的组件外，还需要勾选左下角的"选择应用程序的高级自定义"复选框，接着单击"下一步"按钮进入高级自定义窗口（见图 1-22）。

图 1-21　Office 2003 安装界面 4

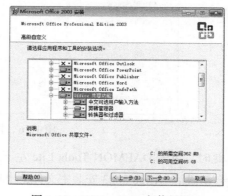

图 1-22　Office 2003 安装界面 5

在这个窗口中，依次展开 Microsoft Office →"Office 共享功能"→ Visual Basic for Applications，并展开"Visual Basic for Applications"节点，单击"从本机运行全部程序"选项（见图 1-23）。

---

**注意**：在这个窗口中，如果选择的是"不安装"，则安装完 Office 后，将无法使用 VBA 编程功能。

---

接着单击"下一步"按钮，进入如图 1-24 所示界面。

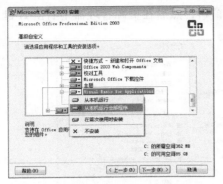

图 1-23　Office 2003 安装界面 6

图 1-24　Office 2003 安装界面 7

单击"安装"按钮，进入正式安装过程（见图 1-25）。

大约等待 5 分钟后，安装过程结束。单击电脑的"开始"按钮，在所有程序列表中可以看到刚刚安装的 Office 2003（见图 1-26）。

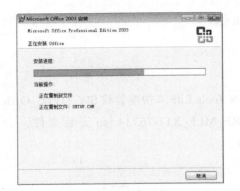

图 1-25　Office 2003 安装界面 8

图 1-26　Office 2003 安装界面 9

到此，Office 2003 已经安装成功，但是需要在 DAEMON 中卸载虚拟光盘，因此将鼠标移动到 DAEMON Tools Lite 界面中 H 盘上方，待出现 × 标记时单击，卸载光盘（见图 1-27）。

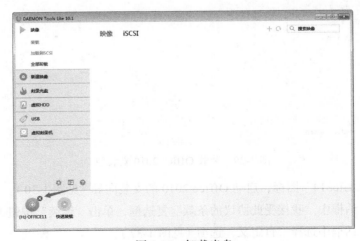

图 1-27　卸载光盘

另外，也可以完全退出 DAEMON Tools Lite 窗口，然后在资源管理器中右击 H 盘，在弹出的快捷菜单中选择"弹出"命令（见图 1-28）。

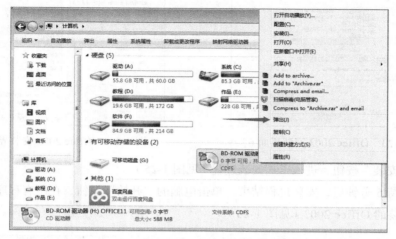

图 1-28　弹出光盘

## 1.2.3　Office 2010 的安装

与 Office 2003 的安装过程一样，用 DAEMON Tools Lite 来快速装载 SW_DVD5_Office_Professional_Plus_2010w_SP1_W32_ChnSimp_CORE_MLF_X17-76734.iso 安装文件，会在左下角出现"(F:)OFFICE14"图标（见图 1-29）。

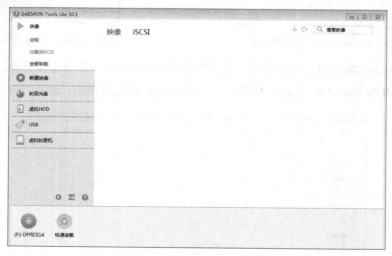

图 1-29　装载 Office 2010 安装包

单击"(F:)Office14"图标，启动 Office 2010 的安装向导（见图 1-30）。
勾选如下对话框中"我接受此协议的条款"复选框，单击"继续"按钮（见图 1-31）。
在弹出的对话框中选择"自定义"选项（见图 1-32）。

在弹出的对话框中分为升级、安装选项、文件位置、用户信息四个选项卡。选择"升级"选项卡，如果电脑中已经安装过其他版本的 Office，则需要选择是删除所有早期版本，还是保留所有早期版本，因为同一台电脑允许同时安装多个版本的 Office（见图 1-33）。

然后选择"安装选项"选项卡（见图 1-34）。假如只需要安装 Excel 和 Word 两个组件，则把其他组件前面的三角下拉菜单展开，选择"不可用"。

图 1-30　Office 2010 安装界面 1

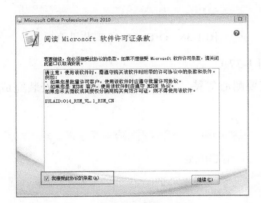

图 1-31　Office 2010 安装界面 2

图 1-32　Office 2010 安装界面 3

图 1-33　Office 2010 安装界面 4

图 1-34　Office 2010 安装界面 5

同时，还要确保最下面的"Office 共享功能"以及"Office 工具"处于全部安装状态，否则不能使用 VBA 编程功能。

接着选择"文件位置"选项卡。默认的安装路径是 C:\Program Files\Microsoft Office\。但是为了不和其他已经安装的 Office 软件发生冲突，手工在后面添加 Office2010\，如图 1-35 所示。

接着选择"用户信息"选项卡。输入必要的用户信息后，单击右下角的"立即安装"按钮，进入正式的安装过程（见图 1-36）。

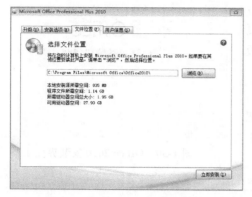

图 1-35　Office 2010 安装界面 6　　　　　图 1-36　Office 2010 安装界面 7

在弹出的对话框中可以看到安装进度（见图 1-37）。

这个安装过程大约持续 15 分钟，中途一定要耐心等待，不要退出，直到出现安装完成的提示界面（见图 1-38）。

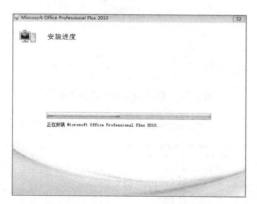

图 1-37　Office 2010 安装界面 8　　　　　图 1-38　Office 2010 安装界面 9

Office 2013 和 Office 2016 的安装步骤与 Office 2010 几乎完全一样，此处不再重复讲解。微软公司自 2017 年 10 月 10 日起，不再为 Office 2007 提供服务，因此本书不推荐安装。

---

提示：DAEMON Tools Lite 这款虚拟光驱软件，除了用于 Office 的安装外，还可以用于 Visual Studio、SQL Server 等大型软件的安装。只要安装包的格式是 iso 的压缩包，基本都可以用 DAEMON 来装载。

---

## 1.3　Office 版本

在十几年前 Office 2003 的功能足以应对日常办公，但微软公司一直没有停止对 Office 版本的更新。随着信息时代的来临，微软公司几乎每隔三年就推出一个新版本。迄今为止，已经连续推出 2007、2010、2013、2016 四个版本。

　　很多 Office 新老用户以及计划学习 VBA 的人员经常面对 Office 版本的选择而犹豫不决。其实，软件的版本越新，代表它的功能越全面，但是往往有更苛刻的系统要求，因此要根据电脑的配置情况来选择安装。

　　下面介绍不同的 Office 版本的界面和文件格式的差异。

## 1.3.1　界面的变化

　　微软 Office 软件从 2007 版本起，界面由传统的菜单栏、工具栏模式改变为功能区模式。Excel 2003、Excel 2013 的界面分别如图 1-39 和图 1-40 所示。

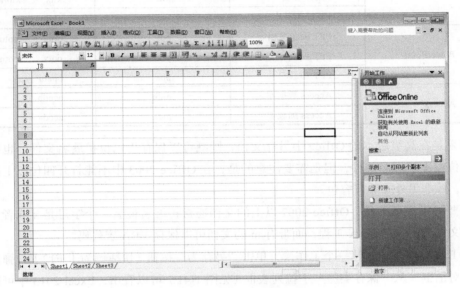

图 1-39　Excel 2003 界面

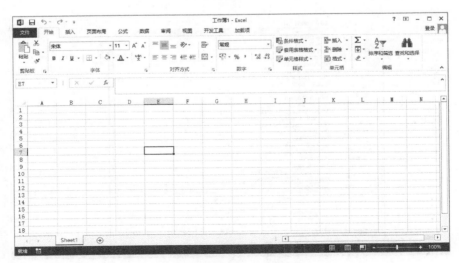

图 1-40　Excel 2013 界面

## 1.3.2 文件格式的革新

从 Office 2007 版开始，Office 文件格式出现了四位以上的扩展名，表 1-2 展示了常用组件的文档类型及其部分扩展名。

表 1-2　Office 文档类型及其部分扩展名

| Office 组件 | 文 档 类 型 | Office 2003 扩展名 | Office 2007 以上扩展名 | |
|---|---|---|---|---|
| Word | Word 文档 | .doc | .docx | .docm |
| | Word 模板 | .dot | .dotx | .dotm |
| Excel | Excel 工作簿 | .xls | .xlsx | .xlsm |
| | Excel 模板 | .xlt | .xltx | .xltm |
| | Excel 加载宏 | .xla | .xlam | |
| PowerPoint | PPT 演示文稿 | .ppt | .pptx | .pptm |
| | PPT 模板 | .pot | .potx | .potm |
| | PPT 加载宏 | .ppa | .ppam | |
| Access | Access 数据库 | .mdb | .accdb | |
| | Access 加载宏 | .mda | .accda | |

如果是在高级版本的 Office 中另存文档，则既可以保存为三位扩展名文件，也可以保存为四位以上扩展名文件，但是需要注意的是，在 Office 2003 中不能打开四位以上扩展名的文件，除非另外安装兼容包。

需要特别注意的是，Office 2007 以上的文档通常扩展名最后一个字母是 x 或者 m。带有 x 的文件无法保存 VBA 工程，而带有 m 的文档可以保存 VBA 宏代码。

在 Excel 2013 中新建一个工作簿，单击"另存为"按钮（快捷键为【F12】），弹出"另存为"对话框。从"保存类型"下拉列表框（见图 1-41）可以看出，Excel 2013 中可以把工作簿另存为很多种格式，用户可以根据需求进行选择。

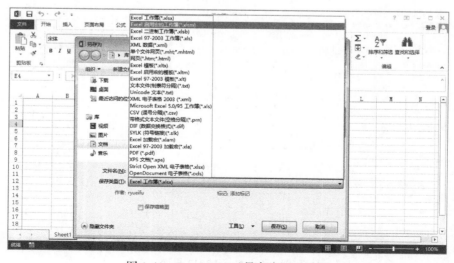

图 1-41　Excel 2013 "另存为" 对话框

### 1.3.3　Office 版本对 VBA 编程的影响

相信很多人会疑惑，安装了不恰当的 Office 版本，会不会对 VBA 的学习有影响？前面已经介绍过，Office 2007 及其以上版本采用了功能区界面，因此，VBA 作品的界面设计也随之发生变化，基本很少使用传统的菜单和工具栏方式。

另外，新版的 Office 软件的 VBA 对象模型、对象成员也会发生一些微妙的变化。例如，Excel 2003 VBA 中 Application.FileSearch 语句，该语句在高版本 Office 中不可用。再如 Application.CommandBars.ExecuteMso 方法用于执行一个控件，Range.RemoveDuplicates 方法用于数据的去重，这些方法都是 Excel 2007 以上版本才支持的，因此，VBA 代码的可用性与 Office 的版本有非常重要的关系。

从总体上来说，Office 版本虽然不同，但是在 VBA 编程方法和思路上基本大同小异。

最后总结一点，究竟安装哪一个版本的 Office，一是取决于电脑和系统的配置条件，二是根据个人喜好和操作熟练程度。

按照作者的使用经验，Office 2003 虽然曾经辉煌，但其用户日益锐减，Office 2007 同样也濒临灭绝。Office 2010、Office 2013、Office 2016 这些新版本都是大势所趋，推荐使用。

## 1.4　Office VBA 编程开发的产品类型

即将要开始 VBA 的学习了，需要明确一下学习、开发的具体目标，这样才能有的放矢。

### 1.4.1　基于 Office 文件的编程开发

VBA 代码书写在 Office 文档中，保存有 VBA 工程的文档在应用程序中打开后，就可以使用其中的 VBA 功能。为了让 VBA 开发的功能可以在整个应用程序都有效，可以把文档另存为相应的模板或加载宏。

表 1-3 列出了可以存储 VBA 宏代码的 Office 文档以及加载宏的扩展名。

表 1-3　可以存储 VBA 宏代码的 Office 文档以及加载宏的扩展名

| 组　件 | 文　档　级 | 应用程序级（模板或加载宏） |
| --- | --- | --- |
| Excel | 扩展名为 .xls、.xlsm | 扩展名为 .xla、.xlam |
| Access | 扩展名为 .mdb、.accdb | 扩展名为 .mda、.mde、.accda、.accde |
| PowerPoint | 扩展名为 .ppt、.pptm | 扩展名为 .ppa、.ppam |
| Word | 扩展名为 .doc、.docm | 扩展名为 .dot、.dotm |

注：Word 组件中没有加载宏这一说法，取而代之的是模板。

也就是说，无论是文档级，还是加载宏，实质上都是 Office 文档。如果单从性能上讲，基于 Office 文档的开发非常简单、易用，效率也很高，但唯一的缺点是代码安全性太低。虽然 VBA 工程可以设置密码保护，但是利用其他工具可以轻松破解，其中的代码可以被他人一览无余。

当然，对于 Office VBA 的初学者，首先是打好 VBA 编程的基础，姑且不考虑代码安全性问题。本书中所有章节都是基于 Office 文件的 VBA 编程。

如果要把自己的 VBA 作品让客户付费使用，则需要制作 COM 加载项或动态链接库，这些产品的扩展名通常为 .dll，他人无法看到源代码。

### 1.4.2　Visual Basic 6 封装

使用 Visual Basic 6 开发的动态链接库，可以很好地封装自定义函数、过程、窗体等，还可以开发 Office 组件的外接程序，以及 VBA 集成开发环境（VBIDE）的外接程序。这部分内容本书暂不做介绍。

### 1.4.3　VSTO 开发

VSTO 是 Visual Studio Tools for Office 的简称，就是利用 Visual Studio 开发 Office 插件。VSTO 是目前微软公司最新推出的 Office 开发技术。

无论是 Visual Basic 6 封装，还是 VSTO 开发，都必须掌握好 Office VBA 的编程基础。

## 1.5　高效学习 VBA 编程

相信很多读者读到这里，对 VBA 还是很陌生，难以厘清头绪。事实上，VBA 语言是基于 Visual Basic 6 的语法，Visual Basic 6 本身就是一门体系庞大的大型编程语言，掌握其语法基础实属不易。另外，还需要理解 Office VBA 对象模型中各个常用对象的诸多特性。

但是，可以把 VBA 编程繁多的知识点简化为如下两点。

（1）VBA 作品的基本组成单位其实是过程（Subroutine），一个过程是由若干行代码组成的。换言之，一个 VBA 作品是否优秀，关键是看其中的过程设计得好坏。

（2）界面设计。界面是为了运行或调用过程方便而设计的用户接口，换句话说，不能让用户一直从 VBA 编辑器中运行过程。

### 1.5.1　必备基础

首先编程者要有一定的英语基础。VBA 代码中的内置关键字、变量名称等大多数是由英文单词组成的。

其次，编程者对 Office 软件的操作比较熟练。如果用户没有弄明白 Excel 单元格的插入和删除操作，那么学习这方面的 VBA 语句，例如遇到 xlUp、xlToLeft 这些枚举常量，理解起来就比较困难。

如果读者有其他语言的编程经验，那么学习 VBA 就比较容易上手。在学习语法基础方面比编程零基础的人要容易得多。

### 1.5.2　学习计划

为了让零基础的读者快速找到学习方法，更好地利用本书，制订如下学习计划，如表 1-4 所示。

表 1-4　VBA 学习计划表

| 学 习 阶 段 | 对应本书章节 | 建 议 用 时 |
| --- | --- | --- |
| 第一阶段：熟悉和了解 VBA 编程环境，会录制和查看宏 | 第 1~3 章 | 1 周 |
| 第二阶段：学习 VBA 语法基础，重点掌握基本数据类型、变量的赋值、数字以及字符串相关转换运算、顺序结构、条件选择结构、循环结构 | 第 4 章、第 7 章、第 8 章 | 4 周 |
| 第三阶段：过程与函数设计、程序调试和错误处理 | 第 5 章和第 6 章 | 2 周 |
| 第四阶段：处理 Excel 对象，理解主要对象的层级关系，常用对象的属性、方法和事件运用 | 第 9~15 章（结合实际情况选择性学习） | 8 周 |
| 第五阶段：界面设计，主要包括用户窗体和工具栏设计 | 第 16 章和第 17 章（选择性学习） | 4 周 |
| 第六阶段：加载宏制作，这一部分实际上是以前所学知识的综合运用 | 第 18 章 | 1 周 |

结合学习计划表，用 5 个月左右时间可以掌握本书的大部分内容。学完本书，读者可以熟练地使用 Excel VBA 解决工作中遇到的问题，并且可以发布自己制作的工作簿、加载宏，供其他人使用。

## 习题

1．假设电脑中安装了 Office 2013，那么该软件的安装路径在哪里？ Excel 2013 的启动文件在什么地方？

2．Office 2013 的版本号是多少？如何查看？

3．假设在 Excel 2013 中新建了一个工作簿，保存该工作簿时，如何正确选择扩展名？

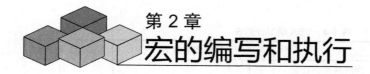

# 第 2 章
# 宏的编写和执行

安装好 Office 以后，为了更方便地开展 VBA 编程，需要按照如图 2-1 所示的步骤进行相关设定。

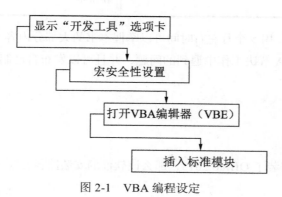

图 2-1　VBA 编程设定

## 2.1　编程前的设定

为了避免受到恶意 VBA 宏病毒的袭击，Office 默认的宏安全性是"禁用所有宏"。但对于即将进行 VBA 开发的人员，太高的宏安全性不便于程序的调试和运行。

通过"Excel 选项"对话框可以更改宏安全性的级别，但通过"开发工具"选项卡设定更为方便。

### 2.1.1　显示"开发工具"选项卡

"开发工具"选项卡中的大部分命令都和 VBA 编程有关，因此在进行 VBA 编程之前，要调出该选项卡。对于 Excel 2013 版本，选择"文件"→"选项"命令，弹出"Excel 选项"对话框。

切换到"自定义功能区"，在对话框右侧勾选"开发工具"复选框，单击"确定"按钮（见图 2-2）。

图 2-2 显示"开发工具"选项卡

关闭"Excel 选项"对话框后，在 Excel 顶部可以看到"开发工具"选项卡（见图 2-3）。

图 2-3 "开发工具"选项卡

在该选项卡中的"代码"组中有 5 个命令按钮与 VBA 编程紧密相关。

❑ Visual Basic：打开 VBA 编辑器。

❑ 宏：打开宏列表。

❑ 录制宏：把 Excel 中的操作录制为宏代码。

❑ 使用相对引用：录制宏的设定。

❑ 宏安全性：打开宏安全性对话框。

## 2.1.2 设置宏安全性

在 Excel 中选择"开发工具"→"代码"→"宏安全性"命令，弹出宏安全性对话框，选择"启用所有宏"单选按钮（见图 2-4）。

图 2-4 宏安全性设置

如果涉及 VBA 工程方面的编程，还需要勾选"信任对 VBA 工程对象模型的访问"复选框，单击"确定"按钮，关闭对话框即可。

## 2.2　开始 VBA 宏编程

宏（Macro）是指一系列语句组成的 VBA 过程。在 VBA 程序中，不带参数的过程（Sub）是可以直接执行的，这种可以直接执行的过程也称作宏。

从本节起，我们将真正地从 Office 的手工操作者变身为 Office VBA 的程序员。下面分别介绍手工编写代码和录制宏。

### 2.2.1　手工编写第一个 VBA 宏

VBA 宏代码需要打开 VBA 编辑器（VBA Editor，VBE）才能编写和修改。打开 VBA 编辑器通常有两种方法：一种是选择"开发工具"→"代码"→"Visual Basic"命令；另一种是在 Excel 工作表界面直接按下快捷键【Alt+F11】。

打开 VBA 编辑器后，编辑器左侧窗格为"工程资源管理器"窗格，该窗格中包含了应用程序所有的 VBA 工程结构，一个工作簿就有一个 VBA 工程。

VBA 过程，一般要书写在标准模块中，因此，用鼠标右击 VBA 工程，在弹出的快捷菜单（即右键菜单）中选择"插入"→"模块"命令（见图 2-5），就自动插入了一个标准模块，并打开该模块的代码窗格。

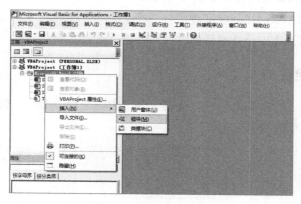

图 2-5　插入模块操作

在该模块中编写一个最简单的 VBA 过程（见图 2-6）。

图 2-6　编写第一个 VBA 过程

单击 VBA 编辑器上面工具栏中的三角按钮，执行该过程，然后按下快捷键【 Alt+F11 】返回到 Excel 工作表界面，会看到单元格 A1 的内容变成了"Hello VBA"。此刻，你一定觉得太不可思议了！

此外，运行一个 VBA 过程，还可以按下快捷键【 F5 】来执行，按下快捷键【 F8 】单步调试运行。

对于 VBA 的初学者，还不具备 VBA 语法基础，直接编写代码有困难，VBA 还提供了一个"录制宏"的方法，可以把 Office 的动作行为录制为宏代码。

### 2.2.2　录制宏

Office 的常用组件 Excel、Word、PowerPoint（PPT 仅限 2003 版）提供了录制宏的功能，通过录制宏，可以把大多数的操作自动生成 VBA 代码。

录制宏主要包括以下几个步骤。

❏ 选择"开发工具"→"代码"→"录制宏"命令。

❏ 在 Excel 中进行有关操作。

❏ 选择"开发工具"→"代码"→"停止录制"命令。

另外，微软 Office 还在 Excel 的状态栏中提供了"录制宏"与"停止录制"的按钮（见图 2-7）。

也就是说，单击状态栏中"就绪"两个字右侧的按钮，与单击功能区中的"录制宏"按钮是等效的。

单击"录制宏"按钮后，弹出"录制宏"对话框（见图 2-8）。

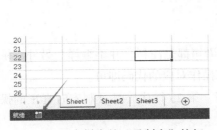

图 2-7　状态栏中的"录制宏"按钮

图 2-8　"录制宏"对话框

"录制宏"对话框包括如下四部分内容。

❏ 宏名：也就是 VBA 的过程名，使用英文单词或汉语均可。

❏ 快捷键：设置快捷键后，在工作表界面中按下该快捷键可以执行宏。

❏ 保存在：设置宏代码的保存位置，可以在个人宏工作簿、新工作簿、当前工作簿中选择。推荐选择"当前工作簿"。

❏ 说明：过程的注释。

单击对话框中的"确定"按钮后，用鼠标选中一部分单元格区域，然后设置单元格的字

体名称为"华文行楷",单元格对齐方式为"右对齐",然后单击"停止录制"按钮。切换到
VBA 编辑器,可以看到当前工作簿多了一个模块。该模块中自动生成的过程代码如下:

```
1.  Sub CallMyName()
2.  '
3.  ' CallMyName 宏
4.  '     刘永富录制的简单宏
5.  '
6.  ' 快捷键: Ctrl+j
7.  '
8.      Range("B4:C6").Select
9.      With Selection.Font
10.         .Name = "华文行楷"
11.         .Size = 11
12.         .Strikethrough = False
13.         .Superscript = False
14.         .Subscript = False
15.         .OutlineFont = False
16.         .Shadow = False
17.         .Underline = xlUnderlineStyleNone
18.         .ThemeColor = xlThemeColorLight1
19.         .TintAndShade = 0
20.         .ThemeFont = xlThemeFontNone
21.     End With
22.     With Selection
23.         .HorizontalAlignment = xlRight
24.         .VerticalAlignment = xlCenter
25.         .WrapText = False
26.         .Orientation = 0
27.         .AddIndent = False
28.         .IndentLevel = 0
29.         .ShrinkToFit = False
30.         .ReadingOrder = xlContext
31.         .MergeCells = False
32.     End With
33. End Sub
```

代码分析:VBA 代码中,以单引号开头的语句都是注释,并不编译。另外,录制出的
宏代码往往有很多冗余的部分,我们只关心实际操作对应的代码即可。

根据对英文单词的理解,可以看出第 10 行、第 23 行代码是录制宏时真正的操作,因
此,我们可以把上述过程修改为:

```
1.  Sub CallMyName()
2.      Range("B4:C6").Select
3.      With Selection.Font
4.          .Name = "华文行楷"
5.      End With
6.      With Selection
7.          .HorizontalAlignment = xlRight
8.      End With
9.  End Sub
```

代码分析:上述过程已经简化为 9 行,第 2 行代码自动选中 B4:C6,这句会影响到后续

的 Selection 对象，因此第 2 行代码可删除。

另外，VBA 中的 With 结构可以恢复为完整语法形式，因此上述过程进一步简化为：

```
1.    Sub CallMyName()
2.        Selection.Font.Name = " 华文行楷 "
3.        Selection.HorizontalAlignment = xlRight
4.    End Sub
```

代码分析：上述过程实质性代码简化为 2 行，这两行与录制宏时的动作是一一对应的。

此刻，用鼠标事先选中一部分有内容的单元格区域，运行上述 CallMyName 宏，会看到所选区域字体格式发生了变化（见图 2-9）。

VBA 的学习是日积月累的，录制了这个宏以后，我们至少学会了如何用 VBA 设置单元格的字体名称，以及如何用 VBA 设置单元格的对齐方式。对于 VBA 的初学者，录制宏是非常好的一个辅助学习工具，如果进一步掌握修改和简化宏代码的技巧，VBA 水平的提高会很迅速。

图 2-9　运行结果

对于录制的宏过程，除了在 VBA 编辑器中按下快捷键【F5】来执行以外，还可以按下录制宏时设定的快捷键来执行。例如，在 Excel 中按下快捷键【Ctrl+j】可以自动执行 CallMyName 过程。

## 2.3　VBA 代码的保存

Excel VBA 的代码是要保存到 Excel 文件中的，因为 VBA 程序的宏观单位是 VBA 工程，不论有多少个模块、多少个过程、多少行代码，它们都只能隶属于一个 VBA 工程，而 VBA 工程是随着 Excel 文件一起保存的。

早期的 Excel 文件扩展名都是 3 位的，例如 .xls、.xlt、.xla，其中后两个扩展名的文件均可由 .xls 文件另存而得到。这些文件均可保存 VBA 工程。

Excel 2007 版以后，出现了更先进的 4 位扩展名 Office 文件。常见的 Excel 文件类型如表 2-1 所示。

表 2-1　可以保存 VBA 代码的 Excel 文件类型

| 扩 展 名 | 类 型 | 是否保存 VBA 代码 |
| --- | --- | --- |
| .xlsx | 一般工作簿 | 否 |
| .xlsm | 启用宏的工作簿 | 是 |
| .xltx | 一般模板 | 否 |
| .xltm | 启用宏的模板 | 是 |
| .xlam | 加载宏 | 是 |

从表 2-1 可以看出一个规律：扩展名最后一位是 x 的文件，都不可保存 VBA 代码，而以 m 结尾的文件类型，则均可把 VBA 代码随文件一起保存。

实际操作中，新建一个工作簿，然后按下快捷键【F12】可以弹出"另存为"对话框，单击"保存类型"下拉列表框，可以看到所有可以保存的类型（见图 2-10）。

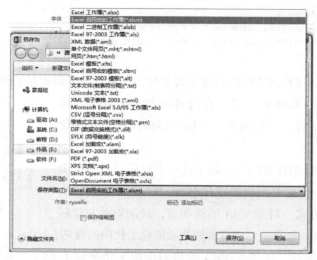

图 2-10    Excel "另存为" 对话框

如果需要在工作簿中编写 VBA 代码，则最好保存为"Excel 启用宏的工作簿"。

如果新建的工作簿中写入了 VBA 代码，或者打开了一个扩展名为 .xlsx 的工作簿，在其中写入了 VBA 代码，保存为 .xlsx 时会被拒绝（见图 2-11）。

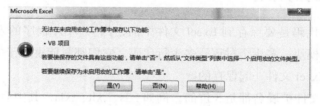

图 2-11    拒绝保存 VBA 工程

因此，只要以后看到这个对话框，就知道是文件类型不具备保存 VBA 代码的条件。解决方法之一是删除 VBA 工程中的所有模块、代码，然后再尝试保存。另一个解决方法是另存为 .xlsm 文件。

## 2.4    宏的执行方法

VBA 作为一门非常灵活的编程语言，其运行方式也是多种多样的。如果开发人员自己调试语句，可以使用最基本的运行方式，就是把鼠标置于模块中某过程的代码中，按下快捷键【F5】或者【F8】运行即可，这种最基本的运行方式却是 VBA 学习过程中使用最多的执行方式。但是这种执行方式的缺点是必须打开 VBA 编辑器才能运行其中的宏。如果要把自己开发的 VBA 作品交付给客户使用，自然不能把 VBA 代码裸露给客户看，而是要选用合适的方式，给客户提供一个程序的入口。

## 2.4.1　使用"宏"对话框

只要启动了 Excel，不论当前是否已经打开了 VBA 编辑器，在 Excel 工作表界面中按下快捷键【Alt+F8】，或者选择"开发工具"→"代码"→"宏"命令，都会弹出"宏"对话框。

首先从"位置"下拉列表框中选择"当前工作簿"，然后从"宏名"列表框中可以看到工作簿中的过程名称（见图 2-12），单击右侧的"执行"按钮，即可运行该宏。

图 2-12　"宏"对话框

## 2.4.2　使用快捷键

在 Excel 工作表界面中，按下快捷键也可以调用 VBA 工程中的过程，实现步骤是首先在 VBA 工程中写好待执行的 VBA 过程，例如在标准模块中书写如下代码：

**源代码：实例文档 106.xlsm/m**

```
1.  Sub UpdateValue()
2.      Selection.Value = Time
3.  End Sub
```

该过程的作用是，在 Excel 中任意选中一个单元格区域，运行该过程可以往单元格区域写入当前时间。

为了给 UpdateValue 这个过程指定快捷键，还需要手动执行如下代码：

**源代码：实例文档 106.xlsm/m**

```
1.  Sub AssignShortCutKey()
2.      Application.MacroOptions "UpdateValue", HasShortcutKey:=True, ShortcutKey:="m"
3.  End Sub
```

代码分析：本过程为 UpdateValue 过程指定快捷键【Ctrl+M】。如果第 2 行代码改写为 ShortcutKey:="M"，则表示快捷键为【Ctrl+Shift+M】。

运行完 AssignShortCutKey 过程后，在 Excel 工作表中按下快捷键【Ctrl+M】，会看到所选区域内容发生变化（见图 2-13）。

以上讲述的是通过 Application.MacroOptions 来设置快捷键，其实与此等价的做法是：调出"宏"对话框，然后选中 UpdateValue 过程，单击右侧的"选项"按钮，会弹出"宏选项"对话框。

在"宏选项"对话框中可以查看和修改宏当前的快捷键（见图 2-14）。这一方法也可以称为手工设置快捷键法。

此外，为宏指定快捷键还可以使用 Application.Onkey 方法，具体代码如下：

```
Application.OnKey "^{F6}","UpdateValue"
```

上述语句的作用是为 UpdateValue 过程设定快捷键为【Ctrl+F6】。使用 Application.OnKey 方法定制的快捷键，只适用于当前应用程序。如果完全退出 Excel，再重启，该快捷键无效。

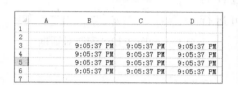

图 2-13    运行结果

图 2-14    "宏选项"对话框

### 2.4.3    指定宏到图形对象

工作表上可以插入磁盘中的图片文件，自选图形中的椭圆、矩形、文本框，以及艺术字、表单控件等。这些对象从宏观上讲都属于工作表上的图形对象。可以注意到，右击图形对象，弹出的快捷菜单中总有一个"指定宏"命令（见图 2-15）。

图 2-15    图形对象右键快捷菜单中的"指定宏"命令

选择"指定宏"命令，即可弹出宏列表，从中依次选择工作簿、宏名称即可。关闭对话框后，在工作表中再次单击图形对象，即可调用指定的 VBA 过程。

### 2.4.4    使用工作表事件运行宏

Excel VBA 还可以使用工作表事件，VBA 事件编程在后续章节进行详细讨论，本节只需了解下面的范例即可。

首先在工作簿的 VBA 工程中插入一个标准模块，重命名为 m。然后在 m 模块中编写如下 3 个不同的 VBA 过程。

**源代码：实例文档 107.xlsm/m**

```
1.  Sub 现在时刻()
2.      MsgBox Now
3.  End Sub
4.  Sub 当前日期()
5.      MsgBox Date
6.  End Sub
7.  Sub 当前时间()
8.      MsgBox Time
9.  End Sub
```

然后在 VBA 编辑器的工程资源管理器中双击 Sheet1 模块，打开其事件模块，输入如下代码。

**源代码：实例文档 107.xlsm/Sheet1**

```
1.  Private Sub Worksheet_SelectionChange(ByVal Target As Range)
2.      If Target.Value = "现在时刻" Then
3.          Call m.现在时刻
4.      ElseIf Target.Value = "当前日期" Then
5.          Call m.当前日期
6.      ElseIf Target.Value = "当前时间" Then
7.          Call m.当前时间
8.      Else
9.      End If
10. End Sub
```

代码分析：Excel 工作表有众多的事件过程，本例利用单元格选择变化触发的 Worksheet_SelectionChange 事件，参数 Target 就是指鼠标选中的单元格区域。

上述过程中的含义是，当鼠标选中的单元格的内容是"现在时刻"时，就调用标准模块中的现在时刻过程，以此类推。

为了测试，可以在 Excel 合适的区域输入"现在时刻""当前日期""当前时间"文本内容，然后用鼠标选中其中一个单元格，会看到自动弹出相应的对话框（见图 2-16）。

这就实现了用工作表作为程序的界面，通过单击单元格激发相应的宏的目的。

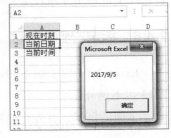

图 2-16　测试

上述事件过程还可以进一步简化为：

```
1.  Private Sub Worksheet_SelectionChange(ByVal Target As Range)
2.      If IsEmpty(Target) = False Then
3.          Application.Run Macro:=Target.Value
4.      End If
5.  End Sub
```

这是因为 Application.Run 方法就可以执行用字符串表达的宏过程，例如 Application.

Run "Test"，就可以执行一个名为 Test 的宏过程。

### 2.4.5　使用工作簿事件运行宏

工作簿对象也有很多事件，比较常用的是 Workbook_BeforeClose 和 Workbook_Open 事件，前者是指宏所在的工作簿关闭前触发的事件，后者是指工作簿一打开就触发的事件。

**源代码：实例文档 108.xlsm/m**

```
1.  Sub Start()
2.      MsgBox "Hello VBA!", vbInformation
3.  End Sub
4.  Sub Over()
5.      MsgBox "Good Bye!", vbInformation
6.  End Sub
```

然后双击工程资源管理器中的 **ThisWorkbook** 模块，编写如下事件代码。

**源代码：实例文档 108.xlsm/ThisWorkbook**

```
1.  Private Sub Workbook_BeforeClose(Cancel As Boolean)
2.      Call m.Over
3.  End Sub
4.  Private Sub Workbook_Open()
5.      Call m.Start
6.  End Sub
```

代码分析：第 1 ~ 3 行代码是工作簿关闭过程，当该工作簿关闭时，调用 Over 过程，弹出 Good Bye 对话框。

当再次打开该工作簿时，自动调用 m 模块下的 Start 过程，弹出 Hello VBA 对话框。

除了利用工作表、工作簿的事件激活一个宏过程外，还可以插入用户窗体，利用窗体或者控件也可调用并执行宏。

### 2.4.6　指定宏到功能区

Excel 2007 以上版本均可通过"Excel 选项"对话框来定制 Excel 的功能区界面，Excel 2013 也不例外。

下面的例子，首先在启用宏的工作簿的 VBA 工程的模块中写入如下代码：

```
1.  Sub Start()
2.      MsgBox "Hello VBA!", vbInformation
3.  End Sub
4.  Sub Over()
5.      MsgBox "Good Bye!", vbInformation
6.  End Sub
```

然后打开"Excel 选项"对话框，在"自定义功能区"的"从下列位置选择命令"下拉列表框中选择"宏"选项，就可以列出工作簿中的所有可执行的宏名称列表（见图 2-17）。

图 2-17  自定义功能区

然后在对话框右侧的任一选项卡中新建一个组，从左侧的宏列表中选择一个宏，单击"添加"按钮，即可把宏加入到新组中（见图 2-18）。

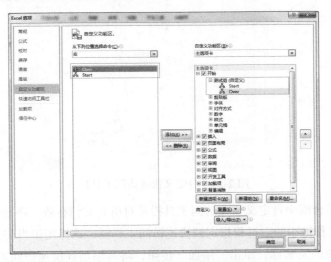

图 2-18  添加宏到新选项卡中

添加后，单击"确定"按钮关闭对话框，Excel 的功能区中多了两个自定义按钮（见图 2-19）。

图 2-19  设定效果

以后，单击这两个自定义按钮就可以调用相应的 VBA 过程。

需要注意的是，在自定义功能区中加入的新控件并不保存在工作簿中。也就是说，当宏所在的工作簿关闭后，新控件不会随之消失。

更为高级的做法是通过 XML 代码定制工作簿的功能区，这一技术本书暂不做介绍。

### 2.4.7 指定宏到快速访问工具栏

快速访问工具栏（QAT）是指位于常用功能区上方的一排小控件的区域，当然也可以将其调整到常用功能区下方。快速访问工具栏的优势是无论 Excel 切换到哪一个选项卡，快速访问工具栏始终显示在用户眼前，因此是一个比较受欢迎的定制区域。

快速访问工具栏中，既可以加入 Excel 内置的命令，也可以加入 VBA 的过程。

在"Excel 选项"对话框中，在"快速访问工具栏"的"从下列位置选择命令"下拉列表框中选择"宏"选项（见图 2-20）。

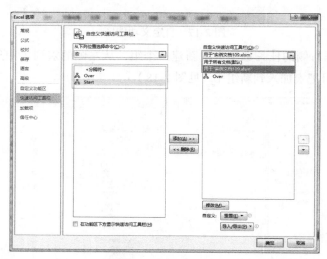

图 2-20　自定义快速访问工具栏

注意右侧的组合框中自定义快速访问工具栏是对所有文档有效，还是仅对当前工作簿有效。一般来说，工作簿中的宏过程指定到快速访问工具栏，选择用于当前文档比较合适。

然后选择左侧的宏名称，单击"添加"按钮，将其添加到快速访问工具栏中。要注意，添加的控件采用的是默认的图标和标题文字，用户可以单击"修改"按钮，改变控件的标题和图标。

如果选择的是当前文档，那么快速访问工具栏的定制信息会存储于工作簿中，当工作簿关闭后，自定义按钮随之消失。当再次打开工作簿时，快速访问工具栏自动显示定制的按钮（见图 2-21）。

图 2-21　设定效果

### 2.4.8 通过立即窗口执行宏

在立即窗口中输入 Call m.Start，然后按下【Enter】键，就可以调用模块 m 中的 Start 过程，Call 关键字可以省略（见图 2-22）。

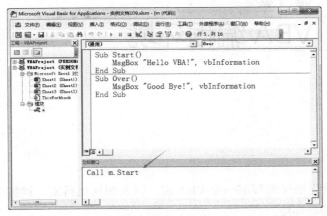

图 2-22 在立即窗口中运行 VBA 过程

以上讨论基本包括 VBA 过程所有的执行方法，在实际编程开发中应根据具体情况，以及使用对象选择恰当的执行方式。只有了解宏的执行方式，才能进一步开阔视野，明确今后的学习目标。

## 习题

1. 在 Excel 2013 中快速打开 VBA 编辑器的快捷键是什么？在 Excel 2013 中调出宏列表的快捷键是什么？

2. 通过 Excel 的单元格格式对话框可以修改单元格的水平、垂直对齐方式。把单元格中的内容对齐到单元格的右下角（见图 2-23），对应的 VBA 代码如何书写？请使用录制宏的功能。

图 2-23 习题 2 题图

3. VBA 过程的执行方法主要有哪些？各有什么优缺点？

# 第 3 章
# VBA 编程环境

前面的章节围绕如何编写第一个 VBA 宏，以及如何执行宏，讲解 VBA 的入门知识，本章来学习 VBA 编程环境。

## 3.1　VBA 编辑器界面介绍

截至本书结稿时 Office 的最新版本是 2016，VBA 编辑器的界面仍然采用的是工具栏和控件，与 Office 2003 的操作界面非常类似。

在 Excel 中按下快捷键【 Alt+F11 】，打开 VBA 编辑器，VBA 编辑器的界面主要由以下部分构成（见图 3-1）。

- 主菜单。
- 工具栏（标准、编辑等）。
- "工程资源管理器"窗格。

图 3-1　VBA 编辑器界面

- "属性窗口"窗格。
- "代码窗口"窗格。
- "立即窗口"窗格。
- "本地窗口"窗格。

其中，对每一个窗格，都可以通过单击其右上角的"关闭"按钮，临时关闭窗格。单击
VBA 编辑器最右上角的"关闭"按钮，会隐藏 VBA 编辑器并自动返回到工作表界面。

下面是关闭所有窗格和工具栏后的效果，只有主菜单不可关闭（见图 3-2）。

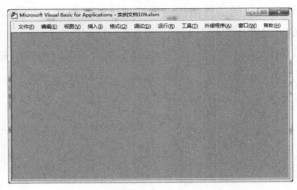

图 3-2　关闭所有窗格的 VBA 编辑器

很多 VBA 初学者往往会因为看不到某个窗格或工具栏而不知所措，其实通过"视图"
菜单可以显示任何一个窗格。

选择"视图"→"工具栏"→"自定义"命令（见图 3-3），可以弹出自定义工具栏的对
话框（见图 3-4）。

图 3-3　VBA 编辑器的"视图"菜单

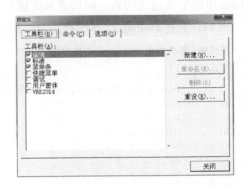

图 3-4　VBA 编辑器的自定义工具栏对话框

### 3.1.1　立即窗口

立即窗口是一个用于调试程序的非常重要的工具，显示立即窗口的快捷键是【Ctrl+G】。

立即窗口可以理解为一个简易计算器。输入一个问号，接着输入一个表达式，按下【Enter】键后，会在下一行显示出计算结果（见图3-5）。

对于不返回计算结果的执行语句，直接输入即可，无须问号均可正常执行（见图3-6）。

```
立即窗口
?36+25/5
   41
?ActiveSheet.Name & ActiveCell.Address
Sheet1$D$16
```

图 3-5　使用立即窗口计算表达式

```
立即窗口
Msgbox Application.UserName
Application.ActiveWorkbook.Close
```

图 3-6　使用立即窗口执行语句

但是对于由多行语句构成的条件结构、循环结构，要想在立即窗口中执行，需要事先利用冒号整理为一行代码（见图3-7）。

鼠标置于立即窗口中 Next i 之后，按【Enter】键后，可以看到单元格中写入了内容（见图3-8）。

```
立即窗口
For i = 2 To 16 Step 3 : Range("A" & i).Value = i^2 : Next i
```

图 3-7　在立即窗口中如何执行多行代码

图 3-8　运行结果 1

立即窗口的另一个用途是配合 VBA 代码中的 Debug.Print 语句，凡是用 Debug.Print 语句输出结果的，结果一律显示在立即窗口中。

Debug.Print 语句和 MsgBox 语句都用于结果的输出，但是二者区别比较大，前者一次可以输出多个表达式的值，而后者只能输出一个表达式的值。

例如，要计算变量 a、b 的和、差、积、商四个结果，有以下方法。

**源代码：实例文档 110.xlsm/ 立即窗口**

```
1.  Sub Test1()
2.      Dim a As Integer, b As Integer
3.      a = 6
4.      b = 3
5.      MsgBox a + b
6.      MsgBox a - b
7.      MsgBox a * b
8.      MsgBox a / b
9.  End Sub
10. Sub Test2()
11.     Dim a As Integer, b As Integer
12.     a = 6
13.     b = 3
14.     Debug.Print a + b, a - b, a * b, a / b
15. End Sub
```

代码分析：Test1 过程用了 4 个 Msgbox，输出时比较麻烦。

而第 10 ~ 15 行的 Test2 过程，通过 Debug.Print 语句可以把多个表达式用逗号连接起来，一次性输出。

Test2 过程的运行结果如图 3-9 所示。

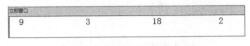

图 3-9　运行结果 2

从上面的实例可以看出 Debug.Print 语句的优势。因此，Debug.Print 语句经常用于同时打印多个输出的结果。

### 3.1.2　本地窗口

只有在程序运行期间才能使用本地窗口来实时观察所有对象、变量的值。在程序运行前以及运行结束时，在本地窗口中都看不到变量的值。

因此，一般在逐步执行代码时，使用本地窗口有重要意义。

在程序运行期间，可以看到每个变量取值的变化情况（见图 3-10）。

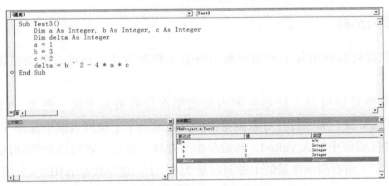

图 3-10　使用本地窗口查看变量的值

### 3.1.3　属性窗口

顾名思义，属性窗口就是查看和设置对象的属性值的。VBA 的属性窗口可以查看和设置工作簿、工作表、各种模块（窗体、标准模块、类模块）、VBA 工程、窗体和控件的属性。

显示属性窗口的快捷键是【F4】。

属性窗口中显示的内容和鼠标所选的对象有关。例如，在工程资源管理器中选中了 ThisWorkbook 模块，那么属性窗口中就显示工作簿的相关属性。属性表包括左右两列，左列是属性名称，右列是属性值（见图 3-11）。

属性窗口中的属性一般都是可读写的。对象有一部分属性是只读的，例如 Workbook. Name，Name 属性是工作簿的名称，那么该属性就不能在属性窗口中查看和修改。

图 3-11　属性窗口

### 3.1.4　对象浏览器

对象浏览器可以列出每个可用对象的所有属性和方法，显示对象浏览器的快捷键是
【F2】。

使用对象浏览器可以方便地查询内置枚举常量的值和来源。例如，VBA 代码中的
vbRed 表示红色常量，那么打开对象浏览器后，在第一个下拉列表框中选择 VBA 这个对象
库，在下面的搜索框中输入 vbRed，然后单击"查找"按钮，就可以查询到该常量的来源，
同时还可以在左下角看到该常量的十进制数是 255，十六进制数是 &HFF（见图 3-12）。

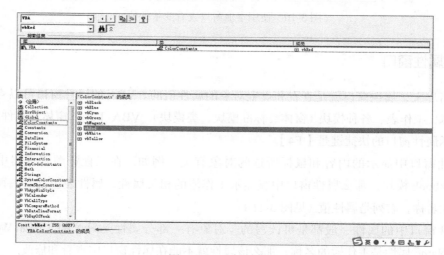

图 3-12　对象浏览器

在用到该常量的代码中，如下几种写法都是等价的：

```
1.  Sub Test1()
2.      Range("A1").Interior.Color = vbRed
3.      Range("A1").Interior.Color = VBA.ColorConstants.vbRed
4.      Range("A1").Interior.Color = 255
5.      Range("A1").Interior.Color = &HFF
6.  End Sub
```

上述过程中的第 2 ～ 5 行代码，无论运行哪一行都是把单元格底纹颜色变为红色。

另外，对象浏览器中可用的对象库列表还与当前 VBA 工程的引用有关。例如，在一个 VBA 工程中添加了 Word 这个外部引用，那么在对象浏览器中可以查询到与 Word 有关的常量（见图 3-13）。

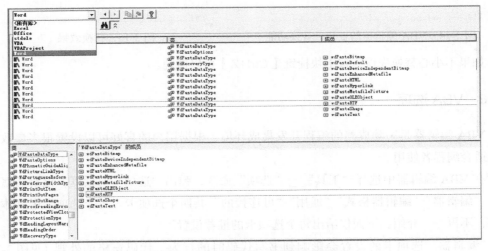

图 3-13　查看其他对象库的成员

### 3.1.5　代码的查找和替换

VBA 编程开发最重要的就是书写代码，VBA 编辑器的代码窗口是一个功能丰富的文本编辑器，也有类似于 Word 的查找和替换功能。通过查找和替换功能，可以把从其他来源的代码迅速加工成自己的。例如，原先定义的一个变量名称在代码中使用了多次，但后来想更换变量名称的拼写，使用批量替换可以一次性更改过来。

在代码窗口中选择"编辑"→"查找"命令或者直接按下快捷键【Ctrl+F】【Ctrl+H】，可以弹出查找、替换对话框。

在使用查找和替换功能时，一定要注意搜索范围和查找选项的设定。

搜索范围可以为当前过程、当前模块、当前工程，以及选定文本四种。其中，选定文本的范围取决于鼠标选中的文本。

下面的实例试图把模块中所有的变量 a 替换为 m（见图 3-14）。

由于代码中有个别的单词中包含字母 a，因此替换前一定要勾选"全字匹配"复选框，否则会替换其他单词中的字母 a。

替换后的效果如图 3-15 所示。

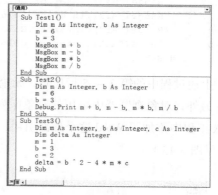

图 3-14　VBA 编辑器的查找、替换功能　　　　图 3-15　替换效果

如果不小心替换失误，按下快捷键【Ctrl+Z】可以撤销。

### 3.1.6　VBA 选项

VBA 编辑器是一款成熟的编程开发集成环境，根据用户的喜好可以设置很多参数，从而更适合编程者使用。

在 VBA 编辑器中选择"工具"→"选项"命令，弹出"选项"对话框，该对话框还细分为"编辑器""编辑器格式""通用""可连接的"共四个选项卡。每个选项卡中具体内容很多，不再一一介绍，下面仅给出每个选项卡的推荐设置。

"编辑器"选项卡的设置会影响到书写代码时的行为、代码窗格的外观（见图 3-16）。

"编辑器格式"选项卡可以更改 VBA 代码、注释等内容的字体格式（见图 3-17）。

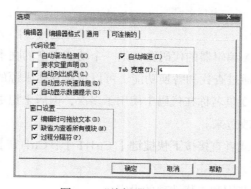

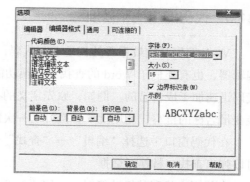

图 3-16　"编辑器"选项卡　　　　　　　　图 3-17　"编辑器格式"选项卡

"通用"选项卡一般采用默认设置（见图 3-18）。

"可连接的"选项卡用于设置各个窗格在 VBA 窗口中的停靠行为（见图 3-19）。

什么是可连接的呢？ VBA 编辑器中的各种窗口都是 VBA 编辑器的子窗口，如果把立即窗口设置为可连接的，那么该窗口就自动吸附在 VBA 编辑器母窗口中，当母窗口变更尺寸时，可连接的窗口会自动适应。

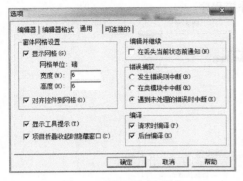

图 3-18 "通用"选项卡

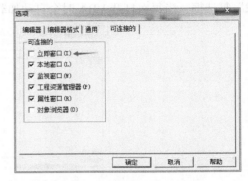

图 3-19 "可连接的"选项卡

反之，如果在 VBA 选项中，取消勾选"可连接的"复选框，或者右击，去掉"可连接的"前面的对勾，那么该窗口成为一个独立的子窗口，其大小与母窗口无关（见图 3-20）。

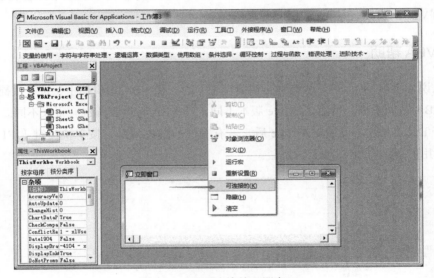

图 3-20　不可连接的立即窗口

### 3.1.7　外接程序管理器

VBA 编辑器可以加载一些外接的工具插件（VBA 外接程序），这些外接程序往往是辅助编程的工具，通过 VB6 可以开发 VBA 编辑器的外接程序。

外接程序在管理上类似于 Excel 的加载宏或 COM 加载宏。VBA 外接程序的加载和卸载要通过外接程序管理器来完成。

选择"外接程序"→"外接程序管理器"命令，弹出"外接程序管理器"对话框（见图 3-21）。

VBA 编辑器允许同时加载多个外接程序，选中一个外接程序，然后勾选右下角"加载行为"中的"加载的 / 未加载的"复选框，可以加载或卸载外接程序。如果勾选"启动时加载"复选框，当每次打开 VBA 时会自动加载该外接程序。

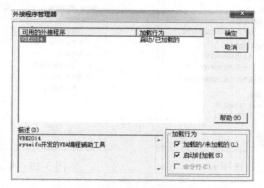

图 3-21 "外接程序管理器"对话框

作者开发的 VBE2014 就是用 VB6 开发的典型外接程序，可以从本书配套资源中下载，文件名为 VBE2014_Setup_20160709.exe。

### 3.1.8  VBA 帮助

有人说，学习 VBA 最好的老师是快捷键【F1】。在 VBA 编辑器中，按下快捷键【F1】会弹出 VBA 帮助系统。然而，Office 版本不同，其 VBA 帮助系统也有很大不同。

对于 Excel 2010，安装好 Office 后，就有完整的脱机帮助，按下快捷键【F1】就会弹出非常好用的帮助窗口（见图 3-22）。

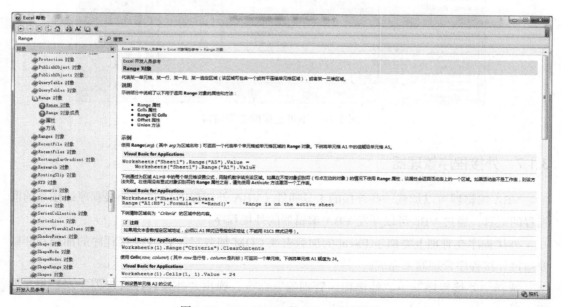

图 3-22  Excel 2010 的 VBA 脱机帮助

然而对于 Excel 2013，在 VBA 界面中按下快捷键【F1】后，会跳转到微软的在线帮助中心，并且是网页版的（见图 3-23）。

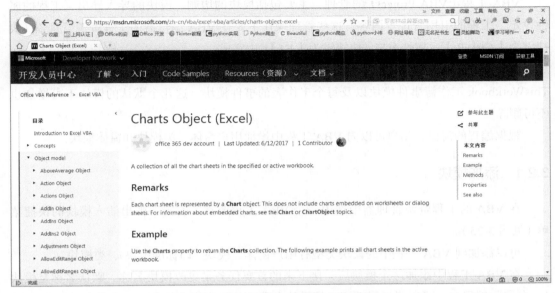

图 3-23　Excel 2013 的在线 VBA 帮助

另外，微软也提供了一个 chm 格式的脱机帮助文件（见图 3-24），需要单独从网上下载。本书配套资源中也提供下载，文件名为 Excel 2013 Developer Documentation.chm。

通过帮助系统，可以学习到 Excel 对象模型，了解对象的属性、方法、事件的语法和示例。

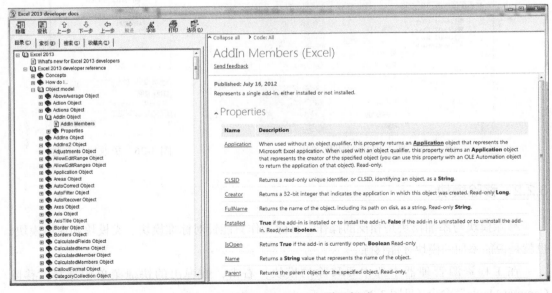

图 3-24　Excel 2013 VBA 脱机帮助

## 3.2　VBA 工程管理

VBA 工程（VBA Project）的管理，主要包括模块的增删、模块的导入导出、工程的属性设定、工程的引用管理等内容。这些管理操作主要在 VBA 编辑器的工程资源管理器（快捷键为【Ctrl+R】）、属性窗口（快捷键为【F4】）中完成。

每个 Excel 工作簿都有一个 VBA 工程，对于新建的工作簿，其 VBA 工程中只有 ThisWorkbook 工作簿事件模块以及每个工作表的事件模块。这几个默认的模块不可增加也不可删除。

根据编程的需要，用户可以向 VBA 工程中增加用户窗体、类模块和窗体模块。

### 3.2.1　添加模块

在 VBA 的工程资源管理器中选中一个 VBA 工程节点，右击，弹出插入模块的快捷菜单（见图 3-25）。

可以添加到 VBA 工程中的模块类型有用户窗体、模块（即标准模块）、类模块。

在 VBA 工程中添加一个模块后，接下来的首要任务是更改模块名称。默认名称是模块1，在实际编程时，可以通过属性窗口把模块名称更改为有意义的名字。把默认的"模块1"更改为 CommonMoule（见图 3-26）。

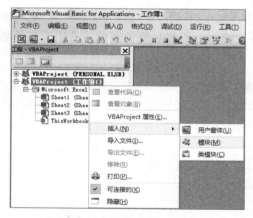

图 3-25　插入模块的快捷菜单

图 3-26　更改模块名称

### 3.2.2　移除模块

移除模块与添加模块是相反的操作，移除操作只能针对标准模块、类模块和窗体模块，也就是说能添加的模块才能移除。

在工程资源管理器中选中要移除的模块，右击，在弹出的快捷菜单中选择"移除 CommonMoule"命令（见图 3-27）。

弹出的对话框询问是否要将其导出，此处单击"否"按钮即可（见图 3-28）。

图 3-27　移除模块快捷菜单　　　　　　　　图 3-28　询问对话框

### 3.2.3　导出和导入模块

模块的导出，其实起的是备份的目的。在编写程序时，为了安全起见可以把模块导出为单独的文件，这样就脱离了工作簿。

等下次需要这个模块时，还可以导入恢复。模块的导出和导入操作，也在模块的右键快捷菜单中完成。

### 3.2.4　修改工程属性

选择"工具"→"VBAProject 属性"命令，或者在工程资源管理器中右击 VBA 工程节点，都可以弹出"VBAProject– 工程属性"对话框。该对话框分为"通用"和"保护"两个选项卡（见图 3-29）。

"通用"选项卡主要用于修改工程的名称，而"保护"选项卡主要用于为 VBA 工程设置密码。如果设置了密码，下次重新打开工作簿查看 VBA 代码时，会弹出密码输入对话框（见图 3-30）。

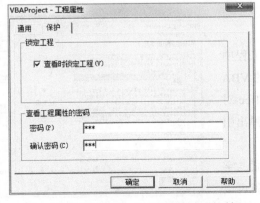
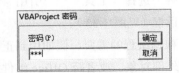

图 3-29　"VBAProject– 工程属性"对话框　　　　图 3-30　密码输入对话框

当然，VBA 的密码保护是相当薄弱的，会被第三方工具轻松破解。正是由于 Office VBA 的代码安全性问题，VBA 封装技术应运而生。

如果在开发过程中设定了 VBA 工程密码，而且忘记了密码，作者推荐使用 VBE2014 这款外接程序来解决。

安装了 VBE2014 后，在 VBA 编辑器会多出一条自定义工具栏（见图 3-31）。

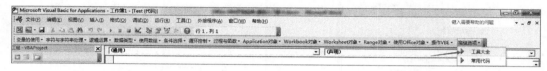

图 3-31　VBE2014 工具栏

选择"高级选项"→"工具大全"命令，出现"VBE2014_工具大全"窗口（见图 3-32）。

图 3-32　VBE2014_ 工具大全

勾选该窗口右下角的"破解密码"复选框，以后就可以直接打开设有密码保护的工程，而不再需要输入密码。

### 3.2.5　工程引用

VBA 工程中很重要的一个概念就是工程中使用的对象引用库，对于 Excel 工作簿的 VBA 工程，默认引用 VBA、Excel 对象库、Office 对象库等。选择"工具"→"引用"命令，弹出引用对话框（见图 3-33）。

根据编程的需要，假如用到正则表达式、字典等外部对象，或者跨 Office 组件编程，就可以拖动引用对话框中的滚动条，勾选相应的外部对

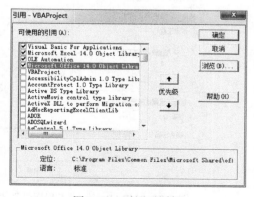

图 3-33　引用对话框

象库。另外，也可以单击"浏览"按钮，在磁盘中找到外部对象库的文件即可。

也可以把工程中不需要的冗余引用移除，取消前面复选框的勾选即可。

## 习题

1. 如图 3-34 所示，VBA 窗口中看不到工程资源管理器，怎么办？

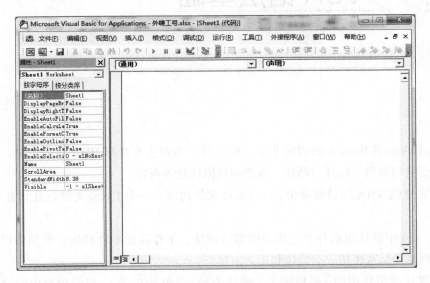

图 3-34　第 1 题图

2. VBA 工程中，可以添加、移除的模块部件有哪些类型？

3. 如图 3-35 所示，在变量 x 后面输入小数点，没有自动弹出成员，这是为什么？

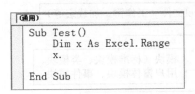

图 3-35　第 3 题图

# 第 4 章
# VBA 语法基础

VBA 和 Visual Basic 6 的语法几乎一模一样。本章主要介绍 VBA 数据类型、表达式和运算符、变量与常量、选择与循环、数组和代码优化等内容。

一个完整的 VBA 项目通常由一个 Excel 文件构成，一个 Excel 文件有且只有一个 VBA 工程。

VBA 工程中默认包括各个工作表的事件模块、工作簿的事件模块。但是用户可以根据需要为工程添加标准模块、类模块和用户窗体。

各个模块由模块声明（模块定义、模块变量、API 声明等），以及模块中的过程和函数构成。

过程和函数由若干行语句构成，根据需要可以使用顺序、选择和循环结构（见图 4-1）。

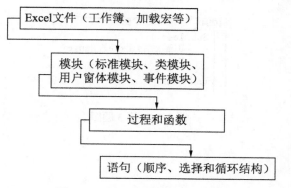

图 4-1　VBA 工程的构成示意图

可以看出，语句是构成 VBA 项目的最基本单位。

## 4.1　VBA 数据类型

VBA 的数据类型，可以理解为 Visual Basic 6 的数据类型再加上 Office 相关的对象类型。

也就是说，Visual Basic 6 的基本数据类型在 VBA 中几乎全都支持，但是由于 VBA 工程默认有与 Office 相关的工程引用，也就多了一些对象类型。

数据类型实际上是现实世界的事物描述。例如，人们的姓名就是一个没有大小的文本（字符串），年龄是一个正整数，每天花的钱是一个货币类型，结婚与否是一个布尔型，出生日期是一个日期时间类型。

因此，日常生活中有哪些数据，程序设计就提供了相应的数据类型，以便用程序来处理现实世界各方面的问题。

以下介绍 VBA 常用数据类型。

### 4.1.1　字符串

字符串类型是程序设计中最基本、最常用的数据类型，与字符串类型有关的包括字符串常量、字符串变量、字符串运算、字符串转换函数等。

在书写代码时，为了和变量名称相区别，字符串常量必须用双引号括起来。例如，"Hello VBA" 就是一个长度为 9 的字符串常量。然而在输出字符串时，看不到两边的双引号。

如果字符串中本身就含有双引号，需要用两个双引号表达一个双引号，例如：

```
MsgBox "Excel""VBA"
```

输出：

```
Excel"VBA
```

另外，一些特殊字符不能直接书写在双引号内，例如制表符和换行符。VBA 中没有转义字符，因此使用内置常量来表达。

"Excel" & VBA.Constants.vbTab & "VBA"，表示 Excel 后面跟着一个制表位，然后是 VBA。

如果字符串分为多行，使用 vbNewLine 连接即可。

运行 MsgBox "Excel" & vbNewLine & "VBA"，结果如图 4-2 所示。

此外，还可以利用 ASCII 码表来生成字符。VBA 中 Chr(i) 可以把 ASCII 值 i 转换为字符，而 ASC(s) 则可以把字符转换为数值。

例如，大写字母 O 的 ASCII 值是 79，K 的 ASCII 值是 75，双引号的 ASCII 值是 34，所以运行 MsgBox VBA.Chr(79) & VBA.Chr(75) & VBA.Chr(34) 的结果如图 4-3 所示。

图 4-2　运行结果 1

图 4-3　运行结果 2

字符串变量可以把字符串常量或其运算的结果赋给变量。字符串变量必须声明为 String 类型。

**源代码：实例文档 84.xlsm/ 基本数据类型**

```
1.  Sub Test1()
2.      Dim s As String
3.      Dim t As String * 6
4.      s = "VBA"
5.      t = "Excel" + s
6.      MsgBox t
7.  End Sub
```

代码分析：变量 s 是变长字符串变量，t 是定长字符串变量，只能容纳 6 个字符。

第 5 行代码把两个字符串连接在一起赋给变量 t，但是 t 只能接受前 6 个字符，运行结果如图 4-4 所示。

在 VBA 中，& 表示两个字符串的连接，而 + 则有两个含义：只有 + 运算符两侧都是数值型，才执行加法，如果有一侧是数字，另一侧是字符串，或者两侧都是字符串，则执行字符串的连接。

下面的实例说明 & 和 + 的使用场合。

```
1.  Sub Test2()
2.      Debug.Print "Excel" + "89"
3.      Debug.Print 7.4 + 9.2
4.      Debug.Print "Excel" & 89
5.      Debug.Print 20 & 89
6.  End Sub
```

运行上述过程，运行结果如图 4-5 所示。

图 4-4　运行结果 3

图 4-5　运行结果 4

可以看出，如果用到 &，即使两边不是字符串类型，也自动转换成字符串来处理。

在实际编程中，字符串的连接运算尽量使用 &，少用 +，以免发生歧义。

## 4.1.2　数值型

VBA 中的数值类型有整型（Integer）、长整型（Long）、单精度浮点型（Single）、双精度浮点型（Double）。

整型变量的数值是 –32 768 ～ 32 767。如果是超过这个范围的整数，需要将其声明为更大范围的 Long 型。

单精度浮点型和双精度浮点型用来处理带有小数点的数据。

**源代码：实例文档 84.xlsm/ 基本数据类型**

```
1.   Sub Test3()
2.       Dim a As Integer
3.       Dim b As Long
4.       Dim c As Single
5.       Dim d As Double
6.       a = 30000
7.       b = 3000000
8.       c = 3.14159
9.       d = 3.1415926
10.      MsgBox a + b + c + d
11. End Sub
```

图 4-6　运行结果 5

运行上述过程，对话框中返回数字之和（见图 4-6）。

### 4.1.3　日期和时间型

VBA 中，日期和时间都是 Date 类型。

日期和时间常量都需要在两侧加上 #，例如 #8/9/2017# 表示 2017 年 8 月 9 日，#4:20:30 PM# 表示下午 4 点 20 分 30 秒，如果一个常量中既有日期又有时间，则写作 #8/9/2017 4:20:30 PM#。

**源代码：实例文档 84.xlsm/ 基本数据类型**

```
1.   Sub Test4()
2.       Dim dt As Date, tm As Date
3.       dt = #8/9/2017#
4.       tm = #4:20:30 PM#
5.       Debug.Print dt, tm
6.       Debug.Print Now, Date, Time
7.   End Sub
```

代码分析：第 3 ～ 4 行代码把日期和时间常量赋给变量；第 5 行代码打印结果；第 6 行代码中用到 VBA 的内置函数，Now 表示当前日期和时间，Date 表示程序运行时的当前日期，Time 表示当前时间。

运行结果如图 4-7 所示。

```
立即窗口
2017/8/9      16:20:30
2017/8/10 12:42:27          2017/8/10      12:42:27
```

图 4-7　运行结果 6

### 4.1.4　布尔型

布尔数据类型通常用来描述是否型的数据，例如是否为党员、是否及格等。在程序设计中，布尔型经常用于 If 条件选择结构、While 循环中的条件判断。

布尔常量只有 True 和 False 两个，布尔变量必须定义为 Boolean。

如果 True 和 False 与其他数值型进行运算，则 True 按 −1 处理，False 按 0 处理。

```
1.  Sub Test5()
2.      Dim T As Boolean, F As Boolean
3.      T = True
4.      F = False
5.      MsgBox T * 2 + F
6.  End Sub
```

运行上述过程，对话框中返回 −2。

### 4.1.5　变体型

变体型（Variant）变量可以接受任何类型的数据。

声明 Variant 变量时，后面的 As Variant 可以省略不写。

```
1.  Sub Test6()
2.      Dim V As Variant
3.      V = "abc"
4.      V = False
5.      V = 5.23
6.  End Sub
```

像这样把不同的数据类型赋给变体型变量，也不会出错。变体型变量经常用于接受数组。

### 4.1.6　对象型

前面讲述的基本数据类型是没有成员的，也就是说，无论常量还是变量，后面不能输入小数点而出现新的成员。而对象则比一般变量丰富得多，具有很多方法、属性，甚至事件。

如果在 VBA 工程中加入新的引用，就可以在 VBA 中声明对象变量，进而使用新对象。

例如，选择"工具"→"引用"命令，勾选 Microsoft Scripting Runtime 复选框，就可以使用字典、FSO 等对象（见图 4-8）。

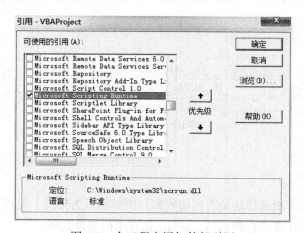

图 4-8　在工程中添加外部引用

运行下面的过程，可以删除指定文件。

**源代码：实例文档 84.xlsm/ 对象型**

```
1.  Sub Test1()
2.      Dim F As Scripting.FileSystemObject
3.      Set F = New Scripting.FileSystemObject
4.      F.DeleteFile "C:\temp\a.txt"
5.      Set F = Nothing
6.  End Sub
```

代码分析：代码中的 F 就是一个对象，需要用 Set 关键字来为其赋值。使用完后，设置其为 Nothing，以便释放变量。

如果把变量声明为 Object，则可以把任何对象赋给这个变量。

```
1.  Sub Test2()
2.      Dim a As Object
3.      Set a = Application
4.      Set a = ActiveWorkbook
5.      Set a = ActiveSheet
6.      Set a = ActiveCell
7.  End Sub
```

代码分析：由于 Object 类型是通用的对象类型，所以运行上述过程不会出错。

今后要讲到的 Excel VBA 对象模型都与对象变量的使用有关。

### 4.1.7　数据类型的判断

在程序编写和调试过程中，很有必要去了解变量、常量的类型。可以使用 VarType、TypeName 和一些信息函数来判断。这些判断函数均属于 VBA.Information 子类。

使用 VarType 判断类型时，返回一个 VBA.VbVarType 枚举值。例如，a 是一个长整型数据，那么 VarType(a) 就返回 vbLong(3)。枚举常量如表 4-1 所示。

表 4-1　VbVarType 枚举常量

| 常　　数 | 值 | 描　　述 |
| --- | --- | --- |
| vbEmpty | 0 | Empty（未初始化） |
| vbNull | 1 | Null（无有效数据） |
| vbInteger | 2 | 整数 |
| vbLong | 3 | 长整数 |
| vbSingle | 4 | 单精度浮点数 |
| vbDouble | 5 | 双精度浮点数 |
| vbCurrency | 6 | 货币 |
| vbDate | 7 | 日期 |
| vbString | 8 | 字符串 |
| vbObject | 9 | Automation 对象 |
| vbError | 10 | 错误 |
| vbBoolean | 11 | Boolean |

续表

| 常　数 | 值 | 描　述 |
|---|---|---|
| vbVariant | 12 | Variant（只和变量数组一起使用） |
| vbDataObject | 13 | 数据访问对象 |
| vbByte | 17 | 字节 |
| vbArray | 8192 | 数组 |

下面的实例打印各个数据的类型值。

**源代码：实例文档 85.xlsm/ 判断数据类型**

```
1.  Sub Test1()
2.      Debug.Print VarType(300000)
3.      Debug.Print VarType(30)
4.      Debug.Print VarType(-3.14)
5.      Debug.Print VarType(False)
6.      Debug.Print VarType("Hello")
7.  End Sub
```

运行结果如图 4-9 所示。　　　　　　　　　　　　　　　图 4-9　运行结果 7

利用这一点也可以判断数据是否属于某一类型。例如，下面的过程判断数据是否属于字符串。

**源代码：实例文档 85.xlsm/ 判断数据类型**

```
1.  Sub Test2()
2.      Dim v As Variant
3.      v = "你好！"
4.      If VBA.Information.VarType(v) = VBA.VbVarType.vbString Then
5.          MsgBox "v 是一个字符串"
6.      Else
7.          MsgBox "v 不是字符串"
8.      End If
9.  End Sub
```

代码分析：第 4 行代码的 VBA.VbVarType.vbString 等价于整数 8。

另一个有用的函数是 TypeName，无论参数是什么类型，该函数总返回一个字符串。

表 4-2 列出 TypeName 函数的返回值。

表 4-2　TypeName 函数的返回值

| 值 | 描　述 |
|---|---|
| Byte | 字节值 |
| Integer | 整型值 |
| Long | 长整型值 |
| Single | 单精度浮点值 |
| Double | 双精度浮点值 |
| Currency | 货币值 |
| Decimal | 十进制值 |
| Date | 日期或时间值 |

| 值 | 描　述 |
|---|---|
| String | 字符串值 |
| Boolean | Boolean 值：True 或 False |
| Empty | 未初始化 |
| Null | 无有效数据 |
| \<object type> | 实际对象类型名 |
| Object | 一般对象 |
| Unknown | 未知对象类型 |
| Nothing | 还未引用对象实例的对象变量 |
| Error | 错误 |

下面的实例打印各种数据的类型。

**源代码：实例文档 85.xlsm/ 判断数据类型**

```
1.   Sub Test3()
2.       Debug.Print TypeName(ActiveCell)
3.       Debug.Print TypeName(30)
4.       Debug.Print TypeName(-3.14)
5.       Debug.Print TypeName(Array(3, 4, 5))
6.       Debug.Print TypeName("Hello")
7.   End Sub
```

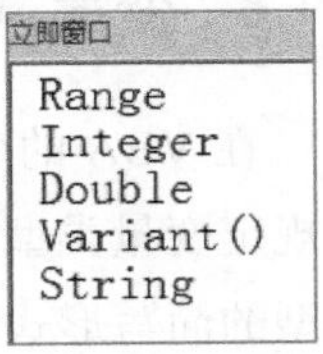

运行上述代码，结果如图 4-10 所示。

图 4-10　运行结果 8

TypeName 也可以用来判断数据是否属于某一种具体类型，例如，MsgBox TypeName
(30000) = "Long" 会返回 False，把数字更改为 3000000 则会返回 True。这说明 3000000 属于
长整型，而 TypeName(30000) 只能返回 Integer。

VBA.Information 子类还有一些以 Is 开头的判断函数，这类函数直接判断数据是否属于
某一类型，均返回布尔值。

**源代码：实例文档 85.xlsm/ 判断数据类型**

```
1.   Sub Test4()
2.       Dim i As Integer, j As Integer
3.       i = 34
4.       Debug.Print VBA.Information.IsArray(Array(2, 3, 4))
5.       Debug.Print VBA.Information.IsDate(#4/7/2001#)
6.       Debug.Print VBA.Information.IsEmpty(i)
7.       Debug.Print VBA.Information.IsEmpty(Empty)
8.       Debug.Print VBA.Information.IsNull(Null)
9.       Debug.Print VBA.Information.IsNumeric(32)
10.      Debug.Print VBA.Information.IsObject(ActiveWorkbook)
11.  End Sub
```

代码分析：第 4 行验证是否是一个数组，第 5 行验证是否属于日期时间，第 6～7 行验
证是否为空，第 8 行验证是否为 Null，第 9 行验证是否属于数值，第 10 行验证是否是一个
对象。

运行上述代码后，除了第 6 行返回 False，其余各行均返回 True。

对于对象变量，还可以用 Is Nothing 来判断该变量是否从未赋值，或者变量已经被释放，如果对象变量是空的，则返回 True。

```
1.  Sub Test5()
2.      Dim rg As Excel.Range
3.      Debug.Print rg Is Nothing
4.      Set rg = Range("B2")
5.      Debug.Print rg Is Nothing
6.      Set rg = Nothing
7.      Debug.Print rg Is Nothing
8.  End Sub
```

代码分析：对于刚声明的对象变量，还没有把具体对象赋给它，那就是 Nothing，因此第 3 行的打印结果是 True。

第 4 行把具体的单元格赋给了 rg，因此第 5 行的打印结果为 False。

第 6 行释放对象变量，第 7 行运行结果是 True。

## 4.1.8　变量声明的简写形式

在 VBA 的变量声明中，除了用 As 类型这种写法外，还可以在变量后面紧跟一个符号来规定变量类型。例如，Dim b as Integer 可以简写为 Dim b%。下面的实例列出了常见数据类型的简写形式。

**源代码：实例文档 86.xlsm/ 变量的简写形式**

```
1.  Sub Test1()
2.      Dim a$, b%, c&, d!, e@
3.      ' 等价于 Dim a As String, b As Integer, c As Long, d As Single, e As Currency
4.      a = "abc"
5.      b = &H314
6.      c = 300000
7.      d = 2#
8.      e = 3000@
9.  End Sub
```

代码分析：第 5 行代码把十六进制数 314（相当于十进制的 788）赋给整型变量 b。

## 4.1.9　变量声明的初始默认值

变量声明后，即使没有赋值，VBA 根据变量的类型也为其设置初始值。字符串变量初始值是空字符串，数值型变量初始值是 0，布尔型变量初始值是 False，对象变量的初始值是 Nothing。

**源代码：实例文档 86.xlsm/ 变量的初始默认值**

```
1.  Sub Test1()
2.      Dim a As String, b As Integer, c As Long, d As Boolean, e As Excel.Workbook
3.      Debug.Print a, b, c, d, e Is Nothing
4.      Stop
5.  End Sub
```

代码分析：运行本过程前，先打开本地窗口，运行到 Stop 所在语句，观察变量的值（见图 4-11）。

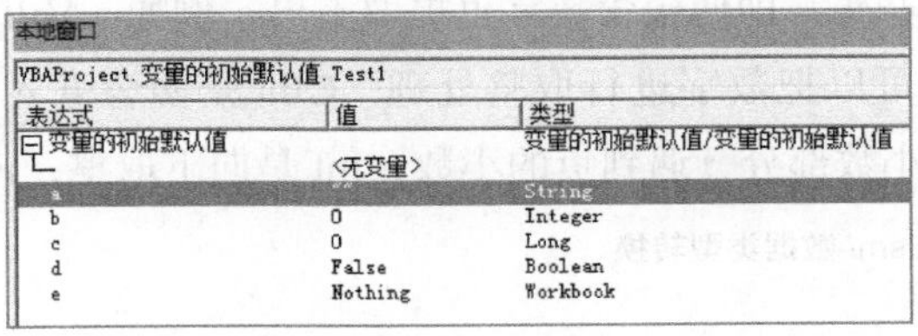

图 4-11　本地窗口 1

可以看出，各个变量即使从未赋值，也已经有初始值。

## 4.1.10　数据类型的转换

编写程序时，经常遇到不同数据类型的相互转换，VBA 中很多情况下采用默认转换的方式，不需要显示转换，但是某些场合下严格要求数据类型时，就需要转换后才能使用。VBA.Conversion 子类有大量用于数据类型转换的函数（见表 4-3）。该子类下有大量的以 C 开头的函数，其功能就是把源数据转换成目标类型。例如，CBool(3.5) 会返回布尔值 True，CInt (−3.8) 会返回整数 −4。

表 4-3　VBA.Conversion 子类部分转换函数

| 函 数 名 称 | 转 换 为 |
| --- | --- |
| CBool | Boolean |
| CDate | Date |
| CDbl | Double |
| CInt | Integer |
| CLng | Long |
| CSng | Single |
| CStr | String |

上述函数中，CInt 与 CStr 的使用频率较高。

例如，VBA 的字符串函数 Left 用于返回字符串从左侧截取指定数目的字符。其严格语法是 Left(String As String,Length As Long)，也就是说第 1 个参数是 String 型、第 2 个参数是 Long 型。但在实际编程中遇到下面的情况，也不会出错：MsgBox Left(13579, "3") 会返回 135。但不推荐这样使用，尽量要提供和函数参数类型匹配的数据。因此改写成 MsgBox Left(CStr(13579), CLng("3")) 更为稳妥。

下面重点讲述一下其他数据类型向数值型转换的知识。

其他数据类型向数值类型转换，根据情况可以直接使用 CInt、CSng 和 CDbl，另外，还有 Int、Val、Fix、Round 函数，也是用于数值转换处理的函数。

这些函数中，Val 函数可以从以数字开头的字符串中提取出连续数字并返回，而其他函数则办不到。

例如，VBA.Conversion.Val("2017.6.9Good") 可以返回 2017.6 这个小数。因为一个数字至多有 1 个小数点，所以截止到数字 6，后面的则舍弃。

如果是以其他字符开头，即使包含数字也提取不出。例如，Val("H2017") 只会返回 0。

CInt、Int 和 Fix 都可以把数字进行取整处理，CInt 是四舍五入取整；Int 和 Fix 遇到正的小数，都是直接舍弃小数部分，遇到负的小数，Int 是向下取整，Fix 是向上取整。

**源代码：实例文档 87.xlsm/ 数据类型转换**

```
1.   Sub Test1()
2.       Dim a As Single, b As Single, c As Single, d As Single
3.       a = 3.78
4.       b = 3.24
5.       c = -3.85
6.       d = -2.3
7.       Debug.Print "原始数据 ", a, b, c, d
8.       Debug.Print "CInt: ", CInt(a), CInt(b), CInt(c), CInt(d)
9.       Debug.Print "Int: ", Int(a), Int(b), Int(c), Int(d)
10.      Debug.Print "Fix: ", Fix(a), Fix(b), Fix(c), Fix(d)
11. End Sub
```

**代码分析：**第 8 ~ 10 行分别用 3 个函数对 4 个数字进行转换，结果如图 4-12 所示。

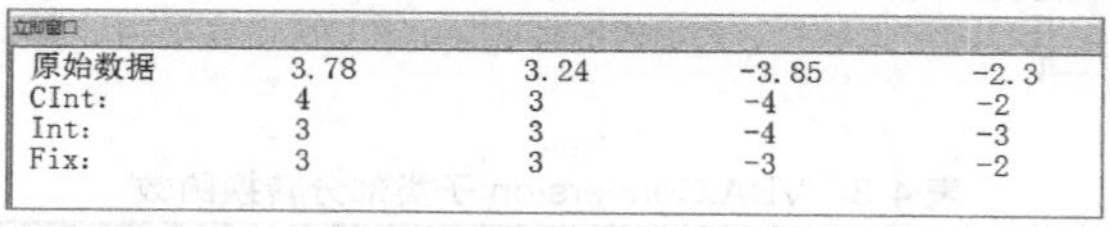

| 立即窗口 | | | | |
|---|---|---|---|---|
| 原始数据 | 3.78 | 3.24 | -3.85 | -2.3 |
| CInt: | 4 | 3 | -4 | -2 |
| Int: | 3 | 3 | -4 | -3 |
| Fix: | 3 | 3 | -3 | -2 |

图 4-12　运行结果 9

可以看出，转换的结果都是整数，转换的差别不超过 1。

Round 函数可以把一个数字四舍五入到指定的小数位数。例如，Round(-3.81647,2) 可以返回 −3.82。

## 4.2 表达式与运算符

运算符的作用是把数据进行计算加工，得到新的结果的过程。VBA 中的运算符主要包括算术运算符、比较运算符、Like 运算符和逻辑运算符。一个表达式通常由多个数据和多个运算符连接而成，当出现多个运算符时，圆括号的优先级最高，也就是说，只要是被括号括起来的部分，一定优先计算。赋值运算的优先级最低。

### 4.2.1 算术运算符

算术运算符主要用来执行数值计算，表 4-4 列出算术运算符及其优先级。

表 4-4　算术运算符及其优先级

| 算术运算符 | 优 先 级 | 作　　用 | 实　　例 |
|---|---|---|---|
| ^ | 1 | 指数运算 | 2^3=8 |
| − | 2 | 负数运算 | −5 |

| 算术运算符 | 优　先　级 | 作　　　用 | 实　　例 |
|---|---|---|---|
| *、/ | 3 | 乘、除 | 3*7=21，7/5=1.4 |
| \ | 4 | 整除 | 7\5=1 |
| MOD | 5 | 求余 | 25 MOD 7=4 |
| +、- | 6 | 加、减 | 6+5=11 |

如果优先级相同，按从左到右的顺序计算，例如 * 和 / 优先级相同，计算 3*8/2 会得到 12，而 8/2*3 也会得到 12。

## 4.2.2　比较运算符

比较运算符就是对两者进行大小的比较，返回的结果是布尔值。

常用的比较运算符有 >、<、>=、<=、=、<>。例如，3+5<>8 返回 False。

以上各个比较运算符的优先级相同。

在 VBA 中，数值型数据的大小比较容易理解。此外，VBA 还可以进行日期比较、字符串比较。例如，#2004-8-7#>#2013-8-7# 会返回 False。

字符串是按照 ASCII 码的顺序进行比较，例如 "b">"C" 返回 True。因为小写字母 a 的 ASCII 值是 97，z 的 ASCII 值是 122，大写字母 A 的 ASCII 值是 65，Z 的 ASCII 值是 90。由于 b 的 ASCII 值比 C 的要大，所以返回 True。

运行如下代码，可以在立即窗口看到 ASCII 码表。

```
1.  Sub Test1()
2.      Dim i As Integer
3.      For i = 1 To 127
4.          Debug.Print i, Chr(i)
5.      Next i
6.  End Sub
```

对于长度大于 1 的字符串的比较，按照从左到右的顺序，逐个字符比较，直至能比较出结果，如果比不出结果，则认为两个字符串相同。

例如，"Hello"<"Hero" 返回 True，因为前两个字符比较不出来，只好比较小写 l 和 r，l 的 ASCII 值小于 r 的，所以返回 True。

一定要注意，VBA 进行字符比较时，模块的默认定义是二进制比较方式（Option Compare Binary），也就是默认区分大小写。如果模块顶部声明为 Option Compare Text，则是文本比较方式，这时程序的运行结果会发生巨大差别。

**源代码：实例文档 88.xlsm/ 字符串的比较**

```
1.  Option Compare Text
2.  Sub Test1()
3.      Debug.Print "VBA" > "excel"
4.      Debug.Print "VBA" = "vba"
5.  End Sub
```

代码分析：由于模块顶部声明为文本比较方式，"VBA" > "excel" 就等价于比较 "vba" > "excel"，结果返回 True。"VBA" = "vba" 等价于比较 "vba" = "vba"，也返回 True。

读者可以把模块顶部那行注释掉，再运行这个过程，发现两个打印结果都为 False，可见比较方式的影响很大。

另外，VBA 中的 StrComp 函数，也可以用于字符串的比较。该函数语法如下：

```
StrComp(String1,String2,Compare)
```

前两个参数是两个字符串，最后一个参数是比较方式的指定。比较结束后，如果前者大则返回 1，后者大则返回 –1，一样大则返回 0。

**源代码：实例文档 88.xlsm/ 字符串的比较**

```
1.  Sub Test2()
2.      Debug.Print VBA.Strings.StrComp("VBA", "excel", compare:= vbBinaryCompare)
3.      Debug.Print VBA.Strings.StrComp("VBA", "excel", compare:= vbTextCompare)
4.      Debug.Print VBA.Strings.StrComp("VBA", "vba", compare:=vbTextCompare)
5.  End Sub
```

代码分析：第 2 行代码，比较方式是二进制比较，区分大小写，前者小，所以返回 –1。

第 3 行代码，比较方式是文本比较，不区分大小写，前者大，所以返回 1。

第 4 行代码，不区分大小写，返回 0。

### 4.2.3  Like 运算符

Like，英文是相像的意思，在 VBA 中经常用 Like 来对字符串进行模式匹配和判断。其语法格式为：

```
Result = String Like Pattern
```

其中，Pattern 是事先规定好的模式字符串。Like 运算符返回一个布尔值，如果源字符串与模式相匹配，则返回 True，否则返回 False。

Like 的匹配结果与模块定义也有关系，在使用 Like 时，根据需要事先设定模块定义是 Option Compare Binary 还是 Option Compare Text。

Like 的强大之处在于能够在 Pattern 中使用通配符，如果不使用通配符，Like 的功能和比较运算符中的大于、小于没什么两样。

**源代码：实例文档 89.xlsm/Like 运算符**

```
1.  Option Compare Text
2.  Sub Test1()
3.      Dim b As Boolean
4.      b = "VBA" Like "vba"
5.      MsgBox b
6.  End Sub
```

运行上述代码，对话框中返回 True，如果把顶端模块定义注释掉，或者改为 Option Compare Binary，再次运行，结果就不一样了。

Like 运算符支持的通配符如表 4-5 所示。

表 4-5　Like 运算符支持的通配符

| 通　配　符 | 含　　义 | 举　　例 |
|---|---|---|
| ? | 任意一个字符 | "vba" Like "vb?"，返回 True |
| * | 0 个或多个字符 | "vba" Like "v*"，返回 True |
| # | 0 ~ 9 中的任何一个数字 | "vb6" Like "vb#"，返回 True |
| [charlist] | charlist 中的任何一个字符 | "vba" Like "*[a-f]"，返回 True |
| [!charlist] | charlist 以外的任何一个字符 | "vba" Like "[!abcde]ba"，返回 True |

? 和 * 的区别：? 只能表达 1 个字符，而 * 可以表达 0 个及其以上任意多字符。例如，Msgbox" 大家好！ " Like " 大 *" 返回 True，而 Msgbox " 大家好！ " Like " 大 ?" 返回 False。因为 "大" 后面还有 3 个字符，一个问号不能表达。

? 和 # 的区别：# 局限于数字之内，而 ? 可以是任意字符。例如，Msgbox "5a20" Like "#?##" 可以返回 True，如果改成 Msgbox "5a20" Like "####" 则返回 False。

根据这个特点，可以用来判断用户输入的是不是邮政编码，因为邮政编码是连续的 6 个数字，Pattern 就可以写作 "######"。

如果 Like 通配符中的方括号不是以 ! 开头的，则表示方括号内中的任一字符。例如，Msgbox " 王龙 " Like "[ 张王李赵 ] 龙 " 可以返回 True，而 Msgbox " 王李龙 " Like "[ 张王李赵 ] 龙 " 则返回 False，因为方括号内字符再多，也只能代替一个字符。

如果方括号内有感叹号，则表示字符不在列表中。例如，Msgbox " 韩龙 " Like "[! 张王李赵 ] 龙 " 返回 True，而 Msgbox " 赵龙 " Like "[! 张王李赵 ] 龙 " 则返回 False。因为模式的意思是这个人不属于张王李赵中的任何一个。

方括号内还支持 −，减号的意思是 ASCII 码的范围。例如，Msgbox "Hero" Like "[X-Z]ero" 返回 False，因为模式只能匹配 Xero、Yero 和 Zero。

## 4.2.4　逻辑运算符

逻辑运算符是指布尔值之间的运算。在实际编程中，经常用到多个条件的组合，例如，什么样的人具有报考军校的资格、什么样的人能够申请廉租房等。

在 VBA 中，常用的逻辑运算符有且（And）、或（Or）、非（Not）。优先级顺序是 Not>And>Or。

And 运算符的语法格式是：A And B。如果 A 和 B 均为 True，最终结果也为 True；如果其中任何一个为 False，则最终结果为 False。

Or 运算符的语法格式是：A Or B。如果 A 和 B 均为 False，最终结果也为 False；如果其中任何一个为 True，则最终结果为 True。

Not 运算符是取反操作，其语法格式是：Not A。如果 A 为 True，最终结果为 False；如果 A 为 False，则最终结果为 True。

## 4.3 使用变量

变量是相对于常量而言的，常量是不可改变的数据，而变量只是一个标识符而已，可以把其他数据赋给它。因此，变量就像一个保管箱，里面的东西随时可以使用，也可以更换。

### 4.3.1 变量命名

命名变量时，一般使用字母、数字、下画线的组合，并且以字母开头，中文汉字也可以作为变量的一部分，但不推荐使用汉语作为变量名。其次，不能与 VBA 内置关键字冲突，即使大小写略有不同也不行。例如，把 function 作为变量名是不可以的，因为 VBA 语言是不区分大小写的，Function 是 VBA 的内置关键字，因此不可作为变量名。VBA 中的内置关键字如下所示。

| AddressOf | Alias | And | As | Base | Boolean | ByRef | Byte |
| ByVal | Call | Case | Close | Compare | Const | Currency | Date |
| Debug | Declare | Dim | Do | Double | Each | Else | ElseIf |
| End | Enum | Erase | Error | Exit | Explicit | FALSE | For |
| Function | Get | GoSub | GoTo | If | In | Input | Integer |
| Is | Lbound | Lib | Like | Load | Long | Loop | Me |
| Mod | New | Next | Not | Nothing | Null | Object | On |
| Open | Option | Optional | Or | Output | Preserve | Print | Private |
| Property | Public | ReDim | Resume | Return | Select | Set | Single |
| Static | Step | String | Sub | Text | Then | To | TRUE |
| Type | Ubound | Unload | Until | Variant | Wend | While | With |

例如，a_123、H 班级都是合法的变量名，但是 !B3、w x 都不可以，因为不允许使用感叹号和空格作为变量的一部分。

在实际编程中，为变量起名字尽量用英文单词的组合，这样便于以后修改代码。例如，MyWorkbook、OtherPerson、Str320 这些都是不错的变量名称。

### 4.3.2 变量的声明

声明变量就是将变量名及其类型在使用之前通知 VBA，由 VBA 按照变量的类型分配存储空间。可使用 Dim、Static、Private 或者 Public 关键字来声明变量。

变量的声明分为 3 部分：变量的作用范围和生存期、变量名称以及变量类型。

例如，在过程中书写 Dim a As Integer，意思是过程中的局部变量，变量名称是 a，类型是整型。

VBA 中的变量声明不是必需的，如果在 VBA 的"选项"对话框中勾选"要求变量声明"复选框（见图 4-13），那么程序中用到的所有变量在使用之前必须声明，否则在运行前会弹出警告对话框。

另外，也可以在个别模块中进行强制变量声明。如果在模块顶部定义 Option Explicit，那么在程序中出现从未定义过的变量，则会弹出对话框提示编译错误（见图 4-14）。

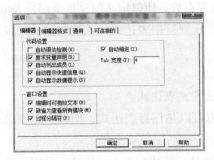

图 4-13　勾选"要求变量声明"复选框

图 4-14　编译错误

编写程序时，推荐事先声明用到的变量。

### 4.3.3　变量的赋值

变量类似于中学数学代数中的字母。为变量赋值，就相当于把具体的数字代入字母，从而计算代数式的值。

例如，$a=2$，$b=2.1$，计算 $\sqrt{a^2+b^2}$ 的值。这个数学问题就可以用 VBA 来解决。

---

**思考**：本题至少需要声明两个变量，但由于计算较复杂，因此再声明一个变量 c，用来存储结果式。图 4-15 用来描述该问题的实现过程。

---

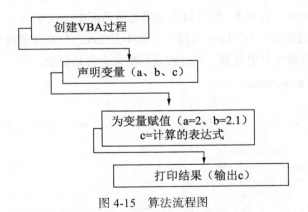

图 4-15　算法流程图

根据上述流程图，不难写出如下 VBA 过程。

源代码：实例文档 90.xlsm/m0

```
1.  Sub Test1()
2.      Dim a As Single, b As Single, c As Single
3.      a = 2
4.      b = 2.1
5.      c = VBA.sqr(a ^ 2 + b ^ 2)
```

```
6.        Debug.Print c
7.  End Sub
```

代码分析：由于本题涉及的是数学问题，有浮点数，所以定义的变量全部是 Single 型。

其中，第 3 ~ 5 行代码是变量的赋值过程，也就是把表达式代入到变量的过程。第 5 行代码用到数学运算符中的乘方以及平方根函数。

第 6 行在立即窗口中打印 c 的计算结果：2.9。

因此，变量的赋值可以简单地描述为：变量名 = 表达式。

其中，等号左方必须是一个变量，等号右方可以是任意表达式，但是一般要求表达式的返回值类型与变量的声明类型一致或相近方可。

另外，也可以写作这种形式：Let b =2.1，但是一般情况下 Let 关键字省略不写。

如果在顺序结构中对同一变量反复赋值，那么该变量最后的值就是最后一次赋值的结果。这就好比一个抽屉，今天放了一个苹果，明天取出苹果又放入一个香蕉。总之，一个变量只能保存一个表达式，保存了新的表达式就把旧的丢弃。

**源代码：实例文档 90.xlsm/m0**

```
1.  Sub Test2()
2.      Dim a As Integer, b As Integer
3.      a = 2
4.      b = 3
5.      a = 4
6.      a = 5
7.      MsgBox a + b
8.  End Sub
```

代码分析：上述过程中，对变量 a 赋值 3 次，最后一次是把 5 赋给 a，因此 a 前面的取值都没有起作用；而 b 一直是 3，所以最终结果是对话框中出现 8。

如果是对象变量赋值，使用 Set 关键字，而不是 Let。对象变量使用完毕后，还要释放对象变量，如果是过程级对象变量，当过程运行结束会自动释放。

**源代码：实例文档 90.xlsm/m0**

```
1.  Sub Test3()
2.      Dim a As Excel.Application, b As Excel.Workbook, c As Excel.Worksheet,
d As Excel.Range
3.      Set a = Application
4.      Set b = ActiveWorkbook
5.      Set c = ActiveSheet
6.      Set d = ActiveCell
7.      Debug.Print a.Version, b.FullName, c.Name, d.Address
8.      Set a = Nothing
9.      Set b = Nothing
10.     Set c = Nothing
11.     Set d = Nothing
12. End Sub
```

代码分析：本过程中的 4 个变量都是对象变量，因此第 3 ~ 6 行必须用 Set 关键字为变量赋值。

第 7 行打印对象的有关属性，第 8 ～ 11 行释放各个对象变量。

### 4.3.4　变量的作用范围和生存期

变量名和过程名、函数名一样，不可出现二义性，也就是同一个范围不得重复声明。例如，同一个过程中多次声明同一个变量，是不可以的；同一个模块内，也不可以出现二义性。

在 VBA 程序中，当一个过程运行完成后，有的变量会自动消失，有的变量则还保留它的数值，这就涉及变量的作用范围和生存期。

如果是在过程（Sub 开始，End Sub 结束）中用 Dim 声明的变量，则当运行该过程时，才创建这个变量，当该过程运行结束，变量随之消失。

过程中声明的变量，只在过程内部有效，其他模块及过程不可访问该变量。

另一类变量是模块级变量，也就是声明于模块顶部的变量。通常情况下模块顶部可以用 Public、Private 关键字声明变量。只有应用程序全部结束时模块级变量才消失，或者代码中运行 End 语句，也会终止程序。

Public、Private 声明的变量生存期一样，但是作用范围不同。Public 声明的变量不仅本模块内可以调用，而且能让同一 VBA 工程的其他模块调用；而 Private 声明的变量是模块私有变量，其他模块不能访问和使用。

例如，在标准模块 m1 中声明以下两个模块级变量：

```
Option Explicit
Public C As Integer
Private D As Integer
```

在标准模块 m2 中书写代码，当输入 m1 后再加一个小数点时，可以看到只有变量 C，没有变量 D（见图 4-16），因为 D 是 Private 的。

下面的实例说明了模块级变量的生存期。

**源代码：实例文档 90.xlsm/m1**

```
1.  Option Explicit
2.  Public C As Integer
3.  Private D As Integer
4.  Public Sub Test1()
5.      m1.C = 30
6.  End Sub
7.  Public Sub Test2()
8.      m1.D = m1.C * 3
9.      MsgBox m1.D
10. End Sub
```

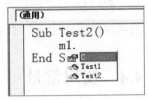

图 4-16　运行结果 10

代码分析：该模块包含两个过程，运行 Test1，变量 C 赋值为 30，接着继续运行 Test2，输出 90，而不是 0。这是因为运行 Test1 后，过程虽然运行结束了，但是 C 的值并没有丢。

另外，过程中的变量还可以声明为静态变量（Static）。Static 声明的变量的特点是：变量的作用范围仍然是过程内部，但是生存期和模块级变量一样，过程结束后，变量仍然保留。

源代码：实例文档 90.xlsm/m2

```
1.  Sub Test1()
2.      Static S As Integer
3.      S = S + 3
4.      MsgBox S
5.  End Sub
```

代码分析：S 是一个过程级的静态变量，当第一次运行 Test1 时，S=0+3，对话框中出现 3。

当第二次运行该过程时，S=3+3，对话框中出现 6。

因此上述过程多次执行，每次都在原先的基础上加 3。

如果把 Static 换作 Dim，则每次对话框中总是 3。

在实际的 VBA 项目中，变量的作用范围和生存期要严格区分，根据不同的场合声明不同类型的变量。

### 4.3.5  声明变量的其他写法

一般情况下，一次声明一个变量，并且单独占一行。VBA 可以把多个变量的声明放在同一行。例如：

```
Dim a As Integer, b As String, c As Boolean, d, e As Excel.Range
```

这行代码表示在过程内部声明了 5 个变量，其中 d 没有规定类型，相当于是 Variant 类型。

另外，还可以用后缀的方式规定变量的类型。例如：

```
Public a%, b$, c@
```

表示在模块顶部声明了 3 个模块级变量：a 是 Integer，b 是 String，c 是 Currency。

## 4.4  使用常量

常量就是不可改变的数据。VBA 中用到的常量，除了一般常数以外，还可以自定义常量和使用内置枚举常量。

### 4.4.1  自定义常量

自定义常量可以理解为只赋值一次的变量。变量是可以反复赋值多次的，而自定义常量只赋值一次。自定义常量也分为过程级常量、模块级常量，其中模块级常量又分为公有常量和私有常量。自定义常量需要在声明时立即赋值。

源代码：实例文档 91.xlsm/m1

```
1.  Public Const Pi As Single = 3.14159
2.  Private Const E As Single = 2.71828
```

```
3.  Sub Test1()
4.      Const Y As Integer = 2017
5.      MsgBox Pi + E + Y
6.  End Sub
```

代码分析：Pi 是一个公有的模块级常量，代表圆周率，该常数还可以让其他模块使用。E 是一个私有的模块级常量。Y 是过程级常量，只能在本过程中使用。运行 Test1 过程，返回 2022.86。

可以看出，自定义常量和变量的声明方式很类似，但是在声明时赋值一次，然后在程序中不可对这些常量进行赋值，否则会出错。也就是说，常量只能使用，不可修改。

### 4.4.2  内置枚举常量

VBA 程序中。经常用到枚举常量。实际上，VBA 工程中可以使用的对象类型和枚举常量与 VBA 工程的引用有关，以 Excel 工作簿为例，工作簿默认带有如下三个引用。

❑ Visual Basic For Applications（VBA）。

❑ Microsoft Excel 14.0 Object Library（Excel）。

❑ Microsoft Office 14.0 Object Library（Office）。

选择"工具"→"引用"命令，可以在弹出的对话框中看到以上三个默认引用（见图 4-17）。

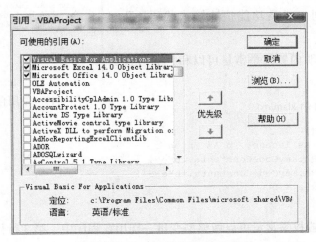

图 4-17  Excel 工作簿的默认引用

每一个外部引用都会把很多枚举常量引入工程中，每个引用具体有哪些枚举常量，可以在 VBA 中通过按下快捷键【F2】打开"对象浏览器"窗口来查看。

在类别下拉列表框选择 VBA，然后在下面的搜索框中输入 Constants，按下【Enter】键，就会列出 VBA 引用的成员（见图 4-18）。

选择 KeyCodeConstants，会自动列出其成员。例如，vbKey4 对应的十进制数是 52，对应的十六进制数是 &H34。

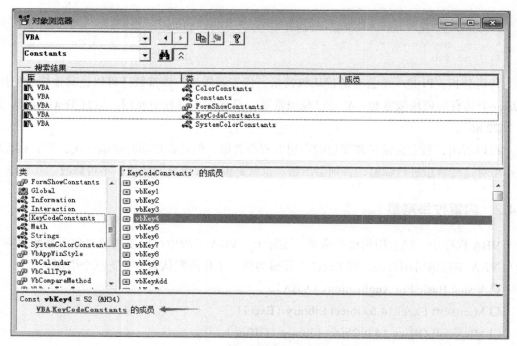

图 4-18 使用对象浏览器查看内置常量

在书写代码时，最好是从引用库开始书写，这样可以利用自动列出成员功能快速输入代码（见图 4-19）。

下面的实例说明内置枚举常量可以和一般的数字进行运算。

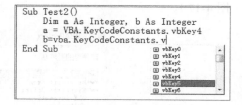

图 4-19 使用自动列出成员功能

**源代码：实例文档 91.xlsm/m1**

```
1.  Sub Test2()
2.      Dim a As Integer, b As Integer
3.      a = VBA.KeyCodeConstants.vbKey4
4.      b = VBA.KeyCodeConstants.vbKey5
5.      MsgBox a + b
6.  End Sub
```

**代码分析：** 内置枚举常量可以像整型变量一样用在程序中，第 3 行代码把 vbKey4 赋给 a，相当于把 52 赋给 a。b 是 53，对话框中最后显示 105。

一般地，内置枚举常量会用在其适宜的场合下，否则意义不大。

例如，设置单元格的填充色就是一个很好的例子。

**源代码：实例文档 91.xlsm/m1**

```
1.  Sub Test3()
2.      Dim C As Long
3.      C = VBA.ColorConstants.vbGreen
4.      Range("A2:D5").Interior.Color = C
5.  End Sub
```

代码分析：由于颜色常量 vbGreen 对应的数值（65280）超过了 32767，所以需要用长整型变量去接收，因此定义 C 为 Long。第 4 行代码的作用是把单元格的填充色变绿。

为了书写方便，很多情况下不需要那么长的前缀，因此上述功能可以简写为 Range("A2:D5").Interior.Color =vbGreen 或者 Range("A2:D5").Interior.Color =65280。

但是在学习 VBA 的时候，最好搞明白枚举常量的来源。例如，在代码中遇到 msoPicture 这个常量，其来源是哪儿呢？

在对象浏览器中输入这个单词按下【 Enter 】键，即可看到这个枚举常量的完全写法是：Office.MsoShapeType.msoPicture，对应的十进制数是 13（见图 4-20）。

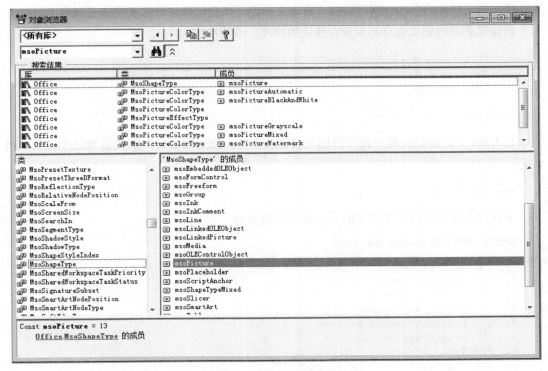

图 4-20　查看内置枚举常量的值

一般地，VBA 库的枚举常量，库名是 VBA，枚举常量以 vb 开头；Office 库的枚举常量，库名是 Office，枚举常量以 mso 开头；Excel 库的枚举常量，库名是 Excel，枚举常量是 xl，例如，Excel.XlBuiltInDialog.xlDialogAddinManager 的含义是 Excel 的内置对话框中的加载宏管理器对话框。

可以看出，枚举常量在书写上字面意义很明确，但是在使用上与整型数据没什么差别。在平时的学习和开发过程中，无须记忆枚举常量对应的整型数值，了解即可。

---

**注意：** 如果在 Excel VBA 的工程中，添加 Microsoft Word Object Library 之后，代码中就可以使用 Word 里的内置枚举常量。

## 4.5 其他数据类型

前面介绍了 VBA 的基本数据类型、变量和对象变量、常量的有关知识。下面讲解一些不太常见的数据类型。

### 4.5.1 自定义类型

自定义类型就好比是描述一个物体的不同层面。例如，汽车这个物体有长度、宽度、重量、品牌、手动挡、生产日期等属性。不同汽车的这些属性都不相同，如果在 VBA 程序中来处理与汽车相关的问题，就可以定义自定义类型，从而让程序看起来更加直观明了。

自定义类型的定义部分必须放在模块的顶部。声明格式为：

```
Public|Private Type 类
    属性1 As 类型
    属性2 As 类型
    ...
End Type
```

在 VBA 工程的任何地方都可以用到自定义类型，使用时必须声明变量为这个类型。格式为：

```
Dim 变量 As 类
```

下面这个实例是自定义类型的一个典型应用范例。

**源代码：实例文档 92.xlsm/ 自定义类型**

```
1.  Public Type Car
2.      Name As String
3.      Price As Currency
4.      Length As Single
5.      ShouDongDang As Boolean
6.      ProductionDate As Date
7.  End Type
8.  Sub Test1()
9.      Dim MyCar As Car, YourCar As Car
10.     With MyCar
11.         .Name = "桑塔纳"
12.         .Price = 300000@
13.         .Length = 4.2
14.         .ShouDongDang = False
15.         .ProductionDate = #7/8/2015#
16.     End With
17.     With YourCar
18.         .Name = "大众"
19.         .Price = 80000@
20.         .Length = 4.5
21.         .ShouDongDang = True
22.         .ProductionDate = #2/18/2015#
23.     End With
24.     MsgBox "两辆车总价值: " & (MyCar.Price + YourCar.Price)
25. End Sub
```

代码分析：第 1 ~ 7 行是自定义类型的定义部分。

第 9 行声明两个汽车变量 MyCar 和 YourCar。第 11 ~ 15 行描述 MyCar 是桑塔纳，价值 30 万元，长度为 4.2 米，不是手动挡，以及生产日期。

第 24 行计算两辆车的总价值。

从这个例子可以看出，自定义类型实例化后，变量都有了自己的成员。这样书写代码就很容易看懂，如果不使用自定义类型，就很不方便。

---

**注意**：本例用的是 Public 声明的公有类型，在同一 VBA 工程的其他模块中也可以声明这个汽车类型的变量。

---

## 4.5.2 枚举类型

前面讲过的诸如 vbGreen 这些是内置枚举常量，使用 Enum 关键字还可以创建自定义的枚举常量。

声明自定义枚举常量的方式是在模块顶部书写如下代码：

```
Public Enum 常量名
    成员 1
    成员 2
    成员 3
    …
End Enum
```

其中，成员 1 等价于整数 0，成员 2 等价于 1，依次递增 1。

在使用枚举类型时，不需要声明，直接使用常量名.成员即可。

**源代码：实例文档 92.xlsm/ 枚举类型**

```
1.  Public Enum JapaneseWeekDay
2.      月曜日
3.      火曜日
4.      水曜日
5.      木曜日
6.      金曜日
7.      土曜日
8.      日曜日
9.  End Enum
10. Sub Test1()
11.     Dim a As Long, b As Long
12.     a = JapaneseWeekDay.金曜日
13.     b = JapaneseWeekDay.土曜日
14.     MsgBox a + b
15. End Sub
```

代码分析：第 1 ~ 9 行是枚举类型的定义部分，其中月曜日是 0。

第 12 行是一个赋值语句，金曜日是 4，土曜日是 5，因此第 14 行代码返回 9。

如果要改变起始值，可以在第一个成员后面进行设定。例如，把第 2 行代码改为：月曜

日 =10，再次运行上述过程，返回 29，因为金曜日和土曜日分别对应 14 和 15。

另外，也可以把成员设置为不连续的数字。

```
1.  Public Enum Screen
2.      Width = 1366
3.      Height = 768
4.  End Enum
```

在过程中这样使用：

```
1.  Sub Test2()
2.      MsgBox Screen.Width * Screen.Height
3.  End Sub
```

结果返回两个数的乘积 1049088。

在 VBA 中声明枚举类型后，可以通过对象浏览器看到。在"库"下拉列表框中选中 VBAProject 选项，输入检索的单词即可看到工程中定义的枚举类型（见图 4-21）。

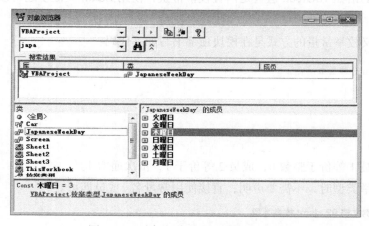

图 4-21　对象浏览器中查看枚举类型

### 4.5.3　集合

VBA 有一种 Collection 的对象类型，这个类型允许把其他的数据、变量添加进去，成为集合的成员。Collection 用起来很像数组和字典。

集合对象的声明和创建都非常简单，重点是成员的添加。集合对象使用 Add 方法为集合添加成员。其语法格式是：

```
Collection.Add Item, Key, Before
```

❏ Item 是要添加的成员，可以是任何数据和对象，是必需参数。

❏ Key 是唯一标识符，可以忽略。

❏ Before 或 After，用于改变新成员的位置，可以忽略。

集合的下标总是从 1 开始，也就是首个成员的索引是 1，不是 0。每个成员的标识符必须是唯一的，不能重复使用。

下面的实例创建一个集合对象，并添加 3 个成员。

**源代码：实例文档 92.xlsm/ 集合**

```
1.  Sub Test1()
2.      Dim Col As Collection
3.      Set Col = New Collection
4.      Col.Add Item:=159, Key:="K1"
5.      Col.Add Item:="MyGod", Key:="K3"
6.      Col.Add Item:=ActiveWorkbook, Key:="K2", Before:=2
7.      Debug.Print "集合中的成员总数为: " & Col.Count
8.      Debug.Print Col.Item(1)
9.      Debug.Print Col.Item("K3")
10.     Debug.Print Col.Item("K2").FullName
11. End Sub
```

代码分析：第 2 行用于声明 Col 为集合，第 3 行创建新集合。

第 4 行添加数字到集合中，并指定该成员的标识符为 K1。

第 6 行把活动工作簿作为成员添加到集合中，并且调整该成员的位置为 2。

第 7 行打印成员总数，第 8 行打印第 1 个成员，第 9 行打印标识符为 K3 的成员，第 10 行打印活动工作簿的完全路径。

上述过程的运行结果如图 4-22 所示。

从本例可以看出，引用集合中成员也有两种方法：使用索引值或者使用标识符名称。

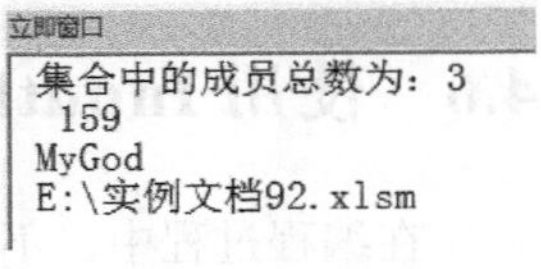

图 4-22　运行结果 11

### 4.5.3.1　成员的移除

集合中已经添加进去的成员，不可以修改，但是可以移除。移除成员有两种方法：根据索引值移除和根据标识符移除。

**源代码：实例文档 92.xlsm/ 集合**

```
1.  Sub Test2()
2.      Dim Col As Collection
3.      Set Col = New Collection
4.      Col.Add Item:=100, Key:="K1"
5.      Col.Add Item:=101, Key:="K2"
6.      Col.Add Item:=102, Key:="K3"
7.      Col.Remove 2
8.      Col.Remove "K3"
9.      Debug.Print Col.Count, Col.Item(1)
10. End Sub
```

代码分析：第 4 ～ 6 行为集合添加 3 个成员，第 7 行移除第 2 个成员，第 8 行代码移除标识符为 K3 的成员。

第 9 行打印集合中成员总数，以及第 1 个成员的数值。

运行结果如图 4-23 所示。

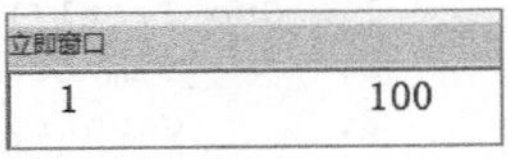

图 4-23　运行结果 12

### 4.5.3.2　成员的遍历

遍历集合中的成员有 For…To 和 For Each 两种方法。

源代码：实例文档 92.xlsm/ 集合

```
1.  Sub Test3()
2.      Dim Col As Collection
3.      Set Col = New Collection
4.      Col.Add Item:=100, Key:="K1"
5.      Col.Add Item:=101, Key:="K2"
6.      Col.Add Item:=102, Key:="K3"
7.      Dim i As Integer
8.      For i = 1 To Col.Count
9.          Debug.Print Col.Item(i)
10.     Next i
11.     Dim v As Variant
12.     For Each v In Col
13.         Debug.Print v
14.     Next v
15. End Sub
```

代码分析：第 7 ~ 10 行用 For…To 循环结构来遍历成员。

第 11 ~ 14 行用 For Each 循环结构来遍历成员，这种方式更为简便。

# 4.6 使用 InputBox 输入对话框

在编程过程中，不能把所有数据都写在源代码中，经常会用到让用户输入数据的交互对话框。在 Excel VBA 编程中，可以用到 VBA 库和 Excel 库中的 InputBox。

## 4.6.1 VBA 库中的 InputBox

VBA 库中的 InputBox 接收用户的输入并返回一个字符串。其完整语法是：

`VBA.Interaction.InputBox(Prompt,Title,Default,XPos,YPos,HelpFile,Context)`

各参数含义如下。

❏ Prompt：提示语。

❏ Title：对话框标题。

❏ Default：默认值。

❏ XPos、YPos：对话框出现在屏幕上的位置，单位是缇（Twip）。

下面的过程提示用户输入国籍，然后把输入值赋给变量。

源文件：实例文档 82.xlsm/ 使用 InputBox

```
1.  Sub Test1()
2.      Dim Country As String
3.      Country = VBA.Interaction.InputBox(Prompt:=" 请输入您的国籍: ", Title:="【必
        须输入】", Default:=" 中国 ", XPos:=2000, YPos:=1000)
4.      MsgBox "您输入的是: " & Country
5.  End Sub
```

代码分析：由于第 3 行代码中指定了默认值，所以该对话框跳出时，预先输入了"中国"，用户可以根据实际情况修改输入值。修改完成后，单击对话框中的"确定"按钮，就

会把修改值赋给变量 Country。

运行结果如图 4-24 所示。

---

**注意**：如果用户输入信息，单击对话框右上角的"关闭"按钮，或者单击"取消"按钮，均不会把输入值进行赋值，只有单击"确定"按钮才可以。

---

在一些简单的程序编写过程中往往不需要指定那么多参数。

```
1.   Sub Test2()
2.       Dim name As String
3.       name = InputBox(" 输入你的大名: ")
4.   End Sub
```

代码分析：上述过程未指定对话框标题，所以采用了默认值 Microsoft Excel。

运行结果如图 4-25 所示。

图 4-24　运行结果 13　　　　图 4-25　运行结果 14

## 4.6.2　Excel 库中的 InputBox

对于 Excel VBA 编程，还可以使用 Excel 库中的 InputBox 方法。该方法更加方便易用。其完整语法是：

```
Application.InputBox(Prompt,Title,Default,Left,Top,HelpFile,HelpContextID,Type)
```

参数说明如下。

❑ Prompt：提示语。

❑ Title：对话框标题。

❑ Default：默认值。

❑ Left、Top：对话框出现在屏幕上的位置，单位是磅（Points）。

❑ Type：规定输入对话框返回的数据类型。

返回的数据类型 Type 取值如表 4-6 所示。

表 4-6　Input 方法的 Type 取值

| Type 取值 | 返回的类型 |
| --- | --- |
| 0 | 公式 |
| 1 | 数字 |
| 2 | 文本 |

续表

| Type 取值 | 返回的类型 |
|---|---|
| 4 | 布尔值 |
| 8 | Range 对象 |
| 16 | 错误值 |
| 64 | 数组对象 |

下面利用 Excel 库的 InputBox 输入一个字符串。

```
1.   Sub Test3()
2.       Dim f As String
3.       f = Application.InputBox(Prompt:="请输你的国籍：", Title:="输入测试", Default:=
    "中国", Left:=200, Top:=150, Type:=2)
4.       Debug.Print "你的国籍是：" & f
5.   End Sub
```

代码分析：第 2 行声明一个字符串变量，因此第 3 行中的 Type 规定为 2（文本）。

运行上述过程，结果如图 4-26 所示。

下面的实例用到数字类型和布尔值。

```
1.   Sub Test5()
2.       Dim v1 As Double, v2 As Boolean
3.       v1 = Application.InputBox("请输入你的年龄：", Type:=1)
4.       v2 = Application.InputBox("你是本市户口吗？", Type:=4)
5.       Debug.Print v1, v2
6.       If v1 >= 18 And v2 = True Then
7.           MsgBox "你可以报考本驾校。"
8.       Else
9.           MsgBox "条件不符。"
10.      End If
11. End Sub
```

代码分析：本过程需要输入学员的年龄和户口信息，一个是数字类型，另一个是布尔值，所以，在第 3 ~ 4 行要设置 Type 参数为对应的类型。

程序运行到第 4 行时，会弹出对话框（见图 4-27）。

图 4-26　运行结果 15

图 4-27　运行结果 16

当在对话框中输入 True 或非 0 的数字时，返回真（True）；如果输入 False 或者 0，返回假（False）。

下面的实例通过对话框为单元格自动输入公式。运行下面过程之前，请在单元格区域 A1:A5 预设一些数字。

```
1.   Sub Test4()
2.       Dim v As Variant
3.       v = Application.InputBox("请输入一个公式：", Type:=0)
```

```
4.        ActiveCell.FormulaR1C1 = v
5.    End Sub
```

代码分析：运行本过程前，鼠标选中了单元格 B2。第 3 行代码提示输入一个公式。在其中输入公式，结果如图 4-28 所示。

单击"确定"按钮后，会看到 B2 单元格输入了一个求平均值的公式，结果如图 4-29 所示。

图 4-28　输入公式

图 4-29　运行结果 17

如果把 InputBox 中的 Type 设定为 8，则可以代替 RefEdit 控件去选中一个单元格区域，用户选中区域并单击"确定"按钮后，返回一个 Range 对象，需要用 Range 对象的变量去接收。如果用户单击"取消"按钮或者关闭对话框会导致出错，因此错误处理是必需的。

**源代码：实例文档 82.xlsm/ 使用 InputBox**

```
1.  Sub Test6()
2.      On Error GoTo Err1:
3.      Dim rg As Excel.Range
4.      Set rg = Application.InputBox(Prompt:="请选中数据区域: ", Type:=8)
5.      rg.Interior.Color = vbBlue
6.      Exit Sub
7.  Err1:
8.      MsgBox "用户取消了操作。"
9.  End Sub
```

代码分析：如果用户正常操作，选中一个区域并单击"确定"按钮，那么让选中的区域填充色为蓝色。

如果用户直接关闭对话框，则会跳转到错误标号，弹出"用户取消了操作"。

运行结果如图 4-30 所示。

图 4-30　运行结果 18

## 4.7　使用 MsgBox 输出对话框

输出对话框通常用于显示计算结果或信息。当弹出对话框时，程序处于阻塞状态，用户必须关闭对话框才能返回继续操作。

MsgBox 分为有返回值和无返回值两种情形。当有返回值时，其语法如下：

```
MsgBox(Prompt,Buttons,Title,HelpFile,Context)
```

各参数含义如下。

❑ Prompt：提示语。

❑ Buttons：对话框的样式，枚举值。

❑ Title：对话框的标题。

其中，Buttons 参数可以取 vbMsgBoxStyle 的枚举值组合。它通常由 3 部分组成。

❑ 按钮风格。例如，vbYesNo 表示显示"是""否"两个按钮，vbRetryCancel 表示显示"重试""取消"两个按钮。如果不指定，则默认是 vbOkOnly，只显示一个"确定"按钮。

❑ 对话框的图标。例如，vbInformation 显示一个 i 样式的信息图标，vbCritical 显示一个叉形的错误图标。

❑ 默认按钮。例如，对话框显示有 3 个按钮，那么 vbDefaultButton2 表示对话框弹出后，默认选中第 2 个按钮（最大可以是 vbDefaultButton4）。

对话框关闭后，返回一个 vbMsgBoxResult 结果，通常用来标识用户单击的是哪一个按钮。

**源代码：实例文档 82.xlsm/ 使用 MsgBox**

```
1.  Sub Test1()
2.      Dim v As VBA.VbMsgBoxResult
3.      v = MsgBox(Prompt:="是否清除所选区域的数据？ ", Buttons:=VBA.VbMsgBoxStyle.
    vbYesNo + vbDefaultButton2 + vbQuestion, Title:="提示对话框")
4.      If v = vbYes Then
5.          Application.Selection.ClearContents
6.      ElseIf v = vbNo Then
7.          Exit Sub
8.      End If
9.  End Sub
```

代码分析：本过程是带有返回值的对话框，因此需要事先声明一个变量 v 去接收对话框的单击状态。

当用户单击了"是"按钮，那么对应于 vbYes，就清除所选单元格的数据。当单击了"否"按钮，直接退出当前过程。运行结果如图 4-31 所示。

从图 4-31 中可以看到有一个问号图标，它由 vbQuestion 决定，默认选中"否"按钮，它由 vbDefaultButton2 决定。

为了更好地理解 Buttons 参数，打开源文件"实例文档 83.xlsm"，启动用户窗体后测试（见图 4-32）。

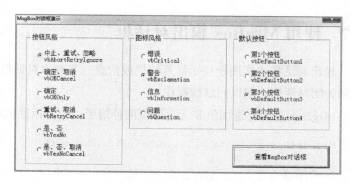

图 4-31　运行结果 19　　　　　　　　　　图 4-32　运行结果 20

单击"查看 MsgBox 对话框"按钮后，结果如图 4-33 所示。

很多情况下，MsgBox 只用于给出一个计算结果，而且对话框中只有一个"确定"按钮，这就不需要理会返回值，因此可以简写为"MsgBox " 我的计算结果 ""这样的形式即可。

图 4-33　运行结果 21

**重要提示**：请不要在死循环中书写 MsgBox 对话框的语句，否则无法终止程序的运行，只有从任务管理器中结束进程。

## 4.8　顺序结构

VBA 的基本语法结构是顺序结构，所谓顺序结构就是过程中各条语句自上而下运行。

在顺序结构中，每条语句不能不执行，也不能执行多次。执行一个 VBA 过程，从过程中第 1 条语句开始，一直执行到 End Sub 结束。

但是，过程中如果用 Call 语句调用其他过程，则要执行完调用的过程，才能返回原过程继续向下执行。

在书写代码时，一定要理清编写代码的顺序，有些时候几百行的过程中，如果任意有两行代码弄错了先后顺序，就会对后续计算结果产生十分严重的影响。

执行下面的 VBA 过程后，在立即窗口的打印结果是 2。

```
1.  Sub Test1()
2.      Dim a As Integer, b As Integer
3.      a = 1
4.      b = 2
5.      a = a + b
6.      b = a - b
7.      Debug.Print a - b
8.  End Sub
```

如果把第 5 行和第 6 行代码对调位置，打印结果则是 1。

顺序结构是程序设计的基本结构，即使条件选择结构、循环结构的内部，仍然是由顺序结构组成的。

## 4.9　条件选择结构

条件选择结构是根据实际情况，选择合适的计算方式。和条件选择结构有关联的是逻辑运算符或比较运算符。例如，根据天气预报情况决定是否洗衣服。如果次日是晴天则洗衣服，除此以外无论下雨还是阴天都不洗。用伪代码表示如下：

```
If 明天 Is 晴天 =True Then
        洗衣服
Else
        不洗
End If
```

在 VBA 中，能够表达条件选择结构的语句有：If 语句、IIf 函数、Select 语句、Choose 语句，以及 Switch 语句。

根据分支数，条件选择结构还可分为单分支结构、双分支结构和多分支结构。

### 4.9.1 If 语句

VBA 中的 If 语句有如下表达形式。

#### 1. 单分支结构

```
If score>=60 Then Msgbox "及格"
```

或者写为多行的形式：

```
If score>=60 Then
    Msgbox "及格"
End If
```

---

**注意：** 如果写作多行形式，最后面的 End If 不可省略。

---

程序执行到条件选择语句时，首先判断 If 后面的条件是否成立，只有条件成立才去执行后面的语句块。

#### 2. 双分支结构

```
If score >= 60 Then MsgBox "及格" Else MsgBox "不及格"
```

或者写为多行的形式

```
If score >= 60 Then
    MsgBox "及格"
Else
    MsgBox "不及格"
End If
```

可以看出，只要是多行形式，后面一定要写上 End If 作为条件选择结构的结束标志。

在双分支结构中，也只有一个条件，当该条件成立时，执行 If 中的语句块；否则执行 Else 中的语句块。

#### 3. 多分支结构

在实际编程过程中，遇到的分支往往在 3 个以上，例如下面的过程，根据输入的国家名称给出首都。

```
1.   Sub Test2()
2.       Dim 国名 As String, 首都 As String
3.       国名 = InputBox("输入国名名称", "VBA 对话框", "中国")
4.       If 国名 = "中国" Then
5.           首都 = "北京"
```

```
6.          ElseIf 国名 = "美国" Then
7.              首都 = "华盛顿"
8.          ElseIf 国名 = "俄罗斯" Then
9.              首都 = "莫斯科"
10.         ElseIf 国名 = "法国" Then
11.             首都 = "巴黎"
12.         ElseIf 国名 = "英国" Then
13.             首都 = "伦敦"
14.         ElseIf 国名 = "日本" Then
15.             首都 = "东京"
16.         Else
17.             首都 = "不明"
18.         End If
19.         MsgBox 国名 & ":" & 首都
20. End Sub
```

**代码分析**：第 3 行代码提供一个输入对话框，如果用户在对话框中输入"法国"，那么只有第 10 行的 Else If 语句的条件成立，首都就赋值为"巴黎"，然后直接跳到 End If 之后，运行到第 19 行，运行结果如图 4-34 所示。

可以看出，多分支 If 结构中，只要遇到一个条件成立，就不会去判断后续的若干条件。如果所有条件不成立，则会执行 Else 语句中的语句块。

此外，如果进行一些简单的判断，还可以使用 IIf 函数来实现双分支条件选择。

图 4-34　运行结果 22

IIf 函数的语法如下：

```
IIf( 条件 , 结果 1 , 结果 2)
```

当条件成立时，返回结果为 1，否则返回结果为 2。

下面的过程，根据变量 i 的值，返回结果。

```
1. Sub Test3()
2.     Dim s As String, i As Integer
3.     i = 37
4.     s = IIf(i Mod 2 = 0, "偶数", "奇数")
5.     MsgBox s
6. End Sub
```

**代码分析**：第 4 行代码，由于 37 对 2 求余的结果是 1，不是 0，所以整个 IIf 函数返回"奇数"，并赋给变量 s。

### 4.9.2　Select 语句

对于多分支结构，还可以使用 Select Case 结构。其语法形式为：

```
Select Case 表达式
Case 结果 1: 语句块 1
Case 结果 2: 语句块 2
…
```

```
Case Else: 语句块 n
End Select
```

根据表达式去匹配 Case 后面的结果，匹配后，就执行后面相应的语句块。如果与任何一个都不匹配，就执行 Case Else 之后的语句块。

下面的过程根据国名判断首都。

```
1.  Sub Test4()
2.      Dim 国名 As String, 首都 As String
3.      国名 = InputBox("输入国家名称", "VBA 对话框", "中国")
4.      Select Case 国名
5.      Case "中国"
6.          首都 = "北京"
7.      Case "美国"
8.          首都 = "华盛顿"
9.      Case "俄罗斯"
10.         首都 = "莫斯科"
11.     Case "法国"
12.         首都 = "巴黎"
13.     Case "英国"
14.         首都 = "伦敦"
15.     Case "日本"
16.         首都 = "东京"
17.     Case Else
18.         首都 = "不明"
19.     End Select
20.     MsgBox 国名 & ":" & 首都
21. End Sub
```

代码分析：代码执行到第 3 行时，弹出输入对话框，此时如果输入"英国"，则变量国名就是"英国"，能够恰好匹配到第 13 行的分支，所以把"伦敦"赋值给首都。然后直接跳转到 End Select 之后，弹出结果对话框。

上面的用法要求表达式和 Case 后面的结果是完全一致才能匹配成功，其实还可以有以下几种匹配方式。

### 1. 多结果写在一行

下面的实例，根据输入的国家名称确定该国在哪一个洲。

**源代码：实例文档 80.xlsm/ 条件选择结构**

```
1.  Sub Test5()
2.      Dim Result As String
3.      Dim Country As String
4.      Country = InputBox("输入国家名称")
5.      Select Case Country
6.      Case "中国", "韩国", "马来西亚": Result = "亚洲"
7.      Case "法国", "西班牙": Result = "欧洲"
8.      Case Else: Result = "未知"
9.      End Select
10.     MsgBox Country & " 在 " & Result
11. End Sub
```

代码分析：第 4 行代码让用户输入一个国家名称，例如输入"西班牙"，那么在第 7 行的分支中匹配到"西班牙"，使得 Result 赋值为"欧洲"，运行结果如图 4-35 所示。

如果写成每一个 Case 后只有一个国家名，则代码显得冗长、效率低。

图 4-35  运行结果 23

### 2. 使用数据范围

Case 后面还可以用 To 关键字来表达一个数据范围。

```
1.  Sub Test6()
2.     Dim Score As Integer
3.     Dim Result As String
4.     Score = InputBox("输入分数")
5.     Select Case Score
6.     Case 80 To 100: Result = "优秀"
7.     Case 70 To 79: Result = "良好"
8.     Case 60 To 69: Result = "中等"
9.     Case Else: Result = "差"
10.    End Select
11.    MsgBox Result
12. End Sub
```

代码分析：如果用户输入的 Score 为 70 ～ 79 分，则第 7 行的条件成立，返回"良好"。

### 3. 使用 Is 运算符

下面的实例根据分数给出等级。

```
1.  Sub Test7()
2.     Dim Score As Integer
3.     Dim Result As String
4.     Score = InputBox("输入分数")
5.     Select Case Score
6.     Case Is >= 80: Result = "优秀"
7.     Case Is >= 60: Result = "及格"
8.     Case Is < 60: Result = "不及格"
9.     End Select
10.    MsgBox Result
11. End Sub
```

当用户输入分数为 87 时，第 6 行代码的条件成立，返回"优秀"。

### 4. 使用 Like 运算符

字符串中的 Like 可以用于模糊匹配，根据这个特点也可以用于 Select 语句中，但是要求 like 之前行的代码必须是 Select Case True。

```
1.  Sub Test8()
2.     Dim s As String
3.     Dim Result As String
4.     s = InputBox("输入姓名的全拼")
5.     Select Case True
6.     Case s Like "Wang*": Result = "W"
```

```
7.        Case s Like "Liu*": Result = "L"
8.        Case s Like "Meng*": Result = "M"
9.        End Select
10.       MsgBox Result
11. End Sub
```

**代码分析**：如果第 4 行代码中输入 Liuyongfu，那么第 7 行的条件会成立，Result 赋值为"L"。

事实上，对于这样的用法，Case 后面可以是任意的条件表达式，不只限于 Like。

下面的过程用于判断数字的正负情况。

```
1.   Sub Test9()
2.       Dim s As Integer
3.       Dim Result As String
4.       s = InputBox("输入一个整数")
5.       Select Case True
6.       Case s > 0: Result = "正数"
7.       Case s = 0: Result = "零"
8.       Case Else: Result = "负数"
9.       End Select
10.      MsgBox Result
11. End Sub
```

**代码分析**：运行到第 4 行代码，提示输入数字，例如输入一个负数，那么第 8 行的条件成立，返回"负数"。

### 4.9.3　Choose 语句

Choose 语句与 IIf 函数非常类似，不同的是，Choose 语句要求提供一个序号作为参数，而不是条件。

```
1.   Sub Test10()
2.       Dim v As Variant
3.       Dim result As String
4.       v = 2
5.       result = Choose(v, "张三", "李四", "王五", "赵六")
6.       MsgBox result
7.   End Sub
```

**代码分析**：第 5 行代码是在 4 个姓名中选出一个，由于 v 的值是 2，所以选出"李四"并赋给变量 result。

也就是说，序号至少是 1。如果提供的序号是一个浮点数，按照取整来处理。例如，Choose(3.75, "张三", "李四", "王五", "赵六") 会返回"王五"，3.75 按 3 处理。

### 4.9.4　Switch 语句

Switch 语句也是一个典型的多条件结构，与 Select 不同的是，该语句必须返回值。其语法形式为：

Switch( 条件 1，结果 1，条件 2，结果 2…)

该语句从左到右依次检测条件是否成立，一旦成立就返回对应的结果。

```
1.  Sub Test11()
2.      Dim score As Integer, result As String
3.      score = InputBox(" 输入分数 ")
4.      result = Switch(score < 60, " 不及格 ", score >= 60 And score < 80, " 中等 ",
        score >= 80, " 优秀 ")
5.      MsgBox result
6.  End Sub
```

代码分析：如果输入的分数是 75 分，那么第 2 个条件会成立，把 "中等" 赋给 result。

## 4.10　循环结构

循环结构就是多次重复执行语句块。

循环结构的目的如下：一是为了对批量的对象执行相同或类似的操作、节省代码行数，例如要输出 1 ～ 20 的每个数的平方数。二是让一部分代码不断运行，使得一些变量的值不断地得以更新，最后根据设定精度而跳出循环，例如二分法求非线性方程的根。

从循环次数上分，循环结构可分为指定次数和不指定次数循环。上面求 1 ～ 20 的平方数的问题中，循环次数就是 20 次，而二分法的循环则需要使用其他语句来强行跳出。

在实际编程过程中，同一个问题往往可以用多种不同的循环方式达到目的。

VBA 中的循环体主要有 While 类、Do 类和 For 类。

### 4.10.1　While…Wend 语句

While 循环是一种不指定次数的循环，该循环体从 While 开始一直到 Wend 结束，只要 While 后面的条件成立，就一直执行中间的语句块。

下面的过程打印 0 ～ 10，以及这些数字的平方数。

**源代码：实例文档 80.xlsm/ 循环结构**

```
1.  Sub Test1()
2.      Dim i As Integer
3.      While i <= 10
4.          Debug.Print i, i * i
5.          i = i + 1
6.      Wend
7.  End Sub
```

代码分析：注意第 2 行代码把 i 声明为整型变量，因此默认初始化为 0；第 3 行代码中循环条件为 i 不大于 10，所以条件成立，打印数字，然后循环变量 i 自加。

代码的运行结果是打印 0 ～ 10 这几个数的平方。

如果把第 4、5 行代码对调位置，将打印 1 ～ 10 这几个数的平方。由此可见，循环体内的语句块仍然是顺序结构，先后出现顺序有重要影响。

第 5 行循环变量的自加也很重要，如果没有这句，将会造成死循环，因为 While 后面的条件永远成立。

## 4.10.2 Do…Loop 语句

与 While 循环类似，Do 循环也是不指定循环次数，可以分为如下 5 种表达形式。

第 1 种：不指定条件。

```
Do
    语句块
Loop
```

第 2 种：指定循环成立的条件。

```
Do While 条件
    语句块
Loop
```

第 3 种：无条件执行一次，然后判断循环成立的条件。

```
Do
    语句块
Loop While 条件
```

第 4 种：指定循环终止的条件。

```
Do Until 条件
    语句块
Loop
```

第 5 种：先循环一次，然后判断循环终止的条件。

```
Do
    语句块
Loop Until 条件
```

如果采用第 1 种循环方式，由于在开头和结尾均未指定条件，因此必须在循环体内语句块中有 Exit Do 跳出循环体。

下面的实例用于打印 1 ~ 10 这几个数的平方。

```
1.  Sub Test2()
2.      Dim i As Integer
3.      Do
4.          i = i + 1
5.          If i > 10 Then
6.              Exit Do
7.          Else
8.              Debug.Print i, i ^ 2
9.          End If
10.     Loop
11. End Sub
```

代码分析：循环体内，i 先自加 1，当 i 超过 10 就跳出 Do 循环，也就是跳到 Loop 语句以后。如果 i 小于等于 10，则打印平方数。运行结果如图 4-36 所示。

以上实例采用的是第 1 种方式，也就是循环终止的条件放在循环体内。

下面采用循环前指定判断条件的方式。这种方式需要在 Do While 后面加上循环成立的条件，在循环体内就不需要 Exit Do，但是循环变量的自加操作还是要进行的。

图 4-36　运行结果 24

```
1.  Sub Test3()
2.      Dim i As Integer
3.      Do While i <= 10
4.          i = i + 1
5.          Debug.Print i, i ^ 2
6.      Loop
7.  End Sub
```

代码分析：运行该过程的打印结果为 1 ～ 11 这几个数的平方，多循环了一次，和要求不符。怎么才能改成 1 ～ 10 的平方呢？请读者思考解决。

下面再用循环终止的条件实现循环。因为是要循环 10 以内的数字，所以终止的条件是 i>=10。该条件要加在 Until 关键字之后。

代码如下：

```
1.  Sub Test4()
2.      Dim i As Integer
3.      Do
4.          i = i + 1
5.          Debug.Print i, i ^ 2
6.      Loop Until i >= 10
7.  End Sub
```

打印结果恰好为 1 ～ 10 这几个数的平方。

不管用哪一种循环，要灵活使用循环变量，比较典型的应用是改变循环的方向和步长。

例如，计算 100 以内所有奇数之和（99+97+95+……+3+1），代码如下：

```
1.  Sub Test5()
2.      Dim i As Integer
3.      Dim s As Integer
4.      s = 0
5.      i = 99
6.      Do While i >= 1
7.          s = s + i
8.          Debug.Print s, i
9.          i = i - 2
10.     Loop
11. End Sub
```

代码分析：由于要求是从大到小倒序循环，所以 i 初始值是 99，循环体内每次自减 2，循环成立的条件是循环变量大于等于 1。

最后一次循环的打印结果是 2500　1。

### 4.10.3　For 语句

For 语句是典型的指定循环次数的语法结构。其语法格式是：

```
For 循环变量 = 初始值 To 终止值 Step 步长值
    语句块
Next 循环变量
```

For 循环语句中，循环变量是循环的核心，For 循环的过程其实就是循环变量逐渐变化的过程。

例如，For i =10 To 1 Step-2，其含义就是变量 i 从 10 变化到 1，每次减少 2。把变量 i 的取值一一列举就是 10,8,6,4,2。注意，最后一个取值不得超过终止值。

下面举一个例子用于打印一个下三角图形。VBA 中的 String 函数可以返回指定个数的字符，例如 String(3,"@") 可以返回 @@@，利用这个特点构造如下循环：

**源代码：实例文档 80.xlsm/ 循环结构**

```
1.  Sub Test6()
2.      Dim i As Integer
3.      For i = 1 To 6 Step 1
4.          Debug.Print VBA.String(i, "*")
5.      Next i
6.  End Sub
```

运行上述过程，在立即窗口的结果如图 4-37 所示。

For 循环语句必须提供循环变量的初始值和终止值，步长值可以是正数、负数，如果不指定，则默认为 1。另外，For 循环体最后一句的 Next i 可以简写为 Next。

因此，上述过程还可以改写为：

图 4-37　运行结果 25

```
1.  Sub Test6()
2.      Dim i As Integer
3.      For i = 1 To 6: Debug.Print VBA.String(i, "*"): Next
4.  End Sub
```

上述过程使用冒号把多行代码变为一行，For 循环中步长采用默认值 1，所以无须写 Step 1，最后 Next i 中的 i 可以省略。

For 循环语句中的循环变量一般是整型，但也可以用浮点型、日期时间型。

例如，计算等差数列 -3.8，-1.8，0.2，2.2，4.2，6.2 的总和，代码如下：

```
1.  Sub Test7()
2.      Dim d As Double, s As Double
3.      s = 0
4.      For d = -3.8 To 6.2 Step 2#
5.          s = s + d
6.      Next d
7.      MsgBox "总和是：" & s
8.  End Sub
```

代码分析：该等差数列第一项是 –3.8，终止于 6.2，步长值是 2。据此可以写出上述过程的第 4 行。

运行上述过程，总和返回 7.2。

下面的实例在立即窗口中打印从 2 月 20 日到 3 月 1 日之间的所有日期。

```
1.  Sub Test8()
2.      Dim dt As Date
3.      For dt = #2/20/2017# To #3/1/2017#
4.          Debug.Print Format(dt, "yyyy 年 mm 月 dd 日 ")
5.      Next dt
6.  End Sub
```

运行结果如图 4-38 所示。

需要特别注意的是，For 循环执行完毕后，循环变量的值往往会超过终止值，也就是说，循环变量自加或自减的次数总是超出一次。

下面的实例用于输出 $3^1$、$3^3$、$3^5$、$3^7$、$3^9$ 这个等比数列。

```
1.  Sub Test9()
2.      Dim i As Integer
3.      For i = 1 To 10 Step 2
4.          Debug.Print 3 ^ i
5.      Next i
6.      Debug.Print " 循环变量最后是: " & i
7.  End Sub
```

运行上述过程，立即窗口显示如图 4-39 所示。

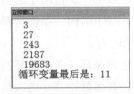

图 4-38　运行结果 26　　　　　图 4-39　运行结果 27

注意，循环变量 i 最后是 11，不是 9。

在 Excel VBA 中，For 循环经常用于集合、数组的遍历，以及单元格的行向、列向遍历。

### 4.10.4  For Each 语句

如果要在一个固定个数的集合、数组中遍历，除了使用 For 语句，还可以使用 For Each 语句循环。

下面的实例用于遍历字符串数组中的元素的索引和元素的值。

```
1.  Sub Test10()
2.      Dim arr(2 To 5) As String
3.      arr(2) = "excel"
```

```
4.        arr(4) = "word"
5.        arr(5) = "ppt"
6.        Dim i As Integer
7.        For i = 2 To 5
8.            Debug.Print i, arr(i)
9.        Next i
10. End Sub
```

代码分析：上述过程中，未给 arr(3) 赋值，因此默认为空字符串。

运行上述过程的结果如图 4-40 所示。

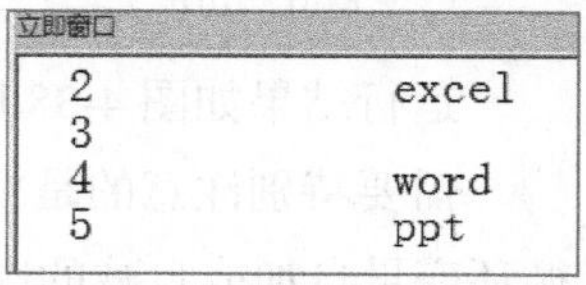

如果使用 For Each 语句，则不需要使用循环变量，直接使用元素遍历即可。其语法格式如下：

```
For Each 元素 In 集合
    (与元素有关的) 语句块
Next 元素
```

图 4-40　运行结果 28

于是，把上述 Test10 过程改写为如下：

```
1.  Sub Test11()
2.      Dim arr(2 To 5) As String
3.      arr(2) = "excel"
4.      arr(4) = "word"
5.      arr(5) = "ppt"
6.      Dim s As Variant
7.      For Each s In arr
8.          Debug.Print s
9.      Next s
10. End Sub
```

代码分析：第 7 ～ 9 行用于遍历数组中所有的元素。

以上介绍了顺序结构、条件选择结构和循环结构，在实际编程过程中，还存在结构与结构的嵌套，常见的有：

❏ 循环中包含循环（多重循环）。

❏ 循环中包含条件选择（挑选具有某些特征的元素）。

❏ 条件选择中包含循环。

## 4.11　流程跳转控制语句

在实际编程应用中，代码执行时经常遇到循环还未完全执行完毕或者过程、函数未执行完毕，然后跳转到其他地方，这就需要用到流程跳转控制语句。

VBA 中的流程跳转控制语句有 GoTo、GoSub…Return、Exit（Exit Sub、Exit Function、Exit Do、Exit For）和 End 语句。

### 4.11.1　GoTo 语句

GoTo 语句可以跳转到某行，但跳转的这行必须是在同一过程或函数中。如果要跳转到其他过程，需要用到 Call。

为了说明 GoTo 的作用，请在 VBA 中按快捷键【F8】单步执行下面的过程，观察运行次序。

**源代码：实例文档 80.xlsm/ 流程跳转控制语句**

```
1.  Sub Test1()
2.      Debug.Print "Monday"
3.      Debug.Print "Tuesday"
4.      Debug.Print "Wednesday"
5.      GoTo L200
6.      Debug.Print "Thursday"
7.  L200:
8.      Debug.Print "Friday"
9.  End Sub
```

代码分析：第 5 行，GoTo L200 意思是跳转到过程中 L200: 这个标号位置继续向下执行，直接打印 Friday，然后整个过程结束。

因此运行上述过程后，立即窗口显示如图 4-41 所示。

打印结果中没有 Thursday，因为第 6 行代码被跳过了。

图 4-41　运行结果 29

## 4.11.2　GoSub…Return 语句

与 GoTo 语句具有非常类似的是 GoSub 语句，该语句跳转到标号，执行到 Return 语句时，可以返回到 GoSub 的地方继续执行。

**源代码：实例文档 80.xlsm/ 流程跳转控制语句**

```
1.  Sub Test2()
2.      Debug.Print "Monday"
3.      Debug.Print "Tuesday"
4.      Debug.Print "Wednesday"
5.      GoSub L200
6.      Debug.Print "Thursday"
7.      Exit Sub
8.  L200:
9.      Debug.Print "Friday"
10.     Return
11. End Sub
```

代码分析：上述代码执行到第 5 行时，跳转到第 9 行打印 Friday，然后返回到第 5 行下面，打印 Thursday，然后运行第 7 行退出过程。

运行结果如图 4-42 所示。

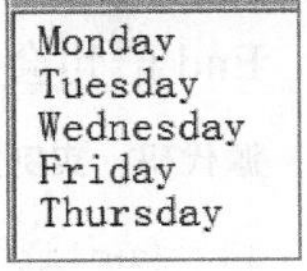

图 4-42　运行结果 30

---

**注意**：如果不写第 7 行的 Exit Sub，上述过程导致出错，因为 Return 语句导致过程往前面跳转，会重复多次运行 L200 标号中的内容。

---

从以上运行结果可以看出 GoSub 和 Goto 语句的区别。

### 4.11.3　Exit 语句

在循环结构中，使用 Exit Do 可以提前跳出 Do 类循环的外部，但不跳出过程，还要继续执行循环体外后续的语句。同理，使用 Exit For 可以跳出 For 类循环。如果是 While 循环，无对应的跳出语句。

Exit Sub 可以直接跳出过程，Exit Function 跳出函数。

**源代码：实例文档 80.xlsm/ 流程跳转控制语句**

```
1.  Sub Test3()
2.      Dim i As Integer
3.      For i = 1 To 10 Step 1
4.          If i > 5 Then
5.              Exit For
6.          Else
7.              Debug.Print i
8.          End If
9.      Next i
10.     Debug.Print "Monday"
11.     Debug.Print "Tuesday"
12.     Exit Sub
13.     Debug.Print "Wednesday"
14. End Sub
```

**代码分析**：上述过程包含一个循环体，以及打印三个单词。循环体内包含一个条件选择结构，当 i 循环到 6 时，就直接跳出循环，继续运行第 9 行以后的代码。由于第 12 行是跳出过程，因此不执行第 13 行，直接跳出过程。

运行结果如图 4-43 所示。

如果是在重循环结构中用到了 Exit 语句，那么只跳出直接包含该 Exit 语句的循环，而不是所有循环。

其实 Exit 语句和 GoTo 语句非常类似，只不过 Exit 语句跳出的位置是固定的，而 GoTo 语句是跳转到标号位置。

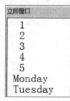

图 4-43　运行结果 31

### 4.11.4　End 语句

End 语句会终止程序的执行，并且清除所有变量的值。

**源代码：实例文档 80.xlsm/End 语句**

```
1.  Public a As Integer, b As Integer
2.  Sub Test1()
3.      a = 23
4.      b = 21
5.      End
6.      a = a + b
7.  End Sub
```

**代码分析**：上述过程中变量 a、b 是模块级变量，运行 Test1 后，在立即窗口中输入"?a"，发现 a 的值被重置为 0。

如果删除上述过程第 5 行中的 End，再执行一次，a 的值将会是 44。

End 语句不调用 Unload、QueryUnload 或 Terminate 事件，只是生硬地终止代码执行，窗体和类模块中的 Unload、QueryUnload 和 Terminate 事件代码未被执行。

在实际编程应用中，很少用到 End 语句。

## 4.12　数组

一个变量只能存储一个数据，使用数组可以只用一个变量名称同时存储多个数据。例如，存储一个班学生的姓名，使用变量 Student1、Student2、……，有多少学生就需要声明多少个变量。而使用数组就可以用 Students(40) 表示 40 个学生的姓名集合。

从概念上讲，一个数组包含数组名称（变量名）、数组的上下界（数组的索引范围）、元素类型三个范畴。

从操作步骤上讲，一个数组包括数组的声明、数组的赋值和数组的使用三个部分。

从维数上讲，数组分为一维数组和多维数组。

### 4.12.1　一维数组

一维数组可以看作一些整齐排列的信封或抽屉，每个抽屉都有唯一编号，每个抽屉里可以放相同类型的东西，也可以放不同类型的物品。

例如，在图 4-44 中，5 个学生的姓名就构成了一个字符串数组 Students，数组中可以存储 5 个学生的姓名信息。

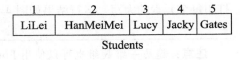

图 4-44　一维数组示例

在使用数组时，只需要用 Students(2) 就可以获得到 HanMeimei。该数组的下界是 1，上界是 5，数组中元素的个数是 5。

数组的声明，需要指定数组名称、数组的上下界、数组的类型（元素的类型）。

数组的取名和变量的取名完全相同，一般建议使用字母、数字、下画线的组合。

数组的类型和变量的类型基本一样，实际上为数组指定类型就是为了限定数组中元素的类型。如果不指定数组的类型，则默认为变体型（Variant），数组元素可以是任意数据类型。

#### 4.12.1.1　数组的声明

声明一维数组时，必须指定上标，下标可以不指定。下标如果不指定则默认从 0 开始，如果模块顶部声明 Option Base 1，则下标默认从 1 开始。使用数组的元素时，索引值必须在上下界范围内，不可越界使用。

VBA 的一维数组的下标，可以从任意整数开始，也可以从负数开始。

**源代码：实例文档 81.xlsm/ 一维数组**

```
1.  Option Base 1
2.  Sub Test1()
3.      Dim arr(3) As Integer
```

```
4.    Debug.Print LBound(arr), UBound(arr)
5. End Sub
```

**代码分析**：第 1 行代码是模块定义部分，含义是数组的默认下标从 1 开始。第 3 行代码是数组声明的核心代码，含义是声明一个可以容纳整数的数组 arr，索引为 1 ~ 3。

运行上述过程，打印结果为 1 和 3，表示 arr(1)、arr(2)、arr(3) 可以使用。如果把第 1 行代码注释掉，重新运行则会打印 0 和 3，表示 arr(0) 也可以使用。

为了避免出错，在声明数组时，可以明确地给出下标，此时与模块是否定义无关。

**源代码：实例文档 81.xlsm/ 一维数组**

```
1.  Sub Test2()
2.      Dim Students(-3 To 1) As String
3.      Students(-3) = "LiLei"
4.      Students(-2) = "HanMeimei"
5.      Students(-1) = "Lucy"
6.      Students(0) = "Jacky"
7.      Students(1) = "Gates"
8.      Dim i As Integer
9.      For i = LBound(Students) To UBound(Students)
10.         Debug.Print UCase(Students(i))
11.     Next i
12. End Sub
```

图 4-45　运行结果 32

**代码分析**：第 2 行代码声明了一个字符串数组，索引为 –3 ~ 1，第 3 ~ 7 行代码为数组各元素赋值，第 9 ~ 11 行代码遍历每个元素，打印每个元素的大写。运行结果如图 4-45 所示。

---

**注意**：遍历一维数组也可以使用 For Each 语句。

---

### 4.12.1.2　数组元素的修改

数组一旦声明以后，不可以增加和删除元素，但是可以为每个元素重新赋值，也可以完全擦除数组所有元素的值。

**源代码：实例文档 81.xlsm/ 一维数组**

```
1.  Sub Test3()
2.      Dim Students(1 To 5) As String
3.      Students(1) = "LiLei"
4.      Students(2) = "HanMeimei"
5.      Erase Students
6.      Students(1) = "BaoBao"
7.      Students(3) = "Lucy"
8.      Students(4) = "Jacky"
9.      Students(5) = "Gates"
10.     Stop
11. End Sub
```

**代码分析**：第 5 行代码用来擦除数组，释放数组所用的内存。

第 6～9 行代码重新为数组赋值，由于没给 2 号元素赋值，所以使用默认值空字符串。

数组不能直接输出到立即窗口，也无法用 MsgBox 一次性输出数组，只能一个一个元素地输出元素。

研究数组最好的方法是使用 VBA 的本地窗口，因此运行本过程之前打开本地窗口，当运行到第 10 行 Stop 时，会暂停程序的执行，此时通过本地窗口可以看到数组的结构和当前值（见图 4-46）。

图 4-46　本地窗口 2

可以看到，1 号元素被重新赋值，2 号元素是默认值。

### 4.12.2　二维数组

在实际编程应用中，也经常用到二维数组。一维数组可以理解为行向或者列向排列的元素集合，那么二维数组则可以理解为方阵排列的元素集合。

例如，要存储 5 行 3 列共 15 个数字，就可以使用二维数组来存储。一个 5 行 3 列的二维数组示意图如图 4-47 所示。

假定图 4-47 描述的数组名称是 Num，那么 Num(3,2) 代表第 3 行第 2 列的元素，为 87。最左上角的元素是 Num(1,1)，最右下角的元素是 Num(5,3)。

| | 1 | 2 | 3 |
|---|---|---|---|
| 1 | 98 | 87 | 96 |
| 2 | 78 | 79 | 81 |
| 3 | 71 | 87 | 62 |
| 4 | 61 | 100 | 78 |
| 5 | 87 | 63 | 91 |

图 4-47　二维数组示意图

#### 4.12.2.1　二维数组上下界

二维数组在声明时，需要同时指定两个维度的上下界。语法为：

```
Dim 数组名 (m To n, p To q)
```

其中，m、n 是第 1 维的上下界，p、q 是第 2 维的上下界。

**源代码：实例文档 81.xlsm/ 二维数组**

```
1.  Sub Test1()
2.      Dim Num(1 To 5, 1 To 3)
3.      Debug.Print LBound(Num, 1), UBound(Num, 1)
4.      Debug.Print LBound(Num, 2), UBound(Num, 2)
5.  End Sub
```

代码分析：LBound(Num, 1) 表示数组第 1 维的下界。

上述过程的运行结果如图 4-48 所示。

图 4-48　运行结果 33

#### 4.12.2.2　嵌套循环遍历二维数组

由于二维数组是两个维度，所以需要用内外两层循环才能遍历每个元素。其实遍历数组的实质是数组的索引在循环。

下面的过程声明一个整型二维数组，为若干元素进行赋值，然后用双层 For 循环遍历元素。

**源代码：实例文档 81.xlsm/ 二维数组**

```
1.   Sub Test2()
2.       Dim Num(1 To 5, 1 To 3) As Integer
3.       Num(1, 1) = 87
4.       Num(1, 2) = 88
5.       Num(1, 3) = -8
6.       Num(1, 2) = -23
7.       Num(3, 3) = 12
8.       Num(5, 3) = 827
9.       Dim i  As Integer, j As Integer
10.      For i = 1 To 5
11.          For j = 1 To 3
12.              Debug.Print Num(i, j)
13.          Next j
14.      Next i
15.      Stop
16. End Sub
```

代码分析：对于没有赋值的元素，取默认值 0。在本地窗口可以清晰地看到该二维数组的结构（见图 4-49）。

在 Excel VBA 中，一维数组、二维数组和单元格区域的数据可以进行快速数据传递，相关内容请参阅 Range 对象方面的章节。

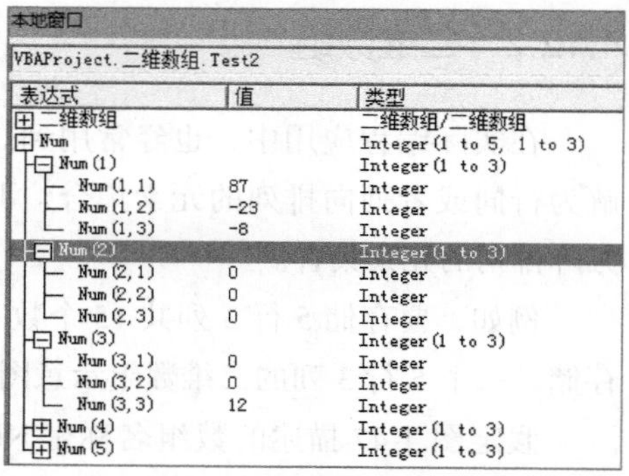

图 4-49　本地窗口 3

### 4.12.3　使用 Array 创建数组

使用 Array 可以把多个元素同时输入，从而成为数组对象。但是需要用一个变体型变量接收，接收后成为一个下界从 0 开始的数组。

**源代码：实例文档 81.xlsm/ 使用 Array**

```
1.   Sub Test1()
2.       Dim v As Variant
3.       v = Array("Monday", "Tuesday", "Wednesday")
4.       Debug.Print LBound(v), UBound(v)
5.       Debug.Print v(2), v(1), v(0)
6.   End Sub
```

代码分析：第 4 行代码打印 v 的上下界，下界必须是 0，因此上界是 2。第 5 行打印数组所有元素。

运行结果如图 4-50 所示。

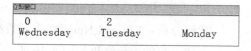

图 4-50　运行结果 34

利用这个特点，还可以使用 Array 创建二维数组。

```
1.  Sub Test2()
2.      Dim v As Variant
3.      v = Array(Array("唐代", 618, 907, "李渊"), Array("宋代", 960, 1127,
        "赵匡胤"), Array("元代", 1271, 1368, "忽必烈"))
4.      Stop
5.  End Sub
```

代码分析：第 3 行是核心代码，使用了双层嵌套的 Array，相当于把一维数组再次作为元素。

运行到 Stop 语句时，从本地窗口可以看到二维数组 v 的情况（见图 4-51）。

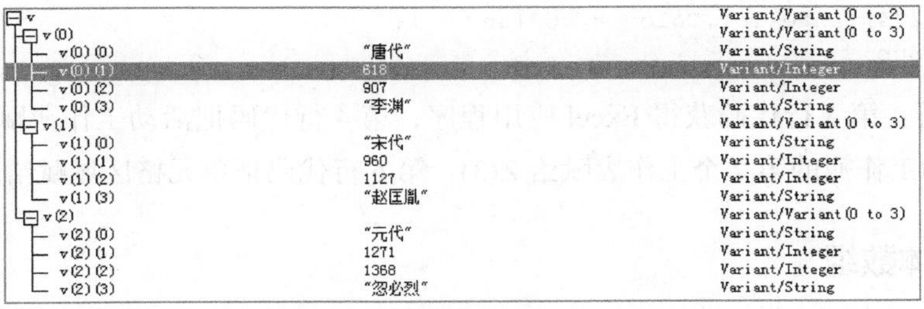

图 4-51　本地窗口 4

在 Excel VBA 中，经常利用 Array 来快速选中多个工作表，或者利用 Array 快速输入标题。

```
1.  Sub Test3()
2.      ActiveWorkbook.Worksheets(Array("Sheet1", "Sheet3")).Select
3.      Sheet1.Range("A1:D1").Value = Array("姓名", "学号", "性别", "出生年月")
4.  End Sub
```

代码分析：第 2 行代码同时选中工作表 Sheet1 和 Sheet3，第 3 行代码往单元格区域 A1:D1 分别输入 4 个标题。

## 4.12.4　对象数组

对象数组就是数组中各个元素的类型是对象类型，而不是基本数据类型。

如果所有元素的对象类型是一样的，则可以声明数组为具体的对象类型；如果是混合对象类型，需要声明为 Object 类型。

此外，在对元素赋值时，需要用 Set 关键字。

例如，使用 Dim W(2 To 4) As Excel.Worksheet 声明一个工作表对象数组，那么 W(2) 就是其中一个工作表对象。

**源代码：实例文档 81.xlsm/ 对象数组**

```
1.  Sub Test1()
2.      Dim W(2 To 4) As Excel.Worksheet
3.      Set W(2) = ActiveWorkbook.Worksheets("Sheet1")
4.      Set W(4) = ActiveWorkbook.Worksheets("Sheet3")
```

```
5.        W(4).Activate
6.   End Sub
```

代码分析：由于全是工作表对象，所以第 2 行代码声明为 Worksheet 类型。第 5 行用于激活工作表 Sheet3。

下面这个实例，由于数组中元素之间是不同的对象类型，所以声明为 Object。

```
1.   Sub Test2()
2.       Dim Z(1 To 4) As Object
3.       Set Z(1) = Application
4.       Set Z(2) = Z(1).ActiveWorkbook
5.       Set Z(3) = Z(2).Worksheets(2)
6.       Set Z(4) = Z(3).Range("A2:B4")
7.       Z(4).Interior.Color = vbBlue
8.   End Sub
```

代码分析：第 3 行代码获得 Excel 应用程序，第 4 行代码把活动工作簿赋给 Z(2)，第 5 行代码把活动工作簿的第 2 个工作表赋给 Z(3)，第 6 行代码把单元格区域赋给 Z(4)。

## 4.12.5    变体数组

变体数组意味着元素的类型可以是任意的，要求数组的类型为 Variant。

**源代码：实例文档 81.xlsm/ 变体数组**

```
1.   Sub Test1()
2.       Dim X(1 To 4) As Variant
3.       X(1) = 2017
4.       X(2) = "Year"
5.       X(3) = 3.14
6.       Set X(4) = ActiveCell
7.       X(4).Value = (X(1) + X(3)) & X(2)
8.   End Sub
```

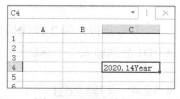

代码分析：第 2 行代码声明为变体数组，那么每个元素可以任意使用。第 6 行代码把活动工作表赋给 X(4)。第 7 行代码把计算结果发送到活动单元格。运行结果如图 4-52 所示。

图 4-52    运行结果 35

## 4.12.6    动态数组

动态数组就是在使用过程中，可以随时变更数组的上下界。声明数组时，不需要指定上下界。在用到数组时，可以用 Redim 关键字重新声明，但是使用 Redim 不可以重新指定数组的类型。

使用 Redim 重新定义数组后，原先的元素数据全被清除，如果要保留以前的数据，需要使用 ReDim Preserve 语句。

**源代码：实例文档 81.xlsm/ 动态数组**

```
1.   Sub Test1()
2.       Dim a() As Integer
```

```
3.      ReDim a(3 To 5)
4.      a(3) = 35
5.      a(4) = 37
6.      a(5) = 39
7.      ReDim Preserve a(3 To 7)
8.      a(7) = 45
9.      Stop
10.     ReDim a(1 To 4)
11.     Stop
12. End Sub
```

代码分析：第 2 行代码声明一个整型动态数组，所以不指定上下界。第 3 行代码重定义上下界。第 4 ~ 6 行代码为数组赋值。

第 7 行代码保留以前值并扩大数组到 7。第 9 行代码的 Stop 语句可通过本地窗口看到数组的情况，如图 4-53 所示。

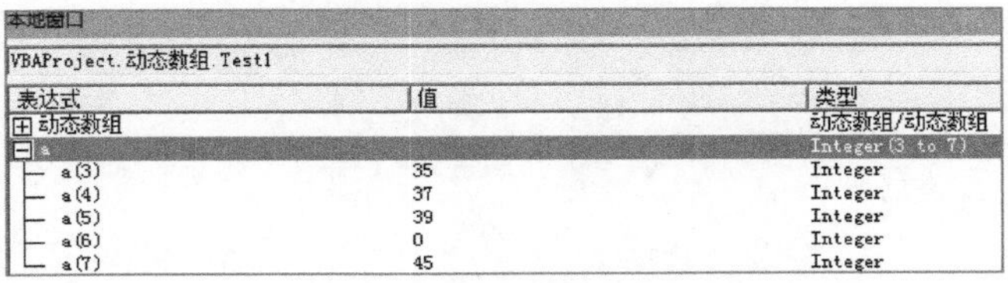

| 本地窗口 | | |
|---|---|---|
| VBAProject.动态数组.Test1 | | |
| 表达式 | 值 | 类型 |
| ⊞ 动态数组 | | 动态数组/动态数组 |
| ⊟ a | | Integer (3 to 7) |
|    a(3) | 35 | Integer |
|    a(4) | 37 | Integer |
|    a(5) | 39 | Integer |
|    a(6) | 0 | Integer |
|    a(7) | 45 | Integer |

图 4-53　本地窗口 5

第 10 行代码清除数组元素值，并重新定义，第 11 行代码再次暂停运行，查看数组状态，结果如图 4-54 所示。

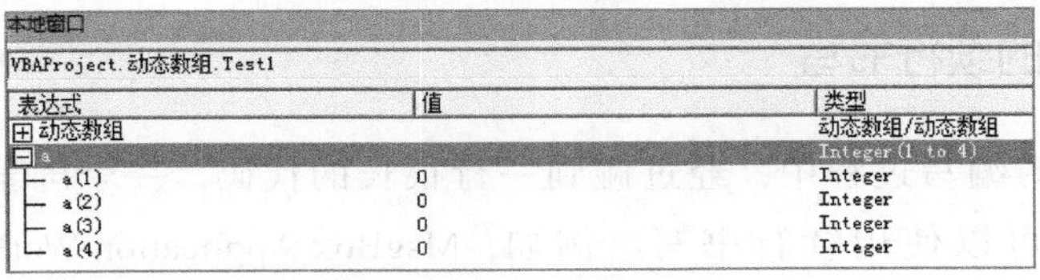

| 本地窗口 | | |
|---|---|---|
| VBAProject.动态数组.Test1 | | |
| 表达式 | 值 | 类型 |
| ⊞ 动态数组 | | 动态数组/动态数组 |
| ⊟ a | | Integer (1 to 4) |
|    a(1) | 0 | Integer |
|    a(2) | 0 | Integer |
|    a(3) | 0 | Integer |
|    a(4) | 0 | Integer |

图 4-54　本地窗口结果

可以看出，数组元素全部初始化为 0 了。

注意，当使用 Preserve 试图保留以前值时，下标必须和原先下标一样才行。也就是第 7 行必须写成 ReDim Preserve a(3 To 7)，如果写成 ReDim Preserve a(2 To 7) 或 ReDim Preserve a(5 To 7) 会发生下标越界的错误。

## 4.13　代码优化

实现同一个功能和目的，不同的人写出的代码风格迥异，程序代码的构思、风格，与每个人的经验、性格各方面都有关系。但是代码编写一般要遵循如下几个原则。

❑ 思路清晰、正确，程序设计的思路能够解决实际问题。

❑ 代码简洁，合理使用过程和函数，做到不重复、不冗余。

❑ 程序各个部分实现模块化，各行代码缩进合理，有层次性。

❑ 有必要的注释语句，增强程序的可读性。

## 4.13.1　同一行书写多条语句

VBA 代码一般是一行代码单独占据一行，但也可以把多行语句调整到同一行，各条语句用半角冒号隔开即可。

例如：

```
a=3
b=4
c=5
```

这 3 行语句可以调整为：

```
a=3:b=4:c=5
```

再例如：

```
For Each wb In Workbooks
    wb.Close
Next wb
```

也可以调整为：

```
For Each wb In Workbooks : wb.Close : Next wb
```

但是很少有人把 For 循环结构调整为一行，因为并不好看。

## 4.13.2　长语句的续行书写

在程序代码的编写过程中，经过碰到一行很长的代码，一个屏幕不能完全显示整行代码。此时，可以使用续行书写。例如，MsgBox Application.Workbooks("MyBook").Worksheets("MySheet").Range("A1:D5").Value，在合适的位置输入一个半角空格，再输入一个下画线，按下【Enter】键继续输入代码即可。效果如下：

```
MsgBox Application.Workbooks("MyBook") _
  .Worksheets("MySheet").Range("A1:D5").Value
```

因此，可以把空格加一个下画线叫作续行符。也就是说，虽然写在了不同的行，执行时按同一行处理。

续行符不要破坏和分裂字符串或变量名、关键字等完整单词。例如：

```
Msg _
Box "VBA"
```

就是错误的。因为 MsgBox 是一个完整的关键字，不能分裂。

## 4.13.3　使用缩进

VBA 代码的两大特征：一是不区分大小写；二是忽略空格。

VBA 中只有字符串中的字母是区分大小写的，变量名、过程名、关键字不区分大小写。例如，MyHome 与 myhome、MYHOME 是同一个变量，PUBLIC、FUNCTION 和 Public、Function 是同一个关键字。

VBA 代码中，每行语句左侧的空白宽度不限。也就是说，书写语句时，既可以紧贴着代码编辑器的左侧书写，也可以先按下空格键或【Tab】键，再输入代码。此外，相邻语句之间允许插入多个空白行，语句和语句之间的空白行、过程和过程之间的空白行，也都不影响程序的编译和运行结果。但是为了美观，通常在过程的结束位置和下一个过程开始位置之间插入一个空白行，便于区分。

VBA 中的缩进单位是一个制表位，鼠标置于代码中，按下【Tab】键，就会向右缩进；如果按下【Shift+Tab】键，就会减少缩进量，代码向左移动。

---

**注意：** 这个缩进与减少缩进的功能，不止针对一行，如果事先用鼠标选中了多行代码，那么会发生整体缩进。

---

如果不习惯按快捷键进行缩进，也可以在 VBA 编辑器的空白处右击，在弹出的快捷菜单中勾选"编辑"复选框，此时会出现"编辑"工具栏（见图 4-55）。

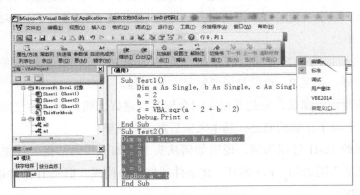

图 4-55　使用编辑工具栏

工具栏中有"缩进""凸出"两个按钮，其功能就是上面讲过的缩进和取消缩进功能。

在 VBA 编辑器中缩进一次，向右缩进的宽度与 VBA 选项有关。在 VBA 选项对话框的"编辑器"选项卡中，默认的 Tab 宽度是 4，也就是说按一次【Tab】键向右缩进 4 个半角空格的宽度。用户可以更改该数值（见图 4-56）。

VBA 程序设计中，合理应用缩进，能够增强程序的可读性和层次感，如果不使用缩进，或者是不合理的缩进，即使是自己阅读自己写过的代码，也会觉得杂乱无绪。

很多 VBA 初学者通常会认为，缩进和取消缩进是一行代码的问题。其实这样理解是错误的。

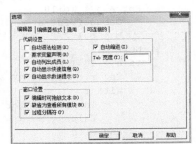

图 4-56　VBA 选项对话框 1

实际上，VBA 的缩进是由于开始标签和闭合标签造成的。所谓的标签，可以想象成 HTML 语言中的标签，也就是语法结构的开始标志和结束标志。VBA 语法结构中用到的标签如表 4-7 所示。

表 4-7　VBA 语法结构中的标签

| 开 始 标 签 | 闭 合 标 签 |
| --- | --- |
| Sub | End Sub |
| Function | End Function |
| Property | End Property |
| Type | End Type |
| Enum | End Enum |
| If | End If |
| With | End With |
| Select | End Select |
| Do | Loop |
| While | Wend |
| For | Next |

书写代码时，要遵循开始标签和对应的闭合标签处于同一个缩进量，标签内的所有语句块缩进一个单位。顺序结构的每一行均对齐，缩进量相同。条件选择和循环结构，其内部的语句块缩进一个单位。

此外，模块顶部的模块定义、模块级变量以及常量的声明、API 声明的缩进量，与 Sub…End Sub 一样，都是 0，也就是说要紧靠左侧写起。

一个良好的写作习惯是，先把开始、闭合标签搭建好，然后在标签之间书写内部代码，这样自然而然就形成了正确的缩进，基本无须后期重新调整。

现在以下面的 Test1 过程为例，说明如何从头书写如下代码结构。首先分析程序构成，过程的内部由变量声明语句、For 循环、If 条件选择语句构成，但是 If 条件选择语句内部又嵌套一个 With 结构。

```vba
Sub Test1()
    Dim a As Integer
    Dim b As Integer
    Dim r As Excel.Range
    For a = 1 To 10
        Debug.Print a
        b = b + 2
    Next a
    If b > 10 Then
        Set r = Range("A" & b)
        With r
            .Interior.Color = vbRed
            .Value = b
        End With
    End If
End Sub
```

从头书写该过程时，首先从最外侧标签写起：

```
Sub Test1()

End Sub
```

然后在标签内部空白行按下【Tab】键，缩进一个单位后书写变量声明部分，以及 For 循环的标签：

```
Sub Test1()
    Dim a As Integer
    Dim b As Integer
    Dim r As Excel.Range
    For a = 1 To 10

    Next a
End Sub
```

接下来在 For 循环体内的空白行按下【Tab】键，缩进一个单位后书写其中的语句块：

```
Sub Test1()
    Dim a As Integer
    Dim b As Integer
    Dim r As Excel.Range
    For a = 1 To 10
        Debug.Print a
        b = b + 2
    Next a
End Sub
```

接下来书写 If 条件选择的标签：

```
Sub Test1()
    Dim a As Integer
    Dim b As Integer
    Dim r As Excel.Range
    For a = 1 To 10
        Debug.Print a
        b = b + 2
    Next a
    If b > 10 Then

    End If
End Sub
```

然后在 If 结构的中间空白行按下【Tab】键，书写代码并创建 With 结构的标签：

```
Sub Test1()
    Dim a As Integer
    Dim b As Integer
    Dim r As Excel.Range
    For a = 1 To 10
        Debug.Print a
        b = b + 2
    Next a
    If b > 10 Then
        Set r = Range("A" & b)
```

```
        With r

        End With
    End If
End Sub
```

最后填充 With 结构中的代码，效果如下：

```
Sub Test1()
    Dim a As Integer
    Dim b As Integer
    Dim r As Excel.Range
    For a = 1 To 10
        Debug.Print a
        b = b + 2
    Next a
    If b > 10 Then
        Set r = Range("A" & b)
        With r
            .Interior.Color = vbRed
            .Value = b
        End With
    End If
End Sub
```

可以看出，由于 VBA 的语法结构标签是成对出现的，所以从一开始的 Sub 开始，到最后的 End Sub 结束，缩进量到最后总会回归到 0。从而可以得出结论：产生缩进的行数和取消缩进的行数是相等的。

如果对已有的程序代码进行批量缩进处理，可以使用作者制作的 VBE2014，路径为：VBA 作品 /VBE2014_Setup_20160709.exe。

安装本工具后，在 VBA 代码区域右击，在弹出的快捷菜单最下方有"智能缩进"命令，如图 4-57 所示。

图 4-57 "智能缩进"命令

### 4.13.4 使用模块定义

模块定义是指书写于模块顶部的语句，其作用是对该模块的一些规定和约束，对其他模块无任何影响。模块定义可以书写于标准模块、类模块、用户窗体、事件模块中。

常用的模块定义语句见表 4-8。

表 4-8 常用 VBA 模块定义语句

| 语　　句 | 说　　明 |
|---|---|
| Option Base 1 | 数组下界为 1 |
| Option Explicit | 强制变量声明 |
| Option Compare Text | 不区分大小写 |
| Option Compare Binary | 区分大小写 |
| Option Compare Database | Access 中使用 |
| Option Private Module | 标记模块为私有 |

其中，以 Option Compare 开头的定义，只能使用其中一句，也就是说同一个模块不能同时使用两句以上这样的定义。如果一句也不写，则默认是 Option Compare Binary（区分大小写）。

如果在标准模块顶部写上 Option Private Module，当在 Excel 中按下快捷键【Alt+F8】时，宏列表中不列出该模块中的过程。该定义的主要作用是限制其他工程访问该模块中的过程、变量等。

### 4.13.5　使用注释

VBA 中，注释分为整行注释和行中注释两种。

整行注释是指注释部分左侧没有任何代码，通常用 Rem 或者单引号作为注释的开始，注释的结尾只能是行尾。也就是说，注释部分右侧不可能再有代码。

行中注释只能用单引号表示，代码中如果单引号没有包含在字符串中，那么它就是注释。VBA 中的注释文本通常以绿色表示，当然，根据个人喜好，也可以通过 VBA 选项对话框中的"编辑器格式"选项卡进行设定（见图 4-58）。

图 4-58　VBA 选项对话框 2

下面这段程序演示了 VBA 中的注释方法。

```
1.   Sub Test2()
2.   Rem 这个程序是我昨天写的
3.     Rem 变量 a 来源于单元格区域的行号
4.       Dim a As Integer
5.       Dim b As Integer
6.       Dim r As Excel.Range
7.     ' 以下是循环部分
8.       For a = 1 To 10
9.           Debug.Print a ' 立即窗口打印 'a' 的值
10.          b = b & "Excel 'VBA'"
11.      Next a
12. End Sub
```

代码分析：第 2、3、7 行是整行注释，只有注释没有代码。

第 9 行从第一个单引号开始一直到行尾属于注释部分。

第 10 行虽然也出现过单引号，但是两个单引号位于字符串中，属于字符串的一部分，因此不是注释。

如果要把连续的多行代码一次性注释掉，或者把注释部分快速取消注释，可以单击"编辑"工具栏的"设置注释块"和"解除注释块"按钮（见图 4-59）。

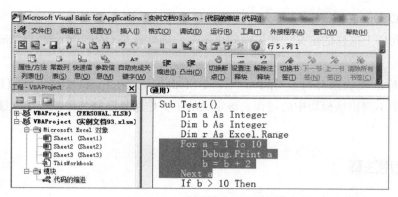

图 4-59　注释和解除注释

### 4.13.6　使用 With 结构

编程过程中，经常遇到重复引用同一对象或对象变量的成员。使用 With 结构可以在结构内部输入一个小数点，就自动列出对象的成员。With 结构的功能是本来需要多次书写同一个对象，现在只书写一次即可。

With 结构的语法格式是：

```
With 对象
    . 成员
End With
```

例如，要获取 Excel 应用程序的一些属性，通常这样书写代码：

```
1.  Sub Test3()
2.      Debug.Print Application.UserName
3.      MsgBox Application.OperatingSystem
4.      Application.DisplayAlerts = False
5.  End Sub
```

使用 With 结构可以简化为：

```
1.  Sub Test3()
2.      With Application
3.      Debug.Print .UserName
4.      MsgBox .OperatingSystem
5.      .DisplayAlerts = False
6.      End With
7.  End Sub
```

可以看出，夹在 With 与 End With 之间的代码，省略了所有的 Application 对象。当我们在分析使用了 With 结构的代码时，要学会倒推。

例如，以下代码如何复原成非 With 结构呢？

```
1.  Sub Test3()
2.      Dim MyRange As Excel.Range
3.      Set MyRange = Application.Range("A2:B4")
4.      With MyRange
```

```
5.         .Value = 3.24
6.         .Interior.Color = vbYellow
7.         .FormulaLocal = "0.000"
8.         MsgBox .Address(False, False)
9.         Debug.Print .Width + .Height
10.     End With
11. End Sub
```

可以看出，上述代码中省略的对象是 MyRange，所以首先把 With MyRange 以及 End With 这两行删掉，然后中间部分只要是出现小数点（数字中的、字符串中的小数点除外），就在小数点前面补上 MyRange 对象即可。修改结果如下：

```
1.  Sub Test3()
2.      Dim MyRange As Excel.Range
3.      Set MyRange = Application.Range("A2:B4")
4.      MyRange.Value = 3.24
5.      MyRange.Interior.Color = vbYellow
6.      MyRange.FormulaLocal = "0.000"
7.      MsgBox MyRange.Address(False, False)
8.      Debug.Print MyRange.Width + MyRange.Height
9.  End Sub
```

此外，With 结构还允许多层嵌套。对于嵌套的 With 结构，内层 With 结构中的默认对象就是内层 With 后面的对象名。

```
1.  Sub Test4()
2.      Dim wbk As Workbook, wst As Worksheet
3.      With Application
4.          MsgBox .UserName
5.          Set wbk = .Workbooks(1)
6.          With wbk
7.              MsgBox .FullName
8.              Set wst = wbk.Worksheets(1)
9.              With wst
10.                 .UsedRange.ClearContents
11.             End With
12.         End With
13.     End With
14. End Sub
```

代码分析：该过程采用了 3 级 With 结构嵌套，最外侧的默认对象是 Application，第 2 层的默认对象是 wbk，最内层默认对象是 wst。

例如第 7 行，.FullName 小数点前面的对象指代的是 wbk，而不是 Application。再如第 10 行，.UsedRange 这个默认对象是 wst。也就是说，默认对象的有效范围是开始于 With，结束于 End With，如果结构内部有嵌套的 With 结构，则不能把外侧的默认对象渗透到内侧。

在实际编程过程中，经常会遇到 With 结构与其他语法结构（条件选择、循环结构等）的嵌套。此时一定要注意标签的正确嵌套，只能包含不能穿插。例如：

```
If 条件 Then
With 对象
    语句块
```

```
End If
End With
```

就属于穿插，这会引起编译错误。正确的写法可以是条件选择在外层：

```
If 条件 Then
With 对象
    语句块
End With
End If
```

或者，With 结构在外层：

```
With 对象
If 条件 Then
    语句块
End If
End With
```

## 4.13.7　使用 Me 关键字

一个 VBA 工程由若干模块构成，模块中可以包含若干声明、变量和常量、过程和函数等内容。但是，不同的模块允许定义名称相同的变量、过程等。

在实际编程应用中，经常需要从其他模块访问某模块中的内容，这时候就需要用到模块名称，例如标准模块 m1 中有一个 ChangeColor 过程，在其他模块中使用 m1.ChangeColor 就能调用该过程。小数点前面的 m1 是模块名称，加上模块名称的作用是避免访问到其他模块中的同名过程。

很多情况下，模块中需要访问本模块内部的内容，这就可以利用 Me 关键字。Me 关键字就可以代表模块本身，用于标准模块之外的其他类型模块中。

当 Me 用于工作表 Sheet1 的事件模块中，Me 就代表工作表 Sheet1，它是一个 Worksheet 类型的对象，此时的 Me 关键字具有和 Worksheet 对象同样的成员。

**源代码：实例文档 94.xlsm/Sheet1**

```
1.  Sub Test1()
2.      Me.Name = "MyTable"
3.  End Sub
```

代码分析：由于上述代码处于工作表事件模块中，因此 Me.Name 等价于 Sheet1.Name 或者 Worksheets("Sheet1").Name，作用完全相同，但是写法更简洁。

当 Me 用于工作簿 ThisWorkbook 的事件模块中，Me 就代表宏代码所在的工作簿，与 ThisWorkbook 关键字功能等价，是一个 Workbook 类型的对象。

**源代码：实例文档 94.xlsm/ThisWorkbook**

```
1.  Sub Test2()
2.      MsgBox Me.Worksheets.Count
3.  End Sub
```

代码分析：第 2 行代码等价于 MsgBox ThisWorkbook.Worksheets.Count。

当 Me 用于用户窗体模块中，Me 就代表 UserForm。

**源代码：实例文档 94.xlsm/UserForm1**

```
1.  Private Sub CommandButton1_Click()
2.      MsgBox Me.Controls.Count
3.  End Sub
```

代码分析：第 2 行代码等价于 MsgBox UserForm1.Controls.Count。

此外，Me 关键字还可以用于类模块中。

# 习题

1．斐波那契数列（Fibonacci）中，$F_1=1$，$F_2=1$，当 $n \geq 3$ 时满足 $F_n=F_{n-2}+F_{n-1}$，即任何一项都等于其前面两项之和。请写一个程序用于打印斐波那契数列的前 10 项。

2．写一个程序，用于计算 10 的阶乘，也就是 $10!=10 \times 9 \times 8 \times \cdots \times 3 \times 2 \times 1$。

3．字符串 "C:\Users\ryueifu\Documents\Camtasia Studio" 中，出现了几个反斜杠 \ ？用 VBA 代码实现。

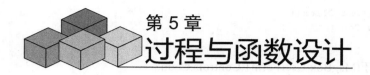

# 第 5 章
# 过程与函数设计

VBA 的结构化程序设计中，程序的执行是以过程（Subroutine）和函数（Function）为单位的。从组织结构上分，过程和函数是模块的组成部分，也就是说过程和函数包括在模块之中；同时，过程和函数是由若干条语句构成的、具有特定意图的语句集合。

一个完整的 VBA 项目，通常包括项目的用户界面，以及后台的程序单元。用户界面就是连接用户操作与后台程序的纽带。在这里面，过程和函数的调用占有举足轻重的地位。

虽然在 VBA 各种类型的模块中均可创建过程和函数，但为了便于讲述和理解，同时因为标准模块的作用范围和调用方式也是最方便的，因此本章主要介绍标准模块中的过程和函数的设计方法。

## 5.1 过程

VBA 中过程的关键字用 Sub 表示，每一个过程必须用 End Sub 作为过程结束标志。如果运行过程期间需要提前退出过程，可以使用 Exit Sub 语句。

### 5.1.1 创建过程

过程的创建通常有 3 种方法。第一种方法是使用录制宏，Excel 和 Word 各版本都具有录制宏的功能，PowerPoint 高级版本不能录制宏。

第二种方法是在 VBA 编辑器中选择"插入"→"过程"命令，弹出对话框，如图 5-1 所示。

输入过程名称，并单击"确定"按钮，自动生成过程模板：

```
Public Sub Test5()

End Sub
```

以上两种方法只能生成无参数过程。

图 5-1 "添加过程"对话框

第三种方法是在模块中直接手工输入代码。对于比较熟练的 VBA 学习者，推荐使用这种直接写代码的方法。

一个 VBA 过程的完整语法格式如下：

```
Public|Private Sub 过程名 ( 参数列表 )
    语句块
End Sub
```

对于标准模块中的过程，如果过程名前面既没有 Public，也没有 Private 关键字，则默认是 Public，也就是该过程可以让本模块以外的其他模块调用；如果是 Private，则只能在本模块内部调用。

一个模块中允许书写多个过程。在 VBA 编辑器中，过程和过程之间显示一条横线作为分隔符，并且在代码窗格的右上角下拉列表框中，可以用鼠标快速定位到特定的过程（见图 5-2）。

图 5-2　从下拉列表框中选择过程

过程的命名原则与之前讲过的变量命名原则完全相同，可以使用英文单词或者中文作为过程名，但不推荐使用中文作为过程名。同一个模块中不许出现同名过程，否则出现"二义性"错误。

## 5.1.2　过程的运行和调用

标准模块中的无参数过程，也可以称作宏（Macro）。将光标置于代码中，按下快捷键【F5】运行过程，或者按下快捷键【F8】单步执行过程。

对于窗体模块或者工作表、工作簿事件模块中的事件过程，这些过程不能直接运行，而是通过事件驱动机制，只有触发了特定对象的行为，才能运行过程。

对于带参数过程（至少 1 个参数），不可直接运行过程，必须通过其他过程或语句调用运行。在 Excel VBA 编程中，可以用 Call 或 Application.Run 方法调用其他过程。

**源代码：实例文档 95.xlsm/ 过程的调用**

```
1.   Public Sub Proc1()
2.       MsgBox Now
3.   End Sub
4.   Public Sub Proc2(S As String)
5.       MsgBox UCase(S)
```

```
6.   End Sub
7.   Public Sub TestCall()
8.       Call Proc1
9.       Proc1
10.      Call Proc2("vba")
11.      Proc2 "excel"
12. End Sub
```

代码分析：以上 3 个过程中，Proc1 是一个无参数过程，Proc2 带有一个参数，TestCall 过程用 Call 关键字去调用上述两个过程。

对于调用无参数过程，Call 关键字可以省略不写。调用带参数过程，使用 Call，过程名后面的参数必须用圆括号括起来。如果不使用 Call 关键字，则过程名后可以不使用圆括号，把参数依次列在后面即可。

Call Proc2 "vba" 是错误的调用方式。

如果访问和调用的过程在其他模块中，则尽量在过程名前加上过程所在的模块名。假设标准模块 m2 中有个 Proc2 过程，那么在其他模块中采用如下调用方式：Call m2.Proc2("vba") 或者 m2.Proc2 "excel" 都可以。

Excel VBA 还允许使用 Run 方法，把过程名也作为字符串传递进去，实现调用。

**源代码：实例文档 95.xlsm/ 过程的调用**

```
1.   Public Sub TestRun()
2.       Application.Run "Proc1"
3.       Application.Run "Proc2", "excel"
4.   End Sub
```

如果调用其他模块中的过程，别忘记加模块名。例如：

```
Application.Run "m2.Proc2", "excel"
```

如果要调用其他工作簿中的过程，还需要加上工作簿名称。例如：

```
Application.Run " 实例文档 95.xlsm! 过程的调用 .Proc2", "excel"
```

表示调用实例文档 95.xlsm 中的"过程的调用"模块中的 Pro.c2 过程，参数是 excel。

比较以上两种方式，更推荐使用 Call 这种形式，因为这是 VB6 本来的内置用法。

## 5.1.3　过程的参数

在过程中使用参数，可以让程序设计变得更加灵活、便捷。过程中的所有参数，称为参数列表。参数定义的格式如下：

```
ByRef|ByVal 参数 1 As 类型 1，参数 2 As 类型 2…
```

其中，关键字 **ByRef** 表示按地址传递参数，**ByVal** 表示按值传递参数。参数 1、参数 2 等叫作形式参数，参数的类型可以是 VBA 基本数据类型，也可以是对象型。

参数的传递方式、参数个数及其类型，要根据编程需要自行指定。

为过程定义了参数，就一定要想到在其他地方如何调用这个过程。对于带参数过程的调用，要遵循以下两个原则。

❑ 实际参数的个数要与过程中形式参数个数相同。

❑ 实际参数的类型要与过程中形式参数的类型相同或相近。

这里以计算根据两边长和夹角计算三角形面积为例，说明一下过程中参数的定义和调用。三角形的面积公式是 $S=0.5ab\text{Sin}C$，其中 $a$、$b$ 是两边长，$C$ 是这两条边的夹角（弧度制）。

可以看出，该问题的已知条件是 3 个，根据以往学过的 VBA 知识，可以写出如下普通过程：

**源代码：实例文档 95.xlsm/ 过程的参数**

```
1.  Sub Test1()
2.      Dim a As Single, b As Single, C As Single
3.      a = 5
4.      b = 7
5.      C = 60 / 180 * 3.14159
6.      MsgBox 0.5 * a * b * Sin(C)
7.  End Sub
```

代码分析：第 5 行代码表示 ∠ C 是 60°，需要转换为弧度制。

运行结果是 15.155。

但是可以发现，如果用这个过程去计算另一个三角形的面积时，就需要重新修改原过程的代码，重新赋值，这就很不方便了。为此，可以把上述过程改成带参数的过程，把边长和角度放在过程的参数列表中。

**源代码：实例文档 95.xlsm/ 过程的参数**

```
1.  Sub Test2(a As Single, b As Single, C As Single)
2.      MsgBox 0.5 * a * b * Sin(C / 180 * 3.14159)
3.  End Sub
4.  Sub Test3()
5.      Call Test2(5, 7, 60)
6.      Test2 20, 20, 90
7.  End Sub
```

代码分析：Test2 是一个带有 3 个参数的过程，a、b、C 都叫作形式参数。在 Test3 中调用 Test2 过程。

第 5 行代码计算两边长为 5 和 7，夹角为 60° 的三角形面积，其中 5、7、60 都叫作实际参数，这行代码的返回结果是 15.155。

第 6 行代码计算两边长为 20 和 20，夹角为 90° 的三角形面积，返回结果是 200。

从第 5 ~ 6 行代码可以看出，这个带有参数的过程使用起来非常方便，只需要更改实际参数的数值，就可以计算另一个三角形的面积。

调用带参数过程时，一般情况下不需要说明实际参数和形式参数的匹配关系，默认是按照从左到右分别传递。例如 Call Test2(5, 7, 60)，就是把 2 传递给 a，7 传递给 b，60 传递给 C。实际上，也可以明确地说明参数的分配情况，例如：

```
Call Test2(a:=5, b:=7, C:=60)
Call Test2(a:=5, C:=60, b:=7)
```

这两行代码的运行结果是一样的，尽管下面那行代码把 b 参数指定到最后。明确参数这种表达形式要注意以下两点。

（1）如果采用明确参数的方式，所有参数都必须采用，不能部分采用。例如 Call Test2(a:=5, 7, 60) 会导致编译错误。

（2）参数名称必须与函数定义的形式参数的名称完全吻合，不能自行改动。例如 Call Test2(m:=5, n:=7, Q:=60) 是不正确的，因为 Test2 过程中不存在 m、n、Q 这些参数名称。

## 5.1.4　可选和默认参数

前面举过的例子，指定的都是必需参数。那么在调用这种过程，必须恰好匹配参数，参数的个数和类型要严格匹配。

还可以使用 Optional 关键字为过程指定可选参数。所谓可选参数，是指调用这种过程时，这个参数可以提供，也可以不提供。使用 IsMissing 函数可以判断一个参数是否为空。

下面的实例用于计算日平均工资。一般情况下一个月有 22 天是正常上班日，用一个月的工资数除以 22，就得到日平均工资。

**源代码：实例文档 95.xlsm/ 过程的参数**

```
1.  Sub DailySalary(Total As Integer, Optional Days As Integer = 22)
2.      MsgBox "平均每天: " & Total / Days
3.  End Sub
4.  Sub Test5()
5.      DailySalary 4000, 20
6.  End Sub
```

代码分析：DailySalary 过程有一个必须参数 Total 和一个可选参数 Days，Days 的默认值是 22。

在实际的调用过程中，可以使用 "DailySalary 4000, 20" 计算出某月出勤 20 天，总工资 4000 元的日平均结果为 200。

如果忽略 Days 参数，例如是 DailySalary 4000 这种方式，则返回 181 元，因为不指定 Days 的情况下，按出勤天数为 22 处理。

此外，还可以使用 IsMissing 来判断是否为过程传递了参数。

下面一个实例用于计算员工一天的出勤时间计算，根据早上来公司的时刻，以及下班离开公司的时刻，就可以计算出上班总时间数，如果中午外出吃午餐，还要减去午休时间 60 分钟。

VBA 的 DateDiff 函数可以计算出两个时间差，例如，DateDiff("n",#8:00:00#,#10:00:00#) 就可以返回 120，因为 n 表示分钟。

**源代码：实例文档 95.xlsm/ 过程的参数**

```
1.  Sub WorkTime(come As Date, home As Date, Optional launch)
2.      Dim v As Integer
3.      If IsMissing(launch) Then
4.          v = VBA.DateTime.DateDiff("n", come, home)
```

```
5.        Else
6.            v = VBA.DateTime.DateDiff("n", come, home) - 60
7.        End If
8.        MsgBox "工作时长（分钟）: " & v
9.    End Sub
10.  Sub Test6()
11.      WorkTime come:=#8:10:00 AM#, home:=#5:35:00 PM#, launch:=True
12.  End Sub
```

代码分析：WorkTime 过程中，launch 是一个可选参数。如果在调用过程中，不为该参数传递数值，则 IsMissing 会返回 True。参数缺失的情况下默认为该员工没有外出就餐，不扣时间。

第 11 行代码，调用过程时为 launch 指定了参数，所以 IsMissing 为 False，会扣掉 60 分钟。

Test6 的运行结果如图 5-3 所示。

图 5-3　运行结果 1

### 5.1.5　参数的传递方式

VBA 过程的创建，可以为每个参数指定传递方式。参数传递方式分为按引用传递（ByRef）和按值传递（ByVal）两种。如果不指定，则默认为按引用传递。

如果是按引用传递，当把实际参数传递到过程中后，被调用过程中改变形参的值，会自动修改实参的值。反之，如果按值传递，则被调用过程不能修改实参的值。

**源代码：实例文档 95.xlsm/ 参数的传递方式**

```
1.   Sub Test1(ByRef a As Integer, ByVal b As String)
2.       a = a * 2
3.       b = VBA.Strings.StrReverse(b)
4.       MsgBox a & b
5.   End Sub
6.   Sub Test2()
7.       Dim c As Integer, d As String
8.       c = 21
9.       d = "VBA"
10.      Test1 c, d
11.      Debug.Print c, d
12.  End Sub
```

代码分析：Test1 过程中，形参 a 是按引用传递，b 是按值传递。

运行 Test2，执行到第 10 行时，调用 Test1，变量 c 传递给形参 a，a 修改为自身的两倍，c 也随之变成 42。

变量 d 传递给形参 b，b 修改为倒序排列，但由于是按值传递，因此不会造成变量 d 的改变，因此第 4 行代码的输出结果是 42ABV。

第 11 行的打印结果是 42　　　　VBA。

可以看出，c 发生了改变，d 没发生变化。

### 5.1.6 参数数量可变的过程

一般情况下，调用过程时传递的数目要与函数定义的形式参数数目相等。使用 ParamArray 关键字，可以创建参数数目不定的过程。

**源代码：实例文档 95.xlsm/ 数目不定的参数**

```
1.  Sub Test1(agv As Boolean, ParamArray num())
2.      Dim i As Integer
3.      Dim sum As Single
4.      For i = LBound(num) To UBound(num)
5.          sum = sum + num(i)
6.      Next i
7.      If agv = True Then
8.          MsgBox sum / (UBound(num) - LBound(num) + 1)
9.      Else
10.         MsgBox sum
11.     End If
12. End Sub
13. Sub Test2()
14.     Call Test1(True, 3, 4.2, 6)
15.     Call Test1(False, 3, 6)
16. End Sub
```

代码分析：Test1 过程的定义中，agv 是一个必需参数，当该参数为 True 时，显示多个数字的平均值，否则，显示多个数字的总和。

num() 是一个参数数组，代码中从第 4 ~ 6 行遍历参数数组的中的每一个元素，追加到 sum 中。

第 8 行代码计算平均值，其中，(UBound(num) – LBound(num) + 1) 用来获取数组 num 的长度（元素个数）。

运行 Test2 过程，执行到第 14 行时，参数列表中的 3 个数字就构成了一个数组，传递给了形参中的 num。

因此第 14 行的运行结果是 4.4，第 15 行的结果是 9。

### 5.1.7 数组作为参数

一般情况下，过程的形参、传递的实参，其类型通常是 VBA 基本数据类型或者是对象类型。

但有些时候，需要把数组作为一个参数整体传递。此时，定义函数时的参数类型需要指定为 Variant，调用过程时，只需要传递数组名称即可。

下面的实例用来计算数组的极差。所谓极差就是数组中最大值与最小值的差。使用工作表函数可以快速获取数组的最大值、最小值。

**源代码：实例文档 95.xlsm/ 数组作为参数**

```
1.  Sub Test1(v)
2.      MsgBox Application.WorksheetFunction.Max(v) - Application.
        WorksheetFunction.Min(v)
```

```
3.    End Sub
4.    Sub Test2()
5.        Dim arr(2 To 6)   As Integer
6.        arr(2) = 226
7.        arr(3) = 26
8.        arr(4) = 13
9.        arr(5) = 28
10.       arr(6) = 82
11.       Test1 arr
12.   End Sub
```

代码分析：Test1 带有一个变体型参数 v，调用过程时，可以为该参数传递任意数据类型。

从第 4 行起是主调过程，第 5 ~ 10 行声明数组并为数组赋值。

第 11 行调用 Test1，并把 arr 传递给形参 v。

第 2 行返回数组的极差，结果是 213。

## 5.2　函数

在 VBA 中，函数（Function）分为内置函数和用户自定义函数（User Defined Function，UDF），这节主要介绍用户自定义函数的设计与应用。

VBA 中的函数与过程的差异非常小，几乎所有的过程都可以改写为函数。

函数与过程的唯一不同之处在于函数可以有返回值，而过程不能有返回值。

函数的书写格式为：

```
Public|Private Function 函数名（参数列表） As 类型
    函数体
End Function
```

其中，函数的作用范围关键字 Public、Private、参数列表，以及函数的返回值类型 As 类型，这三部分都是可有可无的。唯一不能缺失的是函数名称。

过程的创建、运行和调用以及参数方面的细节，同样适用于函数，这里不再重复讲述。

此外，中途退出函数，用的是 Exit Function，而不是 Exit Sub。

在 Excel VBA 中，用户自定义函数，还可以用于工作表的公式计算之中，而其他 Office 组件的自定义函数，只能供 VBA 语句调用。

下面创建一个最简单的函数：

```
Function Funny()

End Function
```

以上 Funny 函数只有函数框架，没有函数内容，是个空函数。该函数既没有作用范围的关键字，也没有参数列表，还没有返回类型，但是仍然可以从工作表函数列表中看到它（见图 5-4）。

图 5-4　"插入函数"对话框 1

此外，通过 VBA 语句也可以调用该函数。

**源代码：实例文档 96.xlsm/ 函数的创建和调用**

```
1.  Sub Test2()
2.      Call Funny
3.  End Sub
```

运行 Test2 过程后，结果显示什么也不做。

### 5.2.1　自定义函数的返回值

自定义函数的返回值以及返回值的数据类型，往往与函数的参数有一定的关系。函数参数的类型可以是任意类型，函数的返回值类型同样也可以是任意类型。

例如计算圆柱的体积，函数的参数是圆柱的半径和圆柱的高，返回值就是圆柱的体积值。对于 VBA 初学者，直接写出自定义函数也许有些困难，但是可以先写出解决一个问题的 VBA 过程，然后把过程改写为函数即可。

**源代码：实例文档 97.xlsm/ 自定义函数**

```
1.  Public Sub CylinderVolume()
2.      Dim radius As Single, height As Single
3.      Dim V As Single
4.      radius = 2
5.      height = 10
6.      V = 3.14159 * radius ^ 2 * height
7.      MsgBox "圆柱的体积是: " & V
8.  End Sub
```

图 5-5　运行结果 2

运行上述过程后，结果如图 5-5 所示。

分析上述过程，该数学问题的参数就是半径和高，计算结果是体积。因此可以把一个问题的所有参数放在函数的括号内，计算结果就是函数的返回结果，而对于参数中实际参数的传递，则是函数被调用时再传递。因此可以改写为如下函数形式。

**源代码：实例文档 97.xlsm/ 自定义函数**

```
1.  Public Function CylinderVolume(radius As Single, height As Single) As Single
2.      CylinderVolume = 3.14159 * radius ^ 2 * height
3.  End Function
```

由于这个数学问题涉及的数据可能是浮点型的小数，因此参数和函数的返回值都是 Single。

对于有返回值的函数，必须把返回的结果赋给函数名。也就是说，上述函数第 2 行必须用 CylinderVolume 去接收计算的结果。

### 5.2.2　自定义函数的用途

VBA 的自定义函数，一般情况下是提供给其他 VBA 过程或函数调用的。

在其他过程中调用定义好的自定义函数时，要考虑是否需要获得自定义函数的计算结果。如果不需要，则和调用 VBA 过程完全一样，用 Call 关键字即可。

下面的过程调用了 5.2.1 节定义的圆柱体积函数。

```
Sub Test1()
    Call CylinderVolume(3, 8)
End Sub
```

Test1 过程计算了半径为 3、高为 8 的圆柱体积，但是计算值并不赋给任何变量。也可以省略 Call 关键字，改写为：

```
Sub Test1()
    CylinderVolume 3, 8
End Sub
```

但一般情形下，有返回值的函数一定要让返回值被其他语句利用。

**源代码：实例文档 97.xlsm/ 自定义函数**

```
1.  Sub Test2()
2.      Dim v1 As Single, v2 As Single
3.      MsgBox CylinderVolume(2, 10) + CylinderVolume(3, 8)
4.      v1 = CylinderVolume(2, 10)
5.      v2 = CylinderVolume(3, 8)
6.      Debug.Print v2 - v1
7.  End Sub
```

代码分析：第 3 行代码计算了两个不同的圆柱体积之和。

第 6 行代码计算两个圆柱的体积之差。

对于 Excel VBA，还可以在工作表的公式中使用自定义函数。在宏所在的工作簿的工作表中，输入圆柱的基本信息，然后在要计算体积的单元格中输入公式" =CylinderVolume(B2,B3)"，或者单击 Excel 的"插入函数"对话框的"用户定义"类别，找到用户自定义函数 CylinderVolume，使用函数向导对话框输入也可（见图 5-6）。

总而言之，函数的参数可以没有，也可以是多个，而且参数的类型可以互不一样。函数的返回值只能是一个，其类型既可以是 VBA 基本数据类型，也可以是对象类型，还可以是数组。

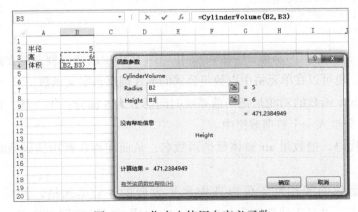

图 5-6　工作表中使用自定义函数

返回对象的函数必须用 Set 关键字为自定义函数赋值；返回数组的自定义函数必须用变体型变量去接收自定义函数。

**源代码：实例文档 97.xlsm/ 自定义函数**

```
1.   Public Function LastSheet() As Excel.Worksheet
2.       Dim c As Integer
3.       c = ActiveWorkbook.Worksheets.Count
4.       Set LastSheet = ActiveWorkbook.Worksheets.Item(c)
5.   End Function
```

代码分析：以上函数的功能是返回工作簿的最后一个工作表，返回类型是 Worksheet，因此在第 4 行要用 Set 关键字为函数赋值。

下面的过程调用了上述过程。

**源代码：实例文档 97.xlsm/ 自定义函数**

```
1.   Sub Test3()
2.       Dim w As Excel.Worksheet
3.       Set w = LastSheet
4.       w.Activate
5.   End Sub
```

代码分析：第 3 行代码调用了 LastSheet 函数，由于该函数不含参数，因此无须括号。

运行上述过程，自动激活工作簿的最后一个工作表。

下面是一个返回数组的自定义函数。

**源代码：实例文档 97.xlsm/ 自定义函数**

```
1.   Public Function SplitTime() As Variant
2.       Dim arr(1 To 6) As Integer
3.       Dim dt As Date
4.       dt = Now
5.       arr(1) = Year(dt)
6.       arr(2) = Month(dt)
7.       arr(3) = Day(dt)
8.       arr(4) = Hour(dt)
9.       arr(5) = Minute(dt)
10.      arr(6) = Second(dt)
11.      SplitTime = arr
12.  End Function
```

代码分析：返回数组的函数，一般可以用 VBA 代码中的变体型变量去接收，从而成为一个 VBA 数组，也可以在单元格中以数组公式的形式调用自定义函数。

上述 SplitTime 函数的功能是把当前系统时间拆分为 6 部分：年、月、日以及小时、分钟、秒。这 6 部分放入一个整型数组中。

在第 11 行代码，把数组 arr 整体赋给函数名，从而使得在调用该函数时，自动获取时间的拆分结果。

为测试该函数的实用性，可以选中水平方向的 6 个单元格，然后输入数组公式"{ =SplitTime() }"，并按下快捷键【Ctrl+Shift+Enter】，结果如图 5-7 所示。

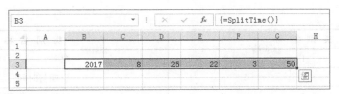

图 5-7　运行结果 3

### 5.2.3　设置自定义函数的说明信息

在实际编程过程中，一个自定义函数往往包含很多行代码，算法和逻辑也相当复杂，例如世界三大智力游戏之一的数独（Sudoku）问题，就可以理解为函数，函数的参数就是数独题目的初始画面，而函数的返回值就是数独的最终解（见图 5-8）。

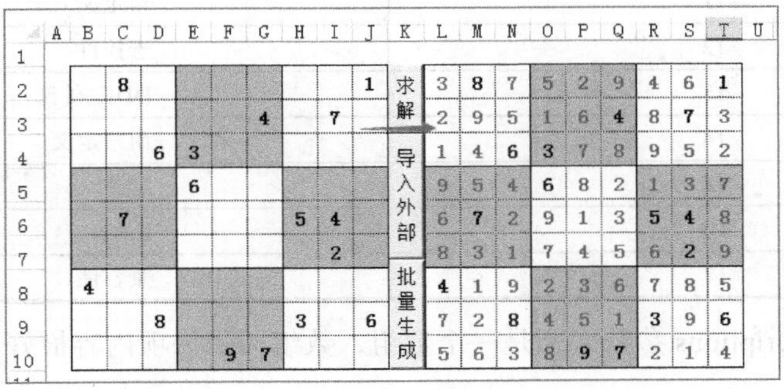

图 5-8　数独

作为自定义函数的开发者，一定要确保函数的正确性。自定义函数通过测试后，就要发布给用户，除了把函数交给用户之外，还要把函数的使用文档提供给用户。也就是说，你要告诉你的函数该怎么用，当然，用户无须知道自定义函数的编制原理和过程。

Excel VBA 的 Application 有一个 MacroOptions 方法，可以为自定义函数设置有关说明信息（作用是帮助用户更便利地使用自定义函数）。

MacroOptions 方法的主要参数如下。

❑ Macro：宏名，也就是函数名称，字符串类型。

❑ Description：函数描述文字，字符串类型。

❑ Category：函数分类，整数或字符串。

❑ ArgumentDescriptions：参数说明，字符串数组。

❑ HelpFile：帮助文档地址，字符串。

❑ HelpContextID：帮助文档页面索引值，整数。

其中，Category 规定了自定义函数在 Excel 函数对话框中的所属类别（见表 5-1）。

表 5-1　Excel 函数类别划分表

| 类 别 编 号 | 类 别 名 称 |
| --- | --- |
| 0 | 全部 |

续表

| 类 别 编 号 | 类 别 名 称 |
|:---:|:---|
| 1 | 财务 |
| 2 | 日期与时间 |
| 3 | 数学与三角函数 |
| 4 | 统计 |
| 5 | 查找与引用 |
| 6 | 数据库 |
| 7 | 文本 |
| 8 | 逻辑 |
| 9 | 信息 |
| 10 | 命令 |
| 11 | 自定义 |
| 12 | 宏控件 |
| 13 | DDE/ 外部 |
| 14 | 用户定义 |
| 15 | 工程 |
| 16 | Cube |
| 17 | 兼容性 |

ArgumentDescriptions 参数必须是一个数组，数组的每一项内容恰好是自定义函数每一个参数的说明文字。

对于 5.2.1 节中的圆柱体积函数 CylinderVolume，运行如下过程，为该函数指定函数类别，以及函数的描述、各个参数的说明。

**源代码：实例文档 97.xlsm/ 自定义函数**

```
1.   Sub Test4()
2.       Dim args(1 To 2) As String
3.       args(1) = "圆柱的半径，浮点型。"
4.       args(2) = "圆柱的高，浮点型。"
5.        Application.MacroOptions Macro:="CylinderVolume", Description:="本函数
根据半径和高，计算圆柱的体积。", Category:=3, ArgumentDescriptions:=args
6.   End Sub
```

代码分析：该过程中的 args 是一个字符串数组，用来把它赋给 MacroOptions 方法的 ArgumentDescriptions 参数。由于圆柱体积函数只有 2 个参数，所以 args 数组也只需要 2 个元素。

第 5 行是核心代码，为 CylinderVolume 函数指定了函数的描述、函数类别为 3（数学与三角函数），使用数组 args 作为参数说明。

运行过程 Test4 后，回到 Excel 工作表界面，单击"插入函数"按钮，弹出对话框（见图 5-9）。

类别选择"数学与三角函数"，从中可以找到自定义函数 CylinderVolume，同时可以看到该函数的描述文字："本函数根据半径和高，计算圆柱的体积。"

单击"插入函数"对话框的"确定"按钮，进入函数向导界面（见图 5-10）。

图 5-9 "插入函数"对话框 2

图 5-10 函数向导

"函数参数"对话框中，如果单击 Height 参数，可以看到显示该参数的说明文字："Height 圆柱的高，浮点型。"。

但是，单击该对话框左下角的"有关该函数的帮助（H）"，会弹出"没有该函数的帮助"。5.2.4 节将会介绍使用 HTML Help Workshop 制作帮助文档。

---

**注意：** 一个自定义函数只能处于某一特定函数类别中，也就是说上述函数能够在"数学与三角函数"中找到，那么就意味着从其他函数类别中找不到该函数。当然，从"全部"类别中能找到任何一个函数（内置的，以及用户自定义的）。

---

对于刚刚创建的自定义函数，如果不通过 MacroOptions 方法重新指定所属类别，那么默认类别是 14（用户定义）。通过 MacroOptions 方法还可以把自定义函数放在一个用户定义的单独类别中。

**源代码：实例文档 97.xlsm/ 自定义函数**

```
1.  Sub Test5()
2.      Application.MacroOptions Macro:="SplitTime",
        Category:=" 刘永富的函数列表 "
3.      Application.MacroOptions Macro:="LastSheet",
        Category:=" 刘永富的函数列表 "
4.  End Sub
```

代码分析：该过程的 Category 参数不是一个整数，而是一个字符串，这表示要创建一个新的函数类别。此时，在 Excel 工作表界面中再次插入函数，可以看到多了一个用户自定义的函数类别："刘永富的函数列表"，从该类别中可以找到两个用户自定义函数：LastSheet 和 SplitTime，如图 5-11 所示。

图 5-11 自定义函数类别

### 5.2.4 为自定义函数创建帮助文档

HTML Help Workshop 是微软公司开发的专门制作帮助文件的软件，用该软件可以方

便地制作扩展名为 .chm 的帮助文件。本书配套资源可以下载到该软件，文件名为 HHWork-shop474.zip。

chm 帮助文件也可以称作"电子书"，看起来有点像 Word 文档，呈现为树形级联结构（见图 5-12）。

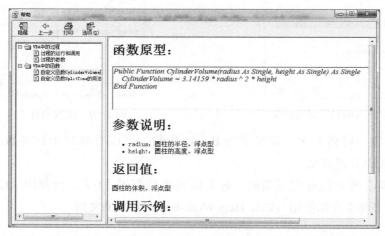

图 5-12　chm 帮助文件

chm 帮助文件实质上是多个 HTML 网页的集合，也就是把多个有关系的 HTML 网页整合成一个扩展名为 .chm 的单独文件。

以下假定 chm 帮助文件中有两大节，每一大节包含两小节。对于 chm 帮助文件，大节既可以有关联的 HTML 页面，也可以没有。在启动 HTML Help Workshop 软件之前，需要在一个文件夹中准备以下 6 个 htm 文件（可以使用网页编辑工具制作）。

❑ VBA 中的过程（文件：VBA 中的过程 .htm）。

➢ 过程的运行和调用（文件：过程的运行和调用 .htm）。

➢ 过程的参数（文件：过程的参数 .htm）。

❑ VBA 中的函数（文件：VBA 中的函数 .htm）。

➢ 自定义函数 CylinderVolume 的用法（文件：自定义函数 CylinderVolume 的用法 .htm）。

➢ 自定义函数 SplitTime 的用法（文件：自定义函数 SplitTime 的用法 .htm）。

网页文件制作完毕后，接下来解压缩"开发资源 /HHWorkShop474.zip"中的文件，安装好 HTML Help Workshop 软件并启动。

选择"文件"→"新建"命令，在弹出的对话框中选择"方案"选项，单击"确定"按钮（见图 5-13）。

在新建方案对话框中，单击"浏览"按钮，新建一个 chm 工程文件，与前面的 htm 网页文件

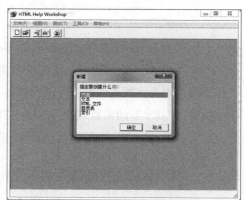

图 5-13　新建方案

处于同一路径，工程名重命名为 FunctionsHelp.hhp（见图 5-14）。

　　单击"下一步"按钮后，创建工程完成，可以看到左侧界面有"方案""目录""索引"3个窗格，如图 5-15 所示。

图 5-14　指定方案保存路径

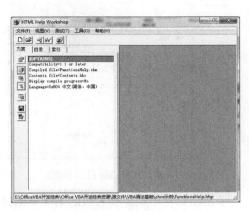

图 5-15　工程界面

　　单击"方案"窗格，并单击从上往下数的第 2 个按钮，为工程添加前面设计好的 6 个网页文件（见图 5-16）。

　　接下来切换到"目录"窗格，这个窗格的设计对于 chm 最终文件具有非常重要的作用，因为这个窗格决定这个文档的目录层次。

　　首先创建大标题，单击文件夹形状的按钮，输入标题"VBA 中的过程"，如果该标题与一个 htm 文件关联，则单击"添加"按钮，选择一个网页文件。如果该标题只是一个标题，单击标题不切换到任何页面，则只需要输入标题（见图 5-17）。

图 5-16　添加网页文件

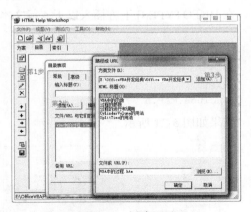

图 5-17　创建目录

　　仿照上面的做法，单击从上往下数的第 3 个按钮（文件形状的按钮），为大标题添加小标题，单击"添加"按钮，如图 5-18 所示。

　　添加完成后，可以清晰地看到目录层次是两个大标题，每个大标题包含两个小标题，如图 5-19 所示。

　　到此，一个简单的 chm 工程就创建好了，接下来就可以把 hhp 工程文件编译为 chm

帮助文件了。

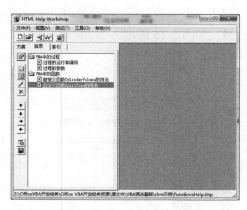

图 5-18　添加二级目录标题　　　　　图 5-19　工程初步完成

单击工具栏中从左到右数的第 3 个编译按钮，出现界面如图 5-20 所示。

单击"编译"按钮，稍等片刻在文件夹中可以看到生成了一个 FunctionsHelp.chm 文件，这个就是最终的成品。双击这个 chm 文件，就可以查看。

从以上的讲解可以看出，chm 文件就是把多个 HTML 网页文件整合在一起，用户通过单击左侧的文档结构图，就可以实现页面的跳转。

chm 帮助文件还有一个重要的概念，就是页面的 ID 值。在程序开发中，很多情况下需要自动跳转到某 chm 文件的某一特定页面，这就需要在编译为 chm 文件之前，为网页文件设置编号值。在 HTML Help Workshop 软件中选择"文件"→"全部关闭"命令，然后在文件夹中找到 FunctionsHelp.hhp，用记事本打开该文件。

在 [INFOTYPES] 上方插入以下 4 行文本：

```
[ALIAS]
#include ALIAS.h

[MAP]
#include MAP.h
```

结果如图 5-21 所示。

图 5-20　编译工程

图 5-21　在记事本中编辑工程文件

然后关闭并保存记事本文件。

接下来，用记事本新建一个文本文件，重命名为 ALIAS.h，该文件的内容如图 5-22 所示。用类似的方法创建 MAP.h，文件内容如图 5-23 所示。

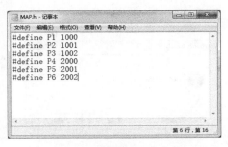

图 5-22　编辑 ALIAS.h 文件　　　　图 5-23　编辑 MAP.h 文件

我们仔细观察上面两个文件，可以发现 P5 对应的网页是"自定义函数 CylinderVolume 的用法 .htm"，对应的 ID 是 2001。那么在代码中调用到 2001，就意味着自动跳转到它对应的网页文件。

编辑并保存好以上两个文件后，用 HTML Help Workshop 再次编译一次，生成新的 chm 帮助文件。

制作好 chm 帮助文件后，在 VBA 中可以通过多种方式去利用帮助文件。

**源代码：实例文档 97.xlsm/ 自定义函数**

```
1.  Sub Test6()
2.      Dim chm As String
3.      chm = "E:\ chm 示例 \FunctionsHelp.chm"
4.      Application.Help HelpFile:=chm, HelpContextID:=2000
5.  End Sub
```

**代码分析**：字符串变量 chm 表示帮助文件的路径。

运行上述过程，会自动打开 chm 帮助文件，并且首先显示 ID 为 2000 的网页页面。

也可以把过程中第 4 行代码更换为：

```
MsgBox "Hello CHM！ ", vbOKCancel + vbQuestion + vbMsgBoxHelpButton,
HelpFile:=chm, Context:=2001
```

重新运行 Test6，首先弹出输出对话框（见图 5-24）。

单击"帮助"按钮，会自动打开帮助文件，并自动显示 ID 为 2001 的网页页面（也就是自定义函数 CylinderVolume 的那页），如图 5-25 所示。

---

**注意**：单击 Msgbox 的"帮助"按钮后，并不会关闭 MsgBox 对话框。必须单击"确定"或"取消"按钮才能关闭对话框。

---

在 Excel VBA 中除了用 Application.Help 方法和 Msgbox 来利用帮助文件外，还可以为自定义函数（UDF）提供帮助信息。

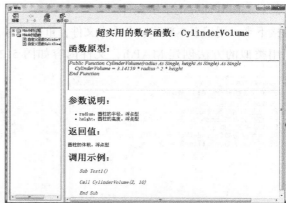

图 5-24　带有帮助按钮的输出对话框　　　　　图 5-25　跳转到指定 ID 的页面

**源代码：实例文档 97.xlsm/ 自定义函数**

```
1.  Sub Test7()
2.      Dim chm As String
3.      chm = "E: \chm 示例 \FunctionsHelp.chm"
4.      Application.MacroOptions Macro:="CylinderVolume", HelpFile:=chm,
        HelpContextID:=2001
5.  End Sub
```

代码分析：第 4 行代码，通过宏选项规定自定义函数 CylinderVolume 的帮助文件，以及该帮助文件中的页面位置。

运行 Test7 过程后，在工作表中再次插入函数时，在函数向导对话框的左下角，单击"有关该函数的帮助 (H)"按钮，就自动弹出 chm 帮助文件，显示该函数的信息（见图 5-26）。

图 5-26　指定函数参数的说明文字

---

**提示：**如果对编译完成的 chm 文件不满意，可以在 HTML Help Workshop 中选择"文件"→"打开"命令，选择方案文件，重新编辑修改。

---

至此，chm 帮助文件的制作讲述完毕。如果要设计更加美观、完善的帮助文件，请读者

查阅其他相关资料。

本节 chm 帮助文件相关源文件路径为：源代码文件 \ 过程与函数设计 \chm 示例。

## 习题

1. 设计一个带参数的过程，并通过另一个过程调用并执行它。

2. 设计一个根据出生年份判断属相的函数，例如 2017 年出生的属鸡。制作完成后，从工作表中输入公式，使用该自定义函数。

3. 海伦公式根据三角形的三边长，计算三角形面积，适合于任意形状的三角形。其公式为：

$$S = \sqrt{p(p-a)(p-b)(p-c)}$$

其中，$p = \dfrac{a+b+c}{2}$。

请基于上述公式设计一个自定义函数 Area，用于计算任意三角形的面积。设计完后，调用 Area 函数计算三边长分别为 8、15、17 的三角形面积。

# 第 6 章
# 程序调试和错误处理

"人非圣贤，孰能无过。"程序代码虽然是通过计算机编译执行，但是大多数代码都是人类写出的，这样就难免出现各种各样的错误。项目的重要程度和错误类型不同，导致的后果的严重程度也不同。例如，在一次全国性的自动化考试过程中，出题系统存在一处 Bug，导致考生在做题过程中软件突然崩溃，那么会给考务人员和考生带来非常严重的困扰。因此，在程序编写过程中，要进行程序调试（测试），对可能出现的错误之处，要进行恰当的错误处理。

## 6.1 程序调试技巧

一个 VBA 项目主要涉及两个范畴：一是开发端；二是用户端。开发人员根据用户需求制订程序编写和实施计划，把项目完全制作好后，才能交付给用户使用。一般来说，用户的任务只是使用开发人员做好的软件。

但是在很多情况下，开发人员在设计软件时，同时还要充当用户的角色，模仿用户使用软件。这样就可以在程序调试期间发现更多的问题，从而使得问题及时得到解决。

实际上，用户使用的是开发人员制作出来的功能，一个功能可能由多个过程、多个函数构成，用户在使用这个功能的时候，和该功能有关的程序代码会一连串连续执行完毕。而开发人员在开发这个功能的时候，是一行一行书写代码的，为了测试该功能是否正常，就需要用到程序的调试技巧了。

### 6.1.1 单步执行程序

VBA 程序调试过程中，按下快捷键【F5】可以一次性把一个过程执行完毕，如果按下快捷键【F8】，则可以从过程的开始处单步执行，按一下快捷键【F8】向下执行一行。

单步执行程序的目的和意义在于，在执行期间，可以通过立即窗口、监视窗口或本地窗口及时查看变量或表达式的类型和取值。

一元二次方程的求根公式为

$$x = \frac{-b \pm \sqrt{b^2 - 4ac}}{2a}$$

下面的程序用来求解 $2x^2+11x-21=0$ 这个方程的两个实数根。根据求根公式可以写出如下函数和过程。

**源代码：实例文档 98.xlsm/ 逐步调试**

```
1.  Public Function Solve(a As Single, b As Single, c As Single)
2.      Dim delta As Single
3.      Dim x1 As Single, x2 As Single
4.      delta = b ^ 2 - 4 * a * c
5.      x1 = -b + Sqr(delta)
6.      x1 = x1 / 2 * a
7.      x2 = -b - Sqr(delta)
8.      x2 = x2 / 2 * a
9.      Debug.Print x1, x2
10. End Function
11. Public Sub Test1()
12.     Solve 2, 11, -21
13. End Sub
```

代码分析：上述程序的入口在第 11 行，因此鼠标置于过程 Test1 中，按下快捷键【F8】，可以看到即将要执行到的行，背景色变黄，同时该行左侧有个箭头（见图 6-1）。

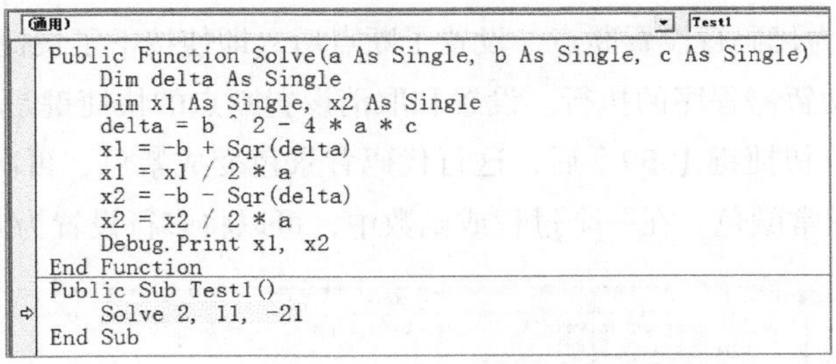

图 6-1　逐步运行

由于 Test1 过程调用了 Solve 函数，所以会自动跳入到 Solve 函数中，继续单步执行。

全部执行完毕后，立即窗口打印出的两个实数根是 6 和 –28。这个结果与笔算的结果完全不一样。

为此，单击 VBA 编辑器的"视图"菜单，打开立即窗口和本地窗口，再次逐步运行过程 Test1。

每执行一行，会看到本地窗口各个变量的数值在发生变化。在此期间还可以在立即窗口输入"? 变量"这样的方式，来计算表达式的值。例如输入"? x1,x2"可以一次性查看两个变量的当前取值（见图 6-2）。

利用这种方式不难发现，出问题的代码行位于 x1=x1/2*a 这一行，应该把 2*a 用圆括号括起来。

修改代码后，再次运行，该方程的两个正确的实数根是 1.5 和 –7。

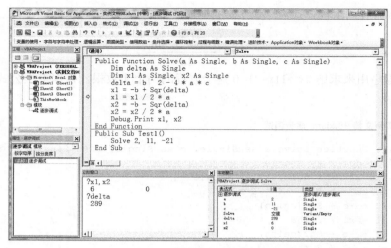

图 6-2　通过本地窗口查看变量的值

## 6.1.2　设置断点

很多情况下，一个 VBA 过程或函数中的代码有成千上万行，调试这种过程时，使用单步执行就不合适了，那需要按成千上万次快捷键【F8】才能调试完毕。但是也又不能直接按快捷键【F5】一次执行完，因为这样往往找不到错误。

VBA 可以设置为代码行设置断点，设置了断点后，即使按下了快捷键【F5】，当执行到断点行时，也会自动暂停程序的执行。设置和取消设置断点的快捷键是【F9】，把光标置于某一行代码中，按下快捷键【F9】后，这行代码背景色变成紫色，再次按下快捷键【F9】，这行代码颜色变成正常颜色。在一个过程或函数中，可以将多行设置为断点行（见图 6-3）。

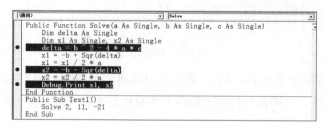

图 6-3　设置断点

设置断点后，调试程序时，就可以直接按快捷键【F5】了，对于没有设置断点的语句块，就可以一次性执行完毕，直至遇到断点行，从而大大提高了程序调试的效率。

## 6.1.3　使用 Stop 语句

根据个人的习惯爱好，有些开发人员不喜欢设置断点行，那么可以使用 Stop 语句，Stop 语句与断点行的作用相同，程序执行到 Stop 语句时，自动暂停程序的执行。而在 Stop 之前或之后的语句块是一次执行的。

　　程序处于暂停模式时，可以利用立即窗口和本地窗口查看各个变量的值。此外还可以把鼠标置于代码中某个变量上方，会自动弹出该变量的取值，例如图 6-4 提示 delta=289。这个自动提示变量值的功能，在 VBA 的"选项"对话框中，但必须确保勾选了"自动显示数据提示"复选框，如图 6-5 所示。

图 6-4　使用 Stop 语句暂停程序执行　　　　图 6-5　勾选"自动显示数据提示"复选框

　　如果未勾选该复选框，则在程序暂停期间，不会提示变量的当前值。

---

　　**注意**：Stop 语句的功能非常类似于设置断点，但 Stop 语句仅用于程序调试。在作品发布给用户之前，要记得清除作品中所有的 Stop 语句，否则，当用户使用到相应的功能时，有可能出现莫名其妙的错误。

---

## 6.2　错误处理

　　VBA 中的代码错误主要分为编译错误和运行时错误。

　　编译错误是指代码中存在语法错误，导致代码无法执行，刚试图执行，就弹出错误对话框。

　　例如，单词与单词之间没有保留一个以上的空格，多个关键字连在一起，或者关键字拼写错误等，都会引起如图 6-6 所示的编译错误。

　　再例如，同一个模块中，书写了一个以上的同名过程引起的二义性错误，也属于编译错误。

　　一般来说，编译错误比较明显，当开发人员试图执行某过程时，立刻弹出警告对话框，根据对话框提示的错误种类，找到出错原因、进行修改即可。

　　而对于运行时错误，则在 VBA 语法上一般没什么大的问题。运行时错误通常有类型不匹配、数组越界、对象不存在等（见图 6-7）。

图 6-6　编译错误　　　　　　　　　　图 6-7　运行时错误

像这类错误，一般从字面上难以找到原因，一般需要仔细调试，逐行排查才行。对于一些无法通过修改代码来排除的错误，还需要使用错误处理语句，使得程序能够顺畅地运行下去。

运行时错误的出错原因错综复杂，错误处理的方法也比较多，因此本章重点讨论运行时错误及其处理方法。

### 6.2.1　Err 对象

在 VBA 程序中，有一个看不到的 Err 对象，这个 Err 对象用来描述程序当前的错误状态。Err 对象有两个重要属性。

❑ Number：错误代码。当程序未出错时为 0，运行时出错后，该属性是一个正整数，数字大小依据错误类型而定。

❑ Description：与错误代码相对应的错误描述文字，用来告诉开发人员或用户出错的原因。

Err 对象有两个重要方法。

❑ Clear：清除错误，使得 Number 属性为 0。

❑ Raise：引发错误。

通过下面的过程，来理解和运用一些 Err 对象。

**源代码：实例文档 99.xlsm/ 错误处理**

```
1.   Sub Test1()
2.       On Error Resume Next
3.       Dim a As Single
4.       a = "Hello"
5.       Debug.Print Err.Number, Err.Description
6.       a = 2.35
7.       Err.Clear
8.       Debug.Print Err.Number, Err.Description
9.       a = 6 / 0
10.      Debug.Print Err.Number, Err.Description
11.  End Sub
```

代码分析：第 2 行代码的作用是，当某行代码出错时不弹出错误对话框，而是继续向下执行。

第 4 行代码试图把字符串赋给浮点型变量，导致出错。第 5 行代码打印错误的编码和描述。

第 6 行代码没有任何错误。第 7 行代码的功能是清除错误，如果不写这行，那么以后 Err.Number 仍然是 13。清除错误后，Number 属性变为 0，Description 属性为空字符串。

第 9 行代码是一个明显的被零除的错误。第 10 行代码打印错误信息。

运行结果如图 6-8 所示。

从这个例子可以看出，在过程开始处如果不写 On Error Resume Next，程序不会执行到过程结尾处，只要有错误行就弹出错误对话框。另外，在代码中任何地方均可随时查看 Err 对象的相关属

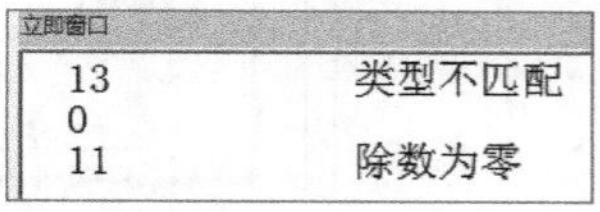

| 立即窗口 | |
|---|---|
| 13 | 类型不匹配 |
| 0 | |
| 11 | 除数为零 |

图 6-8　运行结果 1

性，代码未出错或者错误被清除，都会导致 Err.Number 为 0。

## 6.2.2　遍历错误号和错误描述

当发生错误时，错误号大于 0，并且其相应的描述也随之变化。那么有哪些常见的错误呢？Error\$ 函数可以根据错误号查询对应的描述文字，使用该函数本身不会造成错误。例如，Error\$(11) 会返回一个"除数为 0"的字符串。

下面的过程罗列错误号在 1000 以内的所有错误描述。

**源代码：实例文档 99.xlsm/ 错误处理**

```
1.  Sub Test2()
2.      Dim i As Long
3.      For i = 1 To 1000
4.          Range("A" & i).Value = i
5.          Range("B" & i).Value = Error$(i)
6.      Next i
7.  End Sub
```

代码分析：Error\$ 函数可以查询到错误描述文字，但该函数不会造成出错，因此上述过程可以顺利执行完毕。运行结果如图 6-9 所示。

图 6-9　运行结果 2

## 6.2.3　故意引发错误

一般情况下，程序的错误是由代码本身的问题造成的，不过 VBA 代码还可以在没有错误的情形下创造错误。引发错误有两种方法：Err.Raise 以及 Error Number。

**源代码：实例文档 99.xlsm/ 错误处理**

```
1.  Sub Test3()
2.      Dim a As Integer
3.      a = 32
4.      Err.Raise Number:=2017, Description:=" 刘永富制造的错误！ "
5.  End Sub
```

代码分析：前 3 行代码毫无错误。第 4 行代码故意引发错误，Raise 方法可以自行指定出错的编号以及描述文字。

运行结果如图 6-10 所示。

此时，单击"调试"按钮，可以编辑代码并且继续执行，单击"结束"按钮则结束程序的执行。

使用 Error，只能指定错误编号。

**源代码：实例文档 99.xlsm/ 错误处理**

```
1.  Sub Test4()
2.      Dim a As Integer
3.      a = 32
4.      Error 13
```

```
5.  End Sub
```

代码分析：第 4 行代码将会引发一个编号为 13 的错误。

运行结果如图 6-11 所示。

图 6-10　故意引发错误

图 6-11　引发错误

## 6.3　错误跳转

程序代码发生错误后，必须进行必要的处理，如果没有任何的错误处理，用户在使用时，就会因发生错误而导致程序崩溃，甚至会导致用户数据的丢失。因此，一个健壮的 VBA 作品，对于其中的每一个过程、函数都应进行必要的错误处理，这样即使在用户端出错后，也能根据错误的原因告知用户该怎么做。

所谓错误跳转，就是指当某行代码发生错误后，接下来怎么办的问题。要实现错误跳转，需要使用 On Error 语句，该语句后面可以连接如下跳转结构。

❑ GoTo Line：发生错误后，跳转到标号为 Line 的代码行。

❑ GoTo 0：禁止当前过程中已设定的错误处理程序。

❑ Resume Next：发生错误后，错误行无法执行，继续执行下一行。

为了便于讲解，下面举一个从用户输入的身份证号码中提取出生日期的错误处理。

### 6.3.1　错误发生时跳转到某行

在一个过程的开始位置写入 On Error GoTo MyError，当程序执行到某行出错后，就会跳转到 MyError 这个标号位置继续向下执行，直至过程结束。

**源代码：实例文档 99.xlsm/ 错误处理**

```
1.  Sub Test5()
2.      On Error GoTo MyError
3.      Dim sfz As Variant
4.      Dim Y As Integer, M As Integer, D As Integer
5.      sfz = InputBox("请输入您的身份证号码：")
6.      Y = Mid(sfz, 7, 4)
7.      M = Mid(sfz, 11, 2)
8.      D = Mid(sfz, 13, 2)
9.      Debug.Print DateSerial(Y, M, D)
10.     Exit Sub
11. MyError:
12.     Debug.Print Err.Number, Err.Description
13.     MsgBox "您输入的不是合法的身份证号码。"
14. End Sub
```

代码分析：本过程中变量 Y、M、D 用来获取到身份证中的年月日，然后在第 9 行代码中重新组合为日期。

由于变量 sfz 是用来获取用户输入的身份证，那么用户输入的未必全都是合法的身份证号码，如果用户输入的不是连续的数字，或者输入的不足 18 位，都将导致第 6 ~ 8 行代码不能正常执行。但是不论是哪一行代码出现了运行时错误，只要遇到错误，就直接跳转到第 11 行的 MyError 标号位置。

标号位置以上的 Exit Sub 也是必不可少的，其作用是假如用户输入的是正确的身份证号码，那么程序不会出错，此时如果不加 Exit Sub，程序也会执行到标号位置后面的代码，就产生了不合逻辑的运行结果。如果是在一个函数中的错误处理，应把 Exit Sub 改为 Exit Function。

VBA 过程中的代码，还可以加入行号或者标号。行号或标号可以单独占据一行，也可以在一行中先写行号再写语句，数字、英文单词、汉语都可以作为标号，数字形式的标号后面可以不加冒号，但是英文和汉语的标号后面必须加冒号。行号和标号并不会像其他语句那样执行，只是一个记号而已。例如下面的过程演示了行号、标号的写法。

```
Sub Test6()
1
2     Dim sfz As Variant
3     Dim Y As Integer, M As Integer, D As Integer
IdentifyNumber:  sfz = InputBox("请输入您的身份证号码：")
     Y = Mid(sfz, 7, 4)
Month:     M = Mid(sfz, 11, 2)
     D = Mid(sfz, 13, 2)
```

打印结果：

```
     Debug.Print DateSerial(Y, M, D)
End Sub
```

下面的示例展示了函数中的错误处理。

```
Public Function UpperLetters(s As String) As Integer
1:     On Error GoTo 9
2:     Dim i As Integer
3:     For i = 1 To Len(s)
4:         If Mid(s, i, 1) >= "A" And Mid(s, i, 1) <= "Z" Then
5:             UpperLetters = UpperLetters + 1
6:         End If
7:     Next i
8:     Exit Function
9:     MsgBox Err.Description
End Function
```

代码分析：第 1 行代码，当发生错误时跳转到标号为 9 的行。

在其他过程中调用该函数时，可以用类似下面的方法：

```
MsgBox UpperLetters("Excel VBA")
```

## 6.3.2　错误发生时继续向下执行

在过程的开始位置使用 On Error Resume Next 语句，那么无论过程中发生过多少次错误，发生错误的行会自动被越过，继续执行后面的代码。

下面的过程用来计算一个数组中每个元素的算术平方根。

**源代码：实例文档 99.xlsm/ 错误处理**

```
1.  Sub Test8()
2.      On Error Resume Next
3.      Dim A(1 To 5)  As Single
4.      Dim B(1 To 5)  As Single
5.      Dim i As Integer
6.      A(1) = 3
7.      A(2) = -16
8.      A(3) = "Hello"
9.      A(4) = 25
10.     A(5) = 12.25
11.     For i = 1 To 5
12.         B(i) = Sqr(A(i))
13.         Debug.Print i , B(i)
14.     Next i
15. End Sub
```

代码分析：很明显，第 8 行代码把字符串赋给 A(3) 会出错，因为数组是浮点型的。由于过程开始位置使用了 On Error Resume Next，因此第 8 行出错后，就不会为 A(3) 赋值，A(3) 依然保持初始默认值 0。

在第 11 ~ 14 行循环体中，试图对每个元素计算平方根，由于负数不能计算平方根，因此当计算 A(2) 的平方根时，依然会出错。

运行上述过程，不会弹出任何出错对话框，立即窗口的打印结果如图 6-12 所示。

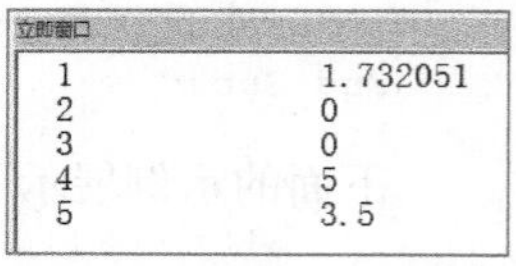

在实际开发过程中，尽量要少使用 On Error Resume Next，因为该语句屏蔽了所有出错，整个过程运行完也不知道哪一行有错，哪一行没错。它的特征是自动越过出错行，继续向后执行。

| 立即窗口 | |
| --- | --- |
| 1 | 1.732051 |
| 2 | 0 |
| 3 | 0 |
| 4 | 5 |
| 5 | 3.5 |

图 6-12　运行结果 3

## 6.3.3　Resume 与 Resume Next 语句

Resume 语句的作用是跳转到错误发生的那行重新执行，Resume Next 的作用是跳转到错误行的下一行继续执行。这两个语句一般用在 On Error GoTo Line 结构的错误处理的标号中。

**源代码：实例文档 99.xlsm/ 错误处理**

```
1.  Sub Test9()
2.      On Error GoTo Err1
3.      Dim a As Integer, b As Integer, c As Integer
4.      a = 100
5.      b = -4
```

```
6.      c = 9
7.      Debug.Print Sqr(a)
8.      Debug.Print Sqr(b)
9.      Debug.Print Sqr(c)
10.     Exit Sub
11. Err1:
12.     Resume Next
13. End Sub
```

代码分析：本过程最容易导致出错的是第 7 ~ 9 行，当运行到第 8 行时，计算负数的平方根时出错，会跳转到第 11 行，第 12 行中的 Resume Next 的作用是返回到出错行的下一行继续执行。

因此运行上述过程，立即窗口打印出了 a 和 c 的平方根：10 和 3。

---

**注意**：如果把第 12 行中的 Next 去掉，只留下 Resume，则会导致一个死循环！因为出错了依旧会重新执行出错行，导致跳不出该过程。

---

但是，Resume 语句在某些场合下，能够解决一些实际的问题。

**源代码：实例文档 99.xlsm/ 错误处理**

```
1.  Sub Test10()
2.      On Error GoTo Err1
3.      Dim a As Single
4.      a = InputBox("请输入一个数字！")
5.      MsgBox "a的平方是 " & a ^ 2
6.      Exit Sub
7.  Err1:
8.      Resume
9.  End Sub
```

代码分析：本过程的作用是计算一个数字的平方。运行本过程后，首先弹出输入对话框，用户如果输入的是一个字符串或者其他非数字的内容，变量 a 就无法接收输入内容，因为 a 是浮点型。

运行上述过程，弹出输入对话框（见图 6-13）。

当用户输入一个英文单词，上述过程第 4 行发生错误，但由于第 8 行是 Resume，所以出错后仍然会继续执行第 4 行，重新弹出输入对话框让用户输入，只要用户输入的不是数字，就一直弹出，直到输入的是数字为止。

图 6-13　输入对话框

# 习题

1. 阅读如下过程，估计一下输出结果是多少，然后在 VBA 编辑器中实际运行一下，看看自己估计的是否正确。

```
Sub Test1()
    On Error Resume Next
    Dim i As Integer
    i = 2017
    i = 2017 / 0
    i = 2016
    MsgBox i
End Sub
```

2. 阅读如下过程，估计一下输出结果是多少，然后在 VBA 编辑器中实际运行一下，看看自己估计的是否正确。

```
Sub Test2()
    On Error GoTo Err1
    Dim i As Integer
    i = 2017
    i = 2017 / 0
    i = 2016
    MsgBox i
    Exit Sub
Err1:
    MsgBox i
End Sub
```

3. 阅读如下过程，估计一下输出结果是多少，然后在 VBA 编辑器中实际运行一下，看看自己估计的是否正确。

```
Sub Test3()
    On Error GoTo Err1
    Dim i As Integer
    i = 2017
    i = 2017 * 0
    i = 2016
    MsgBox i
Err1:
    i = 2015
    MsgBox i
End Sub
```

# 第 7 章
# 字符串处理

程序开发是为了解决现实世界的问题，而现实世界的很多事物的行为、属性都需要用数据来描述。用来描述事物属性的数据类型通常有数字、文本、日期与时间等，尤其是文本型数据广泛用于人们的日常生活和工作之中。例如，人的姓名、城市的名称、人与人之间的谈话内容等，这些数据不能用数字来代替，只能用文本描述。

在编程领域，文本数据称作字符串（String），而每个字符串由多个文字构成，单独的文字又称作字符（Character），常见字符包括：

- 英文字母（大小写）。
- 汉字。
- 其他外国文字。
- 标点符号、特殊符号。

例如"邯郸市丛台区北仓路 453 号 3 号楼 1 单元 A503"这个地址就包含很多种类的字符，再例如"Love\$China※People"包含一些特殊符号。

在现实生活中，字符串中往往包含着至关重要的信息，例如电报内容、乱码文字，往往是由很多常人理解不了的内容在里面。因此，利用编程的手段来处理字符串，是程序开发很重要的部分。

字符串处理主要包括字符串的认识、字符串转换这两个主要范畴。而这两个范畴离不开字符串处理函数，VBA 的字符串处理函数主要包含在 VBA.Strings 这个类库中（见表 7-1）。

表 7-1　VBA 字符串处理常用函数

| 功 能 类 别 | 函　　数 |
|---|---|
| 字符与 ASCII 转换 | Asc、Chr |
| 查找子字符串位置 | Instr、InstrRev |
| 子字符串提取 | Left、Right、Mid |
| 字符串转换 | LCase、UCase、LTrim、RTrim、Trim、StrConv、StrReverse、Replace |
| 字符串与数组 | Split、Join、Filter |
| 字符串生成 | Space、String |
| 其他 | Like、Len |

# 7.1　认识字符串

## 7.1.1　全角与半角

计算机中的字符分为全角字符和半角字符。一个半角字符占用 1 字节，一个全角字符占用 2 字节，这是两种字符的根本不同之处。

例如，英文字母、数字是半角字符，而汉字是全角字符。在使用键盘输入时，当按下快捷键【Shift+Space】时，会在全角输入模式和半角输入模式之间切换。当处于全角模式时，输入英文和数字是这样的：Ｅｘｃｅｌ 2013。

Excel 这个字符串有 5 个字符，占用 5 字节；Ｅｘｃｅｌ 也有 5 个字符，但是占用 10 字节。不论是全角字符，还是半角字符，都可以转换为字节数组，字节数组中元素的个数就是字节数。

下面的代码，分别把半角、全角的 Excel 转换为字节数组。

```
1.  Sub 字符串转字节数组()
2.      Dim b1() As Byte, b2() As Byte
3.      b1 = VBA.StrConv("Excel", vbFromUnicode)
4.      b2 = VBA.StrConv("Ｅｘｃｅｌ", vbFromUnicode)
5.      Debug.Print UBound(b1) - LBound(b1) + 1
6.      Debug.Print UBound(b2) - LBound(b2) + 1
7.  End Sub
```

代码分析：把半角的 Excel 赋给字节数组 b1 后，b1 的下界是 0，上界是 4，共 5 个元素。把全角的 Ｅｘｃｅｌ 赋给字节数组 b2 后，b2 的下界是 0，上界是 9，共 10 个元素。

运行上述程序，立即窗口打印出的两个结果分别是 5 和 10。

## 7.1.2　子字符串

在有关字符串的编程过程中，经常需要在字符串中抽取其中一部分，这一部分形成的字符串，可以称作源字符串的子字符串。例如源字符串是 "Excel2013"，那么这个字符串的子字符串可以是 "Excel"、"cel"、"3"，甚至是空字符串。

VBA 中与子字符串概念相关的函数有 Left、Right、Mid 等。

Left 函数从源字符串左边提取 n 个字符形成子字符串。例如 Left("Excel",2) 返回 "Ex"。

Right 则是从右边提取。例如 Right("Excel",2) 返回 "el"。

Mid 函数是从源字符串中间某处提取 n 个字符形成子字符串。其语法是：

```
Mid(String,Start,Length)
```

例如，Mid(" 大江东去浪淘尽 ",3,2) 是从句子中从第 3 个位置起，提取连续的 2 个字符，返回 "东去"。而 Mid(" 大江东去浪淘尽 ",1,4) 则和 Left(" 大江东去浪淘尽 ",4) 功能完全相同，均返回 "大江东去"。

此外，Mid 函数与 Left、Right 不同的地方在于，该函数还可以修改源字符串中的一部分。

**源代码：实例文档 100.xlsm/ 认识字符串**

```
1.  Sub Test3()
2.      Dim s As String, t As String
3.      s = " 大江东去浪淘尽 "
4.      t = Mid(s, 3, 4)
5.      Debug.Print t
6.      Mid(s, 3, 3) = "DQL"
7.      Debug.Print s
8.  End Sub
```

代码分析：第 4 行代码提取 s 中的局部，赋给变量 t。

第 6 行代码的作用是把源字符串 s 中自第 3 个位置起，连续的 3 个
字符替换为 "DQL"。

运行上述过程，立即窗口的结果如图 7-1 所示。

图 7-1 运行结果 1

## 7.1.3 字符串的长度

字符串的长度可以用 Len 函数来获得，字符串包含几个字符，Len 函数就返回几。
遍历字符串中的子字符串需要事先了解源字符串的长度，这就用到了 Len 函数。

下面的过程，把一个长的字符串，每 4 个字符一组提取出来打印到立即窗口。

**源代码：实例文档 100.xlsm/ 认识字符串**

```
1.  Sub Test1()
2.      Dim s As String
3.      Dim i As Integer
4.      s = " 赵钱孙李周吴郑王冯陈褚卫蒋沈韩杨朱秦尤许何吕施张孔曹严华金魏陶姜 "
5.      For i = 1 To Len(s) Step 4
6.          Debug.Print Mid(s, i, 4)
7.      Next i
8.  End Sub
```

代码分析：第 5 ～ 7 行是关键代码，Mid(s,i,4) 表示字符串 s 中从第 i 个位置开始的连续
4 个字符。

运行结果如图 7-2 所示。

当然，根据需要可以把切割后的每行直接发送到 Excel 单元格中。

此外，遍历字符串还经常用于统计特定字符的个数。

下面的过程用于统计句子中英文单词的个数，其原理是先统计句
子中空格的个数。

图 7-2 运行结果 2

**源代码：实例文档 100.xlsm/ 认识字符串**

```
1.  Sub Test2()
2.      Dim s As String
3.      Dim i As Integer
4.      Dim total As Integer
5.      s = "Nothing is impossible to a willing heart"
6.      total = 0
7.      For i = 1 To Len(s)
```

```
8.          If Mid(s, i, 1) = " " Then
9.              total = total + 1
10.         End If
11.     Next i
12.     MsgBox "句子中的英文单词个数: " & (total + 1)
13. End Sub
```

代码分析：第 7 ~ 11 行遍历每一个字符，如果某字符是空格就给变量 total 加 1。

由于单词个数总比空格数多 1，因此第 12 行代码中使用了 total+1。

运行结果如图 7-3 所示。

图 7-3　运行结果 3

## 7.1.4　检索子字符串的位置

在与字符串相关的编程中，经常要查找源字符串中是否包含某字符串，如果包含，出现在何处等问题。VBA 中的 Instr、InstrRev 和 Like 函数可以用来检索子字符串。

Instr 函数用来查找子字符串出现的位置，如果找到符合条件的第一个子字符串，就返回其位置，如果找不到，则返回 0。该函数语法是：

```
Instr(Start,String1,String2,Compare)
```

各参数含义如下。

❑ Start：检索的开始位置，如果不指定该参数，默认从第一个字符开始检索。

❑ String1：字符串 1。

❑ String2：字符串 2。

❑ Compare：大小写比较模式。

下面的过程实现在字符串 s1 中查找 VBA 这个单词的位置。

**源代码：实例文档 100.xlsm/ 认识字符串**

```
1.  Sub Test4()
2.      Dim s1 As String, s2 As String, pos As Integer
3.      s1 = "ExcelVBAWordVBAOutlookVBA"
4.      s2 = "VBA"
5.      pos = InStr(s1, s2)
6.      Debug.Print pos
7.  End Sub
```

代码分析：由于第 5 行代码未指定开始查找位置，因此从 s1 的最左侧开始找。

找到的第一个 VBA 出现在 s1 的第 6 个位置，因此第 6 行的打印结果是 6。

如果把第 5 行代码更改为：pos = InStr(9, s1, s2)，重新运行上述过程，打印结果是 13。因为是从第 9 个位置才开始找，实际上找到了 s1 中第二个 VBA 的出现位置。

另外，还要注意 Instr 函数的 Compare 参数设定带来的影响。当在 Instr 函数中明显地规定了大小写比较模式的，则无论模块顶部采用了什么样的定义，都按照 Instr 函数中规定进行比较；如果 Instr 函数中未规定比较模式，则遵循模块的比较模式。

```
1.  Sub Test5()
2.      Dim s1 As String, s2 As String, pos As Integer
3.      s1 = "ExcelVBAWordvbaOutlookVba"
4.      s2 = "vba"
5.      pos = InStr(1, s1, s2, vbBinaryCompare)
6.      Debug.Print pos
7.  End Sub
```

代码分析：第 5 行使用了二进制比较模式，也就是区分大小写，s1 中第 13 个位置出现了小写的 vba，因此打印结果是 13。

如果把第 5 行修改为：pos = InStr(1, s1, s2, vbTextCompare)，则运行结果是 6。

还有一个 InstrRev 函数，也是用来检索子字符串出现位置的。但是这个函数是从右向左查找，如果找到了目标子字符串，则返回从左向右的位置。

```
1.  Sub Test6()
2.      Debug.Print InStrRev("goodgoodstudy", "oo")
3.      Debug.Print InStrRev("goodgoodstudy", "d")
4.  End Sub
```

代码分析：第 2 行代码从源字符串右侧查找两个连续的 o，后面的两个 o 处于源字符串的第 6 个位置，因此返回 6。

第 3 行代码从字符串右侧查找 d，返回 12。

在处理文件路径方面，InstrRev 函数经常用于截取路径的文件名，例如"E:\ADOSQLwizard\ 示例数据源 \data.txt"这个路径，可以检索最后一个反斜杠的出现位置，然后利用 Right 函数来获取该反斜杠右侧的部分。

```
1.  Sub Test7()
2.      Dim path As String
3.      Dim file As String
4.      Dim pos As Integer
5.      path = "E:\ADOSQLwizard\ 示例数据源 \data.txt"
6.      pos = InStrRev(path, "\")
7.      file = Right(path, Len(path) - pos)
8.      Debug.Print file
9.  End Sub
```

代码分析：第 6 行代码返回最后一个反斜杠的出现位置。

第 7 行代码用 path 的总长度减去 pos，就可以获得文件名的长度，然后用 Right 函数截取。

运行结果是：data.txt。

在实际编程中，经常会判断一个字符串中是否包含着另一个字符串，而不关心出现的具体位置。这种情形下，可以用 Instr 或 Like 来判断。

**源代码：实例文档 100.xlsm/ 认识字符串**

```
1.  Sub Test8()
2.      Dim s1 As String, s2 As String, pos As Integer
3.      s1 = "ExcelvbaWordvbaOutlookvba"
4.      s2 = "vba"
5.      If s1 Like "*" & s2 & "*" Then
6.          MsgBox "s1 中包含 s2"
7.      Else
8.          MsgBox "s1 中找不到 s2"
9.      End If
10. End Sub
```

代码分析：第 5 行代码中，* 是一种可以匹配任意长度任意字符的通配符，用它与 s2 连接在一起构成模式字符串，如果 Like 返回 True，则表示 s1 中包含 s2。

第 5 行代码也可以更改为更简单的：If Instr(s1,s2)>0 Then，Instr 函数返回值大于 0，则表示 s1 包含着 s2。

关于 Like 更详细的用法，请参阅 4.2.3 节相关内容。

## 7.2  字符串转换

### 7.2.1  字符与 ASCII 码

Asc 函数用于把一个字符转换为对应的 ASCII 码值，而 Chr 则与 Asc 功能相反，它是根据 ASCII 码值得到对应的字符。

大写字母 A 的 ASCII 码值为 65，Z 的 ASCII 码值为 90；小写字母 a 的 ASCII 码值为 97，z 的 ASCII 码值为 122。

下面的过程，打印出 ASCII 码值为 0 ~ 127 的所有字符。

**源代码：实例文档 101.xlsm/ 字符串转换**

```
1.  Sub Test1()
2.      Dim i As Integer
3.      For i = 0 To 127
4.          Range("A" & (i + 1)).Value = i + 1
5.          Range("B" & (i + 1)).Value = Chr(i + 1)
6.      Next i
7.  End Sub
```

代码分析：由于循环变量 i 是从 0 开始的，所以第 4 ~ 5 行需要使用 i+1 才能从单元格 A1 开始向下填充。

通常可以利用 ASCII 码值的差异，来鉴别字符的种类，例如统计一个字符串中英文字母的字符个数。

**源代码：实例文档 101.xlsm/ 字符串转换**

```
1.  Sub Test2()
2.      Dim i As Integer
3.      Dim word As String
4.      Dim A As Integer
```

```
5.      Dim total As Integer
6.      word = "###Excel@VBA###"
7.      total = 0
8.      For i = 1 To Len(word)
9.          A = Asc(Mid(word, i, 1))
10.         If A >= 65 And A <= 90 Or A >= 97 And A <= 122 Then
11.             total = total + 1
12.         End If
13.     Next i
14.     Debug.Print " 英文字母个数: " & total
15.     Debug.Print " 非英文字母个数: " & (Len(word) - total)
16. End Sub
```

代码分析：第 9 行代码用来计算每一个字符对应的 ASCII 码值。

第 10 行代码用来验证字符是否属于英文字母，如果是英文字母则 total 自加 1。

第 14 行代码打印所有英文字母个数，结果为 8。

第 15 行代码用单词总长度减去英文字母个数，得到的是非英文字母个数，结果为 7。

## 7.2.2　大小写转换

LCase 把一个字符串转换为小写，UCase 则将字符串转换为大写。除此以外，StrConv 函数还可以进行更丰富的字符转换。StrConv 函数的语法格式为：

```
StrConv(String1,Conversion)
```

参数 String1 是指需要转换的源字符串，Conversion 是转换模式，可取的值参见表 7-2。

表 7-2　VBA.VbStrConv 枚举值

| 枚　举　值 | 数　　值 | 功　　能 |
| --- | --- | --- |
| vbFromUnicode | 128 | 略 |
| vbHiragana | 32 | 转换为平假名 |
| vbKatakana | 16 | 转换为片假名 |
| vbLowerCase | 2 | 转换为小写英文字母 |
| vbNarrow | 8 | 转换为半角 |
| vbProperCase | 3 | 转换为单词首字母大写 |
| vbUnicode | 64 | 略 |
| vbUpperCase | 1 | 转换为大写英文字母 |
| vbWide | 4 | 转换为全角 |

下面的过程演示了英文字母的大小写转换方法。

**源代码：实例文档 101.xlsm/ 字符串转换**

```
1.  Sub Test3()
2.      Dim s As String
3.      s = "Excel 2013 VBA is very powerful"
4.      Debug.Print LCase(s), UCase(s)
5.      Debug.Print StrConv(s, vbLowerCase), StrConv(s, vbUpperCase)
6.      Debug.Print StrConv(s, vbProperCase)
7.  End Sub
```

代码分析：第 5 行代码与第 4 行代码的作用完全相同，都是把字符串转换为小写、大写字母，如果原来的字符不是英文字母，则不发生转换。

第 6 行代码是转换为词首大写形式。

上述过程的运行结果如图 7-4 所示。

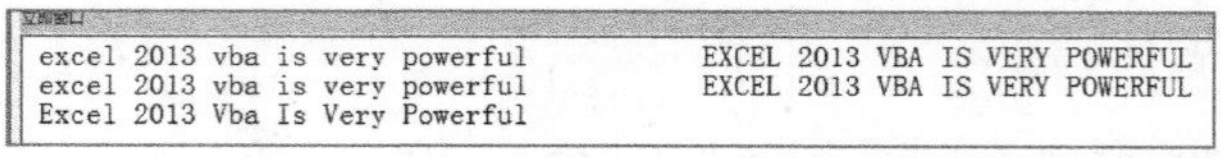

图 7-4　运行结果 4

### 7.2.3　全半角转换

StrConv 函数把 Conversion 参数设置为 vbNarrow，将字符转换为半角；设置为 vbWide，将字符转换为全角。

**源代码：实例文档 101.xlsm/ 字符串转换**

```
1.  Sub Test4()
2.      Dim s As String
3.      s = "Excel 2013  VBA is very powerful"
4.      Debug.Print StrConv(s, vbNarrow)
5.      Debug.Print StrConv(s, vbWide)
6.  End Sub
```

代码分析：第 4 行代码将字符转换为半角，第 5 行代码将字符转换为全角。

运行结果如图 7-5 所示。

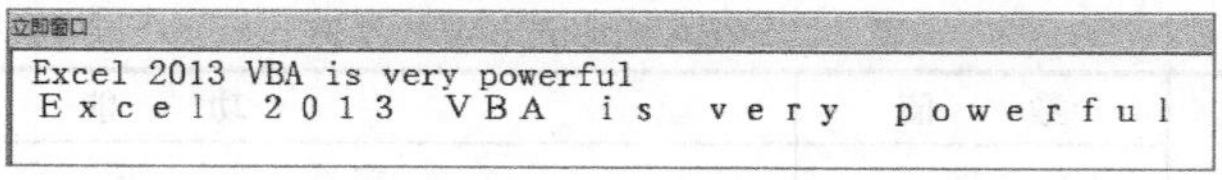

图 7-5　运行结果 5

### 7.2.4　去除多余空格

LTrim 函数去掉源字符串左侧连续的空格；RTrim 函数去掉源字符串右侧连续的空格；Trim 函数去掉源字符串左右两端连续的空格。注意，以上 3 个函数均不改变源字符串。

**源代码：实例文档 101.xlsm/ 字符串转换**

```
1.  Sub Test5()
2.      Dim s As String
3.      s = "  我在学习 Excel 2013 VBA  "
4.      Debug.Print LTrim(s)
5.      Debug.Print RTrim(s)
6.      Debug.Print Trim(s)
7.  End Sub
```

以上过程中，第 4 ～ 6 行分别去掉左侧、右侧、左右两端的连续空格。运行完毕后，变量 s 不发生变化。

如果要去掉字符串中间出现的空格，需要用 Replace 函数来替换。

## 7.2.5 倒序

使用 StrReverse 函数可以把一个字符串按照从右到左的顺序排列，形成新的字符串。

**源代码：实例文档 101.xlsm/ 字符串转换**

```
1.  Sub Test6()
2.      Dim s As String, t As String
3.      s = "上海自来水来自海上"
4.      t = StrReverse(s)
5.      Debug.Print s, t
6.  End Sub
```

代码分析：变量 s 是一个回文（从左到右、从右到左念是一样的），因此第 5 行的两个结果是一样的。读者可以把 s 换为另外一句话，测试一下运行效果。

## 7.2.6 替换

众所周知，日常办公和程序开发过程中，字符串的替换使用频率非常高。在 VBA 编程中，字符串替换使用 Replace 函数。其语法格式如下：

```
Replace(Expression,Find,Replace,Start,Count,Compare)
```

各参数功能如下。

❑ Expression：源字符串。

❑ Find：要替换的子字符串。

❑ Replace：替换为的字符串。

❑ Start：替换起始位置，在该位置左侧的即使找到也不替换。

❑ Count：限定替换频次。

❑ Compare：规定大小写比较模式。

其中，前 3 个参数是必须规定的参数，而后 3 个参数是可选参数。

**源代码：实例文档 101.xlsm/ 字符串转换**

```
1.  Sub Test7()
2.      Dim s As String, t As String
3.      s = "高手就是高手"
4.      t = Replace(s, "高手", "HighHand")
5.      Debug.Print t
6.  End Sub
```

代码分析：上述过程把源字符串中所有的"高手"都替换为英文单词。

运行结果是：HighHand 就是 HighHand。

在实际编程开发过程中，还经常遇到空格、换行符、引号的替换。

**源代码：实例文档 101.xlsm/ 字符串转换**

```
1.  Sub Test8()
2.      Dim s As String, t As String
3.      Dim a As String, b As String, c As String, d As String
```

```
4.      s = "Excel VBA Programming"
5.      a = Replace(s, " ", "")                        '删除所有空格
6.      b = Replace(s, " ", vbNewLine)                 '空格替换为换行
7.      Debug.Print a, b
8.
9.      t = "Hello 'World'"
10.     c = Replace(t, "'", Chr(34))                   '单引号替换为双引号
11.     d = Replace(t, "'", "@")                       '单引号替换为@
12.     Debug.Print c, d
13. End Sub
```

如果在 Replace 函数中使用了 Start、Count 和 Compare 这些参数，则可以实现更复杂的替换规则。

**源代码：实例文档 101.xlsm/ 字符串转换**

```
1.  Sub Test9()
2.      Dim s As String
3.      Dim a(1 To 6)
4.      s = "A Book Is The Same Today As It Always Was And It Will Never Change"
5.      a(1) = Replace(Expression:=s, Find:="It", Replace:="++")
6.      a(2) = Replace(Expression:=s, Find:="It", Replace:="++", Start:=40)
                                            '从第 40 个字符起才开始替换。
7.      Debug.Print "a(1): " & a(1)
8.      Debug.Print "a(2): " & a(2)
9.
10.     a(3) = Replace(Expression:=s, Find:="It", Replace:="++")        '不限次数。
11.     a(4) = Replace(Expression:=s, Find:="It", Replace:="++", Count:=1)
                                            '只替换 1 次。
12.     Debug.Print "a(3): " & a(3)
13.     Debug.Print "a(4): " & a(4)
14.
15.     a(5) = Replace(Expression:=s, Find:="As", Replace:="++")  '区分大小写
16.     a(6) = Replace(Expression:=s, Find:="As", Replace:="++",
        Compare:=vbTextCompare)                         '不区分大小写。
17.     Debug.Print "a(5): " & a(5)
18.     Debug.Print "a(6): " & a(6)
19. End Sub
```

**代码分析：** 第 5 ~ 8 行对比了 Start 参数的影响。a(2) 是从第 40 个字符处截取后再替换的。

第 10 ~ 13 行对比了 Count 参数的影响。a(4) 只替换 1 次，后面即使找到也不再替换。

第 15 ~ 18 行对比了 Compare 参数的影响。a(6) 不区分大小写，只要找到 "AS" 就替换成符号。

上述过程的运行结果如图 7-6 所示。

```
立即窗口
a(1): A Book Is The Same Today As ++ Always Was And ++ Will Never Change
a(2): as And ++ Will Never Change
a(3): A Book Is The Same Today As ++ Always Was And ++ Will Never Change
a(4): A Book Is The Same Today As ++ Always Was And It Will Never Change
a(5): A Book Is The Same Today As ++ It Always Was And It Will Never Change
a(6): A Book Is The Same Today ++ It Always W++ And It Will Never Change
```

图 7-6    运行结果 6

## 7.3　字符串生成

### 7.3.1　String 函数

String 函数可以把一个字符重复多次，生成新字符串。如果源字符串长度大于 1，则重复第一个字符多次。

源代码：实例文档 102.xlsm/ 字符串生成

```
1.  Sub Test1()
2.      Dim s As String
3.      s = String(4, "ABC")
4.      Debug.Print s
5.  End Sub
```

代码分析：由于 "ABC" 不止一个字符，因此重复第一个字符 4 次，运行结果是 AAAA。使用 String 函数可以快速生成多个同样的字符组成的字符串。

### 7.3.2　Space 函数

Space 函数用来生成多个半角空格。例如，Space(3) 等价于 3 个连续的空格。

## 7.4　字符串与数组

带有特定分隔符的字符串，可以转换为便于使用的数组，相反，字符串数组也可以连接为一个字符串。

### 7.4.1　Split 函数

Split 函数根据指定分隔符，把一个字符串转换为数组，返回的数组下界为 0。Split 函数的语法为：

```
Split(Expression,Delimiter,Compare)
```

参数说明如下。

❑ Expression：待分隔的源字符串。

❑ Delimiter：分隔符，可以是任何字符串。如果不指定该参数，默认按照空格分隔。

❑ Compare：字母大小写比较模式。

下面的过程把字符串以空格为分隔符转换为数组。

源代码：实例文档 103.xlsm/ 字符串与数组

```
1.  Sub Test1()
2.      Dim s As String
3.      Dim v As Variant
4.      s = "excel word outlook access"
```

```
5.        v = Split(s)
6.        Debug.Print v(0), v(3)
7.        ActiveSheet.Range("B3:E3").Value = v
8.    End Sub
```

代码分析：第 5 行代码，变量 v 将会变为一个字符串数组。

第 6 行打印数组若干元素，结果为 excel  access。

第 7 行直接把数组写入单元格区域，结果如图 7-7 所示。

如果字符串的分隔符是其他符号，则需要指定 Delimiter 参数。

**源代码：实例文档 103.xlsm/ 字符串与数组**

```
1.    Sub Test2()
2.        Dim s As String
3.        Dim v As Variant
4.        s = "/ 河北 / 河南 / 内蒙古 / 四川 / 黑龙江 / 青海 /"
5.        v = Split(s, "/")
6.        Stop
7.    End Sub
```

代码分析：由于源字符串是用"/"分隔的，因此 Split 函数中也应该使用"/"。

为了查看 v 的取值情况，运行到第 6 行时，通过本地窗口可以看到 v 数组的各元素（见图 7-8）。

由于字符串 s 开头和结尾都是"/"，所以数组 v 的首项和尾项都是空字符串。

图 7-7　运行结果 7

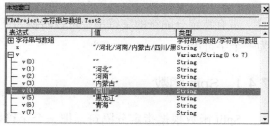

图 7-8　查看变量的值

如果分隔符包含有英文字母，还应注意 Compare 参数的影响。

**源代码：实例文档 103.xlsm/ 字符串与数组**

```
1.    Sub Test3()
2.        Dim s As String
3.        Dim v As Variant
4.        s = " 张三 and 李四 AND 王五 and 赵六 "
5.        v = Split(s, "and")
6.        Debug.Print v(0), v(1)
7.    End Sub
```

代码分析：如果模块顶部没有特别的声明，则默认是按二进制比较模式。

第 5 行代码没有使用 Compare 参数，那就要区分大小写，因此只能按照小写的 and 来作为分隔符，数组 v 只有两个元素。运行结果如图 7-9 所示。

下面的过程使用 Compare 参数来忽略大小写。

**源代码：实例文档 103.xlsm/ 字符串与数组**

```
1.   Sub Test3()
2.       Dim s As String
3.       Dim v As Variant
4.       s = " 张三 and 李四 AND 王五 and 赵六 "
5.       v = Split(s, "and", Compare:=vbTextCompare)
6.       Debug.Print v(0), v(1), v(2)
7.   End Sub
```

代码分析：由于不区分大小写，字符串 s 中大写的 AND 也可以作为分隔符，数组 v 就有 3 个元素。运行结果如图 7-10 所示。

图 7-9　运行结果 8

图 7-10　运行结果 9

### 7.4.2　Join 函数

Join 函数用于把字符串数组各个元素连接为一个字符串，其语法是：

`Join(Array,Delimiter)`

如果不指定 Delimiter 参数，则用空格连接。

**源代码：实例文档 103.xlsm/ 字符串与数组**

```
1.   Sub Test4()
2.       Dim arr(2 To 5) As String
3.       Dim s As String
4.       arr(2) = "excel"
5.       arr(3) = "word"
6.       arr(4) = "outlook"
7.       arr(5) = "access"
8.       s = Join(arr, "###")
9.       Debug.Print s
10. End Sub
```

代码分析：第 8 行代码用 ### 连接各项

运行结果为：

`excel###word###outlook###access`

如果把第 8 行改为 s = Join(arr)，则运行结果为：

`excel word outlook access`

### 7.4.3　Filter 函数

Filter 函数可以把数组中具有某些特征的元素筛选出来，生成一个新的数组。Filter 函数的语法为：

`Filter(Array,Match,Include,Compare)`

参数说明如下。

❑ Array：原数组。

❑ Match：特征字符。

❑ Include：是否包含，布尔值。其值为 True 时表示把包含特征字符的元素筛选出来。

❑ Compare：字母大小写比较模式。

下面的过程把数组中凡是包含字母 e 的元素筛选出来，组成新数组。

**源代码：实例文档 103.xlsm/ 字符串与数组**

```
1.  Sub Test5()
2.      Dim arr(2 To 5) As String
3.      Dim v As Variant
4.      arr(2) = "excel"
5.      arr(3) = "word"
6.      arr(4) = "outlook"
7.      arr(5) = "access"
8.      v = Filter(arr, "e", True)
9.      Stop
10. End Sub
```

**代码分析**：上述过程运行后，从本地窗口可以看到，数组 v 只有两个元素，分别是 excel 和 access。

下面的过程把不包含 0 的元素筛选出来组成数组。

**源代码：实例文档 103.xlsm/ 字符串与数组**

```
1.  Sub Test6()
2.      Dim v
3.      v = Filter(Array(120, 2883, 304, 485, 60), 0, False)
4.      Stop
5.  End Sub
```

**代码分析**：第 3 行代码，Include 参数指定为 False，因此含义是把不包含 0 的元素筛选出来。

运行上述过程，本地窗口看到的结果如图 7-11 所示。

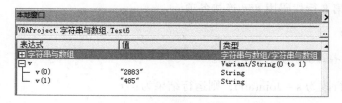

图 7-11　运行结果 10

在实际编程过程中，很少用到 Filter 函数，了解即可。

# 习题

1. 请分别统计下面字符串中小写字母、大写字母、数字，以及其他字符的出现次数。

" Deutsche Bank wins the Farsight Award 2015/16 for their report The Logistics of Supply Chain Alpha out of 38 reports considered."

2．单元格 B2 中有一首散文诗，散文诗的每行长短不一，现在要求在每行左侧添加连续的"宝"，使得每行句子都有 20 个字符。处理后的结果置于 C2 中，期望结果如图 7-12 所示。

请使用所学过的字符串处理方面的知识，写一个过程，完成此任务。

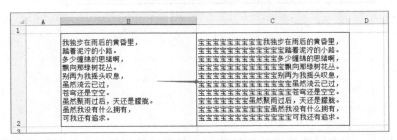

图 7-12　习题 2 图

3．利用 For 循环结构，编写一个程序，运行程序后在立即窗口打印一个上三角的图形，每行左侧的空白处是连续的空格（见图 7-13）。

图 7-13　习题 3 图

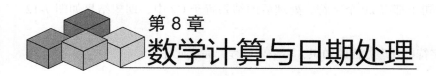

# 第 8 章
# 数学计算与日期处理

VBA 编程中，需要经常处理数值型数据与日期时间型数据，针对数值型数据，除了简单的加减乘除四则运算之外，还需要学习 VBA 中的数学函数。

日期时间数据运算与数值型计算有很多不同之处，因此还要熟悉 VBA 中的日期与时间函数。

## 8.1 数学函数

VBA 中的数学函数属于 VBA.Math 类库，常用数学函数列于表 8-1 中。

表 8-1 VBA 中的数学处理函数

| 函　数 | 功　能 | 范　例 |
|---|---|---|
| Abs | 绝对值 | Abs(-8.3) 返回 8.3 |
| Atn | 反正切 | Atn(-1) 返回 -0.785 |
| Exp | e 的乘幂，e ≈ 2.718 28 | Exp(2) 返回 7.389 |
| Log | 自然对数（以 e 为底数） | Log(7.389) 返回 2 |
| Sgn | 符号函数，正数返回 1，负数返回 -1，零返回 0 | |
| Sqr | 算术平方根，参数不能为负数 | Sqr(49) 返回 7 |
| Sin | 正弦函数 | Sin(1) 返回 0.841 47 |
| Cos | 余弦函数 | Cos(1) 返回 0.5403 |
| Tan | 正切函数 | Tan(1) 返回 1.5574 |

以上函数中，使用频率较高的有 Abs、Sqr 和三角函数。

### 8.1.1 三角函数计算

需要注意的是，三角函数的参数必须是弧度制。

VBA 中没有圆周率 π 这个常数，在编程过程中需要用到 π 的时候，可以用 Atn 函数转换而得。因为 Tan(45°) 是 1，所以 Atn(1) 返回圆周率的四分之一，π 在 VBA 中就可以表达为 Atn(1)*4。

例如，计算 30° 的正弦、余弦和正切值，需要按照弧度制传递参数。

**源代码：实例文档 104.xlsm/ 数学函数**

```
1.  Sub Test1()
2.      Dim π As Double
3.      π = VBA.Math.Atn(1) * 4
4.      Debug.Print VBA.Math.Sin(30 / 180 * π)
5.      Debug.Print VBA.Math.Cos(30 / 180 * π)
6.      Debug.Print VBA.Math.Tan(30 / 180 * π)
7.  End Sub
```

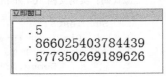

代码分析：第 4 行用来计算 30° 的正弦值，需要事先转换为弧度制。

运行结果如图 8-1 所示。

图 8-1　运行结果 1

## 8.1.2　随机数

Rnd 函数可以产生一个 0 ~ 1 的随机小数。

下面的实例，用 Rnd 生成 10 个随机小数，发送到单元格区域中。

**源代码：实例文档 104.xlsm/ 数学函数**

```
1.  Sub Test2()
2.      Dim i As Integer
3.      For i = 1 To 10
4.          Range("A" & i).Value = Rnd
5.      Next i
6.  End Sub
```

代码分析：由于工作表中的饼图的数据源是 A1:A10，因此每运行一次过程 Test2，饼图的样子就自动变化一次。运行结果如图 8-2 所示。

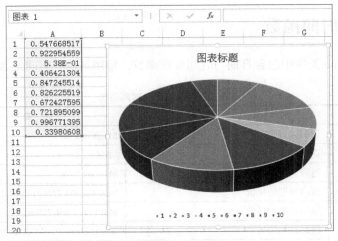

图 8-2　运行结果 2

在实际编程应用中，经常用到随机整数。例如，从 1000 道题中随机选出 100 道生成试卷，从而实现每个考生的试卷各不相同的目的。

生成指定区间的随机整数的推导过程如下：$0 \leqslant \text{Rnd} \leqslant 1$，该不等式两端同时乘以正整数 b 得 $0 \leqslant b*\text{Rnd} \leqslant b$，同时加上一个整数 a 得 $a \leqslant b*\text{Rnd}+a \leqslant b+a$，因此 CInt(b*Rnd+a) 就可以生成一个处于区间 [a , b+a] 内的随机整数。

这里假定在区间 [4 , 15] 内生成一个随机整数，可以看出 a=4，b=11。随机数不等式就可以写作：CInt(11*Rnd+4)

**源代码：实例文档 104.xlsm/ 数学函数**

```
1.  Sub Test3()
2.      Dim i As Integer
3.      For i = 1 To 50
4.          Debug.Print CInt(11 * Rnd + 4)
5.      Next i
6.  End Sub
```

**代码分析**：运行上述过程，打印在立即窗口中的整数，最小是 4，最大是 15。

---

**注意**：CInt 和 Int 函数是不一样的，CInt 是四舍五入取整，而 Int 是直接舍弃小数部分。

---

如果是 Excel VBA，还可以借用工作表函数 RandBetween 直接生成随机整数。

**源代码：实例文档 104.xlsm/ 数学函数**

```
1.  Sub Test4()
2.      Dim i As Integer
3.      For i = 1 To 50
4.          Debug.Print Application.WorksheetFunction.RandBetween(4, 15)
5.      Next i
6.  End Sub
```

运行结果与 Test3 的结果一样。

# 8.2 日期与时间函数

VBA.DateTime 类库中包含日期与时间处理函数，常用日期、时间函数列于表 8-2 中。

表 8-2　VBA 日期、时间函数

| 函　　数 | 功　　能 | 实　　例 |
| --- | --- | --- |
| Date | 返回或设置当前日期 | Msgbox Date |
| Time | 返回或设置当前时间 | Msgbox Time |
| Now | 返回当前日期和时间 | Msgbox Now |
| Year | 返回日期的年份 | Year (#2004/7/26#) 返回 2004 |
| Month | 返回日期的月份 | Month (#2004/7/26#) 返回 7 |
| Day | 返回日期的天 | Day (#2004/7/26#) 返回 26 |
| Hour | 返回时间的小时 | Hour (#18:20:54#) 返回 18 |

| 函　　数 | 功　　能 | 实　　例 |
|---|---|---|
| Minute | 返回时间的分钟 | Minute (#18:20:54#) 返回 20 |
| Timer | 返回从 00:00:00 到现在的秒数 | 略 |
| Second | 返回时间的秒数 | Second(#18:20:54#) 返回 54 |
| WeekDay | 返回日期的星期序号 | Weekday(#2017/9/2#) 返回 7（星期六） |
| *WeekDayName | 返回星期名称 | WeekDayName(3) 返回 "星期二" |
| *MonthName | 返回月份名称 | MonthName(3) 返回 "三月" |

注：前面带有 * 的函数，不属于 DateTime 类库。

## 8.2.1　返回与设置当前日期时间

Date 和 Time 函数获取当前日期、时间，可以赋给日期时间类型的变量。

**源代码：实例文档 105.xlsm/ 日期函数**

```
1.  Sub Test1()
2.      Dim dt1 As Date, dt2 As Date, dt3 As Date
3.      dt1 = Date
4.      dt2 = Time
5.      dt3 = Now
6.      Debug.Print dt1
7.      Debug.Print dt2
8.      Debug.Print dt3
9.  End Sub
```

立即窗口
```
2017/9/2
13:45:40
2017/9/2 13:45:40
```

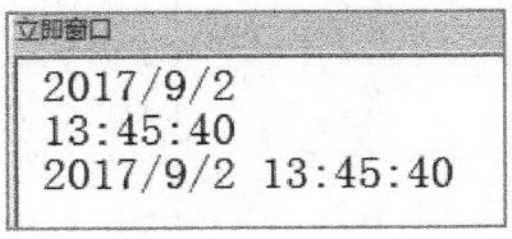

图 8-3　运行结果 3

上述过程的运行结果如图 8-3 所示。

同时，使用 Date 和 Time 还可以更改系统时间。

```
1.  Sub Test2()
2.      Date = #3/25/1998#
3.      Time = "7:15:28"
4.  End Sub
```

运行上述代码，系统时间会自动改变。

## 8.2.2　计算程序运行时间

Timer 函数返回从午夜（00:00:00）到现在的秒数，例如现在是中午 12 点，那么 Timer 就等于 $12 \times 3600 = 43\ 200$。

如果一个 VBA 过程需要运行很长时间，就可以在运行前用 Timer 记录开始时刻，过程运行完再计算一次时刻，两个时刻的差就是这个过程的用时。

**源代码：实例文档 105.xlsm/ 日期函数**

```
1.  Sub Test3()
2.      Dim start As Double, over As Double
3.      start = Timer
4.      Dim L As Long
5.      For L = 1 To 40000
```

```
6.          Range("A" & L).Select
7.      Next L
8.      over = Timer
9.      Debug.Print "总用时（秒）: " & (over - start)
10. End Sub
```

代码分析：上述过程，从 A1 单元格开始向下，连续选中 4 万次。

运行结果为：

```
总用时（秒）: 66.4296875
```

## 8.2.3　日期时间的生成

在实际编程中，经常会用年、月、日单独的整数来组合为日期，VBA 中的 DateSerial 函数可以把整数组合为日期，TimeSerial 函数可以把整数组合为时间。

DateValue 函数可以把字符串转换为日期类型，TimeValue 函数把字符串转换为日期时间类型。

**源代码：实例文档 105.xlsm/ 日期函数**

```
1.  Sub Test4()
2.      Dim dt1 As Date, dt2 As Date
3.      Dim y As Integer, m As Integer, d As Integer
4.      Dim s As String
5.      y = 2015: m = 8: d = 30
6.      dt1 = DateSerial(y, m, d)
7.      s = "2015 年 8 月 2 日 "
8.      dt2 = DateValue(s)
9.      Debug.Print dt1, dt2
10. End Sub
```

代码分析：第 6 行代码，把 3 个整数组合为日期。

第 7 行代码中 s 是一个字符串，不是日期。第 8 行代码把字符串转换为日期。

运行结果为：

```
2015/8/30     2015/8/2
```

除了使用 DateValue 函数外，使用 CDate("2015 年 8 月 2 日 ") 也可以把其他类型转换为日期。

**源代码：实例文档 105.xlsm/ 日期函数**

```
1.  Sub Test5()
2.      Dim dt1 As Date, dt2 As Date
3.      Dim h As Integer, n As Integer, s As Integer
4.      Dim t As String
5.      h = 15: n = 8: s = 30
6.      dt1 = TimeSerial(h, n, s)
7.      t = "6:12:54"
8.      dt2 = TimeValue(t)
9.      Debug.Print dt1, dt2
10. End Sub
```

代码分析：本过程演示了时间的生成，把小时、分、秒组合为时间。

运行结果为：

```
15:08:30        6:12:54
```

## 8.2.4　日期时间的加减运算

日期、时间的加减运算至关重要，因为平时经常需要计算过 n 天后是几月几日，或者两个日期之间相差多少天的问题。

如果遇到要求比较精细的场合，还需要进行时间的加减计算。

在 VBA 的日期时间数据中，通常有以下 3 种情形的数据。

☐ 只有日期部分，例如 #2017/9/2#。

☐ 只有时间部分，例如 #15:08:30#。

☐ 两者都有，例如 #2017/9/2 15:08:30#。

实际上，无论是哪一类数据，都可以理解为两者都有。

如果只有时间部分，则默认其日期是 1899 年 12 月 30 日，例如 #15:08:30# 等价于 #1899/12/30 15:08:30#。

如果只有日期部分，则默认其时间是 00:00:00，例如 #2017/9/2# 等价于 #2017/9/2 00:00:00#。

如果一个是只有日期的，另一个是只有时间的，那么二者相加可以得到一个新的日期数据，例如 #2017/9/2# + #15:08:30# 就可以返回 #2017/9/2 15:08:30#。

VBA 中的 DateAdd 函数的作用是在一个日期的基础上加上或减去一个时刻，得到另一个日期。DateDiff 函数的作用是计算两个日期的差值。

如果两个日期数据都是完整的，不可以进行加法运算，但是可以在一个日期的基础上加上或减去一定的时间。

**源代码：实例文档 105.xlsm/ 日期函数**

```
1.  Sub Test6()
2.    Dim dt1 As Date, dt2 As Date, dt3 As Date
3.    dt1 = #9/2/2017 9:30:26 AM#
4.    dt2 = dt1 + 6 + #2:10:03 AM#
5.    dt3 = dt1 - 5 - #2:10:03 AM#
6.    Debug.Print dt2, dt3
7.  End Sub
```

代码分析：第 4 行代码，在原有日期基础上加上 3 天，再加上 2 小时 10 分 3 秒。

第 5 行代码，在原有日期基础上减去 5 天，再减去 2 小时 10 分 3 秒。

运行结果为：

```
2017/9/8 11:40:29        2017/8/28 7:20:23
```

上述代码直观易懂，但是为了使操作更方便，可以使用更强大的 DateAdd 函数。

DateAdd 函数的语法为：

```
DateAdd(Unit,Number,Date1)
```

参数 Unit 是一个字符串，可取值如表 8-3 所示。

表 8-3　DateAdd 函数第 1 个参数取值

| 参　　数 | 取　　值 | 参　　数 | 取　　值 |
|---|---|---|---|
| yyyy | 年 | w | 一周的日数 |
| q | 季 | ww | 周 |
| m | 月 | h | 时 |
| y | 一年的日数 | n | 分钟 |
| d | 日 | s | 秒 |

参数 Number 是一个整数，可正可负。参数 Date1 是基准日期时间。

例如，DateAdd("d", 6, # 9/2/2017#) 返回 # 9/8/2017#，含义是在 2017 年 9 月 2 日加上 6 天的新日期。

**源代码：实例文档 105.xlsm/ 日期函数**

```
1.  Sub Test7()
2.      Dim dt1 As Date, dt2 As Date, dt3 As Date
3.      dt1 = #9/2/2017 9:30:26 AM#
4.      dt2 = DateAdd("d", -10, dt1)
5.      dt3 = DateAdd("h", 8, dt1)
6.      Debug.Print dt2, dt3
7.  End Sub
```

代码分析：第 4 行代码的含义是 dt1 的前 10 天的日期。第 5 行代码表示 dt1 再过 8 小时。

运行结果为：

```
2017/8/23 9:30:26        2017/9/2 17:30:26
```

## 8.2.5　计算两个日期的间隔

两个日期的间隔、差值的大小，和具体单位有关。VBA 的 DateDiff 函数语法如下：

```
DateDiff(Unit,Date1,Date2)
```

参数 Unit 与 DateAdd 函数中的 Unit 含义相同。

DateDiff 函数的作用是计算 Date2 减去 Date1 的差值，返回一个整数。

**源代码：实例文档 105.xlsm/ 日期函数**

```
1.  Sub Test8()
2.      Dim dt1 As Date, dt2 As Date, dt3 As Date, dt4 As Date
3.      dt1 = #9/2/2017#
4.      dt2 = #8/8/2008#
5.      Debug.Print DateDiff("d", dt1, dt2)
6.      dt3 = #3:16:23 PM#
7.      dt4 = #9:46:37 AM#
8.      Debug.Print DateDiff("n", dt3, dt4)
9.  End Sub
```

代码分析：第 5 行代码计算两个日期相差的天数，由于 dt2 比较小，所以返回的是负数，结果为 –3312。

第 8 行代码计算两个时刻相差的分钟数，结果为 –330。

### 8.2.6　日期时间的分解

VBA 中 DatePart 函数的作用和 DateSerial、TimeSerial 函数恰恰相反，DatePart 函数的作用是根据日期，分解出年、月、日、小时、分、秒等部分，返回的结果为整数。

**源代码：实例文档 105.xlsm/ 日期函数**

```
1.  Sub Test9()
2.      Dim dt1 As Date
3.      dt1 = #9/2/2017 2:23:54 PM#
4.      Debug.Print DatePart("yyyy", dt1)
5.      Debug.Print DatePart("m", dt1)
6.      Debug.Print DatePart("d", dt1)
7.      Debug.Print DatePart("h", dt1)
8.      Debug.Print DatePart("n", dt1)
9.      Debug.Print DatePart("s", dt1)
10. End Sub
```

上述过程运行结果如图 8-4 所示。

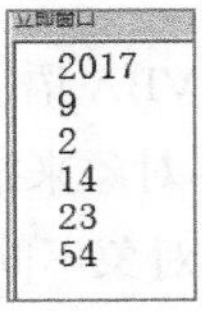

图 8-4　运行结果 4

## 习题

1．对于下面的 8 个数字：36、–8、24、–41、31、18、–5、9，求出绝对值最大的数字，并给出该数字出现的位置。

2．中国剩余定理（又名孙子定理）："今有物不知其数，三三数之剩二，五五数之剩三，七七数之剩二。问物几何？"意思是说，一个数字除以 3 余数是 2，除以 5 余数是 3，除以 7 余数是 2，求这个数。请编写 VBA 程序，从 1 遍历到 300，看看有几个数字符合上述条件。

3．如图 8-5 所示，工作表 A 列中是 20 个员工的出生日期，编写程序统计"90 后"（1990 年 1 月 1 日以后出生的）的人数。

图 8-5　习题 3 图

# 第 9 章
# Excel VBA 对象模型

VBA 语言之所以能够对 Office 进行操作和控制，是因为 Office 的方方面面均可用 VBA 对象来描述，对象（Object）是实际存在的物体，对象类型是物体所属的大类。

对象不同于前面讲过的基本数据类型，一个对象往往有很多属性、方法、事件，甚至还包含子对象。

微软 Office 的所有组件中，电子表格软件 Excel 是使用频率最高的组件，具有非常丰富、完善的 VBA 对象模型。因此，本章首先讲述对象的基础知识，然后讲解使用对象变量及 Excel VBA 对象。

## 9.1　对象和对象类型

具有下级成员的物体就是对象。

例如，电脑是一个类型，而具体的像小王的台式机、小李的笔记本这些是实际存在的物体，也就是实际对象，这些实际对象都属于电脑这个对象类型。

由于电脑都具有品牌、重量这些属性（Property），同时电脑还有处理器、屏幕这些实际存在的子对象，这些子对象还拥有自身的成员（Members）。

每个电脑都可以进行开机、关机操作，这些动作称之为电脑的方法（Method）。

电脑突然死机时或者电脑面临修理时，会引发一些其他的事件出现，这时可以为这些事件发生时指定一些处理过程，这就是对象的事件（Event）机制。

因此，学习对象，就是要熟悉对象属性的读写、对象方法的使用、对象事件的触发原理、子对象的访问等。

### 9.1.1　属性

属性就是指物体某方面的可以量化的性质，例如，一本书的名字、一台电脑的重量、人的性别、员工的工资都是具体对象的属性。对象的属性的类型往往是基本数据类型，例如，员工的工资就是一个浮点型的数据，下面不能再有成员。

有的属性既可以读取，又可以修改，而有些属性是只读的，不可修改。

VBA 中，在对象后面输入小数点，会自动弹出与该对象有关的属性、方法、子对象（成员）。

如下面的例子，小李的笔记本是实际存在的一台电脑，代码中设定了电脑的品牌，然后又读取该品牌的大写形式。当在“小李的笔记本”后接着输入小数点时，弹出成员菜单（见图 9-1）。

Sub Test()
Dim 小李的笔记本 As New 电脑
小李的笔记本. 品牌 = "Lenovo"
MsgBox UCase(小李的笔记本.品牌)
End Sub
USB口
处理器
关机
开机
品牌
屏幕
重量

图 9-1　对象属性的读写

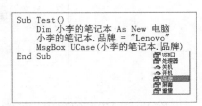

其中，方法和函数的图标是绿色的，而属性以及子对象的图标是灰色的。

在 Excel VBA 中，语句 Range("A1").Value = Range("A1").Value*10 的作用是把单元格 A1 的数值扩大为原来的 10 倍。等号右侧是读取原先单元格的 Value 属性，等号左侧是把表达式的结果赋给单元格的 Value 属性，因此这条语句就是对象属性读写的最佳例子。

从上面的例子可以看出，既可以设定对象的属性（写属性），也可以访问属性（读属性），读出的属性是基本数据类型，可以参与其他的运算中。

## 9.1.2　方法

方法就是对象的一个动作。有的方法直接调用即可，也有的方法需要传递参数。如图 9-2 所示的实例，电脑的开机方法就需要传递“管理员”“方式”两个参数。

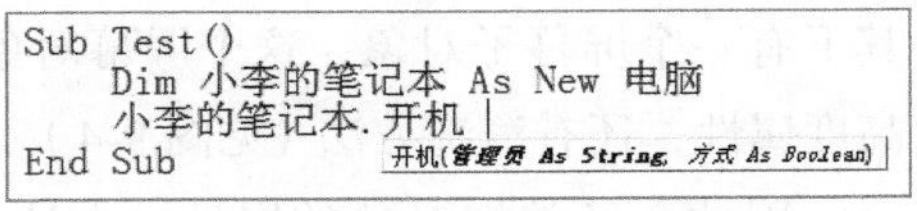

Sub Test()
Dim 小李的笔记本 As New 电脑
小李的笔记本. 开机
End Sub
开机(管理员 As String, 方式 As Boolean)

图 9-2　对象的方法

在 Excel VBA 中，语句 Application.Workbooks.Add Template:="E:\Socre.xltm" 的作用是基于指定模板新建一个工作簿，在这条语句中 Workbooks 是对象，Add 是方法，Template 参数。

通常情况下，对象的方法语句没有返回值，例如 ActiveWorkbook.Close 的作用是关闭活动工作簿，语句执行后无任何返回结果。

也有一些调用方法的语句会返回基本数据类型，或者返回对象，对于可以返回结果的方法也可以理解为函数。例如：

```
Callback = VBA.Interaction.MsgBox("确定退出吗？", vbOKCancel + vbInformation)
```

中 MsgBox 既可以被认为是方法，也可以被认为是函数，返回的结果赋给变量 Callback。

再例如 Set w = ThisWorkbook.Worksheets.Add，这条语句中 Worksheets 对象的 Add 方法用于增加一个新工作表，执行方法后把新加的工作表赋给对象变量 w。

## 9.1.3　事件

事件是指对象由于其他原因发生某个动作时触发的过程。如图 9-3 所示，假设小王的台式机突然死机，就会立即调用"强制重启"过程：Private Sub 小王的台式机 _ 死机。其中，小王的台式机是对象主体，死机是事件名称，组成的 VBA 过程就是事件过程。

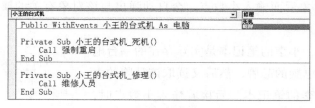

图 9-3　对象的事件

在 Excel VBA 编程中，经常用到事件编程，但是并非所有对象都能定义事件过程，例如 Range 对象、Shape 对象、Window 对象都没有任何事件。具有事件机制的 Excel VBA 对象主要有 Application 对象、Workbook 对象、Worksheet 对象、Chart 对象、Commandbars 对象以及一些工具栏控件对象、用户窗体和 MSForms 控件。

### 9.1.4　父子对象

有的对象下面除了属性以外，就没有别的成员了。但是，很多对象下面除了自身的若干属性以外，还包含子对象，这就说明对象之间存在所属关系、父子关系。

下面的实例，小李的笔记本是一个电脑对象，其下有一个屏幕子对象，这个屏幕对象还有宽度、高度属性，还有清洗方法（见图 9-4）。

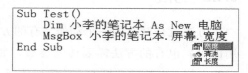

图 9-4　对象的子对象

因此，经常把对象的属性、方法、子对象这几类统称为对象的成员（Members）。对象与其下一级都是用小数点连接的。

至于对象的成员有哪些，这和对象所属的库有关系，也就是 VBA 工程引用。例如，Range 对象具有 Merge 方法，Worksheet 对象具有 Copy 方法，但是不具有 Cut 方法。这些都和 Excel 对象库的内置规定有关，用户只能使用其成员，但不能增删改动。

同时，从子对象还可以用 Parent 来返回其所属的父对象。例如下面的 VBA 过程，ft 是一个 Excel 的字体对象变量，用 Parent 反过来获得到 ft 的上级，是 A1 单元格。

```
Sub Test()
    Dim ft As Excel.Font
    Set ft = Range("A1").Font
    ft.Name = " 华文新魏 "
    MsgBox ft.Parent.Address
End Sub
```

## 9.2　使用对象变量

前面学过的变量，是对应于基本数据类型的，由于基本数据类型没有自己的成员，所有一般的变量也没有成员，变量的作用就是表达式的一个代号而已。

对象变量是对应于对象的，也可以理解为是具体对象的一个代号。对象变量与一般变量的不同之处有如下几方面。

- 对象变量持有的永远是对象。
- 对象变量的赋值使用 Set 关键字。
- 对象变量使用完后使用 Nothing 关键字销毁。

下面的例子说明使用对象变量和不使用对象变量的差别。

**源代码：实例文档 111.xlsm/ 对象变量**

```
1.  Sub 一般写法()
2.      Range("A1").Font.Name = "华文新魏"
3.      Range("A1").Font.Bold = True
4.      Range("A1").Font.Color = vbBlue
5.      Range("A1").Font.Strikethrough = True
6.      Range("A1").Font.Size = 24
7.  End Sub
```

代码分析：第 2～6 行用来设置单元格的字体格式，分别设置了字体名称、加粗、蓝色、删除线、字号。

运行上述过程，结果如图 9-5 所示。

从上面的过程可以看出，代码中有很多相同的、冗余的文字，那就是 Range("A1").Font。

因此，我们可以定义一个 Font 类型的对象变量 ft，用它来指代单元格 A1 的字体。代码修改如下。

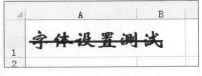

图 9-5　运行结果 1

**源代码：实例文档 111.xlsm/ 对象变量**

```
1.  Sub 使用对象变量()
2.      Dim ft As Excel.Font
3.      Set ft = Range("A1").Font
4.      ft.Name = "华文新魏"
5.      ft.Bold = True
6.      ft.Color = vbBlue
7.      ft.Strikethrough = True
8.      ft.Size = 24
9.      Set ft = Nothing
10. End Sub
```

此部分代码的功能与前文所述的代码完全相同，但是看起来代码简洁了许多。第 9 行的作用是释放对象变量。

上述过程是非常经典的对象变量使用方法，在今后的学习过程中，会在代码中大量使用对象变量，因此希望读者牢记对象变量从声明、赋值到使用、销毁的流程。

很多情形下，还需要了解对象变量的当前取值。对象变量一般有两种状态：一种是获得了实际的对象；另一种是空对象。当处于空对象时，使用

```
对象变量 Is Nothing
```

可以判断对象变量是否为空，如果为空则返回 True。

下面的实例演示从单元格区域查找人的姓名。

**源代码：实例文档 111.xlsm/ 对象变量**

```
1.  Sub 查找()
2.      Dim rg As Excel.Range
3.      Set rg = Range("A3:A6").Find(What:="王麻子", LookAt:=xlWhole)
4.      If rg Is Nothing Then
5.          MsgBox "没有找到！"
6.      Else
7.          MsgBox "找到了，地址是：" & rg.Address
8.      End If
9.  End Sub
```

代码分析：rg 是一个 Range 类型的对象变量，第 3 行代码在 A3:A6 查找"王麻子"，如果找到则 rg 会获取到查找目标所在的单元格，如果找不到，这行代码白执行，什么也得不到。

因此，上述过程的运行结果如图 9-6 所示。

如果把代码的查找关键词改为"王五"，重新运行，结果如图 9-7 所示。

图 9-6　运行结果 2

图 9-7　运行结果 3

## 9.2.1　With 结构

使用 With 结构，可以大大减少同一个对象或对象变量的书写次数。在 With 结构中，所有的对象都可以忽略不写，实例如下。

**源代码：实例文档 111.xlsm/ 对象变量**

```
1.  Sub 使用 With()
2.      Dim ft As Excel.Font
3.      Set ft = Range("A1").Font
4.      With ft
5.          .Name = "华文新魏"
6.          .Bold = True
7.          .Color = vbBlue
8.          .Strikethrough = True
9.          .Size = 24
10.         Set ft = Nothing
11.     End With
12. End Sub
```

代码分析：第 4 ~ 11 行是 With 结构体，该结构的主体对象是 ft，因此第 5 ~ 9 行中凡是用到 ft 的成员，ft 均忽略不写，只须输入小数点即可。

### 9.2.2　集合对象

Excel VBA 中，有很多对象是名词的复数形式，例如 Application.Workbooks、ActiveSheet.Shapes、Range.Columns，这些以 s 结尾的单词是一种集合对象。集合对象是相对于个体对象而言的，例如，Workbook 是指应用程序中打开的某一个工作簿，那么 Workbooks 就是打开的所有工作簿。Shape 是指工作表上的一个图形，而 Shapes 是指工作表上的所有图形。

在 Excel VBA 编程过程中，经常使用集合对象来遍历个体对象，这也正是 Excel VBA 的魅力所在。学习集合对象时，主要学习集合对象本身的属性、方法，然后学习其对应的个体对象的用法即可。下面仅以 Excel 的 Shapes 集合对象为例，讲述操作工作表上的图片。

在工作表上插入 4 张水果图片，然后在名称框中分别为每张图片重命名。

工作表上的每一张图片，在 Excel VBA 中用 Shape 对象来描述，工作表上的所有图片就构成了一个集合对象 Shapes（见图 9-8）。

接下来看一下集合对象的常用成员。

❑ Count：集合对象中对象的总数。

❑ Item：用索引或名称来表示个体对象。

❑ Add 或者 Remove 方法：增加或移除个体。

于是，Shapes.Count 就返回了工作表上图片的总数。

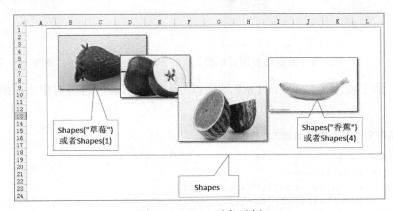

图 9-8　Shape 对象示例

Shapes.Item(" 草莓 ") 或者 Shapes.Item(1) 返回的是一个 Shape 对象，也就是图中的草莓图片。其中，Item 这个关键字可以省略。

VBA 中集合对象就好比是一种容纳了多个实际对象的数组，但是下标总是从 1 开始。那么 Shapes(2)、Shapes(3)、Shapes(4) 就分别指代苹果、西瓜和香蕉。

使用集合对象最大的好处就是可以遍历其中每一个对象的相关属性。

**源代码：实例文档 112.xlsm/ 处理工作表的图片**

```
1.   Sub 遍历图片属性 ()
2.       Dim shps As Excel.Shapes
3.       Dim shp As Excel.Shape
4.       Set shps = Sheet1.Shapes
5.       Set shp = shps.Item(1)
6.       shp.Rotation = 45
7.       For Each shp In shps
8.           Debug.Print shp.Name, shp.Left
9.           shp.Top = Range("B3").Top
10.      Next shp
11. End Sub
```

代码分析：对象变量 shps 是一个集合对象，指代 Sheet1 工作表上的所有图片。对象变量 shp 是一个个体对象变量，一次只能指代一张图片。

第 5 行代码用 shp 来获取工作表上的第一张图片。

第 6 行代码把第一张图片旋转 45°。

第 7 ~ 10 行用 For Each 循环结构遍历所有图片，打印每张图片的名称和左边距。

第 9 行代码把每张图片水平对齐到 B3 单元格的顶部。

运行上述过程结果如图 9-9 所示。

立即窗口的打印结果如图 9-10 所示。

图 9-9　批量设置图片属性　　　　　　图 9-10　运行结果 4

实际上，除了使用上面的 For Each 结构以外，还可以通过遍历对象索引的方法来实现同样的目的。

**源代码：实例文档 112.xlsm/ 处理工作表的图片**

```
1.   Sub 遍历索引 ()
2.       Dim i As Integer
3.       For i = 1 To Sheet1.Shapes.Count
4.           Sheet1.Shapes.Item(i).Rotation = -30
5.       Next i
6.   End Sub
```

代码分析：第 4 行代码 Sheet1.Shapes.Item(i) 里面的 i 就是图片的下标，这个语句表示第 i 张图片的选中角度为 –30°。

每张图片旋转后的结果如图 9-11 所示。

上面的例子是遍历对象的经典范例，望读者细心揣摩。

接下来讲述对象的添加和删除，也就是在工作表上插入新的图片，以及删除已有图片。

图 9-11　运行结果 5

使用 Shapes.AddPicture 方法可以把电脑中的图片插入到工作表，使用 Shape.Delete 方法删除某张图片。

**源代码：实例文档 112.xlsm/ 处理工作表的图片**

```
1.  Sub 插入图片 ()
2.      Dim shp As Excel.Shape
3.      Set shp = Sheet1.Shapes.AddPicture(ThisWorkbook.Path & "\ 水果 \ 柚子 .jpg",
        msoTrue, msoTrue, Range("B12:D17").Left, Range("B12:D17").Top, Range
        ("B12:D17").Width, Range("B12:D17").Height)
4.      MsgBox Sheet1.Shapes.Count
5.  End Sub
```

代码分析：第 3 行代码使用 AddPicture 方法把柚子图片插入工作表中，并且把该图片自动对齐到单元格 B12:D17。

运行结果如图 9-12 所示。

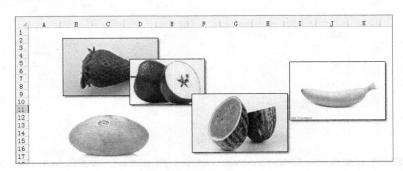

图 9-12　自动插入图片

删除已有图片非常简单，使用 Shapes(3).Delete 即可删除第 3 张图片，也可以用 For Each 遍历每张图片，并删除所有图片。

但是，最好不要使用遍历下标的方式删除对象，这是因为每删除一个对象，对象的下标索引会自动重排，不过倒序遍历还是可以采取的。

假设工作表上有 4 张图片，下面的实例可以依次删除每张图片。

**源代码：实例文档 112.xlsm/ 处理工作表的图片**

```
1.  Sub 删除图片 ()
2.      Dim i As Integer
3.      For i = 4 To 1 Step -1
4.          Sheet1.Shapes(i).Delete
5.      Next i
6.  End Sub
```

但是，如果把第 3 行代码写成正序循环：For i =1 to 4，上述过程一定会出错。

## 9.3　Excel VBA 对象

Excel VBA 拥有非常庞大的对象模型。所谓对象模型，就是对象与对象之间的关系。一般来说，对象与对象之间可以是所属关系，也可以是平行关系，还可以毫无关系。前面已经讲过，每个对象都有自己的成员（属性、方法等），所以，为了快速掌握 Excel VBA 编程，首先要搞清楚最常用的对象模型。

Excel 软件是一个多文档应用程序，可以同时打开多个工作簿文件，并且可以在工作簿之间切换，但始终有一个工作簿文件处于活动状态。

Excel 工作簿可以有一个以上的表（工作表、图表工作表等），每个工作表由单元格构成。

假设在 Excel 中打开 3 个工作簿，其中名称为"抢 30.xlsm"的这个工作簿处于活动状态，这个工作簿包含 3 个工作表，其中名称为"四月"的工作表处于活动状态，这个工作表的 B2:D6 区域处于选中状态（Selection），并且单元格 B2 是活动单元格（背景反白），如图 9-13 所示。

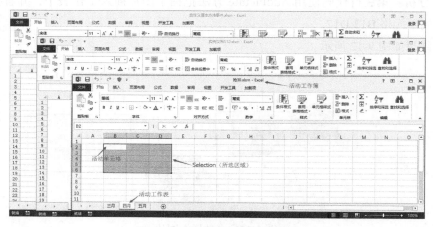

图 9-13　多文档应用程序界面

以上界面就构成了一个非常普遍的 Excel 工作模式，其中 VBA 对象模型可以用图 9-14 所示的树形结构来描述。

可见，应用程序 Application 对象是最顶层对象，它的下一级就是 Workbooks 集合对象。Workbooks 集合对象可以用来打开、新建工作簿，也可以用 Workbooks. Item 来指代其中的一个工作簿。

无论是哪一个工作簿，都有一个 Worksheets 集合对象，通过 Worksheets 集合对象可以插入工作表，也可以用 Worksheets.Item 来指代其中一个工作表。

工作表的下面有 Range 对象，该对象用来描述单元

图 9-14　Excel VBA 对象模型示意图

格区域。

### 9.3.1　应用程序对象

应用程序 Application 对象是 Excel VBA 中的最顶层对象，除了 Workbooks 集合对象外，Application 之下还有很多成员，通俗地讲，Application 对象的子孙后代非常多。

Application 对象的许多属性都和 Excel 软件的各种配置有关，关于 Application 对象更详细的讲解，请参考第 10 章相关内容。

### 9.3.2　工作簿对象

应用程序中的多个工作簿构成的集合对象，是 Workbooks 集合对象，而任何一个工作簿，都是一个 Workbook 对象。

Application.Workbooks(" 抢 30.xlsm")、Application.Workbooks(3)、Application.Active-Workbook，以上这些表述方法，均是 Workbook 对象。也就是说，在它们后面接着输入小数点，出现的成员与 Workbook 对象类型的成员是一样的。

关于 Workbook 对象更详细的讲解，请参考第 11 章相关内容。

### 9.3.3　表对象

工作簿中一般有 3 个工作表，此外，用户可以插入其他类型的表，不管是哪一个类型的表，都属于 Sheets 对象集合，工作簿中所有的普通工作表（有单元格的表）构成 Worksheets 集合。也就是说，Worksheets 比 Sheets 包含的表个数要少。

Worksheets(" 四月 ")、Worksheets(2)、ActiveSheet 都是工作表的表述方法，它们均是 Worksheet 对象。

关于 Worksheet 对象更详细的讲解，请参考第 12 章相关内容。

### 9.3.4　单元格区域对象

每个工作表由若干行和若干列交叉形成的单元格组成，单元格区域就是 Range 对象，用来存储数据的区域。

在编程过程中，通过使用单元格区域的地址或者使用行号、列号来引用单元格区域。例如，Range("B2:D6") 表示一个左上角从 B2 开始、右下角为 D6 的矩形区域，而 Cells(2,5) 表示工作表中的第 2 行第 5 列的那个单元格，也就是 E2 单元格。

以上 4 个重要对象是 Excel VBA 编程的核心内容，接下来将会详细介绍每一个对象的常用属性、成员、方法和事件。

## 习题

1. 阅读下面的代码段，然后把下面的过程改写为完全不使用 With 结构的形式。

```
Sub Test1()
    With Application
        .StatusBar = "测试一下"
        With .ActiveCell
            .Value = Now
            With .Interior
                .Color = vbRed
            End With
        End With
    End With
End Sub
```

2. 阅读下面的程序，改写为合理的 With 结构。

```
Sub Test3()
    Application.Workbooks(1).Worksheets(1).Cells(1).Value = 1
    MsgBox Application.Workbooks(1).Worksheets(1).Cells(1).Address
    Application.Workbooks(1).Worksheets(1).Cells(1).ClearComments
End Sub
```

3. 举例说明 Selection 和 ActiveCell 这两个对象的区别。

# 第 10 章

# 应用程序 Application 对象

启动 Excel 后，电脑就创建了一个 Application 对象；完全退出 Excel，该对象随之消失。

Application 对象是 Excel VBA 的最顶层对象，大多数对象成员都可以从 Application 对象开始访问。

## 10.1　Application 对象重要成员

Application 对象之下的以 Active 开头的对象，如 ActiveWorkbook、ActiveSheet、ActiveChart、ActiveWindow、ActiveCell，都是使用频率非常高的 VBA 对象。

### 10.1.1　ActiveWorkbook

一个 Excel 应用程序可以打开多个工作簿，但是只有一个工作簿处于活动状态，ActiveWorkbook 就是指活动工作簿。

另外，Excel VBA 的作用范围是整个应用程序。也就是说，把宏代码写在一个工作簿的 VBA 工程中，那么这些代码可以操作所有工作簿、所有工作表，并不是说宏在哪一个工作簿就只能操作宏所在的工作簿。

### 10.1.2　ActiveSheet

ActiveSheet 表示 Excel 中的活动工作表，通俗点理解就是鼠标所在的工作表。特别要注意的是，ActiveSheet 对象是一种泛型对象，因此在这个对象之后输入小数点，不会出现任何成员提示。

当活动状态的表是普通工作表时，ActiveSheet 对象的成员和 Worksheet 对象的成员相同，当活动表是图表工作表时，ActiveSheet 对象的成员和 Chart 对象的成员相同。

### 10.1.3　ActiveWindow

Application.ActiveWindow 表示 Excel 当前活动窗口。Excel 的工作簿允许创建多个窗口，其目的是用户可以同时看到多个工作表。打开一个工作簿后，选择"视图"→"窗口"→"新建窗口"命令，会看到工作簿多了一个窗口出来，用 VBA 理解就是多了一个 Window（见图 10-1）。

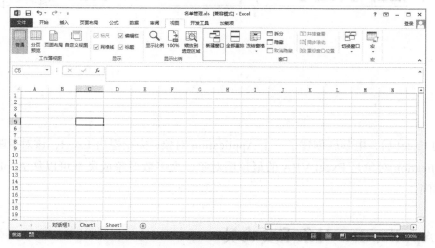

图 10-1　新建窗口

在多个 Window 中，只有一个是鼠标选中的，也就是 ActiveWindow。ActiveWindow 之下的成员通常是用来设定窗口属性的。例如，更改工作表的网格线状态，可以使用：

```
Application.ActiveWindow.DisplayGridlines=False
```

下面的过程列出了 ActiveWindow 对象比较实用的属性设定。

**源代码：实例文档 113.xlsm/ActiveWindow 常用属性**

```
1.  Sub Test1()
2.      With Application.ActiveWindow
3.          .DisplayFormulas = False        '隐藏公式编辑栏
4.          .DisplayGridlines = False       '隐藏工作表网格线
5.          .DisplayHeadings = False        '隐藏行号列标
6.          .DisplayZeros = False           '工作表中为 0 的单元格，不显示零值
7.          .GridlineColor = vbGreen        '工作表网格线设置为绿色
8.          .WindowState = xlMaximized      '活动窗口的窗口状态为最大化
9.      End With
10. End Sub
```

### 10.1.4　ActiveCell

无论在任何时候，Excel 中的 ActiveCell 对象只有一个，表示的是当前活动单元格。在 Excel 中新建或打开一个工作簿，鼠标先选中 E10 单元格，然后扩展选择到 B2，会看到所选区域中只有单元格 E10 的背景是白色的，这表明 ActiveCell 就是 E10，此时在公式编辑栏中

输入任意内容后按【Enter】键，会看到整个区域中只有 E10 输入了内容。

如果鼠标选择的区域只有一个单元格，那这个单元格就是 ActiveCell，如图 10-2 所示。

ActiveCell 尽管直接隶属于 Application，但是本质上仍然是一个 Range 对象，因此其下面的对象成员和 Range 对象成员一模一样，例如，MsgBox Application.ActiveCell.Address 可以返回活动单元格的地址。Range 对象的详细讲解请参考第 14 章相关内容。

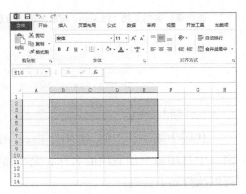

图 10-2　活动单元格

### 10.1.5　Addins

Excel 允许把包含宏代码的 xla 或 xlam 文件作为加载项来扩展 Excel 的功能。Excel 中使用"加载宏"对话框来统一管理所有的加载宏文件。

在 Excel 中选择"开发工具"→"加载项"命令，弹出"加载宏"对话框（见图 10-3）。

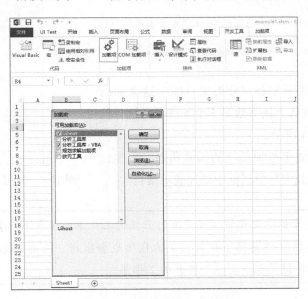

图 10-3　"加载宏"对话框

从图中可以看出 Excel 目前有 5 个加载项（Addin），其中勾选了复选框的有两个，表示这两个加载项处于可用状态。

Addins 是一个隶属于 Application 的集合对象，表示 Excel 所有加载项。

无论加载项前面是否已勾选，它们都是存储于磁盘上独立的加载宏文件，都属于 Addins 集合中的一员。为此，可以使用下面的语句来获取所有加载项的信息。

**源代码：实例文档 113.xlsm/ 获取加载项信息**

```
1.  Sub Test1()
2.      Dim ADN As Excel.AddIn
3.      For Each ADN In Application.AddIns
4.          Debug.Print ADN.Name, ADN.FullName, ADN.Installed
5.      Next ADN
6.  End Sub
```

代码中第 2 行声明 ADN 为 Excel 的加载项对象变量，遍历每一个加载项，然后在立即窗口中打印每个加载项的名称、完全路径、是否加载。如果要获得 Excel 中的加载项总数，可以执行如下代码：

```
Msgbox Application.AddIns.Count
```

**注意：** 使用 VBA 可以代替手工去勾选或者取消勾选加载项之前的复选框。Installed 属性设置为 True 表示勾选，反之表示取消勾选，例如：

**源代码：实例文档 113.xlsm/ 获取加载项信息**

```
1.  Sub Test2()
2.      Application.AddIns.Item(" 分析工具库 ").
        Installed = True
3.      Application.AddIns.Item(5).Installed = True
4.  End Sub
```

代码中第 2 行表示加载"分析工具库"这个加载项，第 3 行表示加载从上往下数第 5 个加载项。执行代码后，效果如图 10-4 所示。

然而，VBA 只能更改加载项的加载状态，不能试图用 VBA 删除"加载宏"对话框中的加载项条目。

图 10-4　使用 VBA 自动勾选加载项

**注意：** Excel 中关闭所有工作簿，在没有打开任何工作簿的情况下，会看到"加载项"按钮不可用。当然这种情况下执行相关的代码也会出错，因为 Excel 加载或取消加载一个加载项的前提是至少有一个打开的工作簿。

用 Excel 制作和维护加载宏的技术，请参考第 18 章相关内容。

## 10.1.6　COMAddins

COM 加载项（COMAddin）是利用第三方开发工具做出的用于 Office 的一类动态链接库插件，也叫 Office 外接程序，这类插件的扩展名通常是 .dll，其特点是安全性高、性能好。

Office 的大多数组件都支持 COM 加载项，在 Excel 中查看 COM 加载项的方法是选择"开发工具"→"COM 加载项"命令，弹出"COM 加载项"对话框，如图 10-5 所示。

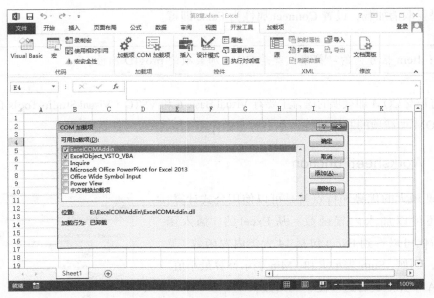

图 10-5 "COM 加载项"对话框

用户通过勾选 / 取消勾选 COM 加载项前面的复选框，来更改 COM 加载项的加载状态。当 COM 加载项处于加载状态时，会在应用程序界面中显示相应的功能和界面。

COMAddin 是 COM 加载项类型，属于 Office 对象库。而 COMAddins 是应用程序所有 COM 加载项集合对象。

COMAddin 比较重要的属性如下。

❑ ProgID：COM 加载项记载于注册表中的唯一识别标志。

❑ Description：COM 加载项的描述，其实就是在"COM 加载项"对话框中看到的条目显示。

❑ Connect：加载状态，布尔值，可读写。

以下代码演示了获取 COM 加载项列表的方法。

**源代码：实例文档 113.xlsm/ 获取加载项信息**

```
1.  Sub Test3()
2.      Dim COM As Office.COMAddIn
3.      For Each COM In Application.COMAddIns
4.          Debug.Print COM.progID, COM.Description, COM.Connect
5.      Next COM
6.  End Sub
```

以上代码运行后，在立即窗口打印出每一个 COM 加载项的识别标志、描述信息和连接状态。

如果要用代码自动加载一个 COM 加载项，使用语句：

```
Application.COMAddIns.Item("ExcelCOMAddin.Connect").Connect = True
```

就可以自动让名称为 ExcelCOMAddin 的 COM 加载项处于加载状态。

如果要取消加载，设置 Connect 属性为 False 即可。

---

**注意：** Item 括号内的字符串，就是 COM 加载项的 progID 属性。

---

目前开发 COM 加载项的语言主要有 Visual Basic 6 和 VSTO（Visual Studio Tools for Office）技术。COM 加载项的制作过程，本书暂不做介绍。

### 10.1.7　WorksheetFunction

Excel 最大的优势和特点就是可以使用公式计算，公式中还可以加入内置函数。从 Excel 的"插入函数"对话框可以看到 Excel 包括 14 大类内置函数（见图 10-6），例如，Sum 表示求和、Min 表示计算最小值。但是 VBA 中并不具有这些便利的函数。

如果能把功能强大的 Excel 工作表函数用在 VBA 代码中，将会降低程序开发的难度。为此，我们在代码中输入 Application.WorksheetFunction，然后再输入一个小数点，将会看到工作表函数列表，如图 10-7 所示。

图 10-6　Excel 的"插入函数"对话框

以下实例演示了如何使用工作表函数计算 VBA 数组的总和与最小值。

**源代码：实例文档 113.xlsm/WorksheetFunction 用法**

```
1.  Sub Test1()
2.      Dim a(1 To 4) As Double
3.      Dim S As Double, X As Double
4.      a(1) = 3.2
5.      a(2) = 1.1
6.      a(3) = -2.3
7.      a(4) = -0.8
8.      S = Application.WorksheetFunction.Sum(a)
9.      X = Application.WorksheetFunction.Min(a)
10.     MsgBox "数组总和是: " & S & vbNewLine & "最小值为: " & X, vbInformation
11. End Sub
```

程序运行后的结果如图 10-8 所示。

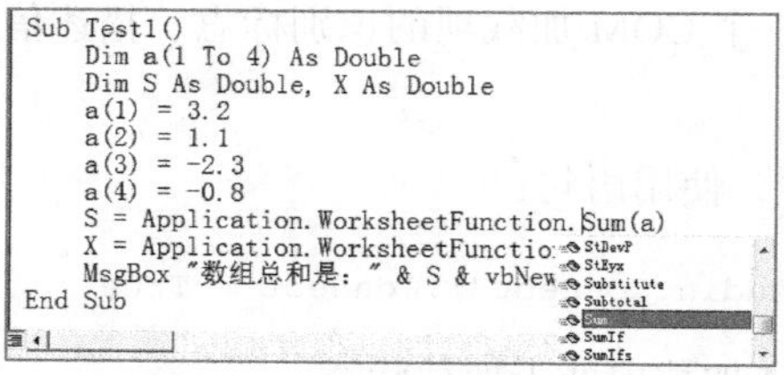

图 10-7　VBA 中使用工作表函数

图 10-8　运行结果 1

> **注意**：只有 Excel VBA 中的 Application 下面具有 WorksheetFunction，其他组件没有。另外，也并不是在 VBA 中能够使用所有的 Excel 内置函数，尤其是 VBA 中已经有的函数，例如 VBA 中已经有的平方根函数 Sqr、字符串截取函数 Left 等，在 WorksheetFunction 下面往往找不到。

很多读者往往会关注如何把工作表中的公式和函数改写成 VBA 代码中的形式，我们只需要遵循如下原则，即可顺利地在 VBA 代码中使用工作表函数。

❑ 传递的参数个数要与单元格中函数的个数相同。

❑ 参数类型要与单元格中函数的类型相同。

❑ 单元格函数中的参数如果是单元格地址，在 VBA 中使用 Range 对象或者数组代替地址。

现在举例说明。Excel 中的 Max 函数能够获得单元格区域或者数组中的最大值，但是 Large 函数的功能更丰富，可以获得第 k 个最大值，而不只是第 1 个。

在工作表中使用 Large 函数时，可以看到它有 2 个参数：array 和 k，如图 10-9 所示。

在单元格中输入公式：=LARGE(B2:B7,2)，即可得到结果 997。

在 VBA 代码中调用该函数的代码如下。

**源代码：实例文档 113.xlsm/WorksheetFunction 用法**

```
1.   Sub Test2()
2.       Dim k As Integer
3.       Dim rg As Excel.Range
4.       k = 2
5.       Set rg = Sheet1.Range("B2:B7")
6.       MsgBox Application.WorksheetFunction.Large(rg, k)
7.   End Sub
```

运行上述过程，对话框中返回 997。

除了使用 WorksheetFunction 调用工作表函数外，还可以用 Application.Evaluate 方法自动计算公式和函数。例如，Msgbox Application.Evaluate ("=LARGE(B2:B7,2)") 也能得到 997。关于 Evaluate 方法的用法，请参考 10.3.4 节相关内容。

图 10-9　Large 函数用法

## 10.1.8　Commandbars

Commandbar 是 Office 对象库中的工具栏对象，Office 主要组件的 VBA 中基本都有工具栏对象。但是从 Office 2007 以上版本开始，界面由工具栏形式转变为功能区形式，但是仍然可以通过 VBA 来操作工具栏和控件。

Commandbars 是工具栏集合对象，用来描述应用程序的所有工具栏。

以下代码计算出 Excel 工具栏的总数（包括内置工具栏和自定义工具栏）。

**源代码：实例文档 113.xlsm/Commandbars 举例**

```
1.  Sub Test1()
2.      Dim cmbs As Office.Commandbars
3.      Set cmbs = Application.Commandbars
4.      MsgBox "Excel 现在的工具栏总数为: " & cmbs.Count
5.  End Sub
```

代码分析：Commandbars 是应用程序所有工具栏的总体，通过访问其 count 属性可以获取目前应用程序总共有多少个工具栏。

运行上述过程，对话框中会给出 Excel 现在的工具栏总数（每个电脑运行的总数不相同，因为可能包含自定义工具栏）。

Commandbars.Item（"Cell"）表示 Excel 的单元格右键快捷菜单，当运行下面的过程后，会在鼠标附近跳出该菜单。

**源代码：实例文档 113.xlsm/Commandbars 举例**

```
1.  Sub Test2()
2.      ' 显示 Excel 单元格右键菜单
3.      Application.Commandbars.Item("Cell").ShowPopup
4.  End Sub
```

在 Office 2007 以上版本，Commandbars 对象下有一个 ExecuteMso 方法，用来自动执行功能区中某个控件的命令，该方法括号内为控件的 idMso。当运行如下过程时，会自动弹出"文件 / 打开"对话框，让用户选择文件。

**源代码：实例文档 113.xlsm/Commandbars 举例**

```
1.  Sub Test3()
2.      ' 本过程只适用于 Office 2007 版以上
3.      Application.Commandbars.ExecuteMso ("FileOpen")
4.  End Sub
```

微软提供了 Office 所有控件的 idMso 信息，在本节配套资源中下载 Office2010ControlIDs.rar，然后打开 ExcelControls.xlsx 进行查询。

关于自定义工具栏更详细的内容，请参考第 17 章相关内容。

# 10.2　Application 对象重要属性

## 10.2.1　默认文件路径 DefaultFilePath 属性

在 Excel 中打开或保存文件时，弹出的对话框中的默认路径，既可以通过 Excel 的选项进行设定，也可以用 VBA 设定。

```
1.  Sub Test1()
2.      Application.DefaultFilePath = "E:\Office_VBA"
3.  End Sub
```

执行上述 Test1 之后，与在"Excel 选项"对话框进行对比，如图 10-10 所示。

图 10-10　自动更改默认文件位置

> **注意：** 刚刚设定完默认路径后，立即按下快捷键【 Ctrl+O 】进行测试，出现的可能还是以前的路径，Excel 重启后新路径生效。

## 10.2.2　显示剪贴板 DisplayClipboardWindow 属性

Application.DisplayClipboardWindow 属性用来显示和隐藏剪贴板窗格的布尔型可读写属性。运行 Application.DisplayClipboardWindow =True 后，会看到左侧出现"剪贴板"窗格（见图 10-11）。

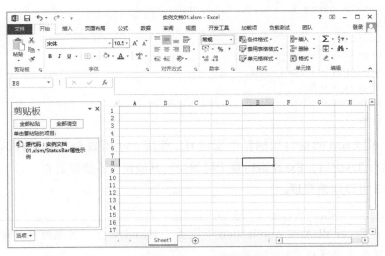

图 10-11　显示 Office "剪贴板"窗格

### 10.2.3　启用事件 EnableEvents 属性

Excel VBA 支持对象事件编程，如果把 EnableEvents 属性设置为 False 后，所有事件过程被禁用。关于 Office 事件方面的编程，参考 10.4 节相关内容。

### 10.2.4　显示"开发工具"选项卡 ShowDevTools 属性

"开发工具"选项卡是专门为编程人员设计的选项卡，它的显示和隐藏既可以手工从"Excel 选项"对话框中设置，也可以使用 ShowDevTools 属性来切换，属于布尔型可读写属性，Excel 2007 以下版本不支持。

若 Application. ShowDevTools=True，则自动显示"开发工具"选项卡，若设置为 False，则自动隐藏。

### 10.2.5　句柄 Hwnd 属性

Excel 的 Application 对象下有一个 Hwnd 属性，其含义 Excel 应用程序窗口的句柄 (Handle)。在 Windows 系统中，每打开一个程序或者窗口后，系统自动会给这个窗口分配一个长整型数字编号，这个编号值就是句柄。句柄、类名以及窗口标题主要用于 API 高级编程中，在此不做太多介绍。下面举一个使用句柄值来置顶和取消置顶 Excel 窗口的简单例子。

**源代码：实例文档 113.xlsm/ Hwnd 句柄属性**

```
1.   Private Declare Sub SetWindowPos Lib "user32" (ByVal hWnd As Long, ByVal
     hWndInsertAfter As Long, ByVal X As Long, ByVal Y As Long, ByVal cx As
     Long, ByVal cy As Long, ByVal wFlags As Long)
2.   Sub Test1()
3.       Dim H As Long
4.       H = Application.hWnd
5.       'Excel 窗口置顶
6.       SetWindowPos H, -1, 0, 0, 0, 0, 2 Or 1
7.   End Sub
8.   Sub Test2()
9.       Dim H As Long
10.      H = Application.hWnd
11.      'Excel 窗口置顶
12.      SetWindowPos H, -2, 0, 0, 0, 0, 2 Or 1
13.  End Sub
```

代码中，把 Excel 的窗口句柄赋给变量 H，使用 API 函数 SetWindowPos 来设置 Excel 窗口行为。运行 Test1 后，Excel 窗口置于最顶层，其他窗口不能覆盖它。

运行 Test2 可以取消置顶。

---

**注意**：只有 Excel VBA 的 Application 下设置了 Hwnd 属性，其他组件的窗口句柄值需要通过其他途径获得。

---

### 10.2.6 标题 Caption 属性

Application.Caption 属性表示 Excel 应用程序窗口的标题文字，该属性可读写。
以下过程更改 Excel 标题文字。

**源代码：实例文档 01.xlsm/Caption 属性示例**

```
1.  Sub Test1()
2.      '更改 Excel 标题文字
3.      MsgBox "下面将会更改标题文字为当前日期和时间！", vbInformation
4.      Application.Caption = Now
5.  End Sub
```

运行 Test1 过程后，Excel 应用程序的标题栏如图 10-12 所示。

图 10-12　自动改变 Excel 标题栏文字

如果要恢复标题文字，运行 Application.Caption=" " 即可。

---

**注意：** Application 有很多属性在 Excel 重启之后会自然恢复为默认设置。例如，Caption 属性被用户修改后，下次启动 Excel 并不会保留用户修改的结果。

---

### 10.2.7 版本 Version 属性

Office 的版本变迁详见 1.3 节，在 VBA 中通过访问 Application.Version 属性查看应用程序的版本号。该属性会返回一个字符串类型数值，是只读属性。

通常在开发 VBA 产品时，先要判断一下运行的应用程序版本，从而进行分别处理，例如 Office 2003 版本以下不支持功能区设计，因此 Version 属性就显得格外重要。

**源代码：实例文档 01.xlsm/Version 属性示例**

```
1.  Sub Test1()
2.      Dim v As Integer
```

```
3.        v = CInt(Application.Version)
4.        If v <= 11 Then
5.            MsgBox "Excel 版本是 2003 以下 "
6.        Else
7.            MsgBox "Excel 版本是 2003 以上 "
8.        End If
9.   End Sub
```

因为 Version 的类型是字符串，因此转换为整型数值方可进行比较。

## 10.2.8　用户名 UserName 属性

UserName 属性是指 Office 的用户名，通常在安装 Office 的时候可以预设。用户也可以在后期查看和更改用户名，在 Excel 中选择"文件"→"选项"命令，弹出"Excel 选项"对话框，切换到"常规"选项卡，如图 10-13 所示。

图 10-13　查看和修改用户名

通过 VBA 也可以访问和修改该属性。

**源代码：实例文档 01.xlsm/UserName 属性示例**

```
1.   Sub Test1()
2.       Application.UserName = " 独孤求败 "
3.       MsgBox "Excel用户名已被修改为： " & Application.UserName
4.   End Sub
```

**注意**：运行上述过程后，不仅"Excel 选项"对话框中的用户名被修改，而且打开其他组件，例如"PowerPoint 选项"对话框后，用户名也被同步修改（见图 10-14）。

图 10-14　同步更改 PowerPoint 中的用户名

## 10.2.9　安装路径 Path 属性

Path 属性是指 Office 的安装路径，是只读属性。

**源代码：实例文档 01.xlsm/Path 属性示例**

```
1.   Sub Test1()
2.       Dim AppPath As String
3.       AppPath = Application.Path
4.       MsgBox "下面将自动打开 Office 的安装路径: " & AppPath
5.       Shell "explorer /select," & AppPath, vbNormalFocus
6.   End Sub
```

代码中 Shell 的作用是在资源管理器中选中一个文件或文件夹。打开该文件夹后，会看到 Office 所有组件的启动程序都在其中，如图 10-15 所示。

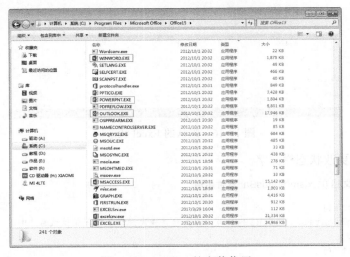

图 10-15　Office 的安装位置

Office 常用组件的启动文件如表 10-1 所示。

表 10-1　Office 启动文件名称列表

| 组　　件 | 启动文件名称 |
| --- | --- |
| Excel | EXCEL.EXE |
| Word | WINWORD.EXE |
| PowerPoint | POWERPNT.EXE |
| Access | MSACCESS.EXE |
| Outlook | OUTLOOK.EXE |

因此，可以利用该属性来自动启动其他 Office 组件，例如使用 Excel VBA 来自动启动 PowerPoint 2013。

**源代码：实例文档 01.xlsm/Path 属性示例**

```
1.  Sub Test2()
2.      Dim AppPath As String
3.      AppPath = Application.path
4.      MsgBox "下面将自动打开 PowerPoint 2013: "
5.      Shell AppPath & "\" & "POWERPNT.EXE", vbNormalFocus
6.  End Sub
```

## 10.2.10　状态栏 StatusBar 属性

StatusBar 属性用来读写 Excel 的状态栏内容，可读写。

正常情况下，Excel 应用程序左下角的状态栏内容为"就绪"二字，如图 10-16 所示。

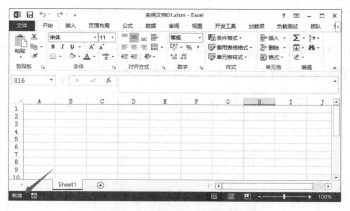

图 10-16　默认的 Excel 状态栏

下面的过程更改状态栏文字。

**源代码：实例文档 01.xlsm/StatusBar 属性示例**

```
1.  Sub Test1()
2.      Application.StatusBar = "VBA 非常强大，" & "不信试试看。"
3.  End Sub
4.  Sub Test2()
5.      '恢复为默认
```

```
6.        Application.StatusBar = False
7.   End Sub
```

运行上述代码中的 Test1 后，会看到状态栏文字变化，然后再运行 Test2，状态栏恢复为默认。此外，还可以通过 Application.DisplayStatusBar =True 或 False 来显示和隐藏状态栏。

## 10.2.11 默认工作表个数 SheetsInNewWorkbook 属性

在 Excel 中按下快捷键【Ctrl+N】时，会新建一个空白工作簿。SheetsInNewWorkbook 属性用来设定新工作簿中的工作表个数。相当于"Excel 选项"对话框中的包含的工作表数，如图 10-17 所示。

图 10-17　设置新工作簿的工作表默认个数

可以用 VBA 读写该属性。

**源代码：实例文档 01.xlsm/SheetsinNewWorkbook 属性示例**

```
1.   Sub Test1()
2.        Application.SheetsInNewWorkbook = 4        '新建工作簿包含的工作表个数
3.   End Sub
```

运行上述代码，之后再新建工作簿时，会看到默认有 4 个工作表。

## 10.2.12 窗口状态 WindowState 属性

使用 WindowState 属性可以控制 Excel 应用程序的窗口状态。运行如下 3 个过程，相当于用鼠标单击 Excel 应用程序的"最大化""最小化"和"还原"按钮。

**源代码：实例文档 01.xlsm/StatusBar 属性示例**

```
1.   Sub Test1()
2.        Application.WindowState = xlMaximized    '最大化窗口
3.   End Sub
```

```
4.  Sub Test2()
5.      Application.WindowState = xlMinimized   '最小化窗口
6.  End Sub
7.  Sub Test3()
8.      Application.WindowState = xlNormal      '正常窗口
9.  End Sub
```

此外，对于 Excel 应用程序窗口的位置和大小，可以通过以下 4 个属性来读写。

❑ Application.Top：窗口左上角距离屏幕上边缘的间距。

❑ Application.Left：窗口左上角距离屏幕左边缘的间距。

❑ Application.Width：窗口的宽度。

❑ Application.Height：窗口的高度。

## 10.2.13　最近打开的文件 RecentFiles

Application 对象下面有一个 RecentFiles 集合对象，该对象存储了应用程序最近打开的文件列表。因此可以通过遍历的方式获取每一个最近打开的文件。

**源代码：实例文档 21.xlsm/ 最近打开的文件**

```
1.  Sub Test1()
2.      Dim f As Excel.RecentFile
3.      For Each f In Application.RecentFiles
4.          Debug.Print f.Path
5.      Next f
6.  End Sub
```

代码分析：第 2 行代码中，对象变量 f 是最近打开文件的个体对象。运行结果如图 10-18 所示。

```
立即窗口
E:\OfficeVBA开发经典\Office VBA开发经典资源\源文件\应用程序Application对象\实例文档21.xlsm
E:\OfficeVBA开发经典\Office VBA开发经典资源\源文件\单元格区域Range对象\实例文档20.xlsm
E:\OfficeVBA开发经典\Office VBA开发经典资源\源文件\工作表Worksheet对象\实例文档19.xlsm
E:\OfficeVBA开发经典\Office VBA开发经典资源\源文件\工作簿Workbook对象\实例文档07.xlsm
E:\OfficeVBA开发经典\Office VBA开发经典资源\源文件\工作表Worksheet对象\实例文档18.xlsm
E:\OfficeVBA开发经典\Office VBA开发经典资源\源文件\工作表Worksheet对象\实例文档17.xlsm
E:\OfficeVBA开发经典\Office VBA开发经典资源\源文件\工作表Worksheet对象\实例文档15.xlsm
E:\OfficeVBA开发经典\Office VBA开发经典资源\源文件\工作簿Workbook对象\成绩表.xlsm
```

图 10-18　运行结果 2

这个结果与 Excel 中看到的最近文档列表是一致的（见图 10-19）。

图 10-19　最近使用的工作簿

## 10.3 Application 对象常用方法

### 10.3.1 激活其他组件 ActivateMicrosoftApp 方法

Application.ActivateMicrosoftApp 方法可以激活除 Excel 以外的其他 Office 组件。该方法后面的参数是 Excel 内置枚举常量。

**源代码：实例文档 02.xlsm/ ActivateMicrosoftApp 方法示例**

```
1.   Sub Test1()
2.       Application.ActivateMicrosoftApp xlMicrosoftWord
3.   End Sub
```

运行以上代码，如果 Word 已经在运行，则把焦点转移到 Word 窗口；如果还没有开启 Word，则自动启动 Word（见图 10-20）。

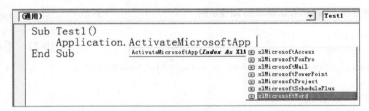

图 10-20 启动或激活其他 Office 组件

### 10.3.2 设置 Excel 的计算模式

Excel 的计算模式分为自动计算、半自动计算和手动计算 3 种，可以通过 "Excel 选项" 对话框进行设定（见图 10-21）。

图 10-21 设置 Excel 的计算模式

自动计算是指当工作表任何一个单元格被编辑后，整个工作表重新计算公式。如果设置为手动计算模式，则不会立即计算公式。为了便于说明，在"Excel 选项"对话框中设置为手动计算，然后新建一个工作簿，在活动工作表的 A1:A10 单元格区域输入 11 ~ 20，然后在右侧的 B1 输入公式"=A1^2"，用自动填充柄填充公式到 B10。

接着，把 A1:A10 单元格区域修改为 21 ~ 30，会发现右侧的结果并没有自动更新，如图 10-22 所示。

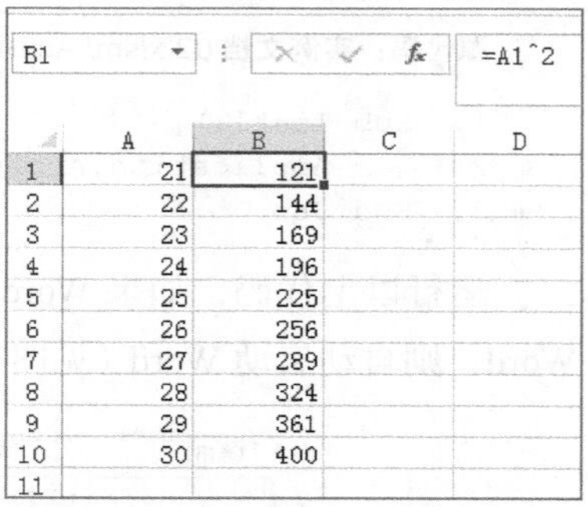

这是因为 Excel 的计算模式为手动模式，此时如果打印该工作表，结果完全是错误的，因此在打印前要在 Excel 中按下快捷键【F9】重新计算一次。

在 Excel VBA 中，可以通过修改 Application.Calculation 属性来更改 Excel 的计算模式。

**源代码：实例文档 02.xlsm/Calculation 属性示例**

```
1.  Sub Test1()
2.      '手动计算
3.      Application.Calculation = xlCalculationManual
4.  End Sub
5.  Sub Test2()
6.      '自动计算
7.      Application.Calculation = xlCalculationAutomatic
8.  End Sub
```

图 10-22　手动计算模式

### 10.3.3　计算 Calculate 方法

如果重新计算，根据要计算的范围有以下 3 种方式。

（1）Application.Calculate：所有打开的工作簿都重新计算。

（2）WorkSheets(2).Calculate：只对第 2 个工作表计算。

（3）Range("A1:B5").Calculate：只计算单元格区域。

可以看出，Application、Worksheet、Range 对象均有 Calculate 方法。

### 10.3.4　表达式评价 Evaluate 方法

Evaluate 方法可以把一个名称字符串转换为一个 Range 对象或计算结果。

**实例文档 02.xlsm/Evaluate 方法示例**

```
1.  Sub Test1()
2.      Application.Evaluate("A2:B6").Interior.Color = vbRed
3.      Application.[C2:D6].Interior.Color = vbYellow
4.      Debug.Print Application.Evaluate("SUM(8,4,2)")
5.      Debug.Print Application.Evaluate("3/5+7/8")
6.  End Sub
```

代码分析：第 2 行代码相当于 Application.Range("A2:B6").Interior.Color = vbRed。

第 4 行代码计算一个公式，在立即窗口看到的结果是 14。

第 5 行代码看到的结果是 1.475。

## 10.3.5　快捷键 OnKey 方法

OnKey 方法可以更改快捷键的功能，OnKey 方法的语法格式有如下 3 种。

❑ Application.OnKey " 按键 "," 宏名称 "：功能是按键后执行宏。

❑ Application.OnKey " 按键 "," "：功能是按键后无任何响应。

❑ Application.OnKey " 按键 "：功能是恢复默认内置功能。

Excel 中，快捷键【 Ctrl+F3 】的内置功能是弹出 "名称管理器" 对话框。但是执行下面的 Test1 后，再次按下该快捷键，功能变成执行名称为 Hello 的 VBA 过程。

**源代码：实例文档 02.xlsm/OnKey 方法示例**

```
1.  Sub Test1()
2.      '按下【Ctrl+F3】执行宏 "Hello"
3.      Application.OnKey "^{F3}", "Hello"
4.  End Sub
5.  Sub Hello()
6.      MsgBox "Hello!", vbInformation
7.  End Sub
```

运行下面的过程，按下该快捷键时 Excel 没有任何反应。

```
1.  Sub Test2()
2.      '按下【Ctrl+F3】不做任何事情
3.      Application.OnKey "^{F3}", ""
4.  End Sub
```

运行下面的过程，恢复默认功能。

```
1.  Sub Test3()
2.      '按下【Ctrl+F3】恢复默认内置功能
3.      Application.OnKey "^{F3}"
4.  End Sub
```

执行 Test3 后，该快捷键恢复原有功能，继续弹出 "名称管理器" 对话框。

按键的书写方法参考表 10-2。

表 10-2　OnKey 方法按键与代码对应表

| 按　键 | 代　码 |
| --- | --- |
| Backspace | {BACKSPACE} 或 {BS} |
| Break | {BREAK} |
| Caps Lock | {CAPSLOCK} |
| Clear | {CLEAR} |
| Delete or Del | {DELETE} 或 {DEL} |
| Down Arrow | {DOWN} |
| End | {END} |

续表

| 按　键 | 代　码 |
|---|---|
| Enter (numeric keypad) | {ENTER} |
| Esc | {ESCAPE} 或 {ESC} |
| Help | {HELP} |
| Home | {HOME} |
| Ins | {INSERT} |
| Left Arrow | {LEFT} |
| Num Lock | {NUMLOCK} |
| Page Down | {PGDN} |
| Page Up | {PGUP} |
| Right Arrow | {RIGHT} |
| Scroll Lock | {SCROLLLOCK} |
| Tab | {TAB} |
| up arrow | {UP} |
| F1 ~ F15 | {F1} ~ {F15} |

另外，还可以和【 Ctrl 】【 Shift 】【 Alt 】键组合使用，依次使用 ^、+ 和 % 表示。例如：

```
Application.OnKey "^{F3}", "Hello" '【Ctrl+F3】
Application.OnKey "%{F3}", "Hello" '【Alt+F3】
Application.OnKey "+^{F3}", "Hello" '【Ctrl+Shift+F3】
```

**注意：** 当重新启动 Excel 后，上次设定的自定义快捷键无效，都恢复为默认设置。

## 10.3.6　发送按键 SendKeys 方法

OnKey 的作用是，当用户按下快捷键后，自动执行某个宏。而 SendKeys 方法则是可以代替手工自动按键。

**源代码：实例文档 02.xlsm/ 自动按键 SendKeys 方法示例**

```
1.  Sub Test1()
2.      Application.SendKeys "%te" '自动弹出 VBA 工程属性窗口
3.  End Sub
```

当在 VBE 中写代码时，按下快捷键【 Alt+T 】，会自动展开 VBE 的工具菜单，然后再按下【 E 】键，则会出现工程属性对话框。为此可以利用 SendKeys 方法自动完成这一动作。

类似地，当从 VBE 返回 Excel 时可以按下快捷键【 Alt+F11 】，在 Excel 中按下快捷键【 Ctrl+O 】弹出打开文件的对话框。这两个动作可以通过执行下面的 Test2 自动完成。

```
1.  Sub Test2()
2.      Application.SendKeys "%{f11}" '自动返回 Excel 窗口
3.      Application.SendKeys "^o"     '自动按下【 Ctrl+O 】打开文件
4.  End Sub
```

> **注意**：SendKeys 也可以用于非 Office 程序中，例如执行 VBA 中的一个宏，自动把焦点转换到记事本或计算器中，然后自动输入内容。但是，要考虑必要的延时处理，否则会发生不同步、紊乱的现象。此外，SendKeys 方法无法自动按下【Windows】键。

下面举一个比较典型的自动按键实例：把工作表中的内容自动发送到记事本中。

打开"实例文档 02.xlsm"，并且切换到 Sheet2 工作表。其中包含如下两个过程。

**源代码：实例文档 02.xlsm/ 自动按键 SendKeys 方法示例**

```
1.   Sub Delay(s As Integer)
2.       Dim Begin As Double
3.       Begin = Timer
4.       While Timer - Begin < s
5.           DoEvents
6.       Wend
7.   End Sub
8.   Sub Test3()
9.       Dim i As Integer
10.      Delay 5                    ' 这 5 秒内鼠标单击到记事本中准备接收文字
11.      For i = 1 To 7
12.          Delay 1                ' 每隔 1 秒往记事本中输入单元格内容
13.          Application.SendKeys Application.Cells(i, 1).Value
14.      Next i
15.  End Sub
```

Sub Delay 是用来延时的，例如在其他过程中遇到 Delay 5 就表示暂停 5 秒什么也不做，过 5 秒后继续执行后面的代码。

首先手工启动电脑的记事本，然后运行上述 Test3 过程，在 5 秒内迅速把鼠标放到记事本中，会看到单元格中的内容一个一个地出现在记事本中，效果如图 10-23 所示。

通过以上实例可以看出，使用 VBA 还可以间接地操作到非 Office 软件部分。

图 10-23　SendKeys 方法实现自动按键

## 10.3.7　运行宏 Run 方法

Run 方法可以像 Call 一样去调用其他过程。不同的是 Run 后面的参数是宏名的字符串形式。例如，Call Proc 改写为 Application.Run "Proc"。

由于 Run 接受的参数是字符串，因此可以使用循环来批量执行一些宏。

**源代码：实例文档 02.xlsm/Run 方法示例**

```
1.   Public Sub Proc1()
2.       Worksheets(1).Range("A1").Interior.Color = vbRed
```

```
3.    End Sub
4.    Public Sub Proc2()
5.        Worksheets(1).Range("A2").Interior.Color = vbGreen
6.    End Sub
7.    Public Sub Proc3()
8.        Worksheets(1).Range("A3").Interior.Color = vbBlue
9.    End Sub
```

以上 3 个过程，分别把 3 个单元格设置不同的填充色。

下面的过程循环调用上述 3 个过程。

```
1.    Sub Main()
2.        Dim i As Integer
3.        For i = 1 To 3
4.            Application.Run "Proc" & i                    ' 循环执行以上 3 个宏
5.        Next i
6.    End Sub
```

上述 Proc1 ～ Proc3 是 3 个用于修改单元格填充色的公有过程，Sub Main 中通过 Run 方法调用上述 3 个过程。

一般情况下，Run 后面的过程名不需要带模块名称，但是如果其他普通模块中也包含 Proc1 这个过程，就有二义性。为此，为了避免歧义可以在过程名前面加上模块名，甚至加上工作簿名称。

以下是修改后的代码，在工作簿名称后面加上感叹号，模块名后面加上小数点，然后再写过程名。

```
1.    Sub TryAgain()
2.        Application.Run "Proc1"                            ' 仅仅指定过程名
3.        Application.Run "Run 方法示例.Proc2"               ' 指定模块名
4.        Application.Run " 实例文档 02.xlsm!Run 方法示例.Proc3"   ' 指定工作簿名
5.    End Sub
```

---

**注意**：Run 方法只能调用普通模块中的公有过程，如果过程书写在事件模块中，将不能调用。

---

对于调用有参数的过程，Run 方法后面除了过程名，还需要加上参数列表。

**源代码：实例文档 02.xlsm/Run 方法示例**

```
1.    Public Sub Proc4(s As String, n As Integer)
2.        MsgBox String(n, s)
3.    End Sub
```

下面的代码使用 Call 方法调用上述过程。

```
1.    Sub Test4()
2.        Proc4 "#", 5
3.    End Sub
```

而下面则使用 Run 方法调用 Proc4 过程。

```
1.  Sub Test5()
2.      Application.Run "Proc4", "@", 3
3.  End Sub
```

过程 Test5 的运行结果如图 10-24 所示。

## 10.3.8 退出应用程序 Quit 方法

图 10-24 运行结果 3

Application.Quit 将会完全退出 Excel，如果退出前有已修改的工作簿，则会弹出是否保存的对话框。

源代码：实例文档 02.xlsm/Quit 方法示例

```
1.  Sub Test1()
2.      Application.DisplayAlerts = False ' 不弹出保存对话框
3.      Application.Quit
4.  End Sub
```

代码分析：第 2 行代码的作用是屏蔽提示保存的对话框。

## 10.3.9 定时执行 OnTime 方法

Application 的 OnTime 方法可以让 Excel 在某一个时刻执行指定的过程。Call 语句执行后，立即执行指定的过程；而 OnTime 可以等到某一时刻才执行，相当于日程安排。

OnTime 方法的语法如下：

Application.OnTime EarliestTime:= 日期时间字符串 , Procedure:= 过程名称字符串 ,Schedule

现在假设标准模块中有如下 Msg 过程，用于提醒工作人员下班。

源代码：实例文档 02.xlsm/OnTime 方法示例

```
1.  Sub Msg()
2.      MsgBox "该下班了，准备关机！", vbCritical
3.  End Sub
```

下面的过程设置提醒时间为 17:20:00 时，自动运行上述 Msg 过程。

```
1.  Sub Test1()
2.      Application.OnTime EarliestTime:="17:20:00", Procedure:="Msg"
3.  End Sub
```

---

**注意**：需要先运行 Test1 过程，不要退出 Excel，到 17 点 20 分，会自动弹出提醒对话框。

---

另外，EarliestTime 参数还可以设置为从现在起多长时间。

```
1.  Sub Test2()
2.      Application.OnTime Now + EarliestTime("00:00:10"), Procedure:="Msg"
3.  End Sub
```

例如，现在是 9:20:30，运行 Test2，到 9:20:40 会自动执行 Msg 过程。

这里有一个问题，例如安排在 17:20 自动执行 Msg，但是现在临时有事要提前下班，那就需要把安排了的提醒日程取消掉。这就需要运行如下过程来取消日程。

```
1.  Sub Test3()
2.      Application.OnTime EarliestTime:="17:20:00", Procedure:="Msg", Schedule:=
        False
3.  End Sub
```

---

**注意**：Test3 和上述 Test1 过程的代码非常类似，不同的是该过程后面多了一个 Schedule 参数，其作用是把同一时刻、同一过程名的日程取消掉。也就是说，运行一次 Test3，之前用 Test1 设置过的日程被取消，即使到时间了，也不会弹出提醒对话框。

---

另外，如果被调用的过程处于另一个标准模块中，那么 Procedure 参数中需要指定模块名称。例如：

```
Application.OnTime EarliestTime:="17:20:00", Procedure:="Module2.Msg"
```

表示调用 Module2 模块中的 Msg 过程。

在实际编程过程中，还可以使用循环来批量安排日程。下面的实例中，运行 MyClock 过程可以一次性安排 24 个日程，使得一天中每到整点就自动发出电脑的 Beep（嘟嘟）声。

**源代码：实例文档 02.xlsm/OnTime 方法示例**

```
1.  Sub Bell()
2.      Beep
3.  End Sub
4.  Sub MyClock()
5.      Dim i As Integer
6.      For i = 1 To 24
7.          Application.OnTime EarliestTime:=i & ":00:00", Procedure:="Bell"
8.      Next i
9.  End Sub
```

代码分析：Beep 是通过电脑的扬声器发出声音，第 6 ~ 8 行代码表示从 1 点到 24 点，都调用 Bell 过程。在实际应用时，可以根据需要缩短时间间隔。

### 10.3.10  撤销 Undo 方法

Application.Undo 等价于在 Excel 中按下快捷键【 Ctrl+Z 】，但是不能撤销由 VBA 引起的编辑变化过程。

## 10.4  Application 对象常用事件

当 Excel 中的工作簿或者工作表发生变化时，例如新建一个工作簿、关闭一个工作簿、激活一个工作表，当这些行为发生时，会触发相应的事件。这些事件既可以写在 VBA 的事件模块中，也可以写在类模块中。

Excel VBA 工程中有 Sheet 对象的事件模块，也有 ThisWorkbook 的事件模块，但是没有应用程序 Application 对象的事件模块。因此需要用到类模块。

打开"实例文档 03.xlsm"，在其 VBE 中插入一个类模块并重命名为 AppEvents，在类模块顶部写一行代码：

```
Public WithEvents App As Excel.Application
```

这样就声明了一个带有事件过程的 Excel 应用程序对象 App，如图 10-25 所示。

从图中可以看出，除了 Application 对象外，Chart、Workbook、Worksheet 等 Excel 对象均支持事件编程。

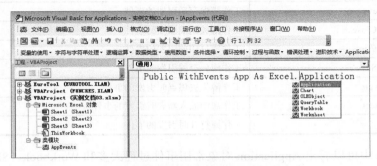

图 10-25　声明带有事件过程的应用程序对象

然后单击顶部的"通用"，会看到里面多了一个 App，在右侧的事件过程下拉列表框中会看到很多使用英文书写的事件过程（见图 10-26）。

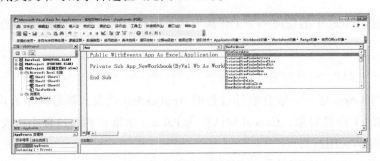

图 10-26　可用的事件过程

Excel 的 Application 对象常用事件名称及其描述如表 10-3 所示。

表 10-3　Application 对象常用事件

| 事 件 名 称 | 事 件 描 述 |
| --- | --- |
| NewWorkbook | 新建工作簿时引发的事件 |
| SheetActivate | 工作表激活时引发的事件 |
| SheetBeforeDelete | 工作表删除之前引发的事件 |
| SheetBeforeDoubleClick | 双击工作表单元格区域时引发的事件 |

续表

| 事 件 名 称 | 事 件 描 述 |
|---|---|
| SheetBeforeRightClick | 右击工作表单元格区域时引发的事件 |
| SheetChange | 工作表内容发生更改时引发的事件 |
| SheetDeactivate | 工作表失去焦点时引发的事件 |
| SheetSelectionChange | 工作表选定区域发生变化时引发的事件 |
| WindowActivate | 窗口被激活时引发的事件 |
| WindowDeactivate | 窗口失去焦点时引发的事件 |
| WindowResize | 窗口高度和宽度发生改变时引发的事件 |
| WorkbookActivate | 激活工作簿时引发的事件 |
| WorkbookAddinInstall | 加载宏被加载时引发的事件 |
| WorkbookAddinUninstall | 加载宏被卸载时引发的事件 |
| WorkbookAfterSave | 工作簿保存后引发的事件 |
| WorkbookBeforeClose | 工作簿关闭前引发的事件 |
| WorkbookBeforePrint | 工作簿打印前引发的事件 |
| WorkbookBeforeSave | 工作簿保存前引发的事件 |
| WorkbookDeactivate | 工作簿失去焦点时引发的事件 |
| WorkbookNewSheet | 工作簿中插入新表时引发的事件 |
| WorkbookOpen | 工作簿打开时引发的事件 |

从表 10-3 中可以看出 Application 对象常用事件过程大多和 Workbook、Sheet、Window 3 种对象的变化有关。

### 10.4.1　WorkbookBeforeClose 事件

该事件是指 Excel 中的任何一个工作簿发生关闭行为时，在关闭前引发的事件。其完整声明为：

```
Private Sub App_WorkbookBeforeClose(ByVal Wb As Workbook, Cancel As Boolean)
```

该过程中的 App 是一个带有事件过程的 Application 对象，括号内带有两个参数，Wb 表示即将关闭的工作簿对象，Cancel 默认值为 False，如果在事件过程中更改 Cancel=True，则会取消工作簿的关闭行为。

无论是带事件的应用程序对象，还是该对象有关的事件过程，一律书写在同一个类模块中。

为了更好地理解这个事件过程，把类模块中的 App_WorkbookBeforeClose 过程修改为如下代码。

源代码：实例文档 03.xlsm/AppEvents

```
1.   Public WithEvents App As Excel.Application
2.   Private Sub App_WorkbookBeforeClose(ByVal Wb As Workbook, Cancel As Boolean)
3.       Dim v As VbMsgBoxResult
4.       v = MsgBox(Wb.Name & " 即将关闭, 要继续执行关闭吗? ", vbOKCancel + vbQuestion)
5.       If v = vbCancel Then
```

```
6.            Cancel = True                        '不关闭了
7.        End If
8.   End Sub
```

但是类模块不能直接使用，因此还需要在"实例文档 03.xlsm"的 VBA 工程中插入一个标准模块 "Application 事件示例"，然后在该标准模块中首先声明一个新实例。

**源代码：实例文档 03.xlsm/Application 事件示例**

```
1.   Dim Instance As New AppEvents
2.   Sub Test1()
3.        Set Instance.App = Application
4.   End Sub
```

让新实例中的 App 对象关联到 Excel 当前的实际应用程序。首先运行 Test1 过程，这样 Excel 的 Application 就具有真正的事件功能了。

为了测试，手工打开其他的工作簿后，再关闭，会看到如图 10-27 所示的对话框。

此时若单击"确定"按钮，则关闭该工作簿；若单击"取消"按钮，则会把事件过程中的 Cancel 参数设置为 True，就不会关闭该工作簿。

图 10-27　是否关闭

### 10.4.2　事件的取消

上面的实例说明当一个工作簿关闭时会触发事件，那么如何去掉这个事件行为呢？在普通模块中执行下面的 Test2 过程即可。这样就切断了新实例和实际应用程序之间的关联。

```
1.   Sub Test2()
2.        Set Instance.App = Nothing                '取消事件
3.   End Sub
```

### 10.4.3　禁用和启用事件

实际上，不管是 Application 的事件，还是 Workbook、Sheet 对象的事件，都需要在 Application.EnableEvents 属性为 True 的前提下才有效。

禁用和启用事件，只能通过 VBA 来设置，因此，当运行 Application.EnableEvents= False 时，就表示禁用事件。这种情况下，Application、Workbook、Worksheet、Chart 这些对象的事件过程均不会被触发。

### 10.4.4　SheetSelectionChange 事件

该事件表示 Excel 中的任何一个工作表发生选定改变时引发的事件，其完整声明为：

`Private Sub App_SheetSelectionChange(ByVal Sh As Object, ByVal Target As Range)`

括号内的 Sh 参数是鼠标所在的工作表对象；Target 参数是鼠标所选的单元格区域对象。

仿照 WorkbookBeforeClose 事件的做法，在类模块中再插入如下事件过程代码。

**源代码：实例文档 03.xlsm/AppEvents**

```
1.  Private Sub App_SheetSelectionChange(ByVal Sh As Object, ByVal Target As Range)
2.      Target.Interior.Color = vbGreen
3.      MsgBox "你选择的是: " & Sh.Name & vbNewLine & Target.Address
4.  End Sub
```

标准模块中的 Test1 过程如下。

**源代码：实例文档 03.xlsm/Application 对象事件示例**

```
1.  Sub Test1()
2.      Set Instance.App = Application
3.  End Sub
```

运行 Test1 过程后，在任意一个工作表中选中一些单元格区域，每选中一次会自动弹出对话框，如图 10-28 所示。

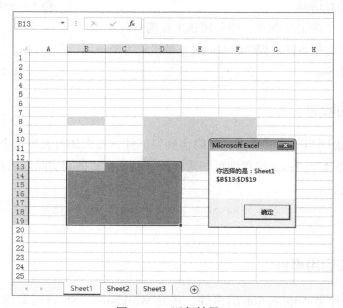

图 10-28    运行结果 4

与 SheetSelectionChange 事件非常类似的事件是 SheetChange 事件，它表示改变了工作表中的内容时方可引发，而不是仅仅选中。

## 10.4.5    WindowActivate 事件

WindowActivate 事件表示一个窗口被激活时引发的事件过程。其完整声明为：

```
Private Sub App_WindowActivate(ByVal Wb As Workbook, ByVal Wn As Window)
```

参数 Wb 表示工作簿对象；Wn 是一个 Window 对象，它表示激活了的窗口。

在 Excel 中，同一个工作簿允许使用多个窗口。新建或打开一个工作簿，然后选择"视图"→"窗口"→"新建窗口"命令，会看到工作簿中出现多个窗口，其中每个窗口的标题文字为工作簿名称＋冒号＋窗口编号。

在"实例文档 03.xlsm"的类模块中插入如下事件过程。

**源代码：实例文档 03.xlsm/AppEvents**

```
1.  Private Sub App_WindowActivate(ByVal Wb As Workbook, ByVal Wn As Window)
2.      MsgBox "你现在激活了: " & Wn.Caption
3.  End Sub
```

运行标准模块中的 Test1 过程，用鼠标切换工作簿的窗口，会自动弹出如图 10-29 所示的对话框。

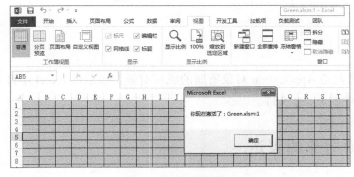

图 10-29　运行结果 5

### 10.4.6　归纳总结

Application 对象是 Excel 最顶层的对象，因此 Application 级别的事件过程具有全局性。也就是说，它能影响到的不是某个特定的工作簿或工作表，而是所有打开的工作簿和工作表。

Application 对象的事件过程需要写在类模块中，但是需要在标准模块中创建新实例，并与实际应用程序关联。

Application 对象的 EnableEvents 为 True 时，事件过程方可生效。

## 习题

1．编写一个程序，实现当用户在工作表中选取任何单元格区域时，Excel 的状态栏自动显示所选区域的地址。

2．编写一个程序，功能是当时间到 11:59:59，不弹出任何提醒对话框，自动退出 Excel。

3．编写一个程序，在 Excel VBA 中使用 SendKeys 方法，实现自动打开记事本、自动写入内容、自动保存记事本、自动退出记事本。

# 第 11 章
# 工作簿 Workbook 对象

Workbook 对象是 Application 对象所属的成员对象，表示在 Excel 中打开的工作簿，也就是存储于电脑中的 Excel 文件。

## 11.1　工作簿对象的表达

Application.Workbooks 是集合对象，表示 Excel 现在所有打开的工作簿。如果要引用其中某个工作簿，有以下 4 种方式。

### 11.1.1　利用索引值

Application.Workbooks(2)，表示 Excel 中第 2 个工作簿，圆括号里的数字表示索引值序号，它是从 1 开始而不是从 0 开始的。这个索引值是根据工作簿打开的先后顺序排列的，而且，当发生工作簿的新增、工作簿的关闭行为时，索引值会自动从 1 开始重新排布。例如，原先的 Workbooks(2)，当关闭其他工作簿后，这个 Workbooks(2) 所指代的对象也就变了。

Application.Workbooks(2) 等价于 Application.Workbooks.Item(2)。

### 11.1.2　利用工作簿名称

由于索引值是随时变化的，所以要想确保唯一性，利用工作簿名称来访问更加可靠。

Application.Workbooks("Green.xlsm") 表示打开的工作簿中有一个名称为 Green.xlsm 的工作簿，这样无论其他的工作簿是否关闭，Workbooks("Green.xlsm") 始终很确定地指代这个工作簿。

### 11.1.3　宏代码所在的工作簿

由于 Excel VBA 的作用范围是整个 Application 应用程序，所以一个工作簿里的 VBA 代码，可以操纵和控制除自己以外的其他工作簿。

　　Application.ThisWorkbook 表示代码所在的工作簿对象，即使 Excel 中已经鼠标已经单击到其他工作簿了，ThisWorkbook 始终代表宏代码所在的工作簿。

---

　　**注意**：如果是用 Excel 以外的组件来访问 Excel 工作簿，ThisWorkbook 这个对象毫无用处。例如，用 Word VBA 来访问 Excel，或者用 VB6 访问 Excel，这些情况下不存在 ThisWorkbook，因为代码不在 Excel VBA 中。

---

## 11.1.4　活动工作簿

　　Excel VBA 中，有很多对象中含有 Active 这个单词，Active 是一个形容词，意思是激活的、当前的、活动的。而与其对应的动词是 Activate，意思是激活，通常用来表示一个对象的方法。

　　ActiveWorkbook 表示 Excel 中当前活动工作簿，也就是鼠标或焦点所在的工作簿。Excel 允许用户同时编辑多个工作簿，因此当前正在编辑的工作簿为 ActiveWorkbook。

　　尝试一下启动 Excel，并打开多个工作簿文件，然后在 VBA 编程界面中按下快捷键【Ctrl+G】，在显示出来的立即窗口中输入如下代码：

```
? Application.ActiveWorkbook.FullName
```

　　按下【Enter】键，会返回活动工作簿的完全路径。然后回到 Excel 窗口，把其他工作簿激活为活动工作簿，再次回到立即窗口运行上述代码，会看到结果不一样了，如图 11-1 所示。

图 11-1　查看活动工作簿的完全路径

　　由于 Application 应用程序对象在代码中可以缺省，因此代码中的 Application.ActiveWorkbook 和直接写 ActiveWorkbook 是等价的，后者更简短。ActiveWorkbook 在 VBA 中的使用频率远比 ThisWorkbook 要高。

---

　　**注意**：Excel 关闭了所有工作簿后，ActiveWorkbook 对象无效。

---

Excel 启动后，手工关闭所有工作簿，然后在立即窗口中输入：

```
?Application.Activeworkbook Is Nothing
```

按【Enter】键后，返回 True。再输入：

```
?Application.Activeworkbook.FullName
```

按【Enter】键后，出现错误对话框（见图 11-2）。如果有打开的工作簿，将不会出现上述情况。

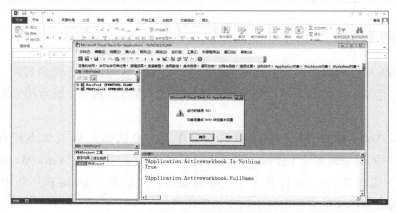

图 11-2　运行结果 1

## 11.2　Workbook 对象重要属性

Excel 的工作簿和工作表的属性，可以通过以下 3 种方式进行访问和修改。

❑ 手工操作：通过在 Excel 中选择"选项"→"高级"命令，进行设定。例如，修改工作簿的水平滚动条的可见性，可以在"Excel 选项"对话框中查看和设定，如图 11-3 所示。

图 11-3　在"Excel 选项"对话框中更改工作簿属性

□ 在 VBA 的属性窗口中查看和设定。在 VBA 中，按下快捷键【F4】，出现属性窗口，可以设置 ThisWorkbook 的部分属性，如图 11-4 所示。

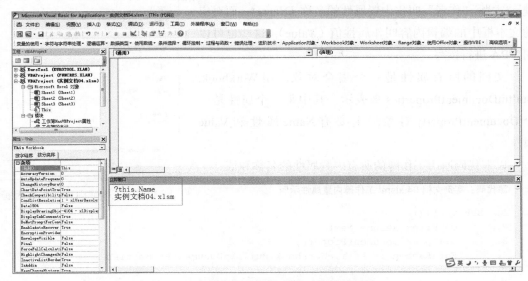

图 11-4　在属性窗口中更改工作簿的属性

□ 通过 VBA 设定属性。例如，ActiveWorkbook.RemovePersonalInformation =False，表示工作簿关闭时不移除个人信息。

## 11.2.1　文档内置属性 BuiltinDocumentProperties

Excel 的每个工作簿文件可以设置内置属性和自定义属性，手工设定的方法是：首先打开一个 Excel 文件，然后选择"文件"→"信息"→"属性"→"高级属性"命令，如图 11-5 所示。

图 11-5　手工设置文档内置属性

出现如图 11-6 所示的内置属性对话框。

然后手工编辑这些信息即可。其中我们看到的"标题""主题""作者"叫作内置属性的名称（Name），而对应的文本框中的编辑内容叫作属性值（Value），这些也可以用 VBA 进行读写。

文档的所有属性是一个集合对象，用 Workbook.BuiltinDocumentProperties 来表示，其中每一个属性是一个 DocumentProperty 对象，主要有 Name 属性和 Value 属性。

以下代码遍历工作簿的所有内置属性的名称和值。

**源代码：实例文档 04.xlsm/ 工作簿内置属性示例**

图 11-6　工作簿内置属性对话框

```
1.  Sub Test1()
2.      On Error Resume Next
3.      Dim p As DocumentProperty
4.      For Each p In ActiveWorkbook.BuiltinDocumentProperties
5.          Debug.Print p.Name, p.Value
6.      Next p
7.  End Sub
```

代码实现了遍历每一个属性，并且在立即窗口中依次输出属性名称和值，如图 11-7 所示。

图 11-7　遍历工作簿的所有内置属性

对于可编辑的内置属性，也可以让 VBA 代劳。

**源代码：实例文档 04.xlsm/ 工作簿内置属性示例**

```
1.  Sub Test2()
2.      Dim p As DocumentProperty
3.      Set p = ActiveWorkbook.BuiltinDocumentProperties("Author")
```

```
4.        p.Value = "独孤求败"
5.        Set p = ActiveWorkbook.BuiltinDocumentProperties("Comments")
6.        p.Value = "VBA 无所不能！"
7.   End Sub
```

Sub Test2 的功能是，把当前工作簿的内置属性"作者"修改为"独孤求败"，并且把备注修改为"VBA 无所不能"，重新打开属性对话框，结果如图 11-8 所示。

图 11-8　使用代码自动更改内置属性

---

**注意**：属性对话框右侧有一个"自定义"选项卡，可以为工作簿设置自定义属性，将在 11.2.2 节进行讲解。

---

## 11.2.2　文档自定义属性 CustomDocumentProperties

工作簿中的内置属性只能修改值，而不能完全把这个属性删除，也不能新增内置属性。但是 Excel 允许用户创建自定义属性。打开一个工作簿后，打开工作簿的属性对话框，选择"自定义"选项卡，在"名称"文本框中输入 QQGroup，在"类型"下拉列表框中选择"文本"选项，在"取值"文本框中输入 QQ 群号，然后单击右上角的"添加"按钮，再单击"确定"按钮，如图 11-9 所示。

以上是手工添加自定义属性的方法。下面介绍用 VBA 自动维护自定义属性。

**源代码：实例文档 04.xlsm/ 工作簿自定义属性示例**

```
1.   Sub Test1()
2.        MsgBox ActiveWorkbook.CustomDocumentProperties.Count
3.   End Sub
```

上述过程返回工作簿自定义属性的个数。

```
1.   Sub Test2()
2.        Dim p As DocumentProperty
3.        Set p = ActiveWorkbook.CustomDocumentProperties("QQGroup")
```

```
4.      p.Value = "6184"
5.  End Sub
```

上述过程把刚添加的 QQ 群号属性更改为 6184，结果如图 11-10 所示。

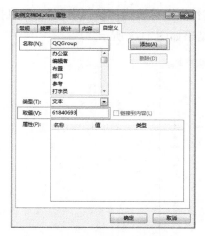
图 11-9　手工添加自定义属性

图 11-10　使用代码自动修改工作簿的自定义属性

### 11.2.3　工作簿的名称和路径

Workbook 的 Name、Path 和 FullName 属性分别返回工作簿文件的名称、路径和完全路径，是只读属性。其中，完全路径相当于将 Path 和 Name 连接在一起。

**源代码：实例文档 04.xlsm/ 工作簿名称和路径示例**

```
1.  Sub Test1()
2.      With Application.ActiveWorkbook
3.          MsgBox "当前工作簿的名称是：" & .Name, vbInformation
4.          MsgBox "当前工作簿的所在文件夹是：" & .Path, vbInformation
5.          MsgBox "当前工作簿的完全路径是：" & .FullName, vbInformation
6.      End With
7.  End Sub
```

代码分析：第 3 ~ 5 行代码分别打印工作簿的名称、路径和完全路径。第 5 行代码的运行结果如图 11-11 所示。

图 11-11　运行结果 2

---

**注意**：如果是新建的工作簿，尚未保存，则 Path 属性不返回任何文件夹，而返回空字符串。此时，Name 属性等于 FullPath 属性。

---

### 11.2.4　IsAddin 属性

IsAddin 属性是工作簿的一个布尔型可读写属性，通常用于加载宏。在 Excel 中加载宏时无论在设计期间还是运行期间都看不到加载宏的工作表，这是因为加载宏的 IsAddin 为

True，如果把该属性修改为 False，则可以编辑加载宏文件的工作表内容。

## 11.2.5　Saved 属性

Saved 属性是工作簿的一个可读写属性。当一个工作簿未做任何修改，或者做修改后已经保存过，那么这个工作簿的 Saved 属性为 True，意思是已保存；反之，如果工作簿被修改过，但是未保存，那么该属性为 False。

众所周知，Excel 工作簿发生一点点改动，关闭工作簿时一定弹出提醒保存的对话框。现在新建或打开一个工作簿，然后在工作表中输入一些数据，在 VBA 中执行 ActiveWorkbook.Saved=True，然后关闭该工作簿，会发现并不提示是否保存，而是放弃修改直接关闭。

## 11.2.6　工作簿的窗口

Workbook.Windows 是一个属于 Workbook 下面的集合对象，代表工作簿的所有窗口，其中每个窗口都是一个 Window 对象。

在 Excel 中选择"视图"→"窗口"→"新建窗口"命令，可以为工作簿创建多个新窗口。创建新窗口的好处是可以同时看到工作簿的多个工作表。

窗口可以显示和隐藏，窗口之间可以设置排布方式。不管创建了多少个窗口，活动窗口只有一个，用 ActiveWindow 表示。

新增和关闭的窗口，会存储于工作簿中，也就是说上次编辑创建的窗口，下次打开该工作簿时还能看到。

打开"实例文档 05.xlsm"，选择"视图"→"窗口"→"切换窗口"命令，会看到该工作簿有三个窗口，如图 11-12 所示。

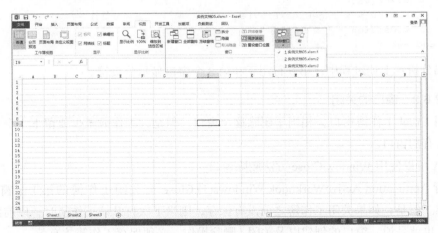

图 11-12　工作簿的多个窗口

### 11.2.6.1　窗口的创建

除了用手工创建新窗口外，还可以使用 Window.NewWindow 创建新窗口。执行 Application.

ActiveWindow.NewWindow 会自动创建一个新窗口。

### 11.2.6.2 修改窗口标题

更改 Window 对象的 Caption 属性，可以修改窗口的标题文字。但是这种修改是暂时的，当关闭并重新打开工作簿后，标题又恢复为默认设置。

**源代码：实例文档 05.xlsm/ 工作簿的窗口**

```
1.  Sub Test1()
2.      Dim w As Excel.Window
3.      Set w = ActiveWorkbook.Windows(1)
4.      w.Activate
5.      w.DisplayGridlines = False
6.      w.Caption = "隐藏网格线"
7.  End Sub
```

代码分析：上述过程中，w 表示工作簿的第 1 个窗口，第 4 行激活该窗口，第 5 行在该窗口中不显示网格线，第 6 行更改窗口的标题文字。

```
1.  Sub Test2()
2.      Dim w As Excel.Window
3.      Set w = ActiveWorkbook.Windows(2)
4.      w.Activate
5.      w.Zoom = 60                              '缩放比例为 60%
6.      w.Caption = "缩小视图"
7.  End Sub
```

代码分析：上述过程中，第 5 行改变窗口的缩放比例，第 6 行更改窗口的标题文字。

```
1.  Sub Test3()
2.      Dim w As Excel.Window
3.      Set w = ActiveWorkbook.Windows(3)
4.      w.Activate
5.      w.View = xlPageBreakPreview              '显示分页符
6.      w.Caption = "显示分页符"
7.  End Sub
```

代码分析：上述过程中，第 5 行用于在第 3 个窗口显示分页符。

### 11.2.6.3 窗口的关闭

关闭 Excel 工作簿窗口，相当于删除这个窗口。但是，工作簿至少要留下 1 个窗口，不能删除所有的窗口。

VBA 可以使用 Window.Close 方法删除窗口。

执行 Application.ActiveWorkbook.Windows(1).Close 会关闭工作簿的第 1 个窗口对象，以此类推。但是，如果关闭工作簿之前没有保存，则当下次打开该工作簿时，以前创建的窗口还在。也就是说，窗口的创建以及关闭 / 删除操作，必须保存工作簿才有效。

### 11.2.6.4 查看和修改窗口属性

Window 对象拥有非常丰富的和属性，与 Excel 工作表的手工操作关系非常大。表 11-1 列出了 Window 对象的常用属性。

表 11-1　Window 对象的常用属性

| 属 性 名 称 | 功 能 描 述 |
|---|---|
| Caption | 窗口的标题文字，可读写，下次打开工作簿恢复默认标题 |
| DisplayFormulas | 是否显示公式编辑栏，布尔型，可读写 |
| DisplayGridlines | 是否显示网格线，布尔型，可读写 |
| DisplayHeadings | 是否显示行号列标，布尔型，可读写 |
| DisplayHorizontalScrollBar | 是否显示水平滚动条，布尔型，可读写 |
| DisplayRightToLeft | 列标是否显示为从右到左，布尔型，可读写 |
| DisplayRuler | 是否显示标尺，布尔型，可读写 |
| DisplayVerticalScrollBar | 是否显示垂直滚动条，布尔型，可读写 |
| DisplayWorkbookTabs | 是否显示工作表标签，布尔型，可读写 |
| DisplayZeros | 是否显示零值，布尔型，可读写 |
| EnableResize | 是否可以改变窗口大小，布尔型可读写 |
| FreezePanes | 窗格是否冻结，布尔型，可读写 |
| GridlineColor | 网格线颜色，可读写 |
| GridlineColorIndex | 网格线颜色值，可读写 |
| Height | 窗口高度，可读写 |
| Hwnd | 窗口句柄，长整型，只读 |
| Index | 窗口序号，整型，只读 |
| Left | 窗口左边距 |
| SelectedSheets | 选定的工作表 |
| Split | 窗口是否拆分，布尔型，可读写 |
| SplitColumn | 拆分列，整型 |
| SplitHorizontal | 水平拆分 |
| SplitRow | 拆分行，整型 |
| SplitVertical | 垂直拆分 |
| Top | 窗口上边距 |
| View | 窗口视图显示，枚举型，可读写 |
| Visible | 窗口可见性，布尔型，可读写 |
| VisibleRange | 窗口中显示出的区域，只读 |
| Width | 窗口宽度，可读写 |
| WindowState | 窗口状态，枚举型，可读写 |
| Zoom | 窗口缩放比例，可读写 |

下面举一些关于 Window 对象的实例。

### 11.2.6.5　更改网格线颜色

**源代码：实例文档 05.xlsm/ 更改网格线颜色**

```
1.  Sub Test1()
2.      Application.ActiveWindow.GridlineColor = vbRed
3.      MsgBox "下面把网格线更改为蓝色！"
4.      Application.ActiveWindow.GridlineColorIndex = 5        '等价于 VbBlue
5.  End Sub
```

### 11.2.6.6　更改列标字母显示方向

将 Window.DisplayRightToLeft 设置为 True，可以让列标字母从右到左显示。

**源代码：实例文档 05.xlsm/ 更改列标显示方向**

```
1.  Sub Test1()
2.      Dim w As Excel.Window
3.      Set w = Application.ActiveWindow
4.      w.DisplayRightToLeft = True                      '列标从右到左显示
5.  End Sub
```

运行上述过程，结果如图 11-13 所示。

图 11-13　工作表列标从右到左显示

此外，运行 Application.ActiveWindow.DisplayHeadings =False，可以隐藏行号和列标，如图 11-14 所示。

图 11-14　看不到行号、列标的工作表

### 11.2.6.7　窗口的冻结

窗口在冻结以前，需要先选定一个单元格区域，冻结后会在该区域左上角出现横竖两条分隔线，从而实现冻结。

**源代码：实例文档 06.xlsm/ 窗口的冻结**

```
1.  Sub Test1()
2.      Application.ActiveSheet.Range("E6").Select      ' 从单元格 E6 处冻结
3.      Application.ActiveWindow.FreezePanes = True
4.  End Sub
```

代码分析：以上过程从当前工作表的 E6 单元格开始冻结，如图 11-15 所示。

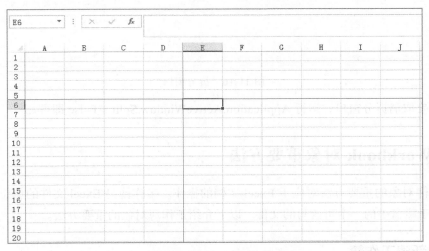

图 11-15　冻结窗口

如果要冻结首行，请先取消冻结，然后把上述代码中的 Sub Test1 中的 Range("E6") 更改为 Range("2:2")，再运行一次这个过程。

如果要冻结首列，请先取消冻结，然后把上述代码中的 Sub Test1 中的 Range("E6") 更改为 Range("B:B")，再运行一次这个过程。

如果要取消窗口的冻结，运行 Application.ActiveWindow.FreezePanes = False 即可。

### 11.2.6.8　窗口的拆分

把窗口的 Split 属性设置为 True，就可以实现拆分。但是在拆分之前，需要先指定拆分的位置。

**源代码：实例文档 06.xlsm/ 窗口的拆分**

```
1.  Sub Test1()
2.      With Application.ActiveWindow
3.          .SplitRow = 5
4.          .SplitColumn = 3
5.          .Split = True
6.      End With
7.  End Sub
```

代码分析：上述代码中，拆分行设置为 5，拆分列设置为 3，意思是从单元格 C5 处拆分，结果如图 11-16 所示。

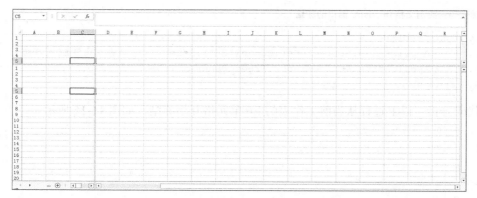

图 11-16   拆分窗口

如果要取消拆分窗口，运行 Application.ActiveWindow.Split = False 即可。

## 11.3   Workbook 对象重要方法

工作簿对象的重要方法对应于 Excel 文档的操作。工作簿是 Excel 文件的单位，一个工作簿对应于磁盘中的一个可读写的文件。以下介绍工作簿对象的重要方法。

### 11.3.1   新建工作簿

Excel VBA 使用 Workbooks.Add 方法新建工作簿。众所周知，Excel 手工操作中，按下快捷键【Ctrl+N】快速新建一个工作簿。与该动作对应的 VBA 代码如下。

**源代码：实例文档 07.xlsm/ 新建工作簿**

```
1.  Sub Test1()
2.      Application.Workbooks.Add
3.  End Sub
```

如果要创建一个基于某个模板的新工作簿，则需要在 Add 方法之后添加模板路径作为参数。

Excel 模板文件的扩展名通常是 .xlt、.xlts、.xltm，这三个扩展名分别对应 Excel 2003 模板文件、Excel 2007 以上普通模板、Excel 2007 以上允许保存宏的模板。模板文件的创建非常简单，只要把一个经过编辑加工后的工作簿另存为模板文件即可。

本书源文件中包含一个 Template20170624.xltx 的现成模板文件，接下来用 VBA 来自动创建一个基于该模板的新工作簿。

**源代码：实例文档 07.xlsm/ 新建工作簿**

```
1.  Sub Test2()
2.      Application.Workbooks.Add template:=ThisWorkbook.Path & "\Template20170624.xltx"
3.  End Sub
```

运行 Test2 后，会看到自动创建了一个默认名称为 Template201706241 的未保存工作簿，该工作簿的结构和框架与模板文件完全一致。

> **注意**：如果要对已创建的工作簿进一步操作，则需要在创建工作簿时把新建的工作簿赋给一个对象变量，以便于后续操作。如下代码创建一个新工作簿后，自动修改了第一个工作表的名称。

**源代码：实例文档 07.xlsm/ 新建工作簿**

```
1.  Sub Test3()
2.      Dim Newbook As Workbook
3.      Set Newbook = Application.Workbooks.Add()
4.      Newbook.Worksheets(1).Name = "FirstTable"
5.  End Sub
```

工作簿的其他操作与此类似。如果还要对工作簿有后续的操作，就要掌握对象变量的使用技巧。

## 11.3.2　打开工作簿

Workbooks.Open 方法可以打开一个已存在的工作簿文件。

**源代码：实例文档 07.xlsm/ 打开工作簿**

```
1.  Sub Test1()
2.      Application.Workbooks.Open Filename:="C:\temp\a.xlsx"
3.  End Sub
```

运行以上代码，自动打开一个工作簿。

如果被打开的工作簿预设了文件打开密码，则需要手工输入密码后方可真正打开。不过，VBA 也允许把密码输入到代码中，作为 Workbooks.Open 方法的参数使用。

**源代码：实例文档 07.xlsm/ 打开工作簿**

```
1.  Sub Test2()
2.      Dim wbk As Excel.Workbook
3.      Set wbk = Application.Workbooks.Open(Filename:="C:\temp\abc.xls", Password:=
        "abcdef")
4.      MsgBox "该工作簿中工作表的个数: " & wbk.Worksheets.Count
5.  End Sub
```

运行上述代码，打开一个设有文件打开密码的工作簿。

## 11.3.3　设置工作簿的打开密码

Office 文档都可以设置打开密码，如果不知道密码就无法打开文档。

以下过程为当前工作簿自动设置了打开密码。

**源代码：实例文档 22.xlsm/ 设置打开密码**

```
1.  Sub Test1()
2.      Application.ActiveWorkbook.Password = "123456"
3.      Application.ActiveWorkbook.Save
4.  End Sub
```

运行上述过程后关闭该工作簿，并再次打开，弹出密码输入框，如图 11-17 所示。

图 11-17 工作簿的密码输入对话框

### 11.3.4 保存工作簿

保存工作簿的代码非常简单，使用 Workbook 的 Save 方法即可。

例如，ActiveWorkbook.Save 是保存活动工作簿，Application.Workbooks(2).Save 是保存应用程序中的第二个工作簿。

### 11.3.5 另存工作簿

Workbook.SaveAs 方法可以把一个打开的工作簿另存到另一个路径下，原工作簿还在原地。假设 Excel 现在已经打开了一个名为 a.xlsx 的工作簿，之后执行如下语句：

```
Application.Workbooks("a.xlsx").SaveAs "C:\temp\b.xlsx"
```

会看到 C:\temp 这个路径下，除了原来的 a 工作簿外，另外产生了一个 b 工作簿。

---

**注意**：如果 a 工作簿进行了一些编辑后紧接着执行上述语句，a 工作簿自动关闭并且不保存，b 工作簿则是保存了编辑操作后的工作簿。换句话说，两个工作簿内容并不相同。请读者自行验证。

---

另存工作簿时，不仅能够改变另存的路径，还能改变另存后的文件格式。如果要变更另存后文件的格式，一定要兼顾 Workbook 的 SaveAs 方法中 FileName 和 FileFormat 参数的一致性。

FileFormat 参数由 Excel. XlFileFormat 枚举值规定。Excel 常用文件格式及对应的枚举值列于表 11-2 中。

表 11-2　Excel 文件格式及 Excel. XlFileFormat 枚举值

| 文 件 格 式 | 扩 展 名 | FileFormat |
|---|---|---|
| Excel97-2003 工作簿 | .xls | xlExcel8 |
| Excel97-2003 加载宏 | .xla | xlAddin8 |
| Excel97-2003 模板文件 | .xlt | xlTemplate8 |
| Excel2007 以上工作簿 | .xlsx | xlOpenXMLWorkbook |
| Excel2007 以上启用宏的工作簿 | .xlsm | xlOpenXMLWorkbookMacroEnabled |
| Excel2007 以上加载宏 | .xlam | xlAddin |
| Excel2007 以上模板文件 | .xltm | xlTemplate |

打开"实例文档 7.xlsm"，并且打开 NoMacro.xlsx，然后运行如下过程。

**源代码：实例文档 07.xlsm/ 另存工作簿**

```
1.  Sub Test1()
2.      Application.Workbooks("NoMacro.xlsx").SaveAs Filename:="Enable.xlsm",
        FileFormat:=Excel.XlFileFormat.xlOpenXMLWorkbookMacroEnabled
3.  End Sub
```

代码分析：NoMacro.xlsx 是一个不保存宏代码的普通工作簿，现在把该工作簿另存为启用宏的工作簿。

如果 FileName 参数给的是相对路径名称，则另存的新工作簿和原工作簿位于同一路径，否则需要输入完全路径。

如果 SaveAs 方法不给定 FileFormat 参数，默认文件格式与原文件格式相同。否则需要使用内置枚举常量。xlOpenXMLWorkbookMacroEnabled 表示启用宏的工作簿文件格式。

下面看一个更加智能的书写方式。

**源代码：实例文档 07.xlsm/ 另存工作簿**

```
1.  Sub Test2()
2.      Dim wbk As Excel.Workbook
3.      Set wbk = Application.Workbooks("NoMacro.xlsx")
4.      wbk.SaveAs Filename:=wbk.Path & "\SecondCopy.xlsx", FileFormat:=wbk.FileFormat
5.  End Sub
```

代码分析：该过程使用对象变量 wbk 来表示原工作簿，使用 wbk.Path 获取工作簿的路径，使用 wbk.FileFormat 属性获取原工作簿的文件格式。

再一次提醒读者，工作簿另存后，在 Excel 中原工作簿自动关闭，呈现在用户面前的是另存后的新工作簿。

## 11.3.6　关闭工作簿

Workbook.Close 方法用来关闭工作簿，如果被关闭的工作簿发生过改动并未保存，则执行该方法后会弹出是否保存的询问对话框。为此，可以设定 SaveChanges 参数来明确地告诉程序是否在关闭前保存。

```
ActiveWorkbook.Close Savechanges:=False
```

表示把活动工作簿关闭，并且不保存修改；如果最后面的参数为 True，则表示保存并关闭工作簿。

同时，Excel VBA 还可以通过 Application.Workbooks.Close 关闭所有打开的工作簿。

## 11.3.7　激活工作簿

Excel 是一个多文档界面程序，同一个 Excel 应用程序下，可以同时打开多个工作簿，但是只有一个是活动工作簿。

可以通过 Workbook.Activate 方法让一个不是活动的工作簿变成活动工作簿。

现在假定 Excel 打开了两个以上的工作簿，然后执行如下过程，会看到前后两次出现的对话框结果不一样。

**源代码：实例文档 07.xlsm/ 激活工作簿**

```
1.  Sub Test1()
2.      Application.Workbooks(1).Activate
3.      MsgBox Application.ActiveWorkbook.Name
4.      Application.Workbooks(2).Activate
5.      MsgBox Application.ActiveWorkbook.Name
6.  End Sub
```

可以看出，通过使用 Workbook.Activate 方法，达到了切换工作簿焦点的作用，更改了 ActiveWorkbook 所代表的工作簿。

### 11.3.8　保护工作簿

Excel 中的保护策略包括：

❑ 工作簿打开密码（下次打开工作簿前必须提供密码）。

❑ 工作簿保护（保护结构、保护窗口）。

❑ 工作表保护（是否允许编辑被保护的工作表）。

本节所讨论的保护工作簿，是指通过选择"审阅"→"保护工作簿"命令，弹出工作簿保护的对话框，如图 11-18 所示。

如果勾选"结构"复选框，则不得增删工作表；如果勾选"窗口"复选框，则工作簿的窗口位置和大小不能更改。以上两个复选框至少选其一，而密码可以输入，也可以为空。

以下过程用代码自动保护工作簿。

图 11-18　设定工作簿保护

**源代码：实例文档 07.xlsm/ 保护工作簿**

```
1.  Sub Test1()
2.      ActiveWorkbook.Protect Password:="abcdef", Structure:=True, Windows:=True
3.  End Sub
```

代码分析：Workbook 的 Protect 方法需提供 3 个参数。代码中第 2 行既保护结构，也保护窗口，同时设置保护密码为 abcdef。

而解除保护只需要提供密码参数 ActiveWorkbook.Unprotect Password:="abcdef" 即可。

### 11.3.9　导出为 PDF 文档

Excel 2007 以上版本提供了导出 PDF 文档的内置功能。在讲述用 VBA 自动导出 PDF 文档之前，先讲解手工导出 PDF 文档的步骤。

首先在 Excel 2013 中打开源文件中的"成绩表 .xlsm"，该工作簿有 3 个记录学生成绩的工作表。

　　然后在 Excel 中选择"文件"→"导出"→"创建 PDF 文档"→"创建 PDF/XPS 文档"命令，如图 11-19 所示。

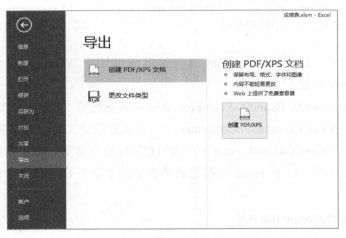

图 11-19　工作簿导出为 PDF 文档

　　弹出发布对话框，首先在对话框中输入 PDF 的文档名称，该文件的路径默认和工作簿路径相同，用户可以更改，然后单击右下角的"选项"按钮，如图 11-20 所示。

　　在弹出的"选项"对话框中，特别要注意发布内容的选择，可以在所选内容、活动工作表、整个工作簿中选择一种。设定完成后单击"确定"按钮返回发布对话框，如图 11-21 所示。

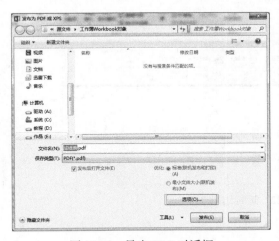

图 11-20　导出 PDF 对话框　　　　　　　　图 11-21　导出 PDF 的选项对话框

　　单击图 11-20 所示的"发布"按钮后，会生成并自动打开一个 PDF 文档。

　　下面讲解如何使用代码自动导出 PDF 文档。Excel VBA 提供了一个 ExportAsFixedFormat 方法，该方法的主要参数是 Filename，其他参数与图 11-20、图 11-21 中的各个选项设置是一一对应的，例如 OpenAfterPublish:=True 对应于手工设定中的"发布后打开文件"。

　　下面过程把整个工作簿内容导出为 PDF 文档。

源代码：实例文档 07.xlsm/ 导出 PDF

```
1.  Sub Test1()
2.      ActiveWorkbook.ExportAsFixedFormat Type:=xlTypePDF, Filename:= _
3.      "C:\temp\ 成绩表 .pdf", Quality:= _
4.      xlQualityStandard, IncludeDocProperties:=True, IgnorePrintAreas:=False, _
5.      OpenAfterPublish:=True
6.  End Sub
```

特别注意的是，ExportAsFixedFormat 方法既可以用于 Workbook 对象，还可以用于 Worksheet 或 Range 对象。

例如，Worksheets(2). ExportAsFixedFormat ……表示把第二个工作表导出为 PDF 文档；Application.ActiveSheet.ExportAsFixedFormat ……表示把活动工作表导出为 PDF 文档；Application.Selection.ExportAsFixedFormat ……表示把鼠标所选单元格区域导出为 PDF 文档。

还以成绩表为例，以下 Test2 过程把成绩表中第 2 个工作表的部分区域导出为 PDF 文档。

源代码：实例文档 07.xlsm/ 导出 PDF

```
1.  Sub Test2()
2.      Application.Workbooks(" 成绩表 .xlsm").Worksheets(2).Range("A7:H11").
        ExportAsFixedFormat Type:=xlTypePDF, Filename:= _
3.      "C:\temp\ 部分 .pdf", Quality:= _
4.      xlQualityStandard, IncludeDocProperties:=True, IgnorePrintAreas:=False, _
5.      OpenAfterPublish:=True
6.  End Sub
```

发布后的 PDF 文档如图 11-22 所示。

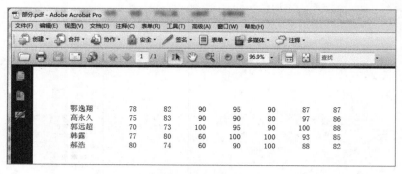

图 11-22　运行结果 3

希望读者重点分析上述 Test2 过程。

**拓展训练：** 如果 Excel 打开了多个工作簿文件，每个工作簿有多个工作表，每一个工作表需要导出为单独的 PDF 文档，可以用双层 For Each 循环实现批量生成 PDF。

源代码：实例文档 07.xlsm/ 导出 PDF

```
1.  Sub Test3()
2.      Dim wbk As Workbook, wst As Worksheet
3.      For Each wbk In Application.Workbooks
4.          For Each wst In wbk.Worksheets
```

```
5.            wst.ExportAsFixedFormat Type:=xlTypePDF, Filename:=wbk.Name &
             wst.Name & ".pdf"
6.        Next wst
7.     Next wbk
8. End Sub
```

上述代码中导出的文件名中利用 wbk.Name 以及 wst.Name，是为了防止文件名冲突，读者可以在此基础进一步修改完善。

## 11.4　Workbook 对象常用事件

在 Excel VBA 中，对于每一个打开的工作簿，它的 VBA 工程中都有一个 ThisWorkbook 的文档事件模块；同时，当工作簿中的工作表发生增删行为时，会看到 VBA 工程中工作表事件模块也随之增删。

本节探讨的 Workbook 事件，是指书写在 ThisWorkbook 模块中的代码。

打开源文件中的"实例文档 08.xlsm"，在 VBA 中双击 ThisWorkbook 模块，右侧出现代码区域，在代码区域中单击上方的下拉箭头，出现的 Workbook 就是事件对象。而右侧下拉列表框中的内容，则是事件名称。任选一个事件名称，会自动产生该事件的代码模板，如图 11-23 所示。

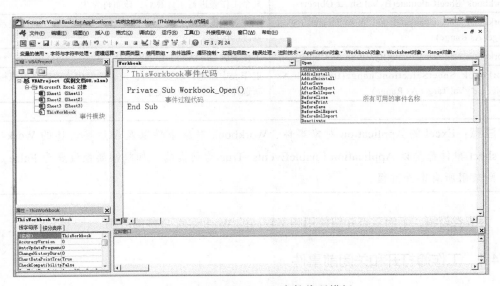

图 11-23　ThisWorkbook 事件代码模板

Workbook 对象常用的事件如表 11-3 所示。

表 11-3　Workbook 对象常用事件声明及功能描述

| 事 件 声 明 | 功 能 描 述 |
| --- | --- |
| Workbook_Activate() | 工作簿成为活动工作簿时发生 |
| Workbook_Deactivate() | 工作簿成为非活动工作簿时发生，也就是其他工作簿被激活，本工作簿失去焦点 |

续表

| 事 件 声 明 | 功 能 描 述 |
|---|---|
| Workbook_BeforeSave(ByVal SaveAsUI As Boolean, Cancel As Boolean) | 保存时发生。参数 SaveAsUI 用来识别是保存还是另存为，如果是另存为 SaveAsUI 返回 True；参数 Cancel 默认为 False，如果在代码中设置为 True，则不保存工作簿 |
| Workbook_AfterSave(ByVal Success As Boolean) | 保存后发生。如果保存成功，则参数 Success 返回 True，否则返回 False |
| Workbook_BeforeClose(Cancel As Boolean) | 工作簿关闭前发生。如果参数 Cancel 设置为 True，则不能关闭工作簿 |
| Workbook_Open() | 工作簿打开时发生 |
| Workbook_BeforePrint(Cancel As Boolean) | 工作簿打印前发生。如果参数 Cancel 设置为 True，则不打印 |
| Workbook_NewSheet(ByVal Sh As Object) | 插入新工作表时发生。参数 Sh 就是插入的新工作表对象 |
| Workbook_SheetActivate(ByVal Sh As Object) | 任一工作表成为活动工作表时发生。Sh 表示成为活动工作表的那个工作表 |
| Workbook_SheetBeforeDelete(ByVal Sh As Object) | 工作表删除前发生。Sh 表示即将被删除的工作表 |
| Workbook_SheetBeforeDoubleClick(ByVal Sh As Object, ByVal Target As Range, Cancel As Boolean) | 鼠标双击工作表时发生。Sh 表示双击的工作表；Target 表示鼠标双击的单元格区域；Cancel 如果设置为 True，表示双击单元格后不能进入编辑状态 |
| Workbook_SheetBeforeRightClick(ByVal Sh As Object, ByVal Target As Range, Cancel As Boolean) | 鼠标右击工作表时发生。Cancel 设置为 True 时，右击工作表不弹出内置菜单 |
| Workbook_SheetCalculate(ByVal Sh As Object) | 某个工作表进行了计算后，该事件发生 |
| Workbook_SheetChange(ByVal Sh As Object, ByVal Target As Range) | 工作表内容发生改变时，该事件发生。参数 Target 表示被修改的区域 |
| Workbook_SheetDeactivate(ByVal Sh As Object) | 工作表成为非活动工作表时发生 |
| Workbook_SheetSelectionChange(ByVal Sh As Object, ByVal Target As Range) | 工作表中所选区域变化时，该事件发生。也就是当鼠标重新选择另一个区域时发生 |

**注意**：Excel 的 Application 对象事件、Workbook 对象事件以及今后要讲述的 Worksheet 事件都是以 Application.EnableEvents=True 为前提的。如果该属性设置为 False，则禁用所有事件过程。

为节省篇幅，下面重点介绍使用频率较高的 Workbook 事件的应用。

## 11.4.1 工作簿打开和关闭前事件

在 Excel 工作簿的 ThisWorkbook 事件模块中书写如下两个事件过程。

**源代码**：实例文档 08.xlsm/ThisWorkbook

```
1.  Private Sub Workbook_BeforeClose(Cancel As Boolean)
2.      MsgBox "工作簿即将要关闭！" & Now
3.  End Sub
4.
5.  Private Sub Workbook_Open()
6.      MsgBox "您打开本工作簿的时刻是：" & Now
7.  End Sub
```

写完代码后保存工作簿，然后关闭工作簿，自动弹出如图 11-24 所示的对话框。

再次打开工作簿，打开前会看到出现如图 11-25 所示的对话框。

图 11-24　运行结果 4

图 11-25　运行结果 5

当然，读者可以根据需要，更改本范例中的 Msgbox 所在行的代码，实现更复杂的功能。

## 11.4.2　文档事件过程中 Cancel 参数的作用

还是以 Workbook_BeforeClose 事件为例，如果把文档关闭事件代码修改如下：

```
1.   Private Sub Workbook_BeforeClose(Cancel As Boolean)
2.       Cancel = True
3.       MsgBox "工作簿即将要关闭！" & Now
4.   End Sub
```

在 Excel 中按下快捷键【Ctrl+W】关闭工作簿时，虽然出现了"工作簿即将要关闭"的对话框，但随后发现该工作簿根本关闭不了，仍然打开着。这是由于在事件过程中 Cancel 设置为 True 造成的。

可以看出，在事件过程中设置某些参数值，可以实现一些神奇的效果。源文件中有一个 Don'tSave.xlsm 工作簿，打开该工作簿，然后输入或编辑数据，保存并关闭后再次打开该工作簿，发现并没有把编辑后的数据存入文件。这个特殊的功效就是利用事件制成的，请读者自行剖析其工作原理。

## 11.4.3　工作表激活事件

Workbook_SheetActivate 事件表示该工作簿中的任一工作表成为活动工作表，都会引发该事件。

打开源文件中的"实例文档 08.xlsm"，当用鼠标单击工作表标签并切换工作表时，会看到 Excel 的状态栏文字同步改变（见图 11-26），原因是在 ThisWorkbook 模块中写入了如下事件过程。

**源代码：实例文档 08.xlsm/ThisWorkbook**

```
1.   Private Sub Workbook_SheetActivate(ByVal Sh As Object)
2.       Application.StatusBar = "活动工作表的名称是：" & Sh.Name
3.   End Sub
```

因为每当某工作表被激活时，事件过程的返回参数 Sh 就立刻代表被激活的那个工作表。因此，Workbook 的其他与工作表有关的事件中 Sh 参数都代表被操作的工作表对象。

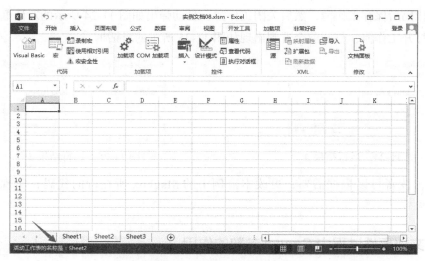

图 11-26　运行结果 6

### 11.4.4　工作表右击事件

Workbook_SheetBeforeRightClick 事件是指用鼠标在工作表的单元格区域上右击时激发的事件。

**源代码：实例文档 08.xlsm/ThisWorkbook**

```
1.   Private Sub Workbook_SheetBeforeRightClick(ByVal Sh As Object, ByVal Target As
     Range, Cancel As Boolean)
2.       Cancel = True
3.       MsgBox "你单击了" & Sh.Name & vbNewLine & Target.Address
4.       Application.CommandBars("Ply").ShowPopup
5.   End Sub
```

打开"实例文档 08.xlsm"，用鼠标在任一工作表的任何一个单元格区域右击，一开始弹出一个对话框，提示被单击了的工作表名称以及单元格区域地址，如图 11-27 所示，然后在单元格附近弹出工作表标签的，而不是内置的单元格右键菜单，如图 11-28 所示。

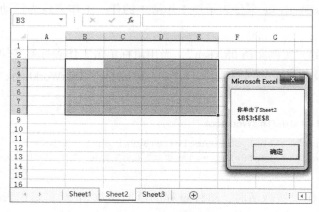

图 11-27　运行结果 7

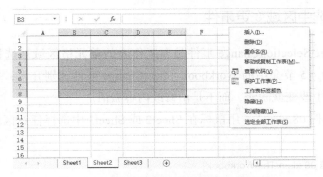

图 11-28 单元格区域弹出其他右键菜单

这是由于参数 Cancel 设置为 True，内置的右键菜单就不会出现。Application.CommandBars("Ply").ShowPopup 这句代码，表示在鼠标附近弹出 Ply 这个右键菜单。Ply 是 Excel 内置工具栏的名称，代表的就是工作表标签右键菜单。

### 11.4.5 工作表修改事件

Workbook_SheetChange 事件当工作簿中任一工作表的任意单元格内容发生改变时引发，例如，往单元格中输入公式、删除或修改单元格中的内容都会引发。除了手工修改单元格以外，用 VBA 代码修改单元格的操作也会激活该事件。

需要注意的是，单元格区域格式发生变化时不引发。

**源代码：实例文档 08.xlsm/ThisWorkbook**

```
1.  Private Sub Workbook_SheetChange(ByVal Sh As Object, ByVal Target As Range)
2.      MsgBox Target.Address & "发生修改！"
3.  End Sub
```

打开"实例文档 08.xlsm"，在任意单元格中输入内容或修改内容，都会弹出对话框提示被修改的区域，如图 11-29 所示。

特别要注意事件中参数 Sh 与 Target 的含义，它们分别指代工作表对象和单元格对象。

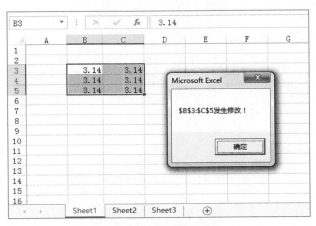

图 11-29 运行结果 8

### 11.4.6　工作表选中区域变更事件

Workbook_SheetSelectionChange 事件是在工作表的单元格区域被选择时发生的。特别注意该事件要与 11.4.5 节介绍的 Workbook_SheetChange 事件区别开来，本节介绍的事件只要所选区域地址发生改变就激活，而不是由修改内容激活。

打开"实例文档 08.xlsm"，用鼠标在 Sheet2 或 Sheet3 中选择任意区域，会看到该区域填充颜色变绿。

**源代码：实例文档 08.xlsm/ThisWorkbook**

```
1.  Private Sub Workbook_SheetSelectionChange(ByVal Sh As Object, ByVal Target
    As Range)
2.      If Sh.Index >= 2 Then
3.          Target.Interior.Color = vbGreen
4.      End If
5.  End Sub
```

代码中 Sh.Index 属性指的是工作表的序号，由于加入了 If 语句的限定，因此鼠标在 Sheet1 中选择区域后，填充色并不发生改变。

## 习题

1. 在 Excel 中手工打开多个工作簿文件后，使用代码遍历每个工作簿的完全路径、每个工作簿包含的工作表个数，将遍历结果打印于立即窗口中。

2. 打开一个电脑中已有的工作簿，使用 VBA 代码把这个工作簿的所有工作表的网格线隐藏掉。

3. 利用 Workbook_SheetActivate 事件，实现在工作簿中手工切换工作表时，能够自动选中每个工作表的 B2 单元格。例如，用鼠标切换到 Sheet2，就看到该工作表的 B2 单元格处于选中状态。

这工作表中VBA中相应的操作。运行代码将前面介绍了有关工作簿的一系列操作。运行工作表为本章的主要内容。

## 第 12 章
# 工作表 Worksheet 对象

一个 Excel 工作簿文件通常由一个以上工作表组成。当新建一个空白工作簿时，默认有 Sheet1、Sheet2、Sheet3 三个普通工作表（Worksheet）。根据需要，用户可以右击工作表标签，在弹出的快捷菜单中选择"插入"命令，会弹出如图 12-1 所示的对话框。

对话框中除了可以插入普通工作表外，还可以插入 Excel 图表、宏表、对话框等。这些不同类型的表中，只有普通工作表和宏表具有可以编辑的单元格，其他类型则没有。

图 12-1 插入新表对话框

源文件"实例文档 09.xlsm"工作簿中，除了默认的三个普通工作表外，还插入了 3 个其他类型的特殊表，如图 12-2 所示。

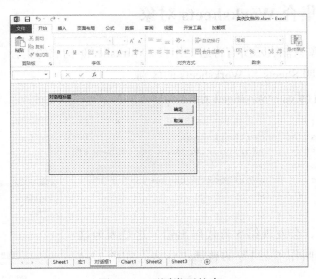

图 12-2 不同类型的表

从工作簿的 VBA 工程的资源管理器中可以看到，只有普通工作表和图表这两种类型的表具有事件模块，如图 12-3 所示。

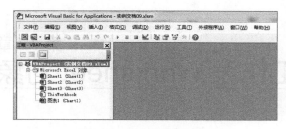

图 12-3    表的事件模块

工作簿（Workbook）对象下有两个重要的集合对象来表示表，分别是 Sheets 和 Worksheets。

Sheets 对象表示工作簿中的所有表。对于每一个表的表示，既可以用名称方式，也可以用索引形式。

**源代码：实例文档 09.xlsm/Sheets 对象**

```
1.  Sub Test1()
2.      Debug.Print ThisWorkbook.Sheets(2).Name
3.      ThisWorkbook.Sheets("Chart1").Activate
4.      ThisWorkbook.Sheets.Item("Sheet2").Name = "Second"
5.  End Sub
```

以上第 2 ~ 4 行代码的作用分别是：在立即窗口打印本工作簿第 2 个工作表的名称，返回"宏 1"；激活图表 Chart1；把名称为 Sheet2 的普通工作表重命名为 Second。其中，Sheets.Item（"Sheet2"）可以简写为 Sheets（"Sheet2"）。

Sheets.Count 返回所有表的总数。

# 12.1    工作表集合 Worksheets 对象

Worksheets 对象只能表示所有普通工作表（Worksheet）构成的集合。还是以"实例文档 09.xlsm"为例来说明 Sheets 与 Worksheets 的区别。

**源代码：实例文档 09.xlsm/Worksheets 对象**

```
1.  Sub Test1()
2.      Dim wst As Excel.Worksheet
3.      Set wst = ThisWorkbook.Worksheets("Sheet1")
4.      MsgBox wst.Type
5.      Set wst = ThisWorkbook.Worksheets("宏 1")
6.      MsgBox wst.Type
7.  End Sub
```

运行上述代码，会发现第 5 行代码出错，这是因为这个工作簿中并没有叫作"宏 1"的普通工作表，如图 12-4 所示。

图 12-4    运行结果 1

也就是说，如果一个表不是普通工作表，那么它不隶属于 Worksheets 集合；换言之，对于任何一个工作簿，Sheets 对象比 Worksheets 涵盖了更多类型的表。

## 12.1.1　表的遍历

可以利用 VBA 遍历工作簿中的表。如果要遍历所有表，那么必须在 Sheets 集合中遍历；如果只遍历普通工作表，则在 Worksheets 集合中遍历，遍历到的每一个工作表的类型是 Worksheet，Worksheets.Count 表示普通工作表的总数。

**源代码：实例文档 09.xlsm/ 表的遍历**

```
1.  Sub Test1()
2.      On Error Resume Next
3.      Dim t As Object
4.      Debug.Print "表名", "类型", "索引"
5.      For Each t In ThisWorkbook.Sheets
6.          Debug.Print t.Name, t.Type, t.Index
7.      Next t
8.      MsgBox ThisWorkbook.Sheets.Count & vbtab & ThisWorkbook.WorkSheets.Count
9.  End Sub
```

代码分析：上述过程遍历宏所在的工作簿的所有表，在立即窗口打印每个表的名称、类型和索引值。由于该工作簿包含有多种类型的表，因此如果把第 3 行换成 Dim t As Worksheet，再运行会出错。

以上过程的运行结果如图 12-5 所示。

可以看出普通工作表的"类型"值为 –4167，因此，可以根据表的 Type 属性来判断一个表是否是普通工作表。Excel 各种类型的表的类型枚举值如表 12-1 所示。

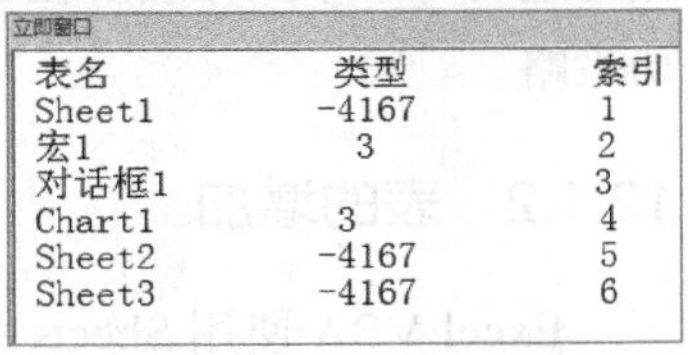

| 立即窗口 | | |
|---|---|---|
| 表名 | 类型 | 索引 |
| Sheet1 | –4167 | 1 |
| 宏1 | 3 | 2 |
| 对话框1 | | 3 |
| Chart1 | 3 | 4 |
| Sheet2 | –4167 | 5 |
| Sheet3 | –4167 | 6 |

图 12-5　运行结果 2

表 12-1　Excel 各种类型的表的类型枚举值

| 类型枚举值 | 数　值 | 类 型 描 述 |
|---|---|---|
| xlChart | –4109 | 图表类型 |
| xlDialogSheet | –4116 | 对话框 |
| xlExcel4IntlMacroSheet | 4 | 宏表 |
| xlExcel4MacroSheet | 3 | 宏表 |
| xlWorksheet | –4167 | 普通工作表 |

在实际编程应用中，经常要遍历所有的普通工作表。

**源代码：实例文档 09.xlsm/ 表的遍历**

```
1.  Sub Test2()
2.      Dim wst As Worksheet
3.      For Each wst In ThisWorkbook.Worksheets
4.          Debug.Print wst.Index, wst.Name
5.      Next wst
6.  End Sub
```

以上代码在立即窗口打印工作簿中所有普通工作表的索引值

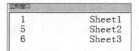

和名称，运行结果如图 12-6 所示。工作表的索引值是指该工作表在
工作表标签中的位置，最左边的表的索引是 1。

图 12-6　运行结果 3

由于 Excel 是一个多文档界面程序，在一个 Excel 应用程序中
可以同时打开多个工作簿，因此，很多情况下需要遍历所有工作簿中的所有工作表。

打开"实例文档 09.xlsm"后，再打开一个其他的工作簿，然后运行如下代码。

**源代码：实例文档 09.xlsm/ 表的遍历**

```
1.  Sub Test3()
2.      Dim wbk As Workbook
3.      Dim wst As Worksheet
4.      For Each wbk In Application.Workbooks
5.          Debug.Print wbk.Name & " 中的表有: "
6.          For Each wst In wbk.Worksheets
7.              Debug.Print wst.Index, wst.Name
8.          Next wst
9.      Next wbk
10. End Sub
```

遍历结果如图 12-7 所示。

以上程序利用了二重循环，外层循环遍历每一个工作簿，内层
循环遍历每一个工作表。在 Excel VBA 编程应用中经常用到上述遍
历策略。

图 12-7　运行结果 4

### 12.1.2　表的增加

Excel VBA 使用 Sheets.Add 或者 Worksheets.Add 方法为工作簿增加表，Add 方法的参
数有以下 4 个。

❏ Type：规定新增表的类型。

❏ Before：新增表位于哪一个表之前。

❏ After：新增表位于哪一个表之后。

❏ Count：新增表的个数。

运行以下代码，可以一次性增加 2 个图表工作表。

**源代码：实例文档 10.xlsm/ 新增表**

```
1.  Sub Test1()
2.      ThisWorkbook.Sheets.Add Type:=xlChart, Count:=2
3.  End Sub
```

由于代码中没有规定 Before 或 After 参数值，所以默认新增的表位于活动工作表之前。

运行以下代码，可以一次性在 Sheet3 工作表之后增加 5 个普通工作表。

**源代码：实例文档 10.xlsm/ 新增表**

```
1.  Sub Test2()
2.      ThisWorkbook.Sheets.Add Type:=xlWorksheet, Count:=5, After:=ThisWorkbook.
        Worksheets("Sheet3")
3.  End Sub
```

注意：如果在批量增加表的同时立刻对新增表进行重命名，则需要把 Count 设置为 1，循环增加表，每增加一个，立即重命名。

**源代码：实例文档 10.xlsm/ 新增表**

```
1.  Sub Test3()
2.      Dim wst As Worksheet
3.      Dim v As Variant
4.      For Each v In Array("Jan", "Feb", "Mar", "April", "May")
5.          Set wst = ThisWorkbook.Worksheets.Add(Type:=xlWorksheet, after:=
            ThisWorkbook.Sheets.Item(ThisWorkbook.Sheets.Count))
6.          wst.Name = CStr(v)
7.      Next v
8.  End Sub
```

以上代码中，新增表的操作位于一个循环体内，每循环一次，变量 v 就取得数组中的一个元素赋给工作表作为新名称。

同时还要留意新增表操作中的 After 参数，引用的是工作簿中最后一个工作表，从而实现新增的表总是位于最后位置。一次性增加 5 个表后，结果如图 12-8 所示。

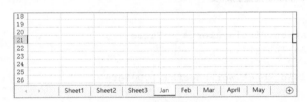

图 12-8　运行结果 5

### 12.1.3　表的删除

使用 Worksheet.Delete 可以删除一个表。

**源代码：实例文档 10.xlsm/ 删除表**

```
1.  Sub Test()
2.      Dim t As Object
3.      Dim wst As Worksheet
4.      Set t = ThisWorkbook.Sheets(2)
5.      Set wst = ThisWorkbook.Worksheets(1)
6.      t.Delete
7.      wst.Delete
8.  End Sub
```

上述代码中，对象变量 t 表示工作簿中第二个表，wst 表示第一个工作表，最后两行用代码删除这两个表。运行代码后，出现如图 12-9 所示的对话框。

图 12-9　确认删除对话框

每删除一个表，总会弹出这个对话框，必须手工单击"删除"按钮才可以真正删除。为了屏蔽这个对话框，可以事先设置 Application.DisplayAlerts 属性为 False，再次执行上述代码，就不再弹出对话框了。

特别要注意的是，Excel 允许删除所有的普通工作表，但是不允许删除所有的表。换句话说，一个工作簿至少要有一个可见表，哪怕这个表不是普通工作表。

因此，一般情况下执行如下代码会出错。

```
1.  Sub Test2()
2.      Dim wst As Worksheet
3.      For Each wst In ActiveWorkbook.Worksheets
4.          wst.Delete
5.      Next wst
6.  End Sub
```

接下来讲述批量删除表的技巧。打开源文件"实例文档 11.xlsm"，该工作簿包含 a、b、c、d、e 共 5 个普通工作表。假设要批量删除工作表 a 以外的所有表，也就是删除 a 之后的 4 个表。不难写出如下代码。

**源代码：实例文档 11.xlsm/ 批量删除表**

```
1.  Sub Test1()
2.      Application.DisplayAlerts = False
3.      Dim i As Integer
4.      For i = 2 To 5
5.          ThisWorkbook.Worksheets(i).Delete
6.      Next i
7.  End Sub
```

执行该过程后，奇怪的现象出现了，会看到只删除了 b 和 d 工作表，其余 3 个工作表还在，而且还弹出"下标越界"的错误，如图 12-10 所示。

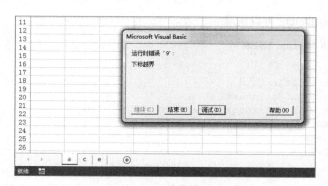

图 12-10　运行结果 6

这是因为在循环变量 i=2 的时候，首先把 b 表删除掉了，由于 b 表的删除，各个表的索引立刻重建，本来 c 表的索引是 3，但由于 b 表的删除，c、d、e 的索引更新为 2、3、4，i 自加后再次删除，自然是把 d 表删除，这时候工作簿其实只剩下 3 个表。后来 i 自加为 4，再删除当然就会下标越界。

因此为了顺利实现该目的，可以修改代码如下。

源代码：实例文档 11.xlsm/ 批量删除表

```
1.  Sub Test2()
2.      Application.DisplayAlerts = False
3.      Dim i As Integer
4.      For i = 2 To 5
5.          ThisWorkbook.Worksheets(2).Delete
6.      Next i
7.  End Sub
```

注意，代码的改动非常小，只是把第 5 行括号内的 i 修改为 2 即可。运行 Test2 后，顺利删除 a 之后的 4 个表。实现原理是：每次都是删除索引为 2 的表，每删除一次，后面的每个表索引会自动减少 1。

另外，还可以抛开索引不管，利用 For Each 循环批量删除表，再配合 If 条件判断，把 a 表剩下即可。

源代码：实例文档 11.xlsm/ 批量删除表

```
1.  Sub Test3()
2.      Dim wst As Worksheet
3.      Application.DisplayAlerts = False
4.      For Each wst In ThisWorkbook.Worksheets
5.          If wst.Name <> "a" Then
6.              wst.Delete
7.          End If
8.      Next wst
9.  End Sub
```

运行该过程后，结果与 Test2 相同。

## 12.2　Worksheet 对象常用属性

Worksheet 对象的父级对象是 Workbook，子对象和成员非常多，以下介绍常用的成员和属性。

Index 属性用来获取一个表在 Sheets 集合中的索引（从左到右的位置），Type 属性返回一个表的类型，在前面已讲过，这里不再重复。

### 12.2.1　单元格属性

单元格区域 Range 对象是 Worksheet 对象的下级，用来表述工作表中的单元格区域的属性有：

- ❏ Cells 表示工作表的所有单元格。
- ❏ Range 用字符串形式的地址表达特定区域。
- ❏ Rows 用数字表示整行。
- ❏ Columns 用列标字母表示整列。
- ❏ UsedRange 表示工作表中的已使用区域。

以上 5 种表达形式的返回对象类型均为 Range 对象。

源代码：实例文档 12.xlsm/ 单元格属性

```
1.  Sub Test1()
2.      ThisWorkbook.Worksheets(1).Activate
3.      ' 获取工作表最大行与最大列（总行数与总列数）
4.      Debug.Print ActiveSheet.Cells.Rows.Count, ActiveSheet.Columns.Count
5.      Debug.Print ActiveSheet.Cells.Address
6.      Debug.Print ActiveSheet.Range("C5").Value
7.      ActiveSheet.Rows("5:7").Select
8.      ActiveSheet.Columns("B:D").Select
9.      ActiveSheet.UsedRange.Select
10. End Sub
```

代码中第 4 行，Cells 表示工作表中所有单元格，因此可以返回总行数与总列数。第 5 行代码打印所有单元格的地址，第 6 行代码打印单元格 C5 的内容，第 7 行代码选中 5 ~ 7 行，第 8 行代码选中 B ~ D 连续的三列，第 9 行代码选中已使用的单元格。

关于单元格区域方面更详细的使用技巧，请参考第 14 章相关内容。

## 12.2.2　Name 与 CodeName 属性

Worksheet 对象的 Name 属性，其实就是在工作表标签看到的标签名称，这个属性是可读写的，既可以手工修改工作表名称，也可以用 VBA 自动获取和修改名称。

打开"实例文档 12.xlsm"，对比工作表标签和 VBA 中的工程资源管理器，会看到第一个工作表的名称是 January，而该表的代码名称（CodeName）仍然是 Sheet1。也就是说，当改变了工作表的名称后，代码名称不会变化。如果要更改代码名称，只能手工打开 VBA 的属性对话框，然后在属性对话框中输入新的名称才行，如图 12-11 所示。

代码名称类似于变量名称，使用的时候不能也不需要用引号括起来。

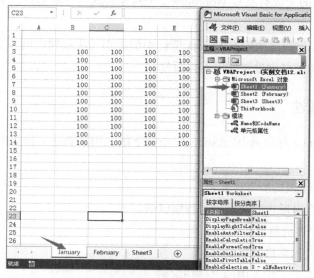

图 12-11　查看和修改工作表的 CodeName

那么这个代码名称有什么用呢？可以读取工作表的名称及其代码名称。

**源代码：实例文档 12.xlsm/Name 和 CodeName**

```
1.  Sub Test1()
2.      Dim wst As Worksheet
3.      Set wst = ThisWorkbook.Worksheets(1)
4.      MsgBox wst.Name & vbNewLine & wst.CodeName, vbInformation
5.  End Sub
```

运行代码后，结果如图 12-12 所示。

同时还可以利用 CodeName 来指代工作表对象。

**源代码：实例文档 12.xlsm/Name 和 CodeName**

```
1.  Sub Test2()
2.      MsgBox Sheet2.Name & vbNewLine & Worksheets(2).Name
3.      Sheet2.Activate
4.      Sheet2.Range("B2:D6").Select
5.  End Sub
```

代码中 Sheet2 就是第 2 个工作表的代码名称，这个代码名称不使用双引号引起来，就可以直接使用。因此运行代码后，运行结果如图 12-13 所示。

图 12-12　运行结果 7

图 12-13　运行结果 8

可以看出，完全可以使用 Sheet2 来代替 Worksheets(2) 这种写法。今后在编写代码过程中，如果看到 Sheet2.Activate 这样的语句，我们就知道 Sheet2 是一个代码名称；如果看到 Worksheets("Price") 这种写法，就知道有个工作表的名称是 Price。

实际上，Excel VBA 中经常用到的 ThisWorkbook 也是一种代码名称，可以通过属性窗口更改。

### 12.2.3　前一个与后一个工作表

可以使用 Worksheet.Previous 间接获取工作表的前一个工作表，同理使用 Worksheet.Next 可以获取后一个工作表。

**源代码：实例文档 12.xlsm/ 前一个与后一个工作表**

```
1.  Sub Test1()
2.      Dim wst As Worksheet
3.      Set wst = Sheet2.Next
4.      MsgBox "Sheet2 的下一个表是: " & wst.Name
5.      Set wst = Sheet2.Previous
6.      MsgBox "Sheet2 的前一个表是: " & wst.Name
7.  End Sub
```

代码中 Sheet2 是指中间的那个工作表。第 4 行的运行结果如图 12-14 所示。
第 6 行的运行结果如图 12-15 所示。

图 12-14　运行结果 9　　　　　　　　图 12-15　运行结果 10

### 12.2.4　应用程序与父级对象

可以通过 Application 属性获得工作表所在的顶层应用程序对象。

**源代码：实例文档 12.xlsm/ 应用程序与父级对象**

```
1.  Sub Test1()
2.      MsgBox Sheet2.Application.UserName
3.  End Sub
```

代码运行后，返回工作表所属的应用程序的用户名，如图 12-16 所示。

由于 Worksheet 的上级对象是工作簿，可以通过 Parent 属性来获取工作表所在的工作簿对象。

**源代码：实例文档 12.xlsm/ 应用程序与父级对象**

```
1.  Sub Test2()
2.      Dim wbk As Workbook
3.      Set wbk = Sheet2.Parent
4.      MsgBox wbk.Name
5.  End Sub
```

代码运行后，返回 Sheet2 所在工作簿的名称，如图 12-17 所示。

图 12-16　运行结果 11　　　　　　　　图 12-17　运行结果 12

### 12.2.5　工作表标签颜色

Worksheet 对象的 Tab 子对象代表工作表的标签，Tab 有 Color 和 ColorIndex 两个属性，用来读取或修改工作表标签颜色。

**源代码：实例文档 12.xlsm/ 工作表标签颜色**

```
1.  Sub Test1()
2.      Sheet1.Tab.Color = vbGreen
```

```
3.        Sheet2.Tab.ColorIndex = 6
4.   End Sub
```

代码运行后，会看到两个工作表的标签颜色分别变为绿色和黄色，如图 12-18 所示。

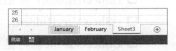

图 12-18 运行结果 13

### 12.2.6 是否显示分页符

工作表的显示属性，例如是否显示网格线、是否显示行号列标、缩放比例等，可以通过窗口（Window）对象来设置，具体请参考 11.2.6 节相关内容。

Excel 中的分页符，用来表示打印时分页的位置，有横向和纵向两种。工作表默认不显示分页符，但是通过 VBA 可以自动显示和隐藏分页符。

**源代码：实例文档 12.xlsm/ 显示属性**

```
1.   Sub Test1()
2.        Sheet1.DisplayPageBreaks = True
3.   End Sub
4.   Sub Test2()
5.        Sheet1.DisplayPageBreaks = Not Sheet1.DisplayPageBreaks
6.   End Sub
```

代码中，Test 过程是设置为显示分页符；Test2 则是利用布尔运算符 Not 来实现切换显示。

Worksheet 的 DisplayPageBreaks 属性设置为 True 后，会看到 I 列与 J 列之间有一条虚线，如图 12-19 所示。

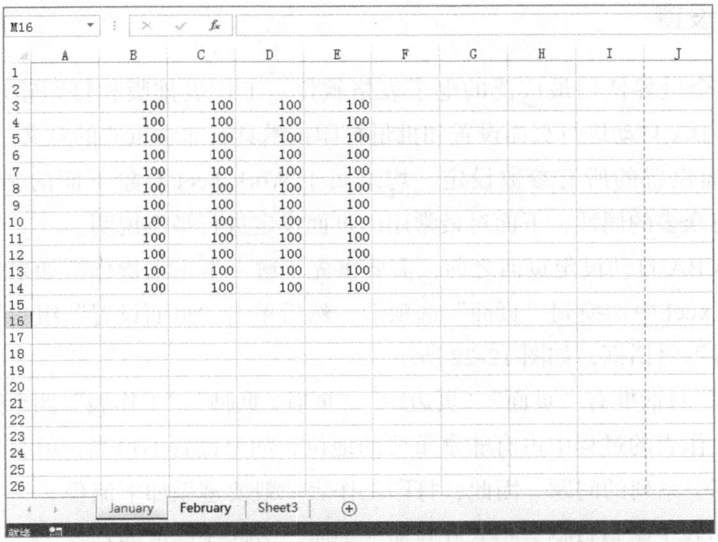

![Excel工作表截图，显示M16单元格被选中，A-E列的3至14行填充了100，I列与J列之间有一条虚线表示分页符]

图 12-19 运行结果 14

### 12.2.7 工作表的可见性

工作表的 Visible 属性，用来控制工作表的显示 / 隐藏状态。该属性有三种取值：

❑ xlSheetHidden：一般隐藏。

❑ xlSheetVeryHidden：非常隐藏。

❑ xlSheetVisible：可见。

属性设置如图 12-20 所示。

如果设置 Visible=xlSheetVeryHidden，则不能通过手工方式再次显现工作表，必须使用 VBA 代码，或者通过属性窗口来修改，如图 12-21 所示。

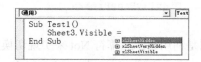

图 12-20    工作表的 3 种可见性设置        图 12-21    修改工作表的可见性

## 12.2.8   页面设置

Excel 作为全世界使用最广泛的电子表格软件，工作表排版和打印输出的应用非常普遍，因此使用 VBA 自动进行页面设置和批量打印技术具有非常重要的意义。

工作表页面设置的所有参数设定，均隶属于 Worksheet 对象下面的 PageSetup 成员对象，该对象拥有众多的属性，下面对最常用的页面设定进行举例说明。

在讲述用 VBA 自动设定页面之前，需要事先了解一下手工操作。如果是通过手工设定页面，需要在 Excel 中切换到"页面"选项卡，然后单击"页面设置"组右下角的箭头，会弹出"页面设置"对话框，如图 12-22 所示。

"页面设置"对话框有"页面""页边距""页眉 / 页脚""工作表"四个选项卡。页面设置环节在打印工作表的过程中占有非常重要的地位，如果设置不恰当，就会造成数据显示不全、纸张浪费等一系列的问题。因此，打印工作表一般要遵循如下流程。

（1）在工作表中编辑数据，格式化排版（字体、边框线设定等）。

（2）设定打印区域。

（3）页面设置。

（4）打印预览。

（5）打印输出。

图 12-22　工作表页面设置对话框

其中，页面设置部分又包含很多内容，常用设置有：纸张方向（纵向还是横向）、缩放比例和自动调整、纸张大小（A4 还是 B5）、起始页码、页边距（上下左右）、页眉和页脚内容设定、工作表打印选项（是否打印网格线、是否打印行号列标等）。

PageSetup 对象的属性很多，限于篇幅，各个属性的用法以及注解请参考代码右侧的注释部分。

**源代码：实例文档 14.xlsm/PageSetup**

```
1.  Sub Test()
2.      Dim setup As Excel.PageSetup
3.      Set setup = ThisWorkbook.Worksheets(1).PageSetup
4.      With setup
5.          .PrintArea = "A1:D12"                          '设置打印区域，该地址以外的部分不打印
6.
7.          .Orientation = Excel.XlPageOrientation.xlPortrait  '纸张纵向
8.
9.          .Zoom = False                                  '不缩放。自动调整到 1 页高，1 页宽
10.         .FitToPagesTall = 1
11.         .FitToPagesWide = 1
12.
13.         .PaperSize = Excel.XlPaperSize.xlPaperA4        '纸张大小为 A4。枚举型常量
14.
15.         .FirstPageNumber = 4                           '起始页码设置为 4
16.
17.         .LeftMargin = 100                              '左边距
18.         .RightMargin = 100                             '右边距
19.         .TopMargin = 50                                '上边距
20.         .BottomMargin = 50                             '下边距
21.         .HeaderMargin = 20                             '页眉边距
22.         .FooterMargin = 20                             '页脚边距
23.
24.         .CenterHorizontally = True                     '页面水平居中
25.         .CenterVertically = False                      '页面在垂直方向不居中
```

```
26.
27.         '以下设定页眉和页脚内容
28.         .LeftHeader = "LeftHeader"                           '页眉左侧
29.         .CenterHeader = "CenterHeader"                       '页眉中间
30.         .RightHeader = "RightHeader"                         '页眉右侧
31.         .LeftFooter = "LeftFooter"                           '页脚左侧
32.
33.         . OddAndEvenPagesHeaderFooter = False                '去掉奇偶页不同
34.         .DifferentFirstPageHeaderFooter = False              '去掉首页不同
35.         .PrintComments = xlPrintInPlace                      '打印批注
36.         .PrintGridlines = True                               '打印网格线
37.         .PrintHeadings = True                                '打印行号列标
38.
39.         .Order = xlDownThenOver                              '打印顺序为先列后行
40.
41.         ThisWorkbook.Save
42.
43.     End With
44. End Sub
```

运行上述过程之后，在 Excel 中按下快捷键【Ctrl+F2】打印预览，效果如图 12-23 所示。

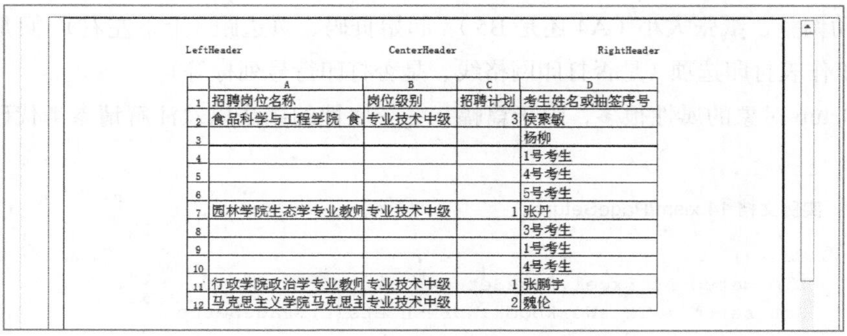


| | A | B | C | D |
|---|---|---|---|---|
| 1 | 招聘岗位名称 | 岗位级别 | 招聘计划 | 考生姓名或抽签序号 |
| 2 | 食品科学与工程学院 食 | 专业技术中级 | 3 | 侯素敏 |
| 3 | | | | 杨柳 |
| 4 | | | | 1号考生 |
| 5 | | | | 4号考生 |
| 6 | | | | 5号考生 |
| 7 | 园林学院生态学专业教师 | 专业技术中级 | 1 | 张丹 |
| 8 | | | | 3号考生 |
| 9 | | | | 1号考生 |
| 10 | | | | 4号考生 |
| 11 | 行政学院政治学专业教师 | 专业技术中级 | 1 | 张鹏宇 |
| 12 | 马克思主义学院马克思主 | 专业技术中级 | 2 | 魏伦 |

图 12-23 使用代码自动页面设置

上述过程中的代码，涵盖了“页面设置”对话框中大部分的设定内容，每行代码的功能请参考代码后的注释部分。注意第 41 行，页面设置结束后要进行文档保存。

在实际工作中，如果遇到上述代码中没涉及的设置部分，请读者使用录制宏的功能，获得相应代码。

## 12.3 工作表的自动筛选

数据的自动筛选是 Excel 日常办公中很频繁、很重要的操作之一。本节介绍用 VBA 编程的方式实现自动筛选。

Excel VBA 中的 AutoFilter 既是一个对象，又是一个方法。如果接在 Worksheet 对象之后，它是工作表的自动筛选对象；如果接在 Range 对象之后，则是对该区域切换自动筛选模式。

Excel 的自动筛选功能只能应用于工作表中的一个数据区域。换句话说，如果 A 区域处于自动筛选模式，则 B 区域不能进行自动筛选，整个工作表只能有一个区域处于自动筛选模式。

与 Excel 的自动筛选操作有关的对象关系如图 12-24 所示。

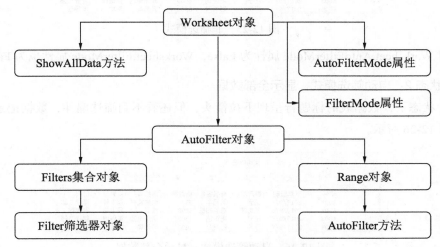

图 12-24　工作表的自动筛选对象模型

这些对象的关系错综复杂，常用对象的含义列于表 12-2 中。

表 12-2　与自动筛选有关的常用对象

| 对　　象 | 含　　义 | 备　　注 |
|---|---|---|
| Worksheet.AutoFilterMode 属性 | 数据区域的标题行出现箭头、功能区中的"自动筛选"按钮处于按下状态，此时返回 True | 只读属性，返回布尔值 |
| Worksheet.FilterMode 属性 | 处于自动筛选状态且至少设置了一个筛选器，此时返回 True | 只读属性，返回布尔值 |
| Worksheet.ShowAllData 方法 | 只有当工作表的 FilterMode 为 True 时，才能应用该方法来显示所有数据，但并不跳出自动筛选模式 | 作用是清除所有筛选条件 |
| Worksheet.AutoFilter 对象 | 在工作表处于自动筛选状态下，才存在该对象，下面包含的主要对象有 Range 和 Filters | 返回一个 AutoFilter 对象 |
| AutoFilter.Range 对象 | 表示处于自动筛选的单元格区域 | 返回一个 Range 对象 |
| Range.AutoFilter 方法 | 进入自动筛选模式或者增加筛选器 | 可用于切换是否处于自动筛选模式 |
| AutoFilter.Filters 集合 | 表示在自动筛选模式下所有的筛选器 | |

为了便于讲解，把工作表分为以下 3 种状态。

## 12.3.1　工作表的 3 种状态

### 1. 状态 1：非筛选模式

这种状态是数据表的默认状态，如图 12-25 所示。

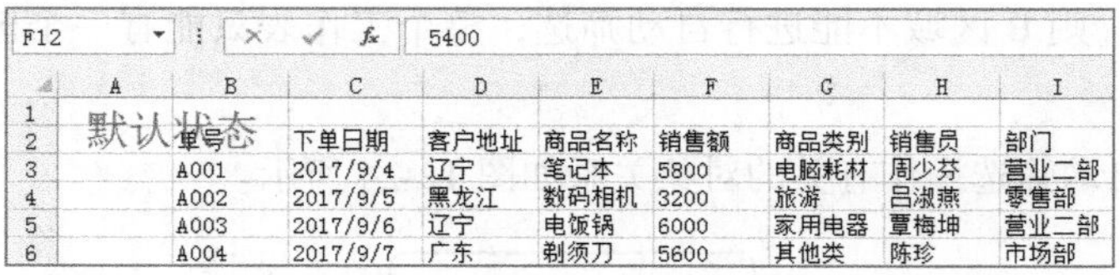

图 12-25  非筛选模式

此时 Worksheet.AutoFilterMode 属性为 False，Worksheet.FilterMode 属性也为 False。

## 2．状态 2：自动筛选模式，显示全部数据

这种状态下，数据表的标题行呈现下拉箭头，但还看不到筛选漏斗，数据记录全部显示，如图 12-26 所示。

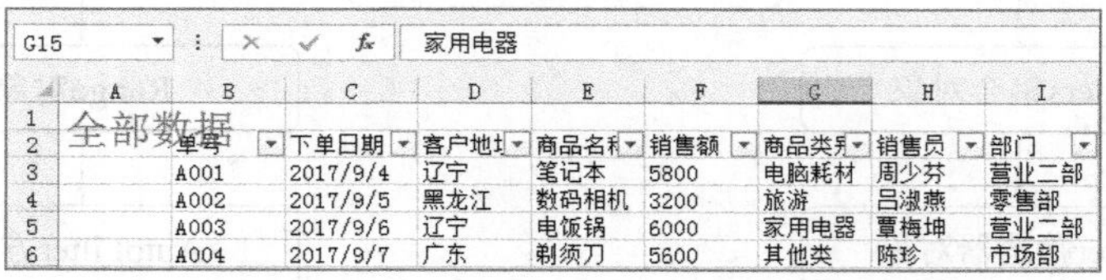

图 12-26  自动筛选模式，显示全部数据

此时 Worksheet.AutoFilterMode 属性为 True，Worksheet.FilterMode 属性为 False。

## 3．状态 3：自动筛选模式，并应用了筛选器

这种状态下，个别列的下拉箭头变成漏斗形状，显示的数据条数比总条数少，如图 12-27 所示。

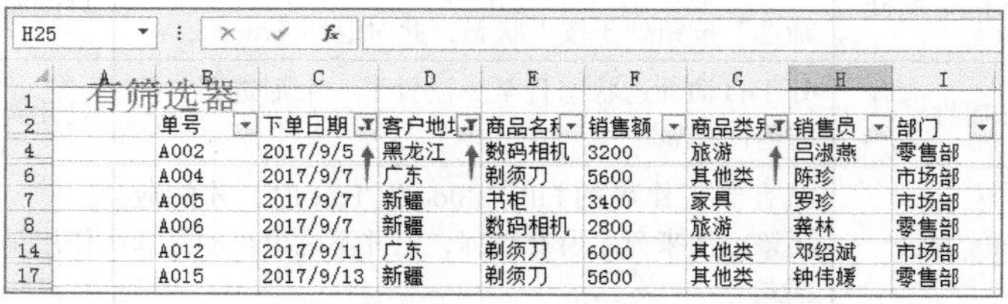

图 12-27  自动筛选模式，并应用了筛选器

此时 Worksheet.AutoFilterMode 属性为 True，Worksheet.FilterMode 属性也为 True。

下面讲解一下 3 种状态之间的切换方法。

由于一个工作表上的数据区域往往不止一处，所以让工作表进入自动筛选模式，并不是对 Worksheet 对象进行操作，而是对指定的单元格区域进行操作才行。

（1）状态 1→状态 2。

**源代码：实例文档 14.xlsm/AutoFilter**

```
1.  Sub 状态1至状态2()
2.      Dim wst As Worksheet
3.      Set wst = ThisWorkbook.Worksheets("Sheet2")
4.      wst.Range("B2:I22").AutoFilter
5.  End Sub
```

代码分析：wst.Range("B2:I22").AutoFilter 后面没有任何参数，表示进入自动筛选模式，但不设置筛选器。

使用 Range.AutoFilter 方法，后面设置筛选器的条件，无论原先是状态 1 还是状态 2，都可直接进入状态 3。

（2）状态 1 或状态 2 →状态 3。

```
1.  Sub 状态1至状态3()
2.      Dim wst As Worksheet
3.      Set wst = ThisWorkbook.Worksheets("Sheet2")
4.       wst.Range("B2:I22").AutoFilter Field:=3, Criteria1:="山  东",
Operator:=xlOr, Criteria2:="辽宁"
5.  End Sub
```

代码分析：Field:=3，表示数据区域的第 3 列，而不是工作表的第 3 列。在同一列应用了两个条件，所以用操作符 xlOr 连接。

运行以上代码，根据数据区域的第 3 列进行筛选，筛选出客户地址为山东或辽宁的记录，如图 12-28 所示。

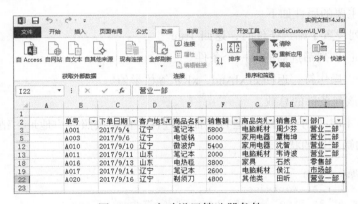

图 12-28　自动设置筛选器条件

如果是单一条件，可以写成 wst.Range("B2:I22").AutoFilter Field:=8, Criteria1:="营业二部"。

在编程开发过程中，经常需要去掉现在所有的筛选器条件，显示全部数据。此时需要保证现在工作表处于自动筛选模式，并且现在至少有一个筛选器，才可以调用 ShowAllData 方法去掉所有筛选器。

（3）状态 3 →状态 2。

运行下面的过程，会自动清除所有筛选条件，显示全部数据。

```
1.  Sub 状态3至状态2()
2.      Dim wst As Worksheet
3.      Set wst = ThisWorkbook.Worksheets("Sheet2")
4.      If wst.FilterMode = True Then
5.          wst.ShowAllData
6.      End If
7.  End Sub
```

退出自动筛选的方法比较简单，执行 Worksheet.AutoFilterMode=False 即可，但是需要注意的是执行该方法之前确保工作表的状态是自动筛选模式。

（4）状态 2 或状态 3→状态 1。

运行下面的过程，工作表会退出自动筛选模式。

```
1.  Sub 状态 2 或状态 3 至状态 1()
2.      Dim wst As Worksheet
3.      Set wst = ThisWorkbook.Worksheets("Sheet2")
4.      If wst.AutoFilterMode = True Then
5.          wst.AutoFilterMode = False
6.      End If
7.  End Sub
```

## 12.3.2 遍历筛选器

当工作表处于自动筛选状态时，Worksheet 下面的 AutoFilter 对象有一个 Filters 集合对象，该集合包含所有的筛选器（Filter）。

Filter 对象主要的属性如下。

❑ On：该列设置了筛选条件时，返回 True。

❑ Criteria1：该列筛选器的第一个条件。

❑ Operator：操作符，返回如 xlAnd、xlOr 等枚举值。

❑ Count：该列条件的总数。

假定现在工作表处于状态 1，运行下面的过程，自动按照客户地址、销售额进行筛选，并且遍历每列的筛选器的状态。

```
1.  Sub 遍历筛选器()
2.      Dim wst As Worksheet
3.      Dim AF As Excel.AutoFilter, flt As Excel.Filter
4.      Set wst = ThisWorkbook.Worksheets("Sheet2")
5.      wst.Range("B2:I22").AutoFilter Field:=3, Criteria1:=" 山东 ", Operator:=
        xlOr, Criteria2:=" 辽宁 "
6.      wst.Range("B2:I22").AutoFilter Field:=5, Criteria1:="<5000"
7.      Set AF = wst.AutoFilter
8.      Debug.Print " 筛选区域的总列数: ", AF.Filters.Count
9.      For Each flt In AF.Filters
10.         If flt.On = True Then
11.             Debug.Print flt.Criteria1, flt.Operator, flt.Count
12.         End If
13.     Next flt
14. End Sub
```

由于本例只设置了两列的筛选条件，因此有两个 Filer 处于开启状态，运行上述过程，立即窗口打印结果如图 12-29 所示。

Excel 工作表的结果如图 12-30 所示。

```
立即窗口
筛选区域的总列数:                    8
=山东              2                2
<5000             0                1
```

图 12-29　遍历筛选器信息

图 12-30 筛选后的工作表

### 12.3.3 处理自动筛选后的区域

对于执行了自动筛选后的区域，人们更关心筛选出来的数据有多少条，以及如何用 VBA 自动把筛选出的数据复制到其他地方。

假设工作表现在处于状态 1，运行下面的过程可以自动按照商品类别进行筛选，筛选完成后在立即窗口打印自动筛选区域、筛选后的可见区域的地址。

```
1.  Sub 自动筛选后的区域()
2.      Dim wst As Worksheet
3.      Dim rg1 As Range, rg2 As Range
4.      Set wst = ThisWorkbook.Worksheets("Sheet2")
5.      wst.Range("B2:I22").AutoFilter Field:=4, Criteria1:=Array("笔记本", "数码相机", "电饭锅"), Operator:=xlFilterValues
6.      Set rg1 = wst.AutoFilter.Range          '工作表中自动筛选的区域
7.      Set rg2 = rg1.SpecialCells(xlCellTypeVisible)   '筛选后的可见区域
8.      Debug.Print rg1.Address
9.      Debug.Print rg2.Address
10.     '接下来遍历可见区域的行
11.     Dim rg As Range
12.     Dim TotalRows As Integer
13.     For Each rg In rg2.Areas
14.         Debug.Print rg.Address
15.         TotalRows = TotalRows + rg.Rows.Count
16.     Next rg
17.     TotalRows = TotalRows - 1
18.     Debug.Print "可见行的总行数为：", TotalRows
19. End Sub
```

代码分析：AutoFilter Field:=4, Criteria1:=Array("笔记本", "数码相机", "电饭锅"), Operator:=xlFilterValues 表示按照第 4 列（商品名称）自动筛选，把笔记本、数码相机、电饭锅这 3 类筛选出来。

Set rg2 = rg1.SpecialCells(xlCellTypeVisible) 表示筛选后的可见区域。一般情况下，经过自动筛选后，可见区域不是连续的区域，因为中间有隐藏行，因此筛选后的单元格区域是由多个分离的区域构成。因此在 rg2.Areas 里面进行遍历，把每个连续区域的行数累加到 TotalRows 中，但由于可见区域包括数据区域的标题行，因此还要减去 1。

运行上述过程，Excel 工作表处于自动筛选模式，如图 12-31 所示。

图 12-31　按商品名称筛选

立即窗口的打印结果如图 12-32 所示。

图 12-32　自动筛选后打印可见区域的地址

实际工作中，还经常需要把不同的筛选条件筛选出的结果分发到多个工作表中。

假设 Sheet2 中的销售表处于状态 1，运行下面的过程，依次按照不同的省份进行自动筛选，每筛选完成一次就把筛选结果发送到新建的工作表中，发送完成后原数据区域去掉筛选器，显示全部数据，进行下一轮自动筛选。

```
1.  Sub 筛选后的数据分发到其他表 ()
2.      Dim wst As Worksheet
3.      Dim rg1 As Range, rg2 As Range
4.      Dim Provinces As Variant, Province As Variant
5.      Provinces = Array("辽宁", "山东", "黑龙江", "陕西")
6.      Set rg1 = ThisWorkbook.Worksheets("Sheet2").Range("B2:I22") '总数据区域
7.      For Each Province In Provinces
8.          rg1.AutoFilter                      '保证处于自动筛选状态，但去掉所有筛选器
9.          rg1.AutoFilter Field:=3, Criteria1:=Province
10.         Set rg2 = rg1.SpecialCells(xlCellTypeVisible)       '筛选后的可见区域
11.         Set wst = ThisWorkbook.Worksheets.Add
12.         Application.ActiveSheet.Name = Province
13.         rg2.Copy Destination:=Application.ActiveSheet.Range("A1")
14.     Next Province
15. End Sub
```

代码分析：当自动筛选完成后，需要插入新工作表，使用 Add 方法插入新表后，新表会成为活动工作表，因此本例使用 ActiveSheet 表示新表。

运行上述过程，会自动插入 4 个新工作表，每个工作表的内容恰好为对应省份的数据，如图 12-33 所示。

Excel 的自动筛选，除了将单元格内容作为筛选规则外，还可以根据单元格填充颜色、字体颜色的差异进行筛选。

图 12-33　按客户地址分类导出筛选结果

### 12.3.4　按照单元格填充颜色筛选

例 如，AutoFilter Field:=3, Criteria1:=RGB(0,255, 0), Operator:=xlFilterCellColor，表 示数据区域第 3 列的单元格如果是绿色填充色，就筛选出来，否则隐藏。AutoFilter Field:=3, Operator:=xlFilterNoFill，表示数据区域的第 3 列单元格如果无填充颜色，就筛选出来。

假设原始数据表的 A 列，个别单元格具有不同的填充色，如图 12-34 所示。

| | A | B | C | D | E | F | G | H | I |
|---|---|---|---|---|---|---|---|---|---|
| 1 | | | | | | | | | |
| 2 | | 单号 | 下单日期 | 客户地址 | 商品名称 | 销售额 | 商品类别 | 销售员 | 部门 |
| 3 | | A001 | 2017/9/4 | 辽宁 | 笔记本 | 5800 | 电脑耗材 | 周少芬 | 营业二部 |
| 4 | | A002 | 2017/9/5 | 黑龙江 | 数码相机 | 3200 | 旅游 | 吕湛燕 | 营业二部 |
| 5 | | A003 | 2017/9/6 | 辽宁 | 电饭锅 | 6000 | 家用电器 | 覃禧坤 | 营业二部 |
| 6 | | A004 | 2017/9/7 | 广东 | 剃须刀 | 5600 | 其他类 | 陈珍 | 市场部 |
| 7 | | A005 | 2017/9/7 | 新疆 | 书柜 | 3400 | 家具 | 罗珍 | 市场部 |
| 8 | | A006 | 2017/9/7 | 新疆 | 数码相机 | 2800 | 旅游 | 龚林 | 零售部 |
| 9 | | A007 | 2017/9/8 | 湖北 | 电饭锅 | 3400 | 家用电器 | 孙慧 | 零售部 |
| 10 | | A008 | 2017/9/8 | 新疆 | 电饭锅 | 4200 | 家用电器 | 梁宁 | 营业一部 |
| 11 | | A009 | 2017/9/9 | 湖北 | 台式机 | 4400 | 电脑耗材 | 廖川 | 营业一部 |
| 12 | | A010 | 2017/9/10 | 辽宁 | 微波炉 | 5400 | 家用电器 | 沈智 | 营业一部 |
| 13 | | A011 | 2017/9/11 | 山东 | 笔记本 | 2000 | 电脑耗材 | 韦诗波 | 营业二部 |
| 14 | | A012 | 2017/9/11 | 广东 | 剃须刀 | 6000 | 其他类 | 邓绍斌 | 市场部 |
| 15 | | A013 | 2017/9/11 | 广东 | 电风扇 | 5600 | 家用电器 | 彭月亮 | 营业二部 |
| 16 | | A014 | 2017/9/12 | 黑龙江 | 书柜 | 5200 | 家具 | 熊洁建 | 零售部 |
| 17 | | A015 | 2017/9/13 | 新疆 | 剃须刀 | 5600 | 其他类 | 钟伟媛 | 零售部 |
| 18 | | A016 | 2017/9/13 | 山东 | 电热毯 | 3800 | 家具 | 石然 | 零售部 |
| 19 | | A017 | 2017/9/14 | 辽宁 | 笔记本 | 2600 | 电脑耗材 | 侯江 | 市场部 |
| 20 | | A018 | 2017/9/15 | 青海 | 笔记本 | 5800 | 电脑耗材 | 雷书友 | 市场部 |
| 21 | | A019 | 2017/9/15 | 陕西 | 电饭锅 | 3000 | 家用电器 | 姚畅 | 零售部 |
| 22 | | A020 | 2017/9/16 | 辽宁 | 剃须刀 | 4800 | 其他类 | 田昕 | 营业一部 |
| 23 | | | | | | | | | |

图 12-34　原始数据表的单元格有填充颜色

那么可以把其中深绿色（像单元格 B3 那种的填充颜色）的数据记录筛选出来。

例如执行：

```
ActiveSheet.Range("$B$2:$I$22").AutoFilter Field:=1, Criteria1:=Range("B3").
Interior.Color, Operator:=xlFilterCellColor
```

就可以把与单元格 B3 颜色一样的行筛选出来，如图 12-35 所示。

| | A | B | C | D | E | F | G | H | I |
|---|---|---|---|---|---|---|---|---|---|
| 1 | | | | | | | | | |
| 2 | | 单号 | 下单日期 | 客户地址 | 商品名称 | 销售额 | 商品类别 | 销售员 | 部门 |
| 3 | | A001 | 2017/9/4 | 辽宁 | 笔记本 | 5800 | 电脑耗材 | 周少芬 | 营业二部 |
| 11 | | A009 | 2017/9/9 | 湖北 | 台式机 | 4400 | 电脑耗材 | 廖川 | 营业一部 |
| 12 | | A010 | 2017/9/10 | 辽宁 | 微波炉 | 5400 | 家用电器 | 沈智 | 营业一部 |
| 21 | | A019 | 2017/9/15 | 陕西 | 电饭锅 | 3000 | 家用电器 | 姚畅 | 零售部 |
| 23 | | | | | | | | | |

图 12-35　按单元格填充颜色筛选

### 12.3.5　按照单元格字体颜色筛选

例如, AutoFilter Field:=2, Criteria1:=VbRed, Operator:=xlFilterFontColor, 表示数据区域第 2 列单元格的字体颜色为红色时, 满足筛选条件。AutoFilter Field:=2, Operator:=xlFilterAutomaticFontColor, 表示数据区域第 2 列单元格字体为默认字体颜色(一般为黑色)时, 满足筛选条件。

假定原始数据表中"下单日期"列个别单元格的字体颜色不是默认的字体颜色, 如图 12-36 所示。

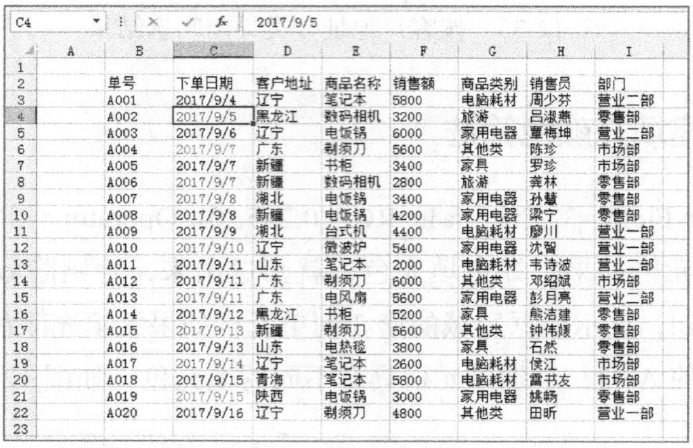

图 12-36　原始数据表的单元格具有自定义的字体颜色

执行下面的语句, 会把与单元格 C4 字体颜色(褐色)一样的其他行筛选出来。

```
ActiveSheet.Range("$B$2:$I$22").AutoFilter Field:=2, Criteria1:=Range("C4").Font.Color, Operator:=xlFilterFontColor
```

运行结果如图 12-37 所示。

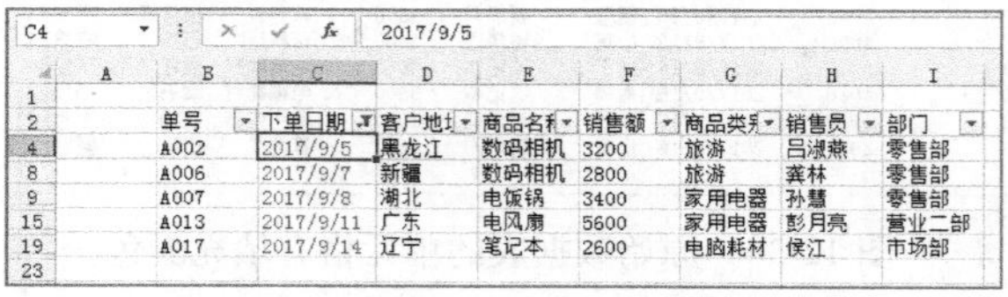

图 12-37　按单元格字体颜色筛选

## 12.4　Worksheet 对象常用方法

Excel 工作表的大部分操作, 都可以通过右击工作表标签, 在弹出的快捷菜单中选择相应的命令来实现, 如图 12-38 所示。

如插入工作表、删除工作表等操作, 都属于工作表的方法, 以下介绍 Worksheet 对象的常用方法。

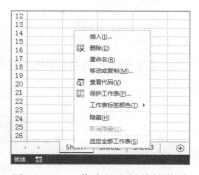

图 12-38　工作表的右键快捷菜单

### 12.4.1　激活和选中工作表

在包含多个工作表的工作簿中，用鼠标单击工作表标签的同时，如果按下【Ctrl】或【Shift】键，可以实现多个工作表的点选和连选。但是，不管选中了多少个工作表，只有一个工作表处于激活状态，这个工作表就是活动工作表 ActiveSheet 对象。

如果要自动选中其中一个表，就可以直接使用 Worksheet.Select 方法，例如 Worksheets("Sheet2").Select 或者 Worksheets(3).Select；如果要同时选中多个表，可以在 Worksheets 的括号内放入一个数组作为参数。

**源代码：实例文档 15.xlsm/ 激活和选中工作表**

```
1.  Sub Test2()
2.      Dim s As Sheets
3.      Dim o As Object
4.      Application.ThisWorkbook.Worksheets(Array("Sheet1", "Sheet3", "Sheet5")).Select
5.      Set s = Application.ActiveWindow.SelectedSheets
6.      MsgBox "你选中了" & s.Count & "个表。下面输出被选中表的名称: "
7.      For Each o In s
8.          Debug.Print o.Name
9.      Next o
10. End Sub
```

**代码分析**：第 4 行代码一次性选中 3 个工作表。

第 5 行代码把当前窗口选中了的表集合赋给对象变量 s。要特别注意 ActiveWindow.SelectedSheets 这个对象的含义。

第 7 ~ 9 行代码遍历每一个被选表的名称。

运行第 6 行代码，弹出的对话框如图 12-39 所示。

如果要选中全部的工作表，这个功能用 VBA 如何实现呢？可以先把所有表的名称提取到一个数组中，然后用 Select 方法选中。代码如下。

图 12-39　运行结果 15

**源代码：实例文档 15.xlsm/ 激活和选中工作表**

```
1.  Sub Test4()
2.      Dim arr() As String
3.      ReDim arr(1 To ThisWorkbook.Sheets.Count)
4.      Dim i As Integer
5.      For i = LBound(arr) To UBound(arr)
6.          arr(i) = ThisWorkbook.Sheets(i).Name
7.      Next i
8.      ThisWorkbook.Sheets(arr).Select
9.  End Sub
```

**代码分析**：首先定义一个动态数组，然后根据工作簿的表总数重新定义数组大小，注意数组下标从 1 开始，因为工作簿中最左边的表的索引从 1 开始。然后用 For 循环把所有表名称放到数组中。第 8 行是关键代码，利用 Sheets( 数组 ).Select 方法选中所有表。

**重要提示**：数组中除了放置表名称字符串外，还可以放置表的索引。例如，Worksheets(Array(1, 3, 5)).Select 表示选中第 1、3、5 个表。Worksheets(Array(1, "Sheet2", 5)).Select 表

示选中第 1 个、第 5 个表，以及名称为 Sheet2 的表。

以上讨论的是如何选中多个表。

**Activate** 方法用于把其中一个表激活作为活动工作表。

**源代码：实例文档 15.xlsm/ 激活和选中工作表**

```
1.  Sub Test3()
2.      Application.ThisWorkbook.Worksheets(2).Activate
3.      MsgBox Application.ActiveSheet.Name
4.  End Sub
```

代码中选中并激活第 2 个表，然后对话框中返回活动工作表的名称：Sheet2。

### 12.4.2　工作表的移动和复制

使用 Worksheet.Move 方法实现工作表的移动，使用 Worksheet.Copy 方法可以实现工作表的复制。移动和复制的参数是一样的，但是功能略有差别。表的移动是指这个表从 A 处挪动到 B 处，挪动之后 A 处就不再有这个表。而复制则是创建副本，原处还有该表。

既可以将工作表移动到同一工作簿的其他表的前后位置，也可以将工作表移动到其他工作簿中。因此只需要设定 Move 方法的 Before 或 After 参数即可。

下面介绍一个工作表在同一工作簿内部移动。

**源代码：实例文档 15.xlsm/ 工作表的移动复制和另存**

```
1.  Sub Test1()
2.      Dim wst As Worksheet
3.      Set wst = ThisWorkbook.Worksheets("Sheet2")
4.      wst.Move After:=ThisWorkbook.Worksheets("Sheet3")
5.      MsgBox wst.Index
6.  End Sub
```

代码分析：以上代码把 Sheet2 这个表移动到了 Sheet3 的后面。工作表在移动之后，表的索引会重建，因此最后的对话框中弹出数字 3，因为移动操作之后工作表的排列顺序为 Sheet1、Sheet3、Sheet2。

如果要把一个工作表移动到另一个工作簿中，使用如下代码。

**源代码：实例文档 15.xlsm/ 工作表的移动复制和另存**

```
1.  Sub Test2()
2.      Dim wst As Worksheet
3.      Set wst = ThisWorkbook.Worksheets("Sheet2")
4.      wst.Move Before:=Application.Workbooks(" 实例文档 16.xlsm").Worksheets("2017")
5.  End Sub
```

运行上述代码之前，同时打开源文件"实例文档 15.xlsm"和"实例文档 16.xlsm"，运行后发现工作表 Sheet2 移动到工作簿"实例文档 16.xlsm"的 2017 这个表之前。

工作表的复制和移动的代码非常相似。

**源代码：实例文档 15.xlsm/ 工作表的移动复制和另存**

```
1.  Sub Test3()
2.      Dim wst As Worksheet
3.      Set wst = ThisWorkbook.Worksheets("Sheet2")
4.      wst.Copy After:=ThisWorkbook.Worksheets("Sheet3")
5.  End Sub
```

以上代码把 Sheet2 这个表复制到 Sheet3 之后，复制了的表名称默认为 Sheet2(2)。

如果工作表的 Copy 方法后没有加任何参数，那么执行该方法会把工作表复制到新工作簿中，并且该新工作簿成为活动工作簿，根据这个原理可以实现工作表的分发。

在实际应用中，经常需要把工作簿中每个工作表另存为单独的工作簿文件。

假设现在打开任何一个有数据的工作簿，然后运行 Sheet.Copy，会看到 Excel 中多出来一个新工作簿。接下来只需要把该工作簿另存为合适的格式，然后关闭即可。

下面的实例实现把一个启用宏的工作簿中 8 个工作表分发为 8 个独立的不启用宏的普通工作簿文件。

**源代码：Excel2010 实际操作题 .xlsm/ 分发工作表**

```
1.  Sub Test3()
2.      Dim wst As Excel.Worksheet
3.      For Each wst In ThisWorkbook.Worksheets
4.          wst.Copy
5.          Application.ActiveWorkbook.SaveAs Filename:="D:\dist\" & wst.Name &
            ".xlsx", FileFormat:=Excel.XlFileFormat.xlOpenXMLWorkbook
6.          Application.ActiveWorkbook.Close
7.      Next wst
8.  End Sub
```

代码分析：第 4 行代码中的 wst.Copy 方法是把该工作表变成新工作簿，第 5 行代码指定另存的文件路径以及文件格式，第 6 行代码关闭刚刚另存的工作簿。

上述过程运行结果如图 12-40 所示。

图 12-40　运行结果 16

## 12.4.3　控制工作表的计算

如果把 Excel 的计算模式设置为手动计算，那么工作表中数据发生变动后，用公式计算后的结果不会立即更新。用户可以按下快捷键【F9】重新计算工作表，也可以借助 VBA，使用 Worksheet.Calculate 方法重新计算。

**源代码：实例文档 15.xlsm/ 控制工作表的计算**

```
1.  Sub Test1()
2.      Application.Calculation = xlCalculationManual   '设置计算模式为手动
3.      ThisWorkbook.Worksheets("Sheet2").Calculate
4.  End Sub
```

代码分析：上述过程首先设置 Excel 的计算方式为手动，当然，这步也可以预先设置好。接下来重新计算 Sheet2 工作表。该工作表背后预先写了一个工作表的事件过程，代码如下。

**源代码：实例文档 15.xlsm/Sheet2**

```
1.  Private Sub Worksheet_Calculate()
2.      MsgBox "工作表被执行计算! ", vbInformation
3.  End Sub
```

因此，当工作表的数据发生编辑后，再运行上述 Test1 过程，会看到公式结果被正确更新，同时弹出如图 12-41 所示的对话框。

这说明工作表的重新计算引发了工作表的计算事件。

图 12-41　运行结果 17

## 12.4.4　设定背景图片

Worksheet.SetBackgroundPicture 方法可以为工作表插入外部的一张图片作为背景。

**源代码：实例文档 15.xlsm/ 设置背景图片**

```
1.  Sub Test1()
2.      Dim wst As Worksheet
3.      Set wst = ThisWorkbook.Worksheets(1)
4.      wst.SetBackgroundPicture "C:\temp\PC.jpg"
5.  End Sub
```

运行代码后，第一个工作表效果如图 12-42 所示。

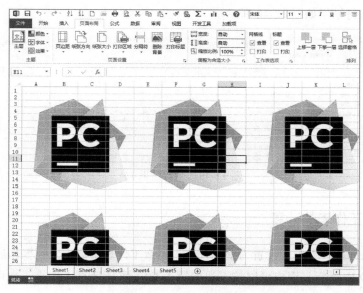

图 12-42　运行结果 18

此时保存工作簿后将其关闭，故意删除 C:\temp\PC.jpg 这张图片，再次打开工作簿，背景图仍然存在，这说明背景图随工作簿一起保存了。

如果要删除工作表的背景图，只需要执行 wst.SetBackgroundPicture "" 即可。

## 12.4.5　复制和粘贴数据

把一个单元格区域的内容复制，并粘贴到工作表中，首先运行 Range.Copy 方法，把单元格的内容放到剪贴板，然后运行 Workbook.Paste 方法把剪贴板内容粘贴到工作表的默认单元格中。

Worksheet 的 Paste 方法的完整语法为：

**Worksheets.Paste Destination, Link**

❑ 参数 Destination 必须是一个 Range 对象，表示粘贴的目的地。

❑ 参数 Link 是一个布尔值，表示是否粘贴为链接，如果为 True，表示粘贴目的地不仅粘贴数值，而且自动创建公式，与源区域建立链接。

Destination 和 Link 参数不可同时使用，也就是说 Paste 方法最多接受一个参数。

打开源文件"实例文档 15.xlsm"，切换到 Sheet2，运行如下过程。

**源代码：实例文档 15.xlsm/ 复制和粘贴数据**

```
1.  Sub Test1()
2.      Worksheets(2).Range("B1:B5").Copy
3.      Worksheets(3).Paste Destination:=Worksheets(3).Range("D1:D5")
4.  End Sub
```

代码分析：上述代码首先对第二个工作表的 B1:B5 执行复制，相当于按下快捷键【Ctrl+C】，执行完这句后，会看到该区域周围有虚线框。然后对第三个工作表进行粘贴，粘贴的终点为 D1:D5。实际上，Paste 方法后面可以不设置任何参数，这时候粘贴的终点取决于第三个工作表的当前选择区域。

接下来看一个粘贴链接的实例。

**源代码：实例文档 15.xlsm/ 复制和粘贴数据**

```
1.  Sub Test2()
2.      Worksheets(2).Range("B1:B5").Copy
3.      Worksheets(3).Range("B1:B5").Select
4.      Worksheets(3).Paste Link:=True
5.  End Sub
```

由于 Paste 方法最多接受一个参数，所以无法规定 Destination 参数，因此在 Paste 方法之前，需要使用 Select 方法预先选中第三个工作表的 B1:B5 区域。

上述过程执行后，会发现第三个工作表的区域中保留有公式。

另外，WorkSheet 对象还有一个 PasteSpecial 方法，用于粘贴 Excel 外部的对象，不过这个方法的用途不太广泛，读者可以自行摸索。不过，与今后要讲到的 Range.PasteSpecial 方法区别开来。

**重要提示**：本节的 Test1 过程，还可以改写为如下单行版本，两者功能基本相同。

**源代码**：实例文档 15.xlsm/ 复制和粘贴数据

```
1.  Sub Test3()
2.      Worksheets(2).Range("B1:B5").Copy Worksheets(3).Range("E1:E5")
3.  End Sub
```

也就是说，在 Copy 方法之后直接写上目的地区域即可。使用这种方式，原单元格区域周围不出现虚线框，比过程 Test1 运行速度更快。在 Excel VBA 编程的实际应用中，经常用到 Range1.Copy Range2 这种方式快速复制数据。

### 12.4.6　使用记录窗体

在 Excel 2003 版，主菜单中有一个记录窗体功能，在编辑数据表时比较方便。在 Excel 2007 以上版本，该功能找不到了，但是通过 VBA 还是能显示出该窗口。

打开源文件"实例文档 15.xlsm"，切换到工作表 Sheet4，运行如下过程。

**源代码**：实例文档 15.xlsm/ 使用记录窗体

```
1.  Sub Test1()
2.      Worksheets("Sheet4").ShowDataForm
3.  End Sub
```

这样就可以在记录窗体中编辑数据记录了，如图 12-43 所示。

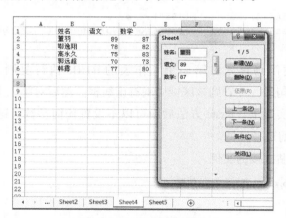

图 12-43　使用记录窗体

如果工作表中的数据没有标题行，执行上述代码会出现如图 12-44 所示的提示对话框。

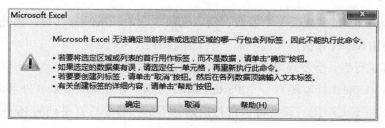

图 12-44　提示对话框

此时，单击"确定"按钮即可出现记录窗体。

### 12.4.7 工作表的保护

对工作表设置保护，可以提高工作表安全性，使得工作表的编辑更加智能化。

**Worksheet.Protect** 方法可以对工作表实施保护。该方法的语法和参数如下：

```
Worksheet.Protect(Password,DrawingObjects,Contents,Scenarios,UserInterfaceOnly,
AllowFormattingCells,AllowFormattingColumns,AllowFormattingRows,AllowInsertingColumns,
AllowInsertingRows,AllowInsertingHyperlinks,AllowDeletingColumns,AllowDeletingRows,
AllowSorting,AllowFiltering,AllowUsingPivotTables)
```

所有参数中，只有 Password 参数的类型是一个字符串，其余参数均为布尔型。

为了理解以上参数的含义，在 Excel 中选择"审阅"→"更改"→"保护工作表"命令，会弹出"保护工作表"对话框，如图 12-45 所示。

参数 Password:="nihao"，相当于在密码框中输入 nihao。

参数 Contents:=True，相当于勾选了对话框中的"保护工作表及锁定的单元格内容"复选框。

参数 AllowFormattingCells:=True，相当于勾选了"设置单元格格式"复选框。

图 12-45 "保护工作表"对话框

上面对话框中自"设置单元格格式"以下各项，对应的各参数都以 Allow 开头。例如，允许插入列对应的 VBA 代码是 AllowInsertingColumns:=True，不允许删除行对应的代码是 AllowDeletingRows=False，以此类推。

而对于保护后的工作表，哪些单元格还能被用户选中呢？也就是说，如何用 VBA 自动控制保护工作表中"选定锁定单元格"以及"选定未锁定单元格"这两个复选框呢？这要用到 Worksheet 对象的 EnableSelection 属性。

工作表的 EnableSelection 属性只能等于如下三个枚举常量之一。

❑ Excel.XlEnableSelection. xlNoRestrictions：不加任何限制，可以选择所有单元格。

❑ Excel.XlEnableSelection. xlNoSelection：不能选中任何单元格。

❑ Excel.XlEnableSelection.xlUnlockedCells：只能选中未锁定的单元格。

打开源文件"实例文档 15.xlsm"，切换到工作表 Sheet5，运行如下过程：

**源代码：实例文档 15.xlsm/ 保护工作表**

```
1.  Sub Test1()
2.      Dim wst As Worksheet
3.      Set wst = ThisWorkbook.Worksheets(5)
4.      wst.Protect Password:="nihao", DrawingObjects:=True, Contents:=True,
        Scenarios:=True, AllowInsertingColumns:=True
5.      wst.EnableSelection = Excel.XlEnableSelection.xlUnlockedCells
6.  End Sub
```

代码分析：代码执行后，工作表 Sheet5 被设置了工作表保护，密码是 nihao，只允许插入列操作。并且，只能选中未锁定的单元格，也就是只有 A1:B10 区域可以用鼠标选中。

对于设置了保护的工作表，如何获得工作表的保护状态和参数呢？还需要了解 Worksheet 的一些相关属性。

❑ Worksheet.ProtectContents：当工作表处于保护状态，该属性返回 True。

❑ Worksheet.Protection：是一个保护对象，通过该对象可以获取到各个保护参数。

**源代码：实例文档 15.xlsm/ 保护工作表**

```
1.  Sub Test3()
2.      Dim wst As Worksheet
3.      Set wst = ThisWorkbook.Worksheets(5)
4.      wst.Protect Password:="nihao", DrawingObjects:=True, Contents:=True,
        Scenarios:=True, AllowInsertingColumns:=True
5.      wst.EnableSelection = Excel.XlEnableSelection.xlUnlockedCells
6.      If wst.ProtectContents Then
7.          MsgBox "处于保护状态。"
8.      Else
9.          MsgBox "未保护。"
10.     End If
11.     With wst.Protection
12.         Debug.Print .AllowInsertingColumns, .AllowFiltering, .AllowFormattingCells
13.     End With
14. End Sub
```

代码分析：第 6 行代码检测工作表的状态，由于第 4 行代码设置了工作表保护，所以返回"处于保护状态"。

第 12 行获取保护状态下各参数的状态，分别返回 True、False、False。

如果要撤销工作表的保护，需要用 Worksheet.UnProtect 方法，该方法只需要提供密码参数。

**源代码：实例文档 15.xlsm/ 保护工作表**

```
1.  Sub Test2()
2.      Dim wst As Worksheet
3.      Set wst = ThisWorkbook.Worksheets(5)
4.      wst.Unprotect Password:="nihao"
5.      If wst.ProtectContents Then
6.          MsgBox "处于保护状态。"
7.      Else
8.          MsgBox "未保护。"
9.      End If
10. End Sub
```

代码分析：第 4 行代码用于撤销保护。由于撤销了保护，因此对话框弹出"未保护"。

## 12.4.8  工作表的预览和打印

在日常办公中，经常需要打印 Office 文档，对于工作表的打印，只需要学习打印预览（Worksheet.PrintPreview 方法）和打印输出（Worksheet.PrintOut 方法）。当然，工作表打印之前需要进行页面设置，关于页面设置的介绍，请参考 12.2.8 节内容。

PrintOut 方法的语法和参数格式如下：

```
Worksheet.PrintOut(From,To,Copies,Preview,ActivePrinter,PrintToFile,Collate,PrToFileName,
IgnorePrintAreas)
```

❑ From 和 To：分别设置打印的页面范围。如果不设置，默认打印该工作表的所有页面。

❑ Copies：设置打印份数，默认为 1。

❑ Preview：打印前是否弹出预览视图，默认为 False。

❑ PrintToFile：是否打印到文件。如果要打印到文件，需要同时设置 PrToFileName 参数。

❑ PrToFileName：输出的文件路径，只有当 PrintToFile 为 True 时有效。

为了更好地理解参数的含义，打开 Excel 的打印对话框查看，如图 12-46 所示。

上面对话框中画圈的部分，就是设置的打印份数和页面范围。如果单击"打印机"下拉菜单，看到如图 12-47 所示的"打印机"选项。

图 12-46　Excel 打印对话框

图 12-47　"打印机"选项

以上对话框的各项，均可以通过 VBA 自动设置。

**源代码：实例文档 15.xlsm/ 工作表的预览和打印**

```
1.  Sub Test2()
2.      Dim wst As Worksheet
3.      Set wst = ThisWorkbook.Worksheets(2)
4.      wst.PrintOut From:=1, To:=3, Copies:=2, Preview:=True
5.  End Sub
```

以上代码表示打印 1 ~ 3 页，打印 2 份，打印前预览。

在实际应用中，改成如下形式更为合理。

**源代码：实例文档 15.xlsm/ 工作表的预览和打印**

```
1.  Sub Test3()
2.      Dim wst As Worksheet
3.      Set wst = ThisWorkbook.Worksheets(2)
4.      wst.PrintPreview
```

```
5.        wst.PrintOut From:=1, To:=3, Copies:=2
6.  End Sub
```

上述代码中，第 4 行的打印预览不是必需的。

如果要打印到文件，而不从打印机输出，修改代码如下。

**源代码：实例文档 15.xlsm/ 工作表的预览和打印**

```
1.  Sub Test4()
2.      Dim wst As Worksheet
3.      Set wst = ThisWorkbook.Worksheets(2)
4.      wst.PrintOut PrintToFile:=True, PrToFileName:="C:\temp\export.pdf"
5.  End Sub
```

**重要提示：** 如果要打印工作簿中的所有工作表，只需要把 Worksheet.PrintOut 改成 Workbook.PrintOut 即可，参数要求不变。另外，也可以使用 For Each 遍历每个表的时候，循环打印即可。

**知识拓展：** 实际工作中，有时候会遇到：同一个工作表需要打印出多份，每份的格式相同，但是部分数据需要有改动的情况。像这种情况，就需要一边改动工作表一边打印，这样从打印机出来的每页均不相同。

还是以"实例文档 15.xlsm"的工作表 Sheet2 为例，利用数组公式的方式不断改动学生成绩，每改动一次，就打印一张出来。

**源代码：实例文档 15.xlsm/ 工作表的预览和打印**

```
1.  Sub Test5()
2.      Dim i As Integer
3.      For i = 1 To 5
4.          Sheet2.Range("B1:D15").Formula = "=RandBetween(60,80)"
5.          Sheet2.PrintOut
6.      Next i
7.  End Sub
```

**代码分析：** 上述代码的循环结构循环 5 次，每循环一次，成绩区域自动输入随机整数的公式，然后打印。最后从打印机出来的 5 张纸的数据都不一样。

## 12.5 Worksheet 对象重要事件

Excel VBA 的文档事件，主要分为三个级别：应用程序级事件（参阅 10.4 节相关内容）；工作簿级事件（参阅 11.4 节相关内容）；工作表、图表事件。

无论是哪一个级别的事件，功能是类似的，都是当用户做出某一操作时，Excel 能够自动感知并做出响应。

Excel 文档事件在很多场合下发挥着巨大作用，例如工作表插件、工作表游戏等都和工作表事件有关系。

Worksheet 对象的事件过程要书写在相应的工作表模块中，创建事件过程的步骤如下：在 VBA 界面中，双击工程资源管理器中 Sheet1 模块，在代码区域左侧的下拉列表框中选择

Worksheet，在右侧下拉列表框中出现各种事件名称，根据需要选择其一，代码区域会自动生成模板，如图 12-48 所示。

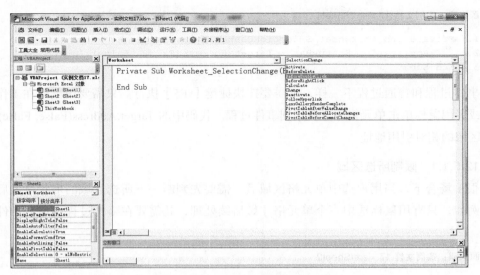

图 12-48　工作表事件模块

本节着重介绍 Worksheet 的以下三个重要事件。

❑ Worksheet_SelectionChange：工作表所选区域发生变化时响应。

❑ Worksheet_Change：单元格内容发生改变时响应。

❑ Worksheet_BeforeRightClick：在工作表中右击时响应。

这些事件由于在前面几章介绍过，因此这里要分析一下它们的联系与区别。

实际上，工作表的很多事件名称，在应用程序事件名称列表、工作簿事件名称列表中均包含。它们的功能一样，但是声明方式以及作用范围不同。例如，SelectionChange 事件有如下三种写法。

❑ 应用程序级事件：Private Sub App_SheetSelectionChange(ByVal Sh As Object, ByVal Target As Range)。

❑ 工 作 簿 级 事 件：Private Sub Workbook_SheetSelectionChange(ByVal Sh As Object, ByVal Target As Range)。

❑ 工作表级事件：Private Sub Worksheet_SelectionChange(ByVal Target As Range)。

应用程序级事件的作用范围是应用程序中所有工作簿的所有工作表，工作簿级事件的作用范围是该工作簿中的所有工作表，而工作表级事件则是只在该工作表范围内有效。

其他工作表事件也具有类似的性质。

## 12.5.1　选中区域变更事件

当用鼠标在工作表中选中单元格区域时会响应 Worksheet_SelectionChange 事件，该事件过程中的 Target 参数返回所选单元格区域。

下面举一个实例，当用鼠标选择新的区域后，Excel 的状态栏显示所选区域的相对地址。在实例文档 17.xlsm 中的 Sheet1 模块中书写如下事件过程。

**源代码：实例文档 17.xlsm/Sheet1**

```
1.  Private Sub Worksheet_SelectionChange(ByVal Target As Range)
2.      Application.StatusBar = Target.Address(False, False)
3.  End Sub
```

事件过程和普通过程不一样，不需要按快捷键【F5】执行。只需要用鼠标在工作表中选中或者用鼠标单击单元格即可调用到事件过程。代码中的 Target.Address(False, False) 表示所选区域的相对引用地址。

### 12.5.1.1   限制所选区域

很多场合下，当用户选中单元格区域后，需要先判断一下所选区域的形状再做后续处理。例如，只有用鼠标选中一个单元格才做后续处理，就需要在事件过程中加入条件判断语句。

**源代码：实例文档 17.xlsm/Sheet2**

```
1.  Private Sub Worksheet_SelectionChange(ByVal Target As Range)
2.      If Target.Cells.Count = 1 Then
3.          MsgBox "你选中了: " & Target.Address(False, False)
4.      End If
5.  End Sub
```

代码分析：当用户用鼠标选中工作表 Sheet2 的多个单元格时，什么也不发生，如果只选中一个单元格，则弹出如图 12-49 所示的对话框。

再如，当选中区域的左上角位于 C 列左侧，就涂上绿色，选中 C 列右侧涂上黄色。

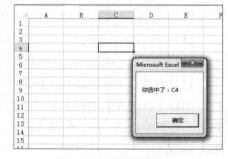

图 12-49    运行结果 19

**源代码：实例文档 17.xlsm/Sheet3**

```
1.  Private Sub Worksheet_SelectionChange(ByVal Target As Range)
2.      If Target.Column <= 3 Then
3.          Target.Interior.Color = vbGreen
4.      Else
5.          Target.Interior.Color = vbYellow
6.      End If
7.  End Sub
```

代码分析：Target.Column 表示所选区域的列，也就是所选区域左上角单元格所在列。

### 12.5.1.2   注意无限递归

一般情况下，Worksheet_SelectionChange 事件过程的代码中，不应该包含与 Range.Select 方法相关的语句，否则极易造成无限递归。

打开源文件"实例文档 17.xlsm"，切换到工作表 Sheet4，用鼠标任意选中一个单元格，例如选中 B1，会产生如图 12-50 所示的阶梯效果。

**源代码：实例文档 17.xlsm/Sheet4**

```
1.  Private Sub Worksheet_SelectionChange(ByVal Target As Range)
2.      If Target.Row > 10 Then
3.          End
4.      End If
5.      Target.Interior.Color = vbBlue
6.      Target.Offset(1, 1).Select
7.  End Sub
```

代码分析：当用鼠标选中 B1 后，会立即响应上述事件过程，由于 B1 的行是 1，不会进入到 If 结构中，首先把 B1 填充色设置为蓝色，然后自动选中 B1 右下角的单元格 C2。Range.Offset(1,1) 表示在源区域的基础上向下偏移 1 行，然后向右偏移 1 列，因此是 C2。

由于第 6 行代码选中了 C2 单元格，这一行为会导致再次响应 Worksheet_SelectionChange 事件过程，也就是调用了事件过程自身，属于递归调用。

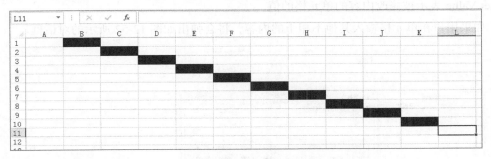

图 12-50　运行结果 20

连续调用 10 次后，Target 的所在行超过 10，If 判断成立，就终止整个程序。

如果上述过程中没有写第 2 ~ 4 行的 If 结构，很可能造成 Excel 的崩溃。

## 12.5.2　工作表修改事件

工作表修改事件是指单元格内容发生改变时响应的事件过程。例如，用户在单元格中编辑数据，或者使用 VBA 自动往单元格中写入值、清空单元格内容等操作都会响应 Worksheet_Change 事件。

注意，该事件的名称与前面讲过的 Worksheet_SelectionChange 事件只有一个单词的差异。

### 12.5.2.1　根据用户输入激活其他应用程序

下面模拟当用户在单元格输入中文命令时，自动启动相应的外部程序。

VBA 可以使用 Shell 命令启动外部程序，例如 Shell "calc.exe", vbNormalFocus 可以自动启动计算器。

打开源文件"实例文档 17.xlsm"，切换到工作表 Sheet1，在任意一个单元格中输入"计算器"三个字，然后按【Enter】键确认，会看到自动跳出计算器，如图 12-51 所示。

**源代码：实例文档 17.xlsm/Sheet1**

```
1.   Private Sub Worksheet_Change(ByVal Target As Range)
2.       If Target.Value = "计算器" Then
3.           Shell "calc.exe", vbNormalFocus
4.       ElseIf Target.Value = "控制面板" Then
5.           Shell "control.exe", vbNormalFocus
6.       ElseIf Target.Value = "命令行" Then
7.           Shell "cmd.exe", vbNormalFocus
8.       ElseIf Target.Value = "记事本" Then
9.           Shell "notepad.exe", vbNormalFocus
10.      Else
11.          MsgBox "不明白你想干什么！", vbExclamation
12.      End If
13.  End Sub
```

代码分析：当用户在单元格中输入内容后，就会自动响应 Worksheet_Change 事件，Target.Value 表示被修改内容的单元格的值。

如果用户在单元格输入其他不相干的内容，将会弹出如图 12-52 所示的对话框。

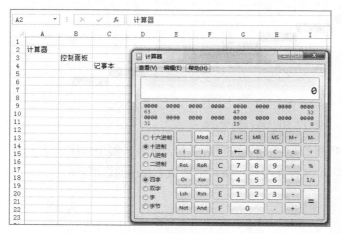

图 12-51　运行结果 21

图 12-52　运行结果 22

### 12.5.2.2　避免无限递归

Worksheet_Change 事件过程中如果存在修改单元格内容的语句，同样会造成无限递归。

打开源文件"实例文档 18.xlsm"，切换到工作表 Sheet1，在该工作表的任一单元格中输入内容后按下【Enter】键。

**源代码：实例文档 18.xlsm/Sheet1**

```
1.   Private Sub Worksheet_Change(ByVal Target As Range)
2.       Target.Offset(1, 0).Value = 85
3.   End Sub
```

按下【Enter】键后工作表中结果如图 12-53 所示。

为什么事件过程中主要代码只有一行，结果却出来这么多 85？这是因为事件过程中，存在改变单元格值的语句，该语句执行完后，又一次响应了事件过程本身，造成无限递归。

为了避免诸如此类的无限递归，可以在过程的开头和结尾加上事件的开关设置。

切换到工作表 Sheet2，输入任意内容后，会看到后来只出现一次 64。代码如下。

**源代码：实例文档 18.xlsm/Sheet2**

```
1.  Private Sub Worksheet_Change(ByVal Target As Range)
2.      Application.EnableEvents = False
3.      Target.Offset(1, 0).Value = 64
4.      Application.EnableEvents = True
5.  End Sub
```

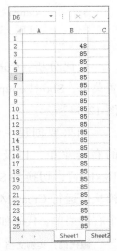

图 12-53　运行结果 23

代码分析：用户输入内容后，响应 Worksheet_Change 事件，但是立即关闭事件功能，输入 64 后不会触发事件，然后再次开启事件功能。这样就不会造成无限递归。

### 12.5.3　工作表右击事件

用鼠标在单元格区域右击，会响应 Worksheet_BeforeRightClick 事件，该事件包含以下两个参数。

❑ Target：鼠标右击时所选中的单元格区域。

❑ Cancel：该参数默认为 False，如果在事件过程中设置为 True，将不会弹出默认的单元格右键菜单。

#### 12.5.3.1　屏蔽默认的右键菜单

打开源文件"实例文档 18.xlsm"，切换到工作表 Sheet3，用鼠标在任意单元格右击。

**源代码：实例文档 18.xlsm/Sheet3**

```
1.  Private Sub Worksheet_BeforeRightClick(ByVal Target As Range, Cancel As Boolean)
2.      Target.Value = Rnd()
3.      Cancel = True
4.  End Sub
```

代码分析：运行上述过程，会看到选中的区域中自动输入了随机数字，而且不再弹出右键菜单。

#### 12.5.3.2　弹出自定义菜单

用鼠标在工作表右击时，屏蔽默认的单元格右键菜单后，还可以跳出其他菜单。实际上，Office 的菜单是一种工具栏对象，右键菜单是一种竖排工具栏而已。

如果要弹出内置的菜单，需要知道菜单的名称或索引号。

**源代码：实例文档 18.xlsm/Sheet3**

```
1.  Private Sub Worksheet_BeforeRightClick(ByVal Target As Range, Cancel As Boolean)
2.      Target.Value = Rnd()
```

```
3.        Cancel = True
4.        Application.CommandBars("Document").ShowPopup
5.    End Sub
```

代码分析：CommandBars("Document") 是 Excel 的一个内置菜单，ShowPopup 方法将会在鼠标附近弹出该菜单，结果如图 12-54 所示。

如果要创建一个用户自定义菜单，需要事先搭建自己的右键菜单，以及菜单中的控件。打开源文件"实例文档 18.xlsm"，切换到 Sheet4，在 VBA 代码区域中切换到 Sheet4 模块，运行 CreateMenu 过程，目的是确保 Excel 具有 Right 这个右键菜单。代码如下。

图 12-54　运行结果 24

**源代码：实例文档 18.xlsm/Sheet4**

```
1.    Private Sub CreateMenu()
2.        On Error Resume Next
3.        Dim cmb As Office.CommandBar
4.        Dim bt1 As Office.CommandBarButton, bt2 As Office.CommandBarButton
5.        Application.CommandBars("Right").Delete
6.        Set cmb = Application.CommandBars.Add(Name:="Right", Position:=msoBarPopup)
7.        Set bt1 = cmb.Controls.Add(Type:=msoControlButton)
8.        With bt1
9.            .Caption = "清除值"
10.           .OnAction = "m.Clear"
11.           .FaceId = 2950
12.       End With
13.       Set bt2 = cmb.Controls.Add(Type:=msoControlButton)
14.       With bt2
15.           .Caption = "随机数"
16.           .OnAction = "m.Random"
17.           .FaceId = 290
18.       End With
19.   End Sub
```

以上代码自动创建一个名称为 Right 的右键菜单，然后向该右键菜单中添加两个按钮，功能分别是清除单元格的值，以及向单元格写入随机数。"清除值"按钮被单击后，响应标准模块 m 中的 Clear 过程；"随机数"按钮会响应 Random 过程。

标准模块 m 中的 Clear 过程代码如下。

```
1.    Sub Clear()
2.        Selection.ClearContents
3.    End Sub
```

Random 过程代码如下。

```
1.    Sub Random()
2.        Selection.Value = Rnd()
3.    End Sub
```

接下来在 Sheet4 的单元格中右击，结果如图 12-55 所示。

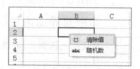

图 12-55　运行结果 25

这是因为工作表的事件过程中，有如下一行代码：

```
Application.CommandBars("Right").ShowPopup
```

关于工具栏和菜单方面的内容，请参阅第 17 章相关内容。

### 12.5.3.3　识别组合键

利用 API 函数可以识别键盘上的按键是否处于按下状态，根据这个原理，当鼠标右击单元格时，根据键盘按键的不同，做出不同的反应。

打开源文件"实例文档 32.xlsm"，切换到工作表 Sheet1，用鼠标单击单元格之前，按下功能键【F10】会弹出"行菜单"；如果按住【Ctrl】键的同时右击单元格，会弹出"工作表标签"的右键菜单；如果按住【Alt】键的同时右击单元格，会弹出"桌面"的右键菜单。其原因是 Sheet1 的工作表事件中有如下代码：

**源代码：实例文档 32.xlsm/Sheet1**

```
1.   Private Declare Function GetKeyState Lib "user32" (ByVal nVirtKey As Long) As Integer
2.   Private Sub Worksheet_BeforeRightClick(ByVal Target As Range, Cancel As Boolean)
3.       Cancel = True
4.       If (GetKeyState(VBA.KeyCodeConstants.vbKeyF10) And &H8000) Then
5.           Application.CommandBars("Row").ShowPopup
6.       ElseIf (GetKeyState(VBA.KeyCodeConstants.vbKeyControl) And &H8000) Then
7.           Application.CommandBars("Ply").ShowPopup
8.       ElseIf (GetKeyState(VBA.KeyCodeConstants.vbKeyMenu) And &H8000) Then
9.           Application.CommandBars("DeskTop").ShowPopup
10.      End If
11.  End Sub
```

代码分析：第 1 行代码是一个 API 函数，写在模块顶部即可，用来判断键盘的键是否处于按下状态。

第 3 行代码用于屏蔽单元格本身的右键菜单。第 4 行代码的 If 条件选择中，VBA.KeyCodeConstants.vbKeyF10 是一个键盘枚举常量，只有按下【F10】才能执行该分支的语句。同理，第 6 行代码识别【Ctrl】键，第 8 行代码识别【Alt】键的按下状态。

这样处理，即使都是在工作表中右击，做出的反应也是不同的。

## 12.5.4　使用类模块操作 Excel 文档事件

虽然 Excel VBA 中的工作簿、工作表事件为开发者提供了便利，大大降低了开发难度，但是从程序设计的角度来看，会让人们对事件机制产生误解。如果考虑到今后程序作品的封装，那么事件过程的封装就是一个难题。

这里可以思考一下，为什么 Excel VBA 中工作簿级、工作表级的事件产生得那么容易，而应用程序级的事件过程相对复杂。

这里用类模块的方式来实现工作表事件。

第一步：新建一个工作簿，在 VBA 工程中，插入一个类模块，类模块重命名为 ClsEvent。

第二步：在类模块中输入如下代码：

```
1.  Public WithEvents wst As Excel.Worksheet
2.  Private Sub wst_SelectionChange(ByVal Target As Range)
3.      Target.Interior.Color = vbRed
4.  End Sub
```

代码分析：wst 是一个具有事件过程的对象变量，第 2 ~ 4 行是它的事件过程。

第三步：在 VBA 工程中插入一个标准模块，重命名为 m。

第四步：在模块 m 中输入如下代码。

```
1.  Dim E As New ClsEvent
2.  Sub Test1()
3.      Set E.wst = ThisWorkbook.Worksheets(2)
4.  End Sub
5.  Sub Test2()
6.      Set E.wst = Nothing
7.  End Sub
```

代码分析：E 是一个 ClsEvent 的新实例。

第五步：用鼠标选择 Test1，运行这个过程，然后切换到 Excel 界面中的 Sheet2 工作表，任意选中一个区域，会看到该区域填充色变红。

如果要去掉这个效果，只需要再次执行一下 Test2 过程，Sheet2 就不再响应类模块中的事件了。

本节源文件：实例文档 19.xlsm。

学习使用类模块方式创建事件的过程，将有助于今后 VBA 代码封装方面的学习。

## 习题

1. 假定一个工作簿中每个工作表都是以月份命名的，如图 12-56 所示。请用 VBA 自动为所有工作表重命名，在每个工作表原有名称前面加上 "2017 年"。

图 12-56　习题 1 图

2. 编写一个过程，该过程能够让工作簿中所有工作表倒序排列，也就是最右边的工作表移动到最左边，以此类推。

3. 利用工作表的 BeforeDoubleClick 事件编写程序，当用鼠标双击任何一个单元格时，该单元格的内容与其正下方的单元格内容互换。例如，在图 12-57 中，双击 B3 单元格，使得 B3 的内容是 "张三"，B4 的内容变成 "李四"。

图 12-57　习题 3 图

# 第 13 章
# 图表 Chart 对象

Office 中的图表是根据数据生成的图形。使用图表可以把数据可视化地呈现出来，当数据发生变化时，不需要重新绘制图表，即可动态更新。

除了 Excel 以外，Word、PowerPoint 等其他组件也支持图表。图表技术也是微软 Office 的一个重要的技术内容。

本章主要了解和熟悉 Chart 对象的重要属性、常用、方法和事件，掌握使用 VBA 操作和控制图表。

在学习图表自动化之前，需要事先了解一下 Excel 中手工创建和修改图表的步骤。

在 Excel 2013 中，首先用鼠标选取数据区域，然后选择"插入"命令，单击"图表"右下角的箭头，会弹出"插入图表"对话框（见图 13-1）。选择合适的图表类型后，单击"确定"按钮，立即在工作表上出现一个簇状柱形图。

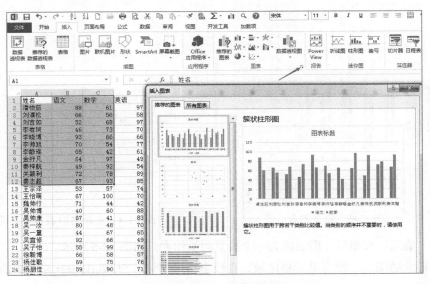

图 13-1　Excel 图表对话框

一个图表包含很多对象，例如图表标题、图例、系列格式，这些都可以在后期进行改动。特别要注意的是，用鼠标在图表区域选择对象时，选择"格式"→"当前所选内容"命令，可以看到左上角的组合框内容会相应地变化，如图 13-2 所示。

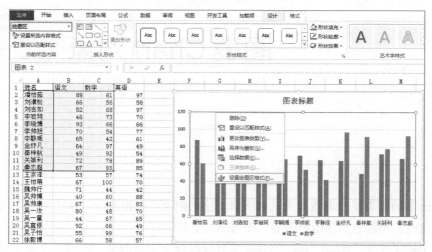

图 13-2　图表选项

默认情况下，在 Excel 中插入图表后，该图表会浮动在工作表中，压住一部分单元格区域。这种对象属于工作表中的图表对象（ChartObject），图表内嵌于工作表中。

在图表区右击，在弹出的快捷菜单中选择"移动图表"命令，如图 13-3 所示，可在弹出的"移动用表"对话框中进行设置，把内嵌在工作表中的图表对象作为独立的"表"插入到工作表标签中。

在"移动图表"对话框中，选中"新工作表"单选按钮，并重命名，如图 13-4 所示。

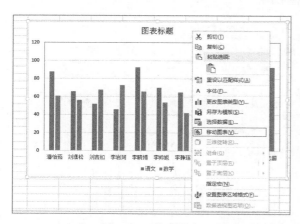

图 13-3　移动图表

图 13-4　重命名图表工作表的名称

单击"确定"按钮后，图表成为一个独立的工作表，如图 13-5 所示。

这种形式的图表，没有单元格区域，也没有行号列标；与 Worksheet 是平级的对象，其父对象都是 Workbook，但是仍然依赖于创建图表时的数据源。

下面的过程用来遍历工作簿中的所有表的信息。

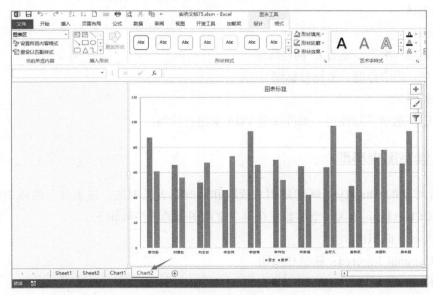

图 13-5 图表工作表

**源代码：实例文档 75.xlsm/ 认识图表**

```
1.  Sub Test1()
2.      Dim w As Object
3.      For Each w In ThisWorkbook.Sheets
4.          Debug.Print w.Name, TypeName(w)
5.      Next w
6.      Debug.Print ThisWorkbook.Worksheets.Count
7.      Debug.Print ThisWorkbook.Charts.Count
8.  End Sub
```

代码分析：由于该工作簿含有两种以上类型的表，因此对象变量 w 需要定义为 Object 类型。第 3～5 行代码在立即窗口打印每个表名和表的类型名。第 6 行代码打印工作簿中普通工作表的个数，第 7 行代码打印图表工作表的个数。

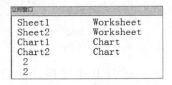

运行结果如图 13-6 所示。

图 13-6 运行结果 1

# 13.1 Chart 对象重要属性

Chart 对象具有和 Worksheet 对象一样的诸多属性，例如 Name、Tab、Visible 等，但也有一些与图表密切相关的其他重要属性。

## 13.1.1 图表的构成

一个图表主要由以下部分组成。

- ❏ 数据源。
- ❏ 图表区。
- ❏ 绘图区。
- ❏ 坐标轴（水平、垂直）、网格线等。
- ❏ 标题（图表标题、坐标轴标题）。
- ❏ 数据系列。

以上这些选项一旦设定，都可以用 VBA 来进行读写。

### 13.1.2 读写图表类型

Chart 对象的 ChartType 属性是用来读取和修改图表类型的。图表类型的枚举常量可以由 Excel.XlChartType 输入一个小数点获得。常用图表的枚举值如下。

- ❏ xlArea：面积图。
- ❏ xlColumnClustered：簇状柱形图。
- ❏ xlLine：折线图。
- ❏ xlPie：饼图。
- ❏ xlXYScatter：XY 散点图。

下面的过程判断图表的类型，然后修改图表类型为饼图，最后再判断一次类型。

**源代码：实例文档 75.xlsm/ 认识图表**

```
1.  Sub Test2()
2.      Dim c As Chart
3.      Set c = ThisWorkbook.Charts("Chart2")
4.      With c
5.          MsgBox "目前图表的类型是: " & .ChartType
6.          .ChartType = Excel.XlChartType.xlPie
7.          MsgBox "修改后图表的类型是: " & .ChartType
8.      End With
9.  End Sub
```

运行上述过程，前后两次对话框输出的结果分别是 51 和 5，分别对应于枚举值 xlColumnClustered 和 xlPie。

### 13.1.3 修改图表数据源

Chart 对象的 SetSourceData 方法可以修改图表的数据源。下面的实例中，图表原先的数据源是 A1:C12。

**源代码：实例文档 75.xlsm/ 认识图表**

```
1.  Sub Test3()
2.      Dim c As Chart
3.      Set c = ThisWorkbook.Charts("Chart2")
```

```
4.        With c
5.            .SetSourceData Source:=Sheets("Sheet1").Range("A1:C8"), PlotBy:=xlColumns
6.        End With
7.    End Sub
```

运行上述代码后，图表工作表如图 13-7 所示。

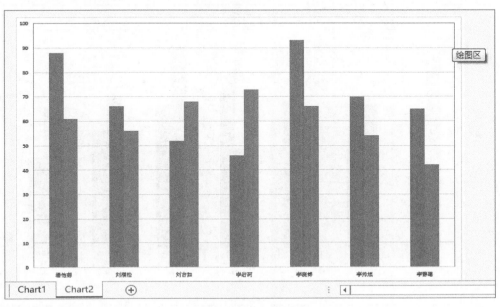

图 13-7　运行结果 2

## 13.1.4　设置图表标题

图表方面的标题包含图表标题（ChartTitle）、横坐标轴标题、纵坐标轴标题。
下面的实例为图表设置标题。

**源代码：实例文档 75.xlsm/ 认识图表**

```
1.    Sub Test4()
2.        Dim c As Chart
3.        Set c = ThisWorkbook.Charts("Chart2")
4.        With c
5.            .HasTitle = True                                         ' 有图表标题
6.            .ChartTitle.Characters.Text = " 成绩表 "
7.            .Axes(xlCategory, xlPrimary).HasTitle = True             ' 主要分类轴显示标题
8.            .Axes(xlCategory, xlPrimary).AxisTitle.Characters.Text = " 姓名 "
9.            .Axes(xlValue, xlPrimary).HasTitle = True                ' 主要数值轴显示标题
10.           .Axes(xlValue, xlPrimary).AxisTitle.Characters.Text = " 分数 "
11.           .HasDataTable = True                                     ' 显示数据表
12.       End With
13.  End Sub
```

代码分析：第 6 行代码设置图表的标题，第 8 行代码设置横坐标轴的标题，第 10 行代码设置纵坐标轴的标题。

第 11 行代码显示数据表，这将会在图表下部显示数据源。

运行上述过程，结果如图 13-8 所示。

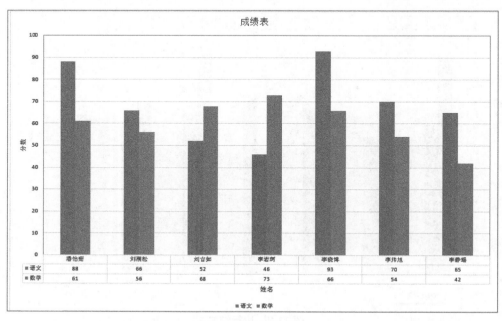

图 13-8　运行结果 3

如果要对标题进行更详细的格式设定，需要用到 AxisTitle 对象。

下面的过程对图表的主分类轴的标题文字进行字体格式设定。

**源代码：实例文档 75.xlsm/ 认识图表**

```
1.  Sub Test5()
2.      Dim c As Chart
3.      Dim t As Excel.AxisTitle
4.      Set c = ThisWorkbook.Charts("Chart2")
5.      c.HasDataTable = False
6.      Set t = c.Axes(xlCategory, xlPrimary).AxisTitle
7.      With t
8.          .Caption = "学生姓名 "
9.          .Characters.Font.Name = "华文新魏 "
10.         .Characters.Font.Size = 16
11.         .Characters.Font.Italic = True
12.     End With
13. End Sub
```

代码分析：对象变量 t 是一个标题对象，在本例中代表水平类别轴的标题文字。

运行上述过程，主分类轴的文字格式发生了变化，如图 13-9 所示。

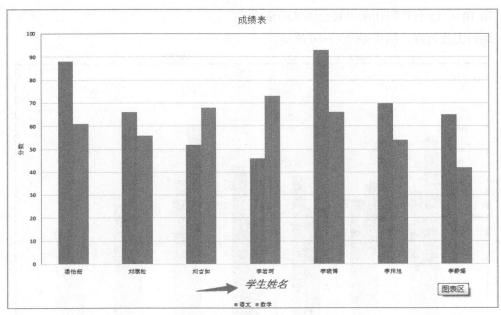

图 13-9　运行结果 4

## 13.1.5　设置图表区与绘图区格式

图表区是指图表外框的区域，绘图区是指坐标轴包含的内部区域。图表区用 Chart 对象的 ChartArea 对象来描述，绘图区用 PlotArea 对象来描述。

下面的过程对图表的图表区和绘图区进行边框与底纹的设定。

**源代码：实例文档 75.xlsm/ 认识图表**

```
1.   Sub Test6()
2.       Dim c As Chart
3.       Set c = ThisWorkbook.Charts("Chart2")
4.       With c.ChartArea
5.           .Border.LineStyle = Excel.XlLineStyle.xlDash
6.           .Border.Weight = 3
7.           .Border.Color = vbBlue
8.           .Interior.Color = vbYellow
9.       End With
10.      With c.PlotArea
11.          .Border.LineStyle = Excel.XlLineStyle.xlDashDot
12.          .Border.Weight = 2
13.          .Border.Color = vbRed
14.          .Interior.Color = vbWhite
15.      End With
16.  End Sub
```

代码分析：第 4 ～ 9 行代码用来设置图表区，分别设定线型、线宽、边框颜色和底纹颜色。

第 10 ~ 15 行代码用来设置绘图区的格式。

运行上述过程，结果如图 13-10 所示。

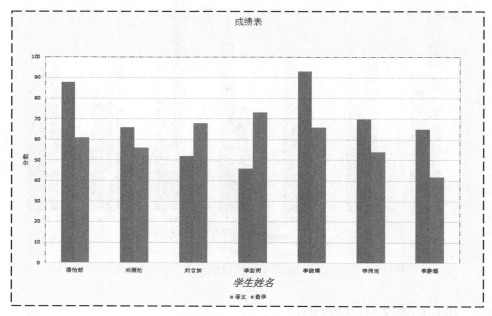

图 13-10　运行结果 5

## 13.1.6　设置坐标轴格式

通常情况下，一个图表有水平类别轴（xlCategory）和垂直数值轴（xlValue），在 Excel VBA 中，坐标轴是 Axis 对象，坐标轴对象有很多成员和属性。其中网格线也是坐标轴的成员，例如，平时看到的水平网格线其实是垂直数值轴的网格线。

**源代码：实例文档 75.xlsm/ 认识图表**

```
1.  Sub Test7()
2.      Dim c As Chart
3.      Dim y As Excel.Axis
4.      Set c = ThisWorkbook.Charts("Chart2")
5.      Set y = c.Axes(xlValue)
6.      With y
7.          .HasMajorGridlines = True                      '显示主要网格线
8.          .HasMinorGridlines = True                      '显示次要网格线
9.          .MajorGridlines.Border.Color = vbBlue
10.         .MajorGridlines.Border.Weight = 3
11.         .MinorGridlines.Border.Color = vbBlack
12.         .MinorGridlines.Border.Weight = 2
13.         .MinimumScale = 20                             '数值轴的最小值
14.         .MaximumScale = 120                            '数值轴最大值
15.         .Border.LineStyle = Excel.XlLineStyle.xlDot    '坐标轴文本框边框线
16.     End With
17. End Sub
```

代码分析：对象变量 y 是图表的垂直数值轴，第 7 ~ 15 行代码都是设置坐标轴的格式的。
运行上述过程，结果如图 13-11 所示。

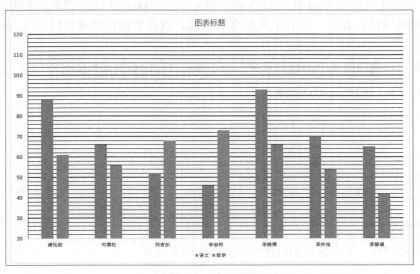

图 13-11    运行结果 6

### 13.1.7    操作数据系列

一个图表中可以有一个以上的数据系列（Series），例如图表只绘制了全班学生的语文成绩，那么柱形图中每个学生占据一个"柱"，这个柱的高度就是该学生的语文成绩。如果同时绘制语文、数学、英语 3 门课的成绩，那么一个学生有 3 个柱，这就说明该图表有 3 个数据系列。

数据系列是可以单独设定的，在图表中选中一个系列并右击，在弹出的快捷菜单中选择"设置数据系列格式"命令，在右侧的任务窗格中进行详细设定，例如改变数据系列的颜色、数据标记等。同时，在公式编辑栏中可以看到一个公式，这就是数据系列的公式，如图 13-12 所示。

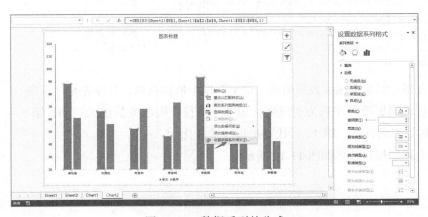

图 13-12    数据系列的公式

### 13.1.8 遍历数据系列

图表中所有的数据系列用 SeriesCollection 表示，每个数据系列都是 Series 对象，该对象也有很多属性和方法。图表中数据点的格式，以及数据标签都可以通过 Series 的改动来实现。

下面的过程遍历图表中的数据系列，在立即窗口打印数据系列的名称和公式。

**源代码：实例文档 75.xlsm/ 认识图表**

```
1.  Sub Test8()
2.     Dim c As Chart
3.     Dim s As Excel.Series
4.     Set c = ThisWorkbook.Charts("Chart2")
5.     For Each s In c.SeriesCollection
6.         Debug.Print s.Name, s.Formula
7.     Next s
8.  End Sub
```

运行上述过程，立即窗口的打印结果如图 13-13 所示。

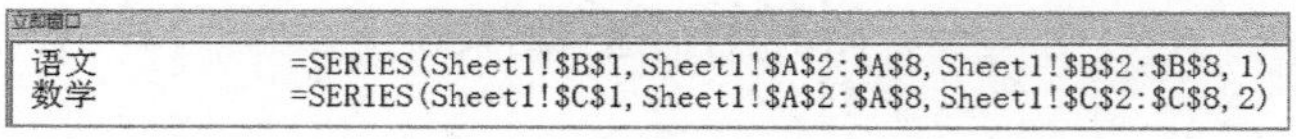

图 13-13　运行结果 7

下面的实例把数据系列的图表类型更改为折线图，并设置数据系列格式。

**源代码：实例文档 75.xlsm/ 认识图表**

```
1.  Sub Test9()
2.     Dim c As Chart
3.     Dim s As Excel.Series
4.     Set c = ThisWorkbook.Charts("Chart2")
5.     Set s = c.SeriesCollection(" 语文 ")
6.     s.ChartType = xlLineMarkers              ' 改变序列的类型为折线图（带数据点）
7.     s.Format.Line.Style = msoLineThinThick   ' 折线的线型是粗细线
8.     s.Format.Line.Weight = 5                 ' 线宽
9.     s.MarkerStyle = xlMarkerStyleSquare      ' 标记样式
10.    s.MarkerSize = 8                         ' 标记大小
11.    s.MarkerForegroundColor = vbRed          ' 标记的颜色
12.    s.Smooth = True                          ' 平滑化
13. End Sub
```

代码分析：对象变量 s 表示的是"语文"这个数据系列，其原先是柱形图。

第 6 行代码更改该序列为折线图，第 7 ~ 8 行代码改变折线的线型，第 9 ~ 11 行代码改变数据标记点的样式，第 12 行代码把折线平滑化。

运行上述过程，结果如图 13-14 所示。

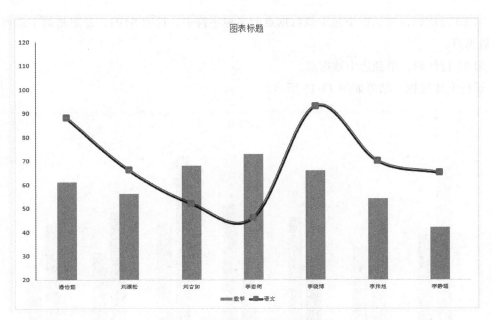

图 13-14　更改系列的图表类型

### 13.1.9　操作数据点

图表中每个数据系列都由若干数据点组成，例如，语文成绩这个序列由 7 个学生的成绩构成，那就包含 7 个数据点（Point）。每个数据点可以显示数据标记。

对于簇状柱形图，每个柱形都是数据点。一个数据系列中的所有数据点的格式可以都相同，也可以为个别数据点进行特殊的格式设定。

下面的实例中，图表中显示的是学生的语文、数学成绩的簇状柱形图。运行以下过程可以把"语文"这个数据系列的第 3 个数据点显示数据标记，并且把数据点的前景色设置为蓝色。

**源代码：实例文档 77.xlsm/ 操作数据点**

```
1.  Sub Test1()
2.      Dim C As Excel.Chart
3.      Dim S As Excel.Series
4.      Dim P As Excel.Point
5.      Set C = ThisWorkbook.Charts("Chart1")
6.      Set S = C.SeriesCollection.Item("语文")
7.      Set P = S.Points(3)
8.      P.ApplyDataLabels (xlDataLabelsShowValue)
9.      P.Format.Fill.ForeColor.RGB = RGB(0, 0, 255)
10.     MsgBox P.Name
11.     P.Select
12. End Sub
```

代码分析：第 4 行代码，对象变量 P 是一个数据点对象。本例中，P 代表"语文"系列的第 3 个点。

第 10 行代码，对话框中显示该数据点的名称字符串，返回 S1P3，意思是第 1 系列的第 3 个数据点。

第 11 行代码，单独选中数据点。

运行上述过程，结果如图 13-15 所示。

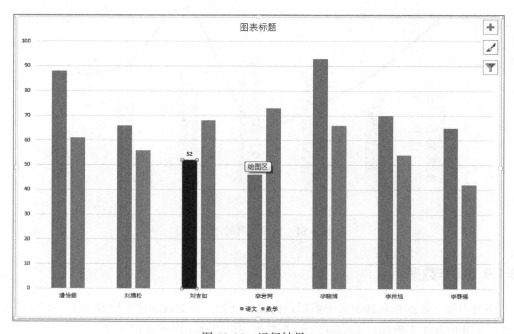

图 13-15　运行结果 8

## 13.1.10　操作数据标记

数据标记（DataLabel）是对应于数据点的对象，通常位于数据点上方附近。一个数据系列中通常可以把所有数据点的数据标记显示出来，但是也可以把个别的数据标记显示出来而对其他进行隐藏。

下面的代码把第 1 系列第 3 数据点的数据标记显示出来，并设置格式。

源代码：实例文档 77.xlsm/ 操作数据标记

```
1.  Sub Test1()
2.      Dim C As Excel.Chart
3.      Dim S As Excel.Series
4.      Dim P As Excel.Point
5.      Dim L As Excel.DataLabel
6.      Set C = ThisWorkbook.Charts("Chart1")
7.      Set S = C.SeriesCollection.Item(" 语文 ")
8.      Set P = S.Points(3)
9.      Set L = P.DataLabel
10.     L.ShowValue = True
11.     L.Width = 25
12.     L.Characters.Font.Size = 16
13.     L.Characters.Font.Italic = True
```

```
14.        L.Format.Fill.ForeColor.RGB = RGB(255, 255, 0)
15.        MsgBox L.Text
16.        L.Select
17. End Sub
```

代码分析：对象变量 L 是一个数据标记，第 11 ~ 14 行代码设置该标记的格式，第 15 行代码设置对话框返回数据标记的文本，返回 52。

第 16 行代码自动选中该标记，运行结果如图 13-16 所示。

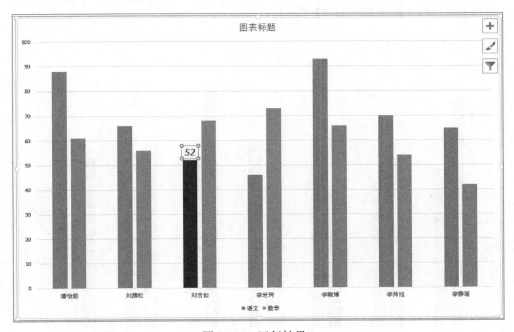

图 13-16　运行结果 9

## 13.1.11　操作图例

图例是一个用来表示数据系列的图形框，VBA 中的图例对象是 Chart.Legend。可以用 VBA 自动设置图例的位置和格式。

下面的过程设置图表图例的位置和格式。

**源代码：实例文档 77.xlsm/ 操作图例**

```
1.  Sub Test1()
2.      Dim C As Excel.Chart
3.      Dim L As Excel.Legend
4.      Set C = ThisWorkbook.Charts("Chart1")
5.      Set L = C.Legend
6.      With L
7.          .Position = Excel.XlLegendPosition.xlLegendPositionRight
8.          .Format.Line.Style = msoLineThickBetweenThin
9.          .Format.Line.ForeColor.RGB = vbBlue
10.         .Format.Fill.ForeColor.RGB = vbCyan
11.         .Width = 70
```

```
12.          .Height = 40
13.          .IncludeInLayout = True
14.     End With
15. End Sub
```

代码分析：对象变量 L 是一个图例对象。第 7 行代码设置图例显示于图表的右侧。第 8 ~ 9 行代码设置图例框的边框线格式。第 10 行代码设置图例框的填充色。第 11 ~ 12 行代码设置图例框的大小。第 13 行代码表示图例框放在绘图区外侧。

运行上述过程，结果如图 13-17 所示。

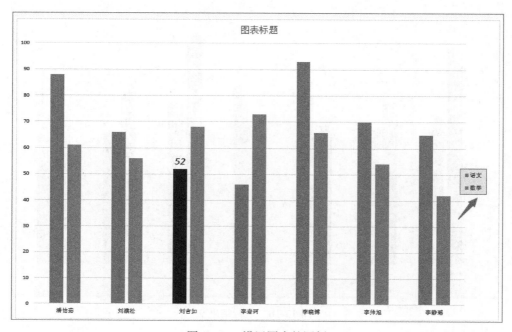

图 13-17  设置图表的图例

## 13.2  Chart 对象常用方法

Chart 对象与 Worksheet 是同一级对象，因此 Worksheet 的很多方法同样适用于图表工作表。

### 13.2.1  图表工作表的删除

下面的过程把名称为 Chart2 的图表工作表删除。

**源代码：实例文档 75.xlsm/ 认识图表**

```
1.  Sub Test1()
2.      Dim c As Chart
3.      Application.DisplayAlerts = False
4.      Set c = ThisWorkbook.Charts("Chart2")
5.      c.Delete
```

```
6.    End Sub
```

代码分析：第 3 行代码是为了屏蔽删除表的提示对话框。

## 13.2.2　图表复制为图片

Chart 对象的 CopyPicture 方法可以把图表复制为图片。

**源代码：实例文档 75.xlsm/ 认识图表**

```
1.   Sub Test2()
2.       Dim c As Chart
3.       Set c = ThisWorkbook.Charts("Chart2")
4.       c.CopyPicture Appearance:=xlScreen, Format:=xlBitmap
5.   End Sub
```

运行上述代码后，可以在 Word 文档、PPT 幻灯片、Excel 工作表等位置按快捷键【Ctrl+V】粘贴该图片。

## 13.2.3　改变图表位置

图表既可以是和工作表并列的单独表，也可以移动到工作表中作为嵌入图表对象（ChartObject）。

通过 Chart 对象的 Location 方法可以移动图表位置。图表位置移动以后，原先的 Chart 对象就消失了，在工作表中多了一个 ChartObject 对象。

下面的过程把图表工作表移动到工作表 Sheet1 中。

**源代码：实例文档 75.xlsm/ 图表常用方法**

```
1.   Sub Test3()
2.       Dim c As Chart
3.       Set c = ThisWorkbook.Charts("Chart2")
4.       c.Location Where:=Excel.XlChartLocation.xlLocationAsObject, Name:="Sheet1"
5.   End Sub
```

反过来，也可以把工作表中的图表对象转换为图表工作表。

**源代码：实例文档 75.xlsm/ 图表常用方法**

```
1.   Sub Test4()
2.       Dim co As Excel.ChartObject, c As Excel.Chart
3.       Set co = ThisWorkbook.Worksheets("Sheet1").ChartObjects(1)
4.       Set c = co.Chart
5.       c.Location Where:=Excel.XlChartLocation.xlLocationAsNewSheet, Name:=
         "NewChart"
6.   End Sub
```

代码分析：对象变量 co 代表放在工作表上的图表对象，如果要访问嵌入式图表，必须使用 ChartObject.Chart。

第 5 行代码是关键，使用 Location 方法，把嵌入图表变成独立的图表工作表，名称为 NewChart。

因此，上述 Test3 和 Test4 这两个过程是相反操作。

## 13.3　Chart 对象事件

图表工作表与普通工作表一样，也可以在其事件模块中书写事件代码。

在 VBA 编辑器的工程资源管理器中，双击图表工作表模块，即可打开代码窗格，如图 13-18 所示。

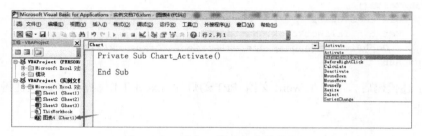

图 13-18　图表工作表的事件模块

### 13.3.1　激活图表工作表的事件

与 Worksheet 的 Activate 事件一样，当图表工作表成为活动工作表后，触发 Activate 事件。在图表工作表的事件模块中，写入如下事件过程。

**源代码：实例文档 76.xlsm/Chart1**

图 13-19　运行结果 10

```
1.  Private Sub Chart_Activate()
2.      MsgBox " 当前工作表是: " & Application.ActiveChart.
        Name
3.  End Sub
```

当图表工作表获得焦点成为活动工作表时，自动弹出对话框，如图 13-19 所示。

### 13.3.2　识别图表中的不同元素

当用鼠标在图表中选择不同的位置时，均触发图表的 Select 事件，该事件的完整声明为：

```
Chart_Select(ByVal ElementID As Long, ByVal Arg1 As Long, ByVal Arg2 As Long)
```

其中，ElementID 能够识别用户选择的是图表的哪一部分，后面两个参数返回子对象的序号（见表 13-1）。

这里假定用鼠标选中了图表中的数据系列的一个数据点。那么 ElementID 就返回 xlSeries，从表 13-1 中可以查到 Arg1 的含义是 SeriesIndex，也就是数据系列的序号。另一个参数 Arg2 的含义是 PointIndex，也就是选中了该系列的哪一个数据点。

表 13-1　Chart 对象事件参数说明

| ElementID | Arg1 | Arg2 |
|---|---|---|
| xlAxis | AxisIndex | AxisType |
| xlAxisTitle | AxisIndex | AxisType |
| xlDisplayUnitLabel | AxisIndex | AxisType |
| xlMajorGridlines | AxisIndex | AxisType |
| xlMinorGridlines | AxisIndex | AxisType |
| xlPivotChartDropZone | DropZoneType | None |
| xlPivotChartFieldButton | DropZoneType | PivotFieldIndex |
| xlDownBars | GroupIndex | None |
| xlDropLines | GroupIndex | None |
| xlHiLoLines | GroupIndex | None |
| xlRadarAxisLabels | GroupIndex | None |
| xlSeriesLines | GroupIndex | None |
| xlUpBars | GroupIndex | None |
| xlChartArea | None | None |
| xlChartTitle | None | None |
| xlCorners | None | None |
| xlDataTable | None | None |
| xlFloor | None | None |
| xlLegend | None | None |
| xlNothing | None | None |
| xlPlotArea | None | None |
| xlWalls | None | None |
| xlDataLabel | SeriesIndex | PointIndex |
| xlErrorBars | SeriesIndex | None |
| xlLegendEntry | SeriesIndex | None |
| xlLegendKey | SeriesIndex | None |
| xlSeries | SeriesIndex | PointIndex |
| xlTrendline | SeriesIndex | TrendLineIndex |
| xlXErrorBars | SeriesIndex | None |
| xlYErrorBars | SeriesIndex | None |
| xlShape | ShapeIndex | None |

下面的实例中，图表显示的是 1950—1960 年全国男女人口变化趋势，在该图表工作表的事件模块中书写 Select 事件。

**源代码：实例文档 76.xlsm/Chart1**

```
1.   Private Sub Chart_Select(ByVal ElementID As Long, ByVal Arg1 As Long, ByVal
     Arg2 As Long)
2.       Select Case ElementID
3.           Case xlChartArea
4.               MsgBox "图表区"
5.           Case xlChartTitle
6.               MsgBox "图表标题"
```

```
7.          Case xlPlotArea
8.              MsgBox "绘图区"
9.          Case xlSeries
10.             MsgBox "你选中了第" & Arg1 & "条序列。" & vbNewLine & "选中的是第"
                & Arg2 & "个数据点。"
11.         Case Else
12.             MsgBox "其他地方"
13.     End Select
14. End Sub
```

代码分析：当用户单击图表中不同的位置和对象，返回的 ElementID 不一样，当用户单击了男性数据系列，返回的 Arg1 参数值是 1，单击女性系列返回的 Arg1 参数值是 2。

当用鼠标进一步单击 1952 年的那个数据点（从左数第 3 个），返回的 Arg2 的值是 3，如图 13-20 所示。

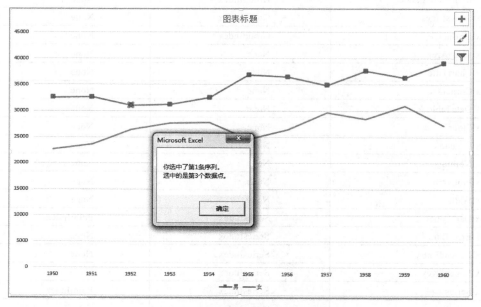

图 13-20　Chart 对象的 Select 事件

## 13.4　自动创建图表

在 Excel 中，可以用 VBA 自动创建图表。下面分别讲述用代码自动创建图表工作表和自动在已有工作表中插入图表的方法。

### 13.4.1　创建图表工作表

创建图表工作表的方法和插入普通工作表的方法类似，使用 Workbook.Charts.Add 方法即可。

该方法的参数只需要规定图表工作表的位置。

下面的实例中，事先在工作表 Sheet1 中录入用于产生图表的数据，如图 13-21 所示。

然后运行如下过程，即可在该工作表之后产生一个图表工作表。

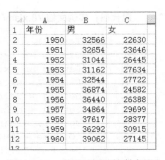

图 13-21　用于绘图的数据源

**源代码：实例文档 78.xlsm/ 自动创建图表**

```
1.  Sub Test1()
2.      Dim C As Excel.Chart
3.      Set C = ThisWorkbook.Charts.Add(After:=
        Worksheets("Sheet1"))
4.      With C
5.          .Name = "Chart1"
6.          .ChartType = Excel.XlChartType.xlLineMarkers
7.          .SetSourceData Source:=Worksheets("Sheet1").UsedRange, PlotBy:=
            xlColumns
8.          .HasTitle = True
9.          .ChartTitle.Text = "人口变化趋势图"
10.     End With
11. End Sub
```

代码分析：第 5 行代码自动重命名图表工作表的名称为 Chart1。第 6 行代码规定图表的类型是带数据点的折线图。第 7 行代码规定图表的数据源。第 8 行和第 9 行设定图表标题。

运行上述过程，结果如图 13-22 所示。

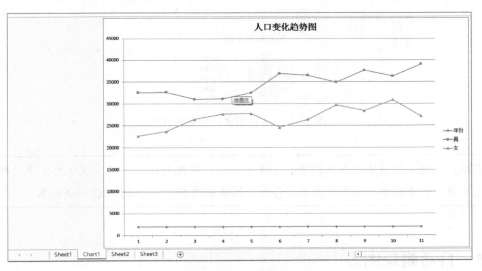

图 13-22　运行结果 11

## 13.4.2　在普通工作表中插入图表

因为嵌入图表在普通工作表中是一种图表对象，所以要用 Worksheet.ChartObjects.Add 方法，先增加一个图表对象，然后对内部的图表进行详细设定。

下面的实例中，事先在工作表 Sheet2 中输入产生图表的数据，然后运行下面的过程，即可自动在工作表中产生一个饼图。

**源代码：实例文档 78.xlsm/ 自动创建图表**

```
1.  Sub Test2()
2.      Dim CO As Excel.ChartObject
3.      Dim rg As Excel.Range
4.      Dim C As Excel.Chart
5.      Set rg = ThisWorkbook.Worksheets(2).Range("D3:G12")
6.      Set CO = ThisWorkbook.Worksheets(2).ChartObjects.Add(Left:=rg.Left, Top:=
        rg.Top, Width:=rg.Width, Height:=rg.Height)
7.      CO.Name = "MyPie"
8.      Set C = CO.Chart
9.      With C
10.         .ChartType = Excel.XlChartType.xlPie
11.         .SetSourceData Source:=Worksheets("Sheet2").UsedRange, PlotBy:= xlColumns
12.         .HasTitle = True
13.         .ChartTitle.Text = " 销售额分布图 "
14.     End With
15. End Sub
```

代码分析：对象变量 CO 是一个图表对象，对象变量 C 是 CO 的 Chart 对象。第 6 行代码，为了让生成的图表对象与单元格区域恰好对齐，所以使用了对象变量 rg。第 7 行代码，为图表对象命名。第 9 ~ 13 行代码，设置图表细节。

运行上述过程，结果如图 13-23 所示。

图 13-23　工作表上自动生成饼图

---

**注意**：普通工作表中的嵌入图表，不限于一个。也就是说，可以多次运行上述过程，能在同一工作表中产生多个图表，每一个图表都内嵌于一个 ChartObject 对象。

---

## 13.5　自动删除图表

与图表的创建相反，对于已有的图表，也可以用 VBA 来自动删除。下面分别讲解删除图表工作表，以及删除工作表上的嵌入式图表。

### 13.5.1　删除所有图表工作表

Chart 工作表与 Worksheet 的删除是一样的，也使用 Delete 方法。
下面的过程遍历工作簿中的所有图表工作表，然后逐个删除。

**源代码：实例文档 78.xlsm/ 自动删除图表**

```
1.  Sub Test1()
2.      Dim C As Excel.Chart
3.      Application.DisplayAlerts = False
4.      For Each C In ThisWorkbook.Charts
5.          C.Delete
6.      Next C
7.  End Sub
```

代码分析：第 3 行代码的作用是屏蔽删除工作表前跳出的警告对话框。

此外，运行下面的过程，还可以一次性删除工作簿中所有图表类型的工作表。

```
1.  Sub Test2()
2.      Application.DisplayAlerts = False
3.      ThisWorkbook.Charts.Delete
4.  End Sub
```

### 13.5.2　删除工作表中所有图表对象

删除工作表中的所有嵌入图表，可以用 ChartObject.Delete 方法。

下面的过程遍历工作表中所有图表对象，并逐个删除这些图表对象。

**源代码：实例文档 78.xlsm/ 自动删除图表**

```
1.  Sub Test3()
2.      Dim CO As Excel.ChartObject
3.      For Each CO In ThisWorkbook.Worksheets("Sheet2").ChartObjects
4.          CO.Delete
5.      Next CO
6.  End Sub
```

也可以使用下面的语句，一次性删除所有图表对象。

```
1.  Sub Test4()
2.      ThisWorkbook.Worksheets("Sheet2").ChartObjects.Delete
3.  End Sub
```

## 习题

工作表 Sheet1 中的数据如图 13-24 所示。

图 13-24　工作表中的数据

1．使用 VBA 自动插入一个图表工作表，重命名为"销售图"，并设置该图表工作表的数据源来自于工作表 Sheet1 中的销售数据，设置图表工作表的图表类型是簇状柱形图。

2．再编写一个 VBA 过程，把上述图表工作表的图表类型更改为三维饼图。

3．再编写一个 VBA 过程，把上述的图表工作表移动到普通工作表 Sheet1 之上。

第 14 章
单元格区域 Range 对象

Excel 工作表由若干行列形成的单元格构成。但是工作表上允许放置各种各样的对象，例如可以插入图片、超链接、批注、图表等。这些对象都属于 Worksheet 对象的成员，然而单元格区域对象（Range）是工作表的主体，单元格是工作表中用于存储数据的主要场所，数据处理的过程实际上就是处理单元格的过程，因此 Range 对象可以说是 Excel VBA 的核心内容。

Range 对象所包含的成员对象、属性、方法错综复杂，本章把 Range 的最常用知识点分为 Range 的常用属性、Range 的产生和转化、Range 的成员对象和 Range 的常用方法四大类，列于表 14-1 中。

与前面讲过的对象最明显的不同是 Range 对象没有事件方面的编程。

表 14-1　Range 对象最常用知识点

| Range 的常用属性 | Range 的产生和转化 | Range 的成员对象 | Range 的常用方法 |
| --- | --- | --- | --- |
| 地址字符串：Address | 全部单元格：Cells | 单元格边框：Borders | 选中：Select |
| 值：Value | 全部行：Rows | 字符：Characters | 激活：Activate |
| 显示内容：Text | 全部列：Columns | 批注：Comment | 自动填充：AutoFill |
| 所在行：Row | 数组公式区域：CurrentArray | 字体：Font | 自动筛选：AutoFilter |
| 所在列：Column | 当前区域：CurrentRegion | 条件格式：FormatConditions | 自动适应：AutoFit |
| 单元格个数：Count | 已使用区域：UsedRange | 超链接：Hyperlinks | 清除值：ClearContents |
| 公式：Formula | 获取边界区域：End | 填充色：Interior | 清除格式：ClearFormats |
| 分离区域：Areas | 整行：EntireRow | 数据有效性：Validation | 清除批注：ClearComments |
| 数组公式：FormulaArray | 整列：EntireColumn | | 清除超链接：ClearHyperLinks |
| 隐藏公式：FormulaHidden | 偏移：Offset | | 清除所有：Clear |
| 是否有公式：HasFormula | 改变单元格尺寸：Resize | | 复制单元格：Copy |

续表

| Range 的常用属性 | Range 的产生和转化 | Range 的成员对象 | Range 的常用方法 |
|---|---|---|---|
| 是否有数组：HasArray | 并集：Application.Union | | 粘贴记录集：CopyFromRecordSet |
| 是否为空：IsEmpty | 交集：Application.Intersect | | 剪切单元格：Cut |
| 行、列是否隐藏：Hidden | 活动单元格：ActiveCell | | 删除单元格：Delete |
| 水平对齐方式：HorizonalAlignment | 所选区域：Selection | | 填充：FillLeft、FillRight、FillUp、FillDown |
| 垂直对齐方式：VerticalAlignment | | | 查找：Find |
| 单元格位置：Left、Top | | | 替换：Replace |
| 单元格区域的大小：Width、Height | | | 插入单元格：Insert |
| 单元格是否锁定：Locked | | | 函数向导：FunctionWizard |
| 前一个：Previous | | | 去除重复：RemoveDuplicate |
| 后一个：Next | | | 排序：Sort |
| 单元格自定义格式：NumberFormat | | | 朗读单元格内容：Speak |
| 行高值：RowHeight | | | 定位：SpecialCells |
| 列宽值：ColumnWidth | | | 分列：TextToColumns |
| 缩小字体适应单元格：ShrinkToFit | | | |
| 单元格样式名：Style | | | |

在讲述 Range 对象的表示方法之前，先回顾一下 Excel 工作表的构成。

一个工作表是由若干行列构成的，Excel 2007 以上版本的工作簿（扩展名通常为四位）的每个工作表为 1 048 576 行，16 384 列。工作表的行号一律用阿拉伯数字表示，工作表的列标通常用大写英文字母表示。列标是遵循二十六进制的，也就是说最后一位如果是 Z，它的下一个会进位。下面是列标的变化顺序：A B C ... X Y Z AA AB ... AZ BA BB ... BY BZ CA...

对于每一个单元格，可以用列标字母 + 行号的形式来表达。例如用鼠标选中 C6 单元格，会在地址栏中显示 C6，如图 14-1 所示。

工作表中最右下角的单元格地址为 XFD1048576。

语句 Application.ReferenceStyle=xlR1C1 可以设置列标为阿拉伯数字，效果如图 14-2 所示。

此时选中一个单元格后，地址栏显示为 R5C3，意思是第 5 行第 3 列。

如果要恢复为 A1 的形式，运行 Application.ReferenceStyle=xlA1 即可。

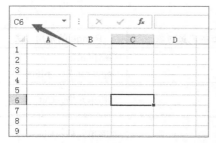

图 14-1　单元格地址的表示

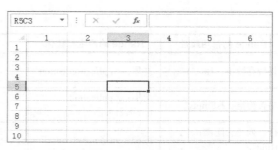

图 14-2　列标用数字表示

# 14.1 Range 对象的表示方法

Range 对象的父级对象是 Worksheet，因此一般情况下，Range 对象的完全表示方法为：

```
Application.Workbook.Worksheet.Range
```

例如，Application.Workbooks(" 实例文档 20.xlsm").Worksheets("Sheet2").Range("D7") 表示 "实例文档 20.xlsm" 这个工作簿的工作表 Sheet2 的 D7 单元格。

另外，单元格区域所归属的工作表、工作簿，还可以放在 Range 后面的括号内，例如，Range("[ 实例文档 20.xlsm]Sheet2!B3:D5") 也表达了特定工作簿、特定工作表中的单元格区域。不过这种方式在实际编程时很少用到。

如果使用默认方式表示：Range("D7") 则表示 Application.Activesheet.Range("D7")。也就是说，Range 前面什么也没加，就表示应用程序活动工作表的那个区域。

通常情况下，Range 对象括号内是一个地址字符串，例如 Range("A5") 表示一个单元格，Range("A3:D5") 表示左上角从 A3 开始，右下角为 D5 围成的矩形区域。

同时，Range 还可以是几个不连续的区域的组合区域，例如 Range("A1:B3,D8:E11") 表示两个区域的组合，每个区域的地址之间要用逗号隔开。

如果要引用单列，则表示为 Range("B:B")；如果要引用多列，则表示为 Range("C:E")。引用单行表示为 Range("2:2")，引用多行表示为 Range("3:5") 等。

由于 Range 对象的参数必须是字符串形式的地址，在实际编程时经常遇到列标字母与数字的转换问题。很多情况下，使用 Cells 来表示单元格能够让编程变得更容易。

## 14.1.1 使用 Cells

Excel VBA 中的 Cells 对象非常灵活多变，一般的表达形式为：

```
父级对象 .Cells( 参数列表)
```

父级对象可以是 Worksheet 对象，也可以是 Range 对象。如果父级对象是 Worksheet，那么是以该工作表的 A1 为基准；如果父级对象是 Range 对象，则以 Range 对象的左上角单元格为基准。

Cells 后边括号内的参数列表可以分以下三种情形。

- ❑ Cells(r,c)，表示第 r 行第 c 列的一个单元格。
- ❑ Cells(n)，表示父级对象的第 n 个单元格。
- ❑ Cells，表示父级对象的所有单元格。

**源代码：实例文档 22.xlsm/ 使用 Cells**

```
1.  Sub Test1()
2.      Debug.Print ActiveSheet.Cells(3, 2).Address
3.      Debug.Print ActiveSheet.Cells(4).Address
4.      Debug.Print ActiveSheet.Cells.Address
5.  End Sub
```

代码分析：第 2 行代码，由于父级对象是活动工作表，所以以 A1 为基准，3 行 2 列的单元格就是 B3 单元格。

第 3 行代码，括号内只有一个参数 4，表示整个工作表的第 4 个单元格从 A1 开始，按照先从左到右，再从上到下的顺序，第 4 个单元格就是 D1。

第 4 行代码，打印工作表所有单元格的地址。

以上过程的运行结果如图 14-3 所示。

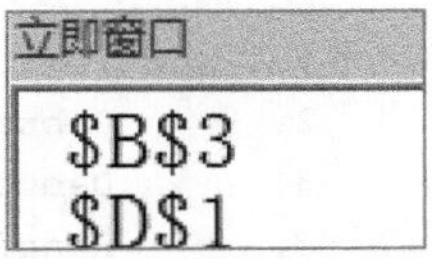


图 14-3　运行结果 1

另外，Cells 的父级对象还可以是一个单元格或单元格区域。为了更清晰地说明问题，请打开源文件 Data.xlsm，可以看到如图 14-4 所示的数据表。

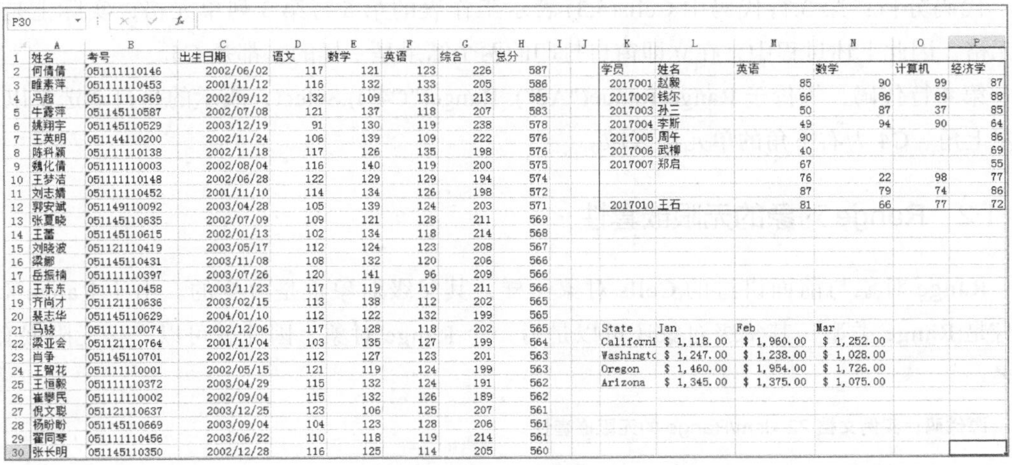

| | A | B | C | D | E | F | G | H |
|---|---|---|---|---|---|---|---|---|
| 1 | 姓名 | 考号 | 出生日期 | 语文 | 数学 | 英语 | 综合 | 总分 |
| 2 | 何倩倩 | 051111110146 | 2002/06/02 | 117 | 121 | 123 | 226 | 587 |
| 3 | 睢素萍 | 051111110453 | 2001/11/12 | 116 | 132 | 133 | 205 | 586 |
| 4 | 冯超 | 051111110369 | 2002/09/12 | 132 | 109 | 131 | 213 | 585 |
| 5 | 牛露萍 | 051145110587 | 2002/07/08 | 121 | 137 | 118 | 207 | 583 |
| 6 | 姚翔宇 | 051145110529 | 2003/12/19 | 91 | 130 | 119 | 238 | 578 |
| 7 | 王英明 | 051144110200 | 2002/11/24 | 106 | 139 | 109 | 222 | 576 |
| 8 | 陈科颖 | 051111110138 | 2002/11/18 | 117 | 126 | 135 | 198 | 576 |
| 9 | 魏化倩 | 051111110003 | 2002/08/04 | 116 | 140 | 119 | 200 | 575 |
| 10 | 王梦洁 | 051111110148 | 2002/06/28 | 122 | 129 | 129 | 194 | 574 |
| 11 | 刘志婧 | 051111110452 | 2001/11/10 | 114 | 134 | 126 | 198 | 572 |
| 12 | 郭安斌 | 051149110092 | 2003/04/28 | 105 | 139 | 124 | 203 | 571 |
| 13 | 张夏晓 | 051145110635 | 2002/07/09 | 109 | 121 | 128 | 211 | 569 |
| 14 | 王蕾 | 051145110615 | 2002/01/13 | 102 | 134 | 118 | 214 | 568 |
| 15 | 刘晓波 | 051121110419 | 2003/05/17 | 112 | 124 | 123 | 208 | 567 |
| 16 | 梁鄉 | 051145110431 | 2003/11/08 | 108 | 132 | 120 | 206 | 566 |
| 17 | 岳振楠 | 051111110397 | 2003/07/26 | 120 | 141 | 96 | 209 | 566 |
| 18 | 王东东 | 051111110458 | 2003/11/23 | 117 | 119 | 119 | 211 | 566 |
| 19 | 齐尚才 | 051121110636 | 2003/02/15 | 113 | 138 | 112 | 202 | 565 |
| 20 | 裴志华 | 051145110629 | 2004/01/10 | 112 | 122 | 132 | 199 | 565 |
| 21 | 马骁 | 051111110074 | 2002/12/06 | 117 | 128 | 118 | 202 | 565 |
| 22 | 梁亚会 | 051121110764 | 2001/11/04 | 103 | 135 | 127 | 199 | 564 |
| 23 | 肖争 | 051145110701 | 2002/01/23 | 112 | 127 | 123 | 201 | 563 |
| 24 | 王智花 | 051111110001 | 2002/05/15 | 121 | 119 | 124 | 199 | 563 |
| 25 | 王恒毅 | 051111110372 | 2003/04/29 | 115 | 132 | 124 | 191 | 562 |
| 26 | 崔攀民 | 051111110002 | 2002/09/04 | 115 | 132 | 126 | 189 | 562 |
| 27 | 倪文聪 | 051121110637 | 2003/12/25 | 123 | 106 | 125 | 207 | 561 |
| 28 | 杨盼盼 | 051145110669 | 2003/09/04 | 104 | 123 | 128 | 206 | 561 |
| 29 | 翟同琴 | 051111110456 | 2003/06/22 | 110 | 118 | 119 | 214 | 561 |
| 30 | 张长明 | 051145110350 | 2002/12/28 | 116 | 125 | 114 | 205 | 560 |

| K | L | M | N | O | P |
|---|---|---|---|---|---|
| 学员 | 姓名 | 英语 | 数学 | 计算机 | 经济学 |
| 2017001 | 赵毅 | 85 | 90 | 99 | 87 |
| 2017002 | 钱尔 | 66 | 86 | 89 | 88 |
| 2017003 | 孙三 | 50 | 87 | 37 | 85 |
| 2017004 | 李斯 | 49 | 94 | 90 | 64 |
| 2017005 | 周午 | 90 | | | 86 |
| 2017006 | 武柳 | 40 | | | 69 |
| 2017007 | 郑启 | 67 | | | 55 |
| | | 76 | 22 | 98 | 77 |
| | | 87 | 79 | 74 | 86 |
| 2017010 | 王石 | 81 | 66 | 77 | 72 |

| State | Jan | Feb | Mar |
|---|---|---|---|
| Californi | $ 1,118.00 | $ 1,960.00 | $ 1,252.00 |
| Washingtc | $ 1,247.00 | $ 1,238.00 | $ 1,028.00 |
| Oregon | $ 1,460.00 | $ 1,954.00 | $ 1,726.00 |
| Arizona | $ 1,345.00 | $ 1,375.00 | $ 1,075.00 |

图 14-4　数据表

然后运行如下过程。

**源代码：实例文档 22.xlsm/ 使用 Cells**

```
1.  Sub Test2()
2.      Dim wst As Worksheet
3.      Set wst = Application.Workbooks("Data.xlsm").Worksheets(1)
4.      wst.Activate
5.      Debug.Print wst.Range("K2:P13").Cells(3, 2).Value
```

```
6.        Debug.Print wst.Range("K2:P13").Cells(9).Value
7.  End Sub
```

**代码分析**：wst 是一个工作表对象变量，用于指代 Data 工作簿的第一个工作表。Range("K2:P13").Cells(3, 2) 表示是在 K2:P13 这个区域中第 3 行第 2 列的单元格，相当于 L4 单元格。

Range("K2:P13").Cells(9) 表示 K2:P13 这个区域的第 9 个单元格，数的时候，从 K2 往右边数，数到 P13，然后拐弯到下一行，第 9 个格子是 M3 单元格。

因此，上述过程中第 5 行和第 6 行代码的运行结果如图 14-5 所示。

因此，学习 Cells 对象有两大注意事项：一是注意它的父级对象是谁；二是注意参数个数。

图 14-5　运行结果 2

此外，Range 对象的参数中可以传入 Cells，表达形式为 Range(Cells1,Cells2)，表示的是以 Cells1 为左上角、Cells2 为右下角的单元格区域。这种表达形式的优势是不使用列标字母，全使用数字，便于循环。

**源代码：实例文档 22.xlsm/ 使用 Cells**

```
1.  Sub Test3()
2.      Debug.Print Range("$C$5").Address(False, False)
3.      Debug.Print Cells(5, 3).Address(False, False)
4.      Range(Cells(2, 1), Cells(4, 3)).Select
5.  End Sub
```

**代码分析**：第 3 行代码中 Cells(5,3) 表示工作表的第 5 行第 3 列单元格，实际上是 C5 单元格，因此上述过程中，在立即窗口打印的两个结果是一样的，都是 C5。

第 4 行代码，等价于 Range(Range("A2"), Range("C4")).Select，表示的是自动选中以 A2 为左上角、C4 为右下角的单元格区域。

## 14.1.2　Range 对象的无限嵌套性

Range 对象与前面讲过的 Cells 对象一样，其父级对象也是可变的。由于 Range 对象本身是 Range 类型，其父级对象还可以是另一个 Range 对象，因此就可以产生无限嵌套的效果。

**源代码：实例文档 22.xlsm/Range 的无限嵌套性**

```
1.  Sub Test1()
2.      Dim rg As Range
3.      Set rg = ActiveSheet.Range("A2:F9").Range("A2:D4").Range("B2:C3").Range("B2")
4.      MsgBox rg.Address
5.  End Sub
```

**代码分析**：为了便于理解，把代码中第 3 行的每一级 Range，加上边框线，最后浓缩到 C5 单元格中，示意图如图 14-6 所示。

运行上述过程后，对话框中的结果为 $C$5。

由于 Cells 返回的也是 Range 对象，所以 Cells 和 Range 可以混用。

**源代码：实例文档 22.xlsm/Range 的无限嵌套性**

```
1.  Sub Test2()
2.      Dim rg As Range
3.      Set rg = ActiveSheet.Cells(2, 3).Cells(4, 1).Cells(3, 2)
4.      rg.Select
5.      rg.Interior.Color = vbBlue
6.  End Sub
```

代码分析：代码中第 3 行，ActiveSheet.Cells(2, 3) 表示的是 C2 单元格，后面加一个 Cells(4, 1) 就表示以 C2 为基准的第 4 行第 1 列，那就是 C5 单元格；再加一个 Cells(3,2)（以 C5 为基准的第 3 行第 2 列），那就是 D7 单元格。

因此，上述 Test2 过程的运行结果是自动选中 D7 单元格，填充色设置为蓝色，如图 14-7 所示。

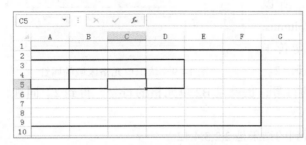

图 14-6　Range 的无限嵌套性　　　　图 14-7　运行结果 3

## 14.2　Range 对象的常用属性

### 14.2.1　区域地址

Range.Address 属性返回单元格区域的地址字符串。

Address 属性包含行绝对引用与列绝对引用两个参数，默认情况都为 True。如果行绝对引用设置为 True，则行标数字前加 $ 符号；如果列绝对引用设置为 True，则列标字母前加 $ 符号。

**源代码：实例文档 20.xlsm/ 单元格地址**

```
1.  Sub Test1()
2.      Debug.Print ActiveCell.Address(RowAbsolute:=True, ColumnAbsolute:=True)
3.      Debug.Print ActiveCell.Address(RowAbsolute:=True, ColumnAbsolute:=
        False)
4.      Debug.Print ActiveCell.Address(RowAbsolute:=False, ColumnAbsolute:=
        False)
5.  End Sub
```

上述过程的运行结果如图 14-8 所示。

在实际编程应用时，一般省略参数名称，使用 ActiveCell.Address

```
立即窗口
$K$14
K$14
K14
```

图 14-8　运行结果 4

返回 $K$14，使用 ActiveCell.Address(False,False) 返回 K14。

## 14.2.2　获取单元格区域的位置与大小

在编程过程中，有必要去获知单元格区域在工作表中的所在位置，以及区域中单元格的多少。

**源代码：实例文档 20.xlsm/ 单元格的位置**

```
1.  Sub Test1()
2.      Dim rg As Range
3.      Set rg = Range("B2:E4")
4.      Debug.Print rg.Row, rg.Column, rg.Rows.Count, rg.Columns.Count, rg.Count
5.  End Sub
```

代码分析：结合图 14-9 可知，单元格区域 B2:E4 是 3 行 4 列，共 12 个单元格。所以 Rows.Count 返回的是行数，得到 3；Columns. Count 返回的是列数，得到 4；rg.Count 等价于 rg.Cells.Count，返回的是单元格个数，得到 12。

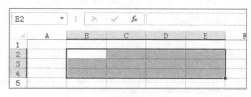

图 14-9　认识单元格区域的属性

而 rg.Row 返回的是左上角单元格的行号，也就是 B2 单元格的行号，得到 2。同理，rg.Column 是 B2 的列号，也是 2。

因此上述过程运行后，在立即窗口看到的结果是 2,2,3,4,12。

因此，经常使用 Range.Row、Range.Column 来获取区域左上角单元格的位置，而通过 Range.Rows.Count 以及 Range.Columns.Count 来获取区域的行数与列数。使用 Range.Count 来获取单元格个数，对于矩形局域，单元格个数等于行数乘以列数。

对于分离的区域，可以使用 Areas 对象分解成单个连续区域。

**源代码：实例文档 20.xlsm/ 单元格的位置**

```
1.  Sub Test2()
2.      Dim rg As Range
3.      Dim arr(1 To 3) As Range
4.      Set rg = Range("B2:D3,C6:D7,A10:B12")
5.      rg.Select
6.      MsgBox "分离区域个数: " & rg.Areas.Count
7.      Set arr(1) = rg.Areas(1)
8.      Set arr(2) = rg.Areas(2)
9.      Set arr(3) = rg.Areas(3)
10.     arr(1).Interior.Color = vbRed
11.     arr(2).Interior.Color = vbGreen
12.     arr(3).Interior.Color = vbBlue
13. End Sub
```

代码分析：第 4 行代码中，rg 是一个不连续的区域（地址字符串用逗号隔开），第 6 行代码返回分离区域的个数：3。

第 7 ~ 9 行代码分别把每个连续区域赋给数组中每个元素。第 10 ~ 12 行代码为每个连续区域加上填充色。

上述过程的运行结果如图 14-10 所示。

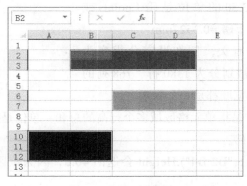

图 14-10 运行结果 5

### 14.2.3 单元格的地理位置

单元格区域可以调整行高和列宽，从而引起单元格区域在工作表中的地理位置发生变化。特别是工作表上可以放置一些图形、图片等对象，这些对象与单元格的相对位置关系在实际编程中经常用到。

描述一个几何对象在坐标系中的位置和大小，一般用 Left、Top、Width、Height 四个属性来表示，如图 14-11 所示。

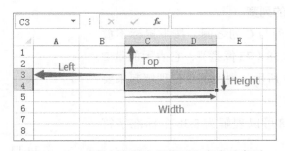

图 14-11 对象在容器中的位置和大小示意图

图 14-11 中，对于单元格区域 C3:D4，Left 属性是指该区域左边界与单元格 A1 左边界的距离。

Top 属性是指该区域上边界与列标之间的高度差，也就是与单元格 A1 上边界的距离。

Width 属性是指该区域本身的宽度，也就是该区域左边界与右边界的距离。

同理，Height 属性是指该区域垂直方向的高度。

从图 14-11 中不难看出，区域 C3:D4 的 Left 属性其实等于 A 列和 B 列两列的列宽之和。

但是，Excel 中存在很多种单位制，如果搞不清楚这些单位之间的转换关系，会导致严重的计算结果误差。

#### 14.2.3.1 Excel 的行高

这里认识一下 Excel 的行高值。当把鼠标移动到 Excel 工作表的第 2 行与第 3 行之间时

按下鼠标，会看到提示"高度：13.50（18 像素）"，如
图 14-12 所示。其中，13.50 的单位是磅（points 或
pt），磅与毫米的关系是：1 磅 =0.3527mm。

图 14-12　查看单元格的行高值

像素与屏幕分辨率有关，例如设定分辨率为
1380×768，那么屏幕就被划分为 1380 行、768 列的
栅格，每个格子的高度和宽度都是一个像素。

Range 对象的 Height 是指单元格区域多个行高的总和，单位是磅；RowHeight 属性是指
每行的行高值，单位也是磅。

例如，Msgbox Range("B2:B4").Height 会返回 40.5，因为该区域有 3 行，每行高度为
13.5 磅。

运行如下过程，把工作表中的第 2 ～ 4 行的行高设置为 20 磅。

**源代码：实例文档 20.xlsm/ 单元格的地理位置**

```
1.  Sub Test1()
2.      Range("B2:B4").RowHeight = 20
3.  End Sub
```

代码分析：注意这里使用的属性是 RowHeight，该属性是可读写的属性，通常用来获得
或者设定单元格区域的行高值，而不是区域的高度之和。这也是该属性和 Height 属性的区
别。Height 属性通常用来获取区域的总高度，通常由多个行高值相加而得到。

### 14.2.3.2　Excel 的列宽

将鼠标移动到 B 列与 C 列之间，按下鼠标不放
开，会看到"宽度：8.38（72 像素）"，它表示的是 B
列的列宽，如图 14-13 所示。列宽的单位理解起来要
比行高复杂。

图 14-13　查看单元格的列宽

图 14-13 中的 8.38 可以理解为 8.38 个标准字符
宽度。

而 Excel VBA 中，单元格区域的宽度的单位仍然为磅，单元格列宽的获取和设定单位
还是字符宽度。

**源代码：实例文档 20.xlsm/ 单元格的地理位置**

```
1.  Sub Test2()
2.      MsgBox Range("B2").Width
3.      MsgBox Range("B2").ColumnWidth
4.  End Sub
```

以上代码返回 54 和 8.38。

如果单元格区域不是一个单元格，结果会是什么呢？

**源代码：实例文档 20.xlsm/ 单元格的地理位置**

```
1.  Sub Test3()
2.      MsgBox Range("B2:D2").Width
```

```
3.      MsgBox Range("B2:D2").ColumnWidth
4.  End Sub
```

**代码分析**：B2:D2 占据了 3 列，上述代码返回 162 和 8.38。对比上次结果会看到 Width 属性变为原来的 3 倍，而 ColumnWidth 没有变化。和行高一样，ColumnWidth 不累加，它只计算每列的列宽。

### 14.2.3.3　单元格区域的上边距和左边距

Range 对象的 Top、Left 属性是指区域左上角与 A1 单元格的距离，单位是磅。

以下代码一次性获取列向区域中每个单元格的 Top、Left 属性。

**源代码：实例文档 20.xlsm/ 单元格的地理位置**

```
1.  Sub Test4()
2.      Dim rg As Range
3.      For Each rg In Range("B1:B5")
4.          Debug.Print rg.Top, rg.Left
5.      Next rg
6.  End Sub
```

| | |
|---|---|
| 立即窗口 | |
| 0 | 54 |
| 13.5 | 54 |
| 27 | 54 |
| 40.5 | 54 |
| 54 | 54 |

上述过程的运行结果如图 14-14 所示。　　　　　　　　　　图 14-14　运行结果 6

### 14.2.3.4　自动更改行高和列宽

更改 Range 的 RowHeight 属性，可以改变行高。

**源代码：实例文档 20.xlsm/ 单元格的地理位置**

```
1.  Sub Test5()
2.      Dim r As Integer, c  As Integer
3.      For r = 1 To 9 Step 2
4.          Worksheets("Sheet3").Range("A" & r).RowHeight = 30
5.      Next r
6.  End Sub
```

**代码分析**：上述代码的功能是把 Sheet3 的 A 列中的奇数行的行高设置为 30 磅。

运行结果如图 14-15 所示。

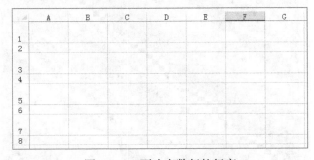

图 14-15　更改奇数行的行高

根据这个特点，可以用 VBA 快速生成日历。同理，可以一次性改变多列的列宽。

**源代码：实例文档 20.xlsm/ 单元格的地理位置**

```
1.  Sub Test6()
```

```
2.        Dim r As Integer, c As Integer
3.        For c = 1 To 9 Step 1
4.            Worksheets("Sheet2").Cells(1, c).ColumnWidth = 3
5.        Next c
6.  End Sub
```

运行结果如图 14-16 所示。

对于连续的列的列宽设定，其实可以不使用循环，上面的 Test6 可以改写为：

```
Worksheets("Sheet2").Columns("A:I").
ColumnWidth = 5
```

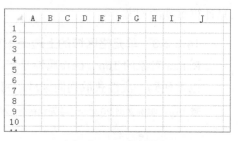

图 14-16　更改列宽

其中，Columns("A:I") 等价于 Range("A:I")。

如果同时修改行高和列宽，再随机填充背景色，可以实现波纹色降落伞的效果。

**源代码：实例文档 20.xlsm/ 单元格的地理位置**

```
1.  Sub Test8()
2.      ActiveWindow.Zoom = 100
3.      t = 1.63 / 13.5
4.      With ActiveSheet
5.          For r = 1 To 100
6.              .Rows(r).RowHeight = r Mod 13
7.              .Columns(r).ColumnWidth = .Rows(r).RowHeight * t
8.              For c = 1 To 100
9.                  .Cells(r, c).Interior.ColorIndex = (r + c) Mod 56
10.             Next c
11.         Next r
12.     End With
13. End Sub
```

上述过程的运行结果如图 14-17 所示。

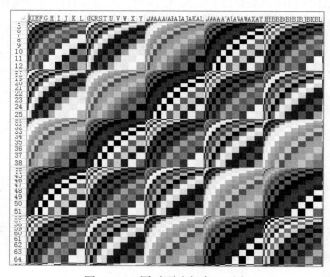

图 14-17　同时更改行高、列宽

代码实现的原理，请读者自行分析。

### 14.2.3.5 行列的隐藏和显示

Excel 工作表中的整行、整列可以隐藏。实质上，隐藏行等价于把行高设为 0，隐藏列等价于把列宽设置为 0。

**源代码：实例文档 20.xlsm/ 单元格的地理位置**

```
1.  Sub Test9()
2.      Worksheets("Sheet2").Columns("B:C").ColumnWidth = 0
3.      Worksheets("Sheet2").Columns("E:F").Hidden = True
4.  End Sub
```

代码分析：上述过程中，第 2 行与第 3 行代码的功能相同，都是隐藏列。

如果要取消隐藏列，既可以重新设定列宽为大于 0 的数字，也可以设置 Hidden 属性为 False。

**源代码：实例文档 20.xlsm/ 单元格的地理位置**

```
1.  Sub Test10()
2.      Worksheets("Sheet2").Columns("B:C").ColumnWidth = 8.38
3.      Worksheets("Sheet2").Columns("E:F").Hidden = False
4.  End Sub
```

对于行的隐藏和显示，参考如下过程。

**源代码：实例文档 20.xlsm/ 单元格的地理位置**

```
1.  Sub Test11()
2.      Worksheets("Sheet2").Rows("5:5").RowHeight = 0
3.      Worksheets("Sheet2").Rows("7:8").Hidden = True
4.  End Sub
```

上述过程隐藏了第 5 行，并隐藏了第 7 ~ 8 行。

### 14.2.3.6 延伸阅读

Application.CentimetersToPoints 函数可以把厘米转换成磅；Application.ActiveWindow.PointsToScreenPixelsX 可以把磅转换成水平方向的像素。

读者可根据需要自行研究上述单位转换方面的内容。

## 14.2.4 单元格内容属性

单元格是用来存放数据的。使用 Excel VBA 可以方便、快捷地读写单元格的内容。但是 Range 属性繁多，如果用错属性，将达不到预期的效果。

与单元格内容有关的属性如下。

❏ Value（默认属性）：单元格的值，可读写。

❏ Text（显示属性）：单元格显示内容（与单元格自定义格式有关，只读）。

❏ Formula、FormulaArray：单元格的公式字符串、数组公式字符串，可读写。

❏ HasFormula、HasArray：单元格是否有公式、是否有数组公式。只读。

❑ Value2：日期、时间类的单元格也按照数值处理。

❑ FormulaHidden：是否隐藏公式，可读写。

❑ Locked：单元格是否锁定，可读写。

❑ NumberFormat：自定义格式，可读写。

Excel 中的"设置单元格格式"对话框，可以设置单元格绝大多数的属性，如图 14-18 所示。

### 14.2.4.1　向单元格中写入内容

自动向单元格中输入内容，使用"Range.Value= 内容"这样的语法格式即可。

图 14-18 "设置单元格格式"对话框

**源代码：实例文档 21.xlsm/ 单元格内容属性**

```
1.  Sub Test1()
2.      Range("A3").Value = 58
3.      Range("A5").Value = False
4.      Range("A7").Value = "China"
5.  End Sub
```

以上代码分别向单元格输入整数、布尔值和字符串。

其实，Range 的 Value 属性不只用于一个单元格，还可以用于单元格区域。如果是多个单元格构成的区域，此时 Value 可以和 VBA 中的数组进行数据传递，具体请参阅 14.6.4 节相关内容。

如果要向单元格中输入公式和数组公式，可以使用 Formla 属性和 FormulaArray 属性。

**源代码：实例文档 21.xlsm/ 单元格内容属性**

```
1.  Sub Test2()
2.      Dim i As Integer
3.      For i = 1 To 5
4.          Range("A" & i).Value = i
5.      Next i
6.      Range("A8").Formula = "=Sum(A1:A5)"
7.  End Sub
```

代码分析：上述代码中，首先向 A1:A5 中输入数字，然后自动往 A8 中输入公式，计算出 A1:A5 的总和。

在 Excel 中输入数组公式时，需要按下快捷键【Ctrl+Shift+Enter】完成公式的输入。在 VBA 中，可以使用 FormulaArray 来自动输入数组公式。

**源代码：实例文档 21.xlsm/ 单元格内容属性**

```
1.  Sub Test3()
2.      Dim i As Integer
3.      For i = 1 To 5
4.          Range("A" & i).Value = i
5.      Next i
6.      Range("D2:H2").FormulaArray = "=Transpose(A1:A5)"
```

```
7.      MsgBox Range("D2:H2").FormulaArray
8.  End Sub
```

代码分析：以上代码自动往 A1:A5 输入内容后，自动往 D2:H2 输入数组公式，实现数据的转置。运行上述过程，结果如图 14-19 所示。

第 7 行代码的对话框用于获取单元格区域中的数组公式字符串，运行结果如图 14-20 所示。

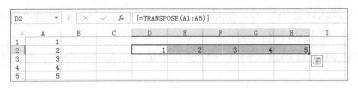

图 14-19　自动输入数组公式　　　　图 14-20　运行结果 7

### 14.2.4.2　获取和判断单元格内容

单元格中的数值型数据可以显示为日期时间型，Excel 规定 1900 年 1 月 1 日与正整数 1 是相等的。

在任一单元格中输入 1，然后设置单元格格式，选择数字格式为"日期"，在对话框中可以看到 1900/1/1，如图 14-21 所示。

如果在单元格中直接输入 1900/2/1，单元格会显示为日期格式，不过可以改变数字格式为"常规"，结果为 32。

Excel VBA 中，对于 Range 对象的 Value 属性，当单元格格式为数值型，就获取到数值；如果是日期时间型，获取到日期时间型。而对于 Value2 属性，无论单元格目前是什么类型，一律转换为数值型。

图 14-21　日期和数字的互换性

**源代码：实例文档 21.xlsm/ 单元格内容属性**

```
1.  Sub Test4()
2.      Range("A1").Value = Date
3.      Range("A2").Value = 42921
4.      Debug.Print Range("A1").Value, Range("A1").Value2
5.      Debug.Print Range("A2").Value, Range("A2").Value2
6.  End Sub
```

代码分析：第 2 行代码，往 A1 中输入当前日期：2017 年 7 月 5 日。第 3 行代码，往

A2 中输入一个整数 42921（该数字与 2017 年 7 月 5 日是相等的）。

立即窗口

| 2017/7/5 | 42921 |
| 42921 | 42921 |

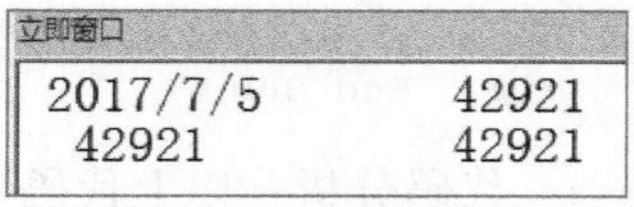

图 14-22　运行结果 8

第 4 ~ 5 行代码，打印单元格的 Value 与 Value2 属性，结果如图 14-22 所示。

由此可见，当单元格格式为日期时，Value 和 Value2 属性是不同的。

如果一个单元格的值是由公式计算出来的，不是直接输入的内容，当鼠标单击该单元格时，公式编辑栏显示的是公式，而不是计算结果。

下面的过程演示了如何用 VBA 自动输入公式，验证一个单元格是否有公式，如果有公式，公式具体是什么。

**源代码：实例文档 21.xlsm/ 单元格内容属性**

```
1.  Sub Test5()
2.      Range("A1").Value = 37
3.      Range("B1").Formula = "=A1^2"
4.      Debug.Print Range("A1").HasFormula, Range("A1").Formula
5.      Debug.Print Range("B1").HasFormula, Range("B1").Formula
6.  End Sub
```

代码分析：第 3 行代码，往 B1 中输入一个公式，用来计算 A1 的平方，会在 B1 单元格看到 1369。

第 4 ~ 5 行代码，分别在立即窗口打印是否有公式，以及公式字符串。运行后，会在立即窗口看到 A1 没有公式，它的 Formula 属性与 Value 属性是一样的，都是 37；而 B1 有公式，Formula 就是公式字符串，Value 属性是 1369。

上述过程运行后，立即窗口的打印结果如图 14-23 所示。

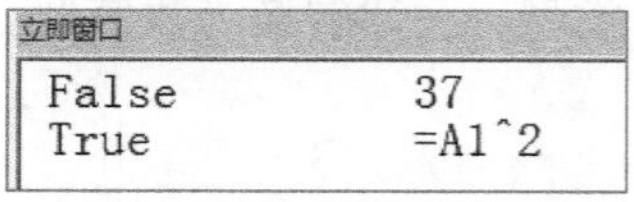

立即窗口

| False | 37 |
| True | =A1^2 |

图 14-23　运行结果 9

关于数组公式方面的 HasArray 以及 FormulaArray，请读者自行研究。

接下来讲解，如何判断单元格内容类型，以及判断单元格是否有内容。

**源代码：实例文档 21.xlsm/ 单元格内容属性**

```
1.  Sub Test6()
2.      Range("A1:A10").ClearContents
3.      Range("A1").Value = #7/5/2017#
4.      Range("A3").Value = 58
5.      Range("A5").Value = False
6.      Range("A7").Value = "China"
7.      Debug.Print IsEmpty(Range("A1")), IsEmpty(Range("A2"))
8.      Debug.Print Application.WorksheetFunction.IsText(Range("A5").Value),
        Application.WorksheetFunction.IsText(Range("A7").Value)
9.      Debug.Print VBA.Information.IsDate(Range("A1")), VBA.Information.
        IsDate(Range("A3"))
10. End Sub
```

代码分析：第 2 行代码用来清空 A1:A10 的所有内容。第 3 ~ 6 行代码用来往个别单元格中输入内容。第 7 行代码验证 A1、A2 是否为空单元格，返回 False、True。第 8 行代码利用 Excel 内置工作表函数验证非空单元格中的内容是否为文本类型，返回 False、True。第 9 行代码验证单元格中的内容是否为日期时间类型，返回 True、False。

　　**重要提示：** VBA 的内置函数 IsArray 用来判断一个数值是否为数组。

源代码：实例文档 21.xlsm/ 单元格内容属性

```
1.  Sub Test7()
2.      Debug.Print VBA.IsArray(3.14)
3.      Debug.Print VBA.IsArray(Array(2, 4, 6, 8))
4.      Debug.Print VBA.IsArray(Range("A1").Value)
5.      Debug.Print VBA.IsArray(Range("A1:B3").Value)
6.  End Sub
```

　　**代码分析：** 该过程用于判断数据类型是否为数组，运行结果如图 14-24 所示。

　　可以看出，如果是一个单元格的 Value 属性，则返回该单元格的内容，而不是数组；如果是多个单元格组成的区域，其 Value 属性为数组。

图 14-24　运行结果 10

### 14.2.4.3　自定义单元格

　　Excel 单元格的数字格式可以通过"单元格格式"设置对话框的"数字"选项卡来设定。

　　在单元格中输入一个数字为 3200.5294，然后在格式对话框中设置数字格式为"货币"，小数位数为 2 位，进行四舍五入，结果如图 14-25 所示。

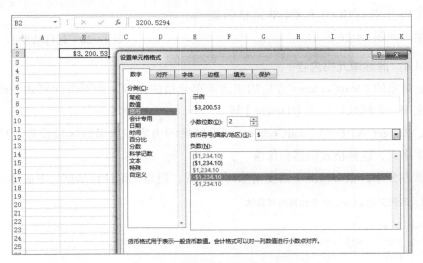

图 14-25　设置单元格的数字格式

　　单击"确定"按钮并关闭对话框，可以看到单元格中的显示内容与公式编辑栏的内容是不一样的。

　　实际上，无论单元格格式设置为哪一种，单元格本质内容没有变化，即使设置了小数位数，数字本身不会有损失。

　　在 VBA 中，可以用 Value 属性获得本质数值，用 Text 属性获得显示出的内容。

**源代码：实例文档 21.xlsm/ 单元格内容属性**

```
1.  Sub Test8()
2.      Debug.Print Range("B2").Value, Range("B2").Text
3.  End Sub
```

运行结果为：3200.5294    $3,200.53。

上面讲的是手工设置单元格的数字格式，接下来讲解如何用 VBA 自动设置数字格式，Range 对象的 NumberFormat 属性用来读写单元格的自定义格式。

**源代码：实例文档 21.xlsm/ 单元格内容属性**

```
1.  Sub Test9()
2.      Range("C3").Value = 40000
3.      Range("C3").NumberFormat = "yyyy 年 dd 日 mm 月"
4.      Range("C4").Value = #6:00:00 AM#
5.      Range("C4").NumberFormat = "0.00"
6.      Debug.Print Range("C3").Value, Range("C3").Text, Range("C3").NumberFormat
7.      Debug.Print Range("C4").Value, Range("C4").Text, Range("C4").NumberFormat
8.  End Sub
```

代码分析：第 2 行代码往 C3 中输入整数。第 3 行代码设置 C3 的格式为日期。第 4 行代码往 C4 中输入一个时间。第 5 行代码设置格式为两位小数，由于 Excel 数字的单位是 1，因此一天 24 小时就等价于数字 1，那么上午六点就是 1/4 天，因此转为小数后是 0.25。第 6 ~ 7 行代码分别打印 C3 和 C4 单元格的属性，运行结果如图 14-26 所示。

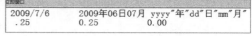

图 14-26    运行结果 11

### 14.2.4.4    清除单元格内容

Range 对象的 ClearContents 方法用来清除单元格的内容，而不清除格式。该方法等价于用鼠标选中一个区域后按下【Delete】键。

例如，Range("A1:D9").ClearContents 清除区域的内容，如果该区域设置了边框线，或设置了数字格式，这些格式仍然会保留。

在日常办公中，很多情况下需要清除所有公式，但是保留计算结果。下面举一个例子。

**源代码：实例文档 21.xlsm/ 单元格内容属性**

```
1.  Sub Test11()
2.      Dim i As Integer
3.      For i = 1 To 10 Step 2
4.          Range("A" & i).Value = i
5.          Range("B" & i).Value = i + 1
6.          Range("C" & i).Formula = "=A" & i & "*B" & i
7.      Next i
8.  End Sub
```

代码分析：第 4 行代码往 A 列中输入奇数。第 5 行代码往 B 列输入偶数。第 6 行代码往对应的 C 列输入一个公式，计算左侧两个数字的乘积。运行结果如图 14-27 所示。

那么接下来如何把 C 列中所有公式清除，只保留结果呢？接着运行下面的 Test12，会发现 C 列每个单元格都不含公式。

源代码：实例文档 21.xlsm/ 单元格内容属性

```
1.  Sub Test12()
2.      Range("C1:C9").Value =
Range("C1:C9").
        Value
3.  End Sub
```

图 14-27 运行结果 12

代码分析：实现的原理其实是对单元格区域的重新赋值，把原先的值以数组的形式再次赋值到源区域。

如果要对鼠标选中的区域清除公式，则可以改写为 Selection.Value=Selection.Value。

## 14.3 Range 的产生和转化

一般情况下，创建 Range 对象可以用 Application 对象开始，经由 Workbook、Worksheet 逐级产生。

但是在实际编程过程中，经常是由已有的 Range 对象来产生或表达与其相关的其他 Range。因此，熟悉和理解 Range 的转化技术，将会大大提高 Excel VBA 的编程能力。

### 14.3.1 引用工作表已使用区域

对于新建的工作表，所有单元格都是空白单元格；对于有数据的工作表，数据区域是多大，地址是多少呢？可以使用 Worksheet.UsedRange 来获得，UsedRange 表示工作表中已使用的单元格区域。

在一个空白工作表中输入一部分数字，如图 14-28 所示。

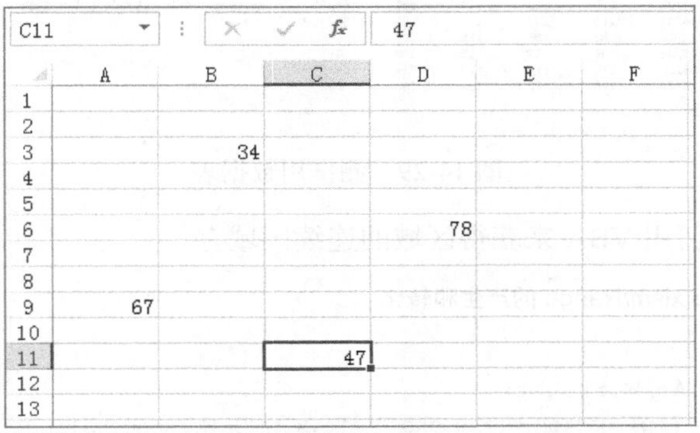

图 14-28 个别单元格输入内容

然后执行下面的过程。

**源代码：实例文档 23.xlsm/Range 的产生和转化**

```
1.  Sub Test1()
2.      Dim rg As Range
3.      Set rg = ActiveSheet.UsedRange
4.      rg.Select
5.  End Sub
```

代码分析：如果用一个矩形框把工作表中所有有数据的单元格框起来，这个框的地址将会是 A3:D11，因此，上述过程执行后会自动选中 A3:D11。

在实际编程应用中，经常事先清空工作表中的数据，然后重新写入。那么清空工作表所有数据，可以使用 ActiveSheet.UsedRange.ClearContents 来完成。

## 14.3.2　引用当前连续区域

在很多情况下 Excel 工作表包含多个数据区域，数据区域之间有空白行列。VBA 使用 Range.CurrentRegion 来获取一个区域的连续区域。

打开源文件 Data.xlsm，工作表 data 中有 3 个数据区域，如图 14-29 所示。如果用鼠标选中 L23 单元格，然后按下快捷键【Ctrl+A】，会看到全选这个数据区域，而不是全选整个工作表。

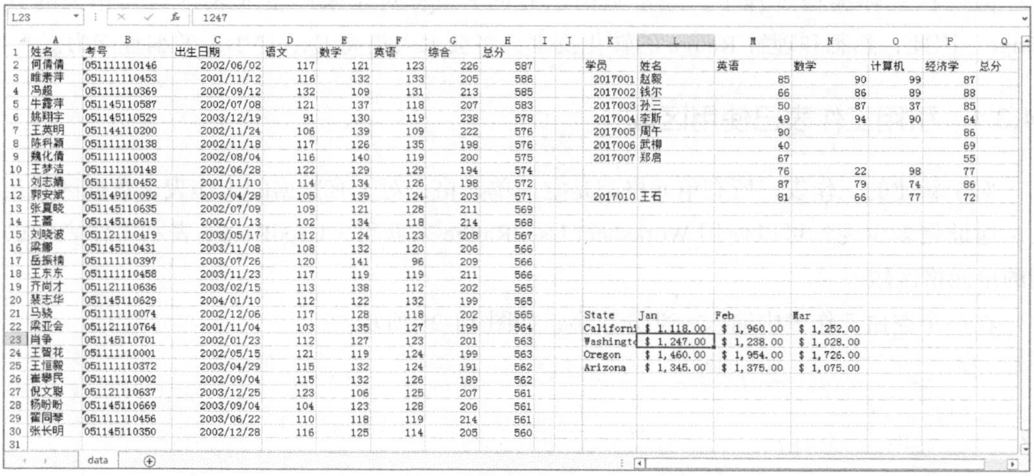

图 14-29　测试用数据表

以下过程演示如何用 VBA 来获得区域的连续区域。

**源代码：实例文档 23.xlsm/Range 的产生和转化**

```
1.  Sub Test2()
2.      Dim wst As Worksheet
3.      Set wst = Application.Workbooks("Data.xlsm").Worksheets(1)
4.      MsgBox wst.Range("L23:M24").CurrentRegion.Address
5.  End Sub
```

运行结果如图 14-30 所示。

图 14-30　运行结果 13

### 14.3.3　引用数组公式区域

Excel 工作表中，对于输入了数组公式的区域，用户不可以更改该区域的一部分，只能整体删除数组公式，对整体区域进行内容的修改。

VBA 中，通过 Range.CurrentArray 可以获取与某单元有关的数据区域。

打开源文件"实例文档 23.xlsm"，切换到工作表 Sheet2，该工作表的 C、D 列用来计算 B 列的平方和立方。

事先在 C3:C10 中输入数组公式 "=B3:B10^2"，按下快捷键【Ctrl+Shift+Enter】可得到结果，如图 14-31 所示。

如果现在运行 Range("C4").ClearContents 试图清空单元格 C4，则会弹出错误对话框，如图 14-32 所示。

图 14-31　带有数组公式的单元格区域　　　　图 14-32　错误对话框

以下过程利用 Range 的 CurrentArray 获取到数组公式所在区域，然后删除数组公式。

**源代码：实例文档 23.xlsm/Range 的产生和转化**

```
1.  Sub Test3()
2.      Dim rg As Range
3.      Set rg = Range("C4:C5").CurrentArray
4.      rg.Select
5.      MsgBox "下面将删除数组公式！", vbInformation
6.      rg.ClearContents
7.  End Sub
```

执行上述过程后，将删除整个数组公式，也就是把 C3:C10 区域的公式删除。

### 14.3.4　引用整行与整列

在 Excel VBA 中，使用 Range.EntireRow 以及 EntireColumn 可以把已有区域扩展到整行或整列。

打开源文件 Data.xlsm，如果试图用 VBA 清除 B 列（考号）内容，运行如下过程。

**源代码：实例文档 23.xlsm/Range 的产生和转化**

```
1.  Sub Test4()
2.      ActiveSheet.Range("B1").EntireColumn.Select
3.      ActiveSheet.Range("B1").EntireColumn.ClearContents
4.  End Sub
```

### 14.3.5 单元格的偏移

Range.Offset 可以获得由原 Range 对象偏移后的单元格区域。单元格的偏移可以分为如下三个方向。

❑ 上下垂直偏移：Range.Offset(r)，r>0 表示向下偏移，r<0 表示向上偏移。

❑ 左右水平偏移：Range.Offset(,c)，c>0 表示向右偏移，c<0 表示向左偏移。

❑ 斜向偏移：Range.Offset(r,c)，r 表示上下偏移量，c 表示左右偏移量。

**源代码：实例文档 23.xlsm/Range 的产生和转化**

```
1.  Sub Test5()
2.      Dim rg1 As Range, rg2 As Range
3.      Set rg1 = Worksheets("Sheet2").Range("B2:D10")
4.      Set rg2 = rg1.Offset(3)
5.      rg2.Select
6.      MsgBox "rg1 向下偏移三个单位是: " & rg2.Address(False, False)
7.  End Sub
```

代码分析：第 4 行代码中，rg1.Offset(3) 括号内只有一个数字 3，表示往下偏移 3 个单位。运行结果如图 14-33 所示。

如果数据区域向右偏移 3 个单位，只需要把上述代码中的 Offset(3) 改成 Offset(,3)，将选中 E2:G10 单元格区域。

如果改成 Offset(-1,3)，其含义是向上平移 1 个单位，然后向右平移 3 个单位，将会得到 E1:G9 单元格区域。

Offset 还可以用在单元格的遍历过程中。

图 14-33　运行结果 14

**源代码：实例文档 23.xlsm/Range 的产生和转化**

```
1.  Sub Test6()
2.      Dim i As Integer
3.      For i = 1 To 9 Step 2
4.          Range("A1").Offset(i, i).Interior.Color = vbBlue
5.      Next i
6.  End Sub
```

运行上述过程，可以为 B2、D4 等 5 个斜向单元格设置填充色。

通过上面的讲解，可以看出 Offset 的特点是：偏移后的区域与源区域尺寸相等，但位置不同。

### 14.3.6 改变单元格区域大小

Range.Resize 可以基于源区域的左上角，重新定义区域尺寸，而得到一个新的区域。Resize 的参数也分三种情形。

❏ 只改变区域高度：Resize(r)，表示新区域具有 r 行，列数不变。

❏ 只改变区域宽度：Resize(,c)，表示新区域具有 c 列，行数不变。

❏ 重定义尺寸：Resize(r,c)，表示新区域具有 r 行 c 列。

下面的过程把原区域扩展为 4 列。

**源代码：实例文档 23.xlsm/Range 的产生和转化**

```
1.  Sub Test7()
2.      Dim rg1 As Range, rg2 As Range
3.      Set rg1 = Worksheets("Sheet2").Range("B2:D10")
4.      Set rg2 = rg1.Resize(, 4)
5.      rg2.Select
6.      MsgBox "rg1 扩展为 4 列的地址: " & rg2.Address(False, False)
7.  End Sub
```

**代码分析：** 第 3 行代码中 rg1 表示的是工作表中的数据区域。第 4 行代码在 rg1 的基础上改变列数为 4，因此运行结果为 B2:E10，如图 14-34 所示。

下面举一个同时改变行列数的例子。

**源代码：实例文档 23.xlsm/Range 的产生和转化**

```
1.  Sub Test8()
2.      Dim rg1 As Range, rg2 As Range
3.      Set rg1 = Worksheets("Sheet2").
        Range("B2:D10")
4.      Set rg2 = rg1.Resize(2, 2)
5.      rg2.Select
6.  End Sub
```

图 14-34　运行结果 15

代码执行后，选中的区域是 2 行 2 列。

可以看出，Resize 产生的区域还是基于源区域的左上角，只是重新定义了尺寸。同样，Resize 也可以用于单元格的遍历之中。下面举一个比较有趣的例子。

**源代码：实例文档 23.xlsm/Range 的产生和转化**

```
1.  Sub Test9()
2.      Dim i As Integer
3.      For i = 5 To 1 Step -1
4.          Range("A1").Resize(i, i).Interior.ColorIndex = i
5.      Next i
6.  End Sub
```

**代码分析：** 该过程使用的是倒序循环，先把 A1 扩展到 5 行 5 列，填充色设置为蓝色；然后变形为 4 行 4 列，再换一个颜色。最后形成如下阶梯状，如图 14-35 所示。

如果采用正序循环，将导致填充色的覆盖。

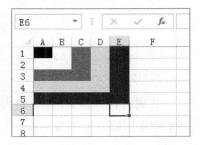

图 14-35　使用 Resize 遍历单元格

### 14.3.7 获取最后一个非空单元格

在用 Excel VBA 处理工作表数据时，经常需要获取到数据区域的边界。Range 对象中的 End 属性可以快速返回边界单元格。End 属性的括号内可以使用如下四个枚举常量。

❏ xlUp：上边界。

❏ xlDown：下边界。

❏ xlToLeft：左边界。

❏ xlToRight：右边界。

打开源文件 Data.xlsm，运行如下过程。

**源代码：实例文档 23.xlsm/Range 的产生和转化**

```
1.  Sub Test10()
2.      Dim rg1 As Range, rg2 As Range, rg3 As Range, rg4 As Range
3.      Set rg1 = Range("D13").End(xlUp)
4.      Set rg2 = Range("D13").End(xlDown)
5.      Set rg3 = Range("D13").End(xlToLeft)
6.      Set rg4 = Range("D13").End(xlToRight)
7.      Debug.Print rg1.Address, rg2.Address, rg3.Address, rg4.Address
8.  End Sub
```

代码分析：代码中使用了四个对象变量，rg1 用来获取单元格 D13 向上方向的最后一个数据单元格。

运行上述过程，立即窗口的打印结果为：$D$1 $D$30 $A$13 $H$13。

下面的例子用来获取成绩表中最后一行的行号、最后一列的列标。

**源代码：实例文档 23.xlsm/Range 的产生和转化**

```
1.  Sub Test11()
2.      Dim r As Integer
3.      r = Range("A10000").End(xlUp).Row
4.      MsgBox "A列数据区域最后一行的行号是：" & r
5.  End Sub
```

代码分析：Range("A10000") 是一个非常靠下的空白单元格，由这个单元格向上找有数据的单元格，会找到 A30，因此最后一行的行号是 30。

```
1.  Sub Test12()
2.      Dim rg As Range
3.      Set rg = Range("A1").End(xlToRight)
4.      MsgBox "A列数据区域最右一列的列标字母是："
        & Split(rg.Address, "$")(1) & vbNewLine &
        "列号是：" & rg.Column
5.  End Sub
```

代码分析：从 A1 单元格向右找最后一个数据单元格，对话框中返回的结果如图 14-36 所示。

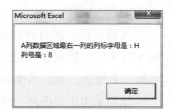

图 14-36  运行结果 16

> 提示：如果是手工操作，用鼠标事先选中数据区域的中间单元格，然后按下快捷键
> 【End+↑】，也会快速跳转到最上面一个边界单元格。其他三个方向与此类似。

### 14.3.8  区域的联合

很多情况下，需要对多个分离的单元格区域进行相同的处理，此时可以使用 Application.Union 方法把多个分离的区域联合成一个区域。其语法是：

```
Application.Union(Range1,Range2,…,Rangen)
```

**源代码：实例文档 23.xlsm/Range 的产生和转化**

```
1.   Sub Test13()
2.       Dim Total As Range
3.        Set Total = Application.Union(Range("A1:B3"), Range("D2:D5"),
Range("F1:F3"))
4.       Debug.Print Total.Address(False, False)
5.       Debug.Print "包含的分离区域有:" & Total.Areas.Count & "个"
6.       Total.Select
7.   End Sub
```

**代码分析：** Total 是一个 Range 类型的对象变量，第 3 行代码把多个分离的区域联合在一起，赋给 Total。第 5 行代码打印总体区域中的分离区域个数。第 6 行代码自动选中总体区域。

运行代码后，立即窗口的打印结果如图 14-37 所示。

工作表中的效果如图 14-38 所示。

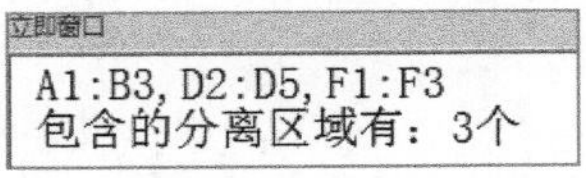

图 14-37  运行结果 17 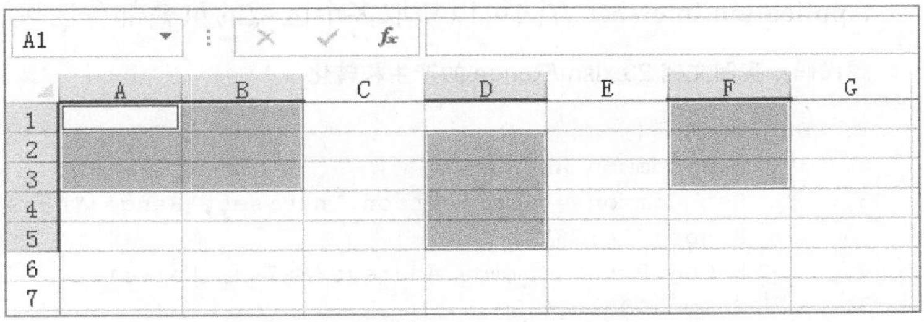          图 14-38  工作表中的选定效果

如果把三个以上分离区域全都联合在一起，把每个区域的地址写入 Union 显得烦琐，可以使用循环，每循环一次，就联合一个区域。

**源代码：实例文档 23.xlsm/Range 的产生和转化**

```
1.   Sub Test14()
2.       Dim Total As Range, i As Integer
3.       Set Total = Range("A1:B1")
4.       For i = 3 To 19 Step 2
5.           Set Total = Application.Union(Total, Range("A" & i & ":B" & i))
6.       Next i
```

```
7.      Debug.Print Total.Address(False, False)
8.      Total.Select
9.  End Sub
```

代码分析：从 3 循环到 19，步长为 2，把单元格区域逐步联合，而不是一次性联合。

上述过程运行后，工作表中的效果如图 14-39 所示。

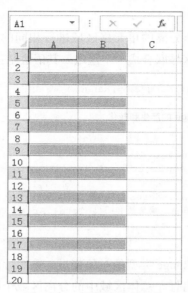

图 14-39　隔行选中单元格

## 14.3.9　区域的相交包含

Application.Intersect 方法可以获取多个区域的重叠部分区域，也就是公共区域。

**源代码：实例文档 23.xlsm/Range 的产生和转化**

```
1.  Sub Test15()
2.      Dim Common As Range
3.      Set Common = Application.Intersect(Range("A2:D6"), Range("B3:D11"),
        Range("A4:C8"))
4.      Debug.Print Common.Address(False, False)
5.      Common.Select
6.  End Sub
```

代码分析：上述代码把三个区域重叠部分赋给变量 Common。第 4 行代码的打印结果是 B4:C6。

如果多个区域不存在重叠的部分，则可以用如下方式来判断是否有公共部分，或者区域之间是否存在包含关系。

**源代码：实例文档 23.xlsm/Range 的产生和转化**

```
1.  Sub Test16()
2.      Dim rg1 As Range, rg2 As Range
3.      Set rg1 = Range("A2:D6")
```

```
4.       Set rg2 = Range("A8:C10")
5.       If Application.Intersect(rg1, rg2) Is Nothing Then
6.           MsgBox "以上两个区域完全分离。"
7.       Else
8.           MsgBox "以上两个区域有公共区域部分。"
9.       End If
10. End Sub
```

代码分析：由于上述两个区域没有重叠部分，所以 If 条件语句
成立，运行上述过程，弹出如图 14-40 所示的对话框。

图 14-40　运行结果 18

## 14.4　Range 对象的常用方法

### 14.4.1　单元格的选中和激活

如果不使用代码，手工编辑单元格时，必须事先选中单元格区域。一般情况下，鼠标可
以一次性选中一个矩形区域，该矩形区域最左上角的单元格背景反白，称作活动单元格。

也就是说，选中的区域可以是多个单元格，但是活动单元格有且只有一个。如果选中一
个区域后，按住【Ctrl】键，可以继续选择其他区域。

在 Excel VBA 中，使用 Range.Select 来代替手工自动选中区域，重新选择区域后，对象
Application.Selection 所指代的区域就发生相应的变化。

Range.Activate 方法则是激活单元格，如果单元格原先未处于选中状态，则使用该方
法可以选中并激活单元格。激活单元格后，Application.ActiveCell 这个对象也会指向新的
单元格。

**源代码：实例文档 25.xlsm/ 单元格的选中和激活**

```
1.  Sub Test1()
2.      ActiveSheet.Range("A2:E9").Select
3.      Debug.Print "当前所选区域是: " & Application.Selection.Address
4.      Debug.Print "活动单元格是 " & Application.ActiveCell.Address
5.  End Sub
```

运行上述过程后，工作表中的效果如图 14-41 所示。

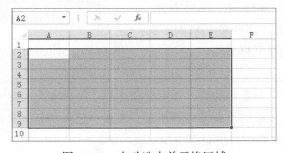

图 14-41　自动选中单元格区域

立即窗口打印出所选区域地址和活动单元格地址，如图 14-42 所示。

---

**注意**：如果一个工作表不是活动工作表，那么不能直接用 Select 方法来选中非活动工作表的区域。

---

例如，目前工作表 Sheet1 是活动工作表，那么试图自动选中 Sheet2 中的单元格区域，会出现"运行时错误 '1004'"，如图 14-43 所示。

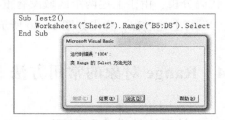

图 14-42　运行结果 19　　　　　　　　　　　　　图 14-43　运行时错误

也就是说，Select 方法使用之前，需要确保该区域所在的表是活动工作表。

在 Excel VBA 的插件制作过程中，Selection 和 ActiveCell 这两个对象的使用频率非常高，分别用来处理所选区域以及活动单元格。

为了加深理解，再看一个实例。

**源代码：实例文档 25.xlsm/ 单元格的选中和激活**

```
1.  Sub Test3()
2.      Dim rg1 As Range, rg2 As Range
3.      Range("A2:D5").Select
4.      Set rg1 = Application.Selection
5.      Range("B3").Activate
6.      Set rg2 = Application.ActiveCell
7.      rg1.Interior.Color = vbGreen
8.      rg2.Interior.Color = vbWhite
9.      rg2.Value = "活动"
10. End Sub
```

**代码分析**：上述过程中，rg1 是所选区域，rg2 是活动单元格，分别设定 rg1 和 rg2 的填充色，然后往 rg2 中写入值。

运行结果如图 14-44 所示。可以看出，选定一个单元格区域后，活动单元格未必就是选定区域最左上角的单元格。

图 14-44　Selection 与 ActiveCell 的联系和区别

---

**注意**：Selection 是一个变体对象，当用鼠标选择了一个单元格区域，那么 Selection 就是 Range 对象；如果工作表上还有图片、图表、艺术字等对象，用鼠标选中这些非单元格对象时，此时 Selection 不是 Range。

---

### 14.4.2 复制剪切单元格

使用 Range.Copy 复制单元格，使用 Range.Cut 剪切单元格。

Copy 和 Cut 方法后面均可以加一个 Destination 参数。如果不添加该参数，单元格内容会发送到剪贴板，接着需要使用 Worksheet.Paste 来粘贴。

在一个空白工作表的 B3:C4 区域中输入内容后，将其设置为斜体，然后运行如下过程。

**源代码：实例文档 25.xlsm/ 复制剪切单元格**

```
1.  Sub Test 2()
2.      Range("B3:C4").Copy
3.      Range("E11").Activate
4.      ActiveSheet.Paste
5.      Range("B13").Activate
6.      ActiveSheet.Paste
7.  End Sub
```

代码分析：第 2 行代码把单元格内容发送到剪贴板，此时 B3:C4 区域周围出现虚线框，然后激活单元格 E11，进行粘贴，接着激活单元格 B13，再次粘贴。

上述过程的运行结果如图 14-45 所示。

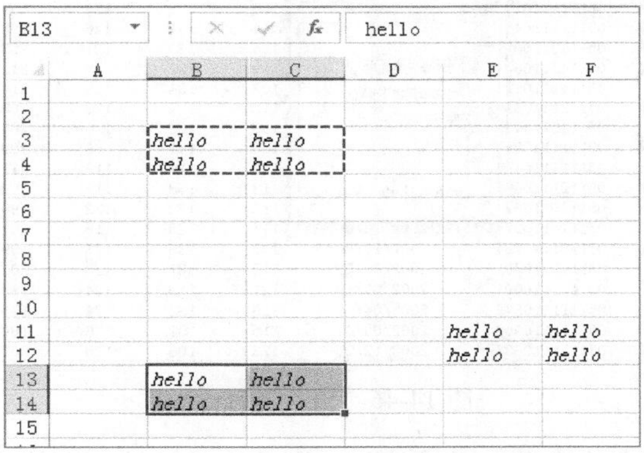

图 14-45 自动复制、粘贴单元格

也就是说，如果 Copy 方法后面不带参数，则可以进行无数次粘贴。

单元格的复制、粘贴功能也可以简写成一行代码，原始区域的内容也不发送到剪贴板。

例如，Range("B3:C4").Copy Destination:=Range("C7") 表示把 B3:C4 单元格区域内容复制到 C7 单元格，Range("B3:C4").Cut Destination:=Range("C7") 表示把 B3:C4 单元格区域内容剪切到 C7 单元格。

### 14.4.3 粘贴格式

如果想把一个单元格区域的格式复制到另一个单元格区域，在 Excel 的手工操作中可以使用格式刷。通过粘贴格式，可以把原始区域的数字格式、字体风格、填充色等格式应用于目标单元格。

**源代码：实例文档 25.xlsm/ 复制剪切单元格**

```
1.  Sub Test3()
2.      Range("A1").Copy
3.      Range("D2:E3").PasteSpecial xlPasteFormats
4.      Application.CutCopyMode = False
5.  End Sub
```

上述代码的功能是把 A1 单元格的格式，复制到 D2:E3 单元格区域。

## 14.4.4　插入和删除单元格

在 Excel 工作表中选中一个单元格区域，右击，在弹出的快捷菜单中选择"插入"命令，会弹出"插入"对话框，如图 14-46 所示。

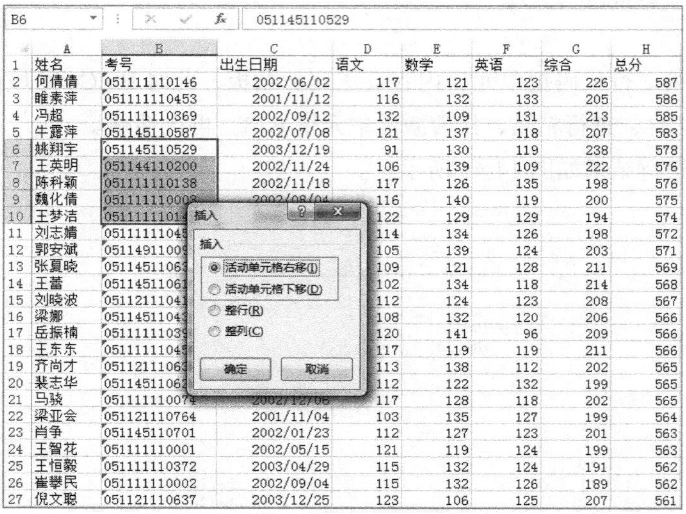

图 14-46　"插入"对话框

如果选择"活动单元格右移"单选按钮，则选中的区域原本位于 B 列，"插入"命令执行后，该区域内容会移动到 C 列中，而 B 列原先位置出现空白。

如果选择"活动单元格下移"单选按钮，则选中的区域原本位于第 6 ～ 10 行，"插入"命令执行后，该区域内容会向下移动 5 行，原先位置出现空白。

Excel VBA 使用 Range.Insert 方法来实现插入操作。

**源代码：实例文档 25.xlsm/ 插入和删除单元格**

```
1.  Sub Test1()
2.      Range("B6:B10").Insert Shift:=Excel.XlInsertShiftDirection.xlShiftDown
3.  End Sub
```

代码分析：Excel.XlInsertShiftDirection.xlShiftDown 是内置枚举常量，表示活动单元格下移。Test1 过程运行后的结果如图 14-47 所示。

如果插入整行或整列，需要把选中区域扩展到整行整列。

**源代码：实例文档 25.xlsm/ 插入和删除单元格**

```
1.   Sub Test2()
2.       Range("B6:B10").EntireRow.Insert
3.   End Sub
```

代码执行后的结果如图 14-48 所示。

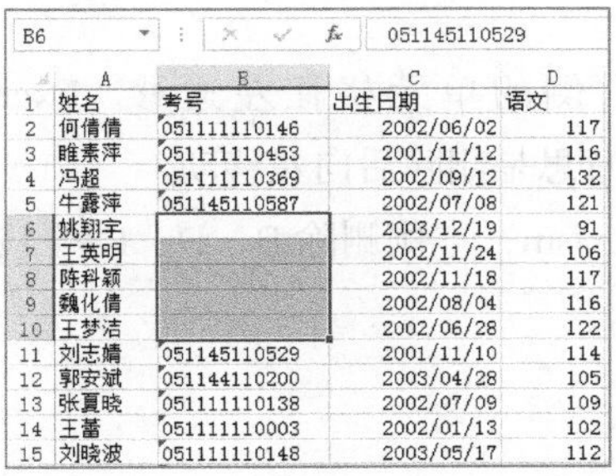

图 14-47　自动插入单元格

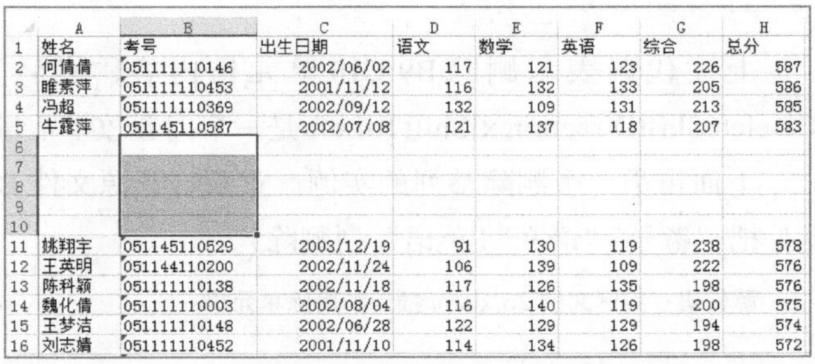

图 14-48　自动插入整行

上述 Test2 过程中的 EntireRow 更换为 EntireColumn 将实现插入列的效果。

在 Excel VBA 实际编程应用中，经常在密密麻麻的数据条中间插入空白行，只需要利用循环反复调用 Insert 方法插入整行即可。

重新打开源文件 Data.xlsm，然后运行如下过程。

**源代码：实例文档 25.xlsm/ 插入和删除单元格**

```
1.   Sub Test3()
2.       Dim i As Integer
3.       For i = 10 To 1 Step -1
4.           ActiveSheet.Rows(i & ":" & i).Insert
5.       Next i
6.   End Sub
```

代码分析：该过程使用了倒序循环，如果使用正序，则每插入一行，都会导致后续的单元格的行号发生改变，造成紊乱。倒序循环的思路是从下面的单元格开始插入行，不会影响到上面的行号。运行后的结果如图 14-49 所示。

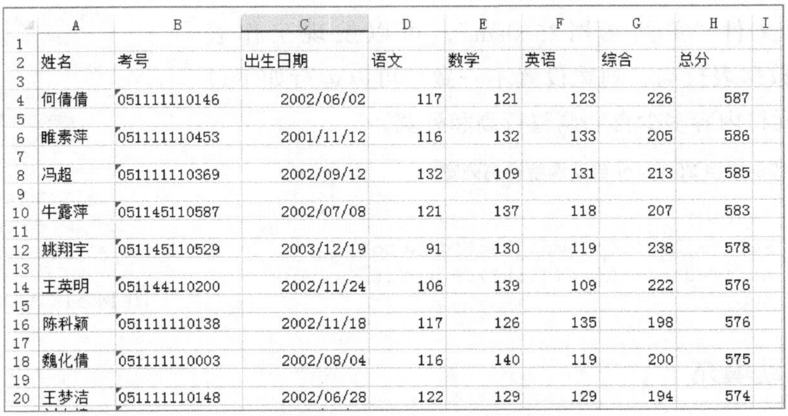

图 14-49　插入空白行

删除单元格的操作与插入单元格非常类似，Range.Delete 方法也有一个 Shift 参数，用来确定删除时活动单元格的移动方向。

**源代码：实例文档 25.xlsm/ 插入和删除单元格**

```
1.  Sub Test4()
2.      Range("B9:C10").Delete Shift:=Excel.XlDeleteShiftDirection.xlShiftToLeft
3.  End Sub
```

上述代码表示删除 B9:C10 单元格内容，然后其右侧的单元格往左边移。Excel.XlDeleteShiftDirection.xlShiftToLeft 是一个内置枚举常量，意思是删除后向左移动。

下面再举一个删除整列的实例。重新打开源文件 Data.xlsm，本例删除 B、D、F 列（也就是把"考号""语文""英语"列删除）。

**源代码：实例文档 25.xlsm/ 插入和删除单元格**

```
1.  Sub Test5()
2.      ActiveSheet.Columns("F:F").Delete
3.      ActiveSheet.Columns("D:D").Delete
4.      ActiveSheet.Columns("B:B").Delete
5.  End Sub
```

代码分析：注意删除的顺序是从右向左倒序删除。与 Insert 方法一样，如果先删除 B 列，后面数据的列标全都发生变化，继续删除将会导致不期望的结果。

上述过程运行后，结果如图 14-50 所示。

| | A | B | C | D | E |
|---|---|---|---|---|---|
| 1 | 姓名 | 出生日期 | 数学 | 综合 | 总分 |
| 2 | 何倩倩 | 2002/06/02 | 121 | 226 | 587 |
| 3 | 眭素萍 | 2001/11/12 | 132 | 205 | 586 |
| 4 | 冯超 | 2002/09/12 | 109 | 213 | 585 |
| 5 | 牛露萍 | 2002/07/08 | 137 | 207 | 583 |
| 6 | 姚翔宇 | 2003/12/19 | 130 | 238 | 578 |
| 7 | 王英明 | 2002/11/24 | 139 | 222 | 576 |
| 8 | 陈科颖 | 2002/11/18 | 126 | 198 | 576 |
| 9 | 魏化倩 | 2002/08/04 | 140 | 200 | 575 |
| 10 | 王梦洁 | 2002/06/28 | 129 | 194 | 574 |
| 11 | 刘志婧 | 2001/11/10 | 134 | 198 | 572 |
| 12 | 郭安斌 | 2003/04/28 | 139 | 203 | 571 |
| 13 | 张夏晓 | 2002/07/09 | 121 | 211 | 569 |
| 14 | 王蕾 | 2002/01/13 | 134 | 214 | 568 |
| 15 | 刘晓波 | 2002/05/17 | 124 | 208 | 567 |
| 16 | 梁娜 | 2003/11/08 | 132 | 206 | 566 |

图 14-50　自动删除整列

## 14.4.5　自动调整行高列宽

在 Excel 中选择"开始"→"单元格"→"格式"命令，会看到用于调整单元格行高、列宽的菜单，如图 14-51 所示。

其中，自动调整行高、列宽，可以使用 Range.AutoFit 方法来实现。

打开源文件"实例文档 25.xlsm"，可以发现工作表 Sheet1 中的数据表行高、列宽设置不一致。可以运行如下过程，根据单元格内容多少自动调整行高和列宽。

**源代码：实例文档 25.xlsm/ 自动调整行高列宽**

```
1.  Sub Test1()
2.      ActiveSheet.Columns("A:F").AutoFit
3.      ActiveSheet.Rows("1:8").AutoFit
4.  End Sub
```

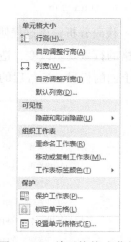

图 14-51　单元格格式菜单

## 14.4.6　自动填充

在 Excel 工作表的操作中，可以使用填充柄根据已有的数据快速填充。

打开源文件"实例文档 25.xlsm"，切换到工作表 Sheet2，会看到如下不完整的数据区域。现在使用代码自动填充红色框内的空白单元格，如图 14-52 所示。

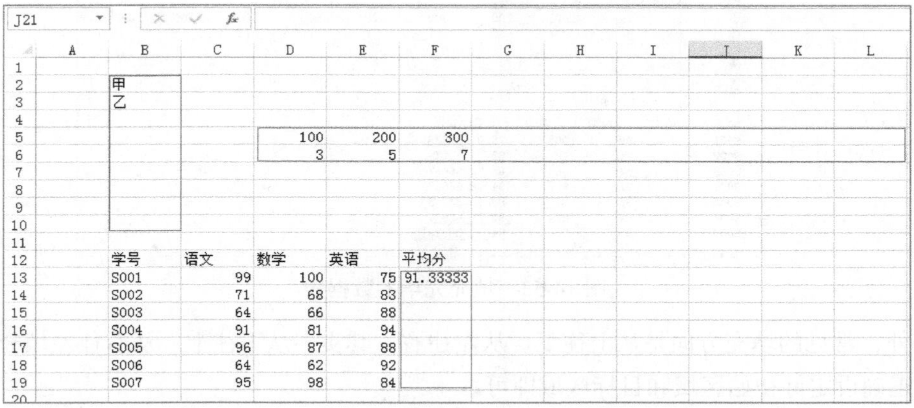

图 14-52　尚未自动填充的数据表

Excel VBA 中自动填充的语法是：

```
Range1.AutoFill Destination:=Range2
```

语法中 Range1 是指前几个有数据的区域，而 Range2 则是计划要填充的目标区域。

**源代码：实例文档 25.xlsm/ 自动填充**

```
1.  Sub Test1()
2.      Dim w As Worksheet
3.      Set w = Worksheets("Sheet2")
4.      w.Range("B2:B3").AutoFill Destination:=w.Range("B2:B10")
5.  End Sub
```

运行上述过程后，B2:B10 中自动填入了天干序列。

注意工作表中 D5:F6 这个区域是水平方向的，是水平向右填充，所以可以写出如下代码。

**源代码：实例文档 25.xlsm/ 自动填充**

```
1.  Sub Test2()
2.      Dim w As Worksheet
3.      Set w = Worksheets("Sheet2")
4.      w.Range("D5:F6").AutoFill Destination:=w.Range("D5:K6")
5.      w.Range("F13").AutoFill Destination:=w.Range("F13:F19")
6.  End Sub
```

单元格 F13 所示原先就是用 Average 公式算出的平均分，所以使用 AutoFill 方法自动向下都填入了公式。

运行以上几个过程后，最终结果如图 14-53 所示。

值得注意的是，填充的目标区域必须包含原始区域，否则会出错。

例如，Range("A1").AutoFill Destination:=Range("A2:A10") 是不对的，因为单元格 A1 不在 A2:A10 区域。

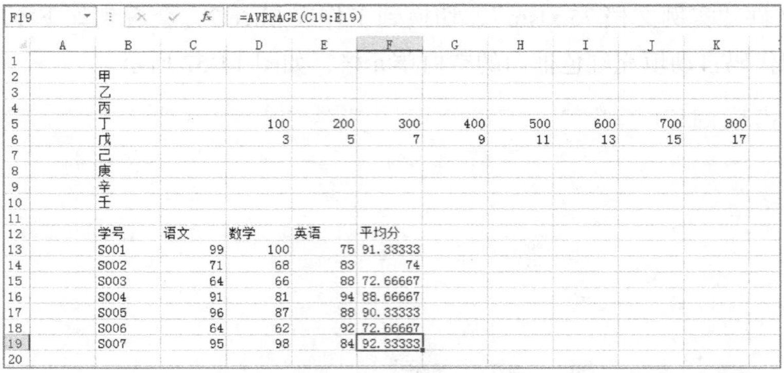

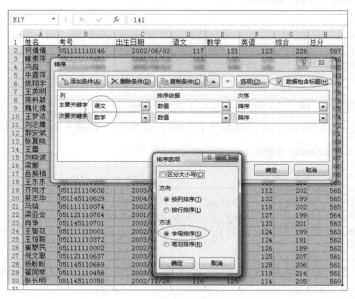

图 14-53　填充完毕的数据表

另外，常见的填充方向是从上往下、从左往右。其实，从下往上、从右往左填充也是可以的，正确设定好初始区域和目标区域即可。

## 14.4.7　单元格排序

排序是指工作表中的数据区域以某一列为基准，行与行之间位置的调整。排序与筛选不同，排序后可以看到数据条目总数不变，而且排序并保存文件后不可恢复到初始状态。

下面先看一下 Excel 的"排序选项"对话框，如图 14-54 所示。

图 14-54　"排序选项"对话框

Excel VBA 通过 Range.Sort 方法实现排序，排序的主要参数如下。

❑ Key：关键字。

❑ Order：升序、降序。

❑ Header：数据区域是否包含标题。

❏ SortMethod：汉语排序方式（拼音、笔画）。

打开源文件 Data.xlsm，运行如下过程。

**源代码：实例文档 25.xlsm/ 自动填充**

```
1.  Sub Test1()
2.      Range("A1").CurrentRegion.Sort Key1:=" 语文 ", Order1:=xlDescending,
        Key2:=" 数学 ", Order2:=xlAscending, Header:=xlYes, SortMethod:=xlPinYin
3.  End Sub
```

该过程的功能是：按照语文降序，当语文相同时按数学升序排序，数据区域有标题行，汉语排序方式为拼音。

排序后效果图略。

Sort 方法中的 Key1、Order1 的数字 1 表示是第一关键字，如果再增加一个"英语"作为第三关键字，就是 Key3、Order3，以此类推。

## 14.4.8　查找和替换

Excel 的查找功能很强大，选项很丰富。在工作表中按下快捷键【Ctrl+F】，弹出"查找和替换"对话框，如图 14-55 所示。

VBA 使用 Range.Find 方法来实现自动查找，Find 方法拥有众多参数（见表 14-2），这些参数其实就是查找选项。

图 14-55 "查找和替换"对话框

表 14-2　Find 方法参数列表

| 参数名称 | 取值 | 功能 |
| --- | --- | --- |
| What | | 查找的内容 |
| After | Range 对象 | 在哪个单元格之后开始查找，如果不指定，则从原始区域的左上角开始查找 |
| LookIn | xlValues、xlFormulas 或者 xlComments | 查找范围（值、公式、批注） |
| LookAt | xlWhole 或 xlPart | 单元格整体匹配还是部分匹配 |
| SearchOrder | xlByRows 或 xlByColumns | 查找顺序（按行、按列） |
| SearchDirection | xlPrevious 或 xlNext | 查找方向（向前还是向后） |
| MatchCase | True 或 False | 是否区分大小写 |
| MatchByte | True 或 False | 是否区分全角、半角 |
| SearchFormat | True 或 False | 是否按格式搜索，与 Application.FindFormat 对象有关 |

每运行一次 Find 方法，可以找到一个单元格，再执行一次，找到下一个单元格，如果整个区域都找完，则返回到区域头部再执行查找。也就是说，Find 方法本身不带有终止查找的方法。

打开源文件 Data.xlsm，本例试图从 A1:A30 的"姓名"列中，找到姓"王"的学生的姓名和地址。数据表如图 14-56 所示。

**源代码：实例文档 25.xlsm/ 查找和替换**

```
1.  Sub Test1()
2.      Dim First As Range
3.      Set First = Range("A1:A30").Find(What:=" 王 ", After:=
        Range("A10"),LookAt:=xlPart)
4.      Debug.Print First.Address, First.Value
5.  End Sub
```

代码分析：本过程没有使用循环，只查找一次。注意 Find 方法的参数设定，这里是在 Range("A10") 之后进行查找，而且不是单元格匹配，而是部分匹配。也就是说，只要单元格内包含"王"，就符合条件。

上述过程运行后，立即窗口的打印结果是：

```
$A$14        王蕾
```

如果查找到区域中所有符合条件的单元格，则需要在 Do 循环体内使用 FindNext 方法。

图 14-56　原始数据表

**源代码：实例文档 25.xlsm/ 查找和替换**

```
1.  Sub Test1()
2.      Dim First As Range, temp As String, Total As Range
3.      Set First = Range("A1:A30").Find(What:=" 王 ", LookAt:=xlPart)
4.      Set Total = First
5.      temp = First.Address
6.      Do
7.          Set First = Range("A1:A30").FindNext(After:=First)
8.          If First.Address = temp Then
9.              Exit Do
10.         Else
11.             Set Total = Application.Union(Total, First)
12.         End If
13.     Loop
14.     Debug.Print " 所有姓王的地址有： ", Total.Address(False,False)
15. End Sub
```

代码分析：第 3 行代码在循环体外部，首先获得到第一个符合条件的单元格，然后用 Total 变量来存储所有找到的单元格，循环过程中用 Union 把每次查找到的单元格联合在一起。当查找过程中找到的单元格地址与第一个符合条件的单元格的地址相同时，跳出循环，终止查找。

运行上述过程，立即窗口的打印结果是：

```
所有姓王的地址有：        A7,A10,A14,A18,A24:A25
```

从本例可以看出，在一个区域内找到全部符合条件的单元格，Find 方法也需要循环才能实现。

如果查找条件更加苛刻、复杂，则可以使用纯粹的单元格遍历方式来达到同样的目的。

**源代码：实例文档 25.xlsm/ 查找和替换**

```
1.  Sub Test2()
2.      Dim rg As Range, Total As Range
3.      For Each rg In Range("A1:A30")
4.          If rg.Value Like "王 *" Then
5.              If Total Is Nothing Then
6.                  Set Total = rg
7.              Else
8.                  Set Total = Application.Union(Total, rg)
9.              End If
10.         End If
11.     Next rg
12.     MsgBox "所有姓王的地址有: " & Total.Address(False, False)
13. End Sub
```

代码分析：遍历 A1:A30 的每个单元格，如果单元格内容以"王"开头，则把该单元格联合到 Total 中，以后找到的每个单元格都与 Total 联合。

运行该过程后，对话框如图 14-57 所示，与 Test1 过程运行结果相同。

Range 对象的 Replace 方法可以实现单元格区域的替换。Replace 方法的参数与 Find 的参数非常类似，但是 Replace 有一个 Replacement 参数，用于设定替换为什么样的字符。

下面的代码实现把 E 列的成绩中的数字 1 替换为 One。

**源代码：实例文档 25.xlsm/ 查找和替换**

```
1.  Sub Test3()
2.      Range("E2:E30").Replace What:="1", Replacement:="One", LookAt:=xlPart
3.  End Sub
```

由于 LookAt 指定为部分匹配，也就是说，只要单元格内容中包含 1 即可替换，而不需要整个单元格等于 1。替换后的结果如图 14-58 所示。

图 14-57　运行结果 19　　　　　　图 14-58　替换部分字符

可以看出，Replace 使用起来比 Find 简单得多，只有一行代码就实现了全部替换。

## 14.4.9　文本分列

Excel 的"数据"选项卡中有一个分列的按钮，其作用是根据指定的分隔符号，把一个单元格的内容分配到多个单元格中，如图 14-59 所示。

图 14-59 分列按钮

打开源文件"实例文档 25.xlsm"，切换到工作表 Sheet3，可以看到只有 A 列有数据，每个单元格同时存储了省份、省会和区号。

在 Excel 中选择"数据"→"数据工具"→"分列"命令，出现文本分列向导。

由于 A 列使用的分隔符是 /，所以在对话框中设置其他字符为 /，如图 14-60 所示。

对于以上分列操作，Excel VBA 用 Range 的 TextToColumns 方法来实现。

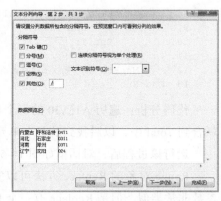

图 14-60 文本分列向导

**源代码：实例文档 25.xlsm/ 自动填充**

```
1.   Sub Test1()
2.       Range("A1:A4").TextToColumns Destination:=Range("D1"), DataType:=
         xlDelimited, Other:=True, OtherChar:="/"
3.   End Sub
```

代码分析：TextToColumns 方法的参数中，Destination 表示分列后的数据放在何处，OtherChar 表示其他分隔符号。

运行 Test1 过程后，在 D1:F4 区域产生了分列后的数据，如图 14-61 所示。

| ▲ | A | B | C | D | E | F | G |
|---|---|---|---|---|---|---|---|
| 1 | 内蒙古/呼和浩特/0471 | | | 内蒙古 | 呼和浩特 | 471 | |
| 2 | 河北/石家庄/0311 | | | 河北 | 石家庄 | 311 | |
| 3 | 河南/郑州/0371 | | | 河南 | 郑州 | 371 | |
| 4 | 辽宁/沈阳/024 | | | 辽宁 | 沈阳 | 24 | |
| 5 | | | | | | | |
| 6 | | | | | | | |

图 14-61 运行结果 20

### 14.4.10 自动朗读单元格内容

Range.Speak 方法可以朗读单元格内容。该方法允许设置两个参数，具体如下。

❑ SpeakDirection：枚举型常量，用于设置朗读顺序，可以按行，也可以按列朗读。

❑ SpeakFormulas ：布尔值，当朗读到含有公式的单元格时，如果该参数为 True，则朗读公式本身，而不是朗读单元格内容。该参数默认为 False。

打开"实例文档 17.xlsm"，切换到工作表 Sheet1，用鼠标选中成绩表区域，如图 14-62 所示。

**源代码：实例文档 17.xlsm/ 朗读单元格**

```
1.  Sub Test1()
2.      Selection.Speak SpeakDirection:=Excel.
        XlSpeakDirection.xlSpeakByRows,
        SpeakFormulas:=False
3.  End Sub
```

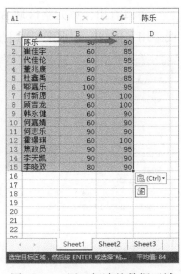

图 14-62　用于朗读的数据区域

代码执行后，会听到标准的中文发音，逐个单元格依次朗读。由于 SpeakDirection 参数设置为按行朗读，所以会按照图所示的顺序，读完第一行后，再去读下一行。

如果参数改成 xlSpeakByColumns，则是按列朗读，读完 A 列后，再去读 B 列。

需要注意的是，在朗读过程中，Excel 会处于阻塞状态，不能进行任何操作，必须等到朗读结束才行，同时，也不能设置每个单元格之间的朗读间隔时间。

如果要模仿自动点名，或者自动朗读学生成绩，则需要用 For 循环遍历单元格，然后加入适当延时才能实现。

**源代码：实例文档 17.xlsm/ 朗读单元格**

```
1.  Sub Test2()
2.      Dim rg As Range
3.      For Each rg In Selection
4.          rg.Speak
5.          '此处加入适当延时代码
6.      Next rg
7.  End Sub
```

# 14.5　Range 成员对象

Range 对象拥有一部分很常用的成员对象，和 Excel 的日常操作紧密相关，了解这些成员对象的 VBA 用法，具有重要意义。

## 14.5.1　设置单元格边框

单元格的边框线是单元格区域的属性，它与工作表网格线不同。网格线是工作表的一种属性设定。

对于一个单元格区域，它的边框由以下 8 个部分组成。

❑ 区域最外侧：上、下、左、右四条边框线。

❑ 区域内部：内部水平线、内部垂直线、内部斜向上对角线、内部斜向下对角线。

可以在 Excel 的 "设置单元格格式" 对话框中为单元格设置边框线，如图 14-63 所示。图 14-64 所示是设置了边框线的效果图。

可以看出，单元格区域 B3:F11 的外侧四条边框采用了粗实线，内部水平线、内部垂直线采用了虚线，而水平斜向上采用了双线。

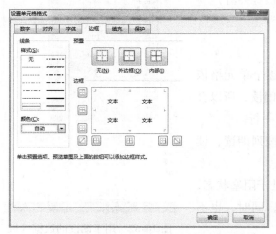

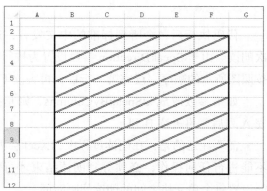

图 14-63　"设置单元格格式"对话框　　　　图 14-64　手工设置边框线

Excel VBA 中，单元格区域的边框是一个集合对象，用 Borders 来表示，它表示区域的 8 条边框线。如果引用任意一条边框线，则需要使用 Borders.Item(x) 来表示，并返回一个 Border 对象。其中 x 用枚举常量来表示，具体如下。

❑ xlEdgeTop：外侧上边框。

❑ xlEdgeBottom：外侧下边框。

❑ xlEdgeLeft：外侧左边框。

❑ xlEdgeRight：外侧右边框。

❑ xlInsideHorizonal：内部水平线。

❑ xlInsideVertical：内部垂直线。

❑ xlDiagonalUp：斜向上的对角线。

❑ xlDiagonalDown：斜向下的对角线。

以上英文单词中，Edge 表示边缘，Inside 表示内部，Diagonal 表示对角线。

如果用 VBA 自动设定边框线，则需要了解 Border 对象的相关属性。一条线的主要属性如下。

❑ 线型：决定线的样式风格，例如点画线、虚线、破折线等。

❑ 粗细：粗线、瘦线、中等线、头发线等。

❑ 颜色。

线型、粗细、颜色的取值都可以使用内置枚举值，编辑代码时，枚举值会自动列出成员，无须记忆。

**源代码：实例文档 26.xlsm/ 设置单元格边框**

```
1.  Sub Test1()
2.      Dim b(1 To 8) As Excel.Border
3.      Set b(1) = Range("B3:D6").Borders.Item(Excel.XlBordersIndex.xlEdgeTop)
4.      With b(1)
```

```
5.          .LineStyle = Excel.XlLineStyle.xlDouble
6.          .Weight = Excel.XlBorderWeight.xlMedium
7.          .Color = vbRed
8.      End With
9.
10.     Set b(2) = Range("B3:D6").Borders.Item(Excel.XlBordersIndex.xlEdgeBottom)
11.     With b(2)
12.         .LineStyle = Excel.XlLineStyle.xlDot
13.         .Weight = Excel.XlBorderWeight.xlThick
14.         .ColorIndex = 6
15.     End With
16. End Sub
```

**代码分析**：单元格区域的边框线需要一条一条地单独设置。上述代码中使用对象数组来分别代表单元格区域的 8 条边框线，b(1) 表示外侧上边框，b(2) 表示外侧下边框。

第 4 ~ 7 行代码设置上边框的线型、粗细和颜色。其他 6 条边框线未设置。

运行上述过程后的结果如图 14-65 所示。可以看到，单元格区域的上边框为红色中等线，下边框为黄色粗线。

下面的过程用于设定内部水平线和对角线边框。

**源代码：实例文档 26.xlsm/ 设置单元格边框**

```
1.  Sub Test2()
2.  Dim b(1 To 8) As Excel.Border
3.  Set b(1) = Range("B3:D6").Borders.Item(Excel.XlBordersIndex.xlInsideHorizontal)
4.  With b(1)
5.      .LineStyle = Excel.XlLineStyle.xlContinuous
6.      .Weight = Excel.XlBorderWeight.xlMedium
7.      .Color = vbBlue
8.  End With
9.
10. Set b(2) = Range("B3:D6").Borders.Item(Excel.XlBordersIndex.xlDiagonalDown)
11. With b(2)
12.     .LineStyle = Excel.XlLineStyle.xlDash
13.     .Weight = Excel.XlBorderWeight.xlThick
14.     .ColorIndex = 5
15. End With
16. End Sub
```

**代码分析**：代码中第 3 行和第 10 行分别设置单元格区域的内部水平线和斜向下对角线。运行上述过程后，结果如图 14-66 所示。

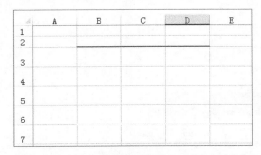

图 14-65　自动设置单元格的上边框、下边框

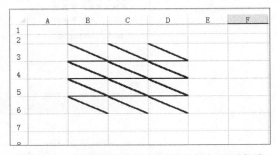

图 14-66　自动设置内部水平线、斜向下对角线

如果要对已设置了的边框线进行取消，则只需要设置边框的 LineStyle 为 xlLineStyleNone 即可，也就是无边框。

**源代码：实例文档 26.xlsm/ 设置单元格边框**

```
1.  Sub Test3()
2.      Dim b(1 To 8) As Excel.Border
3.      Set b(1) = Range("B3:D6").Borders.
        Item(Excel.XlBordersIndex.
        xlInsideHorizontal)
4.      With b(1)
5.          .LineStyle = Excel.XlLineStyle.
            xlLineStyleNone
6.      End With
7.  End Sub
```

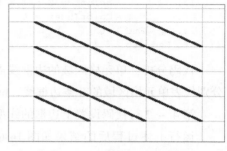

代码分析：代码中的 b(1) 代表内部水平线，本过程把水平内部线设置为"无"。运行该过程后，结果如图 14-67 所示。

图 14-67　取消内部水平线

## 14.5.2　设置单元格填充色

Excel 的单元格可以设置填充色（这里指单元格的背景色，而不是工作表的背景），还可以设置图案的样式和图案的颜色，如图 14-68 所示。

Excel VBA 中，Range.Interior 对象表示单元格区域的内部填充效果，该对象主要有如下三个属性。

❑ Color/ColorIndex：填充颜色。

❑ Pattern：图案样式。

❑ PatternColor/PatternColorIndex：图案颜色。

其中，图案样式可以从内置枚举常量中选取。

图 14-68　设置单元格的填充色

下面的过程自动设置单元格的填充色、图案。

**源代码：实例文档 26.xlsm/ 设置单元格填充色**

```
1.  Sub Test2()
2.      Dim I As Interior
3.      Set I = Range("B2:C5").Interior
4.      With I
5.          .Color = vbCyan
6.          .Pattern = Excel.XlPattern.xlPatternCrissCross
7.          .PatternColor = vbRed
8.      End With
9.  End Sub
```

代码分析：I 是一个 Interior 类型的对象变量，用它来表示 B2:C5 的填充效果。第 12 ~ 14 行代码依次设置填充色为青色，图案样式为 ×，图案颜色为红色。

运行上述过程后，结果如图 14-69 所示。

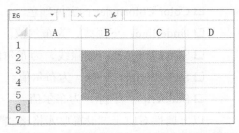

在 Excel VBA 编程应用中，图案的应用很少，主要记住 Range.Interior.Color 即可。例如，有些插件带有聚光灯的效果，也就是鼠标所选区域的整行和整列变色，可以通过更改背景色来实现。

图 14-69　自动设置单元格填充色和图案

打开源文件"实例文档 26.xlsm"，切换到工作表 Sheet2，用鼠标单击任意单元格，都可以出现一个绿色十字。原因是在该工作表的事件模块中，有如下代码。

**源代码：实例文档 26.xlsm/Sheet2**

```
1.  Private Sub Worksheet_SelectionChange(ByVal Target As Range)
2.      Target.EntireRow.Interior.Color = vbGreen
3.      Target.EntireColumn.Interior.Color = vbGreen
4.  End Sub
```

代码分析：当用户单击任意单元格后，触发 SelectionChange 事件，把选中单元格的整行、整列都设置填充色，如图 14-70 所示。

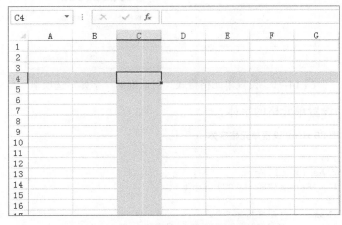

图 14-70　借助工作表事件过程改变填充色

此外，还可以根据背景色的变化设计 Excel 俄罗斯方块游戏，相关内容可以从本书配套资源下载，文件名为 Excel 俄罗斯方块 .rar。

### 14.5.3　设置单元格字体

通过使用 Excel VBA 的 Font 对象，可以方便地获取和设置单元格的字体。Font 对象的主要属性如下。

- ❑ Name：字体名称。
- ❑ Bold：加粗，为布尔值。
- ❑ Italic：倾斜，为布尔值。
- ❑ Size：字号，为整数。
- ❑ Color/ColorIndex：字体颜色。
- ❑ Underline：下画线，为布尔值。
- ❑ StrikeThrough：删除线，为布尔值。
- ❑ SuperScript：上标，为布尔值。
- ❑ SubScript：下标，为布尔值。

以上属性对应于"设置单元格格式"对话框"字体"选项卡中各选项，如图 14-71 所示。

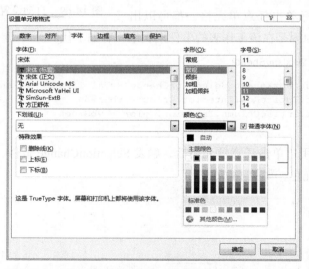

图 14-71 "设置单元格格式"对话框的"字体"选项卡

以下代码自动设置单元格的字体。

源代码：实例文档 26.xlsm/ 设置单元格字体

```vba
1.  Sub Test1()
2.      Dim f As Excel.Font
3.      Set f = Range("B2:B10").Font
4.      With f
5.          .Name = " 华文楷体 "
6.          .Bold = True
```

```
7.          .Italic = True
8.          .Size = 16
9.          .Color = vbBlue
10.         .Underline = True
11.         .Strikethrough = True
12.     End With
13. End Sub
```

代码分析：代码中的 f 是一个 Font 类型的对象变量，用来表示单元格区域的字体属性。第 5 ~ 11 行代码依次设置字体名称、粗体、斜体、字号、颜色、下画线和删除线。

下画线是指文字最下面的横线，删除线是指贯穿于文字中部的横线。

上述过程运行结果如图 14-72 所示。

还可以设置单元格内容为上标或下标。

**源代码：实例文档 26.xlsm/ 设置单元格字体**

```
1.  Sub Test2()
2.      Range("B11:B15").Font.Superscript = True
3.      Range("C11:C15").Font.Subscript  = True
4.  End Sub
```

代码分析：第 2 行代码设置单元格内容为上标，第 3 行代码设置单元格内容为下标。

运行结果如图 14-73 所示。

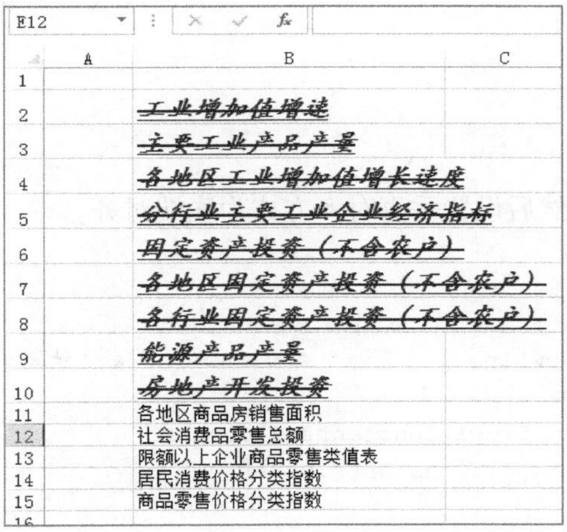


图 14-72　自动设置单元格字体格式

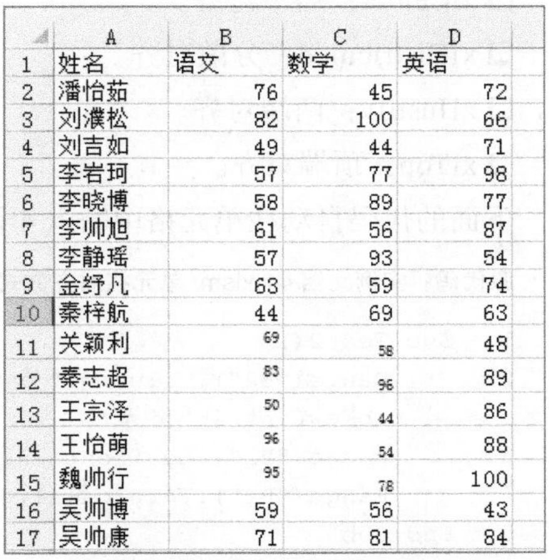

| | A | B | C | D |
|---|---|---|---|---|
| 1 | 姓名 | 语文 | 数学 | 英语 |
| 2 | 潘怡茹 | 76 | 45 | 72 |
| 3 | 刘濮松 | 82 | 100 | 66 |
| 4 | 刘吉如 | 49 | 44 | 71 |
| 5 | 李岩珂 | 57 | 77 | 98 |
| 6 | 李晓博 | 58 | 89 | 77 |
| 7 | 李帅旭 | 61 | 56 | 87 |
| 8 | 李静瑶 | 57 | 93 | 54 |
| 9 | 金纾凡 | 63 | 59 | 74 |
| 10 | 秦梓航 | 44 | 69 | 63 |
| 11 | 关颖利 | 69 | 58 | 48 |
| 12 | 秦志超 | 83 | 96 | 89 |
| 13 | 王宗泽 | 50 | 44 | 86 |
| 14 | 王怡萌 | 96 | 54 | 88 |
| 15 | 魏帅行 | 95 | 78 | 100 |
| 16 | 吴帅博 | 59 | 56 | 43 |
| 17 | 吴帅康 | 71 | 81 | 84 |

图 14-73　自动设置单元格的上下标

本小节介绍的是单元格整体内容的字体设定，如果对单元格内容的一部分文字进行个别设定，就需要操作 Range 对象之下的 Characters 对象。

## 14.5.4　单元格的对齐方式

可以对 Excel 单元格的内容设置对齐方式，一般情况下向单元格输入数值型的数据时，默认靠右对齐；输入的文本数据靠左对齐；输入的布尔值数据居中对齐。以上说的是水平对齐方式。

### 14.5.4.1 设置水平对齐方式

Range 的 HorizonalAlignment 属性可以设置水平对齐方式，可以取值的枚举常量如下。

❑ xlCenter：居中对齐。

❑ xlDistributed：分散对齐。

❑ xlJustify：两端对齐。

❑ xlLeft：左对齐。

❑ xlRight：右对齐。

运行以下代码，把单元格内容设置为水平靠右对齐。

**源代码：实例文档 41.xlsm/ 单元格对齐方式**

```
1.  Sub Test1()
2.      Range("B2").HorizontalAlignment = Excel.Constants.xlRight
3.  End Sub
```

运行结果如图 14-74 所示。

### 14.5.4.2 设置垂直对齐方式

Range 的 VerticalAlignment 属性可以设置垂直对齐方式，可以取值的枚举常量如下。

❑ xlBottom：底端对齐。

❑ xlCenter：居中对齐。

❑ xlDistributed：分散对齐。

❑ xlJustify：两端对齐。

❑ xlTop：顶端对齐。

下面的代码自动往单元格中输入 4 行文字，然后设置垂直对齐方式为底端对齐。

**源代码：实例文档 41.xlsm/ 单元格对齐方式**

```
1.  Sub Test2()
2.      Range("B2").Value = "春天" & vbNewLine & "夏天" & vbNewLine & "秋天" &
        vbNewLine & "冬天"
3.      Range("B2").HorizontalAlignment = Excel.Constants.xlCenter
4.      Range("B2").VerticalAlignment = Excel.Constants.xlBottom
5.  End Sub
```

运行结果如图 14-75 所示。

图 14-74　设置单元格的水平对齐方式

图 14-75　设置单元格的垂直对齐方式

### 14.5.5　处理单元格中的字符

有时候需要对 Excel 单元格中的个别字符进行格式设置，而不是全部字符。如果用上节学过的 Range.Font 来设置字体，针对的是单元格的全部内容。

下面讲解的 Range.Characters 对象可以把单元格里的内容细化为每一个字符，以便个别设定。

Range.Characters 对象具有 Start 和 Length 两个参数，分别代表起始字符位置和长度。假如单元格 A1 中写入单词"People"，那么 Range("A1").Characters(2,3) 就代表单词中的 eop 这三个字符。提取出字符以后，可以对字符进行字符格式设定、字符删除以及字符替换等操作。

---

**注意**：Range.Characters 对象只能用在文本类型的单元格中，如果单元格内容是数值型的，则不存在 Characters 对象。

---

#### 14.5.5.1　字符格式设置

下面的代码把单元格中从第 3 个位置起，连续 3 个字符设置字体格式。

**源代码：实例文档 26.xlsm/ 单元格中的字符**

```
1.  Sub Test1()
2.      Debug.Print Range("B2").Characters(3, 3).Text
3.      With Range("B2").Characters(3, 3).Font
4.          .Name = "隶书"
5.          .Size = 15
6.          .Italic = True
7.      End With
8.  End Sub
```

上述过程运行后立即窗口打印出"明月汉"3 个字，工作表中的结果如图 14-76 所示。

如果单元格中书写了化学方程式，则可以设置个别字符的下标来美化方程式，例如要书写硫酸的分子式，$H_2SO_4$ 中的数字需要改为下标看起来才正常。

图 14-76　设置单元格字符格式

实例文档 26.xlsm 工作表 Sheet4 的单元格 C6、C7 手工写入同样的化学方程式，运行如下过程可以把 C7 中的方程式数字自动转换为下标。

**源代码：实例文档 26.xlsm/ 单元格中的字符**

```
1.  Sub Test2()
2.      Dim i As Integer
3.      For i = 1 To Range("C7").Characters.Count
4.          If Range("C7").Characters(i, 1).Text Like "[0-9]" Then
5.              Range("C7").Characters(i, 1).Font.Subscript = True
6.          End If
7.      Next i
8.  End Sub
```

代码分析：第 3 行代码，循环变量 i 从 1 到字符总数进行遍历，如果 C7 中的第 i 个字符是数字，那么把第 i 个字符设置为下标。

该过程运行后，结果如图 14-77 所示。可以看出单元格 C6 和 C7 的差别。

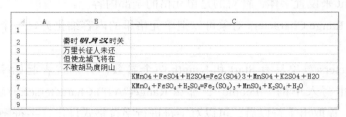

图 14-77　自动设置数字下标

### 14.5.5.2　字符删除

使用 Characters.Delete 方法，可以把字符从单元格中删除。

B11:B14 单元格中原先是一首完整的七言律诗，运行如下过程后，可以把每一行的中间 3 个汉字删除。

**源代码：实例文档 26.xlsm/ 单元格中的字符**

```
1.  Sub Test3()
2.      Dim rg As Range
3.      For Each rg In Range("B11:B14")
4.          rg.Characters(3, 3).Delete
5.      Next rg
6.  End Sub
```

该过程运行后，结果如图 14-78 所示。

图 14-78　删除单元格中部分字符

### 14.5.5.3　字符插入和替换

Charaters 对象的 Insert 方法可以修改单元格中的字符。

如果保留单元格中原有内容，只是向某位置插入新的字符串，则需要设置 Length 参数为 0，如果不是 0，会导致字符被替换。

B11:B14 单元格中原先是一首完整的七言律诗，运行如下过程后，可以把每一行第 3 个位置插入 XY。

**源代码：实例文档 26.xlsm/ 单元格中的字符。**

```
1.  Sub Test4()
2.      Dim rg As Range
3.      For Each rg In Range("B11:B14")
4.          rg.Characters(3, 0).Insert "XY"
5.      Next rg
6.  End Sub
```

代码分析：第 4 行代码表示单元格的第 3 个位置放入新的字符串 "XY"。

该过程运行后，结果如图 14-79 所示。

图 14-79　向单元格插入字符

下面这个例子使用 ## 来替换单元格中从第 3 个字符起连续的 3 个字符。

源代码：实例文档 26.xlsm/ 单元格中的字符

```
1.  Sub Test5()
2.      Dim rg As Range
3.      For Each rg In Range("B11:B14")
4.          rg.Characters(3, 3).Insert "##"
5.      Next rg
6.  End Sub
```

该过程运行后，结果如图 14-80 所示。

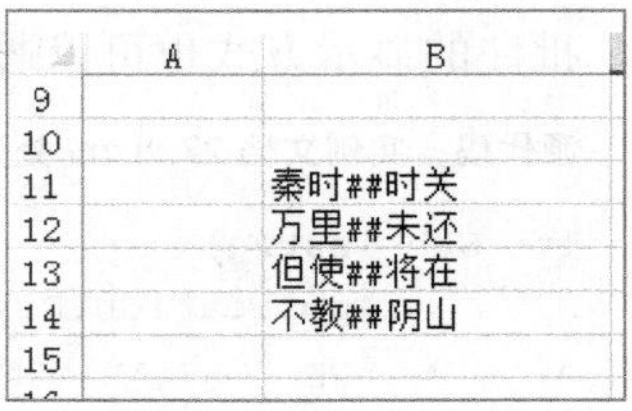

图 14-80　部分替换单元格中的字符

## 14.5.6　处理单元格中的批注

批注一般是指单元格的说明性文字，一个单元格最多只能有一个批注，除了可以输入文字作为批注，还可以把电脑中的图片作为批注。

在工作表中选中任一单元格，然后右击，在弹出的快捷菜单中选择"插入批注"命令，编辑文字后，结果如图 14-81 所示。

从单元格 B3 的批注可以看出，一个批注由指示器（单元格右上角的小红点，英文为 Indicator）以及批注文本（文本框中的内容，英文 Comment）构成。

Excel 中，还可以设置整个应用程序中批注的显示方式，如图 14-82 所示。

图 14-81　在单元格中插入批注

图 14-82　设置批注显示方式

批注的显示方式分为以下三种。

❑ 无批注和标识符。

❑ 仅显示标识符，悬停时显示批注。

❑ 标识符和批注两者都显示。

批注的显示方式也可以通过 VBA 来完成。

**源代码：实例文档 27.xlsm/ 处理单元格中的批注**

```
1.  Sub Test2()
2.      Application.DisplayCommentIndicator = xlNoIndicator            '两者都不显示
3.      Application.DisplayCommentIndicator = xlCommentAndIndicator   '仅显示标识符
4.      Application.DisplayCommentIndicator = xlCommentAndIndicator  '两者显示
5.  End Sub
```

以上代码中的第 2 ~ 4 行，请注释掉两行，保留一行运行。

### 14.5.6.1　自动插入批注

如果为单元格自动插入批注，需要先判断单元格是否已经有批注，如果有，首先删除，然后增加批注。

增加批注的语法是：Range.AddComment " 批注内容 "。

**源代码：实例文档 27.xlsm/ 处理单元格中的批注**

```
1.  Sub Test4()
2.      Dim c As Excel.Comment
3.      Set c = Range("B3").Comment
4.      If c Is Nothing = False Then
5.          c.Delete
6.      End If
7.      Set c = Range("B3").AddComment(Text:=" 今天干了件蠢事 " & vbNewLine &
    "该怎么收场呢？ ")
8.  End Sub
```

代码分析：第 4 行用于判断该单元格是否已经有批注，如果有就删除。

第 7 行为单元格增加批注，并指定批注内容。

如果要为多个单元格增加批注，需要用 For Each 循环。

下面的代码为单元格区域的每一个单元格增加批注，并把单元格地址写入批注中。

**源代码：实例文档 27.xlsm/ 处理单元格中的批注**

```
1.  Sub Test5()
2.      Dim c As Excel.Comment
3.      Dim rg As Excel.Range
4.      Range("B3:D6").ClearComments
5.      For Each rg In Range("B3:D6")
6.          Set c = rg.AddComment(Text:=rg.Address)
7.      Next rg
8.  End Sub
```

代码分析：第 4 行代码的作用是清除该区域所有批注，如果不清除则不能增加批注。

运行后的结果如图 14-83 所示。

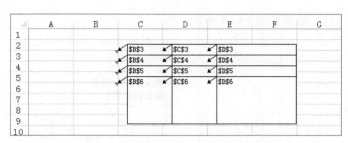

图 14-83　批量插入批注

### 14.5.6.2　读取批注信息

Comment 是 Range 的一个成员对象。一个单元格只有一个 Comment。以下以实例验证一个单元格是否设置了批注，如果有批注，就获取批注文字，最后获取一个批注所属的单元格。

**源代码：实例文档 27.xlsm/ 处理单元格中的批注**

```
1.  Sub Test1()
2.      Dim c As Excel.Comment
3.      Set c = Range("B3").Comment
4.      If c Is Nothing Then
5.          MsgBox "该单元格未设置批注！", vbExclamation
6.      Else
7.          Debug.Print "单元格的批注文字是：" & c.Shape.TextFrame.Characters.Text
8.          Debug.Print "批注的所属单元格是：" & c.Parent.Address
9.      End If
10. End Sub
```

代码分析：第 7 行代码中 Shape.TextFrame.Characters 表示的是批注的文字对象，通过该对象可以获取和修改批注文字、设置批注文字的格式等。

第 8 行代码使用 Comment.Parent 返回一个 Range 对象，作用是获得批注所处单元格。

### 14.5.6.3　修改批注文字

对于有批注的单元格，可以在后期使用 VBA 更改批注文字及格式。对于没有批注的单元格，必须先插入批注。

**源代码：实例文档 27.xlsm/ 处理单元格中的批注**

```
1.  Sub Test3()
2.      Dim c As Excel.Comment
3.      Set c = Range("B3").Comment
4.      c.Shape.TextFrame.Characters.Text = "原来 VBA 可以自动修改批注！"
5.      With c.Shape.TextFrame.Characters(3, 5).Font
6.          .Color = vbBlue
7.          .Name = "华文新魏"
8.          .Italic = True
9.      End With
10. End Sub
```

代码分析：第 4 行代码修改批注文字内容；第 5 ~ 8 行代码修改批注中部分字符的字体格式。

上述过程运行后，结果如图 14-84 所示。

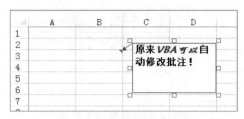

图 14-84　自动修改批注

#### 14.5.6.4　批注中插入图片

下面的实例介绍插入批注后，设置批注框的背景图为电脑中的图片，然后调整批注框的大小和位置。

> **源代码：实例文档 27.xlsm/ 处理单元格中的批注**

```
1.  Sub Test6()
2.      Dim c As Excel.Comment
3.      Range("B3").ClearComments
4.      Set c = Range("B3").AddComment(Text:="动画人物")
5.      c.Shape.Fill.UserPicture PictureFile:="C:\temp\picture\6.jpg"
6.      c.Shape.Width = Range("B3").Width * 2
7.      c.Shape.Height = Range("B3").Height * 5
8.      c.Shape.Top = Range("D5").Top
9.      c.Shape.Left = Range("D5").Left
10. End Sub
```

代码分析：第 5 行代码设置了批注的图片；第 6 ~ 9 行代码设置批注框的宽度是单元格的两倍，高度是单元格的 5 倍，批注框与单元格 D5 的左上角对齐。

上述过程运行后，结果如图 14-85 所示。

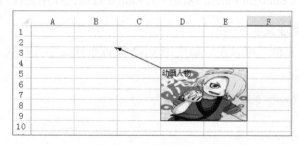

图 14-85　设置批注中的图片

#### 14.5.6.5　删除批注

Range 对象用于删除批注的方法有 Range.Comment.Delete 和 Range.ClearComments 两个。

前者要求 Range 只有一个单元格，也就是只删除一个单元格的批注，而后一个方法则是清除单元格区域所有批注。

例 如，Range("B3").Comment.Delete 的 意 思 是 删 除 B3 的 批 注，Range("B3:E5").ClearComments 的意思是删除 B3:E5 的每一个批注。

### 14.5.6.6　遍历批注

遍历批注有以下两种方式。

#### 1．通过遍历单元格

因为一个单元格只能有一个批注，所以遍历每一个单元格，可以间接地获取它的批注对象。这种方式只能获取遍历区域内的批注，而不能获取工作表其他位置的批注。

#### 2．遍历工作表中的所有批注

工作表有一个 Comments 对象，表示这个工作表上的所有批注。

**源代码：实例文档 27.xlsm/ 处理单元格中的批注**

```
1.  Sub Test7()
2.      Dim c As Excel.Comment
3.      For Each c In ActiveSheet.Comments
4.          Debug.Print c.Parent.Address(False, False), c.Shape.TextFrame.
            Characters.Text
5.      Next c
6.  End Sub
```

代码分析：第 3 ～ 5 行代码遍历工作表上的所有批注，在立即窗口打印每个批注的所在单元格地址、批注的文字内容。

## 14.5.7　处理条件格式

使用条件格式功能，可以让不同大小的数值自动显示为不同的格式。在讲述用 VBA 自动处理条件格式之前，先回顾一下如何手工设置条件格式。

在 Excel 2013 中，选择"开始"→"样式"→"条件格式"→"新建规则"命令，如图 14-86 所示，将出现条件格式的设置对话框。

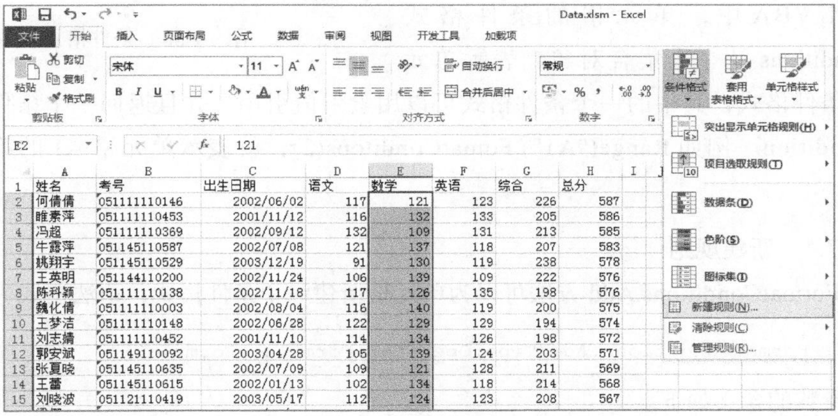

图 14-86　条件格式

例如，要把数学成绩高于 120 分的单元格设置为字体加粗、单元格加边框、底纹颜色为绿色。

注意，选中的 E 列中，活动单元格是 E2，在条件格式对话框中，输入活动单元格地址

"=E2>120"即可，如图 14-87 所示。

图 14-87　使用公式设定条件格式

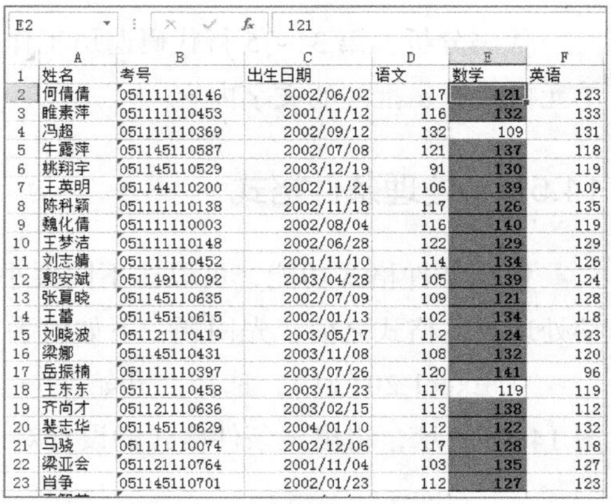

然后单击条件格式对话框右下角的"格式"按钮，设置字体、边框和底纹颜色。设置完毕后关闭对话框，工作表中效果如图 14-88 所示。

条件格式的好处在于，后期修改了数据后，格式会自动改变。例如，现在把 121 分修改成 105 分，单元格格式立即变成白色填充色。

一般情况下，一个单元格最多可以同时设置 3 个条件格式。针对已经设置好的条件格式，可以进行管理（修改）和删除。

图 14-88　条件格式效果

Excel VBA 中，单元格的条件格式 FormatConditions 是一个集合对象，表示单元格的所有条件格式，其中的一个条件格式可以用索引值引用，并且返回一个条件格式对象 FormatCondition。例如 Range("A1").FomatConditons(2)，就表示单元格 A1 的第 2 个条件格式。

### 14.5.7.1　新建规则

使用 FormatConditions.Add 方法可以为单元格新建一个条件格式，语法格式为：

```
Range. FormatConditions.Add(Type,Operator,Formula1,Formula2)
```

各个参数的含义如下。

❑ Type：条件格式的类型，是基于单元格值还是基于表达式，枚举值。

❑ Operator：操作符，如果 Type 为 xlExpression，则忽略 Operator 参数。Operator 一般是比较运算符，例如大于、小于、介于、不等于之类，枚举值。

❑ Formula1：公式表达式或数值，字符串类型。

❏ Formula2：公式表达式或数值，字符串类型。当 Operator 为介于或不介于时，该参数有效。

---

**提示**：Type 的所有枚举常量，可以输入 Excel.XlFormatConditionType，然后输入小数点看到所有成员；Operator 的所有枚举常量，可以输入 Excel.XlFormatCondition-Operator，然后输入小数点看到所有成员。

---

打开源文件 Data.xlsm，为成绩表中的 E 列（数学）新建一个规则，将数学成绩大于等于 120 的单元格，字体设置为斜体并加粗。

**源代码：实例文档 35.xlsm/ 条件格式**

```
1.   Sub Test1()
2.       Dim FC As Excel.FormatCondition
3.       Range("E2:E30").FormatConditions.Delete
4.       Set FC = Range("E2:E30").FormatConditions.Add(Type:=Excel.
         XlFormatConditionType.xlCellValue, Operator:=Excel.
         XlFormatConditionOperator.xlGreaterEqual, Formula1:="120")
5.       With FC
6.           .Font.Italic = True
7.           .Font.Bold = True
8.       End With
9.   End Sub
```

**代码分析**：对象变量 FC 表示一个条件格式，第 3 行代码首先清空单元格区域的所有条件格式。

第 4 行代码为单元格区域新增一个条件格式，类型是单元格值，操作符是大于等于（xlGreaterEqual）。这个语句由于使用了 Operator 参数，所以 Formula1 只需要设置一个数值即可。

第 5 ~ 8 行设置符合该条件时的格式为倾斜、加粗。

上述过程运行后，工作表中的结果如图 14-89 所示。

| | A | B | C | D | E | F |
|---|---|---|---|---|---|---|
| 1 | 姓名 | 考号 | 出生日期 | 语文 | 数学 | 英语 |
| 2 | 何倩倩 | 051111110146 | 2002/06/02 | 117 | *121* | 123 |
| 3 | 睢素萍 | 051111110453 | 2001/11/12 | 116 | *132* | 133 |
| 4 | 冯超 | 051111110369 | 2002/09/12 | 132 | 109 | 131 |
| 5 | 牛露萍 | 051145110587 | 2002/07/08 | 121 | *137* | 118 |
| 6 | 姚翔宇 | 051145110529 | 2003/12/19 | 91 | *130* | 119 |
| 7 | 王英明 | 051144110200 | 2002/11/24 | 106 | *139* | 109 |
| 8 | 陈科颖 | 051111110138 | 2002/11/18 | 117 | *126* | 135 |
| 9 | 魏化倩 | 051111110003 | 2002/08/04 | 116 | *140* | 119 |
| 10 | 王梦洁 | 051111110148 | 2002/06/28 | 122 | *129* | 129 |
| 11 | 刘志婧 | 051111110452 | 2001/11/10 | 114 | *134* | 126 |
| 12 | 郭安斌 | 051149110092 | 2003/04/28 | 105 | *139* | 124 |
| 13 | 张夏晓 | 051145110635 | 2002/07/09 | 109 | *121* | 128 |
| 14 | 王蓓 | 051145110615 | 2002/01/13 | 102 | *134* | 118 |
| 15 | 刘晓波 | 051121110419 | 2003/05/17 | 112 | *124* | 123 |
| 16 | 梁娜 | 051145110431 | 2003/11/08 | 108 | *132* | 120 |
| 17 | 岳振楠 | 051111110397 | 2003/07/26 | 120 | *141* | 96 |
| 18 | 王东东 | 051111110458 | 2003/11/23 | 117 | 119 | 119 |
| 19 | 齐尚才 | 051121110636 | 2003/02/15 | 113 | *138* | 112 |
| 20 | 裴志华 | 051145110629 | 2004/01/10 | 112 | *122* | 132 |
| 21 | 马骏 | 051111110074 | 2002/12/06 | 117 | *128* | 118 |
| 22 | 梁亚会 | 051121110764 | 2001/11/04 | 103 | *135* | 127 |
| 23 | 肖争 | 051145110701 | 2002/01/23 | 112 | *127* | 123 |
| 24 | 王智花 | 051111110001 | 2002/05/15 | 121 | 119 | 124 |

图 14-89　自动设置条件格式

---

**提示**：使用 Range.ClearFormat 方法也可以清空条件格式。

---

下面创建一个基于公式表达式的条件格式，还是以 E 列为例，将大于等于 120 分的成绩底纹颜色设置为绿色。

源代码：**实例文档 35.xlsm/ 条件格式**

```
1.   Sub Test2()
2.       Dim FC As Excel.FormatCondition
3.       Range("E2:E30").FormatConditions.Delete
4.       Set FC = Range("E2:E30").FormatConditions.Add(Type:=Excel.
         XlFormatConditionType.xlExpression, Formula1:="=E2>=120")
5.       With FC
6.           .Interior.Color = vbGreen
7.       End With
8.   End Sub
```

代码分析：注意第 3 行代码，在新增规则之前，已经清空以前所有的条件格式。

第 4 行代码中，条件格式的类型改为 xlExpression，此时不使用 Operator 参数，直接在 Formula1 中输入公式即可。

运行后的结果如图 14-90 所示。

下面一个实例是使用另一个参数 Formula2 的情形。当单元格中数学成绩为 120 ~ 130 时，设置单元格中数字格式为两位小数，并且加粗。

源代码：**实例文档 35.xlsm/ 条件格式**

```
1.   Sub Test3()
2.       Dim FC As Excel.FormatCondition
3.       Range("E2:E30").FormatConditions.Delete
4.       Set FC = Range("E2:E30").FormatConditions.Add(Type:=Excel.
         XlFormatConditionType.xlCellValue, Operator:=Excel.
         XlFormatConditionOperator.xlBetween, Formula1:="120", Formula2:="130")
5.       FC.NumberFormat = "0.00"
6.       FC.Font.Bold = True
7.   End Sub
```

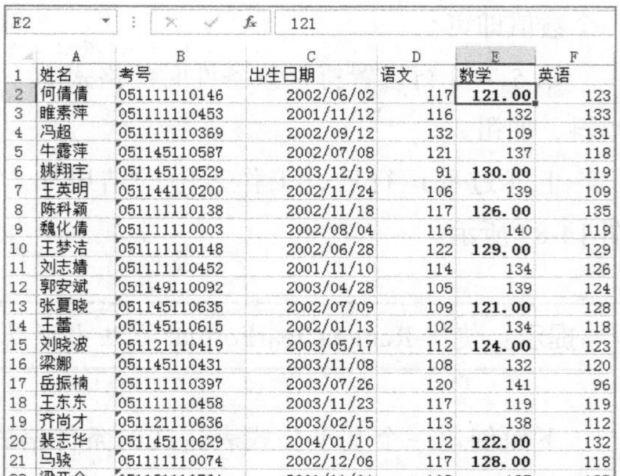

代码分析：第 4 行代码中，Operator 参数为 xlBetween，表示介于两个值之间，所以需要用到 Formula2。

运行上述过程后，结果如图 14-91 所示。

图 14-90    运行结果 21

图 14-91    运行结果 22

### 14.5.7.2　修改规则

对于已经创建好的条件格式，还可以使用 Modify 方法来重新定义规则的各个参数，参数名称与 Add 方法的参数相同。

**源代码：实例文档 35.xlsm/ 条件格式**

```
Sub Test4()
    Dim FC As Excel.FormatCondition
    Set FC = Range("E2:E30").FormatConditions.Item(1)
    FC.Modify xlCellValue, xlLess, "120"
End Sub
```

代码分析：由于上一个实例创建了一个条件格式，因此这次使用对象变量 FC 来调出上次设定的条件格式，修改它的规则为小于 120 分（xlLess 表示小于）。

运行代码后的结果如图 14-92 所示。

E2　121

| | A | B | C | D | E |
|---|---|---|---|---|---|
| 1 | 姓名 | 考号 | 出生日期 | 语文 | 数学 |
| 2 | 何倩倩 | 051111110146 | 2002/06/02 | 117 | 121 |
| 3 | 睢素萍 | 051111110453 | 2001/11/12 | 116 | 132 |
| 4 | 冯超 | 051111110369 | 2002/09/12 | 132 | **109.00** |
| 5 | 牛露萍 | 051145110587 | 2002/07/08 | 121 | 137 |
| 6 | 姚翔宇 | 051145110529 | 2003/12/19 | 91 | 130 |
| 7 | 王英明 | 051144110200 | 2002/11/24 | 106 | 139 |
| 8 | 陈科颖 | 051111110138 | 2002/11/18 | 117 | 126 |
| 9 | 魏化倩 | 051111110003 | 2002/08/04 | 116 | 140 |
| 10 | 王梦洁 | 051111110148 | 2002/06/28 | 122 | 129 |
| 11 | 刘志婧 | 051111110452 | 2001/11/10 | 114 | 134 |
| 12 | 郭安斌 | 051149110092 | 2003/04/28 | 105 | 139 |
| 13 | 张夏晓 | 051145110635 | 2002/07/09 | 109 | 121 |
| 14 | 王蕾 | 051145110615 | 2002/01/13 | 102 | 134 |
| 15 | 刘晓波 | 051121110419 | 2003/05/17 | 112 | 124 |
| 16 | 梁娜 | 051145110431 | 2003/11/08 | 108 | 132 |
| 17 | 岳振楠 | 051111110397 | 2003/07/26 | 120 | 141 |
| 18 | 王东东 | 051111110458 | 2003/11/23 | 117 | **119.00** |
| 19 | 齐尚才 | 051121110636 | 2003/02/15 | 113 | 138 |
| 20 | 裴志华 | 051145110629 | 2004/01/10 | 112 | 122 |
| 21 | 马骁 | 051111110074 | 2002/12/06 | 117 | 128 |
| 22 | 梁亚会 | 051121110764 | 2001/11/04 | 103 | 135 |
| 23 | 肖争 | 051145110701 | 2002/01/23 | 112 | 127 |
| 24 | 王智花 | 051111110001 | 2002/05/15 | 121 | **119.00** |
| 25 | 王恒毅 | 051111110372 | 2003/04/29 | 115 | 132 |
| 26 | 崔攀民 | 051111110002 | 2002/09/04 | 115 | 132 |

图 14-92　修改条件格式的规则

### 14.5.7.3　遍历规则

对于已有的条件格式，如何用 VBA 去获取每个条件格式的设定情况呢？可以用 For Each 循环遍历每一个条件格式，然后打印条件格式的重要属性。

下面的实例为单元格区域增加两个条件格式：一个是当数学成绩大于 130 分时，设置字体加粗、倾斜；另一个是当成绩低于 120 分时，设置数字格式为一位小数。

**源代码：实例文档 35.xlsm/ 条件格式**

```
Sub Test5()
    Dim FC1 As Excel.FormatCondition, FC2 As Excel.FormatCondition
    Range("E2:E30").FormatConditions.Delete
    Set FC1 = Range("E2:E30").FormatConditions.Add(Type:=Excel.
    XlFormatConditionType.xlCellValue, Operator:=Excel.
    XlFormatConditionOperator.xlGreater, Formula1:="130")
    With FC1
        .Font.Italic = True
        .Font.Bold = True
    End With
    Set FC2 = Range("E2:E30").FormatConditions.Add(Type:=Excel.
    XlFormatConditionType.xlCellValue, Operator:=Excel.
    XlFormatConditionOperator.xlLess, Formula1:="120")
    With FC2
        .NumberFormat = "0.0"
    End With
    Dim fc As FormatCondition
    For Each fc In Range("E2:E30").FormatConditions
```

```
15.          Debug.Print fc.Type, fc.Operator, fc.NumberFormat, fc.Formula1
16.     Next fc
17. End Sub
```

**代码分析**：程序中 FC1 和 FC2 表示两个条件格式。

第 14 ~ 16 行代码遍历每一个创建好的条件格式，在立即窗口打印条件格式的类型、操作符、数字格式、公式表达式。

运行上述过程后，工作表中的结果如图 14-93 所示。

立即窗口的打印结果如图 14-94 所示。

| 图 14-93　设置多个条件格式 | 图 14-94　运行结果 23 |
| --- | --- |

如果要删除其中一个条件格式，可以调用 FormatCondition.Delete 方法；如果要删除单元格区域的所有条件格式，可以调用 Range.FormatConditions.Delete 方法。

## 14.5.8　处理数据有效性

Excel 的单元格可以设置有效性验证，如果输入不符合验证规则的数据时，会被拒绝输入。但是，使用 VBA 语句修改单元格内容，即使设置了有效性验证，也不会被拒绝。

选择"数据"→"数据工具"→"数据验证"命令，会弹出数据有效性验证对话框，如图 14-95 所示。

Excel VBA 也可以为单元格区域自动设置数据有效性验证，Range 对象下面有一个 Validation 对象，这个对象表示单元格区域的有效性验证。

一个单元格或区域最多只能有一个有效性规则，如果要设置新的验证，必须删除原有验证规则。

图 14-95　数据有效性验证对话框

### 14.5.8.1　新建有效性验证

使用 Range.Validation.Add 方法可以为单元格区域创建有效性验证。其语法格式为：

```
Range.Validation.Add(Type,AlertStyle,Operator,Formula1,Formula2)
```

参数含义如下。

- ❑ Type：有效性验证类型，取值为 XlDVType 中的枚举常量之一，如表 14-3 所示。
- ❑ AlertStyle：出错警告样式，取值为 XlDVAlertStyle 中的枚举常量之一。

  a）xlValidAlertInformation：信息框。

  b）xlValidAlertStop：停止框。

  c）xlValidAlertWarning：警告框。

- ❑ Operator：比较运算符，取值为 xlFormatConditionOperator 中的枚举常量之一。具体有 xlBetween, xlEqual、xlGreater、xlGreaterEqual、xlLess、xlLessEqual、xlNotBetween 和 xlNotEqual。
- ❑ Formula1、Formula2：规定数据的范围（最小值和最大值）。

表 14-3　XlDVType 枚举常量表

| 类　　型 | 描述说明 |
| --- | --- |
| xlValidateCustom | 使用自定义公式 |
| xlValidateDate | 日期 |
| xlValidateDecimal | 数值 |
| xlValidateDateInputOnly | 提示输入 |
| xlValidateDateList | 限制在列表式单元格区域 |
| xlValidateDateTextLength | 指定长度的文本 |
| xlValidateDateTime | 日期、时间 |
| xlValidateDateWholeNumber | 整数 |

### 14.5.8.2　使用有效性验证实现输入提示

Excel 单元格除了使用插入批注提示信息外，还可以使用有效性验证的方式，当用户选中一个单元格区域时，在鼠标附近出现提示语。

运行下面的过程，在成绩区域被选中后，附近会出现一个矩形的提示框。

**源代码：实例文档 36.xlsm/ 有效性验证**

```
1.  Sub Test1()
2.      Range("B2:C10").Validation.Delete
3.      Range("B2:C10").Validation.Add Type:=Excel.XlDVType.xlValidateInputOnly,
        AlertStyle:=Excel.XlDVAlertStyle.xlValidAlertInformation
4.      With Range("B2:C10").Validation
5.          .ShowInput = True
6.          .InputTitle = "友情提示"
7.          .InputMessage = "这里是学生成绩输入区域，请认真输入！"
8.      End With
9.  End Sub
```

代码分析：第 2 行代码用于删除原有的有效性验证，如果不删除就添加数据会出错。

第 3 行代码中，Type:=Excel.XlDVType.xlValidateInputOnly 表示输入提示类型的验证，第 6 行和第 7 行代码指定了提示框的标题及内容。

上述过程运行后，结果如图 14-96 所示。

图 14-96  自动设置数据有效性

### 14.5.8.3  只能输入指定范围的整数

很多情况下，需要限定数据输入的范围，常见的有范围限定的类型包括：整数、小数、日期时间等类型。

下面的实例规定单元格区域只能输入 1 ～ 100 的整数，否则弹出警告对话框。

**源代码：实例文档 36.xlsm/ 有效性验证**

```
1.  Sub Test2()
2.      Range("B2:C10").Validation.Delete
3.      Range("B2:C10").Validation.Add Type:=Excel.XlDVType.xlValidateWholeNumber,
        AlertStyle:=Excel.XlDVAlertStyle.xlValidAlertStop, Operator:=Excel.
        XlFormatConditionOperator.xlBetween, Formula1:="1", Formula2:="100"
4.      With Range("B2:C10").Validation
5.          .ShowError = True
6.          .ErrorTitle = " 出错了！ "
7.          .ErrorMessage = " 只能输入 1 ～ 100 的整数，请重试！ "
8.      End With
9.  End Sub
```

代码分析：第 3 行代码中规定了类型为整数、出错样式为警告、操作符为介于、数据为 1 ～ 100。

运行上述代码，在单元格区域输入任意字符，会被拒绝，如图 14-97 所示。

### 14.5.8.4  输入某日期之后的日期

如果操作符大于或小于某个值时，只需

图 14-97  输入不合法提示框

指定一个边界范围值，就不需要 Formula2 参数。

以下实例演示了设置单元格只能输入 2000 年 1 月 1 日以后的日期。

**源代码：实例文档 36.xlsm/ 有效性验证**

```
1.  Sub Test3()
2.      Range("B2:C10").Validation.Delete
3.      Range("B2:C10").Validation.Add Type:=Excel.XlDVType.xlValidateDate,
AlertStyle:=Excel.XlDVAlertStyle.xlValidAlertStop, Operator:=Excel.
XlFormatConditionOperator.xlGreaterEqual, Formula1:="2000/1/1"
4.      With Range("B2:C10").Validation
5.          .ShowError = True
6.          .ErrorTitle = "出错了！"
7.          .ErrorMessage = "只能输入 2000 年 1 月 1 日以后的日期！"
8.      End With
9.  End Sub
```

运行上述过程后，在单元格中输入 2000 年以前的日期会弹出警告对话框。调出"数据验证"对话框后，可以看到使用代码自动设置数据有效性，如图 14-98 所示。

图 14-98　运行结果 24

### 14.5.8.5　只能输入规定的条目

工作表中的某些特定区域，只能输入性别或者学历等，条目比较固定的情况。这种有效性验证就属于序列。

下面的实例演示了"学历"单元格区域只能输入学历名称。

**源代码：实例文档 36.xlsm/ 有效性验证**

```
1.  Sub Test4()
2.      Dim V As Excel.Validation
3.      Set V = Range("D2:D10").Validation
4.      Range("D2:D10").Validation.Delete
5.      V.Add Type:=Excel.XlDVType.xlValidateList, Formula1:="本科,硕士,博士"
6.      V.InCellDropdown = False
7.  End Sub
```

代码分析：变量 V 是一个数据有效性验证对象，第 5 行代码规定新增的数据有效性是一个序列，序列的内容是一个用半角逗号隔开的字符串。第 6 行代码规定不提供下拉列表。

运行上述过程后，单元格区域 D2:D10 只能输入本科、硕士、博士三者之一，其余文字不得输入。

如果把第 6 行代码改为 V.InCellDropdown =True，再次运行上述过程，当鼠标单击单元格区域时，自动弹出下拉列表，如图 14-99 所示。

Formula1 参数除了接收逗号隔开的字符串条目以外，还可以接收工作表中的已有数据区域。

**源代码：实例文档 36.xlsm/ 有效性验证**

```
1.  Sub Test6()
2.      Dim V As Excel.Validation
3.      Set V = Range("E2:E10").Validation
4.      Range("E2:E10").Validation.Delete
5.      V.Add Type:=Excel.XlDVType.xlValidateList, Formula1:="=$G$3:$G$4"
6.      V.InCellDropdown = True
7.  End Sub
```

代码分析，本例和上例所有参数几乎完全相同，不同的是此次 Formula1 参数使用的是单元格区域的地址 G3:G4。

运行该过程后，单击 E 列中的单元格时，自动弹出性别选择菜单，如图 14-100 所示。

图 14-99　自动弹出下拉列表

图 14-100　单元格区域数据作为下拉列表的数据源

### 14.5.8.6　有效性验证的复制粘贴

如果一个区域已经设置好数据有效性，想把这种规则粘贴到其他单元格区域中，这时候可以使用选择性粘贴。

下面的实例把 D2:D10 的有效性验证粘贴到 C2:C10 中。

**源代码：实例文档 36.xlsm/ 有效性验证**

```
1.  Sub Test5()
2.      Range("D2:D10").Copy
3.      Range("C2:C10").PasteSpecial Paste:=xlPasteValidation
4.      Application.CutCopyMode = False
5.  End Sub
```

## 14.5.9　使用单元格样式

单元格样式几乎包含了单元格的所有格式内容，通过使用样式，可以把单元格区域的单元格格式按照样式内容快速格式化，这一点和格式刷的功能很像。

Excel 本身带有很多内置单元格样式，选择 "开始" → "样式" → "单元格样式" 命令，会看到所有内置样式，如图 14-101 所示。

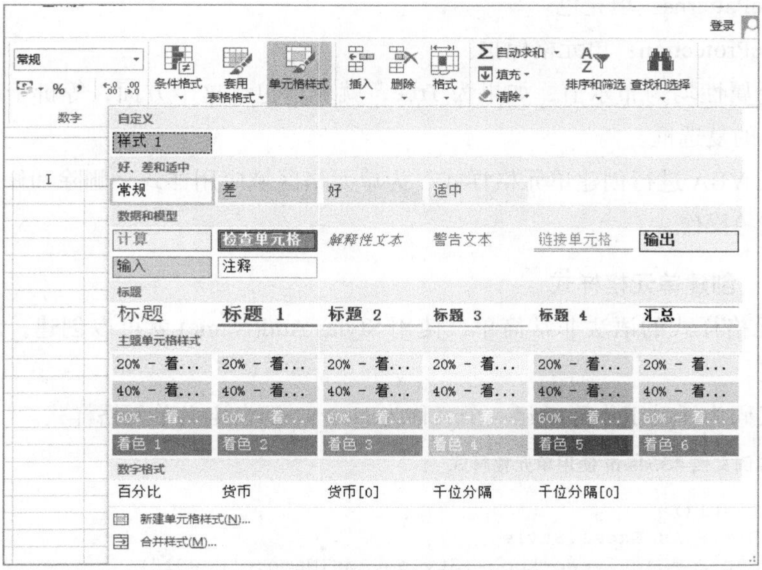

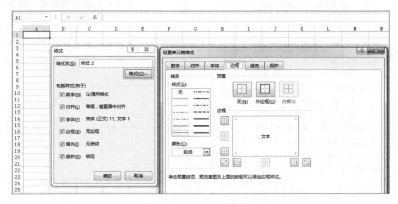

图 14-101　单元格样式

单击 "新建单元格样式" 按钮，弹出创建用户自定义样式的对话框。

再单击 "格式" 按钮，会弹出 Excel 单元格格式对话框（见图 14-102）。

图 14-102　新建样式

创建好自定义样式后，这个样式和内置样式都可以应用于单元格区域，快速设置单元格格式。

Excel VBA 中，工作簿的所有样式用 Workbook.Styles 表示，其中每一个样式就是一个 Style 对象。

一个 Style 对象可以包含如下方面的内容属性。

❑ IncludeNumber：数字格式。

❑ IncludeAlignment：单元格对齐方式。

❑ IncludeFont：字体（字体名称、字号等）。

❑ IncludeBorder：边框。

❑ IncludePatterns：填充色。

❑ IncludeProtection：单元格保护。

以上 6 个属性均为布尔值，如果为 True，就表示包含这个方面，等价于新建样式对话框中各项前面的复选框。

可以使用 VBA 进行创建单元格样式、为单元格区域应用样式、删除和修改样式、读取样式属性设定等操作。

### 14.5.9.1 创建单元格样式

新建单元格样式的语法非常简单，使用 Styles.Add(Name) 就可以创建，难点在于对样式的各项设定。

下面的代码为活动工作簿新建一个名称为 NewS1 的自定义单元格样式。

**源代码：实例文档 43.xlsm/ 使用单元格样式**

```
1.   Sub Test1()
2.       Dim S As Excel.Style
3.       Set S = ActiveWorkbook.Styles.Add(Name:="NewS1")
4.       With S
5.           .IncludeNumber = True            '样式内容包括数字格式
6.           .IncludeFont = True              '样式内容包括字体格式
7.           .IncludeAlignment = True         '样式内容包括单元格对齐方式
8.           .IncludeBorder = True            '样式内容包括边框格式
9.           .IncludePatterns = True          '样式内容包括填充、图案设定
10.          .IncludeProtection = True        '样式内容包括单元格保护
11.      End With
12.      S.NumberFormat = "0.00"              '该样式的数字格式为两位小数
13.      With S.Font                          '规定该样式字体属性
14.          .Name = "华文新魏"
15.          .Size = 14
16.          .Bold = False
17.          .Italic = False
18.          .Underline = xlUnderlineStyleNone
19.          .Strikethrough = False
20.          .ColorIndex = 5
21.      End With
22.      With S                               '规定该样式对齐属性
23.          .HorizontalAlignment = xlLeft
24.          .VerticalAlignment = xlCenter
25.          .ReadingOrder = xlContext
26.          .WrapText = True
27.          .Orientation = 0
28.          .AddIndent = False
29.          .ShrinkToFit = False
30.      End With
31.       '以下规定该样式各条边框线属性
32.      With S.Borders(xlLeft)
33.          .LineStyle = xlContinuous
34.          .Weight = xlThin
```

```
35.            .ColorIndex = 45
36.        End With
37.        With S.Borders(xlRight)
38.            .LineStyle = xlContinuous
39.            .Weight = xlThin
40.            .ColorIndex = 45
41.        End With
42.        With S.Borders(xlTop)
43.            .LineStyle = xlContinuous
44.            .Weight = xlThin
45.            .ColorIndex = 45
46.        End With
47.        With S.Borders(xlBottom)
48.            .LineStyle = xlContinuous
49.            .Weight = xlThin
50.            .ColorIndex = 45
51.        End With
52.        With S.Interior                      '规定该样式填充色属性
53.            .ColorIndex = 0
54.            .PatternColorIndex = xlAutomatic
55.            .Pattern = xlGray16
56.        End With
57.        With S                               '规定该样式单元格是否锁定，公式是否隐藏
58.            .Locked = False
59.            .FormulaHidden = False
60.        End With
61. End Sub
```

**代码分析**：该过程代码较长，请留意每行后面的注释部分。

执行该过程，在 Excel 的单元格样式列表中可以看到新增的样式。接下来在单元格区域中应用该样式。

**源代码：实例文档 43.xlsm/ 使用单元格样式**

```
1.  Sub Test2()
2.      Range("A1:F14").Style = "NewS1"
3.  End Sub
```

运行过程 Test2 后，单元格区域迅速被格式化，如图 14-103 所示。

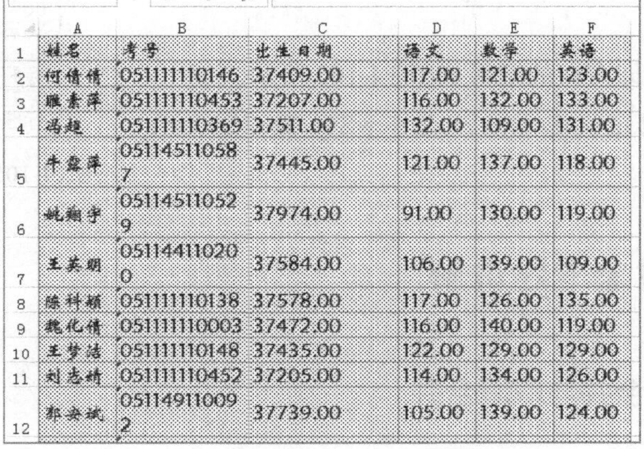

图 14-103 创建自定义样式

可以看出，样式的应用非常简单，只需要运行 Range.Style= 样式名即可。

### 14.5.9.2　管理单元格样式

使用 VBA 可以对 Excel 的单元格样式进行属性修改。下面的例子把刚刚创建的 NewS1 样式进行修改。

**源代码：实例文档 43.xlsm/ 使用单元格样式**

```
1.  Sub Test3()
2.      Dim S As Excel.Style
3.      Set S = ActiveWorkbook.Styles("NewS1")
4.      S.Font.Italic = True
5.      Debug.Print S.Name, S.BuiltIn, S.Font.Name
6.  End Sub
```

代码分析：第 4 行代码把该样式的字体改为倾斜。第 5 行代码打印该样式的名称、是否内置、样式的字体名称。

上述过程执行后，可以在工作表中立即看到应用该样式的单元格区域的内容全变成了斜体。

立即窗口的输出结果如图 14-104 所示。

对于不需要的自定义单元格样式，可以用 Style.Delete 方法将其删除。只需要运行 ActiveWorkbook.Styles("NewS1").Delete 即可将其删除。

图 14-104　查看样式的属性

### 14.5.9.3　遍历单元格样式

下面的过程遍历所有单元格样式，并在立即窗口输出每个样式的名称、是否属于内置样式。

**源代码：实例文档 43.xlsm/ 使用单元格样式**

```
1.  Sub Test4()
2.      Dim S As Excel.Style
3.      For Each S In ActiveWorkbook.Styles
4.          Debug.Print S.Name, S.BuiltIn
5.      Next S
6.  End Sub
```

运行代码后，立即窗口的结果如图 14-105 所示。

可以看到用户自定义单元格样式 NewS1，Builtin 属性是 False。

图 14-105　遍历所有单元格样式

## 14.6　Range 对象专题讲解

### 14.6.1　单元格的合并与取消合并

Excel 的单元格可以合并，多个单元格可以合并成一个。Word 表格中的一个单元格可以拆分为多个，但是 Excel 单元格没有拆分功能，只有合并与取消合并。

合并和取消合并单元格在日常办公的报表处理中使用频率非常高，因此使用 VBA 自动合并与取消合并单元格意义重大。

VBA 中的合并用 Range.Merge 方法，取消合并用 Range.UnMerge 方法。

单元格区域合并以后，只有左上角的单元格可以访问，被合并的单元格不能继续读写。

打开源文件"实例文档 37.xlsm"，切换到工作表 Sheet1，A 列数据未合并，C 列"值日内容"已经手工合并完成，如图 14-106 所示。

如果在 VBA 中试图为单元格 C3 赋值：Range("C3").Value=" 拖地 "，运行后发现没有任何变化。如果运行 Range("C2").Value=" 拖地 "，则可以修改单元格内容。这说明单元格被合并以后只有左上角单元格可用。

接下来讲解用 VBA 自动合并单元格，以及如何取消合并单元格。

**源代码：实例文档 37.xlsm/ 合并单元格**

```
1.   Sub Test1()
2.       Range("A2:A4").Merge
3.       Range("C2").UnMerge
4.   End Sub
```

代码分析：该过程的作用是把 A2:A4 进行合并，C2:C4 进行取消合并。

由于 C2:C4 在代码执行前已经合并，所以在代码中只需要写上左上角的地址即可。

上述过程运行后的结果如图 14-107 所示。

图 14-106　基础数据表　　　　　图 14-107　自动合并和取消合并单元格

如果一次性把星期一到星期五都进行相应的合并操作，则需要用到单元格的遍历。

**源代码：实例文档 37.xlsm/ 合并单元格**

```
1.   Sub Test2()
2.       Dim i As Integer
3.       For i = 2 To 14 Step 3
4.           Range("A" & i & ":A" & i + 2).Merge
5.       Next i
6.   End Sub
```

代码分析：循环变量 i 从 2 到 14，步长为 3。因为第一个需要合并的单元格地址是

A2:A4，所以在循环体内需要写成 Range("A" & i & ":A" & i + 2)，这也是单元格的一个循环技巧。

上述过程运行后，结果如图 14-108 所示。

接下来讲解如何判断一个单元格区域是否被合并，以及如果是合并的单元格，那么合并区域是多少。

Excel VBA 的 Range 对象有一个 MergeCells 属性，用来判断是否合并，返回布尔值。同时，还有一个 MergeArea 对象，可以返回合并单元格区域且返回一个 Range 对象。

**源代码：实例文档 37.xlsm/ 合并单元格**

```
1.  Sub Test3()
2.      If Range("A2").MergeCells = True Then
3.          MsgBox "A2 合并单元格的地址是： " & Range("A2").MergeArea.Address
4.      Else
5.          MsgBox "A2 不是合并的单元格。"
6.      End If
7.  End Sub
```

代码分析：代码的功能是，如果发现 A2 是合并单元格，那么获取合并后单元格区域地址，从而知道合并区域的大小。

运行上述过程，结果如图 14-109 所示。

图 14-108　循环合并单元格

图 14-109　运行结果 25

## 14.6.2　Range 与名称的使用

Excel 允许定义名称（Name），名称好比是一个代号，可以指代常数、公式字符串、单元格区域等。名称可以用在公式、条件格式或有效性验证，甚至是图表中。

名称主要分为两个部分：一部分是名称标识符；另一部分是该名称引用的内容。名称标识符一般要与单元格地址区别开，也就是说，定义名称时，尽量不要使用像 B6 这样的。还有一个概念就是名称的作用范围。名称可以定义为工作簿范围的，也可以定义为工作表范围的。

在 Excel 中，选择"公式"→"定义的名称"→"名称管理器"命令，弹出"名称管理器"对话框，如图 14-110 所示。

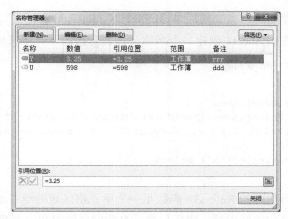

图 14-110 "名称管理器"对话框

可以看到名称的构成主要包括：

❏ 名称标识符。

❏ 数值、引用位置。

❏ 范围。

❏ 备注。

对话框左上角还有"新建""编辑""删除"三个按钮，用于管理名称。

下面的实例用 VBA 代码自动新建名称，该名称指代一个常数圆周率 π。

**源代码：实例文档 38.xlsm/ 使用名称**

```
1.   Sub Test1()
2.       Dim N As Excel.Name
3.       Set N = ActiveWorkbook.Names.Add(Name:="π", RefersTo:="=3.14159")
4.       N.Comment = " 刘永富定义的圆周率。"
5.       Debug.Print N.Name, N.RefersTo, N.Parent.Name, N.Comment
6.   End Sub
```

代码分析：第 3 行代码为工作簿增加一个名称，名称的标识符是 π，指代 3.14159，注意 RefersTo 的参数中是 "=3.14159"，等号不能省略。

第 5 行代码依次打印标识符、名称的数值、名称的父级对象、名称的备注。

运行结果如图 14-111 所示。

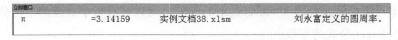

图 14-111 查看自定义名称的属性

可以看出名称的父级对象是"实例文档 38.xlsm"，这个名称是一个工作簿级的。

定义好名称后，在工作表的任一单元格中输入公式"=COS(π)"，如图 14-112 所示，按【Enter】键后结果为 –1。

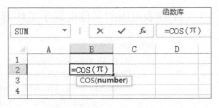

图 14-112 输入公式

如果为工作表创建名称，需要使用 WorkSheet.Names.Add 方法。

下面的实例为工作表 Sheet1 创建一个名称，该名称指向单元格区域中的数学成绩列。

**源代码：实例文档 38.xlsm/ 使用名称**

```
1.  Sub Test2()
2.      Dim N As Excel.Name
3.      Set N = Sheet1.Names.Add(Name:="Maths", RefersTo:="=$C$2:$C$9")
4.       Debug.Print N.Name, N.RefersTo, N.Parent.Name, N.RefersToRange.
Address(False, False)
5.      Sheet1.Range("Maths").Select
6.  End Sub
```

代码分析：第 3 行代码的 RefersTo 参数是一个单元格区域的绝对地址。

第 4 行代码打印名称的标识符、引用位置、名称的父级对象、名称指代的 Range 地址。

第 5 行代码自动选中名称指代的区域。

运行代码后，立即窗口的输出结果如图 14-113 所示。

图 14-113　工作表范围的自定义名称

打开"名称管理器"对话框也可以看到刚刚用代码添加的名称，如图 14-114 所示。

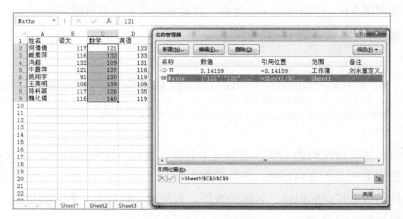

图 14-114　查看名称

在任一单元格中输入公式" =Average(Maths)"，可以计算数学成绩的平均分。因此，名称也可以用作 Excel 公式的参数。

接下来讲解名称的遍历。

工作表范围的名称也属于工作簿中名称的成员。下面的过程遍历活动工作簿中的所有名称。

```
1.  Sub Test3()
2.      Dim N As Excel.Name
3.      Debug.Print ActiveWorkbook.Names.Count
4.      For Each N In ActiveWorkbook.Names
5.          Debug.Print N.Name
6.      Next N
```

```
7.  End Sub
```

以下过程遍历工作表范围的所有名称。

```
1.  Sub Test4()
2.      Dim N As Excel.Name
3.      Debug.Print Sheet1.Names.Count
4.      For Each N In Sheet1.Names
5.          Debug.Print N.Name
6.      Next N
7.  End Sub
```

代码分析：本过程第 3 行代码获取工作表中名称个数。运行结果略。

## 14.6.3　如何遍历单元格

Excel VBA 的强大之处，一是对象模型丰富，二是能够在各种对象中循环遍历。尤其是单元格区域的循环，灵活多变，这需要编程人员能够根据数据区域特征采用恰当的循环方式，提高程序开发的效率和速度。

### 14.6.3.1　列向遍历

单元格从上往下遍历时，列标字母不变化，只有行号在改变，所以用整型变量去代替行号即可。

**源代码：实例文档 40.xlsm/ 遍历单元格**

```
1.  Sub Test1()
2.      Dim i As Integer
3.      For i = 1 To 10
4.          Debug.Print Range("A" & i & ":B" & i).Address(False, False)
5.      Next i
6.  End Sub
```

代码分析：这种遍历方式中，字符串连接是技巧。

代码运行的部分结果为：

```
A1:B1
A2:B2
A3:B3
A4:B4
A5:B5
```

如果只遍历奇数行，就在 For 语句后面加上 Step 2；如果从下往上倒序遍历，改成 For i = 10 To 1 Step −1 即可。

### 14.6.3.2　行向遍历

水平遍历时，由于列标是字母，不便于循环，因此使用 Cells 来代替 Range。

**源代码：实例文档 40.xlsm/ 遍历单元格**

```
1.  Sub Test2()
2.      Dim i As Integer
```

```
3.      For i = 1 To 10
4.          Debug.Print Cells(3, i).Address(False, False)
5.      Next i
6. End Sub
```

代码分析：Cells(3, i) 表示第 3 行第 i 列。

运行代码后的部分打印结果为：

```
A3
B3
C3
D3
E3
```

如果行向遍历的每个单元不是一个单元格，可以借助 Resize 方法变更尺寸。

**源代码：实例文档 40.xlsm/ 遍历单元格**

```
1. Sub Test3()
2.     Dim i As Integer
3.     For i = 1 To 10
4.          Debug.Print Cells(3, i).Resize(2).Address(False, False)
5.     Next i
6. End Sub
```

代码分析：第 4 行代码的 Resize(2) 可以把源区域变成 2 行。因此，打印结果为：

```
A3:A4
B3:B4
C3:C4
D3:D4
E3:E4
F3:F4
```

### 14.6.3.3  矩形遍历

如果遍历矩形区域内的每一个单元格，可以用 For Each 循环或者两层 For 循环。

下面的实例使用两层 For 循环遍历单元格，外层遍历行号，内层遍历列号。

**源代码：实例文档 40.xlsm/ 遍历单元格**

```
1. Sub Test4()
2.     Dim r As Integer, c As Integer
3.     For r = 1 To 3
4.         For c = 1 To 4
5.             Debug.Print ActiveSheet.Cells(r, c).Address(False, False)
6.         Next c
7.     Next r
8. End Sub
```

运行代码后的部分结果为：

```
A1
B1
C1
D1
```

A2
B2
C2
D2
A3

下面用 For Each 循环来达到同样的目的。

**源代码：实例文档 40.xlsm/ 遍历单元格**

```
1.  Sub Test5()
2.      Dim rg As Range
3.      For Each rg In Range("A1:D3")
4.          Debug.Print rg.Address(False, False)
5.      Next rg
6.  End Sub
```

与上例比起来，本例代码简短了很多。

## 14.6.4　单元格与数组之间的数据传递

单元格的数值读写，既可以使用 For 循环一个一个地依次读写，也可以使用数组的方式整体处理，从而提高读写速度。

本节讲述各种形状的 Range 对象与数组的数据传递。

单元格区域从形状上可以分为一行、一列、矩形局域（多行多列）。

数组可以分为一维数组和二维数组。

### 14.6.4.1　单行区域接收一维数组

下面的实例把一维数组的值传递给单行区域，语法很简单，用 Range.Value=arr 即可。

**源代码：实例文档 42.xlsm/ 单元格与数组**

```
1.  Sub Test1()
2.      Dim rg1 As Range
3.      Dim arr(1 To 4)  As Integer
4.      Set rg1 = Range("B1:E1")
5.      arr(1) = 7
6.      arr(2) = 4
7.      arr(3) = 2
8.      arr(4) = 8
9.      rg1.Value = arr
10. End Sub
```

代码分析：对象变量 rg1 为 1 行 4 列的单行区域，因此可以直接把一维数组赋给它。代码运行后，单元格区域恰好接收数组的值。

一维数组通常可以用 Array 函数生成，这样省去了为数组赋值的过程。

**源代码：实例文档 42.xlsm/ 单元格与数组**

```
1.  Sub Test2()
2.      Dim rg As Range
3.      Set rg = Range("A1:D1")
4.      rg.Value = Array(" 姓名 ", " 学号 ", " 性别 ", " 年龄 ")
```

```
5.  End Sub
```

以上代码把数组的各元素恰好放入单元格区域的每个单元格中。

### 14.6.4.2 单列区域接收一维数组

对于纵向区域，需要把一维数组转置后再传递给单元格区域。

**源代码：实例文档 42.xlsm/ 单元格与数组**

```
1.  Sub Test3()
2.      Dim rg1 As Range
3.      Dim arr(1 To 4)  As String
4.      Set rg1 = Range("A1:A4")
5.      arr(1) = " 春 "
6.      arr(2) = " 夏 "
7.      arr(3) = " 秋 "
8.      arr(4) = " 冬 "
9.      rg1.Value = Application.WorksheetFunction.Transpose(arr)
10. End Sub
```

代码分析：第 9 行代码使用 Excel 的工作表函数 Transpose，因此这个技巧仅适用于 Excel VBA，如果是其他组件的 VBA，Application 对象下面没有 WorksheetFunction。

### 14.6.4.3 矩形区域接收二维数组

一个矩形区域可以接收与区域尺寸等大的二维数组，要求这个数组的第一维长度与区域的行数相同，第二维长度与区域的列数相同。

下面的代码用于把二维数组放入单元格区域 A1:B3 中。

**源代码：实例文档 42.xlsm/ 单元格与数组**

```
1.  Sub Test4()
2.      Dim rg As Range
3.      Dim arr(1 To 3, 1 To 2) As String
4.      Set rg = Range("A1:B3")
5.      arr(1, 1) = "Name":  arr(1, 2) = "Age"
6.      arr(2, 1) = "Pitter":  arr(2, 2) = "26"
7.      arr(3, 1) = "Gray":  arr(3, 2) = "32"
8.      rg.Value = arr
9.  End Sub
```

代码分析：为了看起来直观，第 5 ~ 7 行通过冒号把两行代码连接成了一行。

上述过程运行后结果如图 14-115 所示。

值得注意的是，如果把一个常量赋给单元格区域，那么单元格区域的每一个单元格的内容都等于这个常量。例如，运行 Range("A1:B3").Value="VBA" 这个语句，使得每一个单元格的内容都相同。

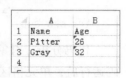

图 14-115 单元格区域接收二维数组

### 14.6.4.4 单元格区域传递给数组

本节讲的是单元格区域的已有数据如何赋给数组的问题。

如果单元格区域只有一个单元格，那么只需要把这个单元格的值赋给一个普通变量即可。

如果单元格区域包含多个单元格，只能用 Variant 类型的变量去接收，数组不能接收单元格区域的值。

不管单元格区域是何形状，接收后的数据类型都是二维数组。

对于单行区域，赋值后的数组是一行多列；单列区域赋值后的数组是多行一列。

下面的实例分别把不同形状的单元格区域赋值给变体型变量。

**源代码：实例文档 42.xlsm/ 单元格与数组**

```
1.   Sub Test5()
2.       Dim a As Variant, b As Variant, c As Variant
3.       a = Range("A1:B1").Value
4.       b = Range("A1:A2").Value
5.       c = Range("A1:B2").Value
6.       Stop
7.   End Sub
```

代码分析：第 3 ~ 5 行代码用变体型变量 a 去接收行向区域；用变体型变量 b 去接收列向区域；用变体型变量 c 去接收矩形区域。

第 6 行的 Stop 语句是为了运行到此处暂停，然后打开 VBA 编辑器的本地窗口，可以看到变量 a、b、c 的值和结构，如图 14-116 所示。

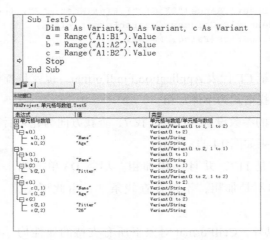

图 14-116　在本地窗口中查看数组的值

## 14.6.5　单元格的带格式查找

Excel 用于查找单元格的方法是 Range 对象的 Find 方法，Find 方法除了可以根据单元格内容查找区域外，还可以根据设定的单元格格式进行查找。

根据单元格格式查找的技巧是，首先设定 Application 的 FindFormat 对象，设置这个对象的格式为查找目标格式，然后在 Find 方法的参数中，只需要设置参数 SearchFormat 为 True 即可。

打开源文件"实例文档 39.xlsm"，切换到工作表 Sheet1，如图 14-117 所示。

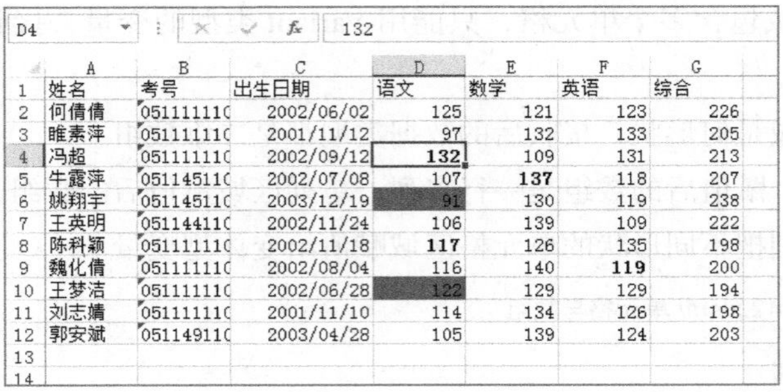

| | A | B | C | D | E | F | G |
|---|---|---|---|---|---|---|---|
| 1 | 姓名 | 考号 | 出生日期 | 语文 | 数学 | 英语 | 综合 |
| 2 | 何倩倩 | 051111110 | 2002/06/02 | 125 | 121 | 123 | 226 |
| 3 | 睢素萍 | 051111110 | 2001/11/12 | 97 | 132 | 133 | 205 |
| 4 | 冯超 | 051111110 | 2002/09/12 | **132** | 109 | 131 | 213 |
| 5 | 牛露萍 | 051145110 | 2002/07/08 | 107 | **137** | 118 | 207 |
| 6 | 姚翔宇 | 051145110 | 2003/12/19 | 91 | 130 | 119 | 238 |
| 7 | 王英明 | 051144110 | 2002/11/24 | 106 | 139 | 109 | 222 |
| 8 | 陈科颖 | 051111110 | 2002/11/18 | **117** | 126 | 135 | 198 |
| 9 | 魏化倩 | 051111110 | 2002/08/04 | 116 | 140 | **119** | 200 |
| 10 | 王梦洁 | 051111110 | 2002/06/28 | 122 | 129 | 129 | 194 |
| 11 | 刘志婧 | 051111110 | 2001/11/10 | 114 | 134 | 126 | 198 |
| 12 | 郭安斌 | 051149110 | 2003/04/28 | 105 | 139 | 124 | 203 |
| 13 | | | | | | | |
| 14 | | | | | | | |

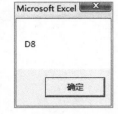

图 14-117 基础数据

下面的实例，查找成绩区域的分数中包含数字 7，并且该单元格字体加粗的第一个单元格。

**源代码：实例文档 39.xlsm/ 带格式查找**

```
1.  Sub Test1()
2.      Dim CF As Excel.CellFormat
3.      Dim rg As Range
4.      Set CF = Application.FindFormat
5.      With CF
6.          .Font.Bold = True
7.      End With
8.      Set rg = Sheet1.Range("D2:G12").Find(What:="7", LookAt:=xlPart,
        SearchOrder:=xlByColumns, SearchFormat:=True)
9.      MsgBox rg.Address(False, False)
10. End Sub
```

代码分析：对象变量 CF 代表 Application.FindFormat，也就是查找格式。

第 6 行代码设定查找格式为字体加粗。

第 8 行代码，Find 的参数设置为部分查找 7，查找方向为先列后行，并且查找格式。

运行上述过程，结果如图 14-118 所示。

D8 单元格的内容是 117，并且字体加粗。尽管 D3 单元格中也包含 7，但是字体不是加粗，不符合查找条件，由此可见，FindFormat 对象的作用。

除了字体的属性以外，CellFormat 对象下所有支持的属性均可作为查找格式。例如，数字格式、边框线、填充色、图案样式等都可以作为区别单元格的特征。

图 14-118 运行结果 26

## 14.6.6 公式审核

Excel 的公式审核工具可以用来检查工作表中公式计算的过程和结果，可以用箭头的形式表示出公式中引用了哪些单元格，或者单元格被哪些公式所引用。

在 Excel 2013 中，选择“公式”→“公式审核”命令，显示与公式审核相关的命令，如图 14-119 所示。

图 14-119 公式审核工具

该功能组中各个命令几乎都有对应的 VBA 代码。

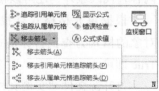

### 14.6.6.1　追踪引用单元格

在工作表的 C4 单元格中输入的公式 "=SUM(B2,E2,E6,B6)"，用来计算 4 个数字的总和；在 G4 单元格中输入的公式 "=AVERAGE(B2,E2,B6,E6)"，用来计算 4 个数字的平均值。

以 C4 单元格为例，它有 4 个引用单元格，分别是 B2、E2、E6、B6。选中 C4 后单击 "追踪引用单元格" 按钮，C4 单元格出现 4 个来自被引用单元格的箭头，如图 14-120 所示。

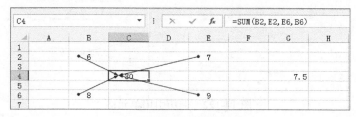

图 14-120　追踪引用单元格

可以看出，只要是公式中包含的单元格地址，都属于引用单元格。在 Excel VBA 中，Range.ShowPrecedents 方法显示追踪引用单元格的箭头，如果加上 Remove 参数则移除箭头。

**源代码：实例文档 115.xlsm/ 公式审核**

```
1.  Sub Test1()
2.      Sheet1.Range("G4").ShowPrecedents
3.      Sheet1.Range("G4").ShowPrecedents Remove:=True
4.  End Sub
```

代码分析：第 2 行代码显示单元格 G4 的引用单元格箭头，运行到此行时，结果如图 14-121 所示。

第 3 行代码与第 2 行代码的功能相反，为移除箭头。

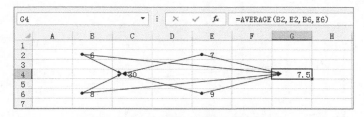

图 14-121　自动显示引用单元格箭头

此外，在 VBA 中还可以使用 Range.Precedents 集合对象，遍历一个公式中引用的单元格。

**源代码：实例文档 115.xlsm/ 公式审核**

```
1.  Sub Test2()
2.      Dim rg As Excel.Range
3.      For Each rg In Sheet1.Range("G4").Precedents
4.          Debug.Print rg.Address
5.          rg.Interior.Color = vbYellow
6.      Next rg
7.  End Sub
```

代码分析：Range("G4").Precedents 这个对象就表示 G4 单元格公式中引用的所有单元格。

第 4 行代码打印每个引用单元格地址，第 5 行代码设置每个引用单元格的填充色，如图 14-122 所示。

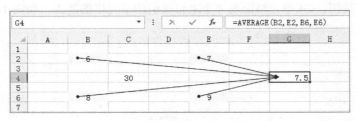

图 14-122　遍历引用单元格

### 14.6.6.2　追踪从属单元格

追踪从属单元格与追踪引用单元格恰恰相反，由于工作表 C4、G4 中的公式都用到了单元格 B2，因此可以把 C4 和 G4 称作 B2 的从属单元格。Excel VBA 中，Range.ShowDependents 表示显示从属单元格的箭头。

**源代码：实例文档 115.xlsm/ 公式审核**

```
1.   Sub Test3()
2.       Sheet1.Range("B2").ShowDependents
3.       Sheet1.Range("B2").ShowDependents Remove:=True
4.   End Sub
```

代码分析：第 2 行代码显示 B2 的从属单元格箭头，如图 14-123 所示。

第 3 行代码的功能是移除箭头。

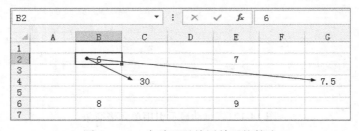

图 14-123　自动显示从属单元格箭头

同样，可以使用 Range.Dependents 集合对象，遍历一个单元格被其他哪些单元格用到。下面的过程遍历单元格 B2 的从属单元格。

**源代码：实例文档 115.xlsm/ 公式审核**

```
1.   Sub Test4()
2.       Dim rg As Excel.Range
3.       For Each rg In Sheet1.Range("B2").Dependents
4.           Debug.Print rg.Address
5.           rg.Interior.Color = vbGreen
6.       Next rg
7.   End Sub
```

代码分析：第 4 行代码打印所有用到 B2 单元格的单元格地址。

第 5 行代码设置这些从属单元格的填充色为绿色，如图 14-124 所示。

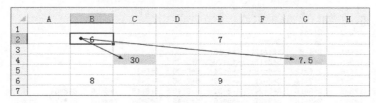

图 14-124　遍历所有从属单元格

如果要移去工作表中所有的引用、从属箭头，运行 Sheet1.ClearArrows 即可把工作表 Sheet1 上的所有箭头移除。

## 习题

1．UsedRange 和 CurrentRegion 如何使用？两者有哪些差异？

2．原始数据表如图 14-125 所示。

A1　工号

| | A | B | C | D | E | F | G | H | I | J | K |
|---|---|---|---|---|---|---|---|---|---|---|---|
| 1 | 工号 | 姓名 | 岗位工资 | 职称工资 | 工龄工资 | 加班费 | 保险 | 公积金 | 收入总计 | 扣款合计 | 实发工资 |
| 2 | CY001 | 姚晨梦 | ￥ 4,127 | ￥ 495 | ￥ 561 | ￥ 336 | ￥ 572 | ￥ 275 | ￥ 5,519 | ￥ 847 | ￥ 4,672 |
| 3 | CY002 | 吴虹羽 | ￥ 3,333 | ￥ 321 | ￥ 465 | ￥ 403 | ￥ 527 | ￥ 511 | ￥ 4,522 | ￥ 1,038 | ￥ 3,484 |
| 4 | CY003 | 尤福根 | ￥ 4,379 | ￥ 246 | ￥ 563 | ￥ 433 | ￥ 342 | ￥ 389 | ￥ 5,621 | ￥ 731 | ￥ 4,890 |
| 5 | CY004 | 王秋月 | ￥ 3,004 | ￥ 540 | ￥ 408 | ￥ 529 | ￥ 429 | ￥ 469 | ￥ 4,481 | ￥ 898 | ￥ 3,583 |
| 6 | CY005 | 赵梦琦 | ￥ 4,585 | ￥ 225 | ￥ 533 | ￥ 258 | ￥ 250 | ￥ 265 | ￥ 5,601 | ￥ 515 | ￥ 5,086 |
| 7 | CY006 | 卢佳建 | ￥ 3,222 | ￥ 345 | ￥ 556 | ￥ 492 | ￥ 515 | ￥ 443 | ￥ 4,615 | ￥ 958 | ￥ 3,657 |
| 8 | CY007 | 陈梦迪 | ￥ 5,923 | ￥ 233 | ￥ 366 | ￥ 302 | ￥ 213 | ￥ 586 | ￥ 6,824 | ￥ 799 | ￥ 6,025 |
| 9 | CY008 | 杨鸿翔 | ￥ 3,737 | ￥ 500 | ￥ 476 | ￥ 214 | ￥ 209 | ￥ 400 | ￥ 4,927 | ￥ 609 | ￥ 4,318 |
| 10 | CY009 | 卢雨晴 | ￥ 3,293 | ￥ 284 | ￥ 406 | ￥ 223 | ￥ 427 | ￥ 207 | ￥ 4,206 | ￥ 634 | ￥ 3,572 |
| 11 | CY010 | 金磊 | ￥ 5,378 | ￥ 451 | ￥ 411 | ￥ 435 | ￥ 332 | ￥ 315 | ￥ 6,675 | ￥ 647 | ￥ 6,028 |
| 12 | CY011 | 周俊杰 | ￥ 5,620 | ￥ 364 | ￥ 483 | ￥ 259 | ￥ 218 | ￥ 377 | ￥ 6,726 | ￥ 595 | ￥ 6,131 |
| 13 | CY012 | 吴越 | ￥ 3,149 | ￥ 460 | ￥ 375 | ￥ 282 | ￥ 328 | ￥ 507 | ￥ 4,266 | ￥ 835 | ￥ 3,431 |
| 14 | CY013 | 徐思雨 | ￥ 2,544 | ￥ 242 | ￥ 454 | ￥ 305 | ￥ 572 | ￥ 345 | ￥ 3,545 | ￥ 917 | ￥ 2,628 |
| 15 | CY014 | 沈玉洁 | ￥ 4,167 | ￥ 356 | ￥ 326 | ￥ 234 | ￥ 496 | ￥ 218 | ￥ 5,083 | ￥ 714 | ￥ 4,369 |
| 16 | CY015 | 郭敏燕 | ￥ 4,620 | ￥ 211 | ￥ 254 | ￥ 427 | ￥ 427 | ￥ 212 | ￥ 5,512 | ￥ 689 | ￥ 4,873 |

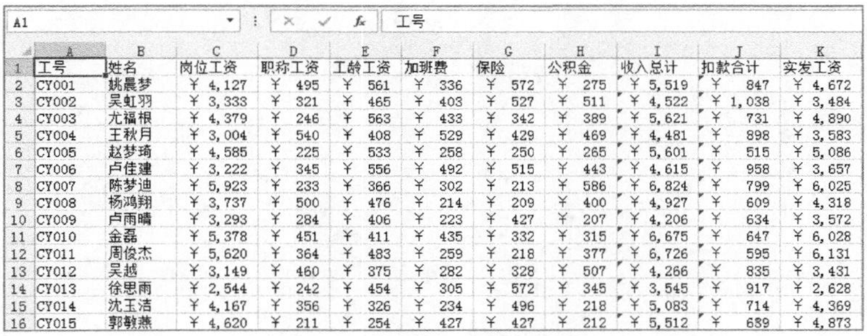

图 14-125　原始数据表

请利用 VBA 实现批量插入标题行，制作工资条，完成结果如图 14-126 所示。

A1　工号

| | A | B | C | D | E | F | G | H | I | J | K |
|---|---|---|---|---|---|---|---|---|---|---|---|
| 1 | 工号 | 姓名 | 岗位工资 | 职称工资 | 工龄工资 | 加班费 | 保险 | 公积金 | 收入总计 | 扣款合计 | 实发工资 |
| 2 | CY001 | 姚晨梦 | ￥ 4,127 | ￥ 495 | ￥ 561 | ￥ 336 | ￥ 572 | ￥ 275 | ￥ 5,519 | ￥ 847 | ￥ 4,672 |
| 3 | 工号 | 姓名 | 岗位工资 | 职称工资 | 工龄工资 | 加班费 | 保险 | 公积金 | 收入总计 | 扣款合计 | 实发工资 |
| 4 | CY002 | 吴虹羽 | ￥ 3,333 | ￥ 321 | ￥ 465 | ￥ 403 | ￥ 527 | ￥ 511 | ￥ 4,522 | ￥ 1,038 | ￥ 3,484 |
| 5 | 工号 | 姓名 | 岗位工资 | 职称工资 | 工龄工资 | 加班费 | 保险 | 公积金 | 收入总计 | 扣款合计 | 实发工资 |
| 6 | CY003 | 尤福根 | ￥ 4,379 | ￥ 246 | ￥ 563 | ￥ 433 | ￥ 342 | ￥ 389 | ￥ 5,621 | ￥ 731 | ￥ 4,890 |
| 7 | 工号 | 姓名 | 岗位工资 | 职称工资 | 工龄工资 | 加班费 | 保险 | 公积金 | 收入总计 | 扣款合计 | 实发工资 |
| 8 | CY004 | 王秋月 | ￥ 3,004 | ￥ 540 | ￥ 408 | ￥ 529 | ￥ 429 | ￥ 469 | ￥ 4,481 | ￥ 898 | ￥ 3,583 |
| 9 | 工号 | 姓名 | 岗位工资 | 职称工资 | 工龄工资 | 加班费 | 保险 | 公积金 | 收入总计 | 扣款合计 | 实发工资 |
| 10 | CY005 | 赵梦琦 | ￥ 4,585 | ￥ 225 | ￥ 533 | ￥ 258 | ￥ 250 | ￥ 265 | ￥ 5,601 | ￥ 515 | ￥ 5,086 |
| 11 | 工号 | 姓名 | 岗位工资 | 职称工资 | 工龄工资 | 加班费 | 保险 | 公积金 | 收入总计 | 扣款合计 | 实发工资 |
| 12 | CY006 | 卢佳建 | ￥ 3,222 | ￥ 345 | ￥ 556 | ￥ 492 | ￥ 515 | ￥ 443 | ￥ 4,615 | ￥ 958 | ￥ 3,657 |
| 13 | 工号 | 姓名 | 岗位工资 | 职称工资 | 工龄工资 | 加班费 | 保险 | 公积金 | 收入总计 | 扣款合计 | 实发工资 |
| 14 | CY007 | 陈梦迪 | ￥ 5,923 | ￥ 233 | ￥ 366 | ￥ 302 | ￥ 213 | ￥ 586 | ￥ 6,824 | ￥ 799 | ￥ 6,025 |
| 15 | 工号 | 姓名 | 岗位工资 | 职称工资 | 工龄工资 | 加班费 | 保险 | 公积金 | 收入总计 | 扣款合计 | 实发工资 |
| 16 | CY008 | 杨鸿翔 | ￥ 3,737 | ￥ 500 | ￥ 476 | ￥ 214 | ￥ 209 | ￥ 400 | ￥ 4,927 | ￥ 609 | ￥ 4,318 |
| 17 | 工号 | 姓名 | 岗位工资 | 职称工资 | 工龄工资 | 加班费 | 保险 | 公积金 | 收入总计 | 扣款合计 | 实发工资 |
| 18 | CY009 | 卢雨晴 | ￥ 3,293 | ￥ 284 | ￥ 406 | ￥ 223 | ￥ 427 | ￥ 207 | ￥ 4,206 | ￥ 634 | ￥ 3,572 |
| 19 | 工号 | 姓名 | 岗位工资 | 职称工资 | 工龄工资 | 加班费 | 保险 | 公积金 | 收入总计 | 扣款合计 | 实发工资 |
| 20 | CY010 | 金磊 | ￥ 5,378 | ￥ 451 | ￥ 411 | ￥ 435 | ￥ 332 | ￥ 315 | ￥ 6,675 | ￥ 647 | ￥ 6,028 |
| 21 | 工号 | 姓名 | 岗位工资 | 职称工资 | 工龄工资 | 加班费 | 保险 | 公积金 | 收入总计 | 扣款合计 | 实发工资 |
| 22 | CY011 | 周俊杰 | ￥ 5,620 | ￥ 364 | ￥ 483 | ￥ 259 | ￥ 218 | ￥ 377 | ￥ 6,726 | ￥ 595 | ￥ 6,131 |
| 23 | 工号 | 姓名 | 岗位工资 | 职称工资 | 工龄工资 | 加班费 | 保险 | 公积金 | 收入总计 | 扣款合计 | 实发工资 |
| 24 | CY012 | 吴越 | ￥ 3,149 | ￥ 460 | ￥ 375 | ￥ 282 | ￥ 328 | ￥ 507 | ￥ 4,266 | ￥ 835 | ￥ 3,431 |

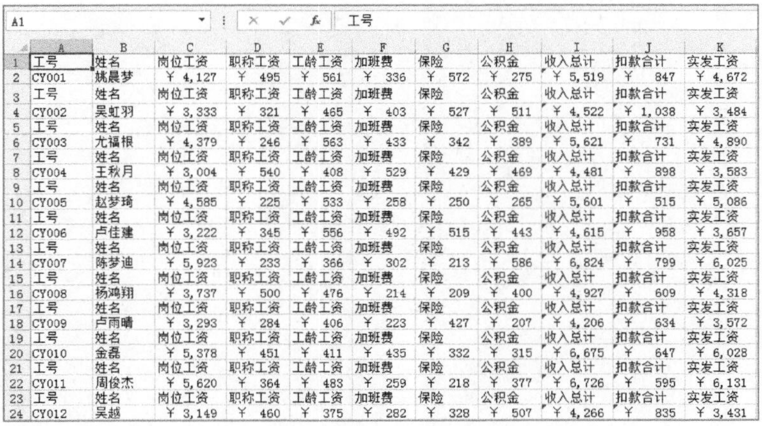

图 14-126　完成结果

3. 利用双层 For 循环在工作表中制作九九乘法表，完成结果如图 14-127 所示。

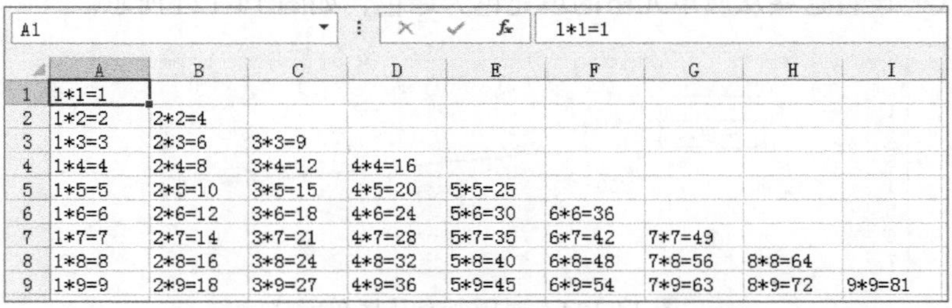

| | A | B | C | D | E | F | G | H | I |
|---|---|---|---|---|---|---|---|---|---|
| 1 | 1*1=1 | | | | | | | | |
| 2 | 1*2=2 | 2*2=4 | | | | | | | |
| 3 | 1*3=3 | 2*3=6 | 3*3=9 | | | | | | |
| 4 | 1*4=4 | 2*4=8 | 3*4=12 | 4*4=16 | | | | | |
| 5 | 1*5=5 | 2*5=10 | 3*5=15 | 4*5=20 | 5*5=25 | | | | |
| 6 | 1*6=6 | 2*6=12 | 3*6=18 | 4*6=24 | 5*6=30 | 6*6=36 | | | |
| 7 | 1*7=7 | 2*7=14 | 3*7=21 | 4*7=28 | 5*7=35 | 6*7=42 | 7*7=49 | | |
| 8 | 1*8=8 | 2*8=16 | 3*8=24 | 4*8=32 | 5*8=40 | 6*8=48 | 7*8=56 | 8*8=64 | |
| 9 | 1*9=9 | 2*9=18 | 3*9=27 | 4*9=36 | 5*9=45 | 6*9=54 | 7*9=63 | 8*9=72 | 9*9=81 |

图 14-127　九九乘法表

第 15 章

# 其他常用 Excel VBA 对象

## 15.1  处理工作表中的图片

Excel 的工作表中除了用于存储数据外，还可以插入外部图片、形状、组织结构图、艺术字等浮动图形对象，15.2 节要讲的表单控件（FormControl）也属于图形（Shape）对象。图 15-1 所示为工作表中插入了一个六边形和一个组织结构图。

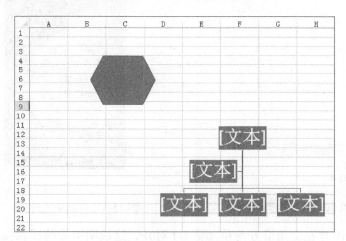

图 15-1　工作表中的图片

在 Excel VBA 中，工作表上的所有图形用 Worksheet.Shapes 集合对象来表达，其中任何一个图形都是一个 Shape 对象。

但是，由于图形的产生方法不同，Shape 对象的类型也有所不同，例如外部图片和表单控件就不是同一种类型的图形。

### 15.1.1  插入外部图片

在工作表中插入图片时，需要事先选中一个单元格，因为插入的图片左上角要与活动单元格对齐。

**源代码：实例文档 28.xlsm/ 工作表中的图片**

```
1.  Sub InsertAPicture() ' 工作表中插入图片
2.      Dim wst As Worksheet, p As Picture
3.      Set wst = ActiveSheet
4.      wst.Range("B2").Select
5.      Debug.Print TypeName(Application.Selection)
6.      Set p = wst.Pictures.Insert("C:\temp\picture\46.jpg")
7.      p.Select
8.      Debug.Print TypeName(Application.Selection)
9.  End Sub
```

代码分析：第 4 行代码事先选中 B2 单元格，并且打印 Selection 的类型名称。第 6 行代码插入图片。第 7 行代码自动选中图片，第 8 行代码再次打印 Selection 的类型名称。

运行代码后，窗口的输出结果立即如图 15-2 所示。

第 5 行和第 8 行代码打印的结果不一样，这说明 Application.Selection 的类型取决于当前所选的对象类型。

运行上述过程，工作表中的效果如图 15-3 所示。

立即窗口
```
Range
Picture
```

图 15-2　打印 Selection 的类型　　　　　图 15-3　自动插入外部图片

可以看出该图片左上角恰好与单元格 B2 对齐，这说明图片的插入位置与活动单元格有关。

如果要批量插入外部图片，可以在循环中反复调用 Pictures.Insert。磁盘中有 52 张 bmp 格式的扑克牌图片，下面的代码把这些扑克牌自动插入工作表中，排成 4 行 13 列。

**源代码：实例文档 28.xlsm/ 工作表中的图片**

```
1.  Sub Test2()
2.      Dim rg As Excel.Range
3.      Dim i As Integer
4.      Sheet2.Activate
5.      Sheet2.Range("A1:M4").ColumnWidth = 8.25
6.      Sheet2.Range("A1:M4").RowHeight = 72
```

```
7.     For Each rg In Sheet2.Range("A1:M4")
8.         rg.Activate
9.         i = i + 1
10.        Sheet2.Pictures.Insert (ThisWorkbook.Path & "\bmp\" & i & ".bmp")
11.    Next rg
12. End Sub
```

代码分析：根据需求，这些扑克牌要恰好占据 52 个单元格，每张图片的尺寸是 71 像素 × 96 像素，因此需要调整单元格区域 A1:M4 的列宽为 8.25（等于 71 像素）、行高为 72（等于 96 像素）。

第 7 行代码使用 For Each 遍历这些单元格，遍历到每一个单元格都用 Activate 激活，这是为了让每张图片插入不同的单元格中，否则会造成图片重叠。

代码中的变量 i 是一个伴随变量，遍历单元格的时候 i 自加 1，这样就插入了不同文件名的图片。上述过程运行效果如图 15-4 所示。

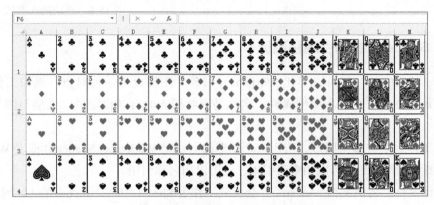

图 15-4　批量插入图片并对齐

## 15.1.2　插入形状

Excel 工作表中，可以插入矩形、椭圆、三角形等形状，如图 15-5 所示。Excel VBA 使用 Worksheet. Shapes.AddShape 方法实现形状的插入。

Excel VBA 用于插入形状的语法是 Worksheet. Shapes.AddShape(Type,Left,Top,Width,Height)，返回一个 Shape 对象。

其中，Type 规定形状的类型是矩形还是箭头等。取值为 Office 对象库中的枚举常量。其他四个位置参数的单位均为磅，规定了形状的位置和宽高。

下面的过程向工作表插入一个矩形。

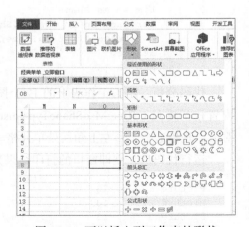

图 15-5　可以插入到工作表的形状

源代码：实例文档 28.xlsm/ 工作表中的图片

```
1.  Sub AddShape()                        '工作表上，插入图形
```

```
2.      Dim sp As Shape
3.      Dim rg As Range
4.      Set rg = Range("B2:D5")
5.      Set sp = ActiveSheet.Shapes.AddShape(Office.MsoAutoShapeType.
        msoShapeRectangle, rg.Left, rg.Top, rg.Width, rg.Height)
6.      With sp
7.          .Fill.ForeColor.RGB = RGB(0, 255, 0)
8.      End With
9.  End Sub
```

代码分析：第 5 行代码中的位置参数使用了
Range 对象的 4 个位置参数，以便插入的矩形和
单元格区域恰好对齐。

第 7 行代码设置了矩形的填充色为绿色。

上述过程运行后，工作表中的效果如图 15-6
所示。

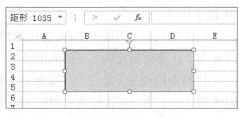

图 15-6　自动插入形状

### 15.1.3　Shape 对象的引用和遍历

Shape 对象的学习，可以类比 Worksheet 对象。图形也是一种对象，就像工作表的名
称一样，每个图形有名称和类型属性，名称是形状插入时自动设定的，类型与图形的类型
有关。

如果工作表上有多个图形，引用一个图形的方法是 Worksheet.Shapes(i) 或者 Worksheet.
Shapes(" 图片名称 ")，既可以用索引引用，也可以用名称引用。

打开源文件"实例文档 24.xlsm"，会看到工作表 Sheet1 中有杂乱无章的 12 个图形。

以下代码遍历工作表上的所有图形，读取每个图形的名称、类型和所在单元格地址。

**源代码：实例文档 24.xlsm/Shape 对象的属性**

```
1.  Sub Test1()
2.      Dim sp As Shape
3.      For Each sp In Sheet1.Shapes
4.          Debug.Print sp.Name, sp.Type, sp.TopLeftCell.Address(False, False)
5.      Next sp
6.  End Sub
```

代码分析：由于工作表上的 12 个图形都是外部图片，所以它们的类型都是 13（等价于
内置枚举常量 Office.MsoShapeType.msoPicture），TopLeftCell 是由 Shape 返回的一个 Range
对象，是指这个图形左上角所处单元格。

运行代码后，立即窗口的打印结果为（部分结果）：

```
Picture 1       13          D7
Picture 2       13          D7
Picture 3       13          D8
Picture 4       13          D9
Picture 5       13          D10
```

### 15.1.4 Shape 对象的属性获取与设定

图形对象最基本的属性是大小与位置，工作表中的图形很多情况下需要与单元格对齐。

打开源文件"实例文档 24.xlsm"，会看到工作表 Sheet1 中有杂乱无章的 12 个图形，如图 15-7 所示。

以下代码遍历工作表上的所有图形，并把每一个图形移动到指定单元格的左上角，实现拼图效果。

**源代码：实例文档 24.xlsm/Shape 对象的属性**

```
1.   Sub Test2()
2.       Dim i As Integer
3.       Dim rg As Range, sp As Shape
4.       For i = 1 To 12
5.           Set rg = Sheet1.Range("A1:C4").
             Cells(i)
6.           Set sp = Sheet1.Shapes("pic" & i)
7.           sp.LockAspectRatio = msoFalse
8.           sp.Top = rg.Top
9.           sp.Left = rg.Left
10.          sp.Width = rg.Width
11.          sp.Height = rg.Height
12.      Next i
13.  End Sub
```

代码分析：第 6 行代码使用名称引用每一个图形。第 7 行代码取消图形的锁定纵横比设置，以便与单元格区域完全对齐。

第 8 ~ 11 行代码移动图形，并修改图形的宽度和高度。

程序运行后，工作表中 12 张离散的图片拼出完整图片，如图 15-8 所示。

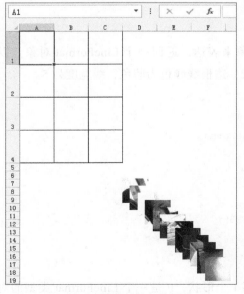

图 15-7　未对齐的离散图片

图 15-8　运行结果

#### 15.1.4.1 设置文本框中的文字

工作表上的形状（矩形、水平文本框等）都可以添加文字，通过 VBA 也能轻松完成这一任务。

下面的实例实现在单元格附近插入一个水平文本框，并且自动输入文字，设置个别字符的格式。

**源代码：实例文档 28.xlsm/ 工作表中的图片**

```
1.   Sub AddTextBox()                                   ' 工作表上，插入图形
2.       Dim sp As Shape
3.       Dim rg As Range
4.       Dim ft As Excel.Font
5.       Set rg = Range("B2:D5")
6.       Set sp = ActiveSheet.Shapes.AddTextBox(Office.MsoTextOrientation.
         msoTextOrientationHorizontal, rg.Left, rg.Top, rg.Width, rg.Height)
7.       With sp
8.           .TextFrame.Characters.Text = " 水平文本框 "
9.           .Fill.ForeColor.RGB = RGB(0, 255, 0)
10.          Set ft = .TextFrame.Characters(3, 2).Font
11.          With ft
12.              .Name = " 隶书 "
13.              .Size = 18
14.              .Italic = True
15.          End With
16.      End With
17. End Sub
```

**代码分析**：第 6 行代码的 **AddTextBox** 是插入文本框，而不是插入形状，括号内的枚举常量表示水平方向。

第 10 行代码对象变量 ft 表示从第 3 个字符起连续两个字的字体。

上述过程运行后的结果如图 15-9 所示。

#### 15.1.4.2 设置文本框的边框样式

**Shape** 对象的边框线可以用 **Shape.Line** 对象来表达，返回一个 **LineFormat** 对象。以下示例把文本框的边框线设置为粗实线、长破折线，边框线颜色为蓝色，线宽度为 5。

**源代码：实例文档 28.xlsm/ 工作表中的图片**

```
1.   Sub Test4()
2.       Dim sp As Shape, F As Excel.LineFormat
3.       Set sp = ActiveSheet.Shapes(1)
4.       Set F = sp.Line
5.       With F
6.           .Style = msoLineThinThick
7.           .DashStyle = msoLineLongDash
8.           .ForeColor.RGB = RGB(0, 0, 255)
9.           .Weight = 5
10.      End With
11. End Sub
```

**代码分析**：对象变量 sp 指代工作表中的第 1 个形状，F 是一个 **LineFormat** 类型的对象

变量，指代 sp 的线型。

第 6 行代码设置形状的边框线为粗线。第 7 行代码设置线型为长破折线。第 8 行代码设置线为蓝色。第 9 行代码设置线宽为 5。

运行上述过程后，效果如图 15-10 所示。

图 15-9　编辑形状中的文字

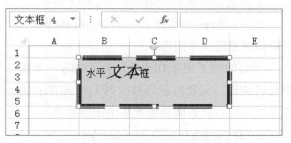

图 15-10　设置形状的边框样式

### 15.1.4.3　为形状指定宏

工作表上的形状还可以指定一个宏，当鼠标单击形状时，自动执行 VBA 中对应的过程。Excel VBA 中的 Shape 对象的 OnAction 属性用来设置指定宏的名称。

打开源文件"实例文档 28.xlsm"，运行下面的 Test1 过程，为六边形的图片指定宏"Msg"。

**源代码：实例文档 28.xlsm/ 指定宏**

```
1.  Sub Test1()
2.      Sheet1.Shapes(2).OnAction = "Msg"
3.  End Sub
4.  Sub Msg()
5.      MsgBox "你单击了: " & Application.Caller
6.  End Sub
```

运行 Test1 后，用鼠标单击工作表上的六边形，弹出的对话框如图 15-11 所示。

Application.Caller 返回所单击的图片的名称。

如果要撤销指定宏的功能，只需要把上述第 2 行代码改写为 Sheet1.Shapes(2).OnAction =""。

图 15-11　单击图片执行宏

## 15.1.5　Shape 对象的常用方法

### 15.1.5.1　复制粘贴图形

VBA 也可以实现图形的自动复制、剪切和粘贴。

下面的代码把一个五角星复制并粘贴到单元格 D5 附近。

**源代码：实例文档 28.xlsm/Shape 的方法**

```
1.  Sub Test1()
2.      Dim sp As Shape
```

```
3.      Set sp = Sheet2.Shapes(1)
4.      sp.Copy
5.      Range("D5").Activate
6.      Sheet2.Paste
7. End Sub
```

上述过程运行后的结果如图 15-12 所示。

此外，Shape 对象还有一个 Duplicate方法，可以快速克隆多个图形。

下面的例子把工作表中 A1 附近的一个图形克隆 4 份。克隆时立即修改其 Left 和 Top 属性来改变位置，否则会出现多个图形重叠。

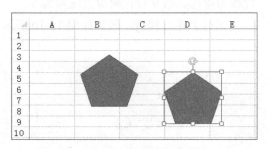

图 15-12　自动复制粘贴图形

**源代码：实例文档 28.xlsm/Shape 的方法**

```
1.  Sub Test2()
2.      Dim sp As Shape, sp2 As Shape
3.      Dim i As Integer
4.      Set sp = Sheet2.Shapes(1)
5.      For i = 3 To 12 Step 3
6.          Set sp2 = sp.Duplicate
7.          With sp2
8.              .Left = Cells(3, i).Left
9.              .Top = Cells(3, i).Top
10.             .Rotation = i * 30
11.         End With
12.     Next i
13. End Sub
```

代码分析：代码中 sp2 是克隆后的图形，在循环过程中，修改克隆图形的 Left、Top 属性，水平排列。第 10 行代码中 Rotation 表示图形旋转的角度。

运行上述过程，工作表中多出了 4 个图形，如图 15-13 所示。

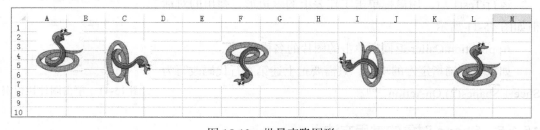

图 15-13　批量克隆图形

### 15.1.5.2　设置叠放次序

对于工作表上的图形，一般情况下先插入的图形在最下一层，后插入的图形叠放在上面一层，多个图层分散放置看不出区别，但是有重叠部分时，就涉及叠放次序的问题。

利用 Shape 对象的 Zorer 方法可以改变叠放次序，使用 ZOrderPosition 属性获得某图形的叠放次序，压在最下面一层的图形的 ZOrderPosition 是 1，上面一层为 2，以此类推。

打开源文件"实例文档 29.xlsm"，工作表 Sheet1 上面有 3 个图形，选中一个图形，然后在名称编辑框（地址栏）中输入一个字符串并按下【Enter】键，可以更改图形的名称。

把第一个图形的名称修改为 Girl，其他两个图形为 Melon 和 Drink，如图 15-14 所示。

下面的实例把 Girl 图形置顶，然后打印出叠放位置。

**源代码：实例文档 29.xlsm/ 图形叠放次序**

```
1.  Sub Test1()
2.      Dim sp As Shape
3.      Set sp = Sheet1.Shapes("Girl")
4.      Debug.Print "改变前的次序" & sp.ZOrderPosition
5.      sp.ZOrder ZorderCmd:=Office.MsoZOrderCmd.msoBringToFront
6.      Debug.Print "改变后的次序" & sp.ZOrderPosition
7.  End Sub
```

代码分析：第 4 行代码是在图形尚未置顶时的叠放位置，结果是 1。

第 5 行代码使用 Zorder 方法改变图形的叠放次序。参数 Office.MsoZOrderCmd.msoBringToFront 表示置于最前面，其他 3 种情形的参数如下。

❑ msoSendToBack：置于底层。

❑ msoBringForward：上移一层。

❑ msoSendBackward：下移一层。

第 6 行代码是置顶后的位置，返回 3。因为总共是 3 张图片，返回 3 就表示该图片在最上面。

上述过程运行后，Girl 图形被置于最顶层，如图 15-15 所示。

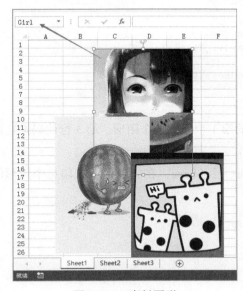

图 15-14　素材图形

图 15-15　改变图形的叠放次序

### 15.1.5.3　图形的组合与取消组合

工作表上的多个图形可以组合在一起，当拖动任意一个图形时，其他图形随之移动，因为组成了一个整体。

　　VBA 中使用 Group 和 UnGroup 方法来组合和取消组合。学这两个方法之前必须先了解 ShapeRange 对象。

　　ShapeRange 对象可以把多个图形联合为一个整体来管理。

　　打开源文件"实例文档 29.xlsm",切换到工作表 Sheet2,如图 15-16 所示。

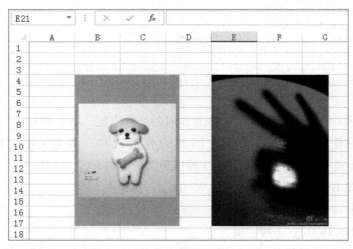

图 15-16　素材图片

　　如下过程把两个图形联合为一个 ShapeRange 对象。

**源代码:实例文档 29.xlsm/ 图形的组合**

```
1.  Sub Test1()
2.      Dim SR As ShapeRange, sp As Shape
3.      Set SR = Sheet2.Shapes.Range(Array(1, 2))
4.      For Each sp In SR
5.          Debug.Print sp.TopLeftCell.Address(False, False)
6.      Next sp
7.  End Sub
```

　　代码分析:对象变量 SR 用来管理工作表中的第 1 个和第 2 个图形。第 3 行代码把这两个图形对象联合为一个整体(和图形组合不同)。

　　第 4 ~ 6 行代码遍历 ShapeRange 对象中的每一个 Shape,在立即窗口打印每个图形的所处单元格。

　　运行后,立即窗口打印结果为 B4、E4。

　　接下来学习如何组合图形。

**源代码:实例文档 29.xlsm/ 图形的组合**

```
1.  Sub Test2()
2.      Dim SR As ShapeRange, sp As Shape
3.      Set SR = Sheet2.Shapes.Range(Array(1, 2))
4.      SR.Group
5.  End Sub
```

　　代码分析:第 4 行代码把 ShapeRange 进行组合操作。

运行 Test2 过程后，右击图形，在弹出的快捷菜单中看到"取消组合"命令，说明现在处于组合状态，如图 15-17 所示。

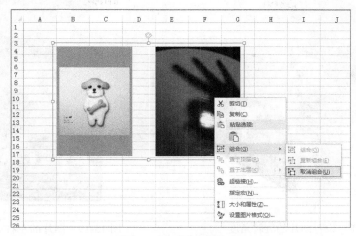

图 15-17　图形的组合

如果要取消组合，既可以手工利用右键快捷菜单进行操作，也可以运行 SR.UnGroup 方法进行。

### 15.1.5.4　图形的旋转和翻转

设置 Shape 对象的 Rotation 属性，可以实现图形的旋转；使用 Flip 方法，可以实现图形的水平翻转或垂直翻转（对称）。

下面的过程把一个原本水平放置的图形逆时针旋转 30°。

**源代码：实例文档 29.xlsm/ 图形的旋转和翻转**

```
1.  Sub Test1()
2.      Dim sp As Shape
3.      Set sp = Sheet3.Shapes(1)
4.      sp.Rotation = -30
5.  End Sub
```

上述过程运行后的结果如图 15-18 所示。

Shape 对象的 Flip 方法有一个 FlipCmd 参数，取值如下。

❏ Office.MsoFlipCmd.msoFlipHorizontal：水平翻转。

❏ Office.MsoFlipCmd.msoFlipVertical：垂直翻转。

下面的实例把工作表上的图片进行水平翻转。

**源代码：实例文档 29.xlsm/ 图形的旋转和翻转**

```
1.  Sub Test2()
2.      Dim sp As Shape
3.      Set sp = Sheet3.Shapes(1)
4.      sp.Flip FlipCmd:=Office.MsoFlipCmd.msoFlipHorizontal
5.  End Sub
```

上述过程运行后的结果如图 15-19 所示。

图 15-18　设置图片的旋转角度　　　　　　图 15-19　图片的左右对称

## 15.2　工作表使用表单控件

表单控件（FormControl）是指放置于工作表单元格区域上面的控件。这类控件与工作表的兼容性非常好，对于制作一些非专业的工作簿作品，使用表单控件是个很好的选择。

表单控件在对象模型上属于工作表的 Shape 对象。表单控件与其他形状、图片一样，也可以指定宏，响应 VBA 标准模块中的过程。

但是表单控件又不同于一般的图形对象，这类控件还可以与单元格建立数据链接，与单元格内容进行交互。

在 Excel 2013 中，选择"开发工具"→"控件"→"插入"命令，会出现表单控件的控件工具箱，如图 15-20 所示。

可用的表单控件如下。

❏ 命令按钮（ButtonControl）：用于指定宏，执行 VBA 过程。

❏ 组合框（DropDown）：提供下拉列表。

❏ 复选框（CheckBox）：勾选与未勾选。

❏ 数值调节器（Spinner）：调整数字大小。

❏ 列表框（ListBox）：提供列表。

❏ 单选按钮（OptionButton）：选中与未选中。

❏ 分组框（GroupBox）：控件分组。

❏ 标签（Label）：显示文本。

❏ 滚动条（ScrollBar）：调整数字大小。

从控件工具箱中选择一个控件并拖到工作表上即可插入一个表单控件，如图 15-21 所示。

图 15-20　可用的表单控件　　　　　图 15-21　插入表单按钮

任何一种表单控件在宏观上都属于工作表的 Shape 对象，因此，所有表单控件都可以使用"指定宏"功能。

表单控件没有属性窗口，所有的设定均在其"设置控件格式"对话框中。

表单控件没有自己的事件过程，也就是说，当用户用鼠标单击表单控件时，只能改变表单控件的属性和数值，达到控制和修改单元格数值的目的。

### 15.2.1　使用组合框

组合框控件可以把单元格区域中的数据作为数据源，当用户选择组合框中的任意一条时，返回条目的索引（序号），最上面一条的序号是 1。

下面的实例源文件位于"实例文档 68.xlsm"。在工作表上放置一个组合框控件，移动控件到 C2 单元格附近，调整大小。然后在单元格 G2:G7 中输入城市列表，右击组合框控件，在弹出的快捷菜单中选择"设置控件格式"命令，弹出"设置控件格式"对话框，在"控制"选项卡中，设置"数据源区域"为城市列表地址。

最重要的是设置单元格链接地址，选择 C11 单元格，"下拉显示项数"设为 5。单击"确定"按钮即可关闭对话框，如图 15-22 所示。

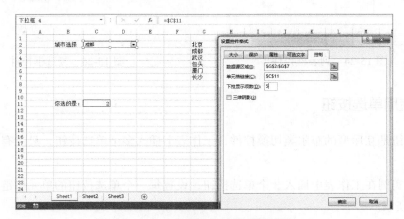

图 15-22　表单控件链接到单元格

这时可以看到，公式编辑栏中该控件出现了一个公式：=$C$11。

用鼠标选择组合框中的内容，C11 自动变为 2。因为该组合框控件链接的是 C11 单元格，鼠标所选条目是第 2 条，所以变为 2，如图 15-23 所示。

图 15-23　组合框控件

---

**注意：** 单元格链接是一种双向控制，如果直接往单元格 C11 输入另一个数字，会看到组合框中的条目自动切换。

---

### 15.2.2　使用列表框

列表框与组合框非常类似，相当于一个展开的组合框。在其格式设置中，也可以设置数据来源和链接单元格。

下面的实例设置列表框的链接单元格为 C14，当单击列表框中第 3 个条目时，单元格 C14 为 3，如图 15-24 所示。

### 15.2.3　使用复选框

表单控件中的复选框有勾选和不勾选两种状态，勾选时其链接单元格的值为 TRUE，不勾选时为 False，如图 15-25 所示。

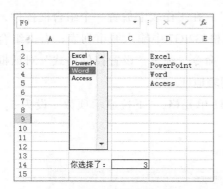

图 15-24　列表框控件

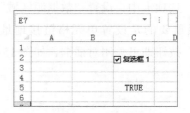

图 15-25　复选框控件

### 15.2.4　使用单选按钮

单选按钮是互斥型的布尔类切换控件，工作表上插入多个单选按钮，只能有一个处于选中状态。

下面的实例在工作表中插入 3 个单选按钮，设置每一个单选按钮的单元格链接都为 D2。如图 15-26 所示。

在实际使用时，当选中"哈密瓜"单选按钮，D2 内容为 2，选中"苹果"单选按钮，D2 变为 1。

如果需要在工作表上放置多个单选按钮组,则需要事先插入分组框,然后在每个分组框上面放单选按钮。

图 15-26 单选按钮

从功能上看,表单控件相当于换一个途径去变更单元格内容,因此可以利用这个技术,结合公式、函数和图表方面的知识,制作一些作品。

在下面这个实例中,当选中不同的单选按钮时,图表在动态变化,如图 15-27 所示。详细制作方法参考源文件:实例文档 69.xlsm。

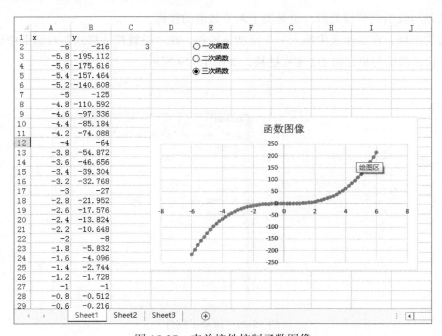

图 15-27 表单控件控制函数图像

### 15.2.5　数值调节器

数值调节器可以增减数字，并与一个单元格建立链接。

在下面的实例中，数值调节器与单元格 D2 建立链接。当单击该控件的增加和减少箭头时，单元格的内容随之变化，如图 15-28 所示。

图 15-28　数值调节器

### 15.2.6　滚动条

滚动条与数值调节器类似，也是用于调节数值的控件。

下面的实例，在工作表中插入一个滚动条控件，在"设置控件格式"对话框中设置取值范围和步长，最后与单元格 D2 建立链接，如图 15-29 所示。

图 15-29　滚动条控件

用鼠标改变滚动条数值时，单元格的值也随之改变。

综上所述，这类表单控件的特点是控件值与单元格有链接关系，可以与单元格内容联动，不需要书写 VBA 代码。

## 15.2.7　用代码自动插入表单控件

由于 Excel 单元格本身不能设计复选框，因此可以向工作表中放入复选框控件，间接地改变单元格的取值。很多场合下，在一个工作表上需要放置很多同类型的表单控件，如果一个一个手工放置，还需要对齐，费时费力。

图 15-30 是作者利用表单控件制作的选课工具，在本书配套资源下载：Office&VBA 课程选课工具 .xlsm。

| | A | B | C | D | G |
|---|---|---|---|---|---|
| | 课程 | 课时（小时） | 收费标准（元） | 勾 | 课程内容提纲 |
| 1 | 课程 | 课时（小时） | 收费标准（元） | 勾 | 课程内容提纲 |
| 2 | VB入门课程 | 6 | ￥1,000 | ☑ | VB程序设计概述，编程界面介绍，工程资源管理器，窗体与控件，模块的插入、删除、导出和 |
| 3 | VB基础课程 | 6 | ￥1,000 | ☐ | VB语法基础，VB各类函数，数据类型转换等，变量的声明和使用，条件选择语句，循环语句， |
| 4 | VB中级课程 | 6 | ￥1,000 | ☐ | 错误捕获和调试，组合框列表控件，图像框图片框，计时器控件的用法，控件的鼠标事件和 |
| 5 | VB高级课程 | 12 | ￥2,000 | ☐ | 子过程和子函数的调用，参数传递，通用对话框控件（CommonDialog），工具栏设计（Toolba |
| 6 | VB专题1:ADO查询Access数据库（SQL） | 6 | ￥1,000 | ☑ | ADO对象连接数据库的方法，记录集对象，常用查询语句，ADODC、DataGrid控件，记录的添 |
| 7 | VB专题2:第三方控件的使用 | 6 | ￥1,000 | ☐ | Treeview和Listview，RichTextbox，ImageList，SSTab，WebBrowser，Windows Media |
| 8 | VB专题3:动态链接库dll文件的制作 | 6 | ￥1,000 | ☑ | 过程和函数的封装，外部动态链接库的调用，dll文件的注册和卸载 |
| 9 | VB专题4:操作文件和文件夹 | 6 | ￥1,000 | ☐ | 文本文件的读写，文件/文件夹的删除重命名，使用FSO对象操作文件/文件夹，获取文件属 |
| 10 | VB专题5:VB调用其他程序 | 6 | ￥1,000 | ☑ | 读取Office应用程序，利用Shell调用exe文件，Getobject和CreateObject的使用，前期 |
| 11 | VB专题6:窗体与控件技术加强 | 6 | ￥1,000 | ☐ | 窗体属性设定，窗体图标的添加，窗体控件的预设，控件的Tab顺序，多个控件的对齐和 |
| 12 | VB专题7:操作注册表 | 6 | ￥1,000 | ☐ | 注册表的键值，使用Getsetting和SaveSetting操作注册表，用Wscript操作注册表，使用 |
| 13 | VB专题8:使用API函数 | 6 | ￥1,000 | ☑ | API函数的声明，作用范围，窗口和句柄，屏幕像素，使用API操作鼠标和按键 |
| 14 | VB专题9:字符串处理与正则表达式 | 6 | ￥1,000 | ☑ | 正则表达式外部引用的添加，前期绑定和后期绑定，使用正则表达式分析字符串实例 |
| 15 | VB专题10:开发外接程序 | 6 | ￥1,000 | ☐ | Office外接程序的开发，VB编程环境外接程序的开发，自定义工具栏和按钮的设计 |
| 16 | VB专题11:程序打包和安装程序制作 | 6 | ￥1,000 | ☐ | 打包和展开向导，使用inno Setup制作安装程序 |
| 17 | | | | | |
| 18 | | | | | |
| 19 | | | | | |
| 20 | | | | | |
| 21 | | 学时合计（小时） | 费用合计（元） | | |
| 22 | | ￥36 | ￥6,000 | | |
| 23 | | | | | |

图 15-30　利用表单控件制作选课工具

下面介绍用 VBA 自动插入并自动对齐表单控件的方法。

有如下两种实现方法：一是预先在工作表放入一个表单控件，把这个控件的各项属性设置完毕，然后使用 Duplicate 方法克隆多个，最后对齐到单元格即可，也就是采用了复制图形的思想；另一个是纯粹用代码，循环插入同类控件，插入每个控件的同时，自动设定其属性。

下面的实例，首先在工作表上手工插入一个命令按钮，设置好控件的大小和位置，以及字体属性，并且在名称框中输入 Button1 作为该控件的新名称，如图 15-31 所示。

接下来用代码自动克隆多个命令按钮控件。

图 15-31　手工插入按钮控件

**源代码：实例文档 70.xlsm/ 复制控件**

```
1.  Sub Test1()
2.      Dim sp As Excel.Shape
3.      Dim N As Excel.Shape
4.      Dim i As Integer
5.      Set sp = Sheet1.Shapes("Button1")
6.      For i = 5 To 17 Step 3
```

```
7.        Set N = sp.Duplicate
8.          With N
9.              .Left = Range("C" & i).Left
10.             .Top = Range("C" & i).Top
11.             .OnAction = "Macro" & i
12.         End With
13.     Next i
14. End Sub
```

代码分析：由于原始按钮尺寸比较大，因此本实例计划在 C5、C8 这些单元格放置克隆出来的控件，因此，第 6 行代码中 i 设置为 5 ～ 17。

对象变量 sp 是原始控件，N 是克隆出来的控件。每克隆出来一个，就立即调整其位置和"指定宏"的名称。

运行上述过程后，工作表的效果如图 15-32 所示。

此时，如果单击最下面一个命令按钮，将会调用标准模块中的 Macro17 宏过程。

下面讲解用 VBA 从头插入表单控件。

Worksheet.Shapes.AddFormControl 方法可以向工作表插入各种表单控件。其完整语法是：

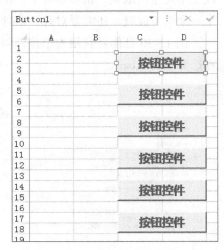

图 15-32    批量克隆表单控件

```
Worksheet.Shapes.AddFormControl(Type,Left,Top,Width,Height)
```

各参数的含义如下。

❑ Type：规定控件类型，可以取 Excel.XlFormControl 下面的枚举值。

❑ 其他 4 个参数规定新控件的位置和大小。单位均为磅。

下面的实例向 B 列插入 5 个复选框控件，每个复选框控件链接到 C 列的单元格。

**源代码：实例文档 71.xlsm/ 插入表单控件**

```
1.  Sub Test1()
2.      Dim ck As Excel.Shape
3.      Dim rg As Excel.Range
4.      Dim i As Integer
5.      For i = 2 To 10 Step 2
6.          Set rg = Range("B" & i)
7.          Set ck = Sheet1.Shapes.AddFormControl(Type:=Excel.XlFormControl.
            xlCheckBox, Left:=rg.Left, Top:=rg.Top, Width:=rg.Width, Height:=
            rg.Height)
8.          ck.OLEFormat.Object.LinkedCell = rg.Offset(0, 1).Address
9.          ck.TextFrame.Characters.Text = "复选框" & rg.Address(False, False)
10.     Next i
11. End Sub
```

代码分析：第 7 行是核心代码，xlCheckBox 是内置枚举常量，表示插入的是复选框控件，后面 4 个参数表示该控件的位置和大小恰好与单元格重合。

第 8 行代码复选框的链接单元格是其右侧对应的单元格。

第 9 行代码为复选框指定标题文字。

上述过程运行后，工作表中的效果如图 15-33 所示。

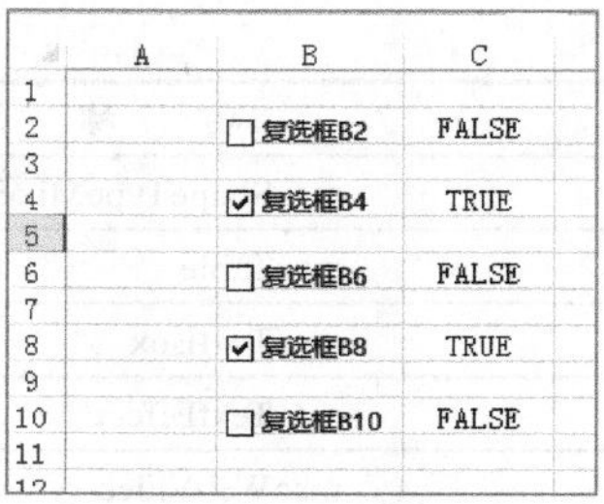

图 15-33　批量插入复选框控件

## 15.2.8　批量删除表单控件

如果工作表上同时放置了大量的图片、形状、图表、表单控件等，需要对某类型的对象进行批量处理，可以根据 Shape 对象 Type 属性的不同，进行选择性处理。

Shape 对象的类型枚举常量如表 15-1 所示。

表 15-1　Shape 对象的类型枚举常量

| 名　　称 | 值 | 说　　明 |
|---|---|---|
| msoAutoShape | 1 | 自选图形 |
| msoCallout | 2 | 标注 |
| msoCanvas | 20 | 画布 |
| msoChart | 3 | 图 |
| msoComment | 4 | 批注 |
| msoContentApp | 27 | 内容 Office 外接程序 |
| msoDiagram | 21 | 图表 |
| msoEmbeddedOLEObject | 7 | 嵌入的 OLE 对象 |
| msoFormControl | 8 | 窗体控件 |
| msoFreeform | 28 | 图形 |
| msoGraphic | 5 | 任意多边形 |
| msoGroup | 6 | 组合 |
| msoIgxGraphic | 24 | SmartArt 图形 |
| msoInk | 22 | 墨迹 |
| msoInkComment | 23 | 墨迹批注 |
| msoLine | 9 | 线条 |
| msoLinkedGraphic | 29 | 链接的图形 |
| msoLinkedOLEObject | 10 | 链接 OLE 对象 |
| msoLinkedPicture | 11 | 链接图片 |
| msoMedia | 16 | 媒体 |
| msoOLEControlObject | 12 | OLE 控件对象 |
| msoPicture | 13 | 图片 |
| msoPlaceholder | 14 | 占位符 |
| msoScriptAnchor | 18 | 脚本定位标记 |

续表

| 名　　称 | 值 | 说　　明 |
|---|---|---|
| msoShapeTypeMixed | −2 | 混合形状类型 |
| msoTable | 19 | 表 |
| msoTextBox | 17 | 文本框 |
| msoTextEffect | 15 | 文字效果 |
| msoWebVideo | 26 | Web 视频 |

下面的实例删除工作表上所有的表单控件。

**源代码：实例文档 71.xlsm/ 批量删除表单控件**

```
1.  Sub Test1()
2.      Dim sp As Shape
3.      For Each sp In Sheet1.Shapes
4.          If sp.Type = Office.MsoShapeType. msoFormControl Then
5.              sp.Delete
6.          End If
7.      Next sp
8.  End Sub
```

代码分析：上面的过程显示只要是工作表上的表单控件，就自动删除，而不会删除其他类型的 Shape 对象。

## 15.3　工作表使用 ActiveX 控件

工作表上除了前面讲过的表单控件外，还可以像 VBA 窗体一样使用 ActiveX 控件来扩展工作表的编程范围。ActiveX 控件可分为 MSForms 控件和第三方控件。MSForms 控件包含命令按钮、组合框、列表框、复选框、文本框、滚动条、数值调节按钮、选项按钮、标签、图像、切换按钮。第三方控件一般是由其他开发语言制作的自定义控件。

在工作表中插入 ActiveX 控件的方法是：选择"开发工具"→"控件"→"插入"→"ActiveX 控件"命令，选择一个控件，拖动到工作表中即可使用，如图 15-34 所示。

图 15-34　使用 ActiveX 控件

工作表中的 ActiveX 控件的编程技巧，与 VBA 窗体和控件编程几乎是一样的，控件的属性和事件也都可以参考窗体与控件编程。

结合之前学过的 Shape 对象、表单控件，下面列举工作表 ActiveX 控件的特点。

（1）ActiveX 控件是一种 OLEObject 对象，其母体对象是 Worksheet。同时，这种控件也是工作表中 Shape 对象的成员，也就是说，一个 ActiveX 控件也是一个图形。

（2）工作表 ActiveX 控件编程，可以理解为把工作表当作控件的容器。

（3）与表单控件不一样，工作表 ActiveX 控件没有"指定宏"的功能。这类控件由于是工作表的一部分，所以工作表 ActiveX 控件的所有事件代码都写在所在工作表的事件模块中。

（4）工作表 ActiveX 控件没有链接单元格的功能和选项，但是具有一般图形的各种选项，因为它也属于 Shape 对象。

## 15.3.1　控件的属性设定

工作表分为设计模式与非设计模式。ActiveX 控件插入到工作表以后，必须切换到设计模式，才能进行属性设定。

工作表上插入一个文本框控件，然后选择"开发工具"→"控件"→"设计模式"命令，此时控件可以改变位置和大小，并且可以单击"属性"按钮，打开属性窗口，如图 15-35 所示。

图 15-35　ActiveX 控件的设计模式

文本框控件的默认名称是 TextBox1，可以从公式编辑栏中看到该控件类型是 Forms.TextBox.1。

## 15.3.2　控件的事件过程

ActiveX 控件不同于表单控件。每个 ActiveX 控件都支持很多事件，例如，命令按钮的默认事件是 Click 事件，文本框有 Change 事件和 DblClick 事件等。

如果要为控件书写事件过程，在设计模式下双击控件即可自动进入其所在的工作表事件模块中。也可以选中控件，右击，在弹出的快捷菜单中选择"查看代码"命令。

下面的实例把单元格区域中的内容连接为一句文本。

首先在工作表上插入一个文本框，在属性窗口中设置文本框的 MultiLine 属性为 True，表示支持多行。然后在工作表上插入一个命令按钮，在属性窗口设置 Caption 为 "转换所选内容"。最后向工作表的 A 列中输入一些内容作为测试。

分别双击文本框和命令按钮，编写事件过程。

**源文件：实例文档 71.xlsm/Sheet1**

```
1.   Private Sub CommandButton1_Click()
2.       Dim rg As Range
3.       For Each rg In Selection
4.           Me.TextBox1.Text = Me.TextBox1.Text & rg.Value & vbNewLine
5.       Next rg
6.   End Sub
7.   Private Sub TextBox1_DblClick(ByVal Cancel As MSForms.ReturnBoolean)
8.       Me.TextBox1.Value = ""
9.   End Sub
```

代码分析：第 3 ～ 5 行代码把所选区域的每个单元格内容连接在一起，赋给文本框中。第 7 行代码是文本框的双击事件，当双击文本框时，清空文本框中的内容。

在工作表事件模块中引用 ActiveX 控件时，用关键字 Me 加上小数点即可，例如 Me. CommandButton1 就表示工作表上名称为 CommandButton1 的命令按钮。

接下来，退出设计模式，选中 A 列中的数据，然后单击命令按钮 "转换所选内容"。

工作表中的效果如图 15-36 所示。

双击文本框控件，内容清空。从这个实例可以学习到命令按钮的 Click 事件和文本框的 DblClick 事件。

图 15-36　ActiveX 控件的事件

### 15.3.3　自动插入 ActiveX 控件

如果工作表上需要大量 ActiveX 控件，则可以使用 VBA 来代替手工操作。

通过 Worksheets.OLEObjects.Add 方法，可以为工作表添加一个 OLEObject 对象，也就是 ActiveX 控件，控件的类型由参数 ClassType 规定。

内置的 MSForms 控件的类型名称如表 15-2 所示。

表 15-2　内置 MSForms 控件类型名称

| 控 件 名 称 | ClassType | 控 件 名 称 | ClassType |
| --- | --- | --- | --- |
| 命令按钮 | Forms.CommandButton.1 | 列表框 | Forms.ListBox.1 |
| 复选框 | Forms.CheckBox.1 | 组合框 | Forms.ComboBox.1 |
| 单选按钮 | Forms.OptionButton.1 | 切换按钮 | Forms.ToggleButton.1 |
| 文本框 | Forms.TextBox.1 | 数值调节按钮 | Forms.SpinButton.1 |
| 标签 | Forms.Label.1 | 滚动条 | Forms.ScrollBar.1 |

下面的实例向工作表中自动插入一个命令按钮控件，并且为该控件指定新名称和标题文字。

**源文件：实例文档 72.xlsm/ 自动插入控件**

```
1.   Sub Test1()
2.       Dim C As Excel.OLEObject
3.       Sheet2.Activate
4.       Set C = Sheet2.OLEObjects.Add(ClassType:="Forms.CommandButton.1", Link:=
         False, DisplayAsIcon:=False, Left:=Range("B2").Left, Top:=Range("B2").
         Top, Width:=Range("B2").Width, Height:=Range("B2").Height)
5.       C.Name = "BT_1"
6.       C.Object.Caption = "我的新按钮"
7.   End Sub
```

代码分析：第 5 行代码更改控件的名称，第 6 行代码更改控件的标题文字。

运行上述过程后，工作表中的效果如图 15-37 所示。

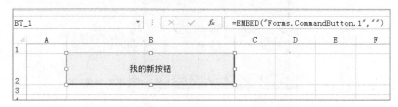

图 15-37　自动插入 ActiveX 按钮

## 15.3.4　工作表中播放动画

工作表中除了可以插入内置 ActiveX 控件，还可以插入第三方控件，例如 ShockwaveFlash 控件可以在任何 Office 文档中播放 swf 格式的动画视频文件。

手工往工作表插入第三方控件的方法是，单击控件工具箱最右下角的"其他控件"按钮，在弹出的"其他控件"对话框中选择一个控件并放入工作表中，设置相关属性后即可使用，如图 15-38 所示。

下面用代码自动插入 ShockWave 控件。

图 15-38　插入第三方控件

**源文件：实例文档 72.xlsm/ 动画播放控件**

```
1.   Sub Test1()
2.       Dim C As Excel.OLEObject
3.       Sheet1.Activate
4.       Set C = Sheet1.OLEObjects.Add(ClassType:="ShockwaveFlash.ShockwaveFlash.24",
         Link:=False, DisplayAsIcon:=False, Left:=Range("B2").Left, Top:=Range
         ("B2").Top, Width:=300, Height:=300)
5.       C.Name = "SW_1"
6.       C.Object.EmbedMovie = False
7.       C.Object.Movie = ThisWorkbook.Path & "\ 中国象棋人机大战 .swf"
8.   End Sub
```

代码分析：第 5 行代码设置控件的名称；第 6 行代码设置该控件的 EmbedMovie 属性为 False，意思是视频文件不嵌入文档中。

第 7 行代码设置该控件链接的外部 swf 文件。

运行上述过程，工作表中出现一个人机对战的象棋界面，如图 15-39 所示。

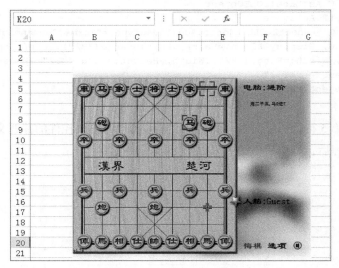

图 15-39　自动插入第三方控件

## 15.3.5　ActiveX 控件的删除

ActiveX 控件既是一个 OLEObject，同时也是一个 Shape 对象，因此用代码引用或删除控件的方法有两种。

现在假定工作表 Sheet1 中手工插入了一个复选框控件，通过地址栏重命名该控件为 C_K。用以下两个过程均可把该控件删除。

**源代码：实例文档 74.xlsm/ 自动删除控件**

```
1.  Sub Test1()
2.      Dim O As Excel.OLEObject
3.      Set O = Sheet1.OLEObjects("C_K")
4.      O.Delete
5.  End Sub
6.  Sub Test2()
7.      Dim S As Excel.Shape
8.      Set S = Sheet1.Shapes("C_K")
9.      S.Delete
10. End Sub
```

可以看出，Shape 是一个笼统的对象，而 OLEObject 特指 ActiveX 控件。

关于 ActiveX 控件的属性、方法和事件，更详细的内容请参考本书关于窗体与控件设计部分。

## 15.4　处理工作表中的超链接

Excel 单元格可以设置超链接，用于跳转到网页、电脑中的文件或路径、工作簿中的单元格区域等。在工作表中按下快捷键【 Ctrl+K 】，弹出"编辑超链接"对话框，如图 15-40 所示。

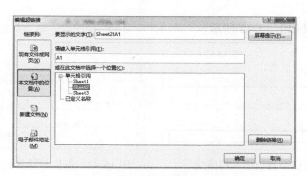

图 15-40　"编辑超链接"对话框

下面讲解使用 VBA 操作超链接。

### 15.4.1　创建超链接

可以使用 Worksheet.Hyperlinks.Add 方法增加超链接。该方法包括如下参数。

❑ Anchor：超链接的创建场所可以是 Range，也可以是 Shape 对象。

❑ Address：超链接的地址。

❑ SubAddress：超链接的子地址。

❑ ScreenTip：鼠标悬停在单元格超链接附近时的提示语。

❑ TextToDisplay：显示在单元格中的文字。

---

**注意**：一个单元格最多只能有一个超链接。

---

#### 15.4.1.1　超链接到网页

下面的实例在单元格 C3 创建一个超链接。

**源代码：实例文档 30.xlsm/ 超链接**

```
1.   Sub Test1()
2.       Dim h As Excel.Hyperlink
3.       Set h = Sheet1.Hyperlinks.Add(Anchor:=Sheet1.Range("B2"),Address:=
         "http://vba.mahoupao.net/forum.php")
4.   End Sub
```

上述过程运行后，工作表中的效果如图 15-41 所示。

如果要更改显示的文字，以及将鼠标移动到单元格附近的提示语，则可以修改代码为：

```
1.  Sub Test1()
2.      Dim h As Excel.Hyperlink
3.      Set h = Sheet1.Hyperlinks.Add(Anchor:=Sheet1.Range("B2"), Address:=
        "http://vba.mahoupao.net/forum.php")
4.      h.ScreenTip = " 单击本单元格可以超链接到我的论坛。"
5.      h.TextToDisplay = "vba.mahoupao.net"
6.  End Sub
```

再次运行的效果如图 15-42 所示。

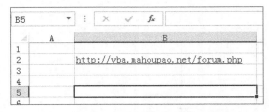

图 15-41　单元格中自动插入超链接　　　图 15-42　设置超链接的显示文字和提示语

### 15.4.1.2　超链接到本地文件

超链接到本地文件的方法和超链接到网页是一样的，只需要替换 Address 参数即可。

**源代码：实例文档 30.xlsm/ 超链接**

```
1.  Sub Test2()
2.      Dim h As Excel.Hyperlink
3.      Set h = Sheet1.Hyperlinks.Add(Anchor:=Sheet1.Range("B4"), Address:="C:\
        windows\system32\calc.exe")
4.  End Sub
```

运行上述过程，然后单击单元格 B4，会自动启动电脑中的计算器。

### 15.4.1.3　超链接到工作表中的单元格

如果超链接到工作表中的某单元格，需要使用 SubAddress 参数。

以下代码在 Sheet1 的单元格 B6 创建一个超链接，用于超链接到 Sheet3 的 D7 单元格。

**源代码：实例文档 30.xlsm/ 超链接**

```
1.  Sub Test4()
2.      Dim h As Excel.Hyperlink
3.      Set h = Sheet1.Hyperlinks.Add(Anchor:=Sheet1.Range("B6"), Address:="",
        SubAddress:="Sheet3!D7")
4.  End Sub
```

运行上述过程，用鼠标单击工作表 Sheet1 的 B6 单元格，会自动跳转到 Sheet3 的 D7 单元格。

## 15.4.2　遍历工作表中的超链接

下面的代码用于了解工作表中所有的超链接信息。

**源代码：实例文档 30.xlsm/ 超链接**

```
1.  Sub Test3()
```

```
2.       Dim h As Excel.Hyperlink
3.       For Each h In Sheet1.Hyperlinks
4.           Debug.Print h.Range.Address(False, False), h.Address
5.       Next h
6.   End Sub
```

代码分析：第 4 行代码打印每个超链接所在的单元格地址，以及超链接到的地址（这两个不是一个概念，**h.Range.Address** 对应于 Anchor 参数）。

上述过程运行结果如图 15-43 所示。

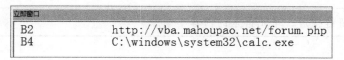

图 15-43　遍历工作表中的所有超链接

### 15.4.3　打开超链接

Hyperlink 对象的 Follow 方法用于激活超链接。

**源代码：实例文档 30.xlsm/ 超链接**

```
1.   Sub Test5()
2.       Dim h As Excel.Hyperlink
3.       Set h = Sheet1.Hyperlinks(1)
4.       h.Follow NewWindow:=False
5.   End Sub
```

运行以上代码会自动激活第 1 个超链接，在网页浏览器中自动打开超链接到的网址。

除了使用 Hyperlink 对象外，工作簿对象有一个 FollowHyperlink 方法，使用该方法不需要创建超链接也可以快速跳转到其他链接。

**源代码：实例文档 30.xlsm/ 超链接**

```
1.   Sub Test7()
2.       ActiveWorkbook.FollowHyperlink "http://vba.mahoupao.net/"
3.       ActiveWorkbook.FollowHyperlink "C:\temp"
4.       ActiveWorkbook.FollowHyperlink "C:\temp\1.txt"
5.   End Sub
```

上述代码中第 2 行打开网页，第 3 行打开一个文件夹，第 4 行打开文件。

### 15.4.4　删除超链接

如果要删除一个单元格区域中所有单元格的超链接，可以使用 Range.Hyperlinks.Delete 或者 Range.ClearHyperlinks 方法。

如果要删除工作表中所有超链接，使用 Worksheet.Hyperlinks.Delete。

源代码：实例文档 30.xlsm/ 超链接

```
1.  Sub Test6()
2.      Range("B2:B4").Hyperlinks.Delete
3.      Range("B2:B4").ClearHyperlinks
4.      Sheet1.Hyperlinks.Delete
5.  End Sub
```

代码分析：第 2 行、第 3 行代码都是删除 B2:B4 区域内的所有超链接。

第 4 行代码删除工作表中所有超链接。

---

**注意**：删除超链接后，单元格里的内容不删除。

---

## 15.5 Excel 内置对话框

Excel 拥有大量的内置对话框，例如字体对话框、打开对话框，甚至还有 VBA 的插入模块对话框。

在 VBA 编程过程中，有时候可以巧妙地用 VBA 自动调出内置对话框，来简化编程任务。

VBA 的对话框对象是 Dialog，所有内置对话框都是位于 Application 对象之下的 Dialogs 集合对象。

每一个对话框采用枚举值来作为唯一标识，例如 xlDialogProperties 表示工作簿的文档属性对话框，这个枚举值的整数值是 474。因此 Application.Dialogs(xlDialogProperties) 和 Application.Dialogs(474) 都指代文档属性对话框。

内置对话框的属性和方法不太多，最有用的方法是 Show 方法，也就是显示对话框。

### 15.5.1 调出内置对话框

下面的例子演示了自动调出属性对话框。

源代码：实例文档 33.xlsm/ 内置对话框

```
1.  Sub Test0()
2.      Dim d As Dialog
3.      Set d = Application.Dialogs(xlDialogProperties)
4.      d.Show
5.  End Sub
```

运行上述过程，自动弹出文档属性对话框。如图 15-44 所示。

如果要调出 Excel 其他对话框，请在本书配套资源中下载：Excel 内置对话框参数列表 .xlsm，该文件记录了 Excel 所有内置对话框的枚举名称、值、说明和参数列表，如图 15-45 所示。

图 15-44　文档属性对话框

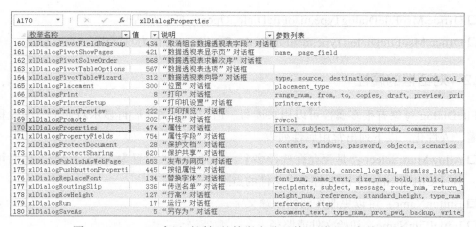

图 15-45　Excel 内置对话框的枚举名称、值、说明和参数列表

## 15.5.2　为对话框设置默认参数

对话框的 Show 方法最多可以接受 30 个参数，设置参数时，一定要参考"Excel 内置对话框参数列表"。还以属性对话框为例，从"参数列表"可以看到该对话框的参数依次为：title、subject、author、key-words、comments。

这些参数对应于该对话框中的标题、主题、作者、关键词、备注，因此可以在显示对话框之前预设一些属性。

**源代码：实例文档 33.xlsm/ 内置对话框**

```
1.  Sub Test1()
2.      Application.Dialogs(xlDialogProperties).
        Show Arg1:="VBA 太强大 ", Arg2:=" 我的主题 ",
        Arg3:=" 白眉大侠 ", Arg4:=" 我的关键词 ",
        Arg5:=" 我的备注 "
3.  End Sub
```

运行上述过程后，显示的属性对话框如图 15-46 所示。

图 15-46　预设对话框的参数

# 15.6　文件选择对话框

使用文件选择对话框和路径选择对话框，能让程序设计变得更加灵活、自由。Office 对象库中的 FileDialog 对象可以实现文件的选择、路径的选择等。

## 15.6.1　对话框的类型

FileDialog 对象可以创建如下 4 种类型的对话框。

❑ Office.MsoFileDialogType.msoFileDialogFilePicker：文件选择对话框。

❑ Office.MsoFileDialogType.msoFileDialogFolderPicker：路径选择对话框。

❑ Office.MsoFileDialogType.msoFileDialogOpen：打开对话框。

❑ Office.MsoFileDialogType.msoFileDialogSaveAs：另存为对话框。

### 15.6.2　对话框的属性

FileDialog 对象有很多属性可以用来读写。适当修改属性后再显示对话框，能让程序更加易懂、人性化。以下列出常用属性列表。

❑ AllowMultiSelect：是否允许选择多个。如果该属性设置为 True，选择文件时可以按住【 Ctrl 】【 Shift 】键进行多个文件的点选和连选。

❑ ButtonName：可以更改按钮的标题文字。

❑ InitialFileName：初始文件或路径。

❑ InitialView：初始视图（大图标、详细信息视图等）。

❑ SelectedItems：选中的所有文件。

❑ Title：可以更改对话框的标题文字。

此外，还可以为对话框设计过滤器，用于根据扩展名过滤文件，不过此功能只对打开对话框和另存为对话框有效。

### 15.6.3　对话框的方法

FileDialog 对象用于 Show 和 Execute 两个方法。这两个方法均能显示出对话框，但是当用户单击"确定"按钮以后，Show 方法只能获得用户选择的文件路径字符串，而 Execute 则会真正打开或保存文件。

### 15.6.4　文件选择

下面的代码调用文件选择对话框。

**源代码：实例文档 34.xlsm/ 文件选择对话框**

```
1.  Sub Test1()
2.      Dim flg As Office.FileDialog
3.      Set flg = Application.FileDialog(Office.MsoFileDialogType.msoFileDialogFilePicker)
4.      With flg
5.          .AllowMultiSelect = False
6.          .ButtonName = "选文件演示"
7.          .InitialFileName = "C:\temp"
8.          .InitialView = Office.MsoFileDialogView.msoFileDialogViewSmallIcons
9.          .Title = "可以定制标题"
10.         If .Show Then
11.             MsgBox "选择了: " & .SelectedItems.Item(1)
12.         Else
13.             MsgBox "没选任何文件"
14.         End If
15.     End With
16. End Sub
```

代码分析：第 3 行代码规定了这个对话框是用来选择文件的。第 5 行代码设置为只能选择一个文件。第 7 行代码设置对话框启动时默认路径在 temp 文件夹下。第 8 行代码设置文件的显示形式为小图标。

运行上述过程，出现文件选择对话框，如图 15-47 所示。

如果选择了一个文件并且单击"选文件演示"按钮（其实就是"确定"按钮），效果如图 15-48 所示。

图 15-47　文件选择对话框　　　　　图 15-48　返回所选文件的路径

第 11 行代码中，SelectedItems.Item(1) 表示选择的第 1 个文件路径，返回字符串。

如果单击了文件选择对话框的"取消"按钮，第 10 行代码的 Show 方法返回 False，结果会提示"没选任何文件"。

下面的实例演示了同时选中多个文件，然后把每个文件的路径发送到单元格区域中。

**源代码：实例文档 34.xlsm/ 文件选择对话框**

```
1.  Sub Test2()
2.      Dim flg As Office.FileDialog
3.      Dim i As Integer
4.      Set flg = Application.FileDialog(Office.MsoFileDialogType.msoFileDialogFilePicker)
5.      With flg
6.          .AllowMultiSelect = True
7.          .InitialView = msoFileDialogViewDetails
8.          If .Show Then
9.              For i = 1 To .SelectedItems.Count
10.                 ActiveSheet.Range("A" & i).Value = .SelectedItems.Item(i)
11.             Next i
12.         End If
13.     End With
14. End Sub
```

代码分析：第 6 行代码设置为可以多选，第 7 行代码设置视图为详细信息，第 8 ～ 12 行代码遍历选中的每个文件路径，然后发送到 A 列中。运行结果如图 15-49 所示。

单击"确定"按钮后，工作表中写入了被选中的所有路径，如图 15-50 所示。

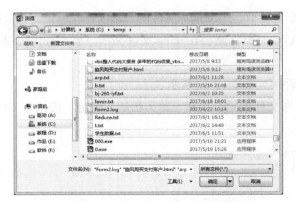

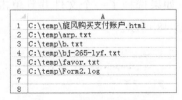

图 15-49　支持多选的文件选择对话框　　　　图 15-50　获取所有被选中文件的路径

### 15.6.5　路径选择

路径选择就是文件夹选择，代码中两者最大的区别在于对话框的类型不同。

下面的实例演示了选中多个文件夹的方法。

**源代码：实例文档 34.xlsm/ 文件选择对话框**

```
1.  Sub Test3()
2.      Dim flg As Office.FileDialog
3.      Dim i As Integer
4.      Set flg = Application.FileDialog(Office.MsoFileDialogType.msoFileDialog
        FolderPicker)
5.      With flg
6.          If .Show Then
7.              MsgBox "你选择了文件夹: " & .SelectedItems.Item(1)
8.          End If
9.      End With
10. End Sub
```

代码分析：注意第 4 行代码的枚举值已改为 msoFileDialogFolderPicker，这样只能选择文件夹，而不是文件。

上述过程运行后，单击文件夹选择对话框中的"确定"按钮，对话框返回所选路径。

### 15.6.6　打开文件

"打开文件"对话框与文件选择对话框非常类似，区别在于："打开文件"对话框的标题是"打开文件"，按钮的标题是"打开"。而且"打开文件"对话框可以使用 Execute 方法在 Excel 中真正打开该文件。

下面的实例弹出"打开文件"对话框，当用户选择一个 Excel 类型的文件时，则直接在 Excel 中打开该文件。

**源代码：实例文档 34.xlsm/ 文件选择对话框**

```
1.  Sub Test4()
2.      Dim flg As Office.FileDialog
```

```
3.        Dim p As String
4.        Dim i As Integer
5.        Set flg = Application.FileDialog(Office.MsoFileDialogType.msoFileDialogOpen)
6.        With flg
7.            If .Show Then
8.                MsgBox "下面即将打开文件: " & .SelectedItems(1)
9.                .Execute
10.           End If
11.       End With
12. End Sub
```

代码分析：第 5 行代码 FileDialog 的类型为 msoFileDialogOpen，第 8 行代码 Execute 方法将会在 Excel 中真正打开该文件，运行结果如图 15-51 所示。

图 15-51 "打开文件"对话框

当单击"打开"按钮后，在 Excel 中打开该工作簿。

为了避免让用户选择除了 Excel 文件以外的其他文件，可以设置 FileDialog 对象的文件类型过滤器。

FileDialog 对象下面的 Filters 成员对象用来管理该对话框的所有过滤器。

下面的实例为"打开文件"对话框设置了三个过滤器，以防止 Excel 打开其他不相干文件的情形发生。

**源代码：实例文档 34.xlsm/ 文件选择对话框**

```
1.  Sub Test5()
2.      Dim flg As Office.FileDialog
3.      Dim ft As Office.FileDialogFilter
4.      Set flg = Application.FileDialog(Office.MsoFileDialogType.msoFileDialogOpen)
5.      With flg
6.          .Filters.Clear
7.          Set ft = .Filters.Add(Description:="Excel 文件 ", Extensions:="*.xls;
            *.xlsx;*.xlsm", Position:=1)
8.          Set ft = .Filters.Add(" 文本文件 ", "*.txt", 2)
9.          Set ft = .Filters.Add(" 所有文件 ", "*.*", 3)
10.         .FilterIndex = 2
11.         If .Show Then
12.             .Execute
13.         End If
14.         For Each ft In .Filters
```

```
15.              Debug.Print ft.Description, ft.Extensions
16.          Next
17.      End With
18. End Sub
```

代码分析：第 3 行代码声明了一个过滤器对象变量。

第 6 行代码清空所有过滤器。第 7 行代码增加一个过滤器，该过滤器的描述文字是"Excel 文件"，扩展名限定包含 3 个 Excel 常用扩展名，多个扩展名之间用分号隔开。Position 参数用来规定过滤器的位置。

第 10 行代码 FilterIndex=2 的含义：对话框一启动，初始的过滤器采用第 2 个，也就是文本文件的那个过滤器。

第 14 ~ 16 行代码用来遍历所有过滤器，并在立即窗口打印每个过滤器的描述和扩展名。

上述过程的运行效果如图 15-52 所示。

立即窗口的输出结果如图 15-53 所示。

图 15-52　设置对话框的过滤器

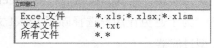

图 15-53　遍历每个过滤器的属性

### 15.6.7　另存文件

与"打开文件"对话框类似，另存文件对话框的明显特征是对话框的标题和按钮的标题分别是"保存文件"和"保存"。

同样，调用 Execute 方法，会把 Excel 当前活动工作簿另存为另外一个文件。

下面的代码把当前工作簿另存。

**源代码：实例文档 34.xlsm/ 文件选择对话框**

```
1.  Sub Test6()
2.      Dim flg As Office.FileDialog
3.      Dim p As String
4.      Dim i As Integer
5.      Set flg = Application.FileDialog(Office.MsoFileDialogType.msoFileDialogSaveAs)
6.      With flg
7.          If .Show Then
8.              MsgBox "当前工作簿将要另存到: " & .SelectedItems(1)
9.              .Execute
```

```
10.         End If
11.     End With
12. End Sub
```

代码分析：第 5 行代码中，对话框的类型为 msoFileDialogSaveAs，表明这是个另存为对话框。

上述过程运行后的效果如图 15-54 所示。

图 15-54　另存对话框

## 15.7　操作自定义序列

自定义序列（CustomList）在 Excel 中有很重要的作用，例如用于自动填充或者用于排序的关键字。

Excel 含有 11 个内置自定义序列，例如天干地支、星期等。

在"Excel 选项"对话框中，选择"高级"→"创建用于排序和填充序列的列表"命令，如图 15-55 所示。

图 15-55　Excel 2013 中自定义列表的场所

此时弹出自定义序列的编辑界面，如图 15-56 所示。

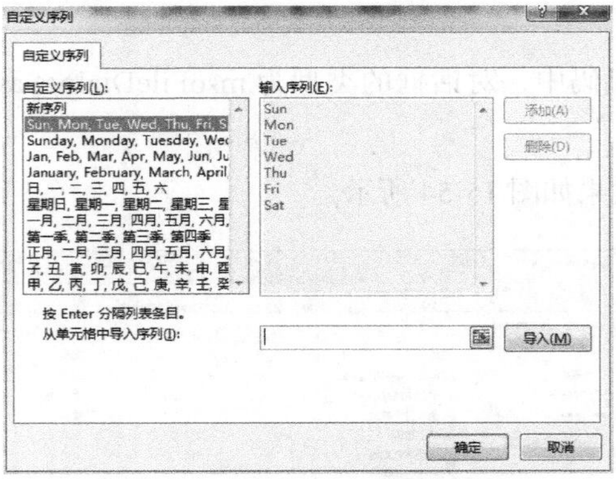

图 15-56 自定义序列的编辑界面

内置的 11 个序列既不能修改，也不能删除。用户可以操作的只能是用户自定义的序列。

下面介绍如何用 VBA 操作自定义序列。自定义序列是 Application 对象下面的对象，对自定义序列的任何操作，不保存于任何工作簿，它属于应用程序级的设置。

用于操作自定义序列的 VBA 术语有：

❑ AddCustomList：增加新的自定义序列。

❑ Application.CustomListCount：获取自定义序列总数。

❑ DeleteCustomList：删除自定义序列。

❑ GetCustomList：获取序列的编号。

❑ GetCustomListContents：获取所有自定义序列内容。

## 15.7.1 增加用户自定义序列

Application.AddCustomList 方法可以增加一个自定义序列，后面跟的参数可以是一个数组或者 Range 对象。

以下实例把一个数组添加到自定义序列。

**源代码：实例文档 31.xlsm/ 自定义序列**

```
1.  Sub Test1()
2.      Dim a(1 To 5) As String
3.      a(1) = "唐"
4.      a(2) = "宋"
5.      a(3) = "元"
6.      a(4) = "明"
7.      a(5) = "清"
8.      Application.AddCustomList a
9.  End Sub
```

运行后，再次打开"自定义序列"对话框，可以看到新加的自定义序列，如图 15-57 所示。

图 15-57 数组作为数据源添加到自定义序列

也可以把单元格区域内的内容导入为序列。

在工作表中编辑数据，其中 B2:E2 是一行大学的名称，B6:B8 是一列省份名称，如图 15-58 所示。

如下过程可以把上述两个区域分别添加到自定义序列中。

**源代码：实例文档 31.xlsm/ 自定义序列**

```
1.  Sub Test2()
2.      Application.AddCustomList Sheet1.Range("B2:E2")
3.      Application.AddCustomList Sheet1.Range("B6:B8")
4.  End Sub
```

上述过程的运行结果如图 15-59 所示。

图 15-58　单元格数据作为数据源　　　　　图 15-59　添加单元格数据到自定义序列

### 15.7.2　获取序列的编号

删除自定义序列时，需要传递序列的编号，因此有必要去了解自定义序列的位置编号。

**源代码：实例文档 31.xlsm/ 自定义序列**

```
1.  Sub Test3()
2.      MsgBox Application.GetCustomListNum(Array("唐", "宋", "元", "明", "清"))
3.      MsgBox Application.GetCustomListNum(Array("黑龙江", "吉林", "辽宁"))
4.  End Sub
```

代码分析：GetCustomListNum 函数的参数是一个数组，数组的内容正是序列中的所有条目。

运行上述过程，对话框先后弹出 12 和 14（有 11 个是内置的，12 ~ 14 是后期添加的）。

### 15.7.3　导出全部序列到单元格

如果电脑出现了故障，或者用户需要更换电脑，那么存储于电脑中的自定义序列可否导出呢？

Application.GetCustomListContents 可以把所有自定义序列的内容导出。下面的实例把各个序列的条目一次性导出到工作表中。

**源代码：实例文档 31.xlsm/ 自定义序列**

```
1.  Sub ExportList()
2.      For c = 1 To Application.CustomListCount
3.          For r = 1 To UBound(Application.GetCustomListContents(c))
4.              Activesheet.Cells(r, c) = Application.GetCustomListContents(c)(r)
5.          Next r
6.      Next c
7.  End Sub
```

上述过程的运行效果如图 15-60 所示。

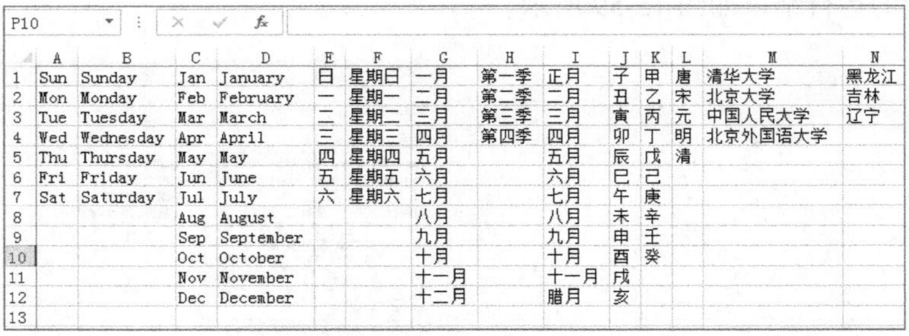

图 15-60  导出全部序列

这些数据导出后，可以在新电脑中利用 AddCustomList 方法再次导入。

### 15.7.4  删除自定义序列

如果要清空所有自定义序列，只保留内置序列，则可以使用如下过程。

**源代码：实例文档 31.xlsm/ 自定义序列**

```
1.  Sub DeleteCustomList()
2.      On Error Resume Next
3.      For i = Application.CustomListCount To 1 Step -1
4.          Application.DeleteCustomList Application.CustomListCount
5.      Next i
6.  End Sub
```

代码分析：由于内置序列不能删除，所以采用了倒序循环，而且在过程开始加入了忽略错误的处理。

## 习题

1. 工作表绘制了一个国际象棋棋盘，棋盘外面的棋子已经事先命名，例如白方的车图片名称为 WR_H8，W 表示白方（White），R 表示车（Rook），H8 表示该图片应该放置在 H8 单元格。初始状态如图 15-61 所示。国际象棋其他兵种的字母表示规则如下：BR 表示黑车（Black Rook），BN 表示黑马（Black knight），BB 表示黑象（Black Bishop），BQ 表示黑后（Black

Queen)，BK 表示黑王（Black King），BP 表示黑兵（Black Pawn）。白方棋子把前面的 B 换成 W 即可。

图 15-61　初始状态

请编写程序，让棋盘外侧的 16 个棋子（O 列的 2 个兵除外）对号入座，并且单击任一棋子，弹出的对话框中显示该棋子的名称，完成效果如图 15-62 所示。

图 15-62　完成结果

2．O 列的两个兵的名称分别为 BP_ANY 和 WP_ANY，请利用 Shape 对象的 Duplicate 方法各自克隆 8 个，放置于棋盘中。并且单击一个兵，这个兵向前行走一格。

最终效果如图 15-63 所示。

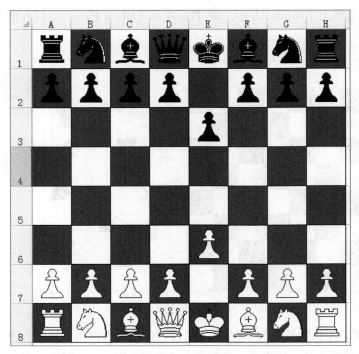

图 15-63　习题 2 图

3. 编写一个能够选择文件的对话框，要求在该对话框中可以选中多个文件且只能选择扩展名为 .txt 的文本文件，实现效果如图 15-64 所示。

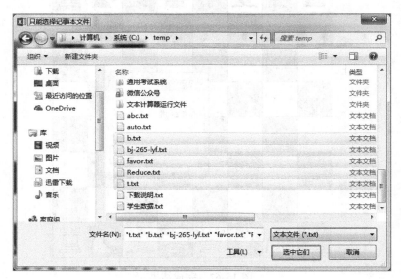

图 15-64　习题 3 图

在对话框中选择一些文件，单击"选中它们"按钮后，要求在立即窗口中打印每个选中文件的路径。

# 第 16 章

# 用户窗体和控件设计

VBA 编程中，使用用户窗体和控件进行界面设计，使得程序作品美观、清晰、易懂、正规。如果开发的作品是为了让用户使用，窗体和控件设计显得更为重要。

图 16-1 是一个利用 VBA 的用户窗体设计的 Excel 选项工具。如果控件布局合理、条理清晰，就能够获得用户的信任和好感。

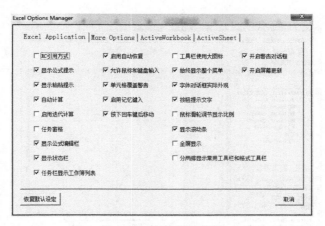

图 16-1　窗体设计范例

本章主要介绍 VBA 的窗体设计和控件的使用方法。

## 16.1　窗体设计基础

Excel VBA 中的窗体（UserForm）和工作表是分开的对象，窗体上可以添加各种控件来完善窗体的功能。虽然窗体和工作表是相互独立的，但是窗体也可以和工作表进行信息交互。

窗体可以看作一块画布，控件可以看作画布上的图形，因此窗体是控件的容器。

VBA 中的窗体是独立的模块，即使窗体上放置的控件再多，控件所有的信息都包含在该模块中。窗体模块和标准模块、类模块一样，也可以进行添加、移除、导入和导出操作。

## 16.1.1　设计的第一个窗体

新建一个工作簿，进入 VBA 编程界面后，选择"插入"→"用户窗体"命令，会看到 VBA 工程中多了一个窗体模块，并且自动打开了窗体设计视图，如图 16-2 所示。

图 16-2　插入用户窗体模块

同时，旁边弹出一个控件工具箱，工具箱的作用是把控件拖放到窗体上。

如果不小心关闭了工具箱，可以选择"视图"→"工具箱"命令将其再次弹出，如图 16-3 所示。

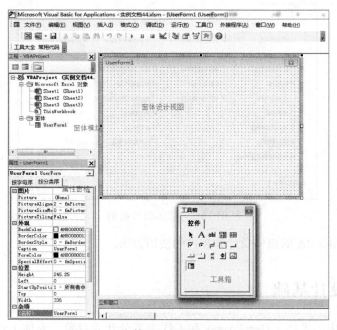

图 16-3　窗体设计视图和控件工具箱

在窗体设计过程中，属性窗口非常重要，如果看不到属性窗口，按下快捷键【F4】将其显示出来。窗体模块分为如下两个视图。

❑ 窗体设计视图：进行控件布局、属性修改等。

❑ 窗体代码视图：类似于工作表的事件模块，该视图用于书写窗体及控件的各种事件过程。

从窗体设计视图切换到窗体代码视图的方法是，选择"视图""代码窗口"命令，或者用鼠标选中窗体后，按下快捷键【F7】即可自动打开代码窗口，如图 16-4 所示。

不管是哪一个窗口，均可通过单击该窗口右上角的"关闭"按钮临时关闭窗口。

---

**注意**：代码窗口取得鼠标焦点后，控件工具箱会自动隐藏，也就是说，只有当前处于窗体设计视图时，才能看到控件工具箱。

---

图 16-4　窗体的代码窗口

如果窗体设计视图、窗体代码视图的窗口不是最大化状态，可以层叠显示，也就是在窗体设计的同时也可以进行代码编写。

接下来编写一个 Hello World 程序。

（1）在窗体设计视图中，选中窗体的同时，从属性窗口中把窗体的 Caption 属性设置为 Hello World。

（2）从控件工具箱拖曳一个 CommandButton 按钮控件，放到窗体上，属性窗口中设置该按钮的 Caption 为"单击我"。

（3）双击 CommandButton，进入窗体代码视图，编写代码如下：

**源代码：实例文档 44.xlsm/UserForm1**

```
1.  Private Sub CommandButton1_Click()
2.     MsgBox Application.UserName & "你好！"
3.  End Sub
```

接下来就可以显示窗体了。一般情况下，在窗体设计视图，按下快捷键【F5】可以直接把窗体运行起来，但这种方式只适合窗体调试，如果是最终的产品，应该把窗体的启动代码写在标准模块中。

（4）在 VBA 工程中再插入一个标准模块，在标准模块中书写如下过程。

**源代码：实例文档 44.xlsm/ 模块 1**

```
1.  Sub ShowForm()
2.      UserForm1.Show
3.  End Sub
```

第 2 行代码的作用就是显示用户窗体。因此，如果想显示一个窗体，不论在任何地方，只需要运行 UserForm1.Show 即可显示窗体。

（5）直接运行标准模块中的 ShowForm 过程，会看到窗体出现在 Excel 的上面，单击窗体上的按钮，会弹出对话框，如图 16-5 所示。

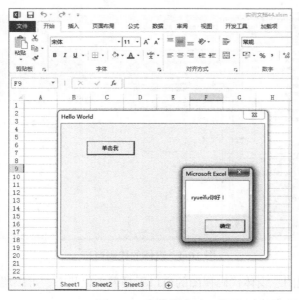

图 16-5　窗体的启动

如果不关闭窗体，鼠标无法在 Excel 工作表中操作，也就是说，窗体显示时默认是模态窗体。只有先关闭窗体才能回到 Excel 中编辑工作表。

综上所述，窗体设计的流程如下。

（1）插入窗体。

（2）放置控件、设置控件属性。

（3）书写窗体和控件的事件过程代码。

（4）显示窗体，测试功能。

（5）关闭窗体，终止代码运行。

如果希望工作簿一打开就自动运行用户窗体，那么可以把窗体的启动语句写到 ThisWorkbook 模块中。

```
1.  Private Sub Workbook_Open()
2.      UserForm1.Show
3.  End Sub
```

## 16.1.2　使用和维护控件工具箱

VBA 窗体的控件工具箱是一个可以用鼠标拖动并改变工具箱大小的窗口。Excel VBA 的内置控件有 15 个，其他 Office 组件的控件有 14 个，因为 RefEdit 控件是 Excel VBA 特有的，因此多一个。

控件工具箱左上角有个鼠标箭头形状的图标，其功能是取消选中控件。例如，计划往窗体中插入一个命令按钮，但是又觉得没必要，这时候单击箭头图标，鼠标恢复为默认状态，如图 16-6 所示。

控件工具箱中的控件可以增加，也可以删除，即使内置控件也可以从工具箱中删除。但是删除用户，就不好找回了。因此 VBA 的控件工具箱具有"导出页"和"导入页"功能，控件工具箱默认是一页，也就是左上角可以看到的"控件"选项卡，一个选项卡就是一页。

选中某个控件，可以把该控件从工具箱中删除，如图 16-7 所示。

因此，为了预防误删除内置控件，或者删除控件页，可以预先导出页作为备份，如果发生故障再次导入文件即可恢复。

在工具箱上方空白处右击，会弹出与"页"有关的快捷菜单，如图 16-8 所示。

图 16-6　控件工具箱　　　　　　　图 16-7　删除工具箱中的控件

导出页将会在磁盘生成一个扩展名为 .pag 的文件，导入页就是再次把 .pag 文件导入到工具箱中。

本书配套资源中的 FM20.pag 文件就是用于恢复内置控件的；本书配套资源中的 ActiveX2.pag 文件包含 20 多个强大的第三方 ActiveX 控件，导入该文件后会看到控件工具箱中多了一个选项卡，通过右击选项卡，可以对选项卡的标题进行重命名，如图 16-9 所示。

图 16-8　操作工具箱的"页"　　　　　图 16-9　导入外部 pag 控件文件

可以看出，控件工具箱中的页只是用来分离不同类别控件的选项卡而已。

### 16.1.3    基本控件

Excel VBA 的 16 种基本控件按照功能进行划分，如表 16-1 所示。

表 16-1    Excel VBA 用户窗体中的基本控件

| 类　别 | 控　件 | 功能用途 |
|---|---|---|
| 容器类 | 窗体（UserForm） | 容纳控件 |
|  | 框架（Frame） | 容纳控件 |
|  | 多选项卡（TabStrip） | 提供多个选项卡 |
|  | 多页（MultiPage） | 提供多页 |
| 文本类 | 标签（Label） | 显示文本 |
|  | 文本框（TextBox） | 编辑、显示文本 |
| 条目列表类 | 列表框（ListBox） | 容纳多条数据 |
|  | 组合框（ComboBox） | 容纳多条数据 |
| 布尔切换类 | 单选按钮（OptionButton） | 多选一 |
|  | 复选框（CheckBox） | 复选 |
|  | 切换按钮（ToggleButton） | 类似于复选框 |
| 数值调节类 | 滚动条（ScrollBar） | 增减数值 |
|  | 旋转按钮（SpinButton） | 增减数值 |
| 其他类 | 命令按钮（CommandButton） | 执行过程 |
|  | 图像（Image） | 显示图片 |
|  | 地址选择器（RefEdit） | 选择单元格地址 |

窗体其实也可以理解为一种特殊的控件对象，是一种用于放置其他控件的容器控件。窗体也有众多的属性、方法和事件。

### 16.1.4    使用属性窗口

窗体以及控件的属性，在窗体设计期间（运行前）通过属性窗口来查看和修改。属性窗口通常位于工程资源管理器下方，但是用户可以将其拖动到其他位置，也可以将其临时关闭。如果要调出属性窗口，按下快捷键【F4】即可，如图 16-10 所示。

属性窗口的主要任务是设置控件的属性，这种设置的改动会保存到窗体中。虽然说窗体在运行期间可以通过代码更改控件的属性，但是运行时属性的更改是临时的，不会保存到窗体中。也就是说，只要窗体关闭，控件的所有属性又回归到设计时的状态。

属性窗口分为三部分：控件选择、控件的属性名称、控件的属性值。

如果窗体上放置了多个控件，在属性窗口上首先在下拉列表框中选择相应的控件，然后在下面的属性表中输入属性值即可。

图 16-10    属性窗口

由于窗体和控件的很多属性、方法和事件是相同的，因此可以先学习通用知识，然后学习每种控件的具体特性。

## 16.2 窗体与控件的通用属性

### 16.2.1 名称

名称（Name）是窗体或控件的标识符，就像变量名一样，是唯一的。不同的控件具有不相同的控件名称。

名称是一种只读属性，也就是说，控件放入窗体时，该控件被赋予一个默认的初始名称，这个名称只能通过属性窗口手工更改 Name 属性实现。窗体一旦运行起来，不能让代码动态更改名称。

名称最大的作用是在代码中引用控件。例如，窗体上放置一个 CommandButton 按钮控件，名称更改为 CMD1，那么代码中引用该控件的方法是 Me.CMD1 或者 Me.Controls("CMD1")。最常用的是 Me.CMD1 这种用法。窗体事件模块中出现的关键字 Me 就是指窗体本身，因此上述代码等价于 UserForm1.CMD1。其中，UserForm1 是窗体的名称，CMD1 是按钮控件的名称。

在代码中可以访问控件的名称，例如 s= Me.CMD1.Name，变量 s 将获得一个字符串。

窗体以及所有控件都具有 Name 属性。

### 16.2.2 标题

控件的标题（Caption）属性是指控件的标题文字，是一个可读写的属性，既可以事先在属性窗口中设定 Caption，也可以通过代码修改。

Caption 属性往往是呈现在界面上的文字，窗体运行时，用户不能用鼠标和键盘来编辑标题。这是 Caption 和下面要学到的 Text 属性最大的区别。

窗体、框架、标签、按钮控件都有 Caption 属性，默认呈现在控件左上角，并不是所有控件都有该属性。

在编程应用中，Caption 属性除了显示固定的文本外，还可以用于显示程序运行结果。

在用户窗体上插入一个按钮控件，按钮的单击事件过程代码如下：

**源代码：实例文档 45.xlsm/UserForm1**

```
1.  Private Sub CommandButton1_Click()
2.      MsgBox "下面将会自动修改标题"
3.      Me.Caption = Date
4.      Me.CommandButton1.Caption = Time
5.  End Sub
```

代码分析：Date 和 Time 是内置常量，用于返回当前的日期和时间。

运行窗体后，窗体的标题、按钮的标题都自动改变，如图 16-11 所示。

但是，窗体关闭后，标题文字都还原到设计时的状态。可以看出，使用代码更改控件属性只在运行期间有效。

图 16-11　更改按钮和窗体的 Caption 属性

### 16.2.3　文本

控件的文本（Text）属性，是指用户可以通过按键输入的内容。最常见的就是文本框控件，其作用就是让用户录入内容的。此外，组合框控件也具有 Text 属性。

Text 属性也是可读写的，返回一个字符串。该属性最大的特点是接受焦点、可编辑。

### 16.2.4　值

值（Value）属性通常用于更改控件的状态或数值，也是可读写属性。例如，单选按钮、复选框的选中状态，滚动条、数值调节器最重要的属性就是 Value。

**源代码：实例文档 45.xlsm/UserForm2**

```
1.   Private Sub CommandButton1_Click()
2.       Me.CheckBox1.Value = True
3.   End Sub
```

运行 UserForm2，单击按钮会自动勾选复选框，如图 16-12 所示。

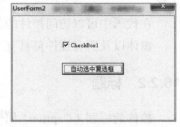

图 16-12　改变复选框的勾选状态

### 16.2.5　位置大小属性

VBA 窗体和控件的位置大小使用如下 4 个属性描述。

❑ Left：窗体或控件与其母体容器的左边距。窗体的 Left 属性是指窗体的左侧与屏幕的左侧间距；窗体上控件的 Left 是指控件左侧与窗体左侧的间距；如果控件放在框架中，控件 Left 是指控件左侧与框架左侧的间距。

❑ Top：对象与母体的顶端间距。

❑ Width：对象的宽度。

❑ Height：对象的高度。

为了便于理解，示意图如图 16-13 所示。

以上 4 个属性的单位均为磅，和 Application 对象的 4 个位置大小属性单位相同，因此经常可以把

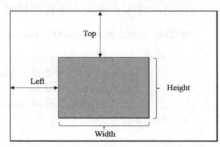

图 16-13　控件的位置、大小属性示意图

用户窗体与屏幕、Excel 窗口、单元格区域进行对齐。

### 16.2.6　背景色

窗体和大多数控件都可以自定义背景色（BackColor），设计期间可以在属性窗口中单击 BackColor 属性，在颜色选择面板中选择一种颜色。

背景色也是可读写的属性。代码运行期间可以动态改变窗体或控件的背景色。

**源代码：实例文档 45.xlsm/UserForm4**

```
1.  Private Sub CommandButton1_Click()
2.      Me.BackColor = vbGreen
3.      Me.CommandButton1.BackColor = RGB(255, 0, 0)
4.  End Sub
```

代码分析：单击"更改背景色"按钮时，把用户窗体背景色改为绿色，把按钮自身的背景色改为红色，如图 16-14 所示。

图 16-14　更改背景色

### 16.2.7　前景色

前景色（ForeColor）一般指带有文本的控件的字体颜色。例如，标签、文本框、按钮、框架的标题文字等都可以通过改变 ForeColor 属性来改变字体颜色。

下面把一个框架控件的标题前景色改为红色，如图 16-15 所示。

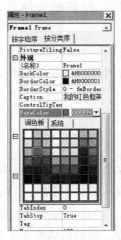

图 16-15　在属性窗口中更改控件属性

### 16.2.8　字体

只要和文字有关的控件，基本都有字体（Font）属性设置。通过属性对话框设置控件的字体非常简单，单击属性窗口中"字体"下的"Font"（见图 16-16），弹出"字体"对话框，如图 16-17 所示。

图 16-16　字体属性

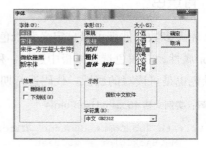
图 16-17　"字体"对话框

如果运行期间用代码读写控件字体属性，可以对控件的 Font 成员对象进行操作。下面的代码在运行期间改变了标签控件的字体风格。

源代码：实例文档 45.xlsm/UserForm5

```
1.   Private Sub CommandButton1_Click()
2.       With Me.Label1.Font
3.           .Bold = True
4.           .Italic = True
5.           .Name = "华文新魏"
6.           .Size = 16
7.       End With
8.   End Sub
```

单击"改变标签字体"按钮后，标签的字体效果如图 16-18 所示。

在窗体运行期间，对任何控件的属性改变都只在窗体运行期间有效。窗体卸载后，一切属性回归到设计阶段时的状态。

图 16-18　更改控件字体

### 16.2.9　Tab 序号

如果窗体上放置了多个控件，运行阶段按下键盘中的【Tab】键，可以在控件之间切换焦点，特别是当窗体上有多个需要录入的文本框时，【Tab】键顺序的设计就很重要。

默认状态下，窗体在设计期间，控件安装放入窗体的先后顺序规定了 TabIndex 属性，首先放入控件的序号是 0，依次增大。如果以后发生了控件的删除、控件的新增，TabIndex 就会出现紊乱。

如果忘记了重新规定【Tab】键顺序，用户使用中就无法通过按下【Tab】键切换到期望的控件上面。

窗体设计期间，有两种方法重新调整【Tab】键顺序。第一种方法是在 VBA 中选择"视图""Tab 键顺序"命令，弹出如图 16-19 所示的对话框。

最上面的控件的 TabIndex 是 0，通过单击该对话框的 "上移" "下移" 按钮调整。

第二种方法是选中某个控件，直接在属性窗口中找到 TabIndex 属性，输入序号即可，如图 16-20 所示。

图 16-19 调整控件的 Tab 顺序

图 16-20 属性窗口中更改【Tab】键顺序

与【Tab】键顺序有关的另一个属性是 TabStop 属性，默认情况下，任何控件的 TabStop 都为 True，如果在属性窗口中把该属性设置为 False，那么在运行期间按下【Tab】键会跳过该控件，获得不了焦点。

## 16.2.10　可用性

控件的可用性用 Enabled 来描述，默认情况下，所有控件都是可用的。但是某些场合下需要禁用控件，这就需要把该控件的 Enabled 设置为 False，这时候窗口的外观看起来是灰色的，而且不接受鼠标和键盘的任何行为。同样，Enabled 属性既可以在属性窗口中设置，也可以在运行期间用代码设置。

**源代码：实例文档 46.xlsm/UserForm1**

```
1.   Private Sub CommandButton1_Click()
2.       Me.TextBox1.Enabled = Not Me.TextBox1.Enabled
3.   End Sub
```

代码分析：单击 "启用 / 禁用文本框" 按钮会反复切换文本框 1 的可用性，使用 Not 关键字处理布尔型的属性设置是一个普遍的策略，如图 16-21 所示。

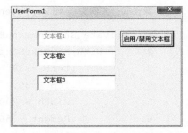

图 16-21 切换控件的可用性

## 16.2.11　可见性

隐藏控件就需要把控件的可见性（Visible）设置为 False，这时控件在窗体上看不见。

## 16.3 窗体与控件的通用方法

### 16.3.1 自动获得焦点

窗体在运行期间能让某控件取得焦点的方法，可以通过鼠标直接单击，也可以按【Tab】键切换焦点，此外，还可以通过 SetFocus 方法自动获得焦点。

**源代码：实例文档 47.xlsm/UserForm**

```
1.  Private Sub CommandButton1_Click()
2.      Me.TextBox1.SetFocus
3.  End Sub
4.  Private Sub CommandButton2_Click()
5.      Me.TextBox2.SetFocus
6.  End Sub
```

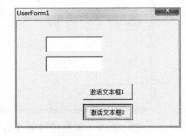

单击"激活文本框 1"按钮，上面的文本框自动获得焦点，单击"激活文本框 2"按钮，下面的文本框自动获得焦点，如图 16-22 所示。

图 16-22　SetFocus 方法

### 16.3.2 移动控件

改变控件的位置、大小，一般情况下改变控件的四个属性即可，具体内容请参考 16.2.5 节。也可以使用控件的 Move 方法，同时更改控件的多个属性。

下面的实例中，在用户窗体上设置一个文本框，一个按钮控件，是 CommandButton 1，其 Caption 是"改变位置和大小"；另一个按钮控件是 CommandButton 2，其 Caption 是"使用 Move 方法"。

以下过程分别改变控件的每个属性，从而改变文本框的位置和大小。

**源代码：实例文档 48.xlsm/UserForm**

```
1.  Private Sub CommandButton1_Click()
2.      With Me.TextBox1
3.          .Left = 30
4.          .Top = 30
5.          .Width = 200
6.          .Height = 50
7.      End With
8.  End Sub
```

窗体启动后，单击"改变位置和大小"按钮，文本框的 Left、Top、Width、Height 属性会发生改变。

也可以使用 Move 方法，一次性改变文本框的位置和大小。

**源代码：实例文档 48.xlsm/UserForm**

```
1.  Private Sub CommandButton2_Click()
2.      Me.TextBox1.Move Left:=20,
        Top:=20, Width:=150, Height:=40
3.  End Sub
```

窗体的运行效果如图 16-23 所示。

### 16.3.3　改变叠放次序

图 16-23　两种改变控件位置和大小的方法

窗体上的控件一般是按照一定顺序整齐地排列在窗体上，控件就像是工作表上插入的图片，如果图片之间间隙不够，就会造成重叠。发生重叠时，最先插入到窗体的控件被压在最底层，最后放的控件置顶。如果要重新调整叠放次序，可以在窗体设计视图中选中一个控件，然后在 VBA 编辑器中选择"格式"→"顺序"命令下的子命令，如图 16-24 所示。

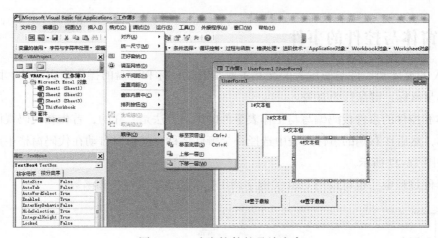

图 16-24　改变控件的叠放次序

另外，也可以在运行期间使用 Zorder 方法更改叠放次序。

**源代码：实例文档 49.xlsm/UserForm**

```
1.  Private Sub CommandButton1_Click()
2.      Me.TextBox1.ZOrder msforms.fmZOrder.fmZOrderFront
3.  End Sub
4.
5.  Private Sub CommandButton2_Click()
6.      Me.TextBox4.ZOrder msforms.fmZOrder.fmZOrderBack
7.  End Sub
```

代码分析：单击"1# 置于最前"按钮，把文本框 1 置于最前；单击"4# 置于最前"按钮把文本框 4 置于最底层，如图 16-25 所示。

Zorder 方法只能进行置顶、置底操作，不能上移一层和下移一层。

当 VBA 工程插入窗体后，工程的引用会自动增加一个 Microsoft Forms 2.0 Object Library 对象库的引用，如图 16-26 所示。

这样，在代码中就可以使用一些和 VBA 有关的枚举常量，例如 MSForms. fmZOrder. fmZOrderFront。

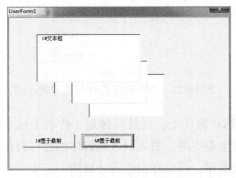

图 16-25　改变控件的叠放次序

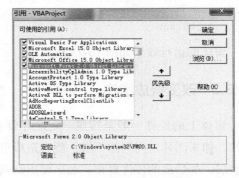

图 16-26　工程引用对话框

## 16.4　窗体与控件的事件

VBA 的窗体和控件与使用者的交互主要是通过鼠标和键盘的操作来实现的，因此大部分事件都与鼠标、键盘行为有关。

窗体和控件的事件代码编写与工作表事件的编写方法是一样的，首先在代码视图中选择控件名称，然后在右侧的事件列表中选择一个事件名称，就可以自动在代码窗格中产生事件模板，如图 16-27 所示。

在事件过程中，也可以用 Call 关键字调用标准模块中的过程和函数。

图 16-27　窗体和控件的事件模块

控件的事件众多，按照大体类别进行划分，其分类如表 16-2 所示。

表 16-2　常见事件名称分类

| 事件大体分类 | 事 件 名 称 | 功 能 |
|---|---|---|
| 激活、取得焦点 | Activate、Enter | 当控件取得焦点成为活动控件时发生 |
| 失活、失去焦点 | DeActivate、Exit | 当控件失去焦点成为非活动控件时发生 |
| 鼠标 | Click、DoubleClick、MouseDown、MouseUp、MouseMove | 当鼠标单击控件时发生 |
| 键盘 | KeyDown、KeyUp、KeyPress | 当在控件上按键时发生 |

关于事件的详细使用方法，后面章节中将按照控件类别穿插介绍。

## 16.5　窗体使用技巧

前面已经讲过窗体设计的最基本步骤和流程，如果更详细地定制窗体的外观和行为，还需要学习一些技巧。

### 16.5.1　窗体的模式

窗体的 ShowModal 属性默认为 True，这种模式下窗体运行起来后，用户不能操作工作表（除非窗体上使用了 RefEdit 控件）。但是有些时候需要在窗体不关闭的情况下仍然可以编辑工作表，此时从属性窗口把用户窗体的 ShowModal 更改为 False，如图 16-28 所示。

更改为 False 后，运行窗体，可以在不关闭用户窗体的情况下，在工作表中进行操作。

图 16-28　更改窗体的模式

### 16.5.2　设置窗体的字体

在用户窗体的属性对话框中可以看到"字体"属性，更改窗体的字体属性后，当时看不到什么变化和效果。

这个属性更改主要会影响到后续新增的控件的字体属性。假如预先把窗体的字体设置为"隶书 三号"，那么再往窗体上插入文本框、标签等控件，这些控件的字体默认服从窗体的字体设置。因此在窗体设计时养成一个习惯，就是首先设置窗体的字体，以后控件的字体就不需要一一设置了。因为一般情况下，所有控件的字体大小都是一样的，否则看起来不舒服。

### 16.5.3　设置窗体背景图片

除了可以设置用户窗体的背景颜色外，还可以像工作表一样设置背景图片。在 VBA 编辑器的属性窗口中，单击"按分类序"，选择用户窗体，然后找到 Picture 属性，浏览电脑中的一张图片即可，如图 16-29 所示。

背景图片会跟随工作簿一起保存，因此磁盘中的图片重命名或者删除，也不会影响到用户窗体的背景。

窗体设置背景图后，默认按照图片的实际大小放置于窗体中央，并且，窗体再大也只显示一张图片。

还可以设置 PictureAlignment 属性以及更改图片的对齐方式（背景图在窗体中的位置）。PictureSizeMode 属性用来更改图片的裁剪方式，可以取以下三个枚举值。

❑ MSForms.fmPictureSizeMode.fmPictureSizeModeClip：默认状态，按照图片实际大小呈现，如果背景图比较小，会有空白处。

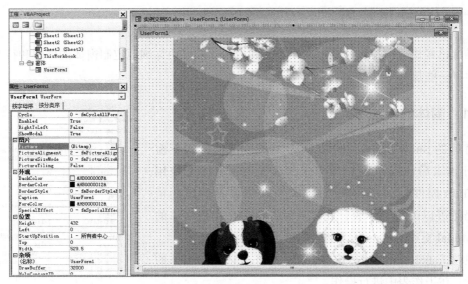

图 16-29　设置窗体的背景图片

❑ MSForms.fmPictureSizeMode.fmPictureSizeModeStretch：拉伸模式，背景图会自动适应窗体大小，铺满屏幕，这将会导致背景图失去原有的纵横比。

❑ MSForms.fmPictureSizeMode.fmPictureSizeModeZoom：缩放模式，这种模式不改变图片的纵横比，但是根据窗体大小，自动等比例缩放图片。

此外，还可以设置 PictureTiling 属性为 True，从而实现砖块形式的背景，也就是在窗体上重复使用背景图片去铺满窗体。

PictureTiling 属性为 True 时的效果如图 16-30 所示。

图 16-30　地板砖平铺方式

## 16.5.4 窗体铺满整个屏幕

VBA 的用户窗体没有最大化的功能，在不知道电脑分辨率的情况下，直接改变 User-Form 的宽度和高度是实现不了的。Excel 应用程序窗口可以最大化，而且 Application 对象也有 Width 和 Height 属性，因此可以借助这个联系来实现。

下面在窗体的启动事件过程中，先把 Excel 最大化，然后利用窗体的 Move 方法，把窗体放在屏幕最左上角，宽度和高度与 Excel 的一致。

**源代码：实例文档 50.xlsm/UserForm**

```
1.  Private Sub UserForm_Initialize()
2.      Application.WindowState = Excel.XlWindowState.xlMaximized
3.      Me.Move 0, 0, Application.Width, Application.Height
4.      Application.WindowState = Excel.XlWindowState.xlNormal
5.  End Sub
```

## 16.5.5 窗体的启动和关闭事件

窗体在显示在屏幕之前会激活 Initialize 事件，可以在该事件过程中写一些属性预设的代码，或者把外部数据装载到控件中。

一般，用户单击窗体右上角的"关闭"按钮可以关闭窗体。还有一种方法是使用代码，可以使用 Unload UserForm 语句来关闭窗体。

有两个事件和窗体的关闭行为有关：一个是 Terminate 事件；另一个是 QueryClose 事件。其中，Terminate 事件不带参数，也就是说不管采用哪种方式关闭窗体，都会激活 Terminate 事件，而且必须关闭，不能取消；而 QueryClose 事件不仅可以识别窗体是用哪种方式关闭的，而且能取消关闭。

QueryClose 事件的完整声明是：Private Sub UserForm_QueryClose(Cancel As Integer, CloseMode As Integer)，参数说明如下。

❑ Cancel：默认为 False，如果设置为 True，则取消关闭。

❑ CloseMode：关闭方式。如果用鼠标单击"关闭"按钮关闭窗体，该属性为枚举常量 VBA.VbQueryClose.vbFormControlMenu；如果是其他过程中调用了 Unload UserForm 语句，则 CloseMode 为 VBA.VbQueryClose.vbFormCode。

以下代码演示了直接单击右上角的"关闭"按钮不能关闭窗体，只有单击窗体上的命令按钮才可以关闭。

**源代码：实例文档 51.xlsm/UserForm**

```
1.  Private Sub CommandButton1_Click()
2.      Unload Me
3.  End Sub
4.  Private Sub UserForm_QueryClose(Cancel As Integer, CloseMode As Integer)
5.      If CloseMode = VBA.VbQueryClose.vbFormControlMenu Then
6.          MsgBox "你直接单击叉形按钮，不能关闭！"
7.          Cancel = True
```

```
8.        ElseIf CloseMode = VBA.VbQueryClose.vbFormCode Then
9.            MsgBox "单击命令按钮关闭我！"
10.    Else
11.        MsgBox CloseMode
12.    End If
13. End Sub
```

代码分析：命令按钮的单击事件的作用是关闭窗体，窗体的关闭前事件中要判断关闭的方式，如果单击叉形按钮，就设置 Cancel 为 True，取消关闭。

## 16.6　命令按钮使用技巧

命令按钮控件（CommandButton）通过鼠标单击执行过程，是窗体设计中最常用的控件。命令按钮的文字用 Caption 属性设定，命令按钮的事件使用 Click 事件。

### 16.6.1　自动调整按钮大小

命令按钮和标签控件有一个 AutoSize 属性，默认为 False。如果改为 True 以后，标题文字增多，控件随之变大。控件大小与容纳的文字多少有关。

如果要把命令按钮的 Caption 属性设置为多行文本，可以在窗体设计模式时，用鼠标单击命令按钮，在需要换行的地方按下快捷键【Ctrl+Enter】换行。如果运行期间使用代码赋值，则可以用 vbNewline 来实现换行。

以下代码设置命令按钮的 AutoSize 属性为 True，并且更改标题文字为多行文本。

**源代码：实例文档 52.xlsm/UserForm**

```
1.  Private Sub CommandButton1_Click()
2.      Me.CommandButton1.AutoSize = True
3.      Me.CommandButton1.Caption = "Excel"
        & vbNewLine & "VBA"
4.  End Sub
```

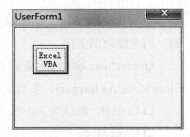

图 16-31　按钮控件的多行标题

窗体运行效果如图 16-31 所示。

### 16.6.2　默认按钮和退出按钮

命令按钮有一个 Default 属性，该属性是布尔值，默认为 False。如果设置为 True，则窗体在运行期间不需要鼠标单击该按钮，只需要按下【Enter】键就可以执行该控件的 Click 事件过程。

此外还有一个 Cancel 属性，该属性是布尔值，默认为 False。如果设置为 True，则窗体在运行期间不需要鼠标单击该按钮，只需要按下【Esc】键就可以执行该控件的 Click 事件过程。

下面的实例演示在窗体设计期间，预设 CommandButton1（其标题为"确定"）的 Default 属性为 True，并设置 CommandButton2（其标题为"退出"）的 Cancel 属性为 True。

**源代码：实例文档 53.xlsm/UserForm1**

```
1.  Private Sub CommandButton1_Click()
2.      MsgBox " 你好！"
3.  End Sub
4.  Private Sub CommandButton2_Click()
5.      Unload Me
6.  End Sub
```

窗体运行后，按下【Enter】键，弹出"你好！"，按下【Esc】键直接关闭窗体，如图 16-32 所示。

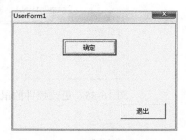

图 16-32　指定默认按钮

### 16.6.3　设置控件的提示语

当鼠标移动到控件上方时，还未单击，这时候出现提示语。这个可以用设置控件的 ControlTipText 属性来实现。

在属性窗口设置命令按钮的 ControlTipText 属性，窗体运行后，按钮旁边有一句提示语，如图 16-33 所示。

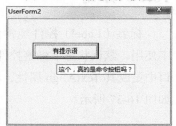

图 16-33　设置控件的提示文本

### 16.6.4　为按钮设置加速键

按钮的单击事件，除了用鼠标单击按钮执行之外，还可以设置加速键（Accelerator）来执行。在属性窗口中，设置 Accelerator 属性为一个大写英文字母，例如 T，窗体运行时可以按下【Alt+T】键来执行命令按钮的 Click 事件。

### 16.6.5　设置鼠标指针

控件的 MousePointer 属性可以使用 MSForms. fmMousePointer 下面 10 多个内置枚举常量，如图 16-34 所示。每一个枚举常量对应一个鼠标外观，当鼠标移动到控件上方时，鼠标的指针外观会改变。

下面把 MousePointer 属性设置为 2-fmMousePointer Cross，窗体运行后，鼠标移动到按钮上方，指针自动改变，如图 16-35 所示。

如果把 MousePointer 设置为 fmMousePointerCustom，就可以自定义鼠标指针了。这时候需要更改 MouseIcon 属性，浏览到电脑中的一个图标文件（最好是 .ico 文件或 .cur 文件），即可实现通过鼠标指针使用自定义图片，如图 16-36 所示。

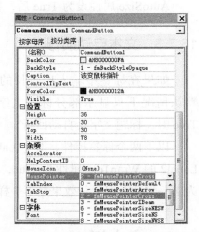

图 16-34　设置控件的鼠标指针样式

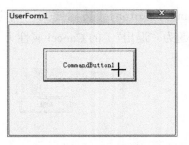

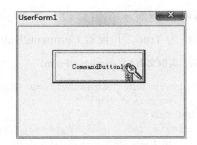

图 16-35　更改控件的鼠标指针样式 　　　　图 16-36　使用电脑中的图片作为鼠标指针

## 16.7　标签

标签（Label）控件经常作为其他控件的说明性标注文字使用，默认状态下标签控件的文字是左对齐的。在属性窗口中更改其 TextAlign 属性，将其可以设置为居中、右对齐，如图 16-37 所示。

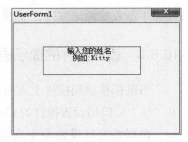

图 16-37　标签的对齐方式

### 16.7.1　设置标签的边框

默认状态下，标签控件的边框是看不到的，更改 BorderStyle 属性为 fmBorderStyleSingle，即可看到标签边框。同时还可以更改 BorderColor 属性，实现更改边框线颜色的功能。

### 16.7.2　标签的自适应

标签的 AutoSize 属性默认为 False，这种情况下，无论 Caption 中输入了多长的内容，标签控件的宽度和高度维持不变。

AutoSize 属性设为 True 后，标签的大小会随着 Caption 文本的长度自动调整。

### 16.7.3　文本自动换行

如果在标签中输入比较长的一句话，而标签的宽度有限，默认情况下只显示部分标题文字，如果设置 WrapText 属性为 True 时，标题文字会自动回折。

以下两个标签控件，其中 Label1 的 WrapText 属性为 False，Label2 的 WrapText 属性为 True，设置两个标签的 Caption 属性为同一句话，但运行效果是不一样的，如图 16-38 所示。

图 16-38　自动换行属性

## 16.8　文本框

文本框（TextBox）控件与标签控件的很多属性是相类似的，但是文本框有 Text 属性，没有 Caption 属性。

## 16.8.1 锁定文本框

正常情况下，文本框可以用键盘输入内容，如果设置文本框的 Enabled 属性为 False，就禁用文本框。另外，也可以设置文本框的 Locked 属性为 True，这时候文本框看上去可以接受输入，实际上仍处于锁定状态，不能接受键盘输入。这种状态下，可以用 VBA 代码更改文字内容。

## 16.8.2 制作密码输入框

属性窗口中设置文本框控件的 PasswordChar 为单个字符，例如 *，窗体在运行时，不论输入什么内容一律显示为多个 *，如图 16-39 所示。

如果取消这种密码效果，清除 PasswordChar 为空字符即可。

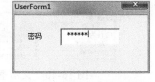

图 16-39 密码输入文本框

## 16.8.3 限制输入长度

文本框控件的 MaxLength 属性默认为 0，含义是不限文本长度，如果更改该属性为 10，则最多能输入 10 个字符。

## 16.8.4 多行模式

MultiLine 是文本框很重要的一个属性，默认情况下，该属性为 False。即便设置 Text 为多行文字，也显示为一行。如果把 MultiLine 改为 True，就可以正常地显示多行文本了。

如果文本框的用途是输入人名、手机号、Email 等，适合设置为单行模式。如果用文本框制作文档编辑控件，或者显示长篇大论的文章时，一定要设置为多行模式。

## 16.8.5 文本框的滚动条

如果文本框内容很多时，没有滚动条会很不方便。文本框的滚动条是由 ScrollBars 属性决定的。该属性可以取如下四个枚举值。

❑ fmScrollBarsNone：不带滚动条。

❑ fmScrollBarsHorizonal：水平滚动条。

❑ fmScrollBarsVertical：垂直滚动条。

❑ fmScrollBarsBoth：水平和垂直两者都有。

在属性窗口中可以设置文本框的滚动条，如图 16-40 所示。

下面的文本框用于显示一首古诗，同时使用了水平、垂直滚动条的效果。步骤如下：在窗体上插入一个文本框（TextBox）控件，然后设置该控件的 MultiLine 属性为 True。为了显示水平滚动条，必须设置该控件的 WrapText 属性为 False，也就是不自动回折。然后把《长恨歌》的部分内容设置为该控件的 Text 属性。最后设置文本框的 ScrollBars 属性为 fmScroll-BarsBoth。窗体运行后效果如图 16-41 所示。

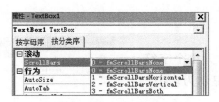

图 16-40    文本框的滚动条

图 16-41    文本框的垂直滚动条

## 16.8.6    自动重置和验证文本

利用文本框的焦点进入事件 Enter 和焦点退出事件 Exit，可以实现手机号的默认值和验证功能。

实例中，在窗体上放置两个文本框，第一个文本框用于输入姓名，第二个文本框用于输入手机号。程序的功能是，当用户用鼠标单击 TextBox2，自动输入手机的默认值 136，当输入完毕试图单击"完成注册"按钮，利用 Exit 事件进行验证，如果输入的不是 11 位数字，则警告，并且不让用户把焦点移动出去。

**源代码：实例文档 54.xlsm/UserForm2**

```
1.  Private Sub TextBox2_Enter()
2.      Me.TextBox2.Text = "136"
3.  End Sub
4.  Private Sub TextBox2_Exit(ByVal Cancel As MSForms.ReturnBoolean)
5.      If Me.TextBox2.Text Like "[0-9][0-9][0-9][0-9][0-9][0-9][0-9][0-9][0-9]
        [0-9][0-9]" Then
6.      Else
7.          MsgBox "手机号格式不正确，重输入！", vbExclamation
8.          Cancel = True
9.      End If
10. End Sub
```

代码分析：文本验证功能除了使用 VBA 的 Like 语句，还可以使用更强大的正则表达式，不过本书暂不介绍这部分内容。

Exit 事件中，参数 Cancel 设置为 True 时，不让焦点出去，只能继续编辑手机号，才能离开。

窗体运行后效果如图 16-42 所示。

如果手机号还没有完全输入，就单击"完成注册"按钮，会弹出警告对话框，如图 16-43 所示。

图 16-42 验证是否是手机号码

图 16-43 警告对话框

### 16.8.7 内容改变事件

文本框的 Change 事件在当文本框内容发生更改时触发，利用这个功能可以制作一个打字实时统计工具。

**源代码：实例文档 54.xlsm/UserForm3**

```
1.  Private Sub TextBox1_Change()
2.      Me.Label1.Caption = " 你输入的内容是： "
        & Me.TextBox1.Text & vbNewLine &
        " 字数： " & Len(Me.TextBox1.Text)
3.  End Sub
```

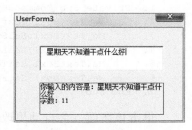

代码分析：用户打字时会激活 Change 事件，自动更新标签控件中的内容，提醒打字的内容以及字数。效果如图 16-44 所示。

图 16-44 一边输入一边统计

### 16.8.8 使用文本框的选定状态

文本框有三个重要的属性与文本框当前所选内容有关，这三个属性只能用在代码中，在属性窗口中看不到。

❑ SelStart：光标在文本中的位置。如果在文本最左侧，该值为 0；如果光标在文本最右侧，该值为文本框内容长度。

❑ SelLength：鼠标选择了的文本的长度。

❑ SelText：鼠标选择了的文本的内容。

以上三个属性都是可读写的。

如图 16-45 所示，文本框中有"甲乙丙丁戊己庚辛"8 个汉字，鼠标从"乙"选到"己"，这时候光标处于"乙"的左侧，因此 SelStart 为 1，同时选中了 5 个汉字，因此 SelLength 为 5，而 SelText 就是选中的 5 个汉字内容。

按钮"获取鼠标选定信息"的单击事件代码如下。

源代码：实例文档 54.xlsm/UserForm4

```
1.  Private Sub CommandButton1_Click()
2.       MsgBox Me.TextBox1.SelStart & vbNewLine & Me.TextBox1.SelLength &
vbNewLine & Me.TextBox1.SelText
3.  End Sub
```

单击"获取鼠标选定信息"按钮，结果如图 16-46 所示。

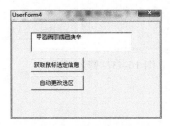

图 16-45 文本的选定状态

图 16-46 返回选定文本的信息

按钮"自动更改选区"的事件代码如下。

源代码：实例文档 54.xlsm/UserForm4

```
1.  Private Sub CommandButton2_Click()
2.       Me.TextBox1.Text = "子丑寅卯辰巳午未"
3.       Me.TextBox1.SelStart = 2
4.       Me.TextBox1.SelLength = 3
5.       Me.TextBox1.SelText = "VBA"
6.       Me.TextBox1.SetFocus
7.  End Sub
```

单击该按钮，会自动更改光标所选位置和长度，并且
自动修改所选文本，如图 16-47 所示。

图 16-47 自动更改选择的地方

## 16.8.9 文本框内容的复制、粘贴

文本框内容的复制、粘贴，除了使用快捷键【Ctrl+C】【Ctrl+V】以外，还可以使用
VBA 代码自动复制和粘贴。

VBA 工程中如果有用户窗体，就自动引入了 MSForms 对象库，可以使用其中的
DataObject 对象与剪贴板进行数据交换。

下面的实例自动把控件内容发送到剪贴板，以及自动从剪贴板获取内容。以下是两个按
钮控件的单击事件。

源代码：实例文档 54.xlsm/UserForm5

```
1.  Dim D As MSForms.DataObject
2.  Private Sub CommandButton1_Click()
3.      Set D = New MSForms.DataObject
4.      D.SetText Me.TextBox1.Text
5.      D.PutInClipboard
6.  End Sub
7.  Private Sub CommandButton2_Click()
```

```
8.      Set D = New MSForms.DataObject
9.      D.GetFromClipboard
10.     Me.TextBox1.Text = Me.TextBox1.Text & D.GetText
11. End Sub
```

代码分析：单击按钮 1 时，创建一个新的对象，把文本框全部内容发到剪贴板。单击按钮 2 时，新的对象自动从剪贴板获取文本数据，并追加到文本框末尾。运行结果如图 16-48 所示。

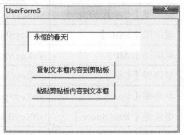

虽然文本框控件也有 Copy、Cut 和 Paste 方法，但是运行不太稳定，不推荐使用。

图 16-48　与剪贴板的交互

## 16.9　响应键盘按键的事件

VBA 的很多控件具有 KeyDown、KeyUp 和 KeyPress 三个键盘事件。其中，KeyDown 和 KeyUp 事件与输入的字符没关系，只与键盘的按键有关系；而 KeyPress 事件和 ASCII 字符有关。因此，在使用这三个事件时，如果只需要识别按键，则使用前两个；如果需要识别到具体输入的字符，则需要使用 KeyPress。

打一个比方，在一个文本框中按下了快捷键【Ctrl+K】，手指按下快捷键的时候响应 KeyDown 事件，松开快捷键时响应 KeyUp 事件。

如果在文本框中按下快捷键【Shift+m】时输入了一个大写 M，那么这个 M 就是 KeyPress 事件的一个返回参数。

### 16.9.1　按下快捷键关闭窗体

KeyDown 事件的完整声明是：

```
KeyDown(ByVal KeyCode As MSForms.ReturnInteger, ByVal Shift As Integer)
```

其中，参数 KeyCode 是键盘按键常量，Shift 是辅助键标识。

在代码中输入键盘常量时，输入 VBA.KeyCodeConstants 加一个小数点，就可以看到所有键盘常量，具体如表 16-3 所示。

表 16-3　VBA 键盘常数

| 按　键 | 常　量 | 按　键 | 常　量 |
| --- | --- | --- | --- |
| 功能键【F1】~【F12】 | vbKeyF1 ~ vbKeyF12 | 【Insert】 | vbKeyInsert |
| 顶排【1 ~ 9】到【0】 | vbKey1 ~ vbKey9 | 【Home】 | vbKeyHome |
| 26 个字母键 | vbKeyA ~ vbKeyZ | 【End】 | vbKeyEnd |
| 左右方向键 | vbKeyLef,vbKeyRight | 【PageUp】 | vbKeyPageUp |
| 上下方向键 | vbKeyUp,vbKeyDown | 【PageDown】 | vbKeyPageDown |
| 数字键盘【0 ~ 9】 | vbKeyNumpad0 ~ vbKeyNumpad9 | 【CapsLock】 | vbKeyCapital |

续表

| 按　键 | 常　量 | 按　键 | 常　量 |
|---|---|---|---|
| 退出键【Esc】 | vbKeyEscape | 删除键【Delete】【Del】 | vbKeyDelete |
| 辅助键【Shift】 | vbKeyShift | 【NumLock】 | vbKeyNumlock |
| 辅助键【Alt】 | vbKeyMenu | 加法键【+】 | vbKeyAdd |
| 辅助键【Ctrl】 | vbKeyControl | 减法键【-】 | vbKeySubtract |
| 空格键【Space】 | vbKeySpace | 乘法键【*】 | vbKeyMultiply |
| 退格键【BackSpace】 | vbKeyBack | 除法键【/】 | vbKeyDivide |
| 回车键【Enter】 | vbKeyReturn | | |

辅助键标识 Shift 参数，可以取值为以下数字或数字组合之和。

❑ 1：表示按下【Shift】键。

❑ 2：表示按下【Ctrl】键。

❑ 4：表示按下【Alt】键。

如果要表达同时按下【Ctrl】与【Shift】键，则 Shift=1+2。

以下实例实现了窗体在运行期间按下快捷键【Ctrl+W】就关闭窗体。

**源代码：实例文档 55.xlsm/UserForm1**

```
1.  Private Sub UserForm_KeyDown(ByVal KeyCode As MSForms.ReturnInteger, ByVal
    Shift As Integer)
2.      If KeyCode = VBA.KeyCodeConstants.vbKeyW And Shift = 2 Then
3.          Unload Me
4.      End If
5.  End Sub
```

代码分析：按下快捷键后，会触发用户窗体的 KeyDown 事件，该事件中 KeyCode 参数和 Shift 参数的组合就是快捷键【Ctrl+W】。

## 16.9.2　松开快捷键让文本框内容倒序

KeyUp 事件与 KeyDown 事件的参数完全相同，不同的是，当松开快捷键时才触发，而不是按下快捷键时触发。

下面的实例实现当焦点在文本框时按下快捷键【Ctrl+Shift+R】，然后缓慢松开按键，会看到文本框的内容发生倒序。

**源代码：实例文档 55.xlsm/UserForm2**

```
1.  Private Sub TextBox1_KeyUp(ByVal KeyCode As MSForms.ReturnInteger, ByVal
    Shift As Integer)
2.      If KeyCode = vbKeyR And Shift = 1 + 2 Then
3.          Me.TextBox1.Text = VBA.StrReverse(Me.TextBox1.Text)
4.      End If
5.  End Sub
```

代码分析：第 2 行代码中，Shift=1+2 表示同时按下
【Ctrl】与【Shift】，第 3 行代码中 StrReverse 函数的功能
是字符串倒序。

运行结果如图 16-49 所示。

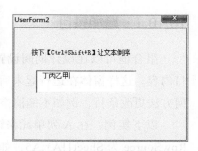

图 16-49  松开按键的事件

### 16.9.3  识别和修改输入的字符

KeyPress 事件可以返回用户输入的单个字符的 ASCII
码值。其完整声明是：

```
KeyPress(ByVal KeyAscii As MSForms.ReturnInteger)
```

其中，参数 KeyAscii 就是字符的 ASCII 码值。

下面的实例实现在文本框中只要输入小写字母就出现大写字母。

**源代码：实例文档 55.xlsm/UserForm3**

```
1.   Private Sub TextBox1_KeyPress(ByVal KeyAscii As MSForms.ReturnInteger)
2.       If KeyAscii >= Asc("a") And KeyAscii <= Asc("z") Then
3.           KeyAscii = KeyAscii - 32
4.       End If
5.   End Sub
```

代码分析：修改 KeyAscii 值，就相当于重新输入。如果把上述过程改为：

```
Private Sub TextBox1_KeyPress(ByVal KeyAscii As MSForms.ReturnInteger)
    KeyAscii = Asc("K")
End Sub
```

则无论输入任何内容，文本框中都出现一连串的 K，没有其他字符。

# 16.10  组合框

组合框（ComboBox）与 16.11 节要讲述的列表框（ListBox）控件，都是用来处理多个条
目的数据的控件，在学习上联系以前数组的学习方法，就容易得多。

在编程实际应用中，可以把各种列表放入组合框和列表框控件，例如国家名称、城市名
称等，只要是多个条目即可。

默认的组合框控件中没有任何条目，对组合框增加条目的方法有 3 种：一种是设置控件
的 RowSource 属性为单元格地址（这个做法只在 Excel VBA 中有效）；另一种是窗体在运行
期间使用 AddItem 方法增加条目；还有一种是设置控件的 List 属性为一个一维数组。

在组合框和列表框的学习中，重点学习条目的增加、删除、清空，以及获取控件的当前
状态。特别要注意的是，组合框和列表框起始条目的索引值是 0，不是 1。

### 16.10.1 增加条目

组合框可以在设计期间设置 RowSource 属性为单元格的地址，事先在单元格中输入条目内容。这样窗体在运行起来后，组合框就有内容了。但是通过这种方式，后期不能使用任何方法更改条目，例如不能清空、不能新增，也不能删除任何条目。

以下实例，在 A 列单元格输入一些字体名称，然后回到窗体设计视图，设置组合框的 RowSource 为 Sheet1!A1:A5，如图 16-50 所示。

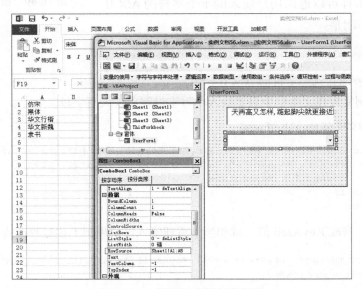

图 16-50　设置组合框的数据源

然后为组合框的 Click 事件写入如下代码。

源代码：实例文档 56.xlsm/UserForm1

```
1.  Private Sub ComboBox1_Click()
2.      Me.TextBox1.Font.Name = Me.ComboBox1.Text
3.  End Sub
```

代码分析：当用鼠标选择组合框中的条目时，文本框的字体格式与组合框中所选条目一致，如图 16-51 所示。

如果不使用单元格数据作为组合框的数据源，则可以使用 AddItem 一条一条地增加条目。AddItem 不带参数时，默认是逐一往后添加。也可以为 AddItem 设置一个参数，这样可以在已有条目的中间位置插入新条目。

源代码：实例文档 56.xlsm/UserForm2

```
1.  Private Sub UserForm_Initialize()
2.      Me.ComboBox1.Clear
3.      Me.ComboBox1.AddItem "仿宋"
4.      Me.ComboBox1.AddItem "华文新魏"
5.      Me.ComboBox1.AddItem "隶书"
6.      Me.ComboBox1.AddItem "黑体"
```

```
7.      Me.ComboBox1.AddItem "微软雅黑", 2
8.  End Sub
```

代码分析：第 2 行代码用于清空组合框所有条目。第 7 行代码表示把"微软雅黑"插入到第 2 个位置（起始位置是 0），因此窗体启动后，组合框外观如图 16-52 所示。

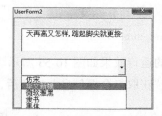

图 16-51　组合框的使用　　　　　　图 16-52　循环增加组合框的条目

对于有规律的序列，还可以使用循环语句把多条内容添加到组合框中。此外，还可以使用组合框的 List 属性，把一个数组的内容作为组合框的数据源。例如：

```
Me.ComboBox1.List = Array("春天", "夏天", "秋天", "冬天")
```

就为列表框增加了 4 个条目。

## 16.10.2　删除条目

使用 RemoveItem 方法可以把已有的条目删除，一次删除一条，必须指定索引。例如，ComboBox1.RemoveItem 2 表示把第 2 个条目删除，删除后其他条目自动往前移动，重建索引，以保证索引的连续性。

如果要删除组合框当前选中的条目，使用 ComboBox1.RemoveItem ComboBox1.ListIndex 即可。

如果要清空组合框中所有内容，使用 ComboBox.Clear 方法。

## 16.10.3　获取组合框条目信息

用鼠标选择组合框中的一个条目，ListIndex 属性返回当前所选的索引值，如果一个也没选中，则 ListIndex 为 –1。

此外，组合框的 ListCount 属性返回组合框的条目总数，List(i) 用来获取索引为 i 的条目内容，Text 属性用来获取列表框当前文本。

下面的实例在窗体启动时自动增加 4 个条目，然后单击命令按钮获取组合框的条目内容。

**源代码：实例文档 56.xlsm/UserForm3**

```
1.  Private Sub CommandButton1_Click()
2.      Dim i As Integer
3.      For i = 0 To Me.ComboBox1.ListCount - 1
4.          Debug.Print i, Me.ComboBox1.List(i)
```

```
5.        Next i
6.        Debug.Print "当前选中的条目：", Me.ComboBox1.ListIndex, Me.ComboBox1.Text
7. End Sub
8. Private Sub UserForm_Initialize()
9.        Me.ComboBox1.AddItem "北冰洋"
10.       Me.ComboBox1.AddItem "太平洋"
11.       Me.ComboBox1.AddItem "大西洋"
12.       Me.ComboBox1.AddItem "印度洋"
13. End Sub
```

窗体的运行效果如图 16-53 所示。

单击"获取组合框信息"按钮后，在立即窗口的打印结果如图 16-54 所示。

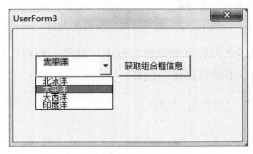

图 16-53　窗体启动时自动添加条目

图 16-54　遍历组合框条目信息

## 16.11　列表框

与组合框相比，列表框（ListBox）可以看作是所有条目都能看到的组合框。因为用鼠标选中组合框中的一个条目，松开鼠标后列表就自动缩回了。而列表框中所有条目一直都可以看见。

列表框的大多数属性、方法、事件和组合框的几乎完全一样，在实际运用时套用组合框的代码即可。

列表框中条目太多，或者每个条目文字比较长，列表框会自动显示水平、垂直滚动条。

以下实例中，窗体启动时从单元格区域的 A 列获取数据，为列表框增加条目，单击命令按钮把列表框中的内容再发回到单元格区域的 C 列中。

**源代码：实例文档 57/UserForm1**

```
1. Private Sub CommandButton1_Click()
2.        Dim i As Integer
3.        For i = 0 To Me.ListBox1.ListCount - 1
4.            Range("C" & i + 1).Value = Me.ListBox1.List(i)
5.        Next i
6. End Sub
7. Private Sub UserForm_Initialize()
8.        Me.ListBox1.Clear
9.        Dim rg As Range
10.       For Each rg In Range("A1:A10")
11.           If IsEmpty(rg) = False Then
```

```
12.              Me.ListBox1.AddItem rg.Value
13.         End If
14.     Next rg
15. End Sub
```

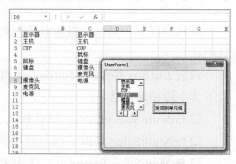

代码分析：第 7 行代码是窗体的启动事件，在该事件过程中，把 A 列中的非空白单元格的内容添加到列表框中。

命令按钮的单击事件中，遍历列表框所有条目，然后把条目内容发回到 C 列中。运行结果如图 16-55 所示。

图 16-55　窗体数据与单元格数据的交换

### 16.11.1　列表框的单击事件

在实际编程中，列表框的 Click 事件是最常用事件。当鼠标为选中列表框中任何条目时，ListIndex 属性返回 –1。

以下实例，窗体启动事件中为列表框添加 4 个条目。当单击列表框中任何一个条目时，对话框中出现所选条目的索引，以及所选条目内容，并且根据所选条目设置窗体的背景色。

**源代码：实例文档 57/UserForm2**

```
1.  Private Sub ListBox1_Click()
2.      Select Case Me.ListBox1.ListIndex
3.          Case 0: Me.BackColor = vbRed
4.          Case 1: Me.BackColor = vbBlue
5.          Case 2: Me.BackColor = vbGreen
6.          Case 3: Me.BackColor = vbYellow
7.      End Select
8.      MsgBox "你选中了第 " & Me.ListBox1.ListIndex & " 条，内容是: " & Me.ListBox1.List(Me.ListBox1.ListIndex)
9.  End Sub
10. Private Sub UserForm_Initialize()
11.     Me.ListBox1.List = Array(" 红色 ", " 蓝色 ", " 绿色 ", " 黄色 ")
12. End Sub
```

窗体运行结果如图 16-56 所示。

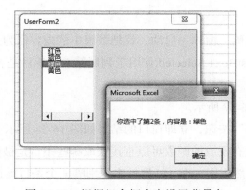

图 16-56　根据组合框内容设置背景色

### 16.11.2 带复选框的多选列表框

默认情况下，鼠标只能选中列表框中的一个条目，再选另一个条目时，前一个就处于未选中状态。

设置 ListBox 控件的 MultiSelect 属性可以实现在列表框中选择多个条目。该属性可以是以下 3 个枚举常量之一。

❑ fmMultiSelectSingle：默认样式，只能选中一条。

❑ fmMultiSelectMulti：可以选中多条。

❑ fmMultiSelectExtended：选中多条，并且可以按住【 Ctrl 】键点选，按住【 Shift 】键连选。

在多选模式下，为了看到每个条目前面的复选框，还需要设置 ListBox 控件的 ListStyle 属性。ListStyle 属性的枚举值如下。

❑ fmListStylePlain：默认样式，不显示前面的复选框。

❑ fmListStyleOption：显示复选框。

以上两个属性，均可在属性窗口中设置。

以下实例，在窗体上插入一个列表框控件后，在属性窗口中设置该控件的 MultiSelect 属性为 fmMultiSelectMulti，并且设置 ListStyle 为 fmListStyleOption。插入一个命令按钮 CommandButton1，其功能是当用户选中多个条目后，在立即窗口打印选中的是哪些。

**源代码：实例文档 57.xlsm/UserForm3**

```
1.   Private Sub CommandButton1_Click()
2.       Debug.Print "您选中的条目如下："
3.       For i = 0 To Me.ListBox1.ListCount - 1
4.           If Me.ListBox1.Selected(i) = True Then
5.               Debug.Print i, Me.ListBox1.List(i)
6.           End If
7.       Next i
8.   End Sub
9.   Private Sub UserForm_Initialize()
10.      Me.ListBox1.List = Array("红色", "蓝色", "绿色", "黄色")
11.  End Sub
```

代码分析：第 9 行代码，窗体一启动，就把数组中的内容作为列表框的条目。

第 4 行代码中 Me.ListBox1.Selected(i) 用于判断第 i 个条目是否处于选中状态，如果选中就打印它的信息。

窗体运行效果如图 16-57 所示。

单击"列举选中内容"按钮，立即窗口的结果如图 16-58 所示。

对于多选的条目，没有现成的函数可以直接获取哪些条目是被选中的，只能从最开始的条目开始遍历所有条目，然后用 Selected 属性来识别哪一个条目是选中的。

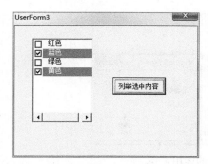

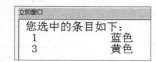

图 16-57　带复选框的列表框　　　　　图 16-58　遍历选中条目的信息

## 16.12　复选框

复选框（CheckBox）和单选按钮（OptionButton）控件都属于单条目控件，也就是说复选框的标题文字（Caption）只能是一句文本。

这种控件只有两个状态：选中（Value 属性是 True）和未选中（Value 属性是 False）。因此，在程序处理中，要识别复选框是否已经被勾选，只能通过 Value 属性来判断。

以下实例用于计算订购的电脑配件需要的总费用。

**源代码：实例文档 58.xlsm/UserForm1**

```
1.  Private Sub CommandButton1_Click()
2.      Dim Total As Integer
3.      If Me.CheckBox1.Value = True Then
4.          Total = Total + 180
5.      End If
6.      If Me.CheckBox2.Value = True Then
7.          Total = Total + 50
8.      End If
9.      If Me.CheckBox3.Value = True Then
10.         Total = Total + 200
11.     End If
12.     MsgBox "你需要付款（元）: " & Total
13. End Sub
```

代码分析：命令按钮的单击事件中，声明了一个整型变量 Total，初始化为 0，接下来用三个 If 条件判断，分别判断每个复选框的状态，如果某项被勾选了，就把对应的金额加到 Total 中。

窗体运行效果如图 16-59 所示。

从本例可以看出，各个复选框之间没有任何联系，是相对独立的，只不过是把它们摆放在了一起。根据这个特点，可以设计多项选择题。

在窗体设计中，适当使用复选框控件，能让窗体的效果更加清晰、明朗。

如果窗体上布置三个以上同类控件时，分别设置控件的大小和位置比较费时，可以使用 VBA 编辑器的"格式"→"对齐"命令或者统一尺寸等功能快速对齐控件。

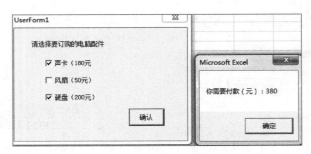

图 16-59    复选框的运用

**重要提示：** 复选框控件在窗体设计期间，默认都处于未选中状态。可以通过属性窗口把复选框的 Value 属性设置为 True，这样当窗体启动时，复选框默认就被勾选了。

# 16.13    单选按钮

单选按钮（OptionButton）与复选框很类似，多个单选按钮构成单选按钮组，组中的每个按钮只有选中和未选中两个状态，但是单选按钮控件最大的特点是"组内互斥"，也就是同一单选按钮组中，只能有一个按钮处于选中状态。好像单项选择题一样，只能选择其一。

默认情况下，窗体上放置多个单选按钮，这些按钮的母体容器是窗体，因此都属于同一个按钮组。

在实际编程中，在同一个窗体上经常存在多个组，每个组的功能是不一样的，如果不做必要处理，则所有单选按钮中只有一个能被选中，这与现实情况不符。遇到这种情况有两个处理方法：一是先在窗体上放置框架控件，把同一类单选按钮放在一个框架中，不同框架之间是相对独立的；二是不使用框架控件，但是设置每个单选按钮的 GroupName 属性，具有一样的 GroupName 的单选按钮被认为是同一组。

## 16.13.1    使用框架隔离单选按钮

在窗体上插入一个框架控件（Frame），在鼠标选中这个框架的前提下，往框架上插入两个单选按钮。将框架的 Caption 改为"性别"，单选按钮的 Caption 属性改为"男"和"女"。

按照上面的方法，在窗体上再放一个框架，重命名为"婚姻状况"，内部插入三个单选按钮，分别重命名。

另外，每个框架的单选按钮组中，需要有一个按钮处于选中状态，因此在窗体设计期间，选中一个单选按钮并设置其 Value 属性为 True，这样，窗体一启动就能看到有按钮被选中。

窗体运行后效果如图 16-60 所示。

可以看出，不同的框架中，单选按钮没有互斥，各选各的。

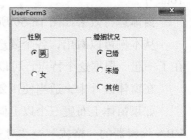

图 16-60    多组单选按钮

### 16.13.2 设置 GroupName 隔离单选按钮

如果不使用框架，就需要为同类的单选按钮设置一样的 GroupName。

在窗体上插入两个单选按钮，将 Caption 属性改为"男""女"，然后按住【 Ctrl 】键选中这两个单选按钮，在属性窗口的 GroupName 中输入任意字符串，例如"组 1"。

照着上述方法，把"婚姻状况"的三个单选按钮也做同样处理，如图 16-61 所示。

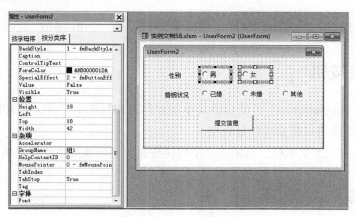

图 16-61　利用 GroupName 属性分组

为了判断单选按钮的选定状况，需要在窗体上插入一个命令按钮，并且书写按钮的单击事件代码。

**源代码：实例文档 58.xlsm/UserForm2**

```
1.   Private Sub CommandButton1_Click()
2.       Dim gender As String
3.       Dim marry As String
4.       If Me.OptionButton1.Value Then
5.           gender = "男"
6.       End If
7.       If Me.OptionButton2.Value Then
8.           gender = "女"
9.       End If
10.      If Me.OptionButton3.Value Then
11.          marry = "已婚"
12.      End If
13.      If Me.OptionButton4.Value Then
14.          marry = "未婚"
15.      End If
16.      If Me.OptionButton5.Value Then
17.          marry = "其他"
18.      End If
19.      MsgBox "你选择了：" & gender & vbNewLine & "并且你选择了：" & marry
20. End Sub
```

代码分析：gender 和 marry 两个字符串变量，用来获得单选按钮的选定内容。不论选中了哪一项，都需要把所有单选按钮判断一下。

窗体运行时的效果如图 16-62 所示。

单击"提交信息"按钮后,弹出的对话框如图 16-63 所示。

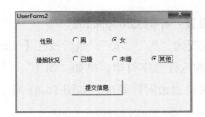

图 16-62　运行效果

图 16-63　返回所选内容

## 16.14　切换按钮

切换按钮(ToggleButton)可能是最简单的控件,和复选框一样,只有按下和弹起两个状态,由 Value 属性可以得知按钮是否按下。

在窗体上插入一个文本框,再插入一个切换按钮,用切换按钮的状态来设置文本框的显示 / 隐藏状态。

**源代码:实例文档 58.xlsm/UserForm1**

```
1.  Private Sub ToggleButton1_Click()
2.      If Me.ToggleButton1.Value = True Then
3.          Me.TextBox1.Visible = True
4.      Else
5.          Me.TextBox1.Visible = False
6.      End If
7.  End Sub
```

代码分析:用一个控件的状态去影响另一个控件的状态,是编程常用的技术,本例代码中用 If 条件选择结构实现,实际上类似于布尔切换代码,可以简写为 Me.TextBox1.Visible = Me.ToggleButton1.Value,一行代码即可解决问题,而无须使用 If 结构。

窗体运行效果如图 16-64 所示。

在实际编程应用中,ToggleButton 的应用场合非常少,一般用复选框或单选按钮取而代之。

图 16-64　使用 ToggleButton 切换文本框的可见性

## 16.15　框架

框架(Frame)控件用来把控件进行分组,前面讲单选按钮时曾涉及过框架控件的知识。

使用框架的技术要点是,在窗体设计视图中,向框架控件中插入新控件时,一定要先选中框架控件,否则,新控件出现在窗体上,而不是出现在框架中。

那么,放在框架中的控件与直接放在窗体上的控件,有哪些区别之处呢?

❑ 母体容器不同。直接放在窗体上的控件,其母体是窗体;放在框架上的控件,其母体是框架。可以用控件的 Parent 属性获知。

❑ 控件的 Left、Top 属性意义不同。如果控件放在框架中，控件的 Left 属性是指该控件的左侧与框架左侧的距离，而不是与窗体左侧的距离。

❑ 如果框架的 Visible 属性被设为 False，则框架内所有控件都不可见；如果框架的可用性（Enabled）被设置为 False，则框架内所有控件不可使用。

下面的实例，在窗体上放入一个框架，然后在该框架上放入 3 个文本框控件；在窗体上直接放入 2 个文本框控件，以及两个命令按钮。

第一个命令按钮的功能是禁用框架，第二个按钮的作用是遍历窗体上所有控件的信息。

**源代码：实例文档 59.xlsm/UserForm2**

```
1.  Private Sub CommandButton1_Click()
2.      Me.Frame1.Enabled = False
3.  End Sub
4.  Private Sub CommandButton2_Click()
5.      Dim ct As MSForms.Control
6.      Debug.Print "控件名称", "控件母体名称"
7.      For Each ct In Me.Controls
8.          Debug.Print ct.Name, ct.Parent.Name
9.      Next ct
10. End Sub
```

代码分析：第二个按钮的单击事件过程中，遍历用户窗体上所有控件的名称，以及控件母体的名称。

窗体运行时的效果如图 16-65 所示。

当单击"遍历控件"按钮时，立即窗口的结果如图 16-66 所示。

图 16-65　使用框架

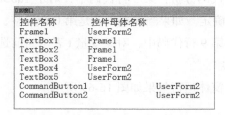

图 16-66　遍历窗体上的所有控件

可以看到前三个 TextBox 的母体是 Frame1，不是 UserForm2。如果把第 7 行代码改为 For Each ct In Me. Frame1.Controls，那么立即窗口的打印结果如图 16-67 所示。

只有三个文本框属于框架内的控件。

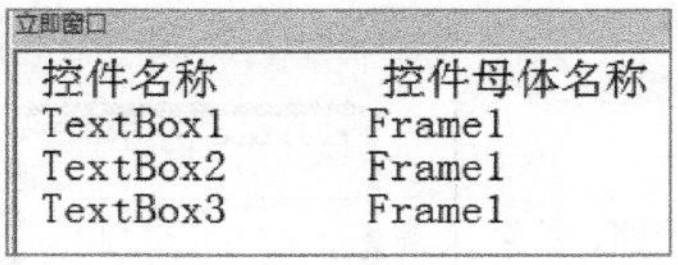

图 16-67　遍历框架中的控件

**提示：**框架这种容器控件还可以无限嵌套，也就是框架中还可以放置框架。

## 16.16　多标签控件

多标签（TabStrip）控件不是用于放置控件的容器。也就是说，不能把其他控件放入多标签控件中。

实际上，多标签控件起的作用只是用户可以切换它的标签页而已。

在窗体的设计期间，可以通过新建页和删除页来编辑控件的标签。

下面的实例实现在用户窗体上插入一个 TabStrip 和一个 Image 图像控件，然后把 TabStrip 控件编辑为 4 个标签页，并重命名，如图 16-68 所示。

多标签控件的常用事件是 Change 事件，当用户切换标签时触发。

多标签控件的所有标签用 Tabs 集合对象表示，每一个选项卡都是一个 Tab 对象。多标签控件最左侧的标签编号是 0，以后依次增加 1。当用户切换选项卡时，当前选项卡的编号可以从多标签控件的 Value 属性获得。

实例的功能是当用鼠标切换标签时，动态更新 Image 控件中的图像，其中程序用到的图片文件已经事先准备好。

**源代码：实例文档 60.xlsm/UserForm1**

```
1.   Private Sub TabStrip1_Change()
2.       Dim t As MSForms.Tab
3.       Select Case Me.TabStrip1.Value
4.       Case 0: Me.Image1.Picture = LoadPicture(ThisWorkbook.Path & "\WordLogo.jpg")
5.       Case 1: Me.Image1.Picture = LoadPicture(ThisWorkbook.Path & "\ExcelLogo.jpg")
6.       Case 2: Me.Image1.Picture = LoadPicture(ThisWorkbook.Path & "\pptLogo.jpg")
7.       Case 3: Me.Image1.Picture = LoadPicture("")
8.       End Select
9.       Set t = Me.TabStrip1.SelectedItem
10.      MsgBox "你选中的选项卡标签是: " & t.Caption
11. End Sub
```

代码分析：第 3 行代码中，对于 TabStrip 控件，当前选中的选项卡编号可以用 Value 属性来确定。如果当前选中的是第 0 个标签，那么就为图像控件加载 WordLogo.jpg 图片。

第 9 行代码中，对象变量 t 表示当前选中的那个标签，在对话框中给出了该选项卡的标题文字。

窗体运行效果如图 16-69 所示。

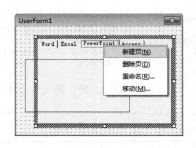

图 16-68　使用多标签控件

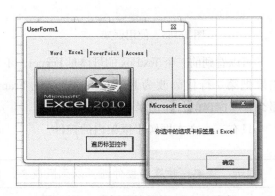

图 16-69　多标签控件的 Change 事件

以上实例讲述了多标签控件的 Change 事件、选中标签的序号和标题等知识。

要注意的是，多标签控件一定要置于窗体上其他控件的最底层，否则多标签控件会压住其他控件。

### 16.16.1　用代码增加标签

窗体在运行时，还可以动态增删多标签选项卡的标签。下面的代码演示了单击命令按钮可以动态增加标签。

**源代码：实例文档 60.xlsm/UserForm2**

```
1.   Private Sub CommandButton1_Click()
2.       Dim t As MSForms.Tab
3.       Me.TabStrip1.Tabs.Add "China", " 中国 ", 0
4.       Me.TabStrip1.Tabs.Add "Italy", " 意大利 ", 1
5.       Me.TabStrip1.Tabs.Add "Korea", " 韩国 ", 1
6.       Me.TabStrip1.Tabs.Add "Australia", " 澳大利亚 ", 3
7.       Set t = Me.TabStrip1.Tabs.Item("China")
8.       Debug.Print t.Index, t.Name, t.Caption
9.   End Sub
```

代码分析：第 3 行代码用 Add 方法增加标签，后面 3 个参数分别规定了新标签的 Name、Caption 和 Index 属性。

注意，首先增加中国，然后增加意大利，但是增加韩国的时候，是把韩国插入到第 1 个位置，所以把意大利变成韩国后面的了，最后增加澳大利亚。这种跨索引插入的做法，只能在已有标签之间插入，不能中间隔着空白插入，例如" Me.TabStrip1.Tabs.Add "Japan", " 日本 ",8"是不对的，因为索引 8 之前根本就没有标签。

窗体启动以后，多标签控件里一个标签也没有，但是单击命令按钮后，会自动出现 4 个标签，如图 16-70 所示。

按钮"遍历标签控件"的单击事件如下。

**源代码：实例文档 60.xlsm/UserForm2**

```
1.   Private Sub CommandButton2_Click()
2.       Dim i As Integer, t As MSForms.Tab
3.       For Each t In Me.TabStrip1.Tabs
4.           Debug.Print t.Index, t.Name, t.Caption
5.       Next t
6.   End Sub
```

代码分析：第 3 ~ 5 行代码遍历所有标签，并打印每个标签的索引、名称、标题文字。

运行结果如图 16-71 所示。

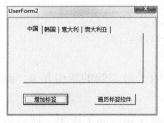

图 16-70　自动增加标签

图 16-71　遍历标签控件的每个标签

### 16.16.2　用代码删除标签

使用 Tabs.Remove 方法，可以删除已有标签。其中 Remove 后面的参数，可以是标签的标题文字，也可以是标签的索引号。

下面的实例实现在窗体上放入一个多标签控件，然后设置 4 个标签页，重命名为 Word、Excel、PowerPoint 和 Access。

**源代码：实例文档 60.xlsm/UserForm3**

```
1.  Private Sub CommandButton1_Click()
2.      Me.TabStrip1.Tabs.Remove 2
3.      Me.TabStrip1.Tabs.Remove "Word"
4.      MsgBox " 剩下的标签个数是: "
          & Me.TabStrip1.Tabs.Count
5.  End Sub
```

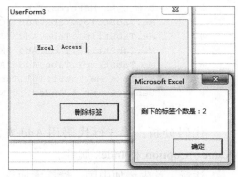

代码分析：第 2 行代码删除索引为 2 的标签，也就是把 PowerPoint 那个标签删除了，然后删除标题为 Word 的标签，最后剩下两个标签。单击"删除标签"按钮后效果如图 16-72 所示。

图 16-72　自动删除标签

## 16.17　多页控件

多页（MultiPage）控件可以看作多个框架（Frame）控件的叠加。与 Frame 控件一样，多页控件的每一页都可以作为容器用来放置控件。

在窗体设计视图中，多页控件也可以新建页、删除页和重命名。窗体运行期间，使用 Value 属性获取当前活动页的索引值，最左侧的索引是 0。当页标签发生切换时，触发多页控件的 Change 事件。

多页控件的代码编写和多标签控件（TabStrip）很相似。下面的实例实现在窗体上插入一个多页控件，编辑为 3 个页，在每一页放置不同的控件，然后编写多页控件的页面切换事件。

**源代码：实例文档 61.xlsm/UserForm1**

```
1.  Private Sub MultiPage1_Change()
2.      Dim i As Integer
3.      i = Me.MultiPage1.Value
4.      ActiveWorkbook.Worksheets(i + 1).Activate
5.      Me.Caption = Me.MultiPage1.SelectedItem.Caption
6.  End Sub
```

代码分析：变量 i 用来取得当前所选页的索引值。由于最左侧的索引是 0，而工作表左侧的索引是 1，所以在第 4 行代码中使用 i+1。

程序的功能是：当多页标签发生页面切换时，自动激活相应的工作表，然后窗体的标题文字显示为多页控件当前所选页。

选择"边框"页的效果如图 16-73 所示。

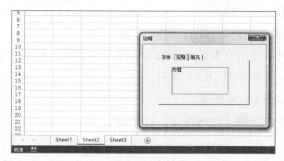

图 16-73　多页控件的 Change 事件

选择"字体"页的效果如图 16-74 所示。

图 16-74　选择另一个页

在窗体运行期间，也可以动态增删多页控件的页，代码编写思路与多标签控件非常相似。

下面的实例实现在窗体的启动事件中首先清空多页控件的所有页，然后添加 5 个页，删除其中 1 个，最后遍历所有页的信息。

**源代码：实例文档 61/UserForm2**

```
1.  Private Sub UserForm_Initialize()
2.      Dim p As MSForms.Page
3.      Me.MultiPage1.Pages.Clear
4.      Set p = Me.MultiPage1.Pages.Add("P0", "三国演义", 0)
5.      Set p = Me.MultiPage1.Pages.Add("P1", "水浒传", 1)
6.      Set p = Me.MultiPage1.Pages.Add("P2", "红楼梦", 2)
7.      Set p = Me.MultiPage1.Pages.Add("P3", "封神演义", 3)
8.      Set p = Me.MultiPage1.Pages.Add("P4", "西游记", 4)
9.      Me.MultiPage1.Pages.Remove 3
10.     Debug.Print "页数为: ", Me.MultiPage1.Pages.Count
11.     Set p = Nothing
12.     For Each p In Me.MultiPage1.Pages
13.         Debug.Print p.Index, p.Name, p.Caption, p.Visible
14.     Next p
15. End Sub
```

代码分析：第 3 行代码清空所有页。第 4 ~ 8 行代码使用 Pages.Add 方法添加 4 个新页，3 个参数的含义依次是页的名称、标题和索引。

第 9 行代码删除索引为 3 的页。

第 10 行代码打印多页控件目前的总页数。

第 12 ~ 14 行代码遍历所有页，打印每页的序号、名称、标题文字、可见性。

窗体启动后，运行效果如图 16-75 所示。

立即窗口的结果如图 16-76 所示。

可以看到结果中并未出现"封神演义"这个页。

归纳总结：

❑ 框架（Frame）控件可以作为其他控件的容器，但是框架控件只能是 1 个标签。

❑ 多标签（TabStrip）控件不是控件的容器，只能提供多个标签。

❑ 多页（MultiPage）控件的每一页都能作为控件的容器，不同页可以放置不同的控件。

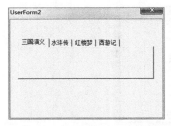

| 页数为： | | 4 | | |
|---|---|---|---|---|
| 0 | P0 | | 三国演义 | True |
| 1 | P1 | | 水浒传 | True |
| 2 | P2 | | 红楼梦 | True |
| 3 | P4 | | 西游记 | True |

图 16-75　启动时自动设置多页控件　　　　图 16-76　遍历多页控件的每页

## 16.18　滚动条

这节所讲述的滚动条（ScrollBar）是一个独立的控件，使用滚动条可以方便地调节数值。

滚动条控件的重要属性如下。

❑ Min：最小值。

❑ Max：最大值。

❑ Value：滚动条实际值，可读写。

❑ SmallChange：单击滚动条两端的箭头按钮，引起 Value 值的改变。

❑ LargeChange：单击滚动条中间空白区域时，引起 Value 值的改变。

❑ Orientation：滚动条方向，水平或垂直。

滚动条控件的重要事件是 Change 事件，当滚动条的值发生变化时触发。

下面的实例利用两个滚动条来调节文本框的宽度和高度。

在窗体上插入两个滚动条控件：第一个设置为水平滚动条；第二个设置为垂直滚动条。以上两个滚动条控件的 Min 设置为 30，Max 设置为 100。再插入一个文本框。最后插入一个命令按钮，用来获取水平滚动条的信息。

设计期间滚动条控件的效果如图 16-77 所示。

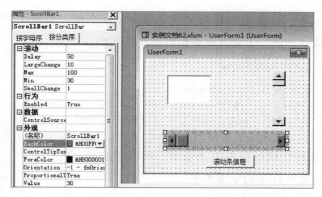

图 16-77　使用滚动条控件

接下来编写滚动条的事件过程，当滚动条的值改变时，立即改变文本框的大小。

**源代码：实例文档 62/UserForm2**

```
1.   Private Sub ScrollBar1_Change()
2.       Me.TextBox1.Width = Me.ScrollBar1.Value
3.   End Sub
4.   Private Sub ScrollBar2_Change()
5.       Me.TextBox1.Height = Me.ScrollBar2.Value
6.   End Sub
```

然后书写命令按钮的单击事件过程。

**源代码：实例文档 62/UserForm2**

```
1.   Private Sub CommandButton1_Click()
2.       With Me.ScrollBar1
3.           Debug.Print .Min, .Max, .SmallChange; .LargeChange, .Value
4.       End With
5.   End Sub
```

代码分析：单击按钮后，在立即窗口打印水平滚动条的最小值、最大值、微调值、快速调节值，以及当前值，如图 16-78 所示。

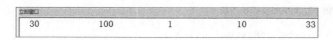

图 16-78　打印滚动条的属性

## 16.19　旋转按钮

旋转按钮（SpinButton）与滚动条一样，也是数值调节器，不同的是旋转按钮只有两端的箭头，没有中间的空白。该控件大多数属性和事件与 ScrollBar 控件一样，但是该控件没有 LargeChange 属性。旋转按钮可以设置 Orientation 属性，有水平和垂直两种。

在实际编程运用中，旋转按钮经常与文本框联用，通过微调旋转按钮从而改变文本框中的数字。

下面的实例中，窗体上放置一个旋转按钮和一个文本框，然后在下方摆放一个标签控件。通过改变旋转按钮的值，去改变标签控件的字体大小。

**源代码：实例文档 62.xlsm/UserForm2**

```
1.  Private Sub SpinButton1_Change()
2.      Me.TextBox1.Text = Me.SpinButton1.Value
3.      Me.Label2.Font.Size = CInt(Me.TextBox1.Text)
4.  End Sub
```

代码分析：当旋转按钮的值发生改变时，把值赋给文本框中，然后进一步改变标签的字体大小。

反过来，如果手工修改文本框中的数值，旋转按钮的值会同步变化吗？这需要进一步书写文本框的 Change 事件。

窗体运行效果如图 16-79 所示。

图 16-79　旋转按钮

## 16.20　图像控件

图像（Image）控件用于显示电脑中的图片。如果在窗体设计期间为图像控件设置图片，需要设置该控件的 Picture 属性，浏览电脑中的一幅图即可。如果在运行期间为控件加载或变更图片，需要使用 LoadPicture 函数。

关于图像控件与图形本身的容纳问题，下面几个重要的属性都会影响到效果。

❏ AutoSize：该属性为 True，控件大小随图片大小而自动调整。

❏ PictureAlignment：图片的对齐方向。

❏ PictureSizeMode：图片在控件中的缩放、裁剪方式，请参考 16.5.3 节相关内容。

下面的实例实现在窗体上放置一个 Image 控件，再放置两个按钮，一个用来加载图片，另一个用来清空图片。

**源代码：实例文档 63.xlsm/UserForm1**

```
1.  Private Sub CommandButton1_Click()
2.      Me.Image1.Picture = LoadPicture(ThisWorkbook.Path & "\ExcelLogo.jpg")
3.  End Sub
4.  Private Sub CommandButton2_Click()
5.      Me.Image1.Picture = LoadPicture("")
6.  End Sub
```

代码分析：ExcelLogo.jpg 是预先准备好的图片。第 5 行代码清空控件中的图像，只需要 Load-Picture("") 即可。

窗体运行效果如图 16-80 所示。

在实际编程中，可以在窗体上放置多个 Image 控件，完成一些大型的任务。本书配套资源

图 16-80　加载和清空 Image 控件中的图片

中 ImageMso7345_Userform.xlsm 就是利用 TabStrip 控件和 Image 控件制作的，效果如图 16-81 所示。

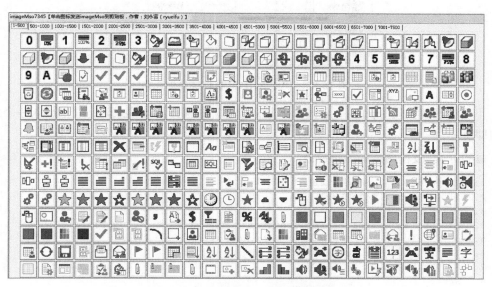

图 16-81　大量使用 Image 控件的效果图

# 16.21　RefEdit 控件

Excel VBA 的窗体中，可以使用 RefEdit（单元格选择）控件来辅助选择单元格区域。该控件不可以使用在非模态窗体中。

包含 RefEdit 控件的窗体启动后，用鼠标单击 RefEdit 控件，窗体会最小化，等用户选择动作完成后，窗体恢复原始大小。此时 RefEdit 控件的 Value 属性将获取刚刚选中的单元格地址。

下面的实例实现在窗体上放置一个 RefEdit 控件和一个命令按钮，命令按钮的功能是用来确定单元格区域，并且对该区域的格式进行设定。

**源代码：实例文档 65.xlsm/UserForm1**

```
1.  Private Sub CommandButton1_Click()
2.      Dim rg As Range
3.      Set rg = Range(Me.RefEdit1.Value)
4.      rg.NumberFormat = "0.00"
5.      rg.Font.Italic = True
6.  End Sub
```

窗体在运行时的效果如图 16-82 所示。

单击窗体上的"设置格式"按钮，会看到工作表中数据格式发生改变。

在实际编程过程中，可以使用 InputBox 函数来代替 RefEdit 控件，InputBox 使用起来更方便。

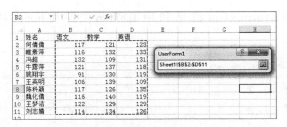

图 16-82　使用 RefEdit 控件选择单元格

下面的实例使用 InputBox 来实现单元格选取，在窗体设计模式时，仅仅放入一个命令按钮即可。

**源代码：实例文档 65.xlsm/UserForm2**

```
1.  Private Sub CommandButton1_Click()
2.      On Error GoTo Err1
3.      Dim rg As Range
4.      Set rg = Application.InputBox("请选择数据区域: ", Type:=8)
5.      MsgBox "你选择的地址是: " & rg.Address(False, False)
6.      rg.Interior.Color = vbRed
7.      Exit Sub
8.  Err1:
9.      MsgBox "没有选中任何区域。"
10. End Sub
```

代码分析：第 4 行代码指定 InputBox 的 Type 参数为 8，意思是可以选择单元格区域，而不是往里输入文本。如果用户选择了区域，并且单击"确定"按钮，那么将区域填充为红色。

如果用户没有选区域，或者单击"取消"按钮，会出错，因此进行了错误处理。

窗体启动后，单击"选择区域"按钮，效果如图 16-83 所示。

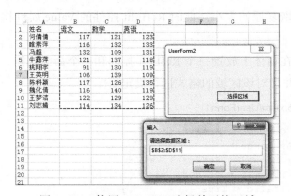

图 16-83　使用 InputBox 选择单元格区域

## 16.22　遍历窗体上的控件

窗体在运行期间，可以遍历窗体上所有控件的信息，如果窗体上控件的类型只有一种，例如所有控件的类型都是文本框，那么控件变量就可以声明为 MSForms.TextBox。如果窗体上含有多种类型的控件，变量只能声明为 MSForms.Control。

下面的实例实现窗体在设计期间放入 3 个文本框和一个命令按钮，单击命令按钮会自动调整 3 个文本框的大小和位置。

窗体设计期间效果如图 16-84 所示。

"自动调整"按钮的事件代码如下。

**源代码：实例文档 64.xlsm/UserForm1**

```
1.  Private Sub CommandButton1_Click()
2.      Dim ct As MSForms.Control
3.      Dim i As Integer
4.      For Each ct In Me.Controls
5.          If TypeName(ct) = "TextBox" Then
6.              i = i + 1
7.              ct.Move 20, 40 * i, 100, 30
8.          End If
9.      Next ct
10. End Sub
```

代码分析：第 5 行代码使用 TypeName 获取控件的类型，代码的含义是只有控件属于文本框才发生 Move 操作。使用变量 i 的作用是为了让 3 个文本框上下间隔分开，防止重叠。

窗体运行后，单击"自动调整"按钮后效果如图 16-85 所示。

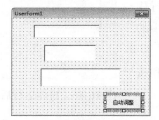
图 16-84　窗体预先放置一些控件

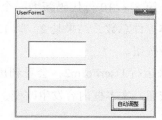
图 16-85　自动更改控件属性

除了自动调整控件属性外，还可以在运行期间自动增加、删除控件。

## 16.22.1　运行期间动态增加控件

窗体在运行期间，UserForm.Controls 集合对象，具有 Add、Clear、Remove 等方法，用于管理控件。

动态增加控件，难点在于新控件事件过程的设计。

下面的实例中，窗体设计视图中窗体上不放置任何控件，在窗体的启动事件中自动添加一个文本框和一个命令按钮。为了单击这个命令按钮能够有响应，需要用到类模块。为 VBA 工程插入一个类模块 ClsEvent，编写如下代码。

**源代码：实例文档 64.xlsm/ClsEvent**

```
1.  Public WithEvents C As MSForms.CommandButton
2.  Private Sub C_Click()
3.      UserForm2.Controls("T1").Text = Now
4.  End Sub
```

代码分析：第 1 行代码声明了一个具有事件过程的命令按钮对象 C。按钮 C 的单击事件让文本框 T1 的文本改为当前时间。

然后编写 UserForm2 的启动事件过程。

**源代码：实例文档 64.xlsm/UserForm2**

```
1.  Private MyEvent As New ClsEvent
2.  Private Sub UserForm_Initialize()
3.      Dim txt As MSForms.TextBox, cmd As MSForms.CommandButton
4.      Me.Controls.Clear
5.      Set txt = Me.Controls.Add("Forms.TextBox.1", "T1")
6.      txt.Move 20, 30, 100, 25
7.      txt.Text = "新文本框"
8.      Set cmd = Me.Controls.Add("Forms.CommandButton.1", "C1")
9.      cmd.Move 20, 60, 100, 25
10.     cmd.Caption = "新按钮"
11.     Debug.Print "窗体上的控件总数: " & Me.Controls.Count
12.     Set MyEvent.C = cmd
13. End Sub
```

代码分析：第 1 行代码中的 **MyEvent** 是类模块的实例化。第 4 行代码清空窗体上的所有控件。第 5 行代码自动增加一个文本框，名称为 T1。第 6 行代码重新规定文本框的大小和位置。第 8 ~ 10 行代码新增一个命令按钮。第 11 行代码打印窗体控件总数，结果是 2。第 12 行代码把类模块中的事件赋予新按钮。

接下来运行 UserForm2，会看到出现了一个文本框和按钮，单击按钮，文本框内容发生改变，如图 16-86 所示。

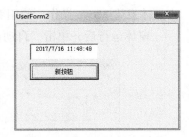

图 16-86 窗体运行后创建控件

### 16.22.2 运行期间动态删除控件

在窗体运行期间，使用 UserForm.Controls.Remove 方法可以删除使用代码添加上的控件，不能删除设计期间放上去的控件。

下面的实例中窗体设计期间在窗体上放置两个命令按钮，第一个按钮的功能是动态增加两个文本框控件，第二个按钮的功能是动态删除其中一个文本框。两个按钮的 Click 事件过程如下。

**源代码：实例文档 64.xlsm/UserForm3**

```
1.  Private Sub CommandButton1_Click()
2.      Me.Controls.Add "Forms.TextBox.1", "T1"
3.      Me.Controls("T1").Move 20, 30, 100, 25
4.      Me.Controls.Add "Forms.TextBox.1", "T2"
5.      Me.Controls("T2").Move 20, 60, 100, 25
6.  End Sub
7.  Private Sub CommandButton2_Click()
8.      Me.Controls.Remove "T1"
9.  End Sub
```

代码分析：Remove 方法后面的参数是控件的名称字符串。

窗体运行后效果如图 16-87 所示。

以上讲述了窗体在运行期间，可以用代码增加、删除控件，但是这些改动不会保存在窗体中，当窗体卸载后，还是保持设计期间的控件。

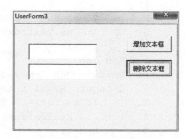

图 16-87　自动删除控件

## 16.23　响应鼠标单击的事件

窗体和大多数控件都支持鼠标的 Click 和 DblClick 事件，如果要用到鼠标细致的操作行为，还需要了解 MouseDown、MouseUp 和 MouseMove 事件。

一般的鼠标具有左键、右键和中键（鼠标滚轮），这三个键都可以按下并弹起。此外，还可以配合键盘的【Ctrl】【Shift】【Alt】一起操作。

当鼠标在控件上按下键时触发 MouseDown 事件，当松开鼠标键时触发 MouseUp 事件，当鼠标在控件上移动时触发 MouseMove 事件。

MouseDown 事件的完整声明是：

```
MouseDown(ByVal Button As Integer, ByVal Shift As Integer, ByVal X As Single,
ByVal Y As Single)
```

参数说明如下。

❑ Button：返回鼠标的键，按下左键返回 1，按下右键返回 2，按下中键返回 4。

❑ Shift：返回辅助按键，按下鼠标的同时按下【Ctrl】键该参数为 2，按下【Shift】键返回 1，按下【Alt】键返回 4，如果按下了多个辅助键则是其加和。

❑ X：鼠标光标在控件中的水平位置。

❑ Y：鼠标光标在控件中的垂直位置。

注意，X 和 Y 的参照物是控件，而不是窗体。也就是说当鼠标单击控件的左上角时，X 和 Y 都是 0。

MouseUp、MouseMove 事件的参数列表与 MouseDown 完全相同。

以上三个事件在大部分控件中均适用。下面以按钮和文本框为例，说明上述三个事件的用法。

### 16.23.1　判断鼠标按键

下面的例子实现当鼠标在命令按钮上按下鼠标右键时，隐藏文本框；当松开鼠标右键时，显示文本框。

源代码：实例文档 66.xlsm/UserForm1

```
1.  Private Sub CommandButton1_MouseDown(ByVal Button As Integer, ByVal Shift
       As Integer, ByVal X As Single, ByVal Y As Single)
```

```
2.        If Button = 2 Then
3.            Me.TextBox1.Visible = False
4.        End If
5. End Sub
6. Private Sub CommandButton1_MouseUp(ByVal Button As Integer, ByVal Shift As
   Integer, ByVal X As Single, ByVal Y As Single)
7.        If Button = 2 Then
8.            Me.TextBox1.Visible = True
9.        End If
10. End Sub
```

**代码分析**：上述代码分为 MouseDown 和 MouseUp 两个事件，第 2 行代码 Button=2 的意思是只有按下的是鼠标右键，If 条件语句才成立。

这个例子说明 MouseDown 和 MouseUp 的区别：一个是按下鼠标，另一个是松开鼠标。

### 16.23.2  判断键盘辅助键

在鼠标事件中，通过判断 Shift 参数，可以获知用户按下的是键盘的哪一个辅助键。

下面这个实例实现在文本框中左手按住【Shift】键、右手单击鼠标，文本框背景色变蓝。

**源代码：实例文档 66.xlsm/UserForm2**

```
1. Private Sub TextBox1_MouseDown(ByVal Button As Integer, ByVal Shift As
   Integer, ByVal X As Single, ByVal Y As Single)
2.      Select Case Shift
3.      Case 1                          '按住了 Shift
4.          Me.TextBox1.BackColor = vbBlue
5.      Case 2                          '按住了 Ctrl
6.          Me.TextBox1.BackColor = vbRed
7.      Case 4                          '按住了 Alt
8.          Me.TextBox1.BackColor = vbGreen
9.      End Select
10. End Sub
```

**代码分析**：本例只根据 Shift 参数进行判断，因此当用户按住【Ctrl】键的同时，无论单击的是鼠标的左键、右键、中键中的任意一个，都会让文本框变红。

### 16.23.3  判断单击位置

当用鼠标在按钮上单击时，不管单击到按钮的什么位置，只要单击上，一定触发 Click 事件。但是如果要根据单击按钮的位置不同，做不同的处理，就需要用到 MouseDown 事件中的 X、Y 参数。

下面的实例实现将命令按钮 Caption 设置为多行文本，用鼠标单击按钮上不同位置，追加到文本框中的内容是不同的。

首先在窗体上插入一个按钮，把该按钮的宽度和高度设置为一样的数值，使其成为正方形按钮。

　　然后在窗体设计视图中，为按钮输入文字"1 2 3"，按下快捷键【Ctrl+Enter】，继续输入"4 5 6"，再按下快捷键【Ctrl+Enter】，再继续输入"7 8 9"。再插入一个文本框，然后编写按钮的 MouseDown 事件。

**源代码：实例文档 66.xlsm/UserForm3**

```
1.    Private Sub CommandButton1_MouseDown(ByVal Button As Integer, ByVal Shift
      As Integer, ByVal X As Single, ByVal Y As Single)
2.        Dim W As Single, H As Single
3.        Dim num As String
4.        W = Me.CommandButton1.Width
5.        H = Me.CommandButton1.Height
6.        If X > 0 And X < W / 3# Then
7.            If Y > 0 And Y < H / 3# Then
8.                num = "1"
9.            ElseIf Y > H / 3# And Y < H * 2 / 3# Then
10.               num = "4"
11.           ElseIf Y > H * 2 / 3# And Y < H Then
12.               num = "7"
13.           End If
14.       ElseIf X > W / 3 And X < W * 2 / 3# Then
15.           If Y > 0 And Y < H / 3# Then
16.               num = "2"
17.           ElseIf Y > H / 3# And Y < H * 2 / 3# Then
18.               num = "5"
19.           ElseIf Y > H * 2 / 3# And Y < H Then
20.               num = "8"
21.           End If
22.       ElseIf X > W * 2 / 3# And X < W Then
23.           If Y > 0 And Y < H / 3# Then
24.               num = "3"
25.           ElseIf Y > H / 3# And Y < H * 2 / 3# Then
26.               num = "6"
27.           ElseIf Y > H * 2 / 3# And Y < H Then
28.               num = "9"
29.           End If
30.       End If
31.       Me.TextBox1.Text = Me.TextBox1.Text & num
32.   End Sub
```

　　代码分析：因为按钮是一个正方形，如果单击到按钮的左上角，X 和 Y 都是 0；如果单击到按钮的右下角，X 和 Y 恰好是按钮的宽度和高度，如果单击到按钮中央的某个位置，这就需要分别判断 X 和 Y 处于正方形的哪一个区域。

　　可以理解为 9 个数字分别占据按钮的 9 个区域，在 1/3 处和 2/3 处作为边界，分别处理。窗体运行后，单击按钮控件的不同部位，文本框中的内容不同，如图 16-88 所示。

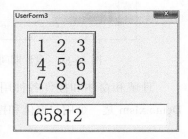

图 16-88　利用 MouseDown 事件

### 16.23.4　移动鼠标的事件

当鼠标在控件上方移动时，触发 MouseMove 事件，哪怕是很微小的移动，也会触发该事件过程。

以下实例实现当鼠标在按钮上面挪动时，按钮的标题文字为鼠标的坐标值；如果按住鼠标的任何键挪动，窗体上的红色标签和蓝色标签的交叉点，恰好在鼠标的位置。

在窗体上放置一个宽 160、高 100 的按钮控件，并把按钮标题改为空字符串。接着放入一个标签控件，设置其背景色为红色，高度为 2，宽为 160，和按钮水平方向对齐。再放入一个标签控件，设置背景色为蓝色，高为 100，宽为 2，和按钮竖直方向对齐。

窗体设计视图如图 16-89 所示。

然后编写命令按钮的 MouseMove 事件。

**源代码：实例文档 66.xlsm/UserForm4**

```
1.  Private Sub CommandButton1_MouseMove(ByVal Button As Integer, ByVal Shift
    As Integer, ByVal X As Single, ByVal Y As Single)
2.      If Button = 0 Then
3.          Me.CommandButton1.Caption = X & "," & Y
4.      Else
5.          Me.Label2.Left = Me.CommandButton1.Left + X
6.          Me.Label1.Top = Me.CommandButton1.Top + Y
7.      End If
8.  End Sub
```

代码分析：第 2 行代码中，Button=0 表示未按鼠标键，只是挪动鼠标，就在按钮中显示鼠标的当前位置。

如果按住鼠标挪动，则自动移动两个标签控件位置，从而在鼠标光标处出现一个十字架，如图 16-90 所示。

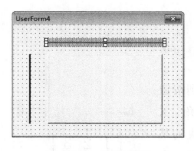

图 16-89　设计期间

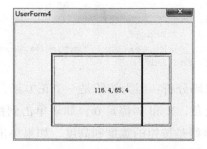

图 16-90　借助 MouseMove 事件移动控件

理解和窗体和控件各种用法，能大幅度提高作品的质量。本书配套资源中 UserForm-Demo.xlsm 是一个用户窗体和控件的展示作品，请读者参考。

## 16.24　使用附加控件

VBA 的窗体中，除了可以使用 15 种内置控件以外，还可以使用其他附加控件，从而进一步丰富和强化窗体的功能。

在控件工具箱右下角空白处右击，在弹出的快捷菜单中选择"附加控件"命令，如图 16-91 所示。

在"附加控件"对话框中，勾选需要的控件复选框，就可以把该控件放到工具箱中，如图 16-92 所示。

图 16-91　使用附加控件

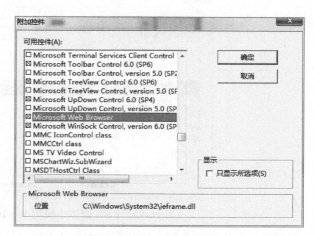

图 16-92　勾选附加控件

实际上，诸如 CommonDialog、DataGrid、Treeview 这些控件，在 VB6 中完全支持，编程思路和技术上和 VB6 完全一样。因此本章只演示一个 WebBrowser 控件在 VBA 中的用法即可，其他高级控件暂不讨论。

要想在 VBA 的窗体上使用 WebBrowser 控件，需要在附加控件列表中勾选 Microsoft Web Browser 复选框，然后把工具箱中的图标拖到用户窗体上即可。

WebBrowser 控件可以用来浏览网页、本机图片文件。

下面的实例实现在窗体上插入一个文本框作为网页的地址栏，再插入一个 WebBrowser 控件，然后插入两个按钮："浏览本地网页"和"浏览本地图片"，用来显示本机网页文件以及图片。

**源代码：实例文档 67.xlsm/UserForm1**

```
1.  Private Sub CommandButton1_Click()
2.      Me.WebBrowser1.Navigate ThisWorkbook.Path & "\UBB.htm"
3.  End Sub
4.  Private Sub CommandButton2_Click()
5.      Me.WebBrowser1.Navigate ThisWorkbook.Path & "\adosqlwizard.gif"
6.  End Sub
7.  Private Sub TextBox1_KeyDown(ByVal KeyCode As MSForms.ReturnInteger, ByVal
    Shift As Integer)
8.      If KeyCode = vbKeyReturn Then
9.          Me.WebBrowser1.Navigate Me.TextBox1.Text
10.     End If
11. End Sub
```

代码分析：地址栏文本框的 KeyDown 事件的作用是：当用户输入网址后按下【Enter】

键，就让 WebBrowser 控件去打开网址。两个命令按钮的作用是用控件显示本地网页和本地图片。

　　窗体运行时的效果如图 16-93 所示。在地址栏输入 URL 后按【 Enter 】键，窗体上显示网页内容。

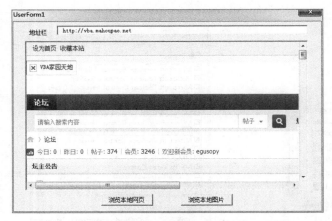

图 16-93　VBA 窗体中使用 WebBrowser 控件

　　如果单击"浏览本地图片"按钮，则窗体上出现 adosqlwizard.gif 这个本地图片。

## 习题

　　1. 窗体上插入一个文本框和一个按钮，文本框的 MultiLine 属性设置为 True，用于显示一首古诗。请设计按钮控件的 MouseDown 事件，当用鼠标左键单击该按钮时，文本框内容为左对齐；当用鼠标右键单击该按钮时，文本框内容为右对齐，如图 16-94 所示。

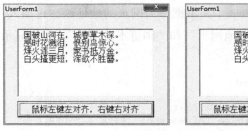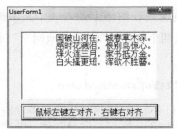

图 16-94　习题 1 效果图

　　2. 工作表 Sheet1 中是我国部分省份、自治区、直辖市、特别行政区及城市列表，省、自治区、直辖市、特别行政区名称位于 A 列，城市名单水平排列，如图 16-95 所示。

　　请在用户窗体上放置一个组合框和一个列表框，窗体启动过程中自动把省、自治区、直辖市、特别行政区名称添加到组合框中，当单击组合框中任一条目时，列表框中显示所选省份、自治区、直辖市、特别行政区的城市列表。效果如图 16-96 所示。

| | A | B | C | D | E | F | G | H | I | J | K | L |
|---|---|---|---|---|---|---|---|---|---|---|---|---|
| 1 | 河北省 | 石家庄 | 保定 | 秦皇岛 | 唐山 | 邯郸 | 邢台 | 沧州 | 承德 | 廊坊 | 衡水 | 张家口 |
| 2 | 山西省 | 太原 | 大同 | 阳泉 | 长治 | 临汾 | 晋中 | 运城 | 晋城 | 忻州 | 朔州 | 吕梁 |
| 3 | 内蒙古自治区 | 呼和浩特 | 呼伦贝尔 | 包头 | 赤峰 | 乌海 | 通辽 | 鄂尔多斯 | 乌兰察布 | 巴彦淖尔 | | |
| 4 | 辽宁省 | 盘锦 | 鞍山 | 抚顺 | 本溪 | 铁岭 | 锦州 | 丹东 | 辽阳 | 葫芦岛 | 阜新 | 朝阳 |
| 5 | 吉林省 | 吉林 | 通化 | 白城 | 四平 | 辽源 | 松原 | 白山 | 长春 | | | |
| 6 | 黑龙江省 | 伊春 | 牡丹江 | 大庆 | 鸡西 | 鹤岗 | 绥化 | 双鸭山 | 七台河 | 佳木斯 | 黑河 | 齐齐哈尔 |
| 7 | 江苏省 | 无锡 | 常州 | 扬州 | 徐州 | 苏州 | 连云港 | 盐城 | 淮安 | 宿迁 | 镇江 | 南通 |
| 8 | 浙江省 | 绍兴 | 温州 | 湖州 | 嘉兴 | 台州 | 金华 | 舟山 | 衢州 | 丽水 | 杭州 | |
| 9 | 安徽省 | 合肥 | 芜湖 | 亳州 | 马鞍山 | 池州 | 淮南 | 淮北 | 蚌埠 | 巢湖 | 安庆 | 宿州 |
| 10 | 福建省 | 福州 | 泉州 | 漳州 | 南平 | 三明 | 龙岩 | 莆田 | 宁德 | | | |
| 11 | 江西省 | 南昌 | 赣州 | 景德镇 | 九江 | 萍乡 | 抚州 | 宜春 | 上饶 | 鹰潭 | 吉安 | |
| 12 | 山东省 | 潍坊 | 淄博 | 威海 | 枣庄 | 泰安 | 临沂 | 东营 | 济宁 | 烟台 | 菏泽 | 日照 |
| 13 | 河南省 | 郑州 | 洛阳 | 焦作 | 商丘 | 信阳 | 新乡 | 安阳 | 开封 | 漯河 | 南阳 | 鹤壁 |
| 14 | 湖北省 | 荆门 | 咸宁 | 襄樊 | 荆州 | 黄石 | 宜昌 | 随州 | 鄂州 | 孝感 | 黄冈 | 十堰 |
| 15 | 湖南省 | 长沙 | 郴州 | 娄底 | 衡阳 | 株洲 | 湘潭 | 岳阳 | 常德 | 邵阳 | 益阳 | 永州 |
| 16 | 广东省 | 广州 | 佛山 | 汕头 | 湛江 | 韶关 | 中山 | 珠海 | 茂名 | 肇庆 | 阳江 | 云浮 |
| 17 | 广西省 | 南宁 | 贺州 | 柳州 | 桂林 | 梧州 | 北海 | 玉林 | 钦州 | 百色 | 防城港 | 贵港 |
| 18 | 海南省 | 海口 | 三亚 | | | | | | | | | |
| 19 | 四川省 | 成都 | 雅安 | 广安 | 南充 | 自贡 | 泸州 | 内江 | 宜宾 | 广元 | 达州 | 资阳 |
| 20 | 贵州省 | 贵阳 | 安顺 | 遵义 | 六盘水 | | | | | | | |
| 21 | 云南省 | 昆明 | 玉溪 | 大理 | 曲靖 | 昭通 | 保山 | 丽江 | 临沧 | | | |
| 22 | 西藏自治区 | 拉萨 | 阿里 | | | | | | | | | |
| 23 | 陕西省 | 咸阳 | 榆林 | 宝鸡 | 铜川 | 渭南 | 汉中 | 安康 | 商洛 | 延安 | 西安 | |
| 24 | 甘肃省 | 兰州 | 白银 | 武威 | 金昌 | 平凉 | 张掖 | 嘉峪关 | 酒泉 | 庆阳 | 定西 | 陇南 |
| 25 | 青海省 | 西宁 | 玉树 | 格尔木 | | | | | | | | |

图 16-95  习题 2 素材

图 16-96　习题 2 效果图

3. 仍然基于第 2. 题数据表，新建一个窗体，放入一个 MultiPage 多页控件。然后在窗体的启动事件中为多页控件自动增加页，并且每页中自动增加以城市命名的复选框。窗体运行后，用鼠标切换到任意一页，都能看到该省、自治区、直辖市、特别行政区的城市名称。效果如图 16-97 所示。

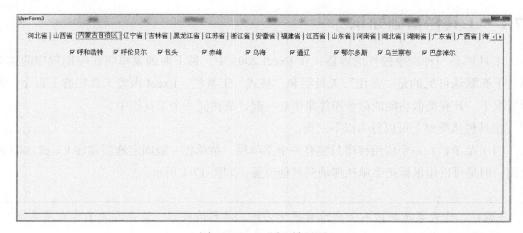

图 16-97　习题 3 效果图

第 17 章
# 自定义工具栏

关于 Office 2003 版及其之前的版本，微软 Office 各组件的应用程序一直都采用工具栏（Commandbar）的方式作为界面的主要组成部分。虽然从 2007 版开始，使用功能区方式代替工具栏方式作为主界面，但是在 VBA 编程方面仍然可以对工具栏进行操作。

传统的工具栏方式具有直观、容易操作等优势，在 Office VBA 编程方面占据着重要地位。

除了 Office 各应用程序以外，VBE、Visual Basic 6、AutoCAD 等也都采用的是工具栏方式。也就是说，使用 Office VBA 开发以上组件中的插件，离不开自定义工具栏方面的知识和技术。

本章主要围绕工具栏 Commandbar 对象和工具栏控件 CommandBarControl 对象展开讨论。虽然在任何一个 Office 版本都能进行工具栏的自定义设计，但为了更好地理解和掌握工具栏的特性和行为，本章主要操作在中文版 Excel 2003 中进行。

Office 工具栏和命令控件的对象错综复杂，直接研究其 VBA 编程往往难以理解。因此在讲述这方面的编程之前，先回顾一下基础知识。

## 17.1　工具栏基础知识

工具栏是一种命令控件的容器，在 Excel 2003 中，最上面的菜单叫作应用程序的主菜单，下面默认可见的是"常用"工具栏和"格式"工具栏。Excel 内置工具栏有上百个，通常情况下，具有类似功能的命令控件集中在一起，放在同一个工具栏中。

工具栏从类型上可以分为以下三类。

（1）菜单栏：一个应用程序只能有一个菜单栏，菜单栏一般固定地停靠在 Excel 2003 的上面，但是可以用鼠标把菜单栏挪动到其他位置，如图 17-1 所示。

---

**注意：** 工作表菜单栏的右上角没有用于关闭工具栏的按钮，这是因为工作表菜单栏不可隐藏。

---

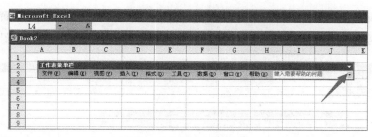

图 17-1　Excel 2003 菜单栏

（2）工具栏：也可以称为一般工具栏，例如"常用"工具栏、"格式"工具栏、"公式审核"工具栏都是一般工具栏，如图 17-2 所示。

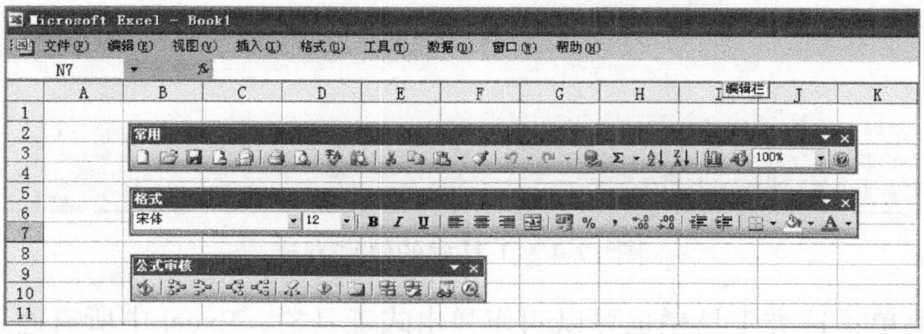

图 17-2　一般工具栏

每一个一般工具栏的右上角都有"关闭"按钮，用于关闭工具栏。关闭工具栏的实质就是隐藏工具栏。

如果要显示其他工具栏，可以在 Excel 中选择"视图"→"工具栏"命令，在工具栏条目前面勾选，就可以显示出来。反之，去掉条目前面的对勾，就可以关闭／隐藏工具栏。如果要对工具栏进行更详细的设定，单击最下面的"自定义"按钮（在 Excel 中选择"工具"→"自定义"命令亦可），在弹出的"自定义"对话框中进行设定，如图 17-3 所示。

图 17-3　自定义工具栏的命令

工作表菜单栏和一般工具栏都可以通过鼠标拖动的方式改变工具栏的位置，工具栏的停靠方式有顶端停靠、底部停靠、左侧停靠、右侧停靠和浮动共 5 种方式，如图 17-4 所示。

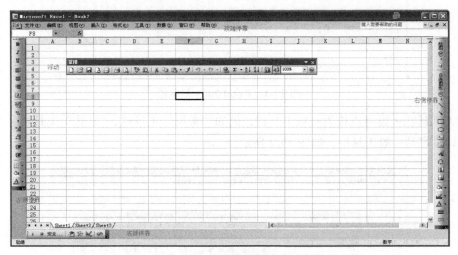

图 17-4　工具栏的停靠方式

（3）右键菜单：这类工具栏也可以叫作弹出式工具栏，Excel 中所有通过右击弹出的快捷菜单，都属于这一类工具栏。

一般情况下这类工具栏是不可见的，只有在特定对象上右击，或者调用 ShowPopup 方法才能弹出，例如单元格右键菜单、工作表标签菜单等，如图 17-5 所示。

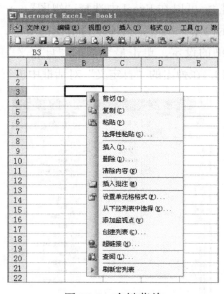

图 17-5　右键菜单

右键菜单不可关闭 / 隐藏，也不可改变出现的位置，只能出现在鼠标右击位置附近。

以上无论哪一种工具栏，工具栏中容纳的都是工具栏控件。工具栏控件是 Office 独有的，有其自己的一套 VBA 模型。

## 17.1.1　使用自定义对话框

在 Excel 中选择"工具"→"自定义"命令，弹出"自定义"对话框，通过使用"自定义"对话框，可以对 Excel 的工具栏、控件进行详细设定。

"自定义"对话框包含"工具栏""命令""选项"三个选项卡，如图 17-6 所示。

"工具栏"选项卡的功能是显示/隐藏工具栏、新建自定义工具栏、重命名工具栏、删除工具栏和附加工具栏。

> **注意**："工具栏"选项卡中列出的工具栏只是 Excel 常用的一些工具栏，并非 Excel 所有内置工具栏。

图 17-6　自定义工具栏的对话框

"命令"选项卡的功能是把 Excel 内置的命令拖放到工具栏中，例如在左侧"类别"列表框中选择"工具"选项，在右侧"命令"列表框中选择"COM 加载项"选项，用鼠标拖动该项到 Excel 的其他工具栏中，关闭"自定义"对话框后，就可以使用该命令了，如图 17-7 所示。

在"选项"选项卡中，可以对工具栏的显示方式进行设定，如图 17-8 所示。

图 17-7　拖动内置命令到工具栏中

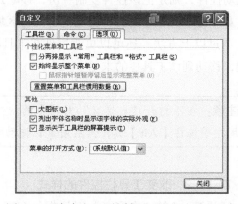

图 17-8　"自定义"对话框之"选项"选项卡

## 17.1.2　手工方式进行工具栏设计

通过"自定义"对话框的"工具栏"选项卡，可以对内置工具栏进行维护，也可以对后期创建的自定义工具栏进行管理和维护。

### 17.1.2.1　工具栏控件的复制、移动和删除

打开 Excel 的"自定义"对话框后，处于工具栏和控件的自定义状态，不能对工作表和

单元格进行编辑，如图 17-9 所示。

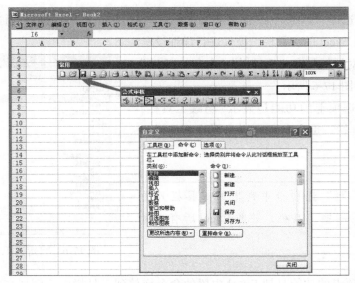

图 17-9　自定义工具栏模式

在这个状态下，任意两个工具栏中的控件可以用鼠标拖动，例如可以把"公式审核"工具栏中的控件移动到"常用"工具栏中。

如果是用鼠标拖动控件，则该控件在原工具栏中看不到了。如果是按住【Ctrl】键的同时拖动控件，则是把该控件复制一份，移动到目标工具栏中。

如果把工具栏中的控件拖动到单元格区域，那么相当于删除了该控件。

通过以上方法，还可以更改控件在工具栏中的位置，例如把"常用"工具栏的"新建"按钮，移动到该工具栏的末尾。

---

注意：在不打开"自定义"对话框的状态下，也可以进行控件的移动操作，方法是用左手按住【Alt】键，然后用鼠标拖动控件即可。

---

### 17.1.2.2　改变工具栏控件的样式

打开 Excel 的"自定义"对话框，在工具栏的控件上右击，弹出控件的设计菜单，如图 17-10 所示。

通过该右键菜单，可以对控件的很多属性进行更改。可以更改的内容如下。

❑ 重新设置：即重置，把控件恢复为出厂状态。

❑ 删除：从工具栏中删掉控件。

❑ 命名：更改控件的标题文字。

❑ 图像：设置控件的图标。

❑ 样式：分为总是只用文字、在菜单中只用文字、图像与文本两者都显示 3 种样式。

❑ 开始一组：在控件前面出现一条分隔线。

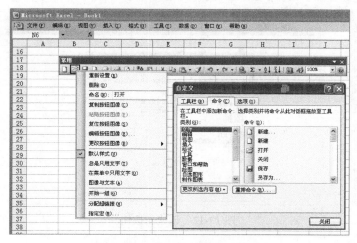

图 17-10  使用控件的设计菜单

❑ 分配超链接：单击该控件后，超链接到其他网址、文件。

❑ 指定宏：单击该控件后，调用 VBA 中的过程。

下面对"常用"工具栏的"打开"按钮，进行自定义设置：首先把标题改为"打开文件"，然后更改图标为"音乐"，样式更改为"图像与文本"，勾选"开始一组"复选框，指定宏为标准模块中是 Sub Test1。设计期间效果如图 17-11 所示。

图 17-11  更改按钮的各个属性

关闭"自定义"对话框后，单击"打开"按钮，不会打开 Excel 文件，而是去执行 VBA 中的过程。

上面讲述的是基于原有内置控件进行自定义。还可以在工具栏中创建一个新按钮，方法是在"自定义"对话框中，切换到"命令"选项卡，在"类别"列表框中选择"宏"选项，在右侧"命令"列表框中选择"自定义按钮"选项，然后把该按钮拖放到工具栏中进行设计即可，如图 17-12 所示。

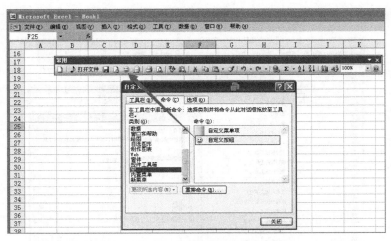

图 17-12　创建新按钮

### 17.1.2.3　内置工具栏的重置

在自定义工具栏期间，对内置工具栏中的控件进行了修改、新增、删除操作，如果要恢复为出厂状态，就得重置。

打开 Excel 的"自定义"对话框，选中需要重置的内置工具栏后，单击"重新设置"按钮，在弹出的对话框中单击"确定"按钮即可，如图 17-13 所示。

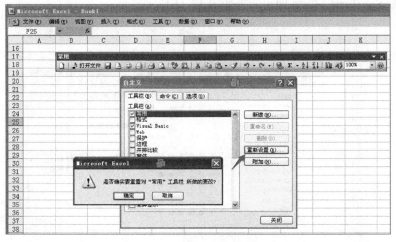

图 17-13　内置工具栏的重置

### 17.1.2.4　自定义工具栏的增加

在 Excel 的"自定义"对话框中，单击"新建"按钮，在弹出的"新建工具栏"对话框中输入新工具栏的名称后，单击"确定"按钮，如图 17-14 所示。

此时新建了没有任何控件的空工具栏，但是可以从"工具栏"列表框中看到它。

接着，从其他内置工具栏中把一些经常用的控件拖动到刚刚新建的工具栏中，如图 17-15 所示。

图 17-14　新建工具栏　　　　　　　　　图 17-15　实现效果

创建自定义工具栏后，关闭 Excel 后下次重启，该工具栏还在。单击"自定义"对话框中的"删除"按钮可以把自定义工具栏删除。

综上所述，工具栏分为内置工具栏和自定义工具栏。内置工具栏可以重置，不可删除；自定义工具栏可以删除，不可重置。

通过"自定义"对话框，不能对右键菜单进行自定义。例如，通过手工的方式不能对 Excel 单元格右键菜单中的控件进行增删。

不论是哪一种工具栏，都可以容纳内置控件和自定义控件。按钮是最常见的工具栏控件。

### 17.1.2.5　自定义工具栏的附加

通常情况下，工具栏和控件的设置是应用程序级别的改动，也就是说，自定义工具栏技术和工作簿文件是没关系的。

但是，Excel 提供了一种附加工具栏到工作簿中的方式，可以把用户创建的自定义工具栏保存于工作簿中，工作簿一打开就出现对应的工具栏。

下面的实例中首先在 Excel 中打开"实例文档 01.xls"，然后在"自定义"对话框中单击"附加"按钮，弹出"附加工具栏"对话框，把需要附加的工具栏复制到右侧，如图 17-16 所示。

接着，单击"确定"按钮，并关闭"自定义"对话框，保存并关闭工作簿文件。

不管 Excel 应用程序还有没有"我的收藏"工具栏，以后每次打开"实例文档 01.xls"，都会看到这个工具栏。也就是说，工具栏已经保存到 Excel 文件中。

---

**注意：** 对于存储于工作簿中的工具栏，即使该工作簿已经关闭了，工具栏也不会随之消失，这还需要用 VBA 来控制。

---

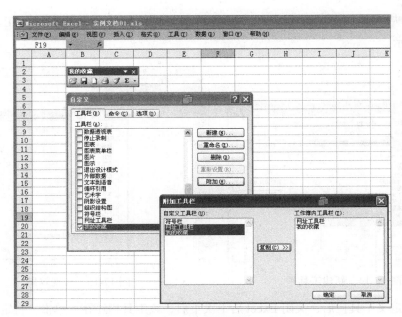

图 17-16  为工作簿附加工具栏

### 17.1.3  自定义工具栏的存储位置

Excel 对工具栏和控件的各种改动信息，存储于 Excel 启动路径下的 .xlb 文件中。可以运行下面的过程，自动打开该文件夹，如图 17-17 所示。

```
1.  Sub OpenXLB()
2.      Shell "Explorer.exe " & Replace(Application.StartupPath, "\XLSTART", "",
        Compare:=vbTextCompare), vbNormalFocus
3.  End Sub
```

运行上述过程后，快速打开工具栏配置文件所在位置。其中，Excel11.xlb 文件就是用于存储 Excel 2003 工具栏信息的。

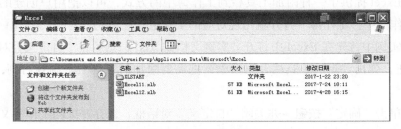

图 17-17  保存工具栏信息的 Excel 文件

如果内置工具栏被破坏严重，或者创建的冗余自定义工具栏和自定义控件太多，就可以先退出 Excel，然后把 Excel11.xlb 文件删除，下次启动 Excel 时会自动创建一个 .xlb 文件，从而快速把 Excel 的界面恢复为出厂状态。

以上是 Office 工具栏方面的基础知识，下面重点讲述通过编程的方式来操作和控制

Excel 工具栏。

## 17.2　工具栏的 VBA 模型

　　Application 应用程序对象下面，用 CommandBars 集合对象来表示 Excel 的所有工具栏，而其单数形式 CommandBar 则表示其中的一个工具栏。每个 CommandBar 对象下都有 CommandBarControls 集合对象，用来表示该工具栏中的所有控件。单数形式 CommandBarControl 表示其中的一个控件。工具栏对象模型示意图如图 17-18 所示。

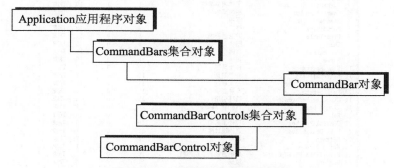

图 17-18　工具栏对象模型示意图

　　通过上面的模型图可以看出，单数形式 CommandBar 对象以及 CommandBarControl 对象是学习研究的重点。

## 17.3　CommandBar 对象

　　Excel 所有工具栏，使用 CommandBars 集合对象来表示。因此，可以通过遍历的方式，列出 Excel 所有的工具栏。

　　下面的过程遍历所有工具栏的重要属性。

**源代码：实例文档 02.xls/CommandBar 对象**

```
1.  Sub Test1()
2.      Dim cb As CommandBar
3.      Dim i As Integer
4.      ActiveSheet.UsedRange.ClearContents
5.      ActiveSheet.Range("A1:F1").Value = Array(" 工具栏名称 ", " 本地名称 ", " 序号 ",
        " 类型 ", " 控件个数 ", " 内置 ")
6.      i = 1
7.      For Each cb In Application.CommandBars
8.          i = i + 1
9.          Range("A" & i).Value = cb.Name
10.         Range("B" & i).Value = cb.NameLocal
11.         Range("C" & i).Value = cb.Index
12.         Range("D" & i).Value = cb.Type
13.         Range("E" & i).Value = cb.Controls.Count
14.         Range("F" & i).Value = cb.BuiltIn
```

```
15.     Next cb
16. End Sub
```

代码分析：对象变量 cb 是一个工具栏对象，每遍历一个工具栏，整型变量 i 就自增 1。第 7 ~ 14 行代码把每个工具栏的属性写入到单元格中。

上述过程运行后，工作表中的一部分运行结果如图 17-19 所示。

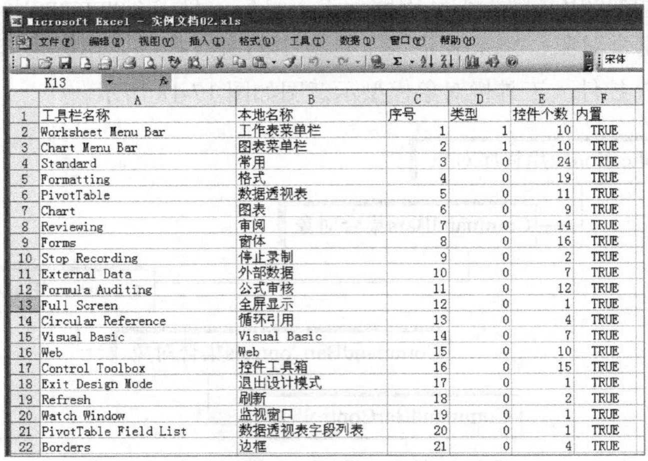

| | A | B | C | D | E | F |
|---|---|---|---|---|---|---|
| 1 | 工具栏名称 | 本地名称 | 序号 | 类型 | 控件个数 | 内置 |
| 2 | Worksheet Menu Bar | 工作表菜单栏 | 1 | 1 | 10 | TRUE |
| 3 | Chart Menu Bar | 图表菜单栏 | 2 | 1 | 10 | TRUE |
| 4 | Standard | 常用 | 3 | 0 | 24 | TRUE |
| 5 | Formatting | 格式 | 4 | 0 | 19 | TRUE |
| 6 | PivotTable | 数据透视表 | 5 | 0 | 11 | TRUE |
| 7 | Chart | 图表 | 6 | 0 | 9 | TRUE |
| 8 | Reviewing | 审阅 | 7 | 0 | 14 | TRUE |
| 9 | Forms | 窗体 | 8 | 0 | 16 | TRUE |
| 10 | Stop Recording | 停止录制 | 9 | 0 | 2 | TRUE |
| 11 | External Data | 外部数据 | 10 | 0 | 7 | TRUE |
| 12 | Formula Auditing | 公式审核 | 11 | 0 | 12 | TRUE |
| 13 | Full Screen | 全屏显示 | 12 | 0 | 1 | TRUE |
| 14 | Circular Reference | 循环引用 | 13 | 0 | 4 | TRUE |
| 15 | Visual Basic | Visual Basic | 14 | 0 | 7 | TRUE |
| 16 | Web | Web | 15 | 0 | 10 | TRUE |
| 17 | Control Toolbox | 控件工具箱 | 16 | 0 | 15 | TRUE |
| 18 | Exit Design Mode | 退出设计模式 | 17 | 0 | 1 | TRUE |
| 19 | Refresh | 刷新 | 18 | 0 | 2 | TRUE |
| 20 | Watch Window | 监视窗口 | 19 | 0 | 1 | TRUE |
| 21 | PivotTable Field List | 数据透视表字段列表 | 20 | 0 | 1 | TRUE |
| 22 | Borders | 边框 | 21 | 0 | 4 | TRUE |

图 17-19 遍历工具栏的属性

如果要具体引用其中一个工具栏，既可以用工具栏的名称来引用，也可以用序号来引用，但是不能用本地名称来引用。

CommandBar 对象属于 Office 类库，所以在声明变量时，前面可以加上 Office 的前缀。下面的过程测试了两种不同的方法来引用具体的工具栏。

**源代码：实例文档 02.xls/CommandBar 对象**

```
1.  Sub Test2()
2.      Dim cb As Office.CommandBar
3.      Set cb = Application.CommandBars("Standard")
4.      Debug.Print cb.NameLocal
5.      Set cb = Application.CommandBars(6)
6.      Debug.Print cb.NameLocal
7.      Set cb = Application.CommandBars(" 格式 ")
8.      Debug.Print cb.NameLocal
9.  End Sub
```

代码分析：第 3 行代码使用内置工具栏的名称 Standard 来引用工具栏，打印结果为“常用”。第 5 行代码使用索引来引用 Excel 的第 6 个工具栏，打印结果为“图表”。

第 7 行代码试图用本地名称来引用工具栏，但是运行出错。

## 17.3.1 CommandBar 重要属性

### 17.3.1.1 名称和本地名称

微软 Office 是一个多国语言的大型办公套件，工具栏的名称都采用英文，不论哪一国

的 Office 版本，名称（Name）属性都是唯一的。而本地名称（NameLocal）属性则是根据
Office 的界面语言来决定的。因此在 VBA 编程中，很少用到 NameLocal 属性。

### 17.3.1.2　索引序号

Excel 的每一个工具栏都有一个唯一编号，这个编号可以用工具栏的 Index 属性来获取，
该属性是只读属性，不能在编程过程中修改工具栏的编号。Index 属性的作用通常是用来引
用工具栏。

### 17.3.1.3　类型

工具栏的类型用 Commandbar 对象的 Type 属性来描述。Type 属性的取值为 Office.
MsoBarType 中的常量之一。

- ❏ msoBarTypeMenuBar：工作表菜单栏，该枚举常量等价于 1。
- ❏ msoBarTypeNormal：一般工具栏，该枚举常量等价于 0。
- ❏ msoBarTypePopup：弹出式菜单，该枚举常量等价于 2。

所以，根据 Type 的结果，就可以判断一个工具栏是哪一个类型的。

### 17.3.1.4　工具栏的所有控件

引用工具栏中所有控件，需要访问 CommandBar 对象的 Controls 属性，该属性返回类
型为 CommandBarControls。

下面的实例用来获得"常用"工具栏中的控件总数。

**源代码：实例文档 02.xls/CommandBar 对象**

```
1.  Sub Test3()
2.      Dim cts As Office.CommandBarControls
3.      Set cts = Application.CommandBars("Standard").Controls
4.      MsgBox cts.Count
5.  End Sub
```

### 17.3.1.5　工具栏的内置属性

CommandBar 对象的 BuiltIn 属性用来判断工具栏是内置的，还是用户自己创建的，返
回布尔值的只读属性。

假如要遍历所有非内置工具栏，就可以利用 BuiltIn 属性来选择性遍历。

**源代码：实例文档 02.xls/CommandBar 对象**

```
1.  Sub Test4()
2.      Dim cb As CommandBar
3.      For Each cb In Application.CommandBars
4.          If cb.BuiltIn = False Then
5.              Debug.Print cb.Name
6.          End If
7.      Next cb
8.  End Sub
```

运行上述程序后，在立即窗口打印出所有用户自定义的工具栏名称。

### 17.3.1.6 工具栏的保护属性

CommandBar 对象的 Protection 属性，用来设置工具栏的停靠、位置行为。该属性的可取值为 Office.MsoBarProtection 中的枚举值，如表 17-1 所示。如果同时使用多个枚举值，用加号连接即可。

表 17-1 Office.MsoBarProtection 枚举常量表

| 枚 举 常 量 | 值 | 描 述 |
| --- | --- | --- |
| msoBarNoChangeDock | 16 | 不可改变停靠 |
| msoBarNoChangeVisible | 8 | 不可改变可见性 |
| msoBarNoCustomize | 1 | 不可自定义 |
| msoBarNoHorizontalDock | 64 | 不可水平停靠 |
| msoBarNoMove | 4 | 不可移动 |
| msoBarNoProtection | 0 | 不加任何限制 |
| msoBarNoResize | 2 | 不可变更尺寸 |
| msoBarNoVerticalDock | 32 | 不可垂直停靠 |

运行下面的代码，可以把常用工具栏设置为：

❑ 不可自定义（打开"自定义"对话框后，不可修改该工具栏中的控件）。

❑ 不可水平停靠（不可靠顶端或底部停靠，但可以向左、向右侧停靠）。

❑ 不可变更尺寸（不能用鼠标拖住工具栏边缘改变其大小和行数）。

**源代码：实例文档 02.xls/CommandBar 对象**

```
1.  Sub Test5()
2.      Dim cb As Office.CommandBar
3.      Set cb = Application.CommandBars("Standard")
4.      cb.Protection = Office.MsoBarProtection.msoBarNoCustomize +
        msoBarNoHorizontalDock + msoBarNoResize
5.  End Sub
```

运行上述过程后，读者可以在 Excel 中感受一下"常用"工具栏的行为发生了哪些变化。如果要恢复工具栏的默认行为，就把其 Protection 属性重设为 0（即 msoBarNoProtection=0）。

## 17.3.2 CommandBar 重要方法

### 17.3.2.1 内置工具栏的重置

使用 CommandBar.Reset 方法，可以把内置工具栏重置。所谓重置就是恢复到 Excel 的初始状态。即使是内置工具栏，也允许用户去改动其控件，所以，使用 Reset 方法可以快速把工具栏恢复。

Application.CommandBars("Standard").Reset，就能够把"常用"工具栏重置。

---

**注意：** 非内置工具栏不能应用 Reset 方法。

#### 17.3.2.2　自定义工具栏的删除

和内置工具栏相反，自定义工具栏不能重置，但是能删除。

Application.CommandBars(" 我的收藏 ").Delete 就能够把自定义工具栏删除。

---

**注意**：不能删除内置工具栏。

---

#### 17.3.2.3　查找控件

如果知道一个控件在工具栏中的索引位置，或者已知控件的标题文字，可以用 CommandBar.Controls(i) 来引用第 i 个控件，或者用 CommandBar.Controls(" 打开 ") 来引用标题为 "打开" 的控件。

很多情况下，既不知道索引也不知道标题，那么可以根据控件的其他属性来查找。查找控件主要有以下几种方法。

❑ Commandbars.FindControls：从所有工具栏中查找符合条件的控件，返回多个控件。

❑ Commandbars.FindControl：从所有工具栏中查找符合条件的一个控件。

❑ CommandBar.FindControl：从一个工具栏中查找符合条件的一个控件。

FindControls 和 FindControl 的查找参数列表是一样的，FindControls 方法的完整声明是：

```
FindControls(Type,ID,Tag,Visible,Recursive)
```

参数说明如下。

❑ Type：用来规定查找的控件类型。

❑ ID：控件的内置编号。

❑ Tag：控件的标记文本。

❑ Visible：可见性。

❑ Recursive：是否在子菜单中进一步查找。

以上各个参数，可以选择使用。

下面的实例用于查找 Excel 所有工具栏中的所有组合框类型控件，例如字体名称或字体大小控件，就是一种组合框控件。

由于查找范围是所有工具栏，返回的结果是一个集合，不是单个控件，所以在对象的声明方式上要多加注意。

**源代码：实例文档 03.xls/Commandbar 的方法**

```
1.  Sub Test1()
2.      Dim cts As Office.CommandBarControls, ct As Office.CommandBarComboBox
3.      Set cts = Application.CommandBars.FindControls(Type:=Office.MsoControlType.
        msoControlComboBox)
4.      If cts Is Nothing Then
5.          MsgBox "没找到该类的控件"
6.      Else
7.          MsgBox "找到该类控件的个数是: " & cts.Count
8.          For Each ct In cts
```

```
9.              Debug.Print ct.Type, ct.Caption, ct.Parent.Name
10.         Next ct
11.     End If
12. End Sub
```

**代码分析**：第 3 行代码中，对象变量 cts 用来获取查找到的所有组合框控件。第 8 ~ 10 行代码遍历每一个找到的组合框控件，并打印该控件的类型、标题、所属工具栏的名称。

上述过程的运行结果如图 17-20 所示。

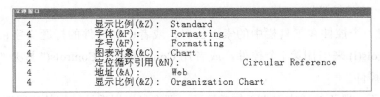

图 17-20　遍历所有组合框类型的控件

下面的实例用来查找"格式"工具栏上的"加粗"按钮。

**源代码：实例文档 03.xls/Commandbar 的方法**

```
1.  Sub Test2()
2.      Dim cb As Office.CommandBar
3.      Dim bt As Office.CommandBarButton
4.      Set cb = Application.CommandBars("Formatting")
5.      Set bt = cb.FindControl(Type:=Office.MsoControlType.msoControlButton,
        ID:=113)
6.      If bt Is Nothing Then
7.          MsgBox " 没找到该 ID 的控件 "
8.      Else
9.          MsgBox bt.Caption
10.     End If
11. End Sub
```

**代码分析**：由于查找范围只是在"格式"工具栏上，所以使用 CommandBar.FindControl 方法。第 4 行代码 CommandBars("Formatting") 表示 Excel 的"格式"工具栏。

第 5 行代码中，FindControl 方法中的 Type 参数规定为按钮控件，ID 为 113。

运行上述代码，结果如图 17-21 所示。

如果把上述过程中的 ID 修改为 23，再次运行代码，将会返回"没找到该 ID 的控件"。这是因为 ID 是 23 的控件是"常用"工具栏上的"打开"按钮，从"格式"工具栏自然是找不到"打开"按钮。

如果要在所有工具栏中查找某一控件，可以使用 Application. FindControl 方法。

图 17-21　返回"加粗"按钮的标题

**源代码：实例文档 03.xls/Commandbar 的方法**

```
1.  Sub Test3()
2.      Dim bt As Office.CommandBarButton
3.      Set bt = Application.CommandBars.FindControl(Type:=Office.MsoControlType.
        soControlButton, ID:=113)
4.      If bt Is Nothing Then
```

```
5.          MsgBox "没找到该 ID 的控件"
6.      Else
7.          MsgBox bt.Caption & " " & bt.Parent.Name
8.      End If
9.  End Sub
```

代码分析：注意第 3 行代码是在所有工具栏中查找一个控件。

第 7 行代码在对话框中显示控件的标题、控件所属工具栏的名称。

上述过程的运行结果如图 17-22 所示。

图 17-22　运行结果 1

### 17.3.2.4　自动弹出右键菜单

三种工具栏中，只有右键菜单这种类型的工具栏能够使用 ShowPopup 方法弹出。

**源代码：实例文档 03.xls/Commandbar 的方法**

```
1.  Sub Test4()
2.      Dim cb As Office.CommandBar
3.      Set cb = Application.CommandBars("Ply")
4.      cb.ShowPopup 300, 200
5.  End Sub
```

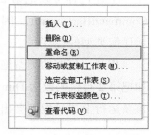

代码分析：CommandBars("Ply") 是工作表标签的右键菜单，第 4 行代码的作用是在 300 200 处弹出该菜单。如果该方法后不带参数，则在鼠标所在位置弹出菜单。

运行上述代码，工作表中自动弹出了右键菜单，如图 17-23 所示。

图 17-23　运行结果 2

## 17.4　CommandBarControl 对象

对于一个工具栏，它里面所有的控件用 CommandBar.Controls 集合对象表示，该集合的类型为 CommandBarControls。其中的每一个控件，是一个 CommandBarControl 类型的对象。

但控件的类型是多种多样的，有按钮、组合框、标签、文本框、列表框等。描述这些控件的类型，可以是具体的对象类型，也可以用通用的 CommandBarControl 类型。

如果已经事先知道控件的类型，则声明对象时，用具体的对象类型。反之，如果控件类型不是一种，则用 CommandBarControl 作为对象的类型。

下面的实例引用 Excel 的"格式"工具栏中第一个控件，该控件是字体组合框控件。

**源代码：实例文档 04.xls/ 控件对象**

```
1.  Sub Test1()
2.      Dim c As Office.CommandBarComboBox
3.      Set c = Application.CommandBars("Formatting").Controls(1)
4.      MsgBox c.Caption
5.  End Sub
```

代码分析：第 2 行代码中，对象变量 c 事先声明为组合框控件，用的是具体的对象类型。第 3 行代码 CommandBars("Formatting").Controls(1) 表示格式工具栏中的第一个控件，也就是字体名称组合框，如图 17-24 所示。

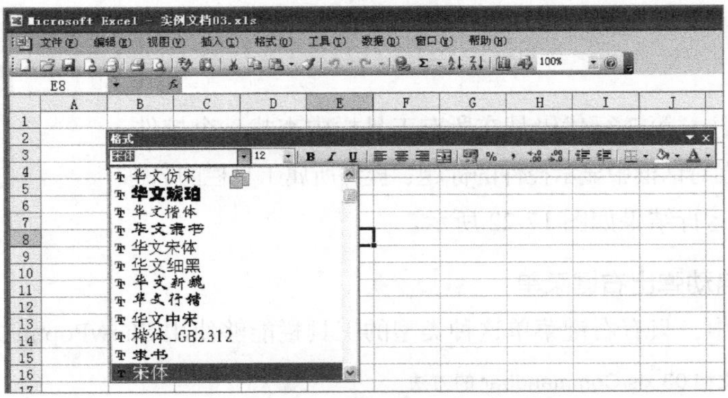

图 17-24  引用工具栏中的控件

上述过程可以把第 2 行代码更改为 Dim c As Office.CommandBarControl，因 为 CommandBarControl 能够表示任何类型的控件。

但是，声明的类型绝对不能和具体的对象不一致，例如把第 2 行代码改为 Dim c As Office.CommandBarButton，重新运行上述过程则会出现异常，如图 17-25 所示。

图 17-25  控件类型不匹配

### 17.4.1  遍历工具栏中所有控件信息

在工具栏和控件设计过程中，了解工具栏以及工具栏中所有控件的属性具有很重要的意义。下面的实例遍历 Excel 的"格式"工具栏中的所有控件。

**源代码：实例文档 04.xls/ 控件对象**

```
1.  Sub Test2()
2.      Dim c As Office.CommandBarControl
3.      Debug.Print " 控件标题 ", " 类型 ", "ID", "Index", " 内置 "
4.      For Each c In Application.CommandBars("Formatting").Controls
5.          Debug.Print c.Caption, c.Type, c.ID, c.Index, c.BuiltIn
6.      Next c
7.  End Sub
```

代码分析：由于"格式"工具栏中的控件种类不是一种，所以循环变量 c 只能声明为 CommandBarControl。

第 4 ~ 6 行代码，在立即窗口打印每个控件的属性，如图 17-26 所示。

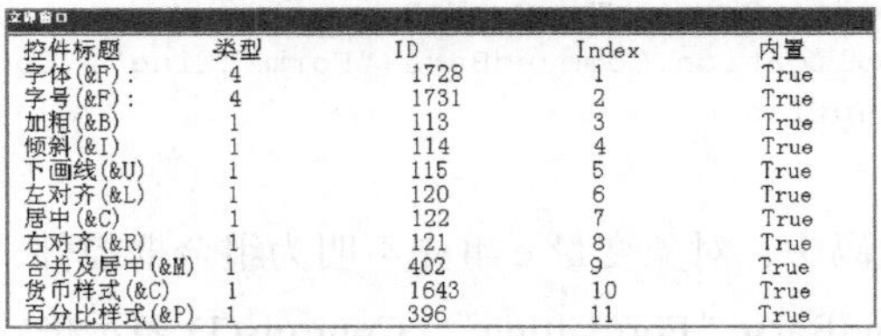

| 控件标题 | 类型 | ID | Index | 内置 |
|---|---|---|---|---|
| 字体(&F): | 4 | 1728 | 1 | True |
| 字号(&F): | 4 | 1731 | 2 | True |
| 加粗(&B) | 1 | 113 | 3 | True |
| 倾斜(&I) | 1 | 114 | 4 | True |
| 下画线(&U) | 1 | 115 | 5 | True |
| 左对齐(&L) | 1 | 120 | 6 | True |
| 居中(&C) | 1 | 122 | 7 | True |
| 右对齐(&R) | 1 | 121 | 8 | True |
| 合并及居中(&M) | 1 | 402 | 9 | True |
| 货币样式(&C) | 1 | 1643 | 10 | True |
| 百分比样式(&P) | 1 | 396 | 11 | True |

图 17-26 "格式"工具栏中所有控件的属性

至此，已经讲述了遍历 Excel 所有工具栏，以及遍历工具栏中所有控件的方法。这两个知识点是本章最重要的内容。

作者开发的 OfficeCommandbarDesigner（见图 17-27）和 OfficeCommandbarViewer（见图 17-28），就是依据这两个遍历原理制作的。

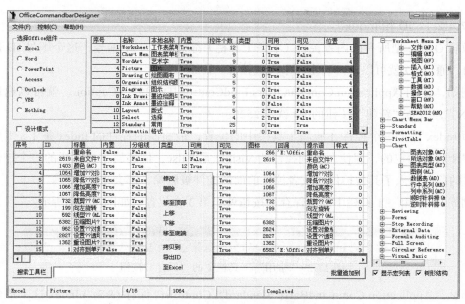

图 17-27　OfficeCommandbarDesigner 界面

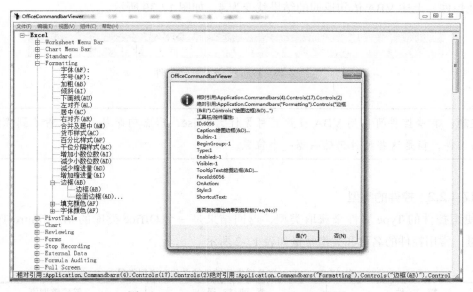

图 17-28　OfficeCommandbarViewer 界面

尤其是借助 OfficeCommandbarViewer 可以清晰地看到应用程序工具栏的组织结构，以及工具栏、控件的 VBA 引用方式。

可以从本书配套资源下载到以上两个工具，文件名分别为 OfficeCommandbarDesigner 20170202.rar 和 OfficeCommandbarViewer20171005.rar。

### 17.4.2 控件的属性

#### 17.4.2.1 ID 和 Index

微软 Office 把所有的内置控件（不是工具栏）都设置了一个编号，这个编号 ID 是唯一不变的，通过 ID 就可以唯一确定一个内置控件。

例如，使用 Application.CommandBars.FindControl(ID:=2520).Caption，就可以返回"新建（&N）"，因为"新建"按钮的 ID 就是 2520。

而 Index 是指一个控件在所属工具栏中的位置，最前面的控件的 Index 是 1。工具栏中的控件个数是确定的，即使有个别控件的 Visible 是 False，但还属于工具栏的一个控件。如果控件的前方插入了其他控件，或者控件前面的控件被删除，都会重新排号。

例如，"常用"工具栏中的"保存"按钮处于第 3 个位置，如图 17-29 所示。

图 17-29 "常用"工具栏中的"保存"按钮

那么，Application.CommandBars("Standard").Controls(" 保存 (&S)").Index 这个语句返回 3。如果在前面插入了其他控件，所有控件重新编号。假如在"打开"按钮的前面插入了一个其他控件，上述 VBA 语句返回的结果就变为 4，如图 17-30 所示。

图 17-30 控件前插入其他控件

---

**注意**：有些控件可以用 VBA 设置其可见性为 False，那么肉眼从工具栏看不到隐藏的控件，但是这些控件仍然占据一个位置。

---

#### 17.4.2.2 控件的类型

使用控件的 Type 属性来获取类型，返回结果是一个 Office 类库的 MsoControlType 枚举常量。常用控件的名称和类型常量如表 17-2 所示。

表 17-2 Office 工具栏常用控件的名称和类型常量

| 控 件 | 类 型 常 量 | 等价整型值 |
|---|---|---|
| 按钮 | msoControlButton | 1 |
| 组合框 | msoControlComboBox | 4 |
| 列表框 | msoControlDropDown | 3 |
| 文本框 | msoControlEdit | 2 |

续表

| 控　　件 | 类 型 常 量 | 等价整型值 |
|---|---|---|
| 标签 | msoControlLabel | 15 |
| 子菜单 | msoControlPopup | 10 |

Type 属性不仅可以检测控件的类型，而且为工具栏添加自定义控件时也需要用到 Type 属性。

下面的实例实现打印"格式"工具栏中所有组合框控件的标题。

**源代码：实例文档 04.xls/ 控件对象**

```
1.  Sub Test3()
2.      Dim c As Office.CommandBarControl
3.      For Each c In Application.CommandBars("Formatting").Controls
4.          If c.Type = Office.MsoControlType.msoControlComboBox Then
5.              Debug.Print c.Caption
6.          End If
7.      Next c
8.  End Sub
```

运行以上代码，立即窗口打印结果如图 17-31 所示。

可以看出只有两个控件是组合框类型的。

图 17-31　打印工具栏中所有的组合框类型控件

### 17.4.2.3　控件标题、提示语和标记

控件的 Caption 属性表示控件的标题文字，而 ToolTipText 属性则是鼠标移动到控件上方时的提示语。这两个属性都是可读写的。

通过 VBA 引用工具栏中的一个控件的方法有两个：一是用控件的 Index 索引序号；二是用控件的 Caption 属性。

例如，Application.CommandBars("Standard").Controls (" 新建 (&N)") 和 Application.CommandBars("Standard").Controls(1) 引用的是同一个控件。

---

**注意**：如果控件的标题被修改，则不能用原先的 Caption 来引用该控件；同理，当控件的前面插入或删除了控件，不能用原先的 Index 来引用该控件。

---

设置 ToolTipText 属性时，当鼠标在控件附近时，可以看到一句提示语。例如，执行如下代码：

```
Application.CommandBars("Standard").Controls(" 新建 (&N)").TooltipText = " 单击我可以新建工作簿 "
```

当鼠标移动到"新建"按钮时，出现提示语，如图 17-32 所示。

此外，ToolTipText 属性还有一个作用是创建超链接。下面的实例把"常用"工具栏的"新建"按钮修改了若干属性，使得单击该按钮时并不新建工作簿，而是在浏览器中打开搜狐网。

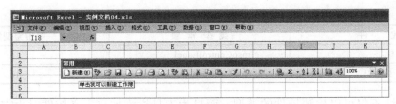

图 17-32　设置控件的提示语

**源代码：实例文档 04.xls/ 控件对象**

```
1.  Sub Test4()
2.      Dim N As Office.CommandBarButton
3.      Set N = Application.CommandBars("Standard").Controls(" 新建 (&N)")
4.      With N
5.          .TooltipText = "http://www.sohu.com.cn"
6.          .Caption = " 搜狐网 "
7.          .HyperlinkType = msoCommandBarButtonHyperlinkOpen
8.      End With
9.  End Sub
```

运行上述代码后，结果如图 17-33 所示。

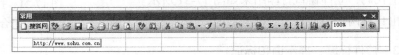

图 17-33　单击控件超链接到网页

控件还有一个 Tag 标记属性，该属性通常情况下没什么作用，但是今后用到工具栏的封装时，会用到该属性。

下面的实例设置"新建"按钮的 Tag 属性，并在对话框中调出。

**源代码：实例文档 04.xls/ 控件对象**

```
1.  Sub Test5()
2.      Dim N As Office.CommandBarButton
3.      Set N = Application.CommandBars("Standard").Controls(" 新建 (&N)")
4.      With N
5.          .Tag = "New Book"
6.          MsgBox " 该控件的标记是： " & UCase(.Tag)
7.      End With
8.  End Sub
```

上述过程的运行结果如图 17-34 所示。

图 17-34　返回控件的
Tag 属性

### 17.4.2.4　可用性与可见性

工具栏中的控件的 Enabled 属性设为 False，控件变为灰色不可用；设置 Visible 属性为 False 则完全隐藏控件。

以下实例把"新建"按钮禁用，但显示该按钮。

**源代码：实例文档 04.xls/ 控件对象**

```
1.  Sub Test6()
2.      Dim N As Office.CommandBarButton
```

```
3.       Set N = Application.CommandBars("Standard").Controls(" 新建 (&N)")
4.       With N
5.           .Enabled = False
6.           .Visible = True
7.       End With
8.   End Sub
```

运行上述过程后，该控件不可单击。如果 Visible 设为 False，则隐藏该控件，虽然隐藏，但是该控件仍然是工具栏中的一员。

### 17.4.2.5　按钮的样式和控件分组线

一个按钮控件由标题文字和图标构成，外观上可以显示其一，或者二者都显示。控件的样式风格由控件的 Style 属性决定。常用的样式枚举常量如下。

❑ msoButtonIconAndCaption：显示图标和标题，图标在左，标题在右。

❑ msoButtonCaption：只显示标题。

❑ msoButtonIcon：只显示图标。

❑ msoButtonIconAndCaptionBelow：显示图标和标题，图标在上，标题在下。

下面的实例对"常用"工具栏的前 8 个控件的样式进行设定。

**源代码：实例文档 04.xls/ 控件对象**

```
1.   Sub Test7()
2.       Application.CommandBars("Standard").Controls(1).Style = Office.MsoButtonStyle.
         msoButtonIconAndCaption
3.       Application.CommandBars("Standard").Controls(2).Style = Office.MsoButtonStyle.
         msoButtonIconAndCaption
4.       Application.CommandBars("Standard").Controls(3).Style = Office.MsoButtonStyle.
         msoButtonCaption
5.       Application.CommandBars("Standard").Controls(4).Style = Office.MsoButtonStyle.
         msoButtonCaption
6.       Application.CommandBars("Standard").Controls(5).Style = Office.MsoButtonStyle.
         msoButtonIcon
7.       Application.CommandBars("Standard").Controls(6).Style = Office.MsoButtonStyle.
         msoButtonIcon
8.       Application.CommandBars("Standard").Controls(7).Style = Office.MsoButtonStyle.
         msoButtonIconAndCaptionBelow
9.       Application.CommandBars("Standard").Controls(8).Style = Office.MsoButtonStyle.
         msoButtonIconAndCaptionBelow
10.  End Sub
```

运行上述过程后，结果如图 17-35 所示。

图 17-35　设置按钮的图标和标题文字对齐方式

控件前面的竖线是分组线，可以通过设置 BeginGroup 属性来实现。

运行下面的过程，可以在第 2 和第 3 个控件的前面出现竖线。

**源代码：实例文档 04.xls/ 控件对象**

```
1.   Sub Test8()
```

```
2.       Application.CommandBars("Standard").Controls(2).BeginGroup = True
3.       Application.CommandBars("Standard").Controls(3).BeginGroup = True
4.  End Sub
```

上述过程运行后，"常用"工具栏的效果如图 17-36 所示。

图 17-36　控件前显示分组线

### 17.4.2.6　回调函数

单击 Excel 的内置控件会响应内置功能。对于用户创建的自定义控件，必须修改设定其 OnAction 属性，去链接到 VBA 中的宏过程。否则，控件不起作用。

不论是内置控件还是自定义控件，均可设置 OnAction 属性。

下面的实例禁用"常用"工具栏中的"打开"按钮的内置功能，使得单击该按钮时，自动执行标准模块 exam 下面的 Msg 过程。

**源代码：实例文档 04.xls/ 控件对象**

```
1.  Sub Test9()
2.       Application.CommandBars("Standard").Controls(2).OnAction = "exam.Msg"
3.  End Sub
```

### 17.4.2.7　返回和设置按钮的勾选状态

Excel 中的按钮控件，有按下和弹起两种状态。例如，"视图"→"编辑栏"命令，勾选时前面会打勾，再例如"格式"工具栏中的"加粗"按钮，单击一下该按钮，会呈现按下状态，如图 17-37 所示。

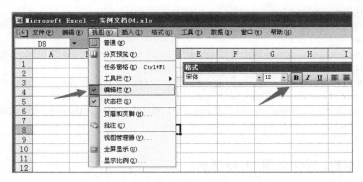

图 17-37　按钮控件的两种状态

对于内置的按钮控件，只能获取勾选状态，不能更改其勾选状态。

下面的实例用来获取"加粗"按钮的状态。

**源代码：实例文档 04.xls/ 控件对象**

```
1.  Sub Test10()
2.       Dim N As Office.CommandBarButton
3.       Set N = Application.CommandBars("Formatting").Controls(" 加粗 (&B)")
```

```
4.         If N.State = Office.MsoButtonState.msoButtonDown Then
5.             MsgBox "该按钮处于按下状态。"
6.         Else
7.             MsgBox "该按钮处于弹起状态。"
8.         End If
9.     End Sub
```

对于自定义的按钮控件，还可以用代码预先设定其状态。下面的实例，往"格式"工具栏的最左侧增加一个自定义按钮，并设置其为按下状态。

**源代码：实例文档 04.xls/ 控件对象**

```
1.  Sub Test11()
2.      Dim N As Office.CommandBarButton
3.      Set N = Application.CommandBars("Formatting").Controls.Add(Type:=
        msoControlButton, Before:=1)
4.      With N
5.          .Caption = " 网格线 "
6.          .FaceId = 387
7.          .Style = msoButtonIconAndCaption
8.          .State = msoButtonDown
9.      End With
10. End Sub
```

上述过程运行后，结果如图 17-38 所示。

图 17-38　处于按下状态的自定义按钮

如果把上述过程中的 CommandBars("Formatting") 更改为 CommandBars("Cell")，并且把 FaceID 所在句注释掉，再次运行，会看到 Excel 单元格右键菜单中多了一个勾选了的按钮，如图 17-39 所示。

### 17.4.2.8　设置控件的图标

Excel 的每一个内置控件都有一个唯一的 ID 编号，并且每一个 ID 都相应的一个图标与之对应。不论是内置控件，还是用户自定义的控件，都可以设置和更改图标（FaceID）。控件的 FaceID 属性是一个 1 ~ 10 000 的整数。

图 17-39　单元格右键菜单添加按钮

下面的实例把"打开"按钮的图标更改为"加粗"按钮的图标。

Excel 的"加粗"按钮的 ID 是 113，因此可以执行如下语句：

```
Application.CommandBars("Standard").Controls(" 打开 ").FaceId = 113
```

或者

```
    Application.CommandBars("Standard").Controls(" 打 开 ").FaceId = Application.
CommandBars("Formatting").Controls(" 加粗 (&B)").ID。
```

更改图标后的效果如图 17-40 所示。

图 17-40  把"打开"按钮的图标更改为 B

总之，默认情况下，ID 和 FaceID 是一一对应的，但是 ID 是内置属性，不可更改，而 FaceID 则可任意更改。

在工具栏和控件开发过程中，经常需要查询图标，本书配套资源中的 FaceIDs_V2_ryueifu.xls，文件中有以 10 个自定义工具栏呈现的图标查询器，如图 17-41 所示。

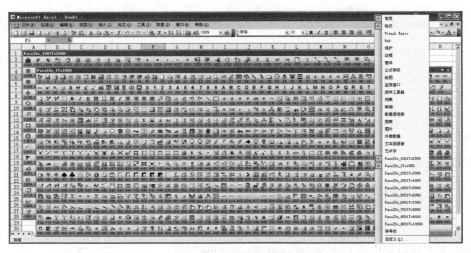

图 17-41  图标查询器

除了直接规定 FaceID 属性来更改图标外，还可以使用 CopyFace 和 PasteFace 来实现图标的共享。

下面的过程首先复制"倾斜"按钮的图标，然后粘贴给"打开"按钮。

**源代码：实例文档 04.xls/ 控件对象**

```
1.  Sub Test13()
2.      Dim bt1 As Office.CommandBarButton, bt2 As Office.CommandBarButton
3.      Set bt1 = Application.CommandBars("Formatting").Controls(" 倾斜 (&I)")
4.      bt1.CopyFace
5.      Set bt2 = Application.CommandBars("Standard").Controls(" 打开 ")
6.      bt2.PasteFace
7.  End Sub
```

运行上述过程后，"打开"按钮的图标和"倾斜"按钮的图标一样了。

如果要使用电脑中的自定义图片作为图标，则需要事先把图片插入到工作表中，复制图片后，再应用 PasteFace 方法。

下面的过程把工作表上的一个图片作为"打开"按钮的图标。

**源代码：实例文档 05.xls/ 自定义图标**

```
1.  Sub Test1()
```

```
2.        Sheet1.Shapes(1).Copy
3.        Application.CommandBars("Standard").Controls("打开").PasteFace
4.   End Sub
```

代码分析：第 2 行代码把一个 Shape 对象复制，然后粘贴给"打开"按钮，效果如图 17-42 所示。

图 17-42　自定义图片作为图标

与上述过程相反，控件的图标还可以复制到工作表中。

**源代码：实例文档 05.xls/ 自定义图标**

```
1.   Sub Test2()
2.        Application.CommandBars("Standard").Controls(3).CopyFace
3.        Sheet2.Range("B2").Activate
4.        Sheet2.Paste
5.        With Sheet2.Shapes(1)
6.            .Left = .TopLeftCell.Left
7.            .Top = .TopLeftCell.Top
8.            .Width = .TopLeftCell.Width
9.            .Height = .TopLeftCell.Height
10.       End With
11.  End Sub
```

代码分析：第 2 行代码复制"保存"按钮的内置图标。第 4 行代码把图标复制到 B2 单元格附近。第 5 ～ 10 行代码调整图形的大小和位置，目的是为了让图标大小和单元格大小一致。

运行上述代码，工作表中效果如图 17-43 所示。

图 17-43　把控件的图标复制到工作表中

## 17.4.3　控件的方法

### 17.4.3.1　向工具栏中添加控件

无论是哪一种类型的工具栏，都允许向其中添加内置控件或自定义控件，也允许删除其中的控件。

往工具栏中添加控件的语法是：

```
CommandBar.Controls.Add(Type,ID,Parameter,Before,Temporary)
```

控件添加成功后，返回一个 CommandBarControl 对象。

参数说明如下。

❑ Type：新控件的类型。可以为下列 MsoControlType 常量之一：msoControlButton、msoControlEdit、msoControlDropdown、msoControlComboBox 或 msoControlPopup。

❑ ID：内置控件的唯一编号。

❑ Before：新控件的添加位置。如果不设置此参数，则默认添加控件到最后。

下面的实例创建一个自定义工具栏，然后向该工具栏中添加不同类型的控件。

**源代码：实例文档 17.xls/ 添加控件**

```
1.  Sub Test1()
2.      On Error Resume Next
3.      Dim cmb As Office.CommandBar
4.      Dim pop As Office.CommandBarPopup
5.      Dim bt As Office.CommandBarButton
6.      Dim combo As Office.CommandBarComboBox
7.      Dim drop As Office.CommandBarControl
8.      Dim txt As Office.CommandBarControl
9.      Application.CommandBars("Everything").Delete
10.     Set cmb = Application.CommandBars.Add(Name:="Everything", Position:=
        msoBarFloating, temporary:=True)
11.     Set pop = cmb.Controls.Add(Type:=Office.MsoControlType.msoControlPopup)
12.     pop.Caption = "子菜单"
13.     pop.Controls.Add ID:=2520                        '新建按钮
14.     pop.Controls.Add ID:=3                           '打开按钮
15.     pop.Controls.Add ID:=23                          '保存按钮
16.     Set bt = pop.Controls.Add(Type:=Office.MsoControlType.msoControlButton, Before:=2)
17.     With bt
18.         .Caption = "用户按钮! "
19.         .FaceId = 2950
20.         .Style = msoButtonIconAndCaption
21.         .OnAction = "m.Msg"
22.     End With
23.     Set combo = cmb.Controls.Add(Type:=Office.MsoControlType.msoControlComboBox)
24.     With combo
25.         .Caption = "星期"
26.         .AddItem "Monday"
27.         .AddItem "Tuesday"
28.         .AddItem "Wednesday"
29.         .AddItem "Thursday"
30.         .AddItem "Friday", 3
31.         .AddItem "Saturday", 1
32.         .ListIndex = 3
33.         .OnAction = "m.Msg"
34.     End With
35.     Set drop = cmb.Controls.Add(Type:=Office.MsoControlType.msoControlDropdown)
36.     With drop
```

```
37.           .Caption = "Office 版本 "
38.           .AddItem "2003"
39.           .AddItem "2007"
40.           .AddItem "2010"
41.           .AddItem "2013"
42.           .AddItem "2016"
43.           .ListIndex = 2
44.           .OnAction = "m.Msg"
45.       End With
46.       Set txt = cmb.Controls.Add(Type:=Office.MsoControlType.msoControlEdit)
47.       With txt
48.           .Caption = " 住址: "
49.           .Text = "北京市朝阳区 "
50.           .OnAction = "m.Msg"
51.       End With
52.       cmb.Visible = True
53. End Sub
```

代码分析：第 10 行代码创建一个名称为 Everything 的浮动工具栏，第 11 ～ 12 行代码添加一个子菜单控件，第 13 ～ 15 行代码向子菜单中添加 3 个内置控件。

第 16 ～ 22 行代码继续向子菜单中添加一个用户自定义按钮，但是把该按钮插入到第 2 个位置。

第 23 ～ 33 行代码向工具栏添加一个组合框控件，并为组合框添加条目。

第 35 ～ 45 行代码向工具栏添加一个下拉框控件，并为下拉框添加条目。

第 46 ～ 51 行代码向工具栏添加一个文本框控件，设置其标题和文本内容。

以上所有控件的回调函数都使用了 Msg 过程，该过程的内容如下。

**源代码：实例文档 17.xls/m**

```
1. Public Sub Msg()
2.     MsgBox Application.CommandBars.ActionControl.Caption
3. End Sub
```

代码分析：不论哪一个控件，都在对话框中返回活动控件的标题。

运行上述 Test1 过程，结果如图 17-44 所示。

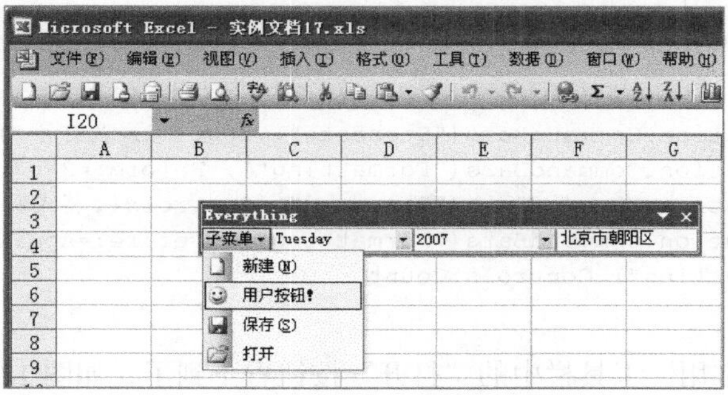

图 17-44　创建自定义工具栏和自定义控件

从本例可以看出，添加用户自定义控件时，必须指定 Type 属性，因为该属性决定新控件是哪一类。如果要添加内置控件，只需要设定 ID 值即可。Before 属性可以变更控件出现的位置序号。

子菜单控件 CommandBarPopup 本身是一种控件，但是它又可以容纳其他的控件。

---

**注意：** 添加的内置控件无须设定 OnAction 属性，因为内置控件本身就有内置功能。
如果另行指定 OnAction 属性，会覆盖本身的功能。

---

### 17.4.3.2  删除控件

删除控件非常简单，只需要调用 Delete 方法即可。

下面的实例，把 Excel 单元格右键菜单中从第 6 个控件到最后的控件都删除。也就是只
剩下前 5 个控件。

**源代码：实例文档 06.xls/ 控件的方法**

```
1.  Sub Test1()
2.      Dim c As Office.CommandBarControl
3.      For Each c In Application.CommandBars("Cell").Controls
4.          If c.Index >= 6 Then
5.              c.Delete
6.          End If
7.      Next c
8.  End Sub
```

运行上述过程后，在单元格中右击，会看到右键菜单变短了，
如图 17-45 所示。

图 17-45  控件的删除

### 17.4.3.3  移动、复制控件

Office 工具栏允许同一个控件出现在不同的工具栏中，Excel VBA 中使用控件的 Move
和 Copy 方法实现控件的移动和复制。以上两个方法的参数都是两个，分别规定目标工具栏
和在目标工具栏中的位置。

下面的过程，把"常用"工具栏的"打开"按钮移动到"格式"工具栏，并且位置设置
为 2。然后把"常用"工具栏中的"格式刷"按钮复制到"格式"工具栏中，置于最后。

**源代码：实例文档 06.xls/ 控件的方法**

```
1.  Sub Test2()
2.      Application.CommandBars("Standard").Controls(" 打开 ").Move Bar:=
        Application.CommandBars("Formatting"), Before:=2
3.      Application.CommandBars("Standard").Controls(" 格式刷 (&F)").Copy Bar:=
        Application.CommandBars("Formatting"), Before:=Application.CommandBars
        ("Formatting").Controls.Count
4.  End Sub
```

运行代码后，"常用"工具栏中的"打开"按钮看不到了，如图 17-46 所示。

### 17.4.3.4  内置控件重置

内置控件如果被重新指定了 OnAction 回调函数，则会屏蔽本身的内置功能。这种情况
下，可以用控件的 Reset 方法重置功能。

图 17-46 控件的复制和移动

### 17.4.3.5 执行控件的命令

调用控件的 Execute 方法，可以自动执行命令，而无须单击控件。

"常用"工具栏中有一个"图表向导"按钮，运行下面这句代码：

```
Application.CommandBars("Standard").Controls
("图表向导 (&C)").Execute
```

会自动弹出图表向导对话框，如图 17-47 所示。

对于自定义控件，也可以用 Execute 方法自动调用 OnAction 中的回调函数。

图 17-47 图表向导对话框

## 17.4.4 控件的事件

工具栏控件中，按钮和组合框控件支持事件编程。以前讲过，设定 OnAction 属性后，单击控件可以响应该属性规定的 VBA 过程。如果是在 VB6 或其他编程语言设计工具栏时，就不能使用 OnAction，因为 OnAction 只能调用 VBA 中的过程。

下面的实例改写"常用"工具栏中"新建"按钮的功能。

首先在 VBA 中插入一个类模块，重命名为 ClsButtonEvent，然后在该类模块中输入如下代码。

**源代码：实例文档 07.xls/ClsButtonEvent**

```
1.   Public WithEvents BT As Office.CommandBarButton
2.   Private Sub BT_Click(ByVal Ctrl As Office.CommandBarButton, CancelDefault As
     Boolean)
3.       CancelDefault = True
4.       If Ctrl.Tag = "Monday" Then
5.           MsgBox "星期一"
6.       Else
7.           MsgBox "未知控件"
8.       End If
9.   End Sub
```

代码分析：模块顶部声明的 BT 是一个带有事件过程的工具栏控件。

BT_Click 过程就是单击控件时的事件过程，其中参数 Ctrl 就是控件自身，CancelDefault

设置为 True，表示屏蔽本身功能。

第 4 ~ 8 行代码，当控件的标记为 Monday 时，就返回星期一。

接下来在一个标准模块中输入如下内容。

**源代码：实例文档 07.xls/ 控件的事件**

```
1.  Dim evt As New ClsButtonEvent
2.  Sub Test1()
3.      Dim Xinjian As Office.CommandBarButton
4.      Set Xinjian = Application.CommandBars("Standard").Controls(" 新建 (&N)")
5.      Xinjian.Tag = "Monday"
6.      Set evt.BT = Xinjian
7.  End Sub
```

**代码分析：** 模块顶部的 evt 是一个类模块的实例，第 6 行代码把 "新建" 按钮赋给实例中的按钮。

运行 Test1 过程，单击 "常用" 工具栏的 "新建" 按钮，会弹出一个 "星期一" 的对话框，而不是新建一个工作簿。

综上所述，如果只在 Excel VBA 中编写程序，会使用 OnAction 属性即可。如果要进行代码封装，就需要学会使用控件的事件。

下面介绍一下组合框控件的事件编程。Excel 的 "格式" 工具栏的第一个控件是字体名称组合框。当选择任意一种字体时，单元格内容的字体会随之变化。下面来改写其功能。

在 VBA 中插入一个类模块，重命名为 ClsComboBoxEvent，然后在该类模块中输入如下代码。

**源代码：实例文档 08.xls/ClsComboBoxEvent**

```
1.  Public WithEvents Combo As Office.CommandBarComboBox
2.  Private Sub Combo_Change(ByVal Ctrl As Office.CommandBarComboBox)
3.      MsgBox "你选择了: " & Ctrl.Text
4.  End Sub
```

**代码分析：** Combo 是一个具有事件过程的组合框控件，下面的 Combo_Change 过程就是组合框的条目更改事件。

然后在标准模块中，输入如下代码。

**源代码：实例文档 08.xls/ 控件的事件**

```
1.  Dim evt As New ClsComboBoxEvent
2.  Sub Test1()
3.      Dim fontname As Office.CommandBarComboBox
4.      Set fontname = Application.CommandBars("Formatting").Controls(" 字体 (&F):")
5.      Set evt.Combo = fontname
6.  End Sub
```

运行标准模块中的 Test1 过程，然后回到 Excel 中，选择 "字体" 对话框中的字体名称，并不会更改单元格的字体格式，而是弹出如图 17-48 所示的对话框。

图 17-48　改写内置控件的功能

## 17.5　创建自定义工具栏

使用 VBA 编程，既可以在已有的内置工具栏上进行控件的修改，也可以从头创建用户专属的工具栏。当然，光创建了工具栏还不够，必须在工具栏上进一步添加控件才行。所以，自定义工具栏的学习思路是：

❑ 创建工具栏，设置工具栏的有关属性。

❑ 在工具栏上增加控件，设置控件的属性。特别是要设置控件的 OnAction 属性，否则该控件没有实际用处。

但由于工具栏和控件不是工作簿文件的一部分，用户创建的工具栏和控件会一直出现在 Excel 应用程序中。为此，一般的做法是：在打开一个工作簿时立即创建工具栏，关闭工作簿前自动删除工具栏。这就需要用到工作簿的打开和关闭事件。

创建工具栏时，至关重要的是首先确保即将创建的工具栏的名称未被使用，也就是说，创建工具栏时指定的名称必须是目前不存在的工具栏中。

删除工具栏时，要确保被删除的工具栏目前还存在。也就是说，不能删除不存在的工具栏，不能多次删除同一个工具栏。使用工具栏的 Delete 方法删除工具栏后，该工具栏中的所有控件自动随之删除。

### 17.5.1　创建菜单栏

创建任何类型的工具栏，其语法都是一样的，只是参数设置略有不同。应用程序的 CommandBars 集合对象的 Add 方法，可以为应用程序新增一个工具栏。其完整的语法为：

```
Application.CommandBars.Add(Name, Position, MenuBar, Temporary)
```

参数说明如下。

❑ Name：新工具栏的名称，要求该名称未被使用，而且必须指定。

❑ Position：规定新工具栏的初始停靠方式。

❑ MenuBar：布尔值，默认为 False。如果设为 True，则该工具栏成为一个应用程序的菜单栏，如果存在多个菜单栏，只能有一个处于可见状态。

❑ Temporary：是否临时，默认为 False，也就是永久工具栏。如果该参数设置为 True，那么重启 Excel 应用程序后，该工具栏会自动删除。Temporary 为 False 时，下次启动应用程序还能看到该工具栏，除非把该工具栏删除。

本节所讲述的创建菜单栏，也就是隐藏 Excel 本身内置的工作表菜单栏，创建属于用户的菜单系统，因此需要把 MenuBar 参数设为 True。

下面的实例创建以省、自治区、直辖市、特别行政区命名的 3 个菜单栏，然后为每个菜单栏中添加若干按钮控件。在标准模块中书写如下创建菜单栏和控件的过程。

**源代码：实例文档 10.xls/ 创建菜单栏**

```
1.  Public MenuBar1 As CommandBar, MenuBar2 As CommandBar, MenuBar3 As CommandBar
```

```
2.    Dim bt As Office.CommandBarButton
3.    Sub CreateMenuBar()
4.        Set MenuBar1 = Application.CommandBars.Add(Name:=" 黑龙江 ", Position:=
          Office.MsoBarPosition.msoBarTop, MenuBar:=True, Temporary:=True)
5.        Set bt = MenuBar1.Controls.Add(Type:=Office.MsoControlType.msoControlButton)
6.        With bt
7.            .Caption = " 哈尔滨 "
8.            .Style = msoButtonCaption
9.            .OnAction = "m.msg"
10.       End With
11.
12.       Set bt = MenuBar1.Controls.Add(Type:=Office.MsoControlType.msoControlButton)
13.       With bt
14.           .Caption = " 齐齐哈尔 "
15.           .Style = msoButtonCaption
16.           .OnAction = "m.msg"
17.       End With
18.
19.       Set bt = MenuBar1.Controls.Add(Type:=Office.MsoControlType.msoControlButton)
20.       With bt
21.           .Caption = " 大庆 "
22.           .Style = msoButtonCaption
23.           .OnAction = "m.msg"
24.       End With
25.
26.       Set MenuBar2 = Application.CommandBars.Add(Name:=" 吉林 ", Position:=
          Office.MsoBarPosition.msoBarTop, MenuBar:=True, Temporary:=True)
27.       Set bt = MenuBar2.Controls.Add(Type:=Office.MsoControlType.msoControlButton)
28.       With bt
29.           .Caption = " 长春 "
30.           .Style = msoButtonCaption
31.           .OnAction = "m.msg"
32.       End With
33.
34.       Set bt = MenuBar2.Controls.Add(Type:=Office.MsoControlType.msoControlButton)
35.       With bt
36.           .Caption = " 四平 "
37.           .Style = msoButtonCaption
38.           .OnAction = "m.msg"
39.       End With
40.
41.       Set MenuBar3 = Application.CommandBars.Add(Name:=" 辽宁 ", Position:=Office.
          MsoBarPosition.msoBarTop, MenuBar:=True, Temporary:=True)
42.       Set bt = MenuBar3.Controls.Add(Type:=Office.MsoControlType.msoControlButton)
43.       With bt
44.           .Caption = " 沈阳 "
45.           .Style = msoButtonCaption
46.           .OnAction = "m.msg"
47.       End With
48.       Set bt = MenuBar3.Controls.Add(Type:=Office.MsoControlType.msoControlButton)
49.       With bt
50.           .Caption = " 鞍山 "
51.           .Style = msoButtonCaption
```

```
52.          .OnAction = "m.msg"
53.      End With
54.      Set bt = MenuBar3.Controls.Add(Type:=Office.MsoControlType.msoControlButton)
55.      With bt
56.          .Caption = " 大连 "
57.          .Style = msoButtonCaption
58.          .OnAction = "m.msg"
59.      End With
60.      Set bt = MenuBar3.Controls.Add(Type:=Office.MsoControlType.msoControlButton)
61.      With bt
62.          .Caption = " 抚顺 "
63.          .Style = msoButtonCaption
64.          .OnAction = "m.msg"
65.      End With
66. End Sub
```

代码分析：第 4 行代码用来创建一个"黑龙江"菜单栏。第 5 ~ 10 行代码为该菜单栏增加一个命令按钮控件，该控件的标题是"哈尔滨"，样式是只显示标题，不显示图标。单击按钮会响应模块 m 中的 msg 过程。

第 26 ~ 66 行代码是一样的原理，为省、自治区、直辖市、特别行政区增加控件。

运行上述过程后，在 Excel 界面中看不到任何的变化，但是菜单栏已经创建好了，只是尚未显示。

为了能在 Excel 中显示出菜单栏的样子，还需要把菜单栏的 Visible 属性设置为 True 才行。为此，本例借助工作簿的工作表激活事件，当鼠标切换工作表时，自动切换主菜单。

下面是工作簿的工作表激活事件代码。

**源代码：实例文档 10.xls/ThisWorkbook**

```
1.  Private Sub Workbook_SheetActivate(ByVal Sh As Object)
2.      If Sh.Index = 1 Then
3.          MenuBar1.Visible = True
4.      ElseIf Sh.Index = 2 Then
5.          MenuBar2.Visible = True
6.      ElseIf Sh.Index = 3 Then
7.          MenuBar3.Visible = True
8.      Else
9.          Application.CommandBars("Worksheet menu bar").Visible = True
10.     End If
11. End Sub
```

代码分析：MenuBar1 等是标准模块中的公有变量，因此，当切换到第一个工作表时，就设置 MenuBar1 为可见。

以上三个菜单栏，只要有其中一个可见，其他的菜单栏都自动隐藏，也就是说要保证 Excel 最多有一个主菜单栏。

第 9 行代码的意思是当用鼠标单击到其他工作表时，显示出 Excel 本身的工作表菜单栏。

此时，用鼠标去试着切换工作表，工作表中的效果如图 17-49 所示。

图 17-49 不同的工作表显示不同的菜单栏

可以看到切换到工作表"辽宁"时，菜单栏自动随之切换，单击任意按钮，都弹出该按钮的标题，如图 17-50 所示。

其中 msg 过程的代码如下。

源代码：实例文档 10.xls/m

```
1.  Public Sub msg()
2.      MsgBox Application.CommandBars.ActionControl.Caption & ":" & Application.
        CommandBars.ActiveMenuBar.Name
3.  End Sub
```

代码分析：ActionControl 是指工具栏中被执行的按钮对象，当单击"大连"按钮时，ActionControl.Caption 就访问到了按钮的标题。ActiveMenuBar 是指 Excel 活动菜单栏对象。

当单击"齐齐哈尔"按钮时，结果如图 17-51 所示。

图 17-50 运行结果 3

图 17-51 运行结果 4

## 17.5.2 创建级联菜单

17.5.1 节所讲的实例虽然实现了自定义菜单栏，但是每个菜单栏上直接添加了按钮控件。如果要制作类似于内置菜单栏效果的级联菜单，就不能在菜单栏直接添加按钮。

Commandbar 对象除了可以添加按钮控件外，还可以添加一种子菜单控件（CommandBarPopup 对象）。

这种子菜单与按钮一样，都属于控件，但是这种控件还可以容纳其他控件。也就是说，CommandBarPopup 对象属于工具栏中的一个控件，但还可以在其下面继续添加新控件。这样就实现了级联菜单。

下面的实例创建一个菜单栏，该菜单栏下添加两个子菜单"沈阳"和"大连"，然后为每个子菜单添加相应的区县名称按钮。

**源代码：实例文档 11.xls/ 创建级联菜单栏**

```
1.   Sub Test1()
2.       Dim cmb As Office.CommandBar
3.       Dim pop As Office.CommandBarPopup
4.       Dim bt As Office.CommandBarButton
5.       Application.CommandBars(" 辽宁 ").Delete
6.       Set cmb = Application.CommandBars.Add(Name:=" 辽宁 ", Position:=Office.
         MsoBarPosition.msoBarTop, MenuBar:=True, Temporary:=True)
7.       Set pop = cmb.Controls.Add(Type:=Office.MsoControlType.msoControlPopup)
8.       pop.Caption = " 沈阳 "
9.       Set bt = pop.Controls.Add(Type:=Office.MsoControlType.msoControlButton)
10.      With bt
11.          .Caption = " 铁西区 "
12.          .Style = msoButtonCaption
13.      End With
14.      Set bt = pop.Controls.Add(Type:=Office.MsoControlType.msoControlButton)
15.      With bt
16.          .Caption = " 和平区 "
17.          .Style = msoButtonCaption
18.      End With
19.
20.      Set pop = cmb.Controls.Add(Type:=Office.MsoControlType.msoControlPopup)
21.      pop.Caption = " 大连 "
22.      Set bt = pop.Controls.Add(Type:=Office.MsoControlType.msoControlButton)
23.      With bt
24.          .Caption = " 中山区 "
25.          .Style = msoButtonCaption
26.      End With
27.      Set bt = pop.Controls.Add(Type:=Office.MsoControlType.msoControlButton)
28.      With bt
29.          .Caption = " 沙河口区 "
30.          .Style = msoButtonCaption
31.      End With
32.      Set bt = pop.Controls.Add(Type:=Office.MsoControlType.msoControlButton)
33.      With bt
34.          .Caption = " 甘井子区 "
35.          .Style = msoButtonCaption
36.      End With
37.      cmb.Visible = True
38.  End Sub
```

代码分析：第 5 行代码用于删除已存在的"辽宁"工具栏，如果该工具栏存在，则不可以添加以其命名的新工具栏，因此必须删除。

特别注意第 7 行代码，pop 是一个子菜单控件对象，它的类型是 msoControlPopup，子菜单中的按钮控件要添加在 pop 下面，而不是 cmb 的下面。

第 37 行代码用于显示该菜单栏。

运行上述过程后，结果如图 17-52 所示。

如果手工拖动该菜单栏，使其浮动在工作表上面，结果如图 17-53 所示。

图 17-52　创建级联菜单　　　　　　　　图 17-53　运行结果 5

### 17.5.3　创建一般工具栏

一般工具栏的 MenuBar 属性为 False。Excel 可以同时显示多个一般工具栏，例如，"常用"工具栏和"格式"工具栏都属于一般工具栏。

下面的实例实现在 Excel 中创建 3 个一般工具栏，停靠方式都是顶端停靠。

**源代码：实例文档 12.xls/ 创建一般工具栏**

```
1.   Public MenuBar1 As CommandBar, MenuBar2 As CommandBar, MenuBar3 As CommandBar
2.   Dim bt As Office.CommandBarButton
3.   Sub CreateNormalBar()
4.       On Error GoTo Err1:
5.       Application.CommandBars(" 黑龙江 ").Delete
6.       Application.CommandBars(" 吉林 ").Delete
7.       Application.CommandBars(" 辽宁 ").Delete
8.       Set MenuBar1 = Application.CommandBars.Add(Name:=" 黑龙江 ", Position:=
         Office.MsoBarPosition.msoBarTop, MenuBar:=False, Temporary:=True)
9.       Set bt = MenuBar1.Controls.Add(Type:=Office.MsoControlType.msoControlButton)
10.      With bt
11.          .Caption = " 哈尔滨 "
12.          .FaceId = 2018
13.          .Style = msoButtonIconAndCaption
14.          .OnAction = "m.msg"
15.      End With
16.
17.      Set bt = MenuBar1.Controls.Add(Type:=Office.MsoControlType.msoControlButton)
18.      With bt
19.          .Caption = " 齐齐哈尔 "
20.          .FaceId = 2018
21.          .Style = msoButtonIconAndCaption
22.          .OnAction = "m.msg"
23.      End With
24.
25.      Set bt = MenuBar1.Controls.Add(Type:=Office.MsoControlType.msoControlButton)
26.      With bt
27.          .Caption = " 大庆 "
28.          .FaceId = 2018
29.          .Style = msoButtonIconAndCaption
30.          .OnAction = "m.msg"
31.      End With
32.
33.      Set MenuBar2 = Application.CommandBars.Add(Name:=" 吉林 ", Position:=
         Office.MsoBarPosition.msoBarTop, MenuBar:=False, Temporary:=True)
```

```
34.        Set bt = MenuBar2.Controls.Add(Type:=Office.MsoControlType.msoControlButton)
35.        With bt
36.            .Caption = "长春"
37.            .FaceId = 2018
38.            .Style = msoButtonIconAndCaption
39.            .OnAction = "m.msg"
40.        End With
41.
42.        Set bt = MenuBar2.Controls.Add(Type:=Office.MsoControlType.msoControlButton)
43.        With bt
44.            .Caption = "四平"
45.            .FaceId = 2018
46.            .Style = msoButtonIconAndCaption
47.            .OnAction = "m.msg"
48.        End With
49.
50.        Set MenuBar3 = Application.CommandBars.Add(Name:="辽宁", Position:=
           Office.MsoBarPosition.msoBarTop, MenuBar:=False, Temporary:=True)
51.        Set bt = MenuBar3.Controls.Add(Type:=Office.MsoControlType.msoControlButton)
52.        With bt
53.            .Caption = "沈阳"
54.            .FaceId = 2018
55.            .Style = msoButtonIconAndCaption
56.            .OnAction = "m.msg"
57.        End With
58.        Set bt = MenuBar3.Controls.Add(Type:=Office.MsoControlType.msoControlButton)
59.        With bt
60.            .Caption = "鞍山"
61.            .FaceId = 2018
62.            .Style = msoButtonIconAndCaption
63.            .OnAction = "m.msg"
64.        End With
65.        Set bt = MenuBar3.Controls.Add(Type:=Office.MsoControlType.msoControlButton)
66.        With bt
67.            .Caption = "大连"
68.            .FaceId = 2018
69.            .Style = msoButtonIconAndCaption
70.            .OnAction = "m.msg"
71.        End With
72.        Set bt = MenuBar3.Controls.Add(Type:=Office.MsoControlType.msoControlButton)
73.        With bt
74.            .Caption = "抚顺"
75.            .FaceId = 2018
76.            .Style = msoButtonIconAndCaption
77.            .OnAction = "m.msg"
78.        End With
79.        MenuBar1.Visible = True
80.        MenuBar2.Visible = True
81.        MenuBar3.Visible = True
82.        Exit Sub
83. Err1:
84.        If Err.Number > 0 Then
85.            Resume Next
86.        End If
87. End Sub
```

代码分析：本实例的关键代码与创建菜单栏的代码没什么两样，只是参数为 MenuBar:=False。

在创建工具栏之前，要先删除已存在的同名工具栏；如果删除不存在的工具栏，会出现异常，中断代码的执行，为此本例采用了错误处理。

为了显示控件的图标，本例的每个按钮都设置了 FaceId 和 Style 属性。

第 79 ~ 81 行代码是为了显示每个自定义工具栏。运行上述过程，结果如图 17-54 所示。

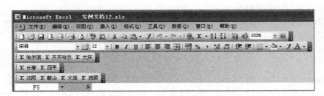

图 17-54　同时创建多个一般工具栏

### 17.5.4　调整工具栏的位置和大小

改变 CommandBar 对象的 Position 属性，可以更改工具栏的停靠方式。如果在 Excel 中同时显示多个工具栏，即使都具有相同的停靠方式，也应该有出现位置之分。

CommandBar 对象的 Left、Top、Width 和 Height 属性，用来确定工具栏在 Excel 中的位置、宽度和高度。其中，Left 是指工具栏左侧距离电脑屏幕左侧的间距，Top 是指工具栏距离屏幕顶端的间距，单位均为像素。注意，参照物并非 Excel 应用程序。

当多个工具栏都在顶端停靠时，使用 RowIndex 属性来读写工具栏所处的行序号，此时工具栏的 Top 属性修改无效。

**源代码：实例文档 12.xls/ 调整工具栏位置和大小**

```
1.  Sub Test1()
2.      Application.CommandBars(" 黑龙江 ").RowIndex = Application.CommandBars
        ("Worksheet menu bar").RowIndex + 1
3.      Application.CommandBars(" 吉林 ").RowIndex = Application.CommandBars
        (" 黑龙江 ").RowIndex
4.      Application.CommandBars(" 黑龙江 ").Left = 0
5.      Application.CommandBars(" 辽宁 ").RowIndex = Application.CommandBars
        (" 黑龙江 ").RowIndex + 1
6.      Application.CommandBars("Standard").RowIndex = Application.CommandBars
        (" 辽宁 ").RowIndex + 1
7.      Application.CommandBars("Formatting").RowIndex = Application.CommandBars
        ("Standard").RowIndex + 1
8.  End Sub
```

代码分析：第 2 行代码的作用是"黑龙江"工具栏行序号为工作表菜单栏序号加 1，也就是在其下方。

第 3 行代码的作用是"吉林"工具栏行序号等于"黑龙江"工具栏的行序号，也就是这两个工具栏同行显示。

第 4 行代码的作用是同行显示的前提下，把"黑龙江"工具栏置于最左侧。

上述过程运行后，结果如图 17-55 所示。

图 17-55 调整工具栏的位置

当工具栏的停靠方式是浮动在工作表上时，可以通过调整 Left 和 Top 属性来规定工具栏的出现位置。

下面的实例把"黑龙江"工具栏与"吉林"工具栏左右水平对齐、把"辽宁"工具栏放在"黑龙江"工具栏的正下方。

**源代码：实例文档 12.xls/ 调整工具栏位置和大小**

```
1.  Sub Test2()
2.      Application.CommandBars("黑龙江").Position = msoBarFloating
3.      Application.CommandBars("吉林").Position = msoBarFloating
4.      Application.CommandBars("辽宁").Position = msoBarFloating
5.      Application.CommandBars("黑龙江").Left = 100
6.      Application.CommandBars("黑龙江").Top = 200
7.      Application.CommandBars("吉林").Left = Application.CommandBars("黑龙江").
        Left + Application.CommandBars("黑龙江").Width
8.      Application.CommandBars("吉林").Top = Application.CommandBars("黑龙江").Top
9.      Application.CommandBars("辽宁").Left = Application.CommandBars("黑龙江").
        Left
10.     Application.CommandBars("辽宁").Top = Application.CommandBars("黑龙江").
        Top + Application.CommandBars("黑龙江").Height
11. End Sub
```

运行上述过程，可以看到 3 个浮动工具栏整齐地排列在工作表中，如图 17-56 所示。

对于具有很多控件的浮动工具栏，可以更改其 Height 属性，使得工具栏变高变窄。

下面的代码创建一个工具栏后，往工具栏中添加 34 个按钮，然后把这些按钮重排为 4 行。

图 17-56 排列工具栏

**源代码：实例文档 12.xls/ 调整工具栏位置和大小**

```
1.  Sub Test3()
2.      On Error Resume Next
3.      Dim cmb As Office.CommandBar
4.      Dim bt As Office.CommandBarButton
5.      Application.CommandBars("Province").Delete
6.      Set cmb = Application.CommandBars.Add(Name:="Province", Position:=
        msoBarFloating)
7.      For i = 1 To 34
8.          Set bt = cmb.Controls.Add(Type:=msoControlButton)
```

```
9.        With bt
10.           .Caption = Range("A" & i).Value
11.           .TooltipText = Range("B" & i).Value
12.           .FaceId = i
13.           .Style = msoButtonIconAndCaption
14.        End With
15.     Next i
16.     cmb.Visible = True
17.     cmb.Left = 200
18.     cmb.Top = 200
19.     cmb.Height = cmb.Controls(1).Height * 5
20. End Sub
```

代码分析：第 7 ~ 15 行代码利用循环批量添加按钮，其中第 11 行为控件添加提示语。

第 17 ~ 18 行代码设置工具栏的初始位置在屏幕的（200,200）像素位置。

第 19 行代码是关键代码，更改工具栏的高度为第一个控件的高度的 5 倍（工具栏的标题文字占据一行）。

运行上述过程，工具栏效果如图 17-57 所示。

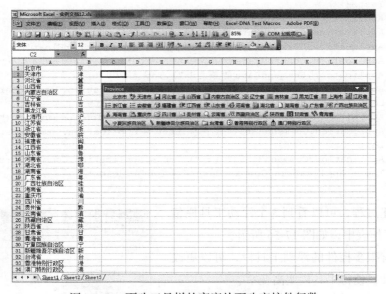

图 17-57　更改工具栏的高度从而改变控件行数

## 17.5.5　创建右键菜单

右键菜单也是工具栏的一种，其特点是控件上下排列，而一般的工具栏中的控件都是从左向右排列。

利用 VBA 自动创建右键菜单时，只需要把 Position 参数设置为 msoBarPopup 即可。当创建右键菜单完成后，不能通过设置 Visible 属性来显示该类型的工具栏，而是使用 ShowPopup 方法来弹出右键菜单。

下面的实例创建一个右键菜单 HTML，添加的控件既有按钮，又有子菜单。

**源代码：实例文档 13.xls/ 创建右键菜单**

```
1.   Sub Test1()
2.      On Error Resume Next
3.      Dim cmb As Office.CommandBar
4.      Dim pop As Office.CommandBarPopup, pop2 As Office.CommandBarPopup
5.      Dim bt As Office.CommandBarButton
6.      Application.CommandBars("HTML").Delete
7.      Set cmb = Application.CommandBars.Add(Name:="HTML", Position:=Office.
        MsoBarPosition.msoBarPopup, temporary:=True)
8.      Set bt = cmb.Controls.Add(Type:=msoControlButton)
9.      With bt
10.         .Caption = " 添加到收藏夹 (&F)"
11.         .FaceId = 2018
12.         .Style = msoButtonIconAndCaption
13.      End With
14.
15.     Set bt = cmb.Controls.Add(Type:=msoControlButton)
16.     With bt
17.         .Caption = " 查看源文件 (&V)"
18.         .FaceId = 2018
19.         .Style = msoButtonIconAndCaption
20.      End With
21.
22.     Set pop = cmb.Controls.Add(Type:=msoControlPopup)
23.     With pop
24.         .Caption = " 编码 (&E)"
25.      End With
26.
27.     Set bt = pop.Controls.Add(Type:=msoControlButton)
28.     With bt
29.         .Caption = " 自动检测 "
30.         .FaceId = 2018
31.         .Style = msoButtonIconAndCaption
32.      End With
33.
34.     Set pop2 = pop.Controls.Add(Type:=msoControlPopup)
35.     With pop2
36.         .Caption = " 其他…"
37.      End With
38.
39.     Set bt = pop2.Controls.Add(Type:=msoControlButton)
40.     With bt
41.         .Caption = " 日语 "
42.         .FaceId = 2018
43.         .Style = msoButtonIconAndCaption
44.      End With
45.
46.     Set bt = pop2.Controls.Add(Type:=msoControlButton)
47.     With bt
48.         .Caption = " 泰语 "
49.         .FaceId = 2018
50.         .Style = msoButtonIconAndCaption
51.      End With
52.
53.     Set bt = pop.Controls.Add(Type:=msoControlButton)
```

```
54.     With bt
55.         .Caption = "中文简体(GBK)"
56.         .FaceId = 2018
57.         .Style = msoButtonIconAndCaption
58.     End With
59.
60.     Set bt = pop.Controls.Add(Type:=msoControlButton)
61.     With bt
62.         .Caption = "Unicode"
63.         .FaceId = 2018
64.         .Style = msoButtonIconAndCaption
65.     End With
66.
67.     Set bt = cmb.Controls.Add(Type:=msoControlButton)
68.     With bt
69.         .Caption = "审查元素"
70.         .FaceId = 2018
71.         .Style = msoButtonIconAndCaption
72.     End With
73.
74.     Set bt = cmb.Controls.Add(Type:=msoControlButton)
75.     With bt
76.         .Caption = "属性(&P)"
77.         .FaceId = 2018
78.         .Style = msoButtonIconAndCaption
79.     End With
80. End Sub
```

代码分析：第 4 行代码用到的对象变量 pop 代表子菜单"编码"，pop2 代表子菜单中的子菜单"其他…"。

上述整个过程中，第 7 行代码是关键代码，明确地指定了 Position 参数是弹出式菜单。

运行上述 Test1 过程后，工作表中没任何变化，还需要再运行下面的过程，让其自动弹出。

```
1.  Sub Test2()
2.      Application.CommandBars("HTML").ShowPopup 200, 200
3.  End Sub
```

此时，会看到在 200 像素 ×200 像素处弹出该菜单，如图 17-58 所示。

如果用户在单元格区域右击弹出该菜单，还需要编写工作表的 BeforeRightClick 事件。

在 ThisWorkbook 模块中，书写如下事件过程。

```
1.  Private Sub Workbook_SheetBeforeRightClick(ByVal Sh As Object, ByVal Target
    As Range, Cancel As Boolean)
2.      Cancel = True
3.      Application.CommandBars("HTML").ShowPopup
4.  End Sub
```

由于这个事件是工作簿级别的，因此在该工作簿中的任何一个工作表中右击，都会弹出 HTML 菜单，而屏蔽内置的单元格右键菜单。

上述用法还可以应用于 VBA 的 UserForm 中，当用户在控件上右击时，也可以弹出右键菜单。

下面的实例实现在 VBA 工程中插入一个用户窗体，然后在窗体中放入一个文本框控件。程序的意图是当用户在文本框中右击时，弹出自定义右键菜单。

双击文本框控件，书写 MouseDown 事件。

**源代码：实例文档 13.xls/UserForm1**

```
1.  Private Sub TextBox1_MouseDown(ByVal Button As Integer, ByVal Shift As
    Integer, ByVal X As Single, ByVal Y As Single)
2.      If Button = 2 Then
3.          Application.CommandBars("HTML").ShowPopup
4.      End If
5.  End Sub
```

代码分析：第 2 行代码中 Button = 2 的意思是只有右击，If 语句才成立。窗体运行后，在文本框中右击，弹出 HTML 菜单，如图 17-59 所示。

图 17-58　单元格中弹出网页右键菜单

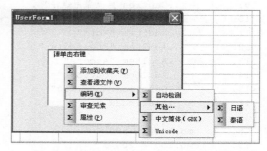

图 17-59　用户窗体中文本框控件弹出自定义菜单

## 17.6　自定义工具栏高级技术

命令按钮 CommandBarButton 是自定义工具栏中最常用的控件类型，此外，子菜单控件 CommandBarPopup、组合框控件 CommandBarCombobox、下拉框控件、文本框控件都可以添加到工具栏中。

### 17.6.1　使用组合框控件

CommandBarCombobox 控件不同于命令按钮控件，这个控件可以添加和删除条目，当用户从组合框中选择一个条目时，会调用该控件的 OnAction 属性指定的 VBA 过程。

组合框控件的重要属性如下。

❑ ListIndex：组合框当前选中的条目的索引，未选中任何条目时该属性为 0。

❑ ListCount：组合框中条目总数。

❑ Text：组合框目前的条目文本。

❑ Caption：组合框的标题文字。

组合框控件的重要方法如下。

❑ AddItem：增加一个条目。

❑ RemoveItem：删除一个条目。

❑ Clear：清空所有条目。

下面的实例创建一个名为 Office 的自定义工具栏，向工具栏中添加一个组合框控件，然后为组合框增加 5 个条目。

**源代码：实例文档 14.xls/ 使用组合框控件**

```
1.  Sub Test1()
2.      On Error Resume Next
3.      Dim cmb As Office.CommandBar
4.      Dim combo1 As Office.CommandBarComboBox
5.      Application.CommandBars("Office").Delete
6.      Set cmb = Application.CommandBars.Add(Name:="Office", Position:=msoBarFloating)
7.      Set combo1 = cmb.Controls.Add(Type:=Office.MsoControlType.msoControlComboBox)
8.      With combo1
9.          .Caption = "常用组件"
10.         .AddItem "Excel"
11.         .AddItem "Word"
12.         .AddItem "PowerPoint"
13.         .AddItem "Access"
14.         .AddItem "Outlook"
15.         .OnAction = "m.msg"
16.         .ListIndex = 2
17.      End With
18.      cmb.Left = 200
19.      cmb.Top = 200
20.      cmb.Visible = True
21. End Sub
```

代码分析：第 15 行代码中，当用户单击任何一个条目，自动调用 VBA 中的 msg 过程。

第 16 行代码中，当添加完所有条目后，默认选中的条目为第 2 个，也就是默认选中 Word。

下面的代码是标准模块 m 中的 msg 过程。

**源代码：实例文档 14.xls/m**

```
1.  Public Sub msg()
2.      Dim combo1 As Office.CommandBarComboBox
3.      Set combo1 = Application.CommandBars("Office").Controls("常用组件")
4.      ActiveCell.Value = combo1.ListIndex & ":" & combo1.Text
5.  End Sub
```

代码分析：这个过程是组合框的回调，对象变量 combo1 用来获取"常用组件"组合框。

第 4 行代码中，当选中任何一个条目，把该条目的索引和文本发送给活动单元格。

运行上述 Test1 过程后，自定义工具栏中出现一个组合框控件，如图 17-60 所示。

以上是组合框控件的经典用法。从这个实例可以看出组合框控件不同于子菜单控件（CommandBarPopup），组合框中的

图 17-60 创建组合框控件

内容是字符串组成的条目，而子菜单控件中的内容是多个控件。

此外，还可以在工具栏中放入一个以上的组合框控件来实现联动。下面的实例基于单元格区域中事先设计的数据，在自定义工具栏中加入两个组合框，第一个组合框的内容是地区名称，第二个组合框的内容是对应于第一个组合框中区域的所有省、自治区、直辖市、特别行政区名称。

当用户改变了第一个组合框中的地区时，第二个组合框自动更新列表。当用户选择第二个组合框中任一省、自治区、直辖市、特别行政区，在对话框中给出该省、自治区、直辖市、特别行政区的人口。

总之，该实例实现了一个人口查询的功能。该实例代码较长，读者可以打开"实例文档14.xls"，运行模块"联动组合框"中的 Test1 过程进行测试。

实际效果如图 17-61 所示。

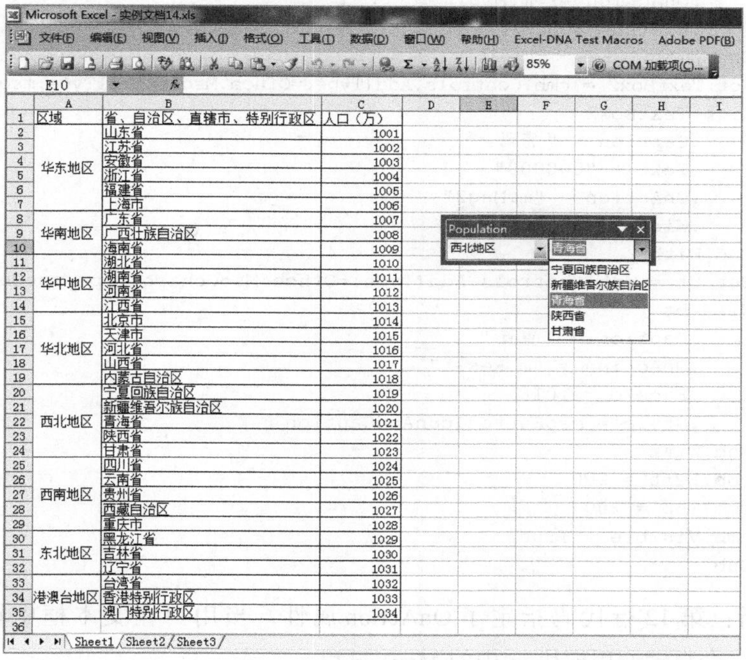

图 17-61　联动组合框

## 17.6.2　使用文本框控件

往工具栏中添加文本框控件时，需要把控件的 Type 属性设置为 msoControlEdit。该控件的主要属性如下。

❑ Caption：文本框的注释标题。

❑ Text：文本框中的内容，可读写。

❑ OnAction：修改文本框内容后按下【Enter】键做出的回调。

❑ Width：文本框的宽度。

下面的实例向自定义工具栏中添加两个文本框控件，两个文本框宽度不同。然后添加一个"重置"按钮，单击"重置"按钮会自动输入用户名和密码。

**源代码：实例文档 15.xls/ 使用文本框控件**

```
1.  Sub Test1()
2.      On Error Resume Next
3.      Dim cmb As Office.CommandBar
4.      Dim TextBox1 As Office.CommandBarControl, TextBox2 As Office.CommandBarControl
5.      Dim bt As Office.CommandBarButton
6.      Application.CommandBars("Login").Delete
7.      Set cmb = Application.CommandBars.Add(Name:="Login", Position:=
        msoBarFloating)
8.      Set TextBox1 = cmb.Controls.Add(Type:=Office.MsoControlType.msoControlEdit)
9.      With TextBox1
10.         .Caption = "用户名："
11.         .Text = "刘永富"
12.         .OnAction = "m.Msg1"
13.         .Width = 100
14.     End With
15.     Set TextBox2 = cmb.Controls.Add(Type:=Office.MsoControlType.msoControlEdit)
16.     With TextBox2
17.         .Caption = "密码："
18.         .Text = "000000"
19.         .OnAction = "m.Msg2"
20.         .Width = 60
21.     End With
22.     Set bt = cmb.Controls.Add(Type:=Office.MsoControlType.msoControlButton)
23.     With bt
24.         .Caption = "重置"
25.         .OnAction = "m.Reset"
26.         .FaceId = 1016
27.         .Style = msoButtonIconAndCaption
28.     End With
29.     cmb.Left = 200
30.     cmb.Top = 200
31.     cmb.Visible = True
32. End Sub
```

**代码分析**：第 12 行代码指定了 OnAction 属性，当用户在文本框中输入内容按下【Enter】键后，会自动调用模块 m 中的 Msg1 过程。

模块 m 中的代码如下。

**源代码：实例文档 15.xls/m**

```
1.  Public Sub Msg1()
2.      ActiveCell.Value = Application.CommandBars("Login").Controls(1).Text
3.  End Sub
4.  Public Sub Msg2()
5.      ActiveCell.Value = Application.CommandBars("Login").Controls(2).Text
6.  End Sub
7.  Public Sub Reset()
8.      Application.CommandBars("Login").Controls(1).Text = "admin"
9.      Application.CommandBars("Login").Controls(2).Text = "123456"
10. End Sub
```

运行上述 Test1 过程，在工作表界面会看到浮动工具栏，输入任意用户名按下【Enter】键，会看到活动单元格的内容发生改变，如图 17-62 所示。

### 17.6.3 设计用户窗体的菜单

图 17-62 工具栏中的文本框控件

VBA 的用户窗体本身不带有菜单设计的功能，但是通过 API 的方式，可以把 Excel 中的 CommandBar 对象吸附到用户窗体上。

用到的 API 函数如下。

❑ FindWindow：根据句柄或标题查找窗口或工具栏的句柄。

❑ SetParent：窗口吸附。

下面的实例实现在窗体启动时，自动创建一个名为 Example 的一般工具栏，并在工具栏中添加若干控件，然后把工具栏吸附到用户窗体。当窗体关闭时，自动解除吸附，并且把自定义工具栏删除。

在 VBA 工程中插入一个用户窗体，在属性窗口中把该窗体的 ShowModal 属性更改为 False，然后双击窗体进入窗体事件模块，输入如下代码。

**源代码：实例文档 16.xls/UserForm1**

```
1.   Private Declare Function FindWindow Lib "user32" Alias "FindWindowA" (ByVal
     lpClassName As String, ByVal lpWindowName As String) As Long
2.   Private Declare Function SetParent Lib "user32" (ByVal hWndChild As Long,
     ByVal hWndNewParent As Long) As Long
3.   Dim h1 As Long, h2 As Long
4.
5.   Private Sub UserForm_Initialize()
6.       Dim cmb As Office.CommandBar
7.       Dim pop As Office.CommandBarPopup
8.       Dim bt As Office.CommandBarButton
9.       Set cmb = Application.CommandBars.Add(Name:="Example", Position:=
         msoBarFloating)
10.      Set pop = cmb.Controls.Add(Type:=msoControlPopup)
11.      pop.Caption = " 文件 (&F)"
12.      pop.Controls.Add ID:=2520                    ' 内置新建按钮
13.      pop.Controls.Add ID:=23                      ' 内置打开按钮
14.      pop.Controls.Add ID:=3                       ' 内置保存按钮
15.      Set bt = pop.Controls.Add(Type:=msoControlButton)
16.      With bt
17.          .BeginGroup = True
18.          .Caption = " 再见 (&X)"
19.          .FaceId = 2950
20.          .Style = msoButtonIconAndCaption
21.          .OnAction = "m.Bye"
22.      End With
23.      cmb.Controls.Add ID:=30003                   ' 内置编辑子菜单
24.      cmb.Visible = True
25.      h1 = FindWindow(vbNullString, Me.Caption)
26.      h2 = FindWindow("MsoCommandBar", "Example")
27.      SetParent h2, h1
```

```
28.        With Application.CommandBars("Example")
29.            .Top = -20
30.            .Left = -1
31.            .Protection = msoBarNoMove + msoBarNoResize + msoBarNoChangeDock
32.        End With
33. End Sub
34.
35. Private Sub UserForm_QueryClose(Cancel As Integer, CloseMode As Integer)
36.        SetParent h2, 0
37.        Application.CommandBars("Example").Delete
38. End Sub
```

**代码分析**：模块顶部是两个 API 声明，h1 和 h2 长整型变量用来获取用户窗体的句柄，以及自定义工具栏的句柄。

第 6 ~ 24 行代码完全是工具栏的自定义部分。

第 25 ~ 33 行代码用于把工具栏吸附到窗体上。

第 35 ~ 38 行代码是窗体的关闭事件，用于解除吸附，并且删除工具栏。

窗体启动后，效果如图 17-63 所示。

当单击"再见"按钮时，自动关闭窗体。

图 17-63  用户窗体显示自定义工具栏

### 17.6.4  遍历所有 FaceID

在自定义工具栏的过程中，经常用到为命令按钮指定图标的问题。如果事先遍历到所有的图标，以后再查找时就方便了。

Excel 有上万个内置控件，如果把全部控件追加到一个工具栏，一屏幕显示不全。下面的实例遍历 1 ~ 1000 的 FaceID。

**源代码：实例文档 18.xls/ 遍历所有 FaceID**

```
1.  Sub Test1()
2.      On Error Resume Next
3.      Dim cmb As CommandBar, bt As CommandBarButton
4.      Dim i As Long
5.      Application.CommandBars("FaceID1000").Delete
6.      Set cmb = Application.CommandBars.Add(Name:="FaceID1000", Position:=
        msoBarFloating)
7.      For i = 1 To 1000
8.          Set bt = cmb.Controls.Add(Type:=msoControlButton)
9.          With bt
10.             .Caption = i
11.             .FaceId = i
12.             .Style = msoButtonIconAndCaptionBelow
13.             .TooltipText = "FaceID:" & i
14.         End With
15.     Next i
16.     cmb.Left = 100
17.     cmb.Top = 100
18.     cmb.Height = cmb.Controls(1).Height * 21
```

```
19.    cmb.Visible = True
20. End Sub
```

**代码分析**：首先创建一个浮动工具栏，然后追加 1000 个命令按钮控件，每个控件的标题、图标、提示语都和循环变量 i 建立关联。

第 18 行代码的作用是让 1000 个图标分为 20 行显示（标题占据 1 行），每行 50 个控件。上述过程运行结果如图 17-64 所示。

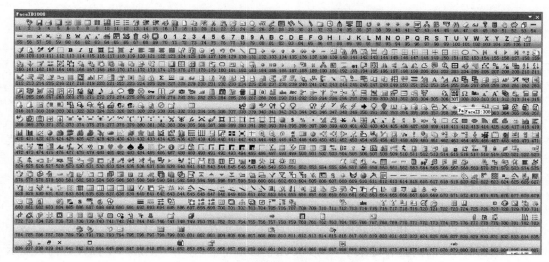

图 17-64　批量增加工具栏控件

如果要查看其他范围的图标，把第 7 行代码中循环变量的上下界改动一下即可。

## 17.6.5　提取 Windows 系统字体名称和字号列表

Excel 的"格式"工具栏中的"字体"名称组合框 ID 是 1728，访问到该控件后，遍历其中的条目即可获取系统字体名称列表。

**源文件：实例文档 18.xls/ 获取字体名称字号列表**

```
1.  Sub Test1()
2.     Dim combo As Office.CommandBarComboBox
3.     Dim i As Integer
4.     Set combo = Application.CommandBars("Formatting").Controls(" 字体 (&F):")
5.     For i = 1 To combo.ListCount
6.         Debug.Print i, combo.List(i)
7.     Next i
8.  End Sub
```

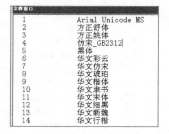

图 17-65　通过 Excel 字体名称
组合框获取系统字体

**代码分析**：循环变量 i 从 1 到组合框条目总数，依次遍历，在立即窗口打印序号和条目内容。运行后立即窗口的一部分结果如图 17-65 所示。

如果要获取字号列表，只需要把第 4 行代码中的 Controls(" 字体 (&F):") 改为 Controls(" 字号 (&F):") 即可。

## 17.7　Excel 高版本的工具栏设计

微软 Office 从 2007 版以后，不再使用工具栏和控件作为界面，而是采用功能区，但是工具栏的 VBA 对象仍然可以继续使用。对于用 VBA 创建的自定义工具栏和控件，Excel 2013 专门设计了一个"加载项"选项卡，该选项卡分为"菜单命令""工具栏命令""自定义工具栏"三个组，如图 17-66 所示。

图 17-66　Excel 2013 的"加载项"选项卡

- 菜单命令：在内置的工作表菜单栏（Worksheet Menu Bar）上增加的控件，显示在"菜单命令"组中。
- 工具栏命令：在内置的其他一般工具栏（例如"常用""格式"工具栏）上增加的控件，显示在"工具栏命令"组中。
- 自定义工具栏：用户创建的自定义工具栏，显示在"自定义工具栏"组中。

如果在 Excel 的内置右键菜单（例如 Cell、Column、Ply 等）上加入了控件，仍然显示于右键菜单中。

### 17.7.1　增加菜单命令

增加在 Worksheet Menu Bar 内置工具栏中的命令，一律显示在"菜单命令"组中。

下面的过程为该内置工具栏增加一个子菜单，该子菜单中增加 3 个按钮。然后为内置工具栏增加一个直属按钮"北京市"。

**源代码：实例文档 79.xlsm/ 菜单命令**

```
1.  Sub Test1()
2.      Dim cmb As Office.CommandBar
3.      Dim pop As Office.CommandBarPopup
4.      Dim bt(1 To 4) As Office.CommandBarButton
5.      Set cmb = Application.CommandBars("Worksheet Menu Bar")
6.      Set pop = cmb.Controls.Add(Type:=msoControlPopup)
7.      pop.Caption = " 东北地区 "
8.      Set bt(1) = pop.Controls.Add(Type:=msoControlButton)
9.      With bt(1)
10.         .Caption = " 黑龙江 "
11.         .FaceId = 210
12.         .Style = msoButtonIconAndCaption
13.         .OnAction = "m.Msg"
14.     End With
15.     Set bt(2) = pop.Controls.Add(Type:=msoControlButton)
16.     With bt(2)
```

```
17.          .Caption = "吉林"
18.          .FaceId = 210
19.          .Style = msoButtonIconAndCaption
20.          .OnAction = "m.Msg"
21.      End With
22.      Set bt(3) = pop.Controls.Add(Type:=msoControlButton)
23.      With bt(3)
24.          .Caption = "辽宁"
25.          .FaceId = 210
26.          .Style = msoButtonIconAndCaption
27.          .OnAction = "m.Msg"
28.      End With
29.      Set bt(4) = cmb.Controls.Add(Type:=msoControlButton)
30.      With bt(4)
31.          .Caption = "北京市"
32.          .FaceId = 210
33.          .Style = msoButtonIconAndCaption
34.          .OnAction = "m.Msg"
35.      End With
36.      cmb.Visible = True
37. End Sub
```

运行上述过程，Excel 2013 中的"加载项"选项卡的"菜单命令"组如图 17-67 所示。

图 17-67 Excel 2013 中的菜单命令

### 17.7.2 增加工具栏命令

增加在其他内置工具栏中的控件，显示于"工具栏命令"组中。只需要把 17.7.1 节第 5 行代码中的 Worksheet Menu Bar 改为 Standard，再次运行即可，如图 17-68 所示。

图 17-68 Excel 2013 中的工具栏命令

### 17.7.3 创建自定义工具栏

如果用 VBA 创建了全新的工具栏，然后放入了一些控件，那么这个工具栏显示于"自定义工具栏"组中。

下面的实例创建一个名为 Custom 的自定义工具栏，然后为该工具栏增加 3 个子菜单，
每个子菜单中增加一个按钮。

**源代码：实例文档 79.xlsm/ 自定义工具栏**

```
1.   Sub Test1()
2.      On Error Resume Next
3.      Dim cmb As Office.CommandBar
4.      Dim pop(1 To 3) As Office.CommandBarPopup
5.      Dim bt(1 To 3) As Office.CommandBarButton
6.      Application.CommandBars("Custom").Delete
7.      Set cmb = Application.CommandBars.Add(Name:="Custom")
8.      Set pop(1) = cmb.Controls.Add(Type:=msoControlPopup)
9.      pop(1).Caption = " 文件 (&F)"
10.     Set bt(1) = pop(1).Controls.Add(Type:=msoControlButton)
11.     With bt(1)
12.        .Caption = " 打开 (&O)"
13.        .FaceId = 23
14.        .Style = msoButtonIconAndCaption
15.        .OnAction = "m.Msg"
16.     End With
17.
18.     Set pop(2) = cmb.Controls.Add(Type:=msoControlPopup)
19.     pop(2).Caption = " 查看 (&V)"
20.     Set bt(2) = pop(2).Controls.Add(Type:=msoControlButton)
21.     With bt(2)
22.        .Caption = " 源代码 (&M)"
23.        .FaceId = 109
24.        .Style = msoButtonIconAndCaption
25.        .OnAction = "m.Msg"
26.     End With
27.
28.     Set pop(3) = cmb.Controls.Add(Type:=msoControlPopup)
29.     pop(3).Caption = " 帮助 (&H)"
30.     Set bt(3) = pop(3).Controls.Add(Type:=msoControlButton)
31.     With bt(3)
32.        .Caption = " 关于 (&A)"
33.        .FaceId = 927
34.        .Style = msoButtonIconAndCaption
35.        .OnAction = "m.Msg"
36.     End With
37.     cmb.Visible = True
38. End Sub
```

运行上述过程后，Excel 2013 的"加载项"→"自定义工具栏"中效果如图 17-69 所示。

图 17-69　Excel 2013 中的自定义工具栏

### 17.7.4　显示 Excel 2003 经典菜单

Excel 有一个内置菜单（Built-in Menus），可以把这个工具栏中的常用子菜单复制到新建的工具栏中，从而实现在高级 Excel 版本中看到 Excel 2003 的经典菜单系统。

**源代码：实例文档 79.xlsm/ 经典菜单**

```
1.  Sub Test1()
2.      On Error Resume Next
3.      Dim cmb As Office.CommandBar
4.      Dim v As Variant
5.      Application.CommandBars("Classic").Delete
6.      Set cmb = Application.CommandBars.Add(Name:="Classic")
7.      For Each v In Array(0, 1, 4, 8, 10, 13, 18, 23, 27, 28)
8.          Application.CommandBars("Built-in Menus").Controls(v).Copy cmb
9.      Next v
10.     cmb.Visible = True
11. End Sub
```

运行上述过程，经典菜单出现在"加载项"选项卡中，如图 17-70 所示。

图 17-70　显示 Excel 2003 经典菜单

## 习题

1. 在 Excel 2003 中，在"格式"工具栏的最后添加一个自定义按钮，该按钮的标题右对齐，FaceID 为 2950，OnAction 属性为 Right。创建该按钮后，单击该按钮使得所选单元格内容右对齐，效果如图 17-71 所示。

图 17-71　习题 1 图

2. 在 Excel 2003 中，重新创建一个新工具栏，名称为 NewBar，然后把"常用"工具栏的前 5 个控件移动到 NewBar 工具栏中，实现效果如图 17-72 所示。以上操作均通过 VBA 编程实现。

图 17-72　习题 2 图

3. 更改单元格右键菜单中所有控件的图标为笑脸（FaceID 为 2950），效果如图 17-73 所示。

图 17-73　习题 3 图

# 第 18 章
# Excel 加载宏

VBA 代码保存于 Excel 的工作簿文件中，如果想经常使用写好的 VBA 代码，就必须打开这些工作簿，这样就导致 Excel 中多出了不该出现的工作簿界面。

Excel 的加载宏（Addin）是由工作簿另存而成，当加载宏处于加载状态时，用户可以使用里面的 VBA 功能，但是在 Excel 中并不呈现加载宏的界面。换句话说，加载宏就是一个作用范围为整个应用程序的一个插件。由于 Excel 加载宏具有不呈现工作表和单元格界面、作用范围广等优势，把 VBA 作品加工成加载宏具有非常重要的作用和意义。

也有个别的加载宏文件扩展名是 .xll 或其他的，这些都是用其他开发语言制作的。本章主要讲述工作簿转存的加载宏的制作和使用。

## 18.1  Excel 加载宏对话框

Excel 加载宏对话框列出了当前应用程序中的所有加载宏，下面讲述如何调出"加载宏"对话框。

Excel 的各个版本都提供有"加载宏"对话框。对于 Excel 2013，有如下 4 种方法调出"加载宏"对话框。

### 1. Excel 选项

在"Excel 选项"对话框中，切换到"加载项"选项卡，在下部的"管理"下拉列表框中选择"Excel 加载项"选项，单击"转到"按钮，如图 18-1 所示。

单击"确定"按钮，弹出"加载宏"对话框，如图 18-2 所示。

### 2. 功能区

在 Excel 中显示出功能区中的"开发工具"选项卡后，选择"开发工具"→"加载项"→"加载项"命令，也可弹出"加载宏"对话框。

图 18-1　转到 Excel 加载宏对话框

图 18-2　"加载宏"对话框

### 3. 工具栏按钮方式

早期版本中，"加载项"控件的 ID 是 943，所以可以运行下面的 VBA 代码自动执行对话框。

```
Application.CommandBars.FindControl(ID:=943).Execute
```

### 4. 对话框方式

"加载宏"对话框也是 Excel 内置对话框之一，运行如下代码自动显示"加载宏"对话框。

```
Application.Dialogs (xlDialogAddinManager).Show
```

Excel 加载宏对话框中，"可用加载宏"列表框中每个加载宏前面带有一个复选框，当该复选框处于勾选状态时表示处于加载状态，否则是卸载状态。其中，分析工具库、规划求解加载项、欧元工具等都是微软 Excel 自带加载宏。

对话框右侧的"浏览"按钮用来快速找到磁盘中的加载宏文件，一旦加载了一个文件，后续基本不需要再次浏览该文件，会自动记忆文件位置。

对话框右侧的"自动化"按钮一般用来加载动态链接库中的自定义函数。

## 18.2　加载宏可以包含的内容

加载宏文件由一般的工作簿文件另存而成，所以，工作簿中能写哪些 VBA 功能，制作出的加载宏就有哪些功能。

提供给用户的加载宏不能纯粹是代码，需要使用其他元素作为交互界面。但由于加载宏文件的工作表和单元格区域都是隐藏不可见的，所以不适合使用工作表控件、工作表事件作为界面的构成元素。

### 18.2.1　过程和快捷键

加载宏的实质就是让用户在其他工作簿中调用加载宏中的代码和功能。过程是程序设计的单位，如果不想为加载宏制作复杂的界面，可以考虑为过程设置快捷键。

为宏指定快捷键有如下两种方式。

❑ Application.MacroOptions：宏选项。

❑ Application.OnKey：热键。

下面的实例为加载宏文件中的 Msg 过程设定快捷键。

在 Excel 2013 中新建一个工作簿，在其 VBA 工程插入一个标准模块，重命名为 m。在模块中写入如下代码。

**源代码**：ExcelAddin20170803.xlam/m

```
1.   Public Sub Msg()
2.       MsgBox Now
3.   End Sub
4.   Public Sub Test1()
5.       Application.MacroOptions Macro:="Msg", Description:=" 过程测试 ",
         ShortcutKey:="J"
6.   End Sub
```

**代码分析**：运行 Test1 过程是为上面的 Msg 过程设置快捷键，ShortcutKey:="J" 表示按下快捷键【Ctrl+Shift+y】就会自动执行 Msg 过程。如果设置为 ShortcutKey:="j" 则表示按下快捷键【Ctrl+j】。

---

**注意**：通过修改宏选项为过程指定的快捷键，是永久的，即使把加载项卸载，或者重启 Excel 应用程序，该快捷键仍然记忆。

---

把刚才新建的工作簿另存为加载宏，在 Excel 中按下【F12】键，显示"另存为"对话框，在"保存类型"下拉列表框中，选择"Excel 加载宏（*.xlam）"，如图 18-3 所示。

图 18-3　工作簿另存为加载宏

在对话框中输入加载宏的名称，单击"保存"按钮即可。

如果加载宏用在 Excel 2003 以下版本，保存类型请选择"Excel97-2003 加载宏（.xla）"。

另存完成后，在 Excel 界面并不能看到该加载宏，在 VBA 工程中也没有任何痕迹。这是因为加载宏文件虽然制作成功了，但还需要加载才可以进行编辑和使用。

因此，打开 Excel 的"加载项"对话框，单击"浏览"按钮，找到刚刚另存的 xlam 格式文件，确保文件被勾选，单击"确定"按钮即可。

此时在任意一个工作簿、工作表中按下快捷键【Ctrl+Shift+y】，会弹出当前时间对话框，如图 18-4 所示。

加载宏处于加载状态时，可以在 VBA 中看到该加载宏的工程，如果未设置工程密码，则像其他工作簿一样，可以查看和修改代码。

图 18-4　按下快捷键调用加载宏中的过程

---

**注意：** 加载宏进行加载或卸载操作，必须确保 Excel 中至少有一个可见的工作簿。如果一个工作簿也没打开，则不能进行加载宏的加载和卸载。

---

下面的实例使用 Onkey 方法为过程 Msg2 设置快捷键。

**源代码：ExcelAddin20170803.xlam/m**

```
1.  Public Sub Msg2()
2.      MsgBox Application.UserName
3.  End Sub
4.  Public Sub Test2()
5.      Application.OnKey "{F6}", "m.Msg2"
6.  End Sub
```

运行 Test2 过程后，为 m 模块中的 Msg2 过程设置快捷键为【F6】。

使用 OnKey 设置的快捷键，当重启 Excel 应用程序后，快捷键无效，需要重设。

为了能让加载宏一加载快捷键就立即生效，需要使用加载宏文件的加载和卸载事件来自动完成。

在加载宏文件的 VBA 工程中，编辑 ThisWorkbook 模块的代码，编写如下两个事件过程。

**源代码：ExcelAddin20170803.xlam/ThisWorkbook**

```
1.  Private Sub Workbook_AddinInstall()
2.      Application.OnKey "{F6}", "m.Msg2"
3.  End Sub
4.  Private Sub Workbook_AddinUninstall()
5.      Application.OnKey "{F6}", ""
6.  End Sub
```

代码分析：Workbook_AddinInstall 是工作簿的加载宏安装事件，当一个加载宏由卸载状态变更为加载状态时触发该事件。

相反，Workbook_AddinUninstall 是加载宏的卸载事件。在本例中，当卸载加载宏时，释放快捷键【F6】。

输入完上述事件代码后，按下快捷键【Ctrl+S】保存加载宏。因为加载宏被修改后，如果不主动保存文件，则卸载或者退出 Excel 时，系统不会提示是否保存。

当加载宏被卸载，Excel 会自动关闭加载宏文件。

加载宏文件在加载时触发的事件依次是 Workbook_AddinInstall、Workbook_Open。

加载宏在卸载时触发的事件顺序是 Workbook_AddinUninstall、Workbook_BeforeClose。

### 18.2.2　自定义函数

工作簿中的自定义函数的作用范围是该工作簿中的工作表；加载宏中的自定义函数，作用范围则是应用程序中的所有工作簿中的工作表，因此作用范围更大。

下面的实例在加载宏的标准模块 f 中书写一个用于计算普通话等级划分的函数。

源代码：ExcelAddin20170803.xlam/f

```
1.  Public Function ScoreRank(Score As Integer) As String
2.      If Score >= 97 Then
3.          ScoreRank = "一级甲等"
4.      ElseIf Score >= 92 Then
5.          ScoreRank = "一级乙等"
6.      ElseIf Score >= 87 Then
7.          ScoreRank = "二级甲等"
8.      ElseIf Score >= 80 Then
9.          ScoreRank = "二级乙等"
10.     ElseIf Score >= 70 Then
11.         ScoreRank = "三级甲等"
12.     ElseIf Score >= 60 Then
13.         ScoreRank = "三级乙等"
14.     Else
15.         ScoreRank = "不及格！"
16.     End If
17. End Function
```

代码分析：该函数的参数为分数，结果返回一个字符串。

编写函数完毕后，保存加载宏文件。在任意一个工作表中输入一些成绩，使用 ScoreRank 函数来计算划分，如图 18-5 所示。

可以看出，使用自定义函数轻松完成了一个复杂的任务，该函数可以用于当前应用程序中的任意工作表。

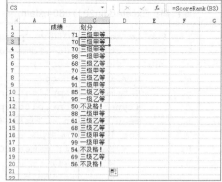

图 18-5　在工作表中使用加载宏中的
自定义函数

### 18.2.3　用户窗体

加载宏中，也可以使用用户窗体和控件，设计好窗体和控件后，在合适的代码位置显示窗体即可。此处不再举例。

## 18.2.4  工具栏和控件

如果是制作 Excel 2003 用的加载宏，使用工具栏和控件作为加载宏的界面是非常不错的选择。

下面的实例实现在 Excel 2003 中新建一个工作簿，把该工作簿另存为加载宏 ExcelAddin20170804.xla，如图 18-6 所示。

图 18-6　另存为 Excel 2003 加载宏

然后选择"工具"→"加载宏"命令，在弹出的对话框中浏览到加载宏文件并进行加载。由于是用空白工作簿转存的加载宏，所以 Excel 没有任何界面上的变化。

打开 VBA 编辑器，为加载宏的 VBA 工程插入一个标准模块，重命名为 m。输入如下 3 个普通过程。

**源代码：ExcelAddin20170804.xla/m**

```
1.   Public menu As Office.CommandBarPopup, bt(1 To 4) As Office.CommandBarButton
2.   Public ct As Office.CommandBarButton
3.   Public Sub CreateUI()
4.       Dim i As Integer
5.       Set menu = Application.CommandBars("Worksheet menu bar").Controls.Add
         (Type:=msoControlPopup, Before:=2)
6.       menu.Caption = "压缩 (&Z)"
7.       For i = 1 To 4
8.           Set bt(i) = menu.Controls.Add(Type:=msoControlButton)
9.           With bt(i)
10.              .Caption = i
11.              .FaceId = i * 100
12.              .Style = msoButtonIconAndCaption
13.              .OnAction = ""
14.          End With
15.      Next i
16.      menu.Visible = True
17.      Set ct = Application.CommandBars("Pictures Context Menu").Controls.Add
         (Type:=msoControlButton, Before:=1)
```

```
18.     With ct
19.         .Caption = " 对齐到单元格 "
20.         .FaceId = 1195
21.         .Style = msoButtonIconAndCaption
22.         .OnAction = "m.Align"
23.     End With
24. End Sub
25. Public Sub DeleteUI()
26.     Application.CommandBars("Worksheet menu bar").Reset
27.     Application.CommandBars("Pictures Context Menu").Reset
28. End Sub
29. Public Sub Align()
30.     Dim sp As Excel.Shape, rg As Excel.Range
31.     Set sp = Application.Selection.ShapeRange.Item(1)
32.     Set rg = sp.TopLeftCell
33.     With sp
34.         .Left = rg.Left
35.         .Top = rg.Top
36.     End With
37. End Sub
```

代码分析：第 3 行代码中 CreateUI 过程用来创建自定义界面。第 5 ～ 16 行代码为工作表菜单栏插入一个子菜单"压缩"，然后为该子菜单插入 4 个命令按钮。

第 17 ～ 24 行代码为图片的右键菜单中插入一个命令按钮，并把该按钮放在菜单中最顶部。该按钮响应模块中的 Align 过程。

第 25 ～ 28 行代码的作用是删除自定义界面，把两个内置菜单重置。

第 29 ～ 37 行代码为 Align 过程，作用是把所选图片恰好对齐到左上角的单元格。

为了让加载宏在一加载就创建自定义界面、一卸载就删除自定义界面，需要使用事件过程来实现自动化。

在 ThisWorkbook 事件模块输入如下代码。

**源代码：ExcelAddin20170804.xla/ThisWorkbook**

```
1.  Private Sub Workbook_AddinInstall()
2.      m.CreateUI
3.  End Sub
4.  Private Sub Workbook_AddinUninstall()
5.      m.DeleteUI
6.  End Sub
```

代码分析：当加载宏被加载时，立即创建自定义菜单；当加载宏被卸载时，删除自定义界面。

输入上述代码并保存加载宏，卸载并重新加载，效果如图 18-7 所示。

在任意工作表中插入一幅图片，右击该图片，可以在右键菜单中看到"对齐到单元格"按钮，如图 18-8 所示。

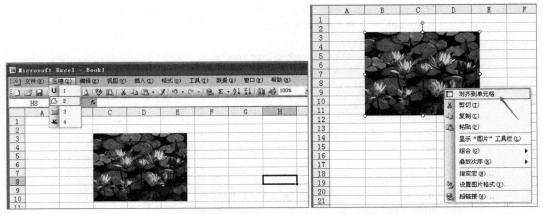

图 18-7　加载宏中的自定义工具栏　　　　图 18-8　加载宏中的自定义右键菜单

## 18.2.5　自定义功能区

Excel 2007 以上版本更适合使用自定义功能区来呈现用户的自定义功能。
本章暂不讨论自定义功能区方面的知识。

## 18.2.6　事件过程

由于加载宏文件的工作簿界面被隐藏，因此加载宏的工作簿、工作表的事件过程几乎不能再利用。然而，使用类模块创建事件，从而使得在加载宏中可以为所有工作簿和工作表创建事件。

下面的实例制作一个加载宏，当加载宏处于加载状态时，用鼠标切换其他工作簿中的工作表时，Excel 的状态栏会自动更新信息。

在 Excel 2013 中新建一个工作簿，把该工作簿另存为 20170805.xlam 加载宏文件。然后加载该文件，在其 VBA 工程中插入一个类模块，重命名为 ClsEvent，在该类模块中输入如下代码。

**源代码：ExcelAddin20170805.xlsm/ClsEvent**

```
1.  Public WithEvents App As Excel.Application
2.
3.  Private Sub App_SheetActivate(ByVal Sh As Object)
4.      App.StatusBar = Sh.Parent.Name & ":" & Sh.Name
5.  End Sub
6.
7.  Private Sub Class_Initialize()
8.      Set App = Application
9.  End Sub
10.
11. Private Sub Class_Terminate()
12.     App.StatusBar = False
13.     Set App = Nothing
14. End Sub
```

代码分析：第 1 行代码声明了一个带有事件过程的 Application 对象。

第 3 ~ 5 行代码是工作表激活事件，当任一工作表被激活时，在状态栏显示工作表所在工作簿的名称、工作表的名称。

第 7 ~ 9 行代码为类模块初始化时，自动完成类的实例化，App 对象变量与当前 Excel 应用程序关联。

第 11 ~ 14 行代码，当类模块被释放时，重置 Excel 状态栏。

由于类模块在使用时需要实例化，因此本例当加载宏处于加载状态时，自动实例化，因此，在加载宏的 ThisWorkbook 模块输入如下代码。

源代码：ExcelAddin20170805.xlsm/ThisWorkbook

```
1.  Dim Instance As ClsEvent
2.  Private Sub Workbook_AddinInstall()
3.      Set Instance = New ClsEvent
4.  End Sub
5.
6.  Private Sub Workbook_AddinUninstall()
7.      Set Instance = Nothing
8.  End Sub
```

代码分析：当加载宏一加载，就把 ClsEvent 这个类模块实例化为变量 Instance。

为了测试该加载宏，可以先卸载，再重新加载（这个功能适用于任何版本的 Excel）。用鼠标任意切换工作簿、工作表，可以看到状态栏的内容变化，如图 18-9 所示。

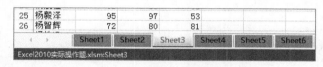

图 18-9　加载宏中的事件编程

从这个实例可以看出，加载宏中的事件代码，它的作用范围是整个 Excel 应用程序，而不限于某个工作簿。

## 18.3　修改加载宏文件

虽然加载宏处于加载状态时，用户看不到加载宏文件的工作表结构，但是通过 VBA 还可以访问和修改工作表和单元格。

实际上，Excel VBA 中的 Workbook 对象有一个 IsAddin 属性，如果是一般的工作簿，该属性默认为 False；如果是一个加载宏，该属性为 True。

如果要对加载宏的工作表进行修改，可以在 VBA 的属性窗口中把 IsAddin 属性设置为 False，即可看到加载宏文件的工作表和单元格，适当修改数据后，再把该属性设置为 True，又看不到工作表和单元格了，如图 18-10 所示。

加载宏最初也是一个工作簿文件，因此也具有文档属性。把加载宏的 IsAddin 属性设置为 False 后，在 Excel 中选择"文件"→"信息"→"属性"→"高级属性"命令，如图

18-11 所示，弹出文档属性对话框。

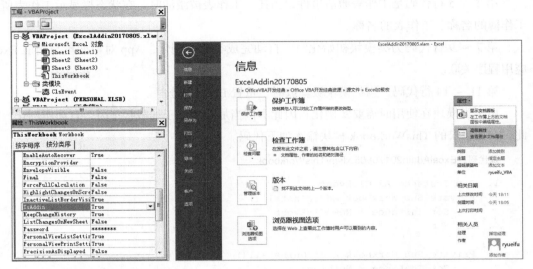

图 18-10　修改加载宏的 IsAddin 属性　　　图 18-11　加载宏的文档属性对话框

在属性对话框中，适当修改各项，尤其要注意修改"备注"，因为该属性会出现在"加载宏"对话框中，如图 18-12 所示。

下次在 Excel 中加载该加载宏时，在"加载项"对话框中可以预览到加载宏的备注，如图 18-13 所示。

图 18-12　修改加载宏文件的备注属性　　　图 18-13　显示加载宏的备注文本

## 18.4　使用 VBA 操作加载宏

Excel 应用程序可以包含多个加载宏，Excel 的所有加载宏用 Application.Addins 对象集合表示，其中，任一加载宏是一个 Addin 对象。

加载宏不是 Workbook 对象，因此遍历工作簿时不会遍历到加载宏文件。

通过 VBA 操作加载宏对象，可以实现加载宏属性的读写、加载宏的自动加载和卸载等操作。

## 18.4.1　加载宏的重要属性

Addin 对象和其他 VBA 对象一样，既可以用名称来引用访问，也可以用索引值来访问。

例如，一个加载宏文件是 ExcelAddin20170805.xlam，在 VBA 代码中可以用 Application.AddIns.Item("ExcelAddin20170805") 来访问，也可以用 Application.AddIns.Item(3) 来访问，括号中的 3 表示这个加载宏在"加载宏"对话框的"可用加载宏"列表框中的序号，表示从上数第 3 个加载宏。

下面的实例读取一个加载宏的重要属性。

源代码：实例文档 79.xlsm/ 加载宏的属性

```
1.  Sub Test1()
2.      Dim a As Excel.AddIn
3.      Set a = Application.AddIns.Item("ExcelAddin20170805")
4.      Debug.Print a.FullName
5.      Debug.Print a.Name
6.      Debug.Print a.Installed
7.      Debug.Print a.Path
8.  End Sub
```

代码分析：第 4 ～ 7 行代码依次打印加载宏的完全路径、名称、加载状态、路径文件夹。运行上述过程，立即窗口打印结果如图 18-14 所示。

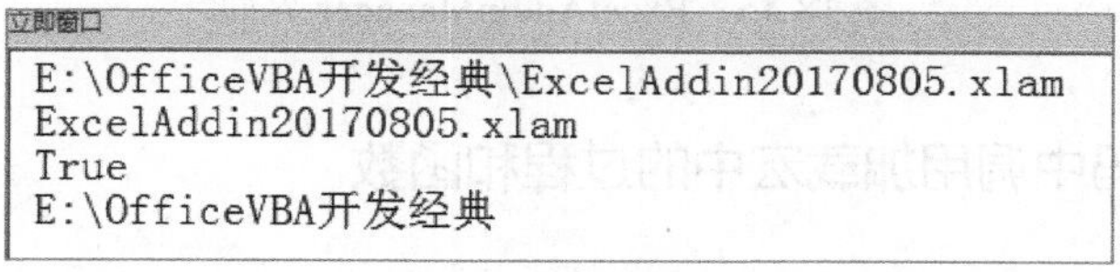

```
立即窗口
E:\OfficeVBA开发经典\ExcelAddin20170805.xlam
ExcelAddin20170805.xlam
True
E:\OfficeVBA开发经典
```

图 18-14　打印加载宏的属性

**注意**：使用名称访问加载宏时，括号内不要加文件扩展名。例如，Application.AddIns.Item("ExcelAddin20170805.xlsm") 就是错误的。

另外，Installed 属性是一个可读写的属性，在 VBA 中运行 Application.AddIns.Item("ExcelAddin20170805").Installed=False，就会自动卸载该加载宏，设置为 True 时为加载状态。

加载宏一旦被卸载，在"加载宏"对话框的"可用加载宏"列表框中这个加载宏前面就会取消勾选，而且在 VBA 工程中看不到该加载宏的工程。

### 18.4.2    加载宏的遍历

可以使用循环遍历到每个加载宏的属性。下面的实例打印所有加载宏的完全路径、加载状态。

**源代码：实例文档 79.xlsm/ 加载宏的属性**

```
1.  Sub Test2()
2.      Dim a As Excel.AddIn
3.      For Each a In Application.AddIns
4.          Debug.Print a.FullName, a.Installed
5.      Next a
6.  End Sub
```

本书配套资源中的 **ExcelAddinManager** 工具可以读写所有加载宏的属性。该工具需要在 Excel 打开的前提下使用，如图 18-15 所示。

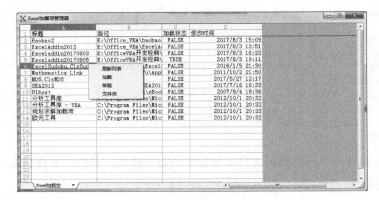

图 18-15    ExcelAddinManager 界面

### 18.4.3    VBA 代码中调用加载宏中的过程和函数

一般情况下，Excel 加载宏文件提供给用户，用户可以在工作表中使用其中的自定义函数，也可以在工作表中显示加载宏中的用户窗体等。有些场合下，还需要在其他工作簿的 VBA 代码中调用加载宏文件中的过程和函数。

代码中调用加载宏中的过程和函数有以下两种途径。

❑ 使用 Run 方法进行跨工程调用过程。

❑ 在 VBA 工程中添加对加载宏的外部引用。

为了方便举例，首先创建一个名称为 ExcelAddin20171005.xlam 的加载宏文件，然后在该加载宏的 VBA 工程中插入一个标准模块，重命名模块名称为 Common，然后在该模块中编写一个公有过程 TwoGirl 用于显示一个用户窗体。

**源代码：ExcelAddin20171005.xlam/Common**

```
1.  Public Sub TwoGirl()
2.      UserForm1.Show
3.  End Sub
```

然后接着编写一个公有函数 IsLeapYear，用于判断是否闰年。

**源代码：ExcelAddin20171005.xlam/Common**

```
1.  Public Function IsLeapYear(year As Integer) As Boolean
2.      Dim result As Boolean
3.      If year Mod 100 = 0 Then
4.          If year Mod 400 = 0 Then
5.              result = True
6.          Else
7.              result = False
8.          End If
9.      Else
10.         If year Mod 4 = 0 Then
11.             result = True
12.         Else
13.             result = False
14.         End If
15.     End If
16.     IsLeapYear = result
17. End Function
```

因为任何 VBA 工程的默认工程名称都是 VBAProject，为了加以区别，修改上述加载宏的工程名称为 Project_ExcelAddin20171005，如图 18-16 所示，并且设置 VBA 工程密码为123456。

接下来新建一个工作簿，另存为"实例文档 114.xlsm"，在该工作簿的标准模块中编写如下过程，目的是用 Application 的 Run 方法调用加载宏中的过程和函数。

**源代码：实例文档 114.xlsm/m**

```
1.  Sub Test1()
2.      Application.Run "ExcelAddin20171005.xlam!Common.TwoGirl"
3.      MsgBox Application.Run("ExcelAddin20171005.xlam!Common.IsLeapYear", 2018)
4.  End Sub
```

代码分析：由于是跨工程调用，所以 Run 方法后的参数中需要规定加载宏的文件名、模块名、过程名。运行 Test1 过程后，弹出加载宏中的用户窗体，以及得出 2018 年不是闰年的结论，如图 18-17 所示。

图 18-16　修改加载宏的 VBA 工程属性　　图 18-17　使用 Run 方法调用其他 VBA 工程的过程和函数

另外一个方式就是在测试工作簿的 VBA 工程中添加加载宏文件的外部引用，现在为实例文档 114.xlsm 的 VBA 工程添加引用。在 VBA 编辑器中选择"工具"→"引用"命令，在引用对话框中单击"浏览"按钮，定位到 ExcelAddin20171005.xlam 的加载宏文件，会看到 Project_ExcelAddin20171005 复选框处于勾选状态，说明引用成功，如图 18-18 所示。

然后在实例文档 114.xlsm 的标准模块中继续编写另一个过程。

**源代码：实例文档 114.xlsm/m**

```
1.  Sub Test2()
2.      [Project_ExcelAddin20171005].TwoGirl
3.      MsgBox [Project_ExcelAddin20171005].IsLeapYear(2020)
4.  End Sub
```

运行 Test2 过程，成功调用到加载宏中的过程和函数，弹出窗体并返回 2020 年是闰年，如图 18-19 所示。

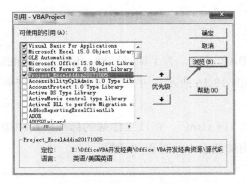

图 18-18　引用加载宏文件

图 18-19　工程引用的方式调用加载宏

### 18.4.4　完全删除加载宏

Excel 的"加载宏"对话框并未提供删除加载宏的按钮，因此，如果想彻底移除其他人发来的加载宏，可以在 Excel 未打开的情形下，把该加载宏文件从磁盘中彻底删除掉。

然后重启 Excel，在"加载宏"对话框中，勾选或取消勾选该加载项，弹出如图 18-20 所示的对话框。

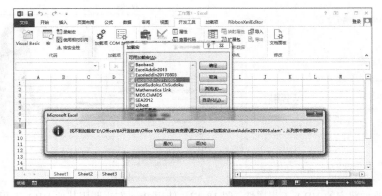

图 18-20　加载宏文件已删除

此时，单击"是"按钮，该加载宏就永久不会出现在加载宏列表中了。

从前面的讨论可以看出，加载宏的设计和制作，内容非常丰富，涉及 Excel VBA 的多个层面，因此一个加载宏的设计水平，是 VBA 水平的一个重要体现。

但是，加载宏文件由于本质上还是一个工作簿文件，其代码安全性很低，因此在实际开发中，加载宏设计只适合于 VBA 初学者，不适合开发商业化插件。

## 习题

1. Excel 的内置加载宏"分析工具库"具有很多数据分析方面的功能，默认情况下该加载宏处于未加载状态。请编写程序，能让该加载项自动处于加载状态，实现效果如图 18-21 所示。

图 18-21　习题 1 图

2. 编写一个计算指定年份的六十甲子的自定义函数，然后把该函数保存于加载宏文件中，在任意工作表中都可调用该函数，如图 18-22 所示。

图 18-22　习题 2 图

　　六十甲子由天干和地支两部分组成，例如 1894 年是甲午年。天干部分每 10 年循环一次，地支每 12 年循环一次，天干地支完全一样需要经过 60 年。

　　3．本书源文件中有一个 SplitText.xlam 加载宏文件，处于加载状态时在"加载"宏对话框中显示为：

分割数字
刘永富制作的数字分割函数

如图 18-23 所示。

图 18-23　习题 3 图

　　请想办法把图中红色框中的显示信息修改成你自己希望的文字内容。

# 第 19 章
# 经典编程实例

学习编程的基本目的就是要解决现实存在的问题，为了更好地巩固 Excel VBA 知识，本章设计了 8 个规模和难度适中的编程案例。

## 19.1 角谷猜想

问题描述：角谷静夫是日本的一位著名学者，他提出了两条极简单的规则，输入一个任意自然数 N，如果 N 是偶数，就把这个数除以 2 ；如果 N 是奇数就变为 3*N+1，这个规则一直重复执行，最终都会变为 1（称此为角谷猜想）。例如，N 的初始值是 11，它的变化路径是 11、34、17、52、26、13、40、20、10、5、16、8、4、2、1。

请编写一个程序，给定一个任何自然数，输出其变化路径。

关键技术：VBA 语法基础、循环结构、选择结构。

实现路线：使用 InputBox 对话框允许用户输入任何自然数，把上述变换规则放在 Do...Loop 循环体中，如果变成 1，就跳出循环体。在循环体中一边变换，一边打印。

源代码：角谷猜想 .xlsm/ 角谷猜想

```
1.  Sub Test1()
2.     Dim i  As Integer
3.     i = InputBox(" 请输入一个正整数 ")
4.     Do While i > 1
5.        If i Mod 2 = 1 Then
6.           i = 3 * i + 1
7.        Else
8.           i = i / 2
9.        End If
10.       Debug.Print i
11.    Loop
12.    MsgBox " 运行结束! "
13. End Sub
```

代码分析：第 4 行代码采用的是 Do ... Loop 循环，当 i 为 1 时自动跳出循环。

## 19.2　单元格文字连接

问题描述：很多情况下需要把单元格区域的所有内容连接成一个长的字符串，Excel 本身没提供这个功能，请编写一个程序，当用户选择一个单元格区域时，该区域连接后的文本自动显示在窗体的文本框中。

要求单元格文字连接时，左右相邻的单元格用制表位连接，上下相邻的单元格用换行符连接。期望的效果如图 19-1 所示。

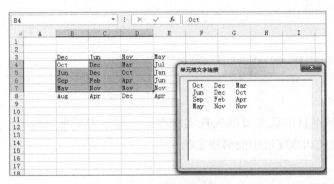

图 19-1　期望的效果

关键技术：字符串的处理、单元格区域的双层循环、窗体和控件、事件过程。

实现路线：核心代码是利用单元格区域生成长的字符串这个函数，该函数使用双层 For 循环，一边循环一边连接。

当用户选择一个区域时，触发工作表的 SelectionChange 事件，当用鼠标选择单元格时，随时更新窗体上文本框中的内容。

以下代码是用于把单元格区域转换成字符串的函数。

**源代码：单元格文字连接 .xlsm/ 文字连接**

```
1.  Public Function CellJoin(sel As Range) As String
2.      Dim r As Integer, c As Integer
3.      For r = 1 To sel.Rows.Count
4.          For c = 1 To sel.Columns.Count
5.              CellJoin = CellJoin & sel.Cells(r, c).Value & vbTab
6.          Next c
7.          CellJoin = CellJoin & vbNewLine
8.      Next r
9.  End Function
```

代码分析：第 3 ～ 8 行代码采用的是双层 For 循环，而不是 For Each 循环。外层循环行，内层循环列。列和列之间的内容用制表位连接，换行时用换行符连接。

以下是 ThisWorkbook 事件模块中的代码。

**源代码：单元格文字连接 .xlsm/ThisWorkbook**

```
1.  Private Sub Workbook_Open()
2.      UserForm1.Show
3.  End Sub
```

```
4.   Private Sub Workbook_SheetSelectionChange(ByVal Sh As Object, ByVal Target
     As Range)
5.       UserForm1.TextBox1.Text = 文字连接.CellJoin(Target)
6.   End Sub
```

代码分析：当工作簿一打开就显示用户窗体，并且当鼠标在单元格区域发生选择时，立即更新文本框中的内容。

## 19.3　学生成绩评定和登记

问题描述：一个班的学生上机测验，提交后的原始文件如图 19-2 所示。

| A2 | | | | fx | 192.168.0.10_环境171182051-171182051-李琪.txt | | |
|---|---|---|---|---|---|---|---|

| | A | B | C | D |
|---|---|---|---|---|
| 1 | 学生提交文件 | 答题结果 | 学生姓名 | 得分 |
| 2 | 192.168.0.10_环境171182051-171182051-李琪.txt | CBBADDBDBDBBBBDBBABCD | 李琪 | 75 |
| 3 | 192.168.0.123_环境171-171182002-毕秀华.txt | CDBAACCADABCADBBACDD | | |
| 4 | 192.168.0.12_环境171182052-宋丽敦.txt | CDBAACCAAABCADBBABDD | | |
| 5 | 192.168.0.13_环境171-171182041-张磊.txt | CDBACBCBDADBBADBBADCC | | |
| 6 | 192.168.0.14_环境171182018-吕鑫.txt | CDBACBCDADBBADBBADCB | | |
| 7 | 192.168.0.15_环境171-171182021-马人杰.txt | CDBACBCDADBBADBBADCC | | |
| 8 | 192.168.0.170_环境171182010-黄剑.txt | CDBACCCACDBAACCBDBCB | | |
| 9 | 192.168.0.170_环境171182017-刘聪.txt | CDBABCBDBABAADDBADBB | | |
| 10 | 192.168.0.19_环境171-171182030-秦逸涵.txt | CDBADCCDAABAADBBABDD | | |
| 11 | 192.168.0.201_环境171-171182038-杨飞.txt | ADBBBDBDADCBADBAADCC | | |
| 12 | 192.168.0.20_环境171-171182038-杨爽.txt | CDBABABDDDCBADBBACDC | | |
| 13 | 192.168.0.21_环境171-171182047-支国才.txt | CDBBBCBDADBBADBBADCC | | |
| 14 | 192.168.0.234_环境171-171182046-赵尚鹏.txt | CDBBBCBDAEBBADCBADCC | | |
| 15 | 192.168.0.252_环境171-171182040-袁志强.txt | CDBACCDADBCADBBADCC | | |
| 16 | 192.168.0.27_环境171-171182037-许宇浩.txt | CDBADABDDDBBADCAACDC | | |
| 17 | 192.168.0.29_环境171-171182014-李燚环.txt | CDBADABDDDBBADCAACDC | | |
| 18 | 192.168.0.30_环境171-171182008-郭正达.txt | ADBBBDBDADCBADBAADCC | | |
| 19 | 192.168.0.31_环境171-171182013-兰慧刚.txt | CDBBBCBDADBBADBBADCA | | |
| 20 | 192.168.0.32_环境-17118200-何晨宇.txt | ADBBBDBDADCBADBBADCC | | |
| 21 | 192.168.0.38_环境171-171182028-乔志远.txt | ADBBBDBDADCBADBAADCC | | |
| 22 | 192.168.0.3_环境171-171182042-张磊.txt | CDBACBBAAABCADBBABBD | | |
| 23 | 192.168.0.41_环境171-171182015-梁乐.txt | CDBABCBDADBBADBBACDC | | |
| 24 | 192.168.0.44_环境171-171182007-高丞永.txt | CDBADCCDAABAADBBABDD | | |
| 25 | 192.168.0.44_环境171-171182045-赵俊森.txt | CDBADCCDAABAADBBABDD | | |
| 26 | 192.168.0.46_环境171-171182005-杜喜欢.txt | CDBAADCDDDCBADDBADCC | | |

| | Sheet1 | Sheet2 | Sheet3 | (+) |
|---|---|---|---|---|

图 19-2　原始数据文件

请使用字符串处理方面的技术，从 A 列中把学生姓名提取到 C 列中。此外，本次测验共 20 道选择题，每题 5 分，且这些题目的标准答案是 CDBABCBDADBBADBBADCC。请根据 B 列的答题情况计算其得分，得分结果放在 D 列。

关键技术：函数设计、字符串截取、字符遍历和比较、累加算法。

实现路线：B 列中，姓名左侧是减号，右侧是小数点，因此使用 InstrRev 函数提取字符串中最后一个减号的位置 pos1，以及最后一个小数点的位置 pos2，那么接下来用 Mid 函数再配合两个位置就可以截取到姓名。

得分评定方面，利用字符串的遍历，依次比较学生作答的每一个选项与标准答案的每一个选项，如果两个选项相同就给总分加 5 分，否则不加分。

源代码：成绩登记.xlsm/m

```
1.   Public Function GetName(file As String) As String
2.       Dim pos1 As Integer, pos2 As Integer
3.       pos1 = VBA.Strings.InStrRev(file, "-")
4.       pos2 = VBA.Strings.InStrRev(file, ".")
```

```
5.        GetName = VBA.Strings.Mid(file, pos1 + 1, pos2 - pos1 - 1)
6.    End Function
7.    Public Function Score(Ans As String) As Integer
8.        Const Key As String = "CDBABCBDADBBADBBADCC"
9.        Dim i As Integer
10.       For i = 1 To 20
11.           If Mid(Ans, i, 1) = Mid(Key, i, 1) Then
12.               Score = Score + 5
13.           End If
14.       Next i
15.   End Function
```

写好以上两个自定义函数后，在单元格 C2 中输入公式 "=GetName(A2)"，并且在 D2 中输入公式 "=Score(B2)"，然后向下自动填充，如图 19-3 所示。

图 19-3　工作表中使用 VBA 自定义函数

## 19.4　汇总历年奖牌榜

问题描述：文件夹下面有 9 个工作簿，每个工作簿中有一个工作表，分别记载了 1984—2016 年总共 9 届奥运会的前 10 名奖牌排行榜。其中，2004 年第 28 届雅典奥运会的奖牌榜如图 19-4 所示。

现在的任务是，提取每个工作簿中中国的排名、奖牌数并单独整理出来，并且按照年份降序排列。期望的效果如图 19-5 所示。

图 19-4　其中一届的奖牌榜数据

图 19-5　期望的整合效果

关键技术：单元格的查找和值的提取、文件选择对话框、单元格数据排序。

实现路线：这是一个多工作簿的汇总问题，由于每个工作簿中"中国"的排名不是固定的，记录行是变化的，因此需要借助 Range 的 Find 方法在国家名称列中搜索"中国"，然后使用 Offset 以及 Resize 扩展到整条记录，把这条记录复制到整合工作簿中即可。

如果其中一个工作簿顺利地提取完成，那么其余 9 个工作簿的提取也就是外面套一层循环而已。由于需要打开多个工作簿，因此还可以使用文件选择对话框进行多选。

**源代码：汇总历届奖牌榜 / 多工作簿汇总**

```vba
1.  Sub Test1()
2.      Dim wbk As Excel.Workbook
3.      Dim China As Excel.Range
4.      Dim i As Integer
5.      i = 2
6.      Sheet1.UsedRange.ClearContents
7.      Sheet1.Range("A1").Resize(, 6).Value = Array("排名", "国家", "金牌",
        "银牌", "铜牌", "总数")
8.      Set wbk = Application.Workbooks.Open(ThisWorkbook.Path & "\历届奥运会奖牌
        榜\2004年第28届雅典奥运会.xlsx")
9.      Set China = Nothing
10.     Set China = wbk.Worksheets(1).UsedRange.Columns(2).Find(What:="中国",
        LookAt:=xlWhole)
11.     If China Is Nothing Then
12.         Debug.Print "没有找到。"
13.     Else
14.         Sheet1.Range("A" & i).Resize(, 6).Value = China.Offset(, -1).Resize
            (, 6).Value
15.     End If
16.     wbk.Close False
17. End Sub
```

代码分析：以上过程只提取了一个工作簿中的目标记录，为了批量打开每个工作簿，需要改写为如下过程。

```vba
1.  Sub Test2()
2.      Dim flg As Office.FileDialog, f As Variant
3.      Dim wbk As Excel.Workbook
4.      Dim China As Excel.Range
5.      Dim i As Integer
6.      Application.ScreenUpdating = False
7.      i = 2
8.      Sheet1.UsedRange.ClearContents
9.      Sheet1.Range("A1").Resize(, 7).Value = Array("排名", "国家", "金牌",
        "银牌", "铜牌", "总数", "年份")
10.
11.     Set flg = Application.FileDialog(msoFileDialogFilePicker)
12.     flg.AllowMultiSelect = True
13.     flg.Filters.Clear
14.     flg.Filters.Add "Excel文件", "*.xlsx"
15.     If flg.Show Then
16.         For Each f In flg.SelectedItems
17.             Set wbk = Application.Workbooks.Open(f)
18.             Set China = Nothing
```

```
19.             Set China = wbk.Worksheets(1).UsedRange.Columns(2).Find(What:=
                " 中国 ", LookAt:=xlWhole)
20.             If China Is Nothing Then
21.                 Debug.Print " 没有找到。"
22.             Else
23.                 Sheet1.Range("A" & i).Resize(, 6).Value = China.Offset(, -1).
                    Resize(, 6).Value
24.                 Sheet1.Range("G" & i).Value = China.Parent.Name
25.             End If
26.             wbk.Close False
27.             i = i + 1
28.         Next f
29.     End If
30.     Sheet1.Columns("A:G").AutoFit
31.     Sheet1.UsedRange.Sort Key1:=" 年份 ", Order1:=xlDescending, Header:=xlYes
32. End Sub
```

代码分析：第 30 行代码是将整合完的工作表调整合适的列宽，第 31 行代码将数据按照年份降序排序。

本例是一个典型的多工作簿、多工作表数据汇总实例，代码中用到了本书中讲过的多个重要知识点。

## 19.5 早退员工高亮显示

问题描述：由打卡机导出的员工出勤记录包含序号、员工姓名、打卡时间三列数据。现在要求把早退的员工（早于 17:00:00 下班的）记录用黄色填充色标识出来，并且把当天所有早退员工单独提取到 E 列。期望完成的效果如图 19-6 所示。

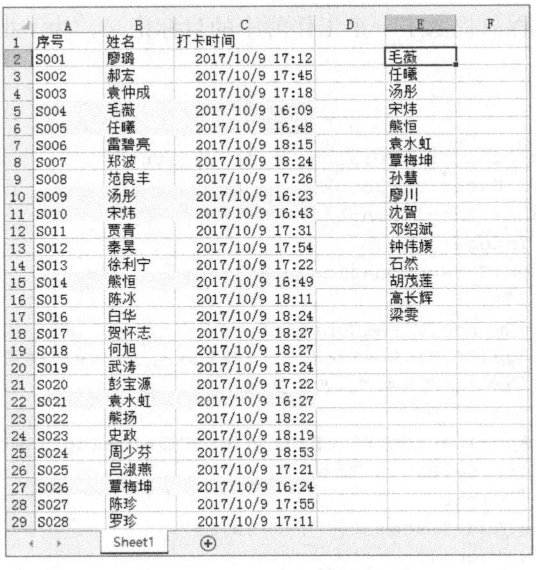

| | A | B | C | D | E | F |
|---|---|---|---|---|---|---|
| 1 | 序号 | 姓名 | 打卡时间 | | | |
| 2 | S001 | 廖璐 | 2017/10/9 17:12 | | 毛薇 | |
| 3 | S002 | 郝宏 | 2017/10/9 17:45 | | 任曦 | |
| 4 | S003 | 袁仲成 | 2017/10/9 17:18 | | 汤彤 | |
| 5 | S004 | 毛薇 | 2017/10/9 16:09 | | 宋炜 | |
| 6 | S005 | 任曦 | 2017/10/9 16:48 | | 熊恒 | |
| 7 | S006 | 雷碧亮 | 2017/10/9 18:15 | | 袁水虹 | |
| 8 | S007 | 郑波 | 2017/10/9 18:24 | | 覃梅坤 | |
| 9 | S008 | 范良丰 | 2017/10/9 17:26 | | 孙慧 | |
| 10 | S009 | 汤彤 | 2017/10/9 16:23 | | 廖川 | |
| 11 | S010 | 宋炜 | 2017/10/9 16:43 | | 沈智 | |
| 12 | S011 | 贾青 | 2017/10/9 17:31 | | 邓绍斌 | |
| 13 | S012 | 秦昊 | 2017/10/9 17:54 | | 钟伟媛 | |
| 14 | S013 | 徐利宁 | 2017/10/9 17:22 | | 石然 | |
| 15 | S014 | 熊恒 | 2017/10/9 16:49 | | 胡茂莲 | |
| 16 | S015 | 陈冰 | 2017/10/9 18:11 | | 高长辉 | |
| 17 | S016 | 白华 | 2017/10/9 18:24 | | 梁雯 | |
| 18 | S017 | 贺怀志 | 2017/10/9 18:27 | | | |
| 19 | S018 | 何旭 | 2017/10/9 18:27 | | | |
| 20 | S019 | 武涛 | 2017/10/9 18:24 | | | |
| 21 | S020 | 彭宝源 | 2017/10/9 17:22 | | | |
| 22 | S021 | 袁水虹 | 2017/10/9 16:27 | | | |
| 23 | S022 | 熊扬 | 2017/10/9 18:22 | | | |
| 24 | S023 | 史政 | 2017/10/9 18:19 | | | |
| 25 | S024 | 周少芬 | 2017/10/9 18:53 | | | |
| 26 | S025 | 吕淑燕 | 2017/10/9 17:21 | | | |
| 27 | S026 | 覃梅坤 | 2017/10/9 16:24 | | | |
| 28 | S027 | 陈珍 | 2017/10/9 17:55 | | | |
| 29 | S028 | 罗珍 | 2017/10/9 17:11 | | | |



图 19-6 期望完成的效果

关键技术：日期的比较、循环中的伴随变量。

实现路线：显然，根据 C 列从上到下遍历，用 C 列单元格数值与 17:00:00 比较，如果属于早退，就把该行设置填充色。

**源代码：早退员工高亮显示 .xlsm/m**

```
1.  Sub Test1()
2.      Dim i As Integer, k As Integer
3.      k = 1
4.      For i = 2 To Sheet1.Range("C1").End(xlDown).Row
5.          If Sheet1.Range("C" & i).Value < #10/9/2017 5:00:00 PM# Then
6.              Sheet1.Range("A" & i & ":C" & i).Interior.Color = vbYellow
7.              k = k + 1
8.              Sheet1.Range("E" & k).Value = Sheet1.Range("B" & i).Value
9.          End If
10.     Next i
11. End Sub
```

代码分析：由于早退的员工不是连续的，因此还需要使用伴随变量 k，当遍历到的是早退员工就让 k 自动加 1，然后把 B 列中的姓名移动到 E 列中。

## 19.6　一次函数用于单元格的遍历

Excel VBA 编程中，单元格的遍历技术是重中之重。然而，在实际工作中遇到的课题复杂多变，经常为了如何遍历单元格而绞尽脑汁，从而导致单元格的遍历技术成为广大 VBA 学习者进一步提高的瓶颈。本节介绍一种简单而又行之有效的方法：将一次函数的思想融入单元格遍历中。

单元格的遍历的实质其实是遍历单元格的地址，或者遍历单元格所在的行号、列号。下面首先介绍一次函数思想用于一维循环。

工作表的 B 列中有一些人的姓名，这些内容虽然不连续，但是间隔是相等的，有规律，如图 19-7 所示。

如果要遍历 B 列中的姓名，大多数人会不假思索地写出如下代码。

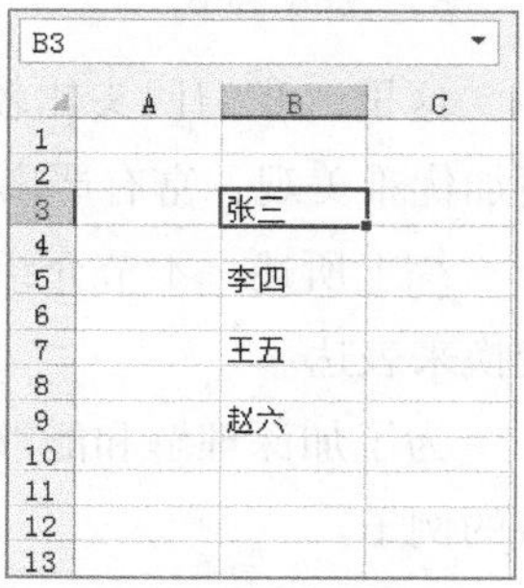

图 19-7　等间隔的单元格内容

**源代码：一次函数用于单元格遍历 .xlsm/m**

```
1.  Sub Test1()
2.      Dim r As Integer
3.      For r = 3 To 9 Step 2
4.          Debug.Print Range("B" & r).Value
5.      Next r
6.  End Sub
```

然而，这种方式虽然直观、易懂，但是涉及单元格数值移动、单元格与其他集合对象数据交换等操作时将会很不方便。这是因为 VBA 中不允许同时在多个集合对象中进行遍历。举个例子，如把 B 列的姓名提取到 C2:C5 单元格区域中。由于目标区域的起止行号、步长值均和源数据区域不一致，此时不得不在循环中使用伴随变量。

```
1.  Sub Test2()
2.      Dim r As Integer, p As Integer
3.      p = 2
4.      For r = 3 To 9 Step 2
5.          Range("C" & p).Value = Range("B" & r).Value
6.          p = p + 1
7.      Next r
8.  End Sub
```

上述代码可以顺利地把 B 列的数据移动到 C 列中，根据这个思路也可以把单元格的数据移动到数组中。

造成必须使用伴随变量的原因是循环体的起止值和步长值不固定。实际上，固定步长的 For 循环形成了一个等差数列，例如上例，变量 r 的先后取值为 3、5、7、9。根据一次函数或者等差数列的知识，可以把 r 的取值改写成 y=kx+b 的形式，这里的 x 是自然数列（从 1 开始），y 就是 r，系数 k 就是步长。因此 3、5、7、9 就可以改写为 2x+1，这里的 x 就是从 1 开始的连续自然数 1、2、3、4。

根据这个规律，C2:C5 单元格区域中的 2、3、4、5，也可以改写为 x+1。

此时原始数据区域和目标区域都采用 x 作为循环变量，就产生了融为一体的效果。

```
1.  Sub Test3()
2.      Dim x As Integer
3.      For x = 1 To 4 Step 1
4.          Range("C" & x + 1).Value = Range("B" & 2 * x + 1).Value
5.      Next x
6.  End Sub
```

这里，我们回头比较一下 Test1、Test2、Test3 这三个过程的代码，相比之下显然 Test3 更加优雅美观，富有严谨的数学思维。

综上所述，本节介绍的一次函数思想的核心内容就是任何等差数列均可用自然数的线性变换来表达。

为了加深理解和能够在实际工作中熟练运用该思想，下面举一个行向数据移动至列向区域的例子。

本例试图把第 2 行中的四个汉字分别发送到 C 列有边框线的四个单元格中，如图 19-8 所示。

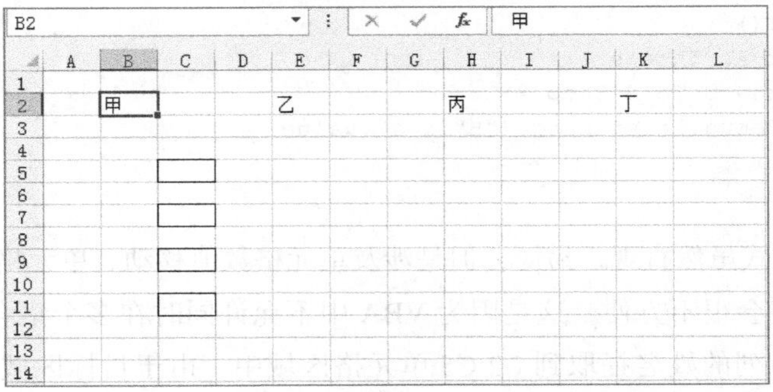

图 19-8　单元格数据的转移

根据图示，原始数据的各列列号是 2、5、8、11，相应的线性关系是 3x-1；目标区域的行号是 5、7、9、11，相应的线性关系是 2x+3。因此可以快速写出如下代码。

```
1.   Sub Test4()
2.       Dim x As Integer
3.       For x = 1 To 4 Step 1
4.           Range("C" & 2 * x + 3).Value = Cells(2, 3 * x - 1).Value
5.       Next x
6.   End Sub
```

可以看出，不管原始区域、目标区域的起止是多少，For 循环的起止值是固定不变的，在循环体中的语句块直接使用线性关系即可，非常省事而且准确。

此外，一次函数变换思想还可以方便地用于遍历矩形单元格区域。

下面的实例试图把工作表上面 12 个英文字母发送到带有框线的 C12:E15 单元格区域中。

原始区域分析：各行号为 3、5、7、9（线性关系：2r+1，r 为 1 ～ 4），各列号为 2、5、8（线性关系：3c-1，c 为 1 ～ 3）。

目标区域分析：各行号为 12、13、14、15（线性关系：r+11，r 为 1 ～ 4），各列号为 3、4、5（线性关系：c+2，c 为 1 ～ 3）。如图 19-9 所示。

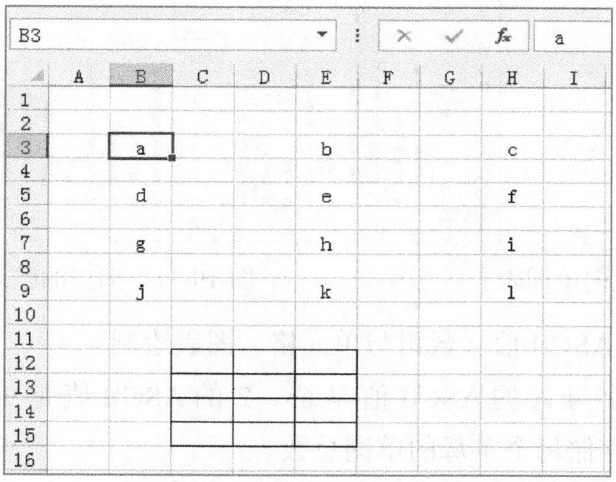

图 19-9　一次函数变换用于二维循环

根据以上线性关系分析，编写如下代码。

```
1.   Sub Test5()
2.       Dim r As Integer, c As Integer
3.       For r = 1 To 4 Step 1
4.           For c = 1 To 3 Step 1
5.               Cells(r + 11, c + 2).Value = Cells(2 * r + 1, 3 * c - 1).Value
6.           Next c
7.       Next r
8.   End Sub
```

由以上几个例子可以看出，使用一次函数变换后，循环部分的代码非常容易构造，达到了事半功倍的效果。

如果想更进一步了解单元格区域的高级变形技术，可以在优酷网搜索作者发布的"Excel 高级变形"视频。

## 19.7　单词表按首字母汇总

工作表 Sheet1 中有 711 个按字母排序的英文单词，如图 19-10 所示。

请按照首字母分类汇总，依次统计 A ~ Z 每个首字母的单词总数，并且根据汇总结果绘制簇状柱形图。汇总结果以及图表均放在 Sheet2 中，期望效果如图 19-11 所示。

| | A | B | C |
|---|---|---|---|
| 1 | 单词 | 译文 | 词性 |
| 2 | Absolute | 绝对 | a |
| 3 | Accelerator | 加速器 | n |
| 4 | Access | 访问 | v |
| 5 | Action | 动作 | n |
| 6 | Activate | 激活 | v |
| 7 | Active | 活动的 | a |
| 8 | Activesheet | 活动工作表 | n |
| 9 | Activeworkbook | 活动工作簿 | n |
| 10 | Add | 添加 | v |
| 11 | Addin | 加载宏 | n |
| 12 | Addins | 加载宏 | n |
| 13 | Average | 平均 | n |
| 14 | Axes | 轴 | n |
| 15 | Axis | 轴 | n |
| 16 | Back | 回来 | v |
| 17 | Background | 背景 | n |
| 18 | Backward | 向后的 | a |
| 19 | Bar | 条形 | n |
| 20 | Bars | 条形 | n |
| 21 | Basic | 基本 | a |
| 22 | Before | 之前 | p |
| 23 | Begin | 开始 | v |
| 24 | Below | 下面 | n |
| 25 | Between | 之间的 | n |
| 26 | Bitmap | 位图 | n |
| 27 | Black | 黑色的 | a |
| 28 | Blue | 蓝色的 | a |

图 19-10　按字母排序的纵向单词表

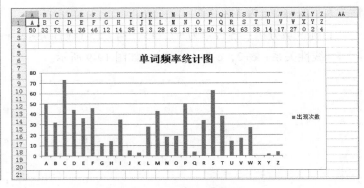

图 19-11　期望的整理效果

关键技术：字符与 ASCII 值、数组与单元格、图表绘制。

实现路线：由于字母 A 的 ASCII 值是 65，Z 的 ASCII 值是 90，定义一个整型数组 Words(65 To 90)，用来存储每个字母的单词总数。

然后在单词表中，从上到下遍历每个单词，遍历到单词后提取其首字母，然后把首字母转换成 ASCII 值，对应的数组元素自加 1。

**源代码：单词表分析 .xlsm/ 首字母分类汇总**

```
1.  Sub Test1()
2.      Dim Words(65 To 90) As Integer
3.      Dim FirstLetter As String * 1
4.      Dim i As Integer
5.      For i = 2 To 712
6.          FirstLetter = Left(Sheet1.Range("A" & i).Value, 1)
7.          Words(Asc(FirstLetter)) = Words(Asc(FirstLetter)) + 1
8.      Next i
9.
10.     For i = 1 To 26
11.         Sheet2.Cells(1, i).Value = Split(Sheet2.Cells(1, i).Address, "$")(1)
```

```
12.        Next i
13.        Sheet2.Range("A2:Z2").Value = Words
14.        Sheet2.UsedRange.HorizontalAlignment = Excel.Constants.xlCenter
15.        Sheet2.Columns("A:Z").AutoFit
16.
17. End Sub
```

代码分析：第 5 ~ 8 行代码用来遍历单词表。第 7 行代码对号入座，根据首字母把对应的数组元素自加 1。

第 10 ~ 12 行代码用于向 Sheet2 的首行写入 A ~ Z 这 26 个字母，以方便绘制柱形图。

**源代码：单词表分析 .xlsm/ 首字母分类汇总**

```
1.  Sub Test2()
2.      Dim CO As Excel.ChartObject
3.      Dim CT As Excel.Chart
4.      Dim rg As Excel.Range
5.      Set rg = Sheet2.Range("A5:Z20")
6.      Set CO = Sheet2.ChartObjects.Add(Left:=rg.Left, Top:=rg.Top, Width:=rg.
        Width, Height:=rg.Height)
7.      CO.Name = " 柱形图 "
8.      Set CT = CO.Chart
9.      With CT
10.         .ChartType = xlColumnClustered
11.         .SetSourceData Source:=Sheet2.Range("A1:Z2"), PlotBy:=xlRows
12.         .HasTitle = True
13.         .ChartTitle.Text = " 单词频率统计图 "
14.         .SeriesCollection(1).Name = " 出现次数 "
15.     End With
16. End Sub
```

代码分析：代码中的 rg 是一个区域，其作用是让生成的图表与这个区域对齐。

# 19.8　交叉表汇总——双边贸易关系

"金砖五国"（BRICS）引用了巴西（Brazil）、俄罗斯（Russia）、印度（India）、中国（China）和南非（South Africa）的英文首字母。

问题描述：工作表中 A2:A6 以及 B1:F1 是五个国家的简称，表格中的数字是两个国家的双边贸易数据（非真实数据），例如，B3 单元格表示俄罗斯出口到巴西的贸易额，D2 单元格表示巴西出口到印度的贸易额，如图 19-12 所示。

现在要求把两个国家互相的贸易额相加，整理成一列。也就是沿着主对角线两数相加，例如，计算中国和印度的双边贸易总额，就是计算单元格 D5 与单元格 C4 之和。

关键技术：二维遍历。

实现路线：技术难点在于如何罗列所有

| A1 | | | | | |
|---|---|---|---|---|---|
| | A | B | C | D | E | F |
| 1 | | B | R | I | C | S |
| 2 | B | — | ¥242,100 | ¥113,495 | ¥74,702 | ¥214,284 |
| 3 | R | ¥287,797 | — | ¥137,777 | ¥76,108 | ¥41,686 |
| 4 | I | ¥277,615 | ¥168,713 | — | ¥233,597 | ¥230,408 |
| 5 | C | ¥247,251 | ¥84,270 | ¥22,437 | — | ¥234,781 |
| 6 | S | ¥153,472 | ¥81,962 | ¥137,174 | ¥286,372 | — |

图 19-12　金砖五国双倍贸易数据表（非真实数据）

的双边关系，如果用一般的先行后列遍历，会引起重复计算或冗余计算。本实例只需要遍历
矩形的下三角即可，然后把上三角的数据加进来即可。特别要注意的是两个需要相加的数据
恰好处于主对角线两侧，也就是 Cells(i,j) 要和 Cells(j,i) 进行相加。

**源代码：交叉表汇总 - 双边贸易关系 .xlsm/m**

```
1.  Sub Test1()
2.     Dim i As Integer, j As Integer, k As Integer
3.     k = 1
4.     For i = 2 To 6
5.        For j = 2 To 6
6.           If i < j Then
7.              k = k + 1
8.              Range("H" & k).Value = Cells(i, 1).Value & Cells(1, j).Value
9.              Range("I" & k).Value = Cells(i, j).Value + Cells(j, i).Value
10.          End If
11.       Next j
12.    Next i
13. End Sub
```

代码分析：代码中的 i 和 j 分别遍历行、列，变量 k 是伴随变量，用于在结果区域输出。
第 6 行代码的 If 判断非常重要，加上这个判断可以避免重复计数。

上述过程的运行结果如图 19-13 所示。

| H | I |
|---|---|
| 国家对 | 贸易总额 |
| BR | ¥529,897.00 |
| BI | ¥391,110.00 |
| BC | ¥321,953.00 |
| BS | ¥367,756.00 |
| RI | ¥306,490.00 |
| RC | ¥160,378.00 |
| RS | ¥123,648.00 |
| IC | ¥256,034.00 |
| IS | ¥367,582.00 |
| CS | ¥521,153.00 |

图 19-13　汇总结果

# VBA 编程常用资料

## A.1　Excel VBA 实用语句

本节按照 Application、Workbook、Worksheet、Window、Range 五大类 Excel 主要对象，列举平时最常用、最实用的语句。

### A.1.1　Application 对象实用语句

```
Application.EnableEvents = False                          '关闭事件
Application.DisplayAlerts = False                         '关闭提醒对话框
Application.ScreenUpdating = False                        '关闭屏幕刷新
Application.StatusBar = "MyText"                          '更改状态栏文字
Application.WindowState = xlMaximized                     '最大化 Excel 窗口
Application.Dialogs(xlDialogOpen).Show                    '显示"打开"对话框
Application.OnTime "17:35:00", "Proc"                     '定时执行过程
Application.SendKeys "^{f6}", "Proc"                      '按键执行程序
Application.AddIns(1).Installed = True                    '加载第 1 个加载宏
Application.COMAddIns(1).Connect = True                   '加载第 1 个 COM 加载项
Application.Workbooks.Close                               '关闭所有工作簿
Application.WorksheetFunction                             '使用工作表函数
Application.Quit                                          '退出 Excel
Application.Version                                       'Excel 版本号
```

### A.1.2　Workbook 对象实用语句

```
ThisWorkbook                                              '宏所在的工作簿
ActiveWorkbook                                            '活动工作簿
Application.Workbooks.Add Template:="E:\MyResume.xltm"    '基于模板新建一个工作簿
Application.Workbooks.Open Filename:="E:\abc.xlsx"        '打开工作簿
ActiveWorkbook.Save                                       '保存工作簿
ActiveWorkbook.Close False                                '关闭但不保存工作簿
```

```
For Each wbk In Application.Workbooks              ' 遍历所有工作簿
ActiveWorkbook.FullName                            ' 活动工作簿的完全路径
ActiveWorkbook.Sheets.Count                        ' 工作簿中表的总数
ActiveWorkbook.Parent                              ' 返回 Application
```

## A.1.3　Worksheet 对象实用语句

```
ActiveSheet                                                        ' 活动工作表
Set wst = ActiveWorkbook.Worksheets.Add(After:=ActiveWorkbook.Worksheets(2))
                                        ' 插入一个新工作表，放在第 2 个工作表之后
ActiveSheet.Delete                                        ' 删除当前工作表
ActiveSheet.Name = "NewName"                              ' 更改表名
ActiveSheet.Visible = xlSheetVisible                     ' 显示工作表
ActiveSheet.Copy: ActiveWorkbook.SaveAs "E:\new.xlsx"
                                        ' 当前工作表单独另存为工作簿文件
ActiveSheet.Move After:=Worksheets(3)    ' 当前工作表移动到第 3 个表之后
ActiveSheet.ScrollArea = "A1:G8"         ' 设置工作表的可滚动范围
ActiveSheet.Parent                       ' 返回所在的工作簿
```

## A.1.4　Window 对象实用语句

```
ActiveWindow.DisplayFormulas = True              ' 显示公式编辑栏
ActiveWindow.DisplayGridlines = True             ' 显示网格线
ActiveWindow.DisplayHorizontalScrollBar = True   ' 显示滚动条
ActiveWindow.DisplayRuler = True                 ' 显示标尺
ActiveWindow.DisplayWorkbookTabs = False         ' 隐藏工作表标签
ActiveWindow.DisplayFormulas = True       ' 工作表中显示公式，而不显示值
ActiveWindow.View = xlPageBreakPreview           ' 分页预览
ActiveWindow.TabRatio = 0.8     ' 工作表标签区域宽度与水平滚动条区域宽度比例为 8:2
```

## A.1.5　Range 对象实用语句

```
Range("B3") 或者 Cells(3,2)                        ' 单元格区域
ActiveCell                                        ' 活动单元格
Selection.Value = Selection.Value                 ' 去除所选区域的公式，保留值
ActiveSheet.UsedRange                             ' 工作表中使用过的区域
Range.CurrentRegion                               'Range 的连续区域
ActiveSheet.Cells                                 ' 工作表中所有单元格
Range.Offset (n)                                  ' 向上下偏移 n 行
Range.Offset(, n).Address                         ' 向左右偏移 n 行的地址
Range.Resize(3, 4).Address                        ' 当前区域变更为 3 行 4 列
Range.End (xlDown)                                ' 最下面的单元格
Range.Parent                                      ' 返回所在的工作表对象
Range.Address(False, False)                       ' 单元格区域的相对地址
Range.Formula                                     ' 单元格中的公式字符串
Range.Font                                        ' 单元格字体属性
```

```
Range.Characters                                              '单元格中的字符
Range.Interior                                               '单元格的填充属性
Range.Value                                                 '单元格的值
Range.RowHeight                                             '行高
Range.ColumnWidth                                           '列宽
Range.HorizontalAlignment                                   '单元格水平对齐方式
Range.VerticalAlignment                                     '单元格垂直对齐方式
Range.ClearContents                                         '清空单元格内容
Range.ClearFormats                                          '清除单元格格式
Range.ClearContents                                         '清空单元格的批注
Range.Cut Destination:=Range1                               '把 Range 剪切到 Range1
Range.Copy Destination:=Range1                              '把 Range 复制到 Range1
Range.Delete Shift:=Excel.XlDeleteShiftDirection.xlShiftUp
                                                            '删除单元格，下方向上移动
Range.Insert Shift:=Excel.XlInsertShiftDirection.xlShiftToRight
                                '插入单元格，左侧单元格向右移动
Range.EntireRow.Delete                                      '删除整行
Range.EntireColumn.Delete                                   '删除整列
Range.Find                                                  '查找
Range.Replace                                               '替换
Range.Sort                                                  '排序
Range.Merge                                                 '合并单元
Range.UnMerge                                               '取消合并单元格
```

## A.2　VBA 函数用法示例

在 VBA 代码中，之所以能够使用大量实用的 VBA 函数，是因为每个 VBA 工程都有一个内置的 VBA 引用库，如图 A-1 所示。

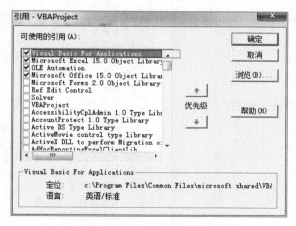

图 A-1　VBA 工程引用对话框

通过对象浏览器，可以查看到 VBA 库中的所有子类和函数，如图 A-2 所示。

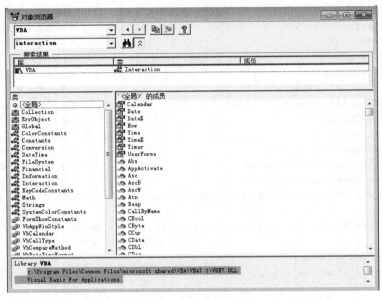

图 A-2　对象浏览器

为了方便查询和使用 VBA 函数，下面列出函数用法示例和简单注解。

```
VBA.Abs (-9)                                 ' 返回 9
VBA.AppActivate "Adobe Acrobat Pro"          ' 根据窗口标题，激活别的应用程序窗口
VBA.Asc (" 刘 ")                             ' 返回 -15883
VBA.AscB (" 刘 ")                            ' 返回 6524，汉字第一个字节的数码
VBA.AscW (" 刘 ")                            ' 返回 21016，十进制，5218 为十六进制
VBA.Atn (1)                                  ' 返回 0.7853981，反正切
VBA.CBool (0)                                ' 返回 False，转换为布尔值
VBA.CDate (12345.5)                          ' 返回 1933-10-18 下午 12:00:00
VBA.CDbl (12.03)                             ' 返回 12.03
VBA.Choose(2, 5, 6, 7, 8)                    ' 返回 6，从后边的参数中按序号挑选
VBA.Chr (98)                                 ' 返回 b
VBA.Chr$ (98)                                ' 返回 b
VBA.ChrW (25105)                             ' 返回我，根据十进制 ASCII 值求汉字
VBA.CInt (1.36)                              ' 返回 1，舍去小数
VBA.CLng (10.2)                              ' 返回 10
VBA.ColorConstants.vbGreen                   ' 返回 65280，颜色常数
VBA.CSng (12)                                ' 返回 12
VBA.Conversion.Oct (12)                      ' 返回 14，十进制转为八进制
VBA.Conversion.Hex (32)                      ' 返回 20，十进制转为十六进制
MsgBox &H20                                  ' 返回 32，以 &H 开头的是十六进制数
VBA.Cos (3.14)                               ' 返回 -0.99999873172754
VBA.CStr (12)                                ' 返回字符串 12
VBA.CurDir                                   ' 返回当前工作目录
VBA.Date                                     ' 返回当前日期
VBA.DateAdd("m", 3, #5/19/2012#)             ' 日期的加减，在原有日期加上 3 个月，返回 2012-8-19
VBA.DateAdd("yyyy", -3, #5/19/2012#)         ' 减去 3 年，返回 2009-5-19
VBA.DateAdd("d", 13, #5/19/2012#)            ' 加上 13 天，返回 2012-6-1
VBA.DateDiff("d", #4/5/2012#, #7/6/2012#)    ' 两个日期相差的天数，返回 92
VBA.DatePart("d", #4/25/2012#)               ' 返回日期的天部分 25
VBA.DateSerial(2012, 4, 5)                   ' 由分散的数字组合成日期，返回 2012/04/05
VBA.DateValue ("February 12, 1969")          ' 由字符串变成日期，返回 1969/02/12
```

```
VBA.Day (#7/6/2012#)                                  ' 返回天 6
VBA.Exp (3)                                           'e 的 3 次方。返回 20.0855
VBA.Fix (34.56)                                       ' 取整，返回 34
VBA.Format(5459.4, "##,##0.00")                       ' 格式化字符串，返回 5,459.40
VBA.FormatDateTime(Now(), vbGeneralDate)              ' 格式化日期，返回 2012/05/20 10:52:55
VBA.FormatNumber(3.45, 3)                             ' 格式化数字，返回 3.450
VBA.FormatPercent(0.7, 4, vbTrue)                     ' 转换为百分比，返回 70.0000
VBA.Hour (#5/20/2012 5:09:02 AM#)                     ' 返回小时 5
VBA.IIf(34 <> 45, 1, 0)                               ' 返回 1
VBA.Information.IsDate (45)                            ' 是否是日期，返回 False
VBA.InputBox("Body", "Title", "0")                    ' 输入对话框
VBA.InStr(4, "ryueifu2009@yahoo.co.jp", "u")          ' 返回 7
VBA.InStrRev("yahoo.co.jp", "o")                      ' 返回 8
VBA.Int (-8.47)                                       ' 返回 -9
VBA.IsArray (Array(3, 4, 5, 6))                       ' 返回 True
VBA.IsEmpty (Empty)                                   ' 返回 True
VBA.IsEmpty (ab)                                      ' 返回 True
VBA.IsDate (#5/20/2012 5:09:02 AM#)                   ' 返回 True
VBA.IsError (c = Sin(3))                              ' 返回 False
VBA.IsMissing                                         ' 判断是否缺失参数
VBA.IsNull (Null)                                     ' 返回 True
VBA.IsNumeric ("235")                                 ' 返回 True
VBA.IsNumeric (Now())                                 ' 返回 False
VBA.Join(Array("ab", "cd"), "**")                     ' 返回 ab**cd
VBA.KeyCodeConstants.vbKeyA                           ' 返回 65
VBA.Kill                                              ' 删除文件
VBA.LCase ("Ryueifu")                                 ' 返回 ryueifu
VBA.Left("ryueifu", 3)                                ' 返回 ryu
VBA.LeftB("ryueifu", 4)                               ' 返回 ry
VBA.Len ("ryueifu")                                   ' 返回 7
VBA.LenB ("ryueifu")                                  ' 返回 14
VBA.Log (10)                                          ' 返回 2.30258
VBA.LTrim (" ryu ")                                   ' 返回 ryu /
VBA.Math.Sgn (-6)                                     ' 返回 -1
VBA.Mid("ryueifu", 3, 3)                              ' 返回 uei
VBA.Minute (#5/20/2012 5:09:02 AM#)                   ' 返回 9
VBA.MkDir                                             ' 创建文件夹
VBA.Month (#5/20/2012 5:09:02 AM#)                    ' 返回 5
VBA.MonthName (8)                                     ' 返回 8 月
VBA.Now                                               ' 返回当前日期时间
VBA.Randomize                                         ' 随机数种子
VBA.Rnd                                               ' 返回随机小数
VBA.Replace("ryueifu", "u", "U", 2)                   ' 返回 yUeifU
VBA.RGB(35, 56, 7)                                    ' 返回 473123
VBA.Right("ryueifu", 3)                               ' 返回 ifu
VBA.RmDir                                             ' 删除路径
VBA.Round (7.8)                                       ' 返回 8
VBA.Round (4.4)                                       ' 返回 4
VBA.RTrim (" ryueifu ")                               ' 返回 ryueifu
VBA.Second (#5/20/2012 5:09:02 AM#)                   ' 返回秒 2
vba.Interaction.Shell("C:\WINDOWS\CALC.EXE", 1)       ' 启动外部程序
VBA.Sin (1.57)                                        ' 返回 0.999999682931835
"start" & VBA.Space(5) & "end"                        ' 返回 start     end
VBA.Split("r y u e i", " ")(2)                        ' 返回 u
VBA.Sqr (45)                                          ' 返回 6.70820393249937
```

```
VBA.StrComp("ryu", "yu", vbBinaryCompare)              '返回 -1
VBA.StrComp("yu", "ryu", vbBinaryCompare)              '返回 1
VBA.StrComp("ryu", "Ryu", vbBinaryCompare)             '返回 1
VBA.StrComp("ryu", "Ryu", vbTextCompare)               '返回 0
VBA.StrConv("ryu eifu", vbProperCase)                  '返回 Ryu Eifu
VBA.String(3, "45")                                    '返回 444
VBA.Strings.StrReverse ("ryueifu")                     '返回 ufieuyr
nm = "qiao"
VBA.Switch(nm = "Liu", 1, nm = "wang", 2, nm = "qiao", 3)       '返回 3
VBA.Tan (0.785)                                        '返回 0.999203990105043
VBA.Time                                               '返回当前时间
VBA.Timer                                              '从零点到现在的秒数
VBA.TimeSerial(4, 6, 7)                                '数字组合为时间，返回 4:06:07
VBA.TimeValue ("4:35:17 PM")                           '字符串组合成时间，返回 16:35:17
VBA.Trim (" ryueifu ")                                 '返回 ryueifu/
VBA.TypeName (23)                                      '返回 Integer
VBA.TypeName (False)                                   '返回 Boolean
VBA.UCase ("ryueifu")                                  '返回 RYUEIFU
VBA.Val ("45")                                         '返回 45
VBA.Val (#12:05:00 PM#)                                '返回 12
VBA.VarType (5)                                        '返回 2
VBA.VarType (True)                                     '返回 11
VBA.Weekday(#5/20/2012#, vbSunday)                     '返回 1
VBA.WeekdayName(3, False, vbSunday)                    '返回星期二
VBA.Year (#5/20/2012#)                                 '返回年 2012
```

## A.3　VBA 编程疑难问答

本节列出书中尚未涉及的疑难话题，以学员小 V 和刘老师对话的形式，对一些看似相近实则有别的术语进行辨析和探讨。

小 V：Excel VBA 中的 Range、Cells、Rows、Columns 各代表什么含义？

刘老师：Range、Cells、Rows、Columns 都是 Range 类型的对象，而且这些对象与其父级对象有关，如果它们的父级对象是工作表，那么基准是工作表的 A1 单元格；如果它们的父级对象是一个单元格区域，那么基准是以单元格区域左上角。

Cells 表示父级对象的所有单元格，Cells(i) 表示父级对象中第 i 个单元格。以如图 A-3 所示的数据表为例，Range("B3:G12").Cells(9).Value 将返回"辽宁"，因为从左到右然后从上到下数，第 9 个就是 D4 单元格。

| | A | B | C | D | E | F | G | H |
|---|---|---|---|---|---|---|---|---|
| 1 | | | | | | | | |
| 2 | | | | | | | | |
| 3 | | 单号 | 下单日期 | 客户地址 | 商品名称 | 销售额 | 商品类别 | |
| 4 | | A001 | 2017/9/4 | 辽宁 | 笔记本 | 5800 | 电脑耗材 | |
| 5 | | A002 | 2017/9/5 | 黑龙江 | 数码相机 | 3200 | 旅游 | |
| 6 | | A003 | 2017/9/6 | | 电饭锅 | 6000 | 家用电器 | |
| 7 | | A004 | 2017/9/7 | 广东 | 剃须刀 | 5600 | 其他类 | |
| 8 | | A005 | | 新疆 | | 3400 | 家具 | |
| 9 | | A006 | 2017/9/7 | 新疆 | 数码相机 | 2800 | 旅游 | |
| 10 | | A007 | 2017/9/8 | 湖北 | 电饭锅 | 3400 | 家用电器 | |
| 11 | | A008 | 2017/9/8 | 新疆 | 电饭锅 | 4200 | 家用电器 | |
| 12 | | A009 | 2017/9/9 | 湖北 | 台式机 | 4400 | 电脑耗材 | |
| 13 | | | | | | | | |

图 A-3　示例数据表

Rows 对象表示所有行，也与其父级对象有关，ActiveSheet.Rows 表示工作表的所有行，Range("B3:G12").Rows 表示数据区域的所有行，Rows 后面的参数可以是字符串，也可以是数字。例如 Range("B3:G12").Rows("2:4").Select 自动选中数据区域中的第 2 ~ 4 行，而不是工作表的第 2 ~ 4 行。Range("B3:G12").Rows(4).Select 表示自动选中区域中的第 4 行。

Columns 与 Rows 对象行为完全一样，只不过描述的是列。Columns 的参数可以是列标字母表示的字符串，也可以是一个整数。Range("B3:G12").Columns("C:E").Select 自动选中数据区域的第 3 ~ 5 列（D3:F12），而不是工作表的 3-5 列，如图 A-4 所示。

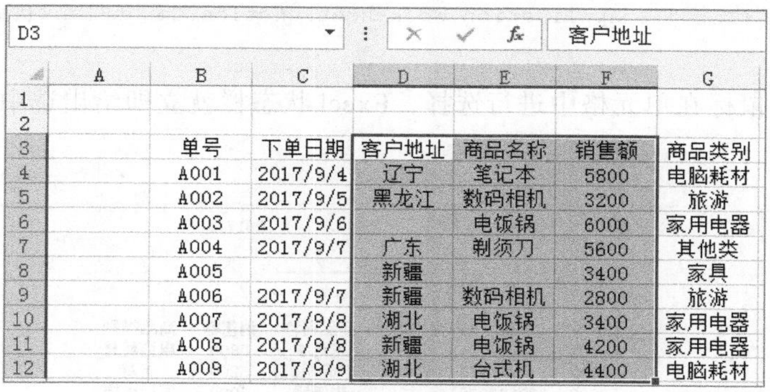

图 A-4　选中区域中的列

Range("B3:G12").Columns(2).Select 表示选中数据区域的第 2 列。

那么 Range("B3:G12").Range("B2:D4").Select 这一句将会选中哪一个区域呢？请读者思考。

小 V：Row、Column、Count 这 3 个术语代表什么含义？

刘老师：Row 和 Rows 仅仅一字之差，却有天壤之别。Rows 前面讲过，表示一个对象的所有行，属于 Range 对象。而 Row 表示矩形区域左上角单元格的行号，是一个整数。例如，MsgBox Range("B3:G12").Row 返回数字 3，因为 B3 单元格在工作表的第 3 行。

Column 和 Columns 也是这样的关系，Column 仅仅表示列号。Range("B3:G12").Column 返回数字 2。

Count 这个术语通常接在集合对象之后，表示个数。例如，Worksheets.Count 表示工作表的个数，Shapes.Count 表示图形的个数。

同时，Count 也可以接在 Range、Cells、Rows、Columns 这些 Range 对象之后。

当 Count 接在 Range 或 Cells 之后，表示单元格区域中单元格的个数；当接在 Rows 或 Columns 之后，表示单元格区域的总行数或总列数。

```
1.  Sub Test()
2.      Debug.Print Range("B3:G12").Count
3.      Debug.Print Range("B3:G12").Cells.Count
4.      Debug.Print Range("B3:G12").Rows.Count
5.      Debug.Print Range("B3:G12").Columns.Count
6.  End Sub
```

以上 4 句代码的打印结果是 60、60、10、6。

下面利用上述内容制作一个实时查看所选单元格信息的工具，在 ThisWorkbook 模块中粘贴如下代码。

```
1.  Private Sub Workbook_SheetSelectionChange(ByVal Sh As Object, ByVal Target
    As Range)
2.      Application.StatusBar = " 地址 " & Target.Address(False, False) & " 行数 "
        & Target.Rows.Count & " 列数 " & Target.Columns.Count & " 行号 " & Target.
        Row & " 列号 " & Target.Column & " 单元格数 " & Target.Cells.Count &
        " 非空单元格 " & Application.WorksheetFunction.CountA(Target) &
        " 空单元格 " & Application.WorksheetFunction.CountBlank(Target)
3.  End Sub
```

然后只要用鼠标在单元格中进行选择，Excel 状态栏就立即给出选中区域的信息，如图 A-5 所示。

图 A-5　利用事件过程获取所选区域信息

小 V：For 循环会陷入死循环吗？

刘老师：一般情况下，While 循环以及 Do 循环的循环条件一直为 True，或者在循环体内忘记书写 Exit Do，会导致死循环。

For 循环造成的死循环非常少见，但是也有，如，在循环体内修改循环变量的值，可能造成循环变量始终达不到循环的终止值。例如下面的过程，循环变量只要大于 5 就立刻自减 2，成为 4。

```
1.  Sub Test1()
2.      Dim i As Integer
3.      For i = 1 To 10
```

```
4.          If i > 5 Then
5.              i = i - 2
6.          End If
7.          Debug.Print i
8.      Next i
9.  End Sub
```

运行上述过程后，立即窗口会一直打印 4 和 5，陷入死循环。

小 V：VBA 语句和单元格中的公式，哪一个优先计算？

刘老师：VBA 语句和单元格公式哪一个优先计算，这取决于 Excel 的计算方式。

如果 Excel 的计算方式是自动的，那么当单元格发生改变时，首先更新公式的计算结果，然后运行 VBA 语句；如果 Excel 计算方式是手动的，那么即使单元格发生改变，公式也不会自动重算。

下面工作表中 B2 的内容是 20，C2 中的公式用于计算 B2 的平方，如图 A-6 所示。

然后把 Excel 的计算方式设置为手动重算，如图 A-7 所示。

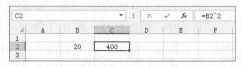

图 A-6　有公式的单元格

图 A-7　设置计算方式

VBA 过程如下。

```
1.  Sub Test1()
2.      Range("B2").Value = 13
3.      Range("D2").Value = Range("C2").Value / 10
4.  End Sub
```

代码分析：第 2 行代码更改 B2 为 13，但由于 Excel 是手动计算方式，所以 C2 不会立即发生改变，仍然保持 400，因此 D2 的值就是 40，如图 A-8 所示。

如果当初 Excel 的计算方式是自动计算方式，那么运行该代码后，D2 的值应该是 16.9。

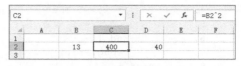

图 A-8　使用了未更新的旧值

小 V：Excel VBA 编程过程中，使用代码名称和使用工作表名称，哪一个更好？

刘老师：所谓的代码名称，实际上就是工作簿、工作表的模块名称，工作簿的模块名称默认为 ThisWorkbook，工作表的默认代码名称和工作表名称一样，但是用户可以修改。

在书写代码方面，使用代码名称更简洁，例如 Worksheets("Sheet2") 可以简写为 Sheet2。

但是推荐使用工作表名称方式，如果用 VB6 或者 VSTO（Visual Studio Tools for Office）操作 Excel 时，代码名称一点儿也用不上。

小 V：在 Excel VBA 编程中，倒序循环一般用在什么场合？

刘老师：倒序循环一般用于集合对象中成员的删除和增加，例如工作表的删除、行列的删除，工作表的插入、行列的插入等操作。因为在循环体内进行成员的增删，会引起每个成员索引的重新排列，使用倒序循环可以有效避免索引的错位。

例如下面的工作表共有 8 列数据，现在需要把偶数列删除掉，也就是把 B（下单日期）、D（商品名称）、F（商品类别）、H（部门）这些列删除掉，如图 A-9 所示。

| A1 | | | | 单号 | | | |
|---|---|---|---|---|---|---|---|
| | A | B | C | D | E | F | G | H |
| 1 | 单号 | 下单日期 | 客户地址 | 商品名称 | 销售额 | 商品类别 | 销售员 | 部门 |
| 2 | A001 | 2017/9/4 | 辽宁 | 笔记本 | 5800 | 电脑耗材 | 潘振波 | 营业二部 |
| 3 | A002 | 2017/9/5 | 黑龙江 | 数码相机 | 3200 | 旅游 | 唐丹 | 零售部 |
| 4 | A003 | 2017/9/6 | 辽宁 | 电饭锅 | 6000 | 家用电器 | 曹学凯 | 营业二部 |
| 5 | A004 | 2017/9/7 | 广东 | 剃须刀 | 5600 | 其他类 | 赵国荣 | 市场部 |
| 6 | A005 | 2017/9/7 | 新疆 | 书柜 | 3400 | 家具 | 赵国荣 | 市场部 |
| 7 | A006 | 2017/9/7 | 新疆 | 数码相机 | 2800 | 旅游 | 唐丹 | 零售部 |
| 8 | A007 | 2017/9/8 | 湖北 | 电饭锅 | 3400 | 家用电器 | 刘龙 | 零售部 |
| 9 | A008 | 2017/9/8 | 新疆 | 电饭锅 | 4200 | 家用电器 | 唐丹 | 零售部 |
| 10 | A009 | 2017/9/8 | 湖北 | 台式机 | 4400 | 电脑耗材 | 张强 | 营业一部 |
| 11 | A010 | 2017/9/10 | 辽宁 | 微波炉 | 5400 | 家用电器 | 董子仲 | 营业一部 |
| 12 | A011 | 2017/9/11 | 山东 | 笔记本 | 2000 | 电脑耗材 | 曹学凯 | 营业二部 |
| 13 | A012 | 2017/9/11 | 广东 | 剃须刀 | 6000 | 其他类 | 郑惟桐 | 市场部 |
| 14 | A013 | 2017/9/11 | 广东 | 电风扇 | 5600 | 家用电器 | 曹学凯 | 营业二部 |
| 15 | A014 | 2017/9/12 | 黑龙江 | 书柜 | 5200 | 家具 | 王昊 | 零售部 |
| 16 | A015 | 2017/9/13 | 新疆 | 剃须刀 | 5600 | 其他类 | 王昊 | 零售部 |
| 17 | A016 | 2017/9/13 | 山东 | 电热毯 | 3800 | 家具 | 刘龙 | 零售部 |
| 18 | A017 | 2017/9/14 | 辽宁 | 笔记本 | 2600 | 电脑耗材 | 赵国荣 | 市场部 |
| 19 | A018 | 2017/9/15 | 青海 | 笔记本 | 5800 | 电脑耗材 | 郑惟桐 | 市场部 |
| 20 | A019 | 2017/9/15 | 陕西 | 电饭锅 | 3000 | 家用电器 | 王昊 | 零售部 |
| 21 | A020 | 2017/9/16 | 辽宁 | 剃须刀 | 4800 | 其他类 | 董子仲 | 营业一部 |
| 22 | A021 | 2017/9/16 | 辽宁 | 笔记本 | 4600 | 电脑耗材 | 许银川 | 市场部 |
| 23 | A022 | 2017/9/17 | 黑龙江 | 数码相机 | 3800 | 旅游 | 曹学凯 | 营业二部 |
| 24 | A023 | 2017/9/18 | 广东 | 数码相机 | 3200 | 旅游 | 曹学凯 | 营业二部 |

图 A-9　原始数据表

正序循环的代码如下。

```
1.  Sub Test1()
2.      Dim c As Integer
3.      For c = 2 To 8 Step 2
4.          ActiveSheet.Columns(c).Delete
5.      Next c
6.  End Sub
```

运行该过程，工作表效果如图 A-10 所示。

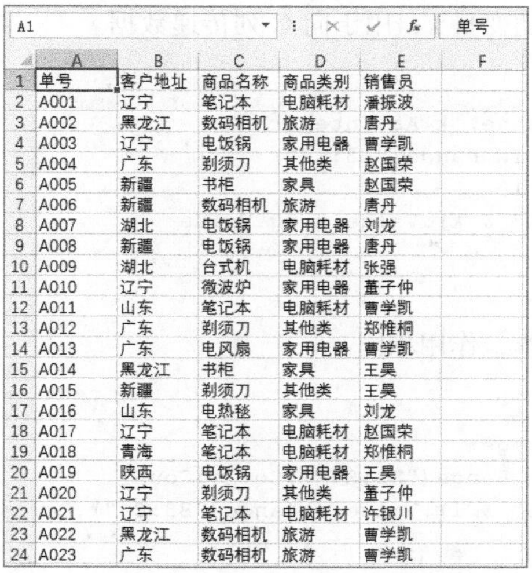

| | A | B | C | D | E | F |
|---|---|---|---|---|---|---|
| 1 | 单号 | 客户地址 | 商品名称 | 商品类别 | 销售员 | |
| 2 | A001 | 辽宁 | 笔记本 | 电脑耗材 | 潘振波 | |
| 3 | A002 | 黑龙江 | 数码相机 | 旅游 | 唐丹 | |
| 4 | A003 | 辽宁 | 电饭锅 | 家用电器 | 曹学凯 | |
| 5 | A004 | 广东 | 剃须刀 | 其他类 | 赵国荣 | |
| 6 | A005 | 新疆 | 书柜 | 家具 | 赵国荣 | |
| 7 | A006 | 新疆 | 数码相机 | 旅游 | 唐丹 | |
| 8 | A007 | 湖北 | 电饭锅 | 家用电器 | 刘龙 | |
| 9 | A008 | 新疆 | 电饭锅 | 家用电器 | 唐丹 | |
| 10 | A009 | 湖北 | 台式机 | 电脑耗材 | 张强 | |
| 11 | A010 | 辽宁 | 微波炉 | 家用电器 | 董子仲 | |
| 12 | A011 | 山东 | 笔记本 | 电脑耗材 | 曹学凯 | |
| 13 | A012 | 广东 | 剃须刀 | 其他类 | 郑惟桐 | |
| 14 | A013 | 广东 | 电风扇 | 家用电器 | 曹学凯 | |
| 15 | A014 | 黑龙江 | 书柜 | 家具 | 王昊 | |
| 16 | A015 | 新疆 | 剃须刀 | 其他类 | 王昊 | |
| 17 | A016 | 山东 | 电热毯 | 家具 | 刘龙 | |
| 18 | A017 | 辽宁 | 笔记本 | 电脑耗材 | 赵国荣 | |
| 19 | A018 | 青海 | 笔记本 | 电脑耗材 | 郑惟桐 | |
| 20 | A019 | 陕西 | 电饭锅 | 家用电器 | 王昊 | |
| 21 | A020 | 辽宁 | 剃须刀 | 其他类 | 董子仲 | |
| 22 | A021 | 辽宁 | 笔记本 | 电脑耗材 | 许银川 | |
| 23 | A022 | 黑龙江 | 数码相机 | 旅游 | 曹学凯 | |
| 24 | A023 | 广东 | 数码相机 | 旅游 | 曹学凯 | |

图 A-10　正序循环处理的结果

显然结果不是预期的那样，修改成倒序循环即可解决。

```
Sub Test2()
    Dim c As Integer
    For c = 8 To 2 Step -2
        ActiveSheet.Columns(c).Delete
    Next c
End Sub
```

运行结果略。

小 V：在利用 For Each 遍历矩形区域时，可否改写成 For i 循环的形式？

刘老师：完全可以。For Each 循环遍历矩形区域时，遍历的顺序是先行后列，也就是先从左向右遍历第一行，然后向下转到第 2 行。

那么 Range.Cells(i) 的作用就是表示 Range 的第 i 个单元格，遍历顺序与 For Each 结构相同。

例如，要把工作表中 B3:E9 这个区域的名单，全部转移到 G 列中，如图 A-11 所示。

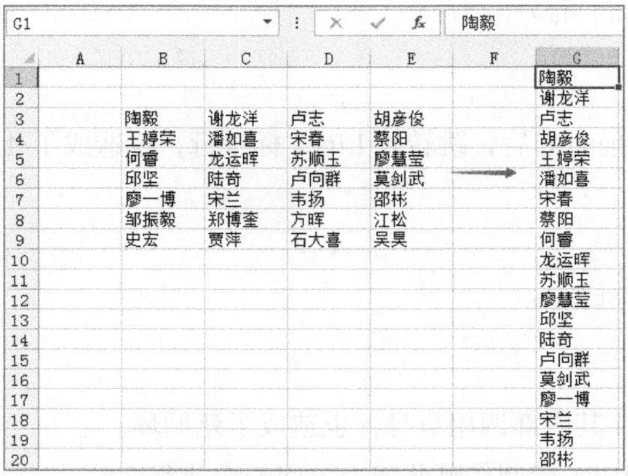

| | A | B | C | D | E | F | G |
|---|---|---|---|---|---|---|---|
| 1 | | | | | | | 陶毅 |
| 2 | | | | | | | 谢龙洋 |
| 3 | | 陶毅 | 谢龙洋 | 卢志 | 胡彦俊 | | 卢志 |
| 4 | | 王婷荣 | 潘如喜 | 宋春 | 蔡阳 | | 胡彦俊 |
| 5 | | 何睿 | 龙运晖 | 苏顺玉 | 廖慧莹 | | 王婷荣 |
| 6 | | 邱坚 | 陆奇 | 卢向群 | 莫剑武 | → | 潘如喜 |
| 7 | | 廖一博 | 宋兰 | 韦扬 | 邵彬 | | 宋春 |
| 8 | | 邹振毅 | 郑博奎 | 方晖 | 江松 | | 蔡阳 |
| 9 | | 史宏 | 贾萍 | 石大喜 | 吴昊 | | 何睿 |
| 10 | | | | | | | 龙运晖 |
| 11 | | | | | | | 苏顺玉 |
| 12 | | | | | | | 廖慧莹 |
| 13 | | | | | | | 邱坚 |
| 14 | | | | | | | 陆奇 |
| 15 | | | | | | | 卢向群 |
| 16 | | | | | | | 莫剑武 |
| 17 | | | | | | | 廖一博 |
| 18 | | | | | | | 宋兰 |
| 19 | | | | | | | 韦扬 |
| 20 | | | | | | | 邵彬 |

图 A-11　矩形区域变形为单列

下面的过程使用了伴随变量 k，用于向 G 列传递数据。

```
1.  Sub Test1()
2.      Dim rg As Range, k As Integer
3.      For Each rg In Range("B3:E9")
4.          k = k + 1
5.          Range("G" & k).Value = rg.Value
6.      Next rg
7.  End Sub
```

也可以改为下面的版本，作用相同。

```
1.  Sub Test2()
2.      Dim i As Integer
3.      For i = 1 To Range("B3:E9").Cells.Count
4.          Range("G" & i).Value = Range("B3:E9").Cells(i).Value
5.      Next i
6.  End Sub
```

小 V：除了循环结构外，还有哪些情况导致 VBA 程序运行后不能结束？

刘老师：在编程过程中，如下几种情况也会导致 VBA 程序无限运行。

（1）错误处理。

```
1.  Sub Test1()
2.      On Error GoTo Err1
3.      a = 5
4.      b = a / 0
5.      Exit Sub
6.  Err1:
7.      Resume
8.  End Sub
```

上述过程中，当出错后会跳转到 Err1 标号中，但该标号中的 Resume 语句会重新跳转到出错行，因此造成了死循环。

（2）GoTo 语句。

```
1.  Sub Test1()
2.  Line1:
3.      Debug.Print Now
4.      GoTo Line1
5.  End Sub
```

上述过程，打印当前时间后，跳转到 Line1 标号行，也造成了死循环。

（3）递归调用过程。

```
1.  Sub Test1()
2.      Debug.Print Now
3.      Call Test1
4.  End Sub
```

上述 Test1 过程，在其内部调用自身，也造成了死循环。

小 V：使用 Excel VBA 能制作哪些智力方面的游戏程序？

　　刘老师：Excel VBA 这门语言最大的特点就是可以把工作表、单元格当作程序设计的组成部分，这是其他任何语言都无法比拟的。借助现成的工作表、单元格可以设计很多智力游戏，例如棋类游戏、拼图游戏、扑克游戏、俄罗斯方块等。

　　通过智力游戏的制作，可以提高逻辑思维能力、算法构思、创新能力，而且能提高编程开发人员对 Excel VBA 程序整合、界面布局、流程设计诸多方面的能力，特别是通过游戏编程，能够切实领会到工作簿、工作表事件编程的内涵，以及窗体和控件的使用技巧。

　　本书配套资源中，有作者利用 Excel VBA 开发的智力游戏方面的作品，所有作品的 VBA 工程密码都是 123456，方便读者借鉴、观摩、评价和指正。